주인과 심부름꾼

The Master and His Emissary

주인과 심부름꾼

The Master and His Emissary

이언 맥길크리스트 | 김병화 옮김

muʃintree
뮤진트리

차례

1부 양분된 두뇌

2부 두뇌는 세계를 어떻게 형성했는가?

찰스 2세는 자신이 "죽어 가느라 터무니없는 시간을 보냈다"고 사과했다. 이 책도 태어나느라고 터무니없는 시간을 보냈다. 이 책을 태중에서 키우고 있던 지난 20년 동안 지적으로 여러 사람에게 많은 빚을 졌지만, 몇 가지만 이야기하겠다. 무엇보다도, 많은 독자들도 잘 알다시피 나는 존 커팅John Cutting의 돌파구적인 저작들, 특히 『정신병의 원리Principles of Psychopathology』에 엄청나게 큰 빚을 지고 있다. 이 책은 내게 하나의 계시 역할을 했고, 그의 생각과 연구, 그와 오랫동안 나눠 온 대화도 큰 힘이 되었다. 거기에서 얼마나 큰 도움을 받았는지 이루 말로 다 할 수 없다. 또 루이스 사스Louis Amorsson Sass와 그의 저서 『광기와 모더니즘Madness & Modernism』, 『환각의 패러독스The Paradoxes of Delusion』도 마찬가지다. 엄청나게 중요한 그들의 저작이 내가 쓴 모든 페이지의 뒤에 있다. 그들의 견해를 충분히 활용할 수 있었든 없었든, 그들은 내가 그 어깨 위에 올라서 있는 거인들이다. 두 사람 모두 나를 관대하게 격려해 주었고, 특히 루이스 사스는 시간을 내어 이 책의 여러 버전을 읽고 여러 가지 귀중한 제안을 해 주었다. 깊이 감사드린다.

원고에 부분적으로, 또 일정 단계에서 원고 전체를 보고 논평해 준 다른 분들에게도 감사해야 한다. 앨윈 리쉬먼Alwyn Lishman, 제프리 로이드 경Sir Geoffrey Lloyd, 데이비드 로리머David Lorimer, 데이비드 맬런David Malone, 존 어니언스John Onians, 크리스토퍼 펠링Christopher Pelling, 앤드루 솅크스Andrew Shanks, 마틴 식스스미스Martin Sixmith, 니콜러스 스파이스Nicholas Spice가 그들이다. 존 웨이크필드John Wakefield에게는 계속 이어지는 원고를 꼼꼼하게 검토하고 무한히 지원해 준 데 대해 매우 특별한 감사를 전한다. 빈틈없는 예리함과 재치를 함께 구사하는 그의 희귀한 재능 덕분에 책은 엄청나게 달라질 수 있었고, 덕분에 수많은 오류를 피할 수 있었다. 흥미롭고 독창적인 저서 『얼굴*Faces*』을 쓴 밀턴 브레너Milton Brener와는 서신을 교환하며 많은 도움을 얻었다. 에드워드 허시Edward Hussey는 그리스어에 관한 조언을, 캐서린 백스터Catherine Baxter, 로테 브레트Lotte Bredt, 마틴 식스스미스는 각각 프랑스어, 독일어, 러시아어에 관해 조언해 주었다. 그럼에도 불구하고 책에 남은 오류는 전적으로 나의 책임이다.

데이비드 히검 출판사의 앤서니 고프와 내 편집자인 피비 클래팜의 꾸준한 지원과 열성적인 헌신에 매우 큰 고마움을 느낀다. 그들의 조언과 제안은 지극히 유익했다. 처음부터 이 책의 가능성을 믿어 준 예일 대학 출판부 전체에도 감사한다. 모르는 게 없는 것 같은 판권 담당자 제니 로버츠에게도 감사해야겠지만, 출판사의 많은 분들이 각기 상이한 방법으로 이 책에 기여해 주었다.

나는 옥스퍼드 대학 올소울스All Souls 칼리지의 학장과 동료 교수들이 보여 준 관대함에 크게 신세지고 있다. 30년도 더 전에 이곳의 선임 연구원으로 처음 선출되면서 나는 내 보조를 지키면서 많은 것을 탐구할 수 있었고, 1990년대에 다시 선출됨으로써 수많은 관심사로 혼잡하던 시간에 학계와의 연대를 계속 유지할 수 있었다. 2002~2004년에 또다시 연구원직을 제안한 그들의 너그러움 덕분에 2004년에 현상학과 두뇌 편중화에 관한 학회를 주관할 수 있었고, 그 학회는 이 책의 탄생에 중요한 역할을 했다. 또 의학계 동료들의 한결같은 친절함과 선량한 유머 감각에 크게 빚졌다. 특히 친구 제레미 브로드헤드와 데이비드 우드는 이 책을 쓰는 데 반드시 필요했던 혼자만의 시간을 내게 마련해 주고자 내 환자들까지 기꺼이 떠맡아 주었다. 그 점을 이해해 준 내 환자들, 또 그들이 꾸준히 제공해 준 영감과 교훈에도 감사한다.

The Divided Brain and
the Making of the Western World

주인과 심부름꾼

이 책은 우리 자신과 세계에 대해, 우리가 어떻게 하여 지금 있는 곳에 오게 되었는지를 이야기한다. 비록 내용상 정신이 물질과 만나는 장소인 인간 두뇌의 구조를 주되게 다루고 있지만, 이 책은 궁극적으로 그것을 창조해 내는 데 두뇌도 일조한 세계의 구조를 이해하려는 시도이다.

의식과 두뇌가 어떤 관계에 놓여 있든지 간에, 우리가 경험하는 세계를 존재하게 한 과정에서 두뇌가 어떠한 역할도 하지 않았다고 보지 않는 한, 두뇌의 구조는 중요한 주제가 아닐 수 없다. 그것이 중재한 세계, 우리가 알고 있는 세계의 구조를 이해하는 힌트가 거기서 나올지도 모른다. 아주 간단한 질문을 던져 보자. 두뇌는 왜 그토록 단순명쾌하고도 심원하게 양분되어 있는가? 우리의 두뇌를 이루는 두 개의 반구半球는 왜 비대칭적인가?

좌左와 우右의 반구 간 차이라는 주제에 관한 연구는 지금까지 별로 좋은 성과를 거두지 못했다. 이 주제에 관한 견해는 19세기 중반에 그 차이가 처음 인식된 이후 여러 단계를 거쳤다. 두 반구가 똑같지 않고, 언어에 관련된 기능의 비대칭성, 즉 좌반구가 더 우세한 불균형이 뚜렷하다는 사실이 인식된 이후 이에 관한 견해는 여러모로 변했다.

처음에는 감각과 운동 분야에서 각 반구가 신체의 반대쪽(대각선 방향) 부위를 통제하는 책임을 지고 있다는 것 외에 언어가 좌우반구의 주요한 차이라고 생각했다. 즉, 좌반구의 특징이자 임무가 언어라고 생각한 것이다. 반면에 우반구는 본질적으로 '침묵하는' 두뇌로 여겨졌다. 그러던 중에 시각적 심상心象을 다루는 솜씨에서는 우반구가 좌반구보다 더 낫다는 사실이 밝혀졌다. 그리하여 우반구에도 좌반구의 언어 기능에 필적하는 기능이 있다는 견해가 정립되었다. 좌반구는 언어, 우반구는 그림을 담당한다는 것이었다.

하지만 이제는 좌우반구가 모두 언어든 그림이든 똑같이 다룰 수 있음이 알려졌다. 그 뒤로 좌우반구에 각기 어떤 기능 조합이 분배되어 있는지 규명하려는 노력은 대개 폐기되었다. 확인될 수 있는 인간 행동은 어느 정도는 양쪽 반구의 기능에 모두 의존한다는 증거가 계속 발견되었기 때문이다. 실제로 양쪽 반구의 기능은 중복되는 것이 엄청나게 많다. 반구 간의 차이를 해명해 줄 열쇠를 찾으려는 열성은 시들었고, 신경학자가 이 주제의 가설에 관심을 가지는 것은 더 이상 존경받을 일이 아니게 되었다.

대중들이 인식하게 된 반구 간 차이에 대한 통념들을 생각한다면, 이런 사태는 전혀 놀랄 일이 아니다. 그 동안 좌반구는 합리적이나 쩨쩨하고 현실적이지만 지루하고, 우반구는 뜬구름 잡는 것 같고 인상주의적이지만 창조적이고 신나는 것이라는 통념이 다양하게 변주되어 나타났는데, 사실 이는 실제 사실과 크게 어긋나는 이야기도 아니다. 이는 셀러W. C. Sellar와 이트먼R. J. Yeatman이 내놓은 불멸의 구분법인 '둥근머리족과 기사족'을 연상시키는 공식이다. 둥근머리족은 올바르지만 밉상이고, 기사족은 행실은 나쁘지만 낭만적이라는 것이다. 실제로는 두뇌의 두 반구 모두 언어와 이성에 결정적으로 개입되어 있고, 창조성 면에서도 각기 맡은 역할이 있다.

잘못된 대중적 통념에서 가장 터무니없는 부분은 엄격하고 논리적인 좌반구는 남성적이고, 몽롱하고 민감함 우반구는 여성적이라는 착각일 것이다. 이런 식으로 양쪽 두뇌 반구를 성별과 결부시킬 수 있는 증거가 한두 개쯤은 있을지 몰라도, 이런 착각을 뒤집는 증거가 더 많다. 하지만 그런 증거는 맥락이 다른 이야기이므로, 이 책에서는 다루지 않을 것이다. 이런 유의 대중적 오해 때문에 의기소침해진 신경과학은 발견된 내용을 축적하는 필수적이고 오류가 적은 방식으로 돌아갔고, 일단 축적된 내용의 의미를 더 넓은 맥락에서 파악하려는 시도를 많은 부분 포기했다.

그러나 나는 두뇌의 두 반구가 달라지는 방식이 그냥 제멋대로인 것 같지 않다. 그저 공간이 필요해서, 아니면 분업할 필요가 있어서 좌우반구가 순전히 우연한 요인에 따라 임무를 나눠 맡지는 않았을 것 같다는 얘기다. 만약 그렇다면, 공간이 허락되는 한 특정한 두뇌 행동들이 두 반구 사이에서 활발하게 교환되며 똑같이 잘 작동되어야 마땅하다. 다행히 이런 의구심을 품은 것은 나만이 아니었다. 경영 교육자나 광고 카피라이터 등 온갖 사람들이 이런 생각을 마치 자기 것인 양 들고 나왔고, 급기야 이 분야의 가장 박식한 사람들이 이 문제의 해명 작업에 뛰어들었다.

세계에서 이 주제에 관한 한 최고로 박식하다고 인정받는 조지프 헬

리그Joseph Hellige는 두 반구가 우리의 거의 모든 활동에 어떤 방식으로든 개입되어 있는 것 같지만, 두 반구의 정보 처리 능력이나 성향에는 "아주 놀랄 만한" 차이가 있다고 했다. 또 다른 저명한 전문가인 신경학자 라마찬드란V. S. Ramachandran은 반구 간의 차이라는 문제가 왜곡되었다는 점은 인정하면서도, 대중의 관심으로 인해 주된 쟁점이 흐려져서는 안 된다고 경계했다. "주된 쟁점이란, 두 반구가 정말로 각기 다른 기능을 전문화할 수도 있다는 사실이다." 최근에는 정신과 두뇌를 연구하는 신경학자 가운데 가장 회의적이면서도 섬세한 입장을 취하던 팀 크로Tim Crow가 언어의 발달 및 두뇌의 기능적 비대칭성과 정신병 간의 관련성을 자주 언급했다. 그는 심지어 "편중화lateralisation에 입각하여 생각하지 않으면 인간의 심리학/정신의학에서 의미가 통하는 것은 하나도 없다"고 했다.

이로써 두뇌 비대칭성과 각 반구의 전문화라는 문제가 일반인이나 전문가들에게 모두 중요한 쟁점임이 입증되었다. 문제는 '무엇의 중요성인가?' 하는 것만 남는다.

나는 양쪽 반구 사이에는 문자 그대로 무수한 차이가 있다고 믿는다. 그것이 정확하게 어떤 차이인지 알려면 관련이 없어 보이는 영역까지 가로질러 가야 한다. 신경학과 심리학뿐만 아니라, 철학과 문학·미술은 물론이고, 고고학과 인류학까지도 어느 정도 고려 범위에 넣어야 한다. 모든 학문 영역에서 폭발적으로 늘어나는 정보량으로 인해 진정한 전문가를 자처할 수 있는 사람은 점점 더 좁은 분야의 전문가로 한정되고 있다. 부분적으로는 바로 이 때문에, 나는 각 영역과 분야의 경계를 넘나드는 시도를 할 가치가 있다고 생각한다. 지식은 움직이는 것으로, 어느 시점에서 보든지 확실한 지식은 없다. 그저 나의 시도와 내가 하려는 말이 다른 사람들의 생각과 공명하고, 나보다 더 자격 있는 분들의 생각을 자극할 계기로 작용한다면 더 바랄 것이 없겠다.

나는 좌우의 두뇌 반구가 여러 가지 중요한 면에서 상이하다고 믿게 되었다. 양 반구 사이에 일관된 차이가 있음을 충분한 근거 위에서 증명하는 발견은 넘칠 정도로 많다. 특히 신경심리학과 해부학, 생리학, 화학 분야에서 이런 발견이 많이 이루어졌다. 하지만 내가 '의미 있다'고 하는 것은 이런 차이에 일관된 유형이 있다는 것 이상을 뜻한다. 그것은 필수적인 첫걸음이다. 나는 이 단계를 넘어 더 나아가려고 한다. 그래서 양 반구가 보이는 차이들의 일관된 양식이 우리 경험의 여러 면모를 설명하는 데 도움이 되며, 그럼으로써 그것이 우리 삶의 기준에서 볼 때 뭔가를 의미하며, 서구 세계에 공통되는 우리 삶의 궤적을 설명하는 데 도움이 된다고 주장하려 한다.

나의 논지는 인간인 우리에게는 근본적으로 상반되는 현실, 두 개의 상이한 경험 양식이 있다는 것이다. 이 각각의 양식은 인식 가능한 인간 세계를 형성하는 데 지극히 중요하며, 그 차이는 두 개의 반구로 이루어진 우리의 두뇌 구조에 근거하고 있다고 나는 본다. 두 개의 반구는 서로 도와야 하지만, 나는 이 둘 사이에 일종의 권력투쟁 같은 것이 벌어지고 있으며, 현대 서구 문화의 많은 부분이 그 작동으로 설명된다고 믿는다.

■ 이 책의 구조

이 책은 책이 서술하는 두뇌처럼 두 부분으로 나뉜다.

1부에서는 두뇌 자체에, 그리고 그것이 말해 주는 내용에 집중하려 한다. 그리하여 두뇌의 진화와 양분되고 비대칭적인 두뇌의 본성을, 음악과 언어의 발전이 무엇을 뜻하는지를, 두뇌의 각 부분에서 일어나는 일에 대해 우리가 무엇을 알고 있는지를 살펴볼 것이다. 두뇌의 각 부분이 하는 일 가운데 무엇이 그토록 다른가? 한때 반구 한쪽에서만 일어난다고 생각했던 거의 모든 일이 다른 쪽 반구에서도 일어난다는 것을 이제 다들 알고 있다. 그렇다면 반구 간 차이에 대한 탐색이 향하는 곳이 어디인지를 봐야 하는가? 그렇다. 모든 문제는 내가 주장하는 좌반구적 사고방식에 우리가 너무 익숙해져 두뇌가 하는 일에만 집착한다는 데 있다.

나는 '기계 모델'로는 우리가 가야 할 길의 중간까지밖에 못 간다고 생각한다. 문제는 '무엇what'이 아니라 '어떻게how'에 있다. 여기서 '어떻게'란 '행동하는 수단'(기계 모델처럼)이 아니라 '행동하는 태도'를 뜻한다. 기계에는 이런 것을 요구할 수 없다. 내가 관심 있는 것은 순수한 '기능'이 아니라 존재 방식이다. 그것은 살아 있는 존재만이 가질 수 있는 것이다.

우리의 의미론적 언어를 담당하는 센터가 그저 어쩌다가 우연히 두뇌의 왼쪽 반구에 자리 잡게 되었다는 말인가? 언어처럼 복잡한 기능을 한곳에 보관하는 일이 그토록 중요하다면, 왜 언어는 좌반구만이 아니라 우반구에도 의존할까? 음악은 정말로 언어에서 만들어진 쓸모없는 파생물일 뿐인가? 아니면 좀 더 심오한 어떤 것인가? 도대체 우리에게는 왜 언어란 것이 있는가? 소통을 위해? 생각을 위해? 그것도 아니라면 무엇을 위해서인가? 우리는 왜 양손을 다 쓰지 않고 오른손이나 왼손만을 쓰는가? 신체는 우리의 존재 방식에 본질적인 것인가? 아니면 그저 두뇌를 위한 유용한 연료 보급처이자 동력 시스템에 불과한가? 감정emotion은 정말 우리의 올바른 판단과 평가를 도와주는 인지認知·cognition의 보조자에 불과한가? 아니면 조금 더 근본적인 어떤 것인가? 한쪽 반구가 사물의 맥락 속에서 무언가를 볼 때, 다른 쪽 반구는 그것을 용의주도하게 맥락에서 이탈시키는 것이 왜 문제인가?

두뇌 반구에 관한 일반적 통념 가운데 대표적인 것은, 좌반구는 정보를 고립된 단편으로 다루는 경향이 더 크고 우반구는 실체를 하나의 전체로, 곧 '게슈탈트Gestalt'〔 '형태, 형상'을 뜻하는 독일어로 형태심리학의 중추 개념이다. 심리 현상은 개별 요소들의 단순한 합이 아니라, 전체성을 갖는 동시에 구조화되어 있다는 개념〕로 다룬다는 생각이다. 실제로 언어는 순차적으로 처리되고 그림은 한꺼번에 통째로 인식되므로, 이 생각은 언어적/시각적이라는 외형적 이분법의 기초를 이루며 그것을 설명하는 데 도움이 될 수도 있다. 하지만 이 문제에서도 좌우반구의 구분이 갖는 잠재적 중요성은 간과되어 왔다. 만약 그 통념이 사실이라면 반구 간 차이의 중요성은 아무리 강조해도 지나치지 않을 것이다. 또, 한쪽 반구는 은유를 이해하는데 다른 쪽 반구는 이해하지 못한다면, 그것은 두뇌 어디에선가 처리되는 문학적 기능이라는 사소한 문제가 아니다. 그것은 우리가 세계를, 또 우리 자신을 어떻게 이해하는가 하는 문제와 직결된 사실이다. 바로 이것이 내가 보여 주려고 하는 것이다.

한쪽 반구가 새로운 어떤 것에 맞춰 조율된다면 어떨까? 그것 역시 전문적인 형태의 '정보처리 과정'인가? 우리를 결정론에서 해방시키는 데서 모방은 어떤 역할을 맡고 있는가? 이 책 전체에서 나는 이 질문을 여러 가지 형태로 던지려 한다. 물론 이런 질문을 던진 것이 내가 처음은 아니다. 또 이 질문에 대한 대답도 하나만이 아니고, 대답의 종류도 여러 가지다. 하지만 우리는 이에 대해 결정적인 대답을 기대할 만큼 바보가 아니다. 나는 다만 내가 제시하는 대답으로 우리 자신을, 우리의 역사와 우리가 살고 있는 세계와의 관계를 좀 다르게 생각해 보라고 말하고 싶다.

세상은 우리가 그것에 대해 취하는 태도에 따라, 그것에 보이는 관심의 유형에 따라, 우리가 그것에 대해 갖는 성향에 따라 변한다. 양쪽 반구 간의 가장 근본적인 차이가 각각의 반구가 세계에 보내는 관심의 유형에 있는 만큼, 이는 중요하다. 세상이 변한다는 명제가 중요한 이유는 또 있다. 일부 지역에 널리 퍼져 있는 '두 가지 대안이 있다'는 가정이 그것이다. 즉, 사물은 '저 바깥에' 존재하며 그것을 탐색하거나 해체하는 기계장치로도 변하지 않는다는 생각(순진한 사실주의, 과학적 유물론)과, 사물은 결국 우리의 창조물이고 우리의 마음이 만들어 낸 주관적 현상이므로 우리가 원하는 대로 얼마든지 처리할 수 있다는 생각(순진한 관념론, 포스트모더니즘)이 있다. 이런 입장 사이의 거리는 보이는 것만큼 그렇게 멀지 않다. 양편 모두 상대방을 존중하는 태도가 확연히 부족할 따름이다. 사실 나는 우리와 별개로 존재하는 것들이 있다고 믿지만, 그것들을 존재하게 만드는 과정에서 우리가 결정적인 역할을 했다고 본다.

이 책의 중심 주제는 '우리가 관계를 맺게 된 상대방은 어떤 존재인가?'라는 질문을 던질 수 있는 근본적인 기초로서, 우리가 세계와 인간에 대해 갖는 성향이 중요하다는 점이다. 우리가 맺은 관계가 우리가 세계를 대하는 성향의 기초가 아닌 것이다. 우리가 쏟는 관심의 종류는 실제로 세상을 바꾼다. 문자 그대로 우리는 창조의 파트너이다. 이는 우리에게 중대한 책임이 있다는 뜻이다. '책임'이란 우리가 우리와 별개로 존재하는 것들과 나누는 대화의 상호적 성격을 포착하는 단어이다. 나는 이런 쟁점에 대해 우리 시대의 철학이 무슨 말을 하는지 살펴보려 한다.

마지막으로, 나는 인간 세계의 본성을 두고 벌어지는 대부분의 논란은 근본적으로 두 개의 반구가 우리에게 제공하는 두 가지 상이한 '버전versions', 곧 두 개의 세계관이 있다는 사실을 이해할 때 밝혀질 수 있다고 믿는다. 그것들은 서로 반대되며, 격리될 필요가 있다. 두뇌가 두 개의 반구로 이루어진 것은 그 때문이다.

세계를 보는 상이한 버전이 있고 그것들을 조화시켜야 한다면, 우리는 세계를 어떻게 이해해야 하는가? 현실을 감당하고자 모델과 은유를 채택해야 하는가? 왜 우리는 한 가지 특정한 모델에 그토록 철저하게 지배되어, 그것이 전체에 널리 확산되었다는 사실조차 알아차리지 못하는가? 이를 다루는 부분은 두 반구 사이의 특정한 관계를 성찰하는 말로 끝맺을 것이다. 그것들은 일상적으로 공존하는 것처럼 보이지만 근본적으로 상이하게 조합된 가치들을 지녔고, 우선순위도 다르며, 그렇기 때문에 장기적으로는 갈등을 피하기 힘들다. 각각은 결정적으로 중요하고 또 서로 다른 이유로 상대편을 필요로 하지만, 결국은 갈라서게 되는 운명이다.

이 책의 2부에서는 내가 두뇌 반구를 이해하는 방식에 따라 서구 문화의 역사를 살펴볼 것이다. 이런 이해 방식은 어쩔 수 없이 부수적이고, 상당히 단편적이며 초보적일 것이다. 하지만 세계가 우리의 관찰이나 관심, 상호 작용과 무관한 것이 아니라면, 정신이 최소한 두뇌에 의해 중재되기라도 한다면, 두뇌는 우리가 만들어 낸 세계에 흔적을 남긴다고 보는 편이 타당할 듯싶다. 나는 문자와 화폐를 발명하고 과학과 예술, 특히 연극을 꽃피웠던 고대 그리스에서 시작하여, 그것을 발생시킨 두뇌에 관해 지금까지 밝혀진 내용과 공명하는 문화사적인 측면들에 사람들이 관심을 가져 주기를 바란다.

간단하게 말해, 나는 전두엽 기능이 활성화되어 세계로부터 '필수적 거리necessary distance'라 불리는 것이 발달한 사실과 서구 문화사가 관련이 있다고 믿는다. 이러한 발달은 반구의 독립성을 증대시키도록 요구했으며, 이에 따라 좌우반구는 각기 특징적인 기능을 발전시키면서도 한동안은 서로 조화롭게 각자의 기능을 실행해 나갔다. 그러다가 시간이 흐르면서 각 반구의 자의식이 획기적으로 성장하여 협력이 점점 더어려워졌다고 본다. 그로 인해 불안정성이 심해졌는데, 이는 더욱 극단적인 입장들이 교대로 들어섰다는 사실로 입증된다. 진자는 계속 왕복했지만, 권력의 균형은 그것이 가서는 안 되는 쪽으로 옮겨졌다. 즉, 왼쪽 반구가 만들어 낸 '부분 – 세계part – world' 쪽으로 점점 더 기울어진것이다. 르네상스 이후 서구 문화에서 관행적으로 확인되는 주된 변화를 보건대, 이 과정을 거꾸로 되돌리려는 시도와 스위치백switchback〔오르내리는 경사를 반복적으로 만들어 놓고 아래로 쏠리는 힘을 이용하여 오르도록 설계한 길〕은계속 있어 왔다. 현대에 들어서기 전까지는.

지금의 역사적 시점에서 이 주제가 우리에게 갖는 의미는 이것이다. 두 개의 반구는 모두 개인의 경험에 결정적으로 중요한 역할을 맡으며, 나는 둘 다 우리 문화에 중대한 기여를 했다고 믿는다. 한쪽은 다른 쪽을 필요로 한다. 그럼에도 반구 사이의 관계는 대칭적으로 보이지 않는다. 말하자면 좌반구가 궁극적으로 우반구에 거의 기생하다시피 의존하는 점에서 비대칭적 관계인데, 좌반구는 이 사실을 모르고있는 것 같다. 도리어 좌반구는 놀랄 정도의 자기 확신으로 가득 차 있다. 두뇌가 비대칭적인 만큼 두뇌에서 발생한 투쟁 역시 비대칭적이다. 내가 바라는 것은, 사람들이 상황을 제대로 이해한다면 너무 늦기전에 사태를 바로잡을 수 있지 않을까 하는 것이다.

그러므로 결론은 지금 우리가 살고 있는 세계에 집중된다. 나는 그것이 마치 일종의 자기 반사적인 가상 세계를 창조하는 좌반구에 출구가, 거울의 방에서 나갈 출구가 없어지는 상황, 우반구가 우리를 이해시켜 줄 현실로 나아가는 출구가 없어지는 상황이라고 주장한다. 과거에는 자의식적인 마음의 폐쇄적 시스템 밖에서 들어오는 힘으로 균형이 유지되었다. 우리 문화에 구현되어 있는 역사나 자연 세계 그 자체, 우리가 점점 더 거기에서 소외되는 이 두 가지 외에, 일차적으로 우리 존재가 구현된 본성인 예술과 종교가 그런 힘이었다. 그런데 우리 시대에 이르러 이것들은 모두 뒤집혔고, 가상 세계에서 탈출할 길은 막혀 버렸다. 점점 더 기계적이고 단편화되고 맥락과 단절된 세계, 무근거한 낙관주의와 편집증의 혼합물, 공허감 같은 것들이 장애를 겪는 좌반구의 거칠 것 없는 행동을 반영하며 등장했다고 나는 믿는다. 이런 상황에 대해 우리가 무엇을 할 수 있는지, 혹은 무엇을 할 필요는 없는지 몇 가지 결론적인 생각만 말해 보겠다.

오늘날 우리는 다시 균형을 잡는 일에만 몰두하느라, 간혹 분석적 논의에 쓰이는 도구에 회의적인 태도를 보이기도 한다. 내 입장은 그와 정반대이다. 우리 시대에 이성과 언어는 이성과 언어 양쪽에서 심각한 위협을 받고 있다.

언어가 은폐된 진리를 담고 있다는 말은 언어가 진리를 은폐하는 기능이 있다거나, 더 심하게 말하면 진리 따위는 없다는 말이 아니다. 이와 똑같이 한번도 언어에 대해 의문을 품은 적이 없는 사람들이 언어를 속이고 무시한다는 사실, 문제의식을 갖고 주제를 보지 않는 사람들이 진리를 너무 쉽게 내세운다는 사실에 눈감아선 안 된다. 마찬가지로 이 책은 이성을 훼손하는 사람들에게는 아무것도 줄 것이 없다. 이성은 상상력과 함께, 두 반구의 협력 덕분에 우리가 갖게 된 가장 귀중한 것이다. 내가 맞서 싸우는 대상은 오직 지나치거나 자리를 잘못 찾은 이성주의뿐이다. 이런 이성주의는 한 번도 이성의 판단에 승복한 적이 없고, 도리어 그것과 갈등한다.

다시 말하거니와, 나는 결코 과학에 반대하지 않는다. 과학은 그 자매인 예술이 그렇듯이 양쪽 반구 모두의 자손이다. 나는 오로지 전혀 과학이 아닌 편협한 물질주의에 반대할 뿐이다. 과학은 인내심 있고 자세하게 세계를 대하는 관심, 그 이상도 이하도 아니다. 그것은 우리 자신과 세계에 대한 이해의 본질이다.

■ 두뇌의 구조가 왜 중요한가?

인간 정신의 최고 수준의 업적인 철학과 예술을 두뇌의 구조와 결부시키는 것은 좀 환원주의처럼 보일지도 모른다. 하지만 나는 그렇지 않다고 생각한다. 우선, 설령 정신이 물질로 환원될 수 있다손 치더라도 그렇게 되면 우리는 반드시 물질이 무엇인가란 생각을 하도록 똑같이 몰아붙일 것이며, 그럼으로써 물질이 정신만큼이나 특별한 어떤 것이 될 수 있고 또 되도록 만들 것이기 때문이다. 그러나 이 문제를 별도로 한다면, 우리가 세계를 경험하는 방식, 우리가 경험할 세계에 무엇이 있는가 하는 것은 두뇌가 작동하는 방식에 달려 있다. 우리는 그 사실을 기피할 수도 없고, 기피하려고 할 필요도 없다.

가장 기본적인 차원에서 말한다면, 우리는 경험의 잠재적 대상 가운데 일부(고주파수나 저주파수의 음향 같은 것들)를 접할 수 없는데(박쥐나 곰 같은 동물은 이를 감지할 수 있겠지만), 이는 단지 우리 두뇌가 그것들을 다루지 않기 때문이다. 또 두뇌의 일부가 없어지면, 그와 함께 유용한 경험도 한 무더기가 사라진다는 것을 우리는 알고 있다. 하지만 그렇다고 해서 존재하는 모든 것이 두뇌 속에 있다는 말은 아니다. 오히려 이 사실은 그럴 수가 없음을 증명한다. 또 우리의 정신적 경험이 우리가 두뇌 차원에서 관찰하고 묘사할 수 있는 딱 그만큼이라는 말도 아니다.

하지만 내 목적이 세계를 더 잘 이해하려는 것이라면, 나는 왜 두뇌에 대해서는 신경을 끊고 그냥 정신만 상대하지 않을까? 나아가, 왜 두뇌 구조에 관심을 가져야 할까? 그것은 과학자들이 흥미를 느낄 만한 학구적 관심사일 수는 있어도, 두뇌가 계속 작동하는 한 일반인들에겐 큰 문제가 아니지 않은가? 어쨌든 내가 그 구조를 잘 몰라도 내 위장은 잘 작동하고 있지 않은가?

마음과 두뇌의 관계를 어떻게 받아들이든, 특히 이 두 가지가 같은 것이라고 믿을 때는 두뇌의 구조가 어떤 사실을 말해 줄 가능성이 크다. 아무리 가장 깊은 중심부까지 탐색한다 하더라도 우리가 두뇌를 조사할 수 있는 것은 '바깥으로부터' 뿐이다. 하지만 마음에 대해서는 아무리 객관화하더라도 '안쪽으로부터'만 알 수 있다. 그것보다는 두뇌의 구조를 보는 편이 쉽다. 구조와 기능은 밀접하게 관련되어 있으므로 두뇌 구조는 정신적 경험의 본성에 대해, 또 세계에 대한 우리의 경험에 대해 뭔가를 말해 줄 것이다. 이 때문에 나는 두뇌의 구조가 중요하다고 본다. 하지만 비록 특정 반구와 관련되어 있음이 밝혀진 신경심리학적 기능과 관련지어 두뇌 구조를 보기 시작했지만, 내가 세운 목표는 순수하게 우리 경험의 면모들을 밝히는 데 있다.

프로이트Sigmund Freud는 신경학이 충분히 발전하고 나면 경험과 두뇌 구조를 연결해 볼 수 있으리라고 예측했다. 무엇보다도, 속속들이 신경학자인 그는 자신이 묘사한 정신적 실체와, 자기들 간의 갈등을 통해 우리 세계를 성립시킨 이드id · 자아ego · 초자아super ego가 두뇌 내부의 구조와 더 엄밀하게 동일시될 것이라고 믿었다. 그는 두뇌가 단지 경험을 중재하는 데 그치지 않고 그것을 형성하기도 한다고 믿은 것이다.

나 자신이 체현된 자아를 볼 때 우리는 과거를 돌아보는 것이다. 하지만 그 과거는 죽은 것이 아니다. 마치 우리가 죽지 않은 것처럼. 과거는 지금 여기서 매일같이 우리가 수행하는 어떤 것이다. 정신분석학을 세운 또 한 명의 창시자인 융Carl Gustav Jung은 이 점을 날카롭게 인지

했으며, 우리 신체가 그렇듯이 정신생활의 많은 부분도 그 연원이 아주 오래전으로 거슬러 올라갈 것이라고 짐작했다.

> 인간의 신체가 오랜 진화의 역사를 배경으로 하는 신체 기관의 온전한 박물관인 것처럼, 마음도 비슷한 방식으로 조직되었으리라 생각하게 된다. …… 우리는 그 자체의 역사가 모두 담겨 있는 고도로 분화된 두뇌를 신체와 함께 부여받았다. 그것이 창조적이라면 그 창조성은 이 역사에서, 인류의 역사에서, 오랜 세월을 거쳐 온 자연의 역사에서 만들어진 것이다. 그 자연의 역사는 까마득한 과거로부터 생명체 속에 담겨 전달된 두뇌 구조의 역사이다.[1]

두뇌를 지탱하는 신체가 그랬듯이 두뇌도 진화했으며, 현재도 진화하는 중이다. 하지만 두뇌의 진화는 신체의 진화와 다르게 진행되었다. 신체의 다른 기관들과 달리, 두뇌에서는 나중에 이루어진 발전이 그 이전에 이루어진 진화 내용을 완전히 갈아치우지 않고 그 위에 덧씌워진다.[2] 두뇌의 고급 기능을 대부분 중재하는 두뇌 외곽 부위인 피질皮質·cortex과 의식의 대상들은, 그 아래쪽에 있으면서 무의식 차원에서 이루어지는 생물학적 규제를 담당하는 피질 하부 구조에서 생성되어 나온 것들이다. 가장 최근에 진화한 신피질新皮質·neocortex인 전두엽前頭葉·frontal lobe이 우리 두뇌에서 차지하는 비중은 인간과 가까운 다른 동물들보다 더 큰데, 이 부위는 우리를 인간으로 표시해 주는 복잡한 활동을 대부분 중개한다. 즉 계획하기, 결정하기, 관점적 사고, 자기절제 같은 활동이 이 부위에서 중개된다. 한 마디로, 두뇌의 구조는 두뇌의 역사를 반영한다. 두뇌는 진화하는 하나의 부위가 다른 부위의 변화에 반응하여 변화하는 역동적인 시스템으로 움직인다.

나는 프로이트가 밝히는 데 기여한 의지와 욕구, 의도와 행동 사이의 갈등, 우리가 사는 세계를 인식하는 온갖 방식들 사이의 갈등이 단지 심리학자와 정신과 의사들만이 아니라 철학자와 온갖 부류의 예술가를 포함한 우리 모두가 일상생활에서 가져야 할 관심거리라고 생각한다. 마찬가지로 두뇌 구조가 정신에 영향을 미치는 방식도, 신경학자나 정신과 의사만이 아니라 정신과 두뇌를 가진 모든 사람과 관계된 문제라고 생각한다. 결국 우리 경험의 상관 변수들이 두뇌 속에서 묶이고 조직되는 방식에 일관성이 있음이 밝혀진다면, 또 이런 기능이 인식 가능한 전체를 형성하여 경험 영역에 반응하며, 두뇌 차원에서 서로 어떻게 연결되는지를 알게 된다면, 그것은 우리 정신세계의 구조와 경험에 빛을 던져 줄 것이다. 이런 의미에서 두뇌는 세계의 은유이며, 사실 그럴 수밖에 없다.

■ 반구가 둘이라는 사실의 중요성

두뇌 내부는 무척 조밀하게 서로 연결되어 있는데, 쉽게 예상할 수 있듯이 가장 가깝고 조밀한 연결은 바로 인접한 구조 사이에서 형성되는 국소적 연결이다. 그러므로 두뇌는 일종의 거대한 나라와도 같다. 마을과 읍과 군과 현과 주 등의 둥지로 이루어진, 나아가 부분적으로 독자성을 지닌 국가나 주州로 연결된 구조와도 비슷하다.

하나의 층위에는 다양한 핵들nucleus(ganglia)의 집적체가 있고, 또 다른 층위에는 특정한 회回·gyrus(능선)와 구溝·sulcus(피질의 주름, 홈, 열구裂溝) 안에 있는 조직의 초점과 더 넓은 기능적 구역이 있고, 그것들이 두엽頭葉(전두엽, 후두엽, 측두엽, 두정엽)을 형성하고, 궁극적으로는 이런 두엽들이 두뇌 반구를 형성하는 구조이다. 의식이 두뇌 내부의 조밀하고 복잡한 신경세포(뉴런neuron)의 상호 연결로만 중개된다는 것이 참이라면, 이 구조는 의식의 본성에 중대한 영향을 미칠 수밖에 없다. 두뇌는 단지 뉴런이 무차별적으로 모인 무더기가 아니다. 이 무더기의 구조가 중요하기 때문이다. 특히 조직의 가장 높은 층위에서 중개자로서든 의식의 발원자로서든 두뇌가 둘로 나뉘어 있다는 점은 의미심장하다.

영국의 위대한 생리학자인 찰스 셰링턴 경Sir Charles Sherrington은 100년 전에 이른바 '반대편 처리장치opponent processor'가 감각운동통제sensorimotor control의 기본 원리라고 주장했다. 이 말의 의미는 간단한 일상적 경험을 떠올리면 금세 이해할 수 있다. 만약 왼쪽으로 미세하게 움직이면서 동시에 오른손으로 섬세한 동작을 하고 싶다면, 왼손으로 오른손을 붙잡는 동시에 오른쪽으로 약간 밀어 주는, 몸의 균형을 잡는 '카운터밸런싱counterbalancing' 동작을 하면 된다.

나는 두뇌가 어떤 의미에서는 '반대편 처리장치 시스템'이라고 주장한 마르셀 킨스번Marcel Kinsbourne의 말에 동의한다. 달리 말하면 이는 상반된 영향을 받아 복잡한 상황에 미세하게 반응할 수 있는 서로 반대되는 요소를 두뇌가 갖고 있다는 뜻이다. 킨스번은 두뇌 내부의 상반된 요인들 가운데 중요한 세 쌍을 지적한다. '위/아래'(피질이 피질 하부 구역의 더 기본적인 자동적 반응을 금지하는 효과), '앞/뒤'(전두엽이 후두엽에 미치는 금지 효과), '오른쪽/왼쪽'(두 개의 반구가 서로 미치는 영향)이 그것이다.

나는 이런 대립쌍 가운데 '오른쪽/왼쪽'이라는 두 반구의 관계만 주로 다룰 생각이다. '위/아래'와 '앞/뒤'의 다른 대립쌍도 가끔 다루기는 할 것이다. 좌우반구가 피질 하부 구조와 전두엽에게 미치는 영향이 각각 다르기 때문이다. 다른 수많은 경우에서처럼 이 점에서도 좌우반구는 비대칭적이다. 이러한 두 반구의 본래적인 이원성이 이 책의 초점이다. 이 이원성이 우리 주위에서 벌어지는 갈등의 토대이다.

그런데 최근 들어서 우리가 관심을 가져야 하는 방향 전환이 일어났다고 생각한다. 무슨 일이 일어났는지를 알면, 더 유리한 위치에서 그에 대처할 수 있다.

이제 우리의 두뇌를 검토할 준비가 거의 다 되었다. 다만, 출발하기 전에 두어 가지 해 둘 말이 있다. 이를 건너뛰면 독자들이 나를 오해할 위험이 있다.

■ 차이는 절대적이지 않지만, 작은 차이가 커질 수 있다

내가 이 책에서 "좌반구가 이렇다" "우반구가 저렇다"고 하더라도, 독자들은 어느 때고 인간의 두뇌에서는 두 반구가 모두 능동적으로 관련된다는 점을 잊으면 안 된다. 한쪽 반구가 수술로 제거되거나 다른 방식으로 손상된 경우가 아니라면, 거의 모든 정신 활동과 정신적 상태에는 두 반구가 모두 관련된다. 정보는 두 반구 사이에서 끊임없이 전달되며, 1초에도 여러 번 양방향으로 이동한다. 두뇌를 정밀 촬영할 때 포착되는 활동은 전달 경로에 문턱이 설정된 장소에서의 기능이다. 문턱이 낮게 설정되어 있으면, 두뇌의 거의 모든 곳에 정보가 쉽게 전달되어 행동을 완벽하게 포착할 수 있다.

하지만 경험적으로, 우리가 아는 세계는 각기 세계를 이해하는 고유한 방식, 그 자체의 '파악' 방식을 갖고 있는 두 반구의 작업이 종합된 산물이다. 이 종합은 대칭적이지 않으며, 우리가 어느 시점에서 현상적으로 실제 경험하는 세계는 어느 한쪽 반구가 본 세계가 최종적으로 우세한지에 따라 결정된다. 나는 "왼쪽이나 오른쪽 반구가 우세한 성품"이라는 단순화된 생각은 거부하지만, 나중에 가면 특정한 종류의 활동에 대해서는 확실히 개인차에 따라 특정 반구에 대한 선호가 있음을 밝힐 것이다. 물론 인류 전체로 볼 때는 어느 정도 일관성이 있지만 말이다.

아주 낮은 층위에서 좌우반구가 보이는 작은 잠재적 차이가, 더 높은 층위에 가면 더 큰 차이로 발전할 수 있는 이유는 두 가지다.

한 가지 이유는 언스타인R. Ornstein이 주장했듯이, 순간순간 달라지는 활동의 차원에서 좌우반구는 '승자 독식' 시스템에 따라 작동할 수 있다. 즉, 한쪽 반구의 효율성이 다른 쪽 반구의 85퍼센트에 불과한 경우, 우리는 두뇌의 작업을 양쪽에 85:100의 비율로 배당하는 것이 아니라 효율성이 높은 쪽에 작업 전체를 맡기려는 경향이 있다. 그러나 효율성이 떨어지는 쪽 반구가 먼저 들어와서 별로 까다롭지 않은 과제부터 처리하게 되면, 십중팔구 그 반구가 다른 쪽 반구를 제치고 그 과제를 계속 맡게 된다. 이는 공동 작업 체제나 통제권을 이양하는 데 드는 시간 비용이 현재의 작업 배치를 계속하는 데서 오는 손해 비용보다 더 크기 때문일 것이다.

좌우반구의 작은 차이가 상위 층위에서 크게 나타날 수 있는 또 다른 이유는, 그런 승자 독식 효과가 개별적으로는 여전히 작다 할지라도 그런 효과들이 누적되면 전반적으로 큰 편향을 형성하기 때문이다. 특히 한쪽 반구에 대한 반복적 선호는 그것이 상대적으로 대단찮은 것에서 시작되었다 하더라도 유리한 입지를 고착화하는 데 기여하게 된다. 그런 과정이 한쪽 반구에서 효과적으로 진행되면, 그것은 장차 그 반구에 유리한 정보를 보내는 활동을 강화시킨다. "처음에는 반구 간의 작은 차이였던 것이 변화를 겪으면서 복잡해지고 눈덩이 식 메커니즘에 따라 끝에 가서는 광범위한 기능적 비대칭성을 낳게 된다."[3] 반구는 이런 식으로 스스로의 차별화 작업에 개입한다.

이런 비절대주의적인 태도는 우리가 자료를 이해하는 방식에도 영향을 미친다. 한 가지 발견이 완벽하게 타당하고 전반적으로 매우 큰 의미를 지닐 수도 있지만, 상반된 발견도 허용될 수 있다. 일반화는 원래 근사치를 바탕으로 하는 것이지만, 그럼에도 상황을 이해하는 데 일반화가 결정적으로 중요한 역할을 한다는 것은 여전히 사실이다. 섣불리 확실성을 요구하다가는 그런 이해 과정 전체가 완전히 중단될 수 있다.

반면에, 여기에는 일반화가 결코 원칙이 될 수 없다는 뜻도 담겨 있다. 두뇌 반구의 문제에서 전적으로 어느 한쪽으로만 한정되는 요소는 없다고 해도 거의 틀리지 않는다. 내가 밝히려는 반구 간의 차이는 몇 마디 말이나 간단한 개념으로 요약하기에는 너무 미묘하지만, 그럼에도 불구하고 그렇게 할 필요가 있다고 나는 믿는다.

데카르트René Descartes는 위대한 이원론자二元論者였다. 그는 마음mind과 물질matter이라는 두 종류의 실체가 있을 뿐만 아니라 생각에도 두 종류가 있고, 신체 동작도 두 가지, 심지어는 사랑에도 두 유형이 있다고 생각했다. 말할 것도 없이, 그는 인간에도 두 종류가 있다고 믿었다. "세계는 대략 두 종류의 정신으로 만들어졌다."4) 세계는 두 유형의 인간, 즉 세계를 두 인간 유형으로 나누는 부류와 그렇게 하지 않는 부류로 구성되어 있다는 말도 있다. 나는 두 번째에 속한다. 첫 번째 부류는 데카르트적 범주화에 지나치게 몰입하며, 왼쪽 반구 쪽으로 심하게 기울어져 있다. 자연은 두뇌를 쪼갤 때 우리에게 이분법을 주었다. 하지만 그 의미를 알아낸다는 것이 곧 이분법을 행하라는 뜻은 아니다. 이분법은 어떤 조사 결과를 데카르트적으로 엄격하게 해석하는 사람들에게서만 행해진다.

■ 두뇌 조직은 개인마다 다르다

그 다음으로, 반구의 지배와 좌우 편차에서 생겨난 개인차 문제가 있다. 나는 계속해서 '우반구', '좌반구'라는 두 개념을 마치 보편적으로 적용 가능한 것처럼 사용할 것이다. 그러나 실제로는 절대 그렇지 않다. 이 용어는 인간이 처한 여건을 일반화한 산물이다.

생물학적 변수에 대해 이야기하는 것은 일종의 일반화를 전제로 한다. 남자는 여자보다 키가 크다. 하지만 일부 남자들보다 큰 여자들이 있다고 해서 이 주장이 거짓이 되지는 않는다. 한손잡이도 그런 종류의 변수이다. 한손잡이가 단일한 현상이 아니기 때문에 상황은 더 복잡해진다. 다양한 행동과 개인에 따라 한손잡이에도 여러 유형이 있다. 다만 현재 서구에 사는 사람들 중 89퍼센트 정도가 대략 오른손잡이며, 이들의 절대다수가 좌반구에 발언과 의미론적 언어의 중심이 있다. 이것을 '표준 양식'이라고 부르자.[5]

대략 왼손잡이인 나머지 11퍼센트 중에도 변형된 형태가 있을 텐데, 그것은 논리적으로 각기 다음의 세 가지 양식 중 하나에 반드시 속하게 된다. 표준적 양식, 표준적 양식의 단순한 도치invert, 그리고 재배열된 형태가 그것이다. 이 11퍼센트 가운데 과반수는 여전히 발언 중추를 좌반구에 갖고 있고, 대체로 표준 양식을 따르는 것처럼 보인다. 따라서 발언 중심이 좌반구에 있지 않은 사람은 전체 인구의 5퍼센트에 불과하다는 결론이 나온다. 이 중에서 일부는 반구의 단순한 도치 형태일 것이다. 보통 같으면 우반구에서 일어날 일들이 모두 좌반구에서 일어나고, 또 좌반구에서 일어날 일이 우반구에서 일어나는 형태이다.

두뇌 조직 차원에서 정말로 다른 것은 세 번째 집단뿐이다. 이들은 왼손잡이라는 범주의 하부 범주로, 어느 쪽 손을 주로 사용하던지 간에 정신분열증이나 거식증 같은 혹은 분열성 장애를 유발하는 성격이다. 아스퍼거장애Asperger's syndrome나 서번트 신드롬savant syndrome 같은 일부 자폐증에 속하는 사람들도 이 부류에 속한다. 이런 자폐증 유형은 표준 양식이 부분적으로 도치되어 두뇌 기능이 무조건 복합되도록 편중화된 결과로 보인다. 이런 경우에는 기능 간의 정상적인 구역 분할이 와해된다. 그렇게 되면 여러 가지 다른 행동을 수행할 때 특별히 유리해질 수도 있고 불리해질 수도 있다.

이런 비정상적 경우를 다루는 것은 그 자체로 재미있고 나름 중요하겠지만, 이 책의 범위를 넘어선다. 다만 이 마지막 집단과 관련하여 한 가지 사항만은 지적해 둘 만하다. 그것은 양쪽 반구에 '무조건적 기능 정렬unconventional alignments of functions'을 가진 사람들이다. 의미론적·구문론적 언어 중심이 좌반구에서 발달했다는 사실이 좌반구와 관련된 세계를 하나의 전체로 보는 방식을 결정짓는 핵심 요소라면, 그것이 다른 쪽 반구에 배치되거나 보통은 우반구에 속하는 기능이 좌반구로 옮겨질 경우에 여러 가지 다른 결과가 초래될 수 있다. 내가 말하고자 하는 바는 이렇다. 좌반구의 기능인 언어와 통상 우반구에 속하는 기능의 중심이 왼쪽이든 오른쪽이든 하나의 반구에 공존한다면 언어가 보통 우반구의 특징적 방식에 따라 재해석될까, 아니면 그와 반대의 결과가 나타날까 하는 것이다. 즉, 통상 우반구에 속하는 기능들이 좌반구 식으로 사물을 보는 방식으로 변형되는가? 간단하게 말해, 수학 교수를 서커스단에 집어넣는다면 공중 그네 타는 수학자가 될 것인가, 아니면 자신의 도약 궤적을 정확하게 계산하지 않고서는 도약하지 못하는 공중그네 곡예사가 될까?

아마 사람들마다 다르겠지만, 두 가지 시나리오가 모두 전개될 수 있다. 일부는 비범한 천재가 되고, 일부는 보기 힘들 정도의 장애를 나타낼 것이다. 이것이 두뇌 편중화와 창조성 간의 관계일지도 모르고, 이런 가정이 아니면 설명하기 힘든 사실, 즉 전 세계에 걸쳐 상대적으로 일정한 유전자가 보존된다는 사실을 설명해 줄지도 모른다. 유전자 보존은 적어도 일부는 편중화에 영향을 끼쳐 정신분열증이나 조울증 같은 중요한 정신병과 자폐증이나 아스퍼거장애 같은 발달장애를 초래한다. 또 평균 이상으로 높은 비정상적인 편중화에 기인하는 동성애도 이와 관련이 있을지도 모른다. 그런 유전자는, 특히 정신병의 경우에 개인에게 지극히 해로우며, 전체 인구의 생식력에 영향을 미친다. 그러므로 그런 유전자가 전달해야 할 매우 중요한 장점이 있지 않았다면 이미 오래전에 도태되어 없어졌을 것이다. 이런 유전자가 편중화를 유발하여 간혹 비범한 재능을 낳는다면, 특히 모든 유전자가 아니라 일부만 물려받았을 그 친척에게서 이런 결과를 낳는다면 그런 유전자는 순수하게 다원적인 원리에 따라 당연히 보존될 것이다.

실제 상황이 어떻든지 간에, 우리는 정상적인 좌반구와 우반구의 본성을 더 잘 이해할 필요가 있다. 따라서 이 책에서는 전형적인 두뇌 조직만 검토 대상으로 삼자는 것이 나의 제안이다. 그것은 전체의 95퍼센트 이상의 인구에 해당되는, 승자 독식의 규정에 따라 우리가 지금 살고 있는 세계에 보편적으로 적용 가능한 조직이기 때문이다.

■ 본질적인 비대칭성

"우주는 어떤 계획, 어떤 식으로든 우리 지성의 내적 구조에 존재하는 심오한 대칭성에 따라 만들어졌다." 프랑스 시인 폴 발레리Paul Valery 가 한 이 말은 실재의 본성을 들여다본 탁월한 통찰인 동시에 지독하게 틀린 말이기도 하다.

사실 우주에는 '심오한 대칭성'은 없고, 오히려 심오한 **비대칭성**이 있다. 1세기도 더 전에 프랑스 화학자 루이 파스퇴르Louis Pasteur는 이렇게 썼다. "우리에게 드러나는 생명은 우주의 비대칭성의 기능이다. …… 나는 살아 있는 모든 종種은 구조와 외형 면에서 원래 우주적 비대칭성의 기능이라고도 생각한다." 그 이후 물리학자들은 비대칭성이 우주가 처음 생긴 조건이었음이 분명하다고 추론했다. 애당초 물질적 우주가 존재하게 된 것도, 무無가 아니라 뭔가가 존재하게 된 것도 물질과 반反물질의 분량이 서로 달랐기 때문이다. 시간과 엔트로피entropy 〔물질계의 열적 상태를 나타내는 물리량〕에 관한 그런 일방적 공정은 아마 우리가 살고 있는 세계의 근원적인 비대칭성을 보여 주는 사례들일 것이다. 발레리가 어떻게 생각했든지 간에, 우리 지성의 내적 구조는 우리에게 엄청나게 중요한 의미에서 의심의 여지없이 비대칭적이다.

앞에서 말했듯이, 나는 두뇌 반구들의 구조에 근거하는 근본적으로 상반된 두 가지 실재實在가 있다고 믿는다. 하지만 그 둘 사이의 관계는 심장의 좌우 심실만큼이나 대칭적이지 않다. 사실 심장보다도 더 비대칭적이다. 좌우반구의 관계는 예술가와 비평가, 혹은 왕과 신하들의 관계와 더 비슷하다.

니체Friedrich Nietzsche가 이런 이야기를 한 적이 있다. 옛날에 한 지혜로운 정신적 스승이 있었는데, 그는 작지만 부유한 나라의 왕이기도 했다. 그는 백성들에게 아낌없이 헌신하는 것으로 유명했다. 백성들이 번영을 누리고 인구가 늘자 왕국의 영토도 커졌다. 이에 따라 점점 더 멀어지는 지방의 안전을 위해 파견해야 하는 사절과 심부름꾼들을 왕으로서 신뢰해야 할 필요도 커졌다. 처리해야 할 모든 문제를 그가 직접 지시할 수도 없을 뿐만 아니라, 자신은 그런 일에서 거리를 두고 그런 문제를 아예 몰라야 할 필요도 있다는 것이 그의 지혜로운 판단이었다. 그래서 그는 심부름꾼들을 신중하게 골라 믿을 만하게 교육하고 훈련시켰다. 그런데 그가 가장 믿고 일을 맡겨 온, 가장 영리하고 야심이 큰 재상이 제 자신을 신하가 아닌 주인으로 여기기 시작했고, 재산과 힘을 키우고자 지위를 남용했다. 그는 군주의 관용과 인내를 지혜가 아니라 허약함으로 보았다. 또 군주를 대리하여 임무를 처리할 때면 마치 군주인 양 처신했다. 군주를 멸시하게 된 것이다. 마침내 재상은 왕위를 찬탈하고 백성을 억압했다. 나라는 독재국가가 되었고, 결국은 멸망했다.

이 이야기의 의미는 인류만큼이나 오래되었고, 그 의미는 정치사와는 먼 영역에까지 파급된다. 사실 나는 이 이야기가 우리 속에서, 두뇌 속에서 일어나고 있으며, 서구의 문화사 전체에서, 특히 지난 500년 동안 벌어지고 있는 어떤 상황을 이해하는 데 도움을 준다고 생각한다. 왜 그렇게 생각하는지, 그 까닭이 이 책의 주제이다. 나는 이 이야기에 나오는 군주와 재상처럼, 두뇌의 반구는 당연히 서로 협력해야 하지만 한동안 갈등하는 관계였다고 주장한다. 그들 사이에 이어진 투쟁은 철학의 역사에 기록되어 있고, 서구 문화의 역사를 특징짓는 반구 간의 전이로 발현되었다. 현재로는 그 영역이, 우리 문명이 재상의 손에 잡혀 있는 것으로 보인다. 제아무리 재능이 있다 해도, 그는 본질상 자기 이익만 챙기는 효율적이지만 야심적인 지방 관료이다. 그동안 지혜롭게 백성들을 다스려 평화와 안정을 주었던 주인은 사슬에 묶여 끌려간다. 군주가 심부름꾼에게 배신당한 것이다.

1부

양분된 두뇌

The Divided Brain and
the Making of the Western World

비대칭성과 두뇌

두뇌 반구 간의 차이, 그 근본적인 비대칭성이라는 주제는 참으로 오랫동안 사람들을 끌어당겼다. 사실 이 주제에 대한 관심은 2천 년도 더 전으로 거슬러 올라간다. 기원전 3세기의 그리스 의사들은 우반구가 인지認知를, 좌반구가 이해를 특화한다고 주장했다. 이런 주장은 놀랄 만큼 흥미로운 일련의 생각들을 보여 준다.

더 근대로 오면, 의사인 아더 위건Arthur Wigan이 1844년에 깊은 생각을 담은 『정신의 이원성The Duality of the Mind』이란 책을 출간했다. 위건이 이 책을 쓴 것은 살아 있을 때는 눈에 띄는 이상이 별로 없던 사람이 죽은 뒤 부검을 해보면 두뇌의 한쪽 반구가 병으로 망가져 있는 일을 몇 번 겪은 뒤 두뇌에 흥미를 느꼈기 때문이다. 그는 20년 넘게 더 많은 사례를 수집하여 연구한 끝에, 각 반구가 독자적으로 인간의 의식을 지원할 수 있으며, 그러므로 우리는 "분명히 두 개의 두뇌와 두 개의 정신을 갖고 있다."고 결론지었다. 정신병에 걸리는 것은 그 두 개의 두뇌가 상충하는 탓이라는 것이다. 하지만 위건은 두 개의 두뇌가 어떻게 다른지는 말하지 않았고, 그 특성들이 대개의 경우 서로 바뀔 수 있다고 추정했던 것 같다. 이런 태도는 한쪽 반구가 회복될 길 없이 손상될 가능성이 있을 때 진화가 취하는 일종의 '혁대와 멜빵'(이중의 안전 대책) 식 접근법이다.

■ 왜 반구가 두 개인가?

여기서 첫 번째 질문으로 넘어간다. 도대체 두뇌에는 왜 반구가 둘 있는가? 어쨌든 흔히 이해하듯이, 연결 맺기를 기능으로 하는 조직, 거의 완전히 양분된 구조를 갖는 것을 기능으로 하는 조직은 있을 필요가 없다. 현생인류homo sapiens sapiens가 오랫동안 진화해 오는 동안 통합된 두뇌를 갖는 쪽으로 발전했을 수도 있고, 그런 두뇌가 막대한 이익을 가져다주었을 수도 있다. 두뇌가 배태될 때 서로 다른 두 개의 절반에서 발생한다는 것은 사실이다. 하지만 이것이 대답일 수는 없다. 배태된 지 약 5주 만에 원시적 반구 자체가 단일한 중간 구조인 전뇌前腦·prosencephalon에서 발생하기〈그림 1.1〉 때문만이 아니라, 양 반구 자체는 여전히 심하게 분리되어 있기는 해도, 배아 발달기 후반의 어느 단계에 이르면 중간 구조와 두뇌 반구 사이의 연결이 뒤늦게 발생하기 때문이다.

배아의 관점에서 말하자면, 두뇌를 감싸고 있는 두개골은 처음에는 두뇌의 양쪽에서 여러 조각으로 만들어지기 시작하지만 끝에 가서는 하나로 융합된 전체를 이룬다. 그런데 두뇌는 왜 그렇게 되지 않는가? 오히려 두뇌에서는 그와 반대로 해부학적인 분리를 적극적으로 조장

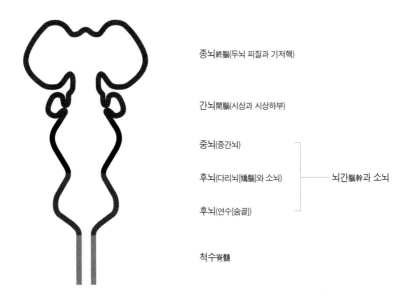

종뇌終腦(두뇌 피질과 기저핵)

간뇌間腦(시상과 시상하부)

중뇌(중간뇌)

후뇌(다리뇌[矯腦]와 소뇌) ———— 뇌간腦幹과 소뇌

후뇌(연수[숨골])

척수脊髓

〈그림 1.1〉 두뇌 반구와 다른 두뇌 부위들의 배아 단계의 기원

하는 경향까지 보이지 않는가.

　우리는 좌우반구의 뿌리 부분에서 둘을 연결해 주는 신경조직의 중심 끈인 뇌량腦梁·corpus callosum〈그림 1.2〉에 대해 오랫동안 모르고 있었다. 그것은 한때는 고작해야 두 반구가 주저앉지 않게 붙들어 주는 일종의 버팀대 정도로 여겨졌지만, 이제는 반구들 간의 소통을 가능하게 해 주는 장치라는 사실이 밝혀져 있다. 하지만 어떤 의미의 소통인가? 그 소통이란 어떤 것인가?

　뇌량에는 각 반구에 속하는 위상적으로 비슷한 구역을 연결하는 섬유가 3~8억 개 가량 있다. 하지만 피질 신경 가운데 이 구역에 연결되어 있는 것은 2퍼센트뿐이다. 게다가 이런 연결의 대다수가 존재하는 목적은 다른 반구가 개입하는 것을 막기 위해서이다. 신경세포는 흥분

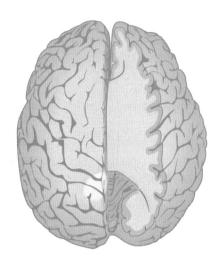

〈그림 1.2〉
위쪽에서 본 두뇌. 뇌량腦梁이 보인다.

성 행동이나 금지성 행동을 할 수 있는데, 홍분성 신경세포는 신경세포들의 추가 행동을 자극하고 금지성 신경세포는 그런 행동을 억제한다. 뇌량에 투사되는 세포의 대다수는 편의적 신경전달물질인 '글루타메이트glutamate'를 분비하는 홍분성이지만, 금지 기능을 하는 신경세포도 상당수 있다. 홍분성 섬유의 끝 부분이 금지성 기능을 하는 말단 신경세포나 중개 신경세포, 혹은 '간間신경세포interneurones'의 상당한 부분에 닿아 있는 경우도 흔하다.

물론 금지란 직설적인 개념이 아니다. 이는 발이 브레이크를 밟으면 차가 멈추는 것과 비슷하다. 신경의 금지는 일련의 행동을 전개시키고, 그 때문에 결과적으로 보면 기능적으로 허용 범위에 들어갈 수도 있다. 하지만 그 증거들을 보면, 뇌량 전달의 주된 효과는 **기능적인** 금지를 만드는 데 있다. 그런 사례가 워낙 많다 보니, 수많은 신경학자들이 뇌량의 목적은 한쪽 반구가 다른 쪽 반구를 금지시키는 데 있다고 주장하기도 했다. 한쪽 반구에서 신경세포를 자극하면 대개 처음에는 잠시 흥분성 반응이 나타났다가, 다른 쪽 반구, 대각선 방향의 반구에서 장시간에 걸쳐 금지가 일어난다. 그런 금지는 범위가 넓어질 수도 있는데, 뇌영상에서 확인되기도 한다.

뇌량이 흥분성 기능도 갖고 있는 것은 분명하다. 즉, 혼란의 예방만이 아니라 정보의 전달도 중요한 것이다. 또 흥분성 기능과 금지성 역할은 둘 다 인간의 정상적 기능에 꼭 필요하다. 하지만 여기서 우리는 분업의 장점에 대해, 또 각 반구가 자체의 현실을 어느 정도로 다룰 수 있는지를 생각하게 된다. 놀라운 일이지만, 뇌량을 모두 절단해 내더라도 그 영향은 거의 없다. 간질을 치료하고자 세계 최초로 두뇌 분할 수술을 했던 외과 의사들은 회복기에 접어든 환자들이 아무 일도 없었던 것처럼 일상생활을 정상적으로 해 나가는 것을 보고 놀랐다.

그렇다면 두뇌가 더 커지면 반구 간의 연결도 그에 따라 늘어날까? 그렇지 않다. 사실은 반구 간의 연결이 두뇌 크기에 비례해 더 줄어든다. 두뇌가 클수록 두 반구의 상호 연결은 줄어든다. 진화는 연결을 늘릴 기회를 붙잡지 않고 그 반대쪽으로 움직이는 것처럼 보인다. 한편으로는 반구 간의 분리와, 또 한편으로 이 이야기가 전개되는 도중에 계속 불거져 나올 문제, 즉 반구 간 비대칭성의 발전 사이에는 밀접한 관련이 있다. 두뇌의 비대칭성이 클수록 뇌량은 더 작아진다는 사실이 밝혀졌기 때문인데, 이는 두뇌 크기와 반구 비대칭성의 진화가 모두 반구 간의 연결 정도가 줄어드는 것과 동시에 진행되었음을 시사한다. 또 궁극적으로, 현대 인간의 두뇌에서 쌍둥이인 양쪽 반구는 두 개의 자율적 시스템으로 규정되었다.

그러므로 신경세포의 분업, 곧 정신적인 과정의 분업에는 정말로 어떤 목적이 있는가? 만약 있다면 어떤 목적일까?

앞에서 킨스번의 견해를 살펴보았다. 그 요지는, '반대편 처리장치'

의 생리학적 원칙을 따라 이원성이 통제를 정교하게 다듬는다는 것이다. 나는 이 말 자체는 옳다고 생각한다. 하지만 그의 이야기는 거기서 그치지 않고 한참 더 나아간다. 왜냐하면 두뇌는 그저 세계를 파악하는 도구만이 아니라 세계를 존재하게 만든 도구이기 때문이다.

마음-두뇌의 문제는 이 책의 주제가 아니며, 그에 대해서 나는 짧게든 길게든 발언할 기술도 공간도 없다. 그러나 이 책이 다루는 주제가 주제이니만큼, 내가 이 문제를 어떻게 생각하는지를 묻는 것도 부적절하다고 할 수는 없다. 그러니 아주 조금만 길을 벗어나 보자.

마음이란 두뇌가 제 자신을 경험하는 것이라 할 수 있다. 그러나 이 공식은 즉각 문제를 일으킨다. 두뇌는 경험이라는 것이 존재할 수 있는 유일한 세계를 구성하는 데 관여하기 때문이다. 두뇌는 경험의 기초를 쌓도록 도와주며, 경험을 하려면 그전에 마음이 있어야 한다. 그러면 두뇌는 마음에 반드시 구조를 부여한다. 그러나 그렇다고 해서 두뇌와 마음이 동일해지지는 않는다. 앞서의 표현을 사용하면 두뇌라는 단어에 초점이 맞춰지기 때문에, 가끔 우리는 '경험'이라는 말썽 많은 단어보다는 '두뇌'라는 단어를 더 잘 이해한다고 착각한다.

명시적으로든 암묵적으로든, 뭔가를 설명해 보려는 시도는 모두 우리가 이미 그것보다 잘 이해하고 있다고 믿는 어떤 것을 설명하려는 대상과 비교하는 데 의거한다. 그런데 의식의 경험을 설명하려 할 때 부딪히는 근본적인 문제는 그것과 비교할 만한 조금이라도 비슷한 것이 전혀 없다는 것이다. 의식 자체가 모든 경험의 토대이다. 그 어떤 것도 의식과 같은 '내향성inwardness'을 갖고 있지 않다. 현상학적으로, 또 존재론적으로, 의식은 고유하다. 앞으로 설명하려고 노력하겠지만, 고유함은 분석할 수 없다. 분석적 과정에는 어떤 것의 고유함을 부정하고 그런 것은 없다고 추정해 버리고 싶은 뿌리치기 힘든 유혹이 있다. 그런데 고유한 실상이라는 것은 다른 어떤 것에도 적용되지 않는 표현 형식으로 포착해야만 한다.

의식이 두뇌의 산물인가? 여기서 분명한 것은, 이 물음에 확실하게 대답할 수 있다고 생각하는 사람은 틀릴 수밖에 없다는 점이다. 우리에게 있는 것은 자신만의 의식 개념과 두뇌 개념뿐이다. 또 우리가 확실하게 아는 한 가지는, 두뇌에 대해 우리가 아는 모든 것이 의식의 산물이라는 점이다. 과학적으로 말해서, 이는 곧 의식 그 자체가 두뇌의 산물이라는 말보다 훨씬 더 확실하다. 그럴지도 모르고 그렇지 않을지도 모른다. 하지만 부정할 수 없는 사실은 **사물**things의 우주가 있다는 생각이다. 그 우주에는 두뇌라 불리는 사물이 있고 마음이라는 사물이 있는데, 과학적 원리에 따라 하나가 다른 하나에서 발생하게 된다는 것이다. 이런 설명은 모두 관념이고 의식의 산물이므로, 세계를 이해하고자 의식이 사용한 특정 모델이 타당한 한에서만 타당하다. 우리는 마음이 물질에 의존하는지 아닌지 모른다. 물질에 대해 우리가 아는 것은 모두 마음이 만들어 낸 것이기 때문이다. 그런 의미에서 데카르트는 옳았다. 부정될 수 없는 한 가지 사실은 우리의 의식이다.

그러나 모두 동의하다시피, 데카르트는 정신과 신체를 별개의 두 실체(두 개의 '무엇what')로 간주했다는 점에서 틀렸다. 이는 내가 보기에 두뇌 좌반구의 특징인 특정한 사고방식, 사물의 '무엇임whatness'에 관심을 갖는 사고방식의 전형적인 산물이다. 존재의 두 가지 상이한 양식(우반구가 보는 대로), 하나의 사물에 있는 두 개의 '어떻게howness'의 문제임이 명백한 상황에서, 그는 이 문제를 오직 두 개의 '무엇임'에 관한, 두 개의 상이한 사물thing에 관한 문제로만 만들었다. 이는 마찬가지로 사물의 무엇임만을 다루며 정신과 신체가 같은 사물이라는 반反데카르트주의, 곧 물질주의적 사유를 유도한 잘못된 관심이었다. 마음이나 신체가 하나의 사물인지 아닌지 우리는 절대로 확신할 수 없다. 마음은 사물보다는 과정의 특징을 갖고 있다. 그것은 생성becoming이고, 실체를 넘어서는 존재 방식이다. 모든 개별적 마음은 그 자체의 개인적 역사에 따라 우리와 분리되어 존재하는 모든 것과 상호 작용하는 과정이다.

　신경학자들이 가장 많이 지지하는 과학적 유물론이 보여 주는 원자론은 흔히 그것과 반대되는 것으로 알려진 데카르트식 이원론과 크게 다르지 않다. 마음의 문제에 대해 원자론이 제시한 해결책은, 그저 이원성의 한쪽이 다른 한쪽으로 환원된다고 주장함으로써 이원성의 한쪽 부분을 '설명해 없애기'였다. '무엇임'이 둘이 아니라 하나만, 오직 물질만 있는 것이다. 데카르트는 자신이 씨름해 온 진짜 문제가 여기에 있음을 인정할 만큼 솔직했다. 그가 쓴 『성찰록Meditationes』 제6권의 한 구절에는 이 점이 분명히 나와 있다.

> 나는 선원이 배 안에 있는 것처럼 내 신체 안에 그저 존재하고만 있는 것이 아니라 …… 신체와 매우 긴밀하게 결합되고 뒤섞여 있다. 그리하여 나는 그것과 함께 하나의 실체를 형성한다.[1]

　현상학적으로 보면 여기에는 통일성, '하나의 실체', 그리고 가장 심각한 불일치가 동시에 있다. 이 통일성과 불일치를 모두 공정하게 처리하지 못하는 해석은 진지하게 받아들일 수 없다. 여기에 '무엇임 whatness'은 하나만 있을지 모르지만, '어떻게howness'는 하나 이상 있으며, 그것이 중요하다. (좌반구에 따르면) 하나의 사물·분량·'무엇임'은 다른 존재 방식으로 환원될 수 있고, 그 구성 요소에 의거하여 설명될 수 있지만, 존재·품질·'어떻게'의 방식은 다른 방식으로 환원될 수 없다.

　두뇌의 양분된 성격은 잠시 한쪽으로 치워 두고, 두뇌 전체를 좀 더 가까이 들여다보자.〈그림 1.3〉 그러면 반구들이 나뉜 뒤 인간의 두뇌에서 가장 늦게 진화한 부분인 전두엽이 비상하게 확대되어 있다는 것을 알아차릴 수 있다.

　개와 같은 비교적 영리한 동물에서는 전두엽이 두뇌 전체 부피의 약 7퍼센트를, 하위 영장류에서는 약 17퍼센트를 차지하는 데 비해, 인간의 두뇌에서는 약 35퍼센트를 차지한다. 사실 대형 영장류도 이와 비슷하지만, 인간의 전두엽과 대형 영장류의 전두엽은 백질白質·white matter의 비율에서 차이를 보인다. 백질은 일부 신경세포에서 축색軸索·axon, 즉 길게 이어져서 두뇌 밖으로 나가는 메시지를 소통시키는 신경

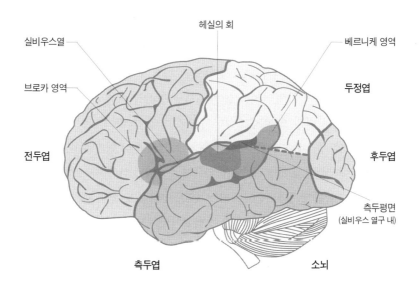

〈그림 1.3〉 왼쪽에서 본 두뇌. 언어 중추와 주요 부위들이 보인다.

세포를 둘러싸고 있는 인지질燐脂質·phospholipid층인 미엘린myelin 껍질 때문에 흰색으로 보인다. 이 미엘린 껍질은 메시지의 전달 속도를 엄청나게 빠르게 해 준다. 인간의 전두엽이 크다는 사실은 전두엽 구역에서의 상호 연결 용량이 더 풍부하다는 뜻이다. 인간의 두뇌는 좌반구에 비해 우반구에 백질이 더 많은데, 이 점은 나중에 논의하자.

인간이 처한 여건을 규정하는 특징들은 모두 우리가 세계에서, 우리 자신에게서, 경험의 직접성immediacy에서 물러설 수 있는 능력으로 소급 추적될 수 있다. 이 능력 덕분에 우리는 계획을 수립하고 유연하고 창의적으로 생각할 수 있게 된다. 간단하게 말하면, 주위 세계에 수동적으로 반응만 하기보다는 그것을 통제할 수 있게 되었다는 의미다. 이 거리, 우리가 살고 있는 세계 위로 솟아오를 수 있는 능력은 전두엽의 진화 덕분에 생겼다.

우리가 즉각적인 신체 경험의 세계에 살아야 한다는 것은 분명하다. 그곳은 우리가 살고 있는 실제 지형이며, 동료 인간들 곁에서 세계에 참여하는 장소로서 충실하게 거주해야 할 곳이다. 그러나 동시에 우리는 우리가 활동하는 지형 위로 솟아오를 필요가 있다. 그래야만 우리의 영토라는 것이 무엇인지를 볼 수 있다. 우리가 처한 지형을 이해하려면 수평축을 따라 느껴지고 살아가는 경험의 세계 속으로 최대한 멀리 나가야 할 뿐 아니라, 수직축을 따라 그 위로 솟아오를 수 있어야 한다. 반면에 저 위쪽 대기 속에서 부유하는 것은, 삶이 아니라 초연한 관찰자에 머무는 태도이다. 우리는 위로 솟아오르면서 본 것을 삶이 계속되는 세계로 돌려줘야 하며, 경험을 풍부하게 만들고 "그 자체를 드러내는 것"(하이데거)이 우리에게 무엇이든, 그런 것이 더 많아지도록 그것을 끌어당겨 와야 한다. 그리고 그런 일은 허공 위가 아니라 땅 위에서만 이루어진다.

세계를 이해하려 할 때 우리가 인지하는 세계와 우리 사이에는 최적화된 간격이 있다. 독자의 눈과 책 페이지 사이에 거리가 있어야 책을 읽을 수 있듯이 말이다. 그 거리가 너무 멀면 글자를 알아볼 수 없고, 너무 가까우면 글자가 보이지 않는다. '필수 거리necessary distance'라 부르는 이것(이것이 이 책에서 전개될 결정적인 이야기다.)은 초연함이나 거리 두기와는 다르다. 거리가 거리 두기를 초래할 수는 있다. 가령 상대방이 예상하는 나의 차후 동선을 먼저 상상하여 상대의 허를 찌르려고 냉철하게 계산할 때처럼 말이다. 그런 태도는 활용과 수탈에 유용하다. 하지만 이보다 덜 언급되면서 이와는 완전히 대조적인 효과도 거리 두기로써 거둘 수 있다. 경험의 동물적 직접성에서 한 발 물러설 때 우리는 다른 사람들에게 더 공감할 수 있게 된다. 그들이 우리와 같은 존재임을 처음으로 알게 되는 것이다.

전두엽은 우리에게 배신뿐만 아니라 신뢰도 가르친다. 이를 통해 우리는 다른 사람의 시점에 서는 법과 자신의 직접적인 요구와 필요를 제어하는 방법을 배운다. 이 필요 거리가 마키아벨리의 세계를 낳은 산파라면, 그것은 또한 에라스무스의 세계도 낳았다. 전두엽의 진화는 우리를 세계와 다른 인간에 대한 수탈자로 만드는 동시에, 다른 인간들과 함께 살아가는 시민이자 세계의 수호자로도 만들었다. 그것은 우리를 가장 강력하고 파괴적인 동물이 되게 했으며, 저 유명한 '사회적 동물'로, 정신적 차원을 가진 동물로도 변모시켰다.

이제 이 논의의 요지가 보일 것이다. 경험의 복잡성과 직접성에 접하려면, 특히 다른 사람들과 공감하고 그들과 연대감을 형성하려면, 수평축에 따라 경험 세계를 넓혀 가야 한다. 반면에 무언가를 제어하고 조작하려면, 자신을 특정한 경험 세계에 한정시키고 수직축에 입각하여 세계지도를 작성해야 한다. 이는 마치 군 본부에서 전략에 따라

작전 지도를 만드는 것과 같다. 혹시 왜 두뇌가 양분되었는지를 알려
주는 힌트 같은 것이 여기 있지 않을까?

그렇기도 하고 그렇지 않기도 하다. 무엇보다도 이 물음 자체가 그
렇게 핵심을 찌르는 것이 아니다. 다 알다시피, 다른 동물과 새의 두뇌
도 양분되어 있다. 그렇다면 이미 양분되어 있는 두뇌에서 마찬가지로
그런 두뇌를 가진 인간에게 유용한 두뇌 사용법을 찾아낼 수 있지 않
을까? 이 문제를 더 파고들기 전에 두뇌의 전체적 구조에 한 걸음 더
가까이 다가가 보자.

■ 구조적 비대칭성

반구 구조의 차이를 논할 때 사람들이 가장 먼저 떠올리는 생각은,
두뇌의 왼쪽이 비대칭적으로 더 크다는, 이제는 익히 알고 있는 사실
이다. 그런데 이 차이는 생각만큼 그리 현저하지 않다. 언어능력이 전
두엽 왼쪽 부분, 지금 봐서는 별로 공정한 호칭은 아니지만 폴 브로카
Paul Broca의 이름을 따서 명명된 구역에 관련된다는 사실은 19세기 중
반 이후 알려졌다. 브로카는 프랑스의 외과 의사인데, 같은 나라 사람
인 마르크 닥스Marc Dax는 브로카가 대뇌에서 언어 중추인 '브로카 언
어 영역'을 발견하기 25년 전부터 브로카의 연구 결과를 주목하고 있
었다.[2] 그들은 둘 다 두뇌의 그 부분이 손상되면 언어능력에 이상이
생긴다는 사실을 알아차렸다. 나중에 프로이센의 신경학자 카를 베르
니케Carl Wernicke는 비슷한 관찰을 통해 언어 이해력은 발언 능력과 구
별되며, 발언을 관장하는 구역은 좌반구의 더 뒤쪽에, 이제는 그의 이
름이 붙은 후방상측두엽회後方上側頭葉回 · posterior superior temporal gyrus ('베르니
케 영역')에 자리하고 있음을 발견했다. 이처럼 말하기 같은 언어능력이

모두 좌반구와 관련된다는 사실이 밝혀지자, 좌반구는 '우세한 반구'로 칭해지게 되었다.

얼마 지나지 않아 오스트리아의 두 해부학자 리하르트 헤쉴Richard Heschl과 오스카 에버슈탈러Oscar Eberstaller는 이 구역에 눈에 띄는 비대칭성이 있음을 각각 독자적으로 관찰했다. 헤쉴은 외부에서 유입되는 청각적 정보가 처리되는 구역인 왼쪽 상측두엽에 있는 횡행회橫行回·transverse gyrus에 자기 이름을 주었다.('헤쉴의 회回') 이 발견이 가져온 흥분이 가라앉고 조금 지났을 때인 1930년대에 리하르트 파이퍼Richard Pfeifer는 실비안 열구裂溝 내 헤쉴의 회 바로 뒤쪽 구역으로서, 역시 언어 및 청각 기능과 관련된 부분인 측두평면planum temporal이 좌반구에서 더 크다는 사실을 발견했다. 이 발견은 1960년대 들어 게쉬빈드Norman Geschwind와 레비츠키Walter Levitsky에 의해 확인되고 더 확장되었다. 이들은 측두평면에 관한 연구 사례 중 65퍼센트에서, 우반구보다 좌반구의 측두평면이 평균 30퍼센트 가량 더 크다고 보고했다.[3] 뒤이어 행해진 두개골 분석과 두뇌 정밀 촬영 영상에서 일반적으로 좌반구의 뒤쪽 부분, '좌측 페탈리아left petalia'라 알려진 두정엽頭頂葉·parietal lobe 구역이 전반적으로 더 크다는 사실이 확인되었다.('페탈리아'라는 단어는 원래 한쪽 반구가 다른 쪽에 비해 불쑥 튀어나와 두개골 안쪽 표면에 남긴 자국을 가리키던 말이지만, 지금은 불쑥 튀어나옴 자체를 가리키게 되었다.)

하지만 이게 전부가 아니다. 확대된 구역이 있는 것은 좌반구만이 아니다. 정상 두뇌는 중앙축 부근에서, 두뇌 반구 사이에 있는 열구 부근에서 비틀린 것처럼 보인다. 두뇌는 뒤쪽으로 갈수록 왼쪽이 더 넓어지며, 앞쪽으로 살수록 오른쪽이 더 넓어진다. 두뇌는 뒤로 갈수록 더 확장되는 동시에 우반구 조금 아래에서는 오른쪽으로 더 멀리 확장되어 좌측 위에 약간 중첩되어 있다. 마치 누가 아래쪽에서 두뇌를 붙잡아서 시계 방향으로 세게 비튼 것처럼 보인다. 그 효과는 미묘하지만 매우 일관되게 나타나며, 신경학자들은 그것을 '야코블레프 토크Yakovlevian torque'라 부른다.〈그림 1.4〉

이게 도대체 어찌된 상황인가? 두뇌는 왜 이런 식으로 비대칭적인가? 두뇌의 고급 기능이 그저 빈 공간이 나는 대로 두뇌에 분포된 것이라면, 이런 식의 국지적 변형이 있을 이유가 없다. 그저 두뇌 용량이 전체적으로 흩어져 있고, 대칭적으로 확장되는 형태가 될 것이다. 두뇌를 담고 있는 두개골이 원래는 대칭형이라는 사실을 감안하면 더더욱 그러하다.

18세기 영국의 위대한 해부학자 존 헌터John Hunter 이후, 어떤 차원에서는 구조가 기능의 표현이라는 말이 인정되었다. 20세기 초에 톰슨

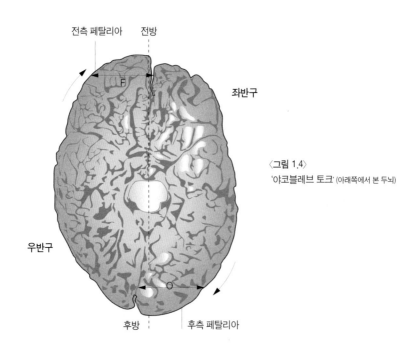

〈그림 1.4〉
'야코블레브 토크' (아래쪽에서 본 두뇌)

DArcy Thompson의 연구는 이 생각을 다시 강조했다. 해부학적 비대칭성과 기능적 비대칭성의 관계는 이론적으로 대단히 흥미롭다.[4] 크기가 크다고 해서 기능적 능력도 반드시 큰 것은 아니지만, 대개는 그렇다.

중추신경계, 대뇌, 소뇌, 척추 전체 각 부위의 용량은 기능을 반영한다. 광범위한 내비게이션 경험이 많은 런던의 택시 운전수들에게서, 복잡한 3차원 공간 지도를 저장하는 두뇌 구역인 우측 후방 해마상 융기hippocampus가 더 크다는 사실은 일반인도 특정 두뇌 구역을 많이 쓰면 그 넓이가 늘어날 수 있음을 보여 주는 훌륭한 증거이다. 이를 보여 주는 다른 사례는 꾀꼬리의 좌반구에서 목격된다. 택시 운전수와 같은 두뇌 부위가 꾀꼬리의 경우에도 짝짓기 철이 되면 커졌다가 짝짓기가 끝나면 다시 줄어드는 것이다. 크기와 기능의 상관성을 보여 주는 이런 특정한 부위의 비대칭적 확대 사례는 이 밖에도 많다.

두뇌의 해부학적 비대칭성과 관련하여 가장 널리 알려진 설명은, 아리스토텔레스의 유명한 구절에도 나오듯이 "인간은 사회적 동물로서 언어를 필요로 하고, 언어는 복잡한 시스템이므로 많은 두뇌 공간을 요한다."는 것이다. 언어가 한 장소에 수용되어야 한다는 말은 그럴듯하게 들렸다. 실제로 이쪽이든 저쪽이든 한쪽 반구가 언어를 전문적으로 담당해야 했는데, 어쩌다 보니 좌반구가 그 일을 맡았다. 좌반구는 이 기능을 수용하고자 후방의 언어 구역을 확대했는데, 이는 적절한 대응이었다. 언어는 인간과 다른 동물을 구별해 주는 것으로, 소통하고 생각할 능력을 주었다. 그러니 좌반구가 이처럼 확장된 까닭이 언어를 발달시키기 위함이라는 추론은 당연한 것이었다.

그러나 나는 이 선제가 모조리 틀렸다고 생각한다. 때가 되면 왜 그런지 보여 줄 것이다. 이런 추론이 틀린 이유나 우리가 그런 가정을 하게 된 이유는 모두 두뇌 자체의 본성을 깊이 있게 밝혀 준다. 물론 그것은 결코 우측 전두엽의 팽창은 설명해 주지 못한다.

▊ 기능의 비대칭

두뇌 구조의 의미와 관련된 물음과 그 답을 이해하려면, 먼저 두뇌의 기능을 자세히 살펴봐야 한다.

반구들 간의 기능적 차이가 보이는 현상은, '계통발생 나무'에서 언어나 한손잡이 같은 것들이 위치한 지점보다 훨씬 더 뿌리에 가깝게 소급해 내려간다. 구조적으로 두 개로 양분된 두뇌가 새로 발명된 현상이 아니라는 점을 생각하면 이는 예상할 수 있는 일이다. 즉, 두 개짜리 반구 구조는 그 이후로도 응용될 가능성을 분명히 제시했다. 게다가 기능의 편중화는 척추동물에서 광범위하게 볼 수 있는 현상이다. 심지어 인간 두뇌의 특징으로 꼽히는 몇 가지 신경 내분비內分泌상의 차이가 쥐의 두뇌에서도 나타난다는 것도 사실이다. 우리 인간은 그저 이 모든 과정을 좀 더 멀리까지 진행시켰을 따름이다. 그렇다면 새와 동물에 비해 인간이 가진 이점은 무엇인가?

동물과 새에게는 물론 인간의 전두엽이 제기하는 것 같은 문제는 없겠지만, 그들도 상충하는 욕구는 경험한다. 이것은 그들이 세계에 가져야 하는 관심의 유형에 따라 관찰된다. 새가 모래 속에 섞여 있는 곡식 낟알을 쪼아 먹을 때에는 좁은 범위에 관심을 집중하고 정밀하게 신경 써야 한다. 그러면서 독수리 같은 천적의 위협을 피하려면, 동시에 관심을 최대한 넓게 열어 두어야 한다. 이는 배를 문지르면서 동시에 머리를 두드리는 것처럼 상당히 어려운 일이다. 두 가지 아주 다른 행동을 동시에 한다는 것은, 단순히 관심을 나누는 것 이상의 일이기 때문이다.

관심의 집중과 개방 간의 이 같은 구분은, 그것을 조금 물러서서 바라보면 우리가 살고 있는 세계 속의 맥락상 차이로 표현된, 더 넓은 갈등의 일부로 파악할 수 있다. 한편에는 나의 맥락이 있고, 다른 편에는 세계의 맥락이 있다. 나는 내 목표를 위해 세계를 활용하고 조작할 필요가 있고, 그러려면 관심을 좁게 집중해야 한다. 반면에 더 큰 세계의 맥락에서는, 타자들과의 관계에서 그들이 친구인지 적인지를 파악하며 나 자신을 볼 필요도 있다. 나 자신을 내가 속한 사회집단의 한 성원으로 이해해야 하고, 잠재적인 동지를 알아보고, 그 수준을 넘어서서 잠재적인 짝과 적을 알아볼 필요가 있다. 여기서 나는 자신을 나보다 훨씬 큰 어떤 것의 일부로, 나 자신보다 더 큰 어떤 것 속에서 그것을 통해 살아가는 존재로 느껴야 한다. 그렇게 하려면 의지의 지향성과 좁게 집중되는 관심보다는 존재하는 모든 것을 잘 받아들이는 태도, 넓고 열린 시야, 폭넓게 확산되는 기민한 반응과 자아 밖의 세계에 충성하는 자세가 있어야 한다.

이런 기본적인 양립 불가능성은 각 기능들이 서로 간섭하지 않도록 두뇌의 부분들을 구별할 필요가 있기 때문에 생겨났다는 주장도 있을 수 있다. 두뇌가 왜 두 반구로 활동을 분리해야 했는지는 앞의 사례에 이미 암시되어 있다. 실제로 새들은 양쪽 눈에 각기 다른 전략을 배당하는 방식으로 먹는 일과 살아남는 일을 공존시키는 난제를 해결한다.

많은 동물들에게는 전체 종의 차원에서 왼쪽 눈(우반구)으로 포식자를 지켜보는 편향이 있다. 마모셋원숭이(명주원숭이)류의 경우, 편중화가 잘된 원숭이는 더 유능하다. 먹이를 찾고 포식자를 경계하는 쪽으로 반구의 전문화가 더 잘 이루어졌기 때문이다. 특성 앞발을 사용하는 쪽으로 편중화된 고양이는 그렇지 않은 고양이보다 반응속도가 더 빠르다. 편중화가 발달된 침팬지는 그렇지 않은 침팬지보다 개미를 더 잘 잡는다. 인간의 두뇌도 어떤 이유에서든 편중화 정도가 평균 이하인 경우에는 전체적으로 결손을 보인다. 한 마디로, 편중화는 특히 두 종류의 상이한 관심이 필요한 과제를 수행하는 데서 진화적인 이점을 가져다준다. 어떤 연구자는 이를 간명하게 표현했다. "비대칭성에는 이득이 있다."

포식 동물과 조류의 경우, 오른쪽 눈과 오른쪽 손발을 써서 먹잇감을 붙들고 놓치지 않는 것은 좌반구이다. 흔히 접하는 먹잇감일 때는 분명 그러하다. 그러나 두꺼비의 경우, 새롭거나 특이한 먹잇감을 발견하면 우반구가 활성화되는 것으로 나타났다. 일반적으로 두꺼비는 좌반구를 움직여 먹잇감에 관심을 보내고, 우반구를 써서 동료들과 상호 작용한다.

편중화로 인한 이득은 개인에게만 축적되는 것이 아니다. 종 전체의 차원에서 편중화가 잘된 생물은 통합에도 유리하다. 이는 우반구가 사회적 기능의 발휘와 더 깊이 관련되어 보이는 점과 관계가 있을 것이다. 우반구가 사회적 감정의 표현을 전문적으로 담당하는 영장류만이 아니라 더 하급 동물과 조류에게서도 마찬가지의 현상이 목격된다. 가령 닭은 친근한 동족을 다른 닭들과 구분하는 데, 또 일반적으로 사회적 정보를 얻을 때도 왼쪽 눈을 더 많이 쓴다. 장다리물떼새가 먹잇감을 쪼아 먹을 때 오른쪽 눈을 쓰면 더 많이 쪼고 성공률도 높지만, 수컷이 암컷에게 구애춤을 출 때는 왼쪽 눈(우반구)을 더 많이 쓴다.

물론 이와 반대되는 사례도 있을 수 있다. 하지만 모든 사례에 해당되는 일관된 어떤 흐름이 있는 것처럼 보인다. 인간은 좌반구에서 언어활동이 이루어진다. 그렇다면 다른 동물들의 도구적 음성화는 어디에서 이루어지는가? 개구리나 제비, 참새과의 조류, 쥐, 생쥐, 모래쥐

gerbil, 마모셋원숭이에 이르는 넓은 범위의 동물들에게서도 그 일은 역시 좌반구에서 이루어진다. 인간의 상황을 살펴볼 때 알게 되겠지만, 이는 우리 세계의 본성에 대해 몇 가지 중요한 의미를 지닌다. 하지만 새로운 경험과 정보를 중재해야 할 때, 인간에서든 동물에게서든 결정적으로 중요한 것은 좌반구가 아니라 우반구이다.

동물에게서 나타나는 일관된 차이점, 인간에게서 보게 될 차이를 예고하는 차이는 계속 더 밝혀진다. 더 미묘한 식별 기능을 보라. 인간에게서도 그렇지만 조류의 우반구는 세밀한 식별 및 위상과 결부되어 있는 반면, 여러 척추동물의 좌반구는 역시 인간에게서처럼 자극의 범주화와 운동 반응의 정밀한 통제를 전문화한다.

일반적으로 말해서, 좌반구는 주로 먹이를 얻고 먹여 주고자 좁고 집중된 관심을 발휘한다고 할 수 있다. 우반구는 경계적인 관심을 폭넓게 발휘하는데, 그 목적은 주위에서 발생하는, 특히 잠재적인 포식자나 짝 또는 적이나 친구가 될 수 있는 다른 생물들에게서 오는 신호를 인지하기 위함으로 보인다. 그것은 사회적 동물 간의 연대와 관련되어 있다. 그렇다면 인간 두뇌의 분리도 세계에 대한 양립 불가능한 두 가지 관심을 동시에 담아내야 하는 필요에 따른 결과일 수 있다. 하나는 우리의 필요에 따라 지시되는 좁고 집중된 관심이고, 다른 하나는 바깥 세계에서 벌어지는 일을 향해 열려 있는 폭넓은 관심이다.

동물이나 새와 마찬가지로 인간의 경우에도 각 반구는 세계를 다른 방식으로 다루며, 그 처리 방식에는 일관성이 있다. 우반구는 관심의 넓이와 유연성을 강조하며, 좌반구는 집중된 관심을 담아낸다. 여기서 이어지는 결과가 우반구는 전체 사물을 그 맥락에서 보고, 좌반구는 맥락에서 추출된 파편화된 사물을 보고, 거기에서 각 사물의 특성과는 아주 딴판인 어떤 '전체'를 조합해 낸다는 것이다. 세계를 향한 것과는 아주 다른 종류의 관심이 포함된, 인간으로서 우리가 타인과 연대를 형성하도록 도와주는 능력인 공감과 감정적 이해 같은 것들은 대체로 우반구의 기능이다.

▌ 관심의 본성

관심은 그저 다른 인지 기능과 함께 존재하는 또 하나의 '기능'이 아니다. 그것은 기능에 앞서는, 심지어 사물에도 앞서는 어떤 것으로서의 존재론적 지위를 지닌다. 우리가 세계에 보이는 관심은 우리가 상대하는 세계의 본성을 바꾼다. 그 기능이 수행될 세계의 본성 그 자체, 사물들이 그 속에 존재하는 세계를 바꾼다. 관심은 어떤 종류의 사물이 우리를 위해 존재하게 될지를 바꾼다. 그런 면에서 관심은 세계를 바꾼다. 어떤 사람이 내 친구일 때 나를 대하는 방식은 그 사람이 내 고용주나 환자일 때, 내가 수사하는 사건의 혐의자일 때, 연인일 때, 고모일 때, 해부 칼날을 기다리고 있는 시체일 때 나를 대하는 방식과 다를 것이다. 시체일 때를 제외하면, 이런 다양한 상황에서 그 사람은 나만이 아니라 그 사람 자신에 대해서도 아주 상이한 경험을 하게 될 것이다. 내가 관심의 유형을 바꾸면, 그 사람이 받는 느낌도 바뀐다. 하지만 객관적으로 바뀌는 것은 하나도 없다.

인간 세계에서만이 아니라 우리가 접하는 모든 것에서 사정은 동일하다. 산은 항해사에게는 이정표 역할을 하지만 투자자에게는 부의 원천이 되고, 화가에게는 여러 겹의 질감을 지닌 형체이고, 또 다른 사람에게는 신들이 사는 곳이 된다. 이렇듯 주어지는 관심에 따라 산은 변한다. 이런 것과 구별되는 있는 그대로의, '실재實在하는' 산은 없다. 실재하는 산을 드러내 주는 어떤 사유도 없다.

그러나 과학자들은 과학이 그런 실재實在를 밝혀내는 작업이라고 주장한다. 외견상 과학이 지향하는 가치중립적 서술은 객체에 대한 진리를 전달한다고 추정된다. 우리의 감정과 욕구는 추후에 그 위에 덧칠된다는 것이다. 하지만 이 고도로 객관적 입장, 네이글Thomas Nagel의 말을 빌리자면, "어떤 관점도 갖지 않은 관점"이라는 것 자체가 특정 가치에 입각해 있다. 어떤 목적을 위해서는 이것이 단연코 쓸모가 있다. 하지만 그렇게 활용된다고 해서 그것이 더 진실해지거나 더 실재하게 되거나 사물의 본성에 더 가까워지지는 않는다.

관심은 우리가 누구인지, 그런 관심을 기울이는 주체인 우리까지도 바꾼다. 신경생물학과 신경심리학에 대해 우리가 알고 있는 내용은 이떤 행동을 수행하는 사람에게 관심을 보임으로써, 또는 그들의 행동을 생각하기만 해도, 심지어는 어떤 종류의 사람을 생각하는 것만으로도 행동하고 생각하고 느끼는 측면에서, 객관적으로 보더라도 우리가 그들과 상당히 비슷해진다는 것을 보여 준다. 우리 스스로 보내는 관심의 방향과 본성을 통해, 우리는 우리가 세계와 우리 자신 모두의 협조자로 만들어지고 있음을 입증한다. 이때 관심은 어찌 할 수 없이 가치와 묶여 있다. 이것은 중립적인 '인지 기능'이라는 것과는 다르다. 가치는 그런 기능이 발휘되는 **방식을 통해** 개입된다. 그 가치들은 상이한 결말을 지향하는 상이한 목표를 위해 상이한 방식으로 활용될 수 있다. 그러나 관심은 내재적으로 하나의 방식이지 사물은 아니다. 내재적으로, 본질적으로 그것은 관계이지 냉혹한 사실이 아니다. 관심은 그 자체의 존재이며, 의식의 대상인 '무엇임whatness'이 아니라 '어떻게howness'이며, 사물들 사이에 있는 것이고, 의식 자체의 한 측면이다. 관심은 세계를 존재하게 만들고, 그 본성에 따라 일련의 가치를 끌고 들어온다.

■ 두뇌에 대한 이해

관심에 대한 이야기는 두뇌를 이해하려는 모든 시도에 관한 근본적인 논점으로 이어진다. 이것은 어떤 것을 이해하는 과정에서 만나는 문제 가운데서도 특히 시급한 경우이다. 우리가 어떤 것에 보이는 관심의 본성은 우리가 보게 되는 내용을 변모시킨다. 우리가 이해하려는 목표는 그것이 놓인 맥락 속에 있는 그 본성을 바꾼다. 우리가 이해하는 것은 오로지 어떤 것**으로서의** 무엇이다.

이것이 문제라면 거기에는 우회로가 없다. 자신을 완전히 떼어 놓으려는 시도는 오히려 특별한 종류의 관심을 갖게 할 뿐이고, 그 관심은 우리가 보게 되는 내용에 중요한 결과를 가져올 것이다. 이와 비슷하게, 우리는 어떤 것도 그 맥락과 분리하여 볼 수 없다. 설사 그 맥락이 '맥락 없음' 으로, 살아가는 세계에서 뿌리가 뽑힌 것처럼 보일지라도 말이다. 그것은 그저 높은 가치를 지닌 특별한 종류의 맥락일 뿐이고, 우리가 발견하게 되는 것들을 확실히 변모시킨다. 또 어떤 것을 결코 어떤 것으로서 보지 않는다고 해서, 우리가 그저 그것들을 보기만 한다고 말할 수도 없다. 우리가 그것을 통해 어떤 사태를 이해하는 모델, 우리가 보는 것을 비교하는 기준이 되는 본보기가 항상 있게 마련인데, 그런 것이 확인되지 않는 경우라면 그것은 대개 우리가 기계 모델을 암묵적으로 받아들였다는 뜻이다.

그렇다면 이 말은, 만물에는 각자 나름대로의 진리가 있다는 이야기를 제외하면, 진리에 다가가려는 모든 시도는 결국 실패할 수밖에 없고, 실재의 모든 버전은 똑같은 가치를 지닌다는 뜻인가? 전혀 그렇지 않다. 이 물음은 이 책의 중심 주제이므로 천천히 탐구해 보자. 우리의 두뇌 반구가 실제로 무슨 일을 '하는' 지 살펴볼 때까지 기다려야 한다.

어떤 것을 이해하려는 모든 시도에는 그런 고려가 포함된다. 하지만 두뇌의 기능이라 불리는 것을 보면, 지금까지와는 완전히 다른 질서가 문제된다. 우리가 보고 있는 것은, 바윗덩이나 인간 같은 세계의 사물을 '그저' 바라보는 것이 아니라 세계 자체가 우리를 위해 존재할 수도 있는 그런 과정, 우리 경험의 사실이 놓인 기초 그 자체이다. 이 경험에는 세계와 두뇌의 본성에 대해 우리가 가진 생각과, 그것이 참이라는 생각도 포함된다. 우리가 발견하는 것들의 본성이 우리의 관심으로 바뀐다는 것이 사실이라면, 적절한 관심이란 어떤 것이며 그것을 어떻게 판단하는가? 경험의 내향성을 무시하려고 애쓰는 관심? 모든 맥락의 경험의 기초를 놓는 데는 어떤 맥락이 있을 수 있는가? 우리는 그것을 어떤 종류의 사물 '로서' 보게 되는가? 그 대답은 전혀 자명하지 않지만, 이 물음을 처리하려고 시도하지 않는 상황에서도 우리는 아무 대답도 안 하지는 않는다. 우리는 우리가 이해하는 모델에 따라 대답할 따름이다. 즉, 단지 우리가 만든 것이기 때문에 우리가 완전히 이해할 수 있는 유일한 종류의 사물인 기계 모델에 따라 대답하는 것이다.

우리는 두뇌 속에서 생성되는 세계를 볼 수 없다. 두뇌 그 자체가 존재하는 장소인 세계를 두뇌가 인증해 주지 않는다면 세계는 존재할 수 없다. 두뇌의 이해 방식에 대한 우리의 이해는 두뇌 자체에 대한 우리의 이해를 변모시킨다. 그 과정은 일방적인 것이 아니라 상호적이다. 결과적으로 좌우반구가 세계를 구축하는 방식이 서로 다르다는 것은 효율적인 정보처리 시스템에 대한 그저 재미있는 사실 정도에 그치지 않는다. 그것은 실재의 본성에 대한, 우리가 세계를 경험하는 본성에 대한 이야기며, 두뇌에 대한 우리의 이해를 인증하도록 촉구한다.

나와 같은 의사들이 볼 때 이 사실은 우리가 접하는 환자들의 놀랍고도 감동적인 경험에서 잘 드러난다. 은밀한 신경성 간질을 가진 환자, 또 좀 더 일상적인 정신질환을 앓는 환자가 그들이다. 그들에게 이는 '정보 손실'의 문제가 아니라, 세계 자체가 정말로 변해 버린 사건이다. 그들이 우리가 살고 있는 세계를 이미 다시 획득한 상태가 아니라면, 그들에게 지금과 다른 현실을 설득하려는 노력이 왜 별 가치가 없는지는 이 때문이다.

■ 결론

이 장에서 나는 인간 두뇌의 구조에서 생겨나는 수많은 질문을 제기했지만, 그에 대한 대답은 뒤로 미루었다. 반구들은 왜 분리되었는가? 반구의 분리는 우연의 소치가 아니라 적극적으로 기획된 결과이며, 분리된 정도는 그것들을 연결하는 세포막 띠로 신중하게 조절되는 것으로 보인다. 마음과 그것이 창조하는 경험 세계도 반구들을 분리해 놓아야 할 이와 비슷한 필요가 있기 때문인지도 모른다. 왜 그런가?

새와 동물도 우리처럼 분리된 반구를 갖고 있다. 그들의 반구가 달라진 것은 세계를 두 가지 방식으로 동시에 상대해야 하는 필요 때문인 것 같다. 인간도 그런가? 인간은 특히 전두엽이 발달되어 있다. 전두엽의 기능은 거리를 산출하는 것이다. 거리의 산출은 선견지명이나 공감 등 가장 전형적인 인간의 특성을 위해 필요한 기능이다. 그 결과 우리는 존재하는 모든 것에 열려 있어야 하며, 그러면서도 세계에 대한 지도, 즉 더 단순하고 명료하고 쓸모 있는 세계의 버전을 제시할 수 있어야 한다. 물론 이것이 그 자체로 두뇌 반구가 두 개로 분리된 까닭을 설명해 주지는 않지만, 반구의 분리가 특별히 유용해지는 방식을 이해하는 데 힌트가 될 수도 있지 않을까?

두뇌는 구조적으로 비대칭적인데, 여기서 말하는 대칭성이란 아마도 기능상의 대칭을 가리킬 것이다. 이 비대칭성은 항상 언어 때문이라고 여겨졌다. 결국 언어는 일종의 '지도', 혹은 세계관의 버전이다. 좌반구 뒷부분이 확장된 까닭은 분명 이것이 아닐까? 그러나 앞으로 3장에서 검토할 수많은 이유 때문에 이 설명은 참일 수 없다. 그것이 우반구 앞쪽 부분의 확장을 해명하는 데는 전혀 도움이 되지 않는다는 사실을 제쳐 두더라도 말이다. 내가 제기한 질문의 대답을 들으려면 3장까지 기다려야 한다. 하지만 곧 다음 장으로 넘어가려는 지금, 우리가 고려해야 할 것들이 있고, 그 속에서 우리는 인간 두뇌를 구성하는 두 개의 반구에서 정확하게 무슨 일이 벌어지는지를 더 가까이서 들여다볼 수 있을 것이다.

경험은 영원히 움직이고, 분화하며, 예측 불가능하다. 우리가 무엇을 알기 위해서는, 사물은 지속적인 성질을 가져야 한다. 만물은 흘러가고, 같은 강물에 두 번 발을 담그는 사람은 없다. 이것은 헤라클레이토스의 말인데, 우반구 세계의 핵심 진리를 탁월하게 깨우쳐 준 것이라 믿어진다. 우리는 언제라도 경험의 기습을 받게 된다. 어떤 것도 반복되는 적이 없으니, 어떤 일도 알려질 수 없다. 우리는 경험의 즉각성에서 잠시 거리를 두고, 흐름 밖으로 걸어 나가서, 그것이 흘러가는 동안 그것을 고정시킬 방법을 찾아야 한다. 그럼으로써 두뇌는 완전히 판이한 두 방식으로 세계에 관심을 가져야 하며, 그렇게 함으로써 두 가지 상이한 세계를 존재하게 만든다.

한쪽은 우리가 경험하는 세계, 살아 있고 복잡하고 신체가 있는 개인들, 언제나 고유한 존재들의 세계이고, 영원히 흘러가는 세계, 상호의존성의 그물로 이루어진 세계, 전체를 형성하고 다시 형성하는 세계, 우리가 깊이 연결되어 있는 세계가 있다. 다른 쪽 세계에서 우리는 우리의 경험을 특별한 방식으로, 즉 그것의 표상된 버전으로, 예견의 기초가 되는 계급으로 묶이는 방식으로 체험한다. 이런 방식은 개별 사물을 관심의 조명 속에 끌어들임으로써 그것들을 고립시키고 고정하고 명시적이 되게 한다. 그렇게 함으로써 결국 사물들을 불활성으로, 기계적이고, 죽은 것으로 만든다. 하지만 그와 동시에 우리로 하여금 그것을 처음으로 알게 해 주며, 그에 따라 사물을 배우고 만들게 해 준다. 여기서 우리는 힘을 갖게 된다.

세계의 이 두 가지 측면은 대칭적으로 상반된 것이 아니다. 예를 들면 그것은 주관과 객관이라는 대립하는 두 관점에 상응하지 않는다. 주관, 객관 등의 개념은 그것 자체로 세계 속에서의 특정한 어떤 존재 방식의 산물로서, 특정 존재 방식을 이미 반영하고 있다. 그런 존재 방식은 이미 하나의 세계관을 반영한다. 내가 여기서 구분하려는 것은 한편으로는 세계를 바라보거나 파편들로 쪼개기 전에 성찰이 아직 생기지 않은 상태의 세계를 경험하는 방식과, 주관과 객관이 서로 분리된 양극으로 나타나는, 우리의 사고방식에 더 익숙한 세계이다. 가장 단순하게 말하자면, 이는 '사이betweenness'가 있는 세계와 그것이 없는 세계의 구분이다. 이는 세계에 대한 상이한 사고방식이 아니라, 세계 내에 있는 존재의 상이한 존재 방식이다. 이런 차이는 근본적으로 비대칭적이다.

이 점을 염두에 두고, 이 차이들이 무엇을 '하는'지 더 자세히 들여다보자.

두 개의 반구는 무엇을 '하는' 가?

좌우반구가 정말로 그토록 다르다면, 신경학적·신경심리학적으로 그 증거는 얼마나 있는가? 혹은 차이가 정말로 있다면, 그것이 그저 공간의 여건에 따라 '기능들'이 되는 대로 배분된 결과인가? 아니면 그런 차이에 일관되고 유의미한 양식이 있는 것인가? 좌우반구가 보이는 정말 중요한 차이는, 신경학이 묘사하는 대로 각 반구 내의 기능적·해부학적으로 잘게 쪼개진 수많은 구역들 간의 차이일까?

이런 차이는 물론 엄청난 의미를 지닌다. 하지만 뭔가를 서술하는 것은, 무한히 있을 수 있는 특징들 가운데서 더 개연성이 높은 것을 선별한다는 뜻이다. 그리고 그것은 어쩔 수 없이 무엇이 현저한지를 에둘러 말하는 작업을 요한다. 가령 두 대의 자동차를 놓고 그 엔진을 비교한다면, 두 자동차 사이에는 전반적으로 차이보다는 닮은 점이 분명히 훨씬 더 많다. 하지만 여기서 이 말이 참이라는 사실은 의미가 없

다. 차이에 집중하고자 좌우반구를 비교하고 있으니 말이다. 내 관심
사는 굳이 거론할 필요도 없는 반구들 사이의 수많은 유사성이 아니라
차이, 바로 거기에 있다. 다만 반구 간의 구역적 차이보다는 반구 내의
구역적 차이 가운데 그냥 넘겨서는 안 되는 중요한 논점이 하나 있다.
그것은 우리가 제기하려는 더 큰 질문과 밀접하게 연관돼 있다. 이 논
점은 이 장의 끝에서 다루기로 하자.

분석적 접근법에 내재된 자연적인 성향에 대해서도 주의해야 한다.
이 접근법은 어떤 사물을 볼 때 부분들이 속하는 체계적인 전체를 보
기보다는, 사물을 흠잡을 데 없이 구별되는 부분들로 나누고, 그 부분
들을 가장 중요한 것으로 보는 방법이다. 과학은 지식의 분석과 종합
을 모두 포함한다. 우리는 두뇌의 그 어떤 한 조각만으로는 우리의 경
험을 설명할 수는 없다는 사실을 점차 깨닫게 된다. 두뇌는 동적인 시
스템이며, 우리가 관심을 기울여야 하는 것은 **사후에야** 확인 가능한
수많은 부분들로 '구성된' 체계적인 전체이기 때문이다. 전체를 나눌
때는 반구처럼 자연적으로 명료하게 구분되어 있는 것을 기준으로 삼
는 것이 좋다. 그 다음에, 내가 지금까지 계속 그러했듯이, 반구 내의
구역을 언급할 때는 특정 두뇌 활동이 그 구역에만 한정된 것이 아니
라 다른 구역들과 함께 어우러져 일어난다는 사실을 전제로 삼아야 한
다. 물론 그런 다른 구역들이 한쪽 반구 내에만 있는 것은 아니다.[1]

사실, 좌반구와 우반구 사이에는 전면적이고 한결같은 차이가 여러
층위에 걸쳐 존재한다. 다시 한 번 구조로부터 시작한다면, 우반구가
좌반구보다 더 길고 넓고 대체로 더 크며 무겁다는 사실이 거의 모든
연구에서 밝혀졌다. 흥미롭게도 이 사실은 사회생활을 하는 모든 포유
류에 해당된다. 우반구는 실제로 전체적으로 좌반구보다 더 폭이 넓
고, 두정후두頭頂後頭·parieto-occipital의 뒷부분에서만 좌반구가 더 넓다.[2]

두뇌 반구들은 유아기부터 성인기에 이르기까지 매우 일관되게 우측이 좌측보다 더 큰 비대칭성을 보인다. 따라서 뇌실腦室(뇌척수액으로 채워진 반구 사이의 공간으로, 척수액의 양을 측정하면 두뇌 크기를 계산할 수 있다.)은 좌측이 더 크다. 좌반구에 만들어지는 언어 구역은 배태되고 아주 초기부터 확장되기 시작하여 수태 후 31주째부터는 탐지되고, 3/3분기에는 명료하게 나타난다.

두 반구에 속하는 여러 구역의 크기와 형태는 각기 다를 뿐만 아니라, 신경세포의 수와 크기(각 신경세포의 크기)에서, 그리고 구역 내에서 수상돌기樹狀突起·dendrite가 비대칭적으로 가지치기하는 범위(각 신경세포가 내놓은 연결 절차의 수)도 다르다. 우반구에서는 피질원주皮質圓周·cortical column에서 수상돌기가 더 많이 중첩된다. 이 구역은 좌반구에 비해 상호연결성을 더 높이는 메커니즘이 자리한 곳으로 알려져 있다. 회질gray matter 과 백질white matter의 비율도 다르다.〔중추신경계는 신경세포로 구성된 '회질' 과 이런 신경세포를 연결해 주는 신경섬유 다발인 '백질' 로 이루어져 있다.〕[3] 우반구에는 백질이 더 많기 때문에 구역 너머로 정보를 전달하기가 더 쉽다. 이는 우반구가 전체 상황에 보이는 큰 관심을 반영한다. 반면에 좌반구는 국지적 소통, 구역 내 정보 전달을 우선한다.

좌우반구는 신경화학적으로 호르몬과 약물을 받아들이는 정도도 다르다.(가령 우반구는 남성호르몬인 테스토스테론testosterone에 더 민감하다.) 또 각기 다른 신경전달물질에 압도적으로 의존한다.(좌반구는 도파민dopamine에 더 의존적이며, 우반구는 노르아드레날린noradrenalin에 더 의존한다.) 두뇌 차원에 존재하는 이 같은 구조적·기능적 차이는 좌우반구가 하는 일에 기본적인 차이가 있음을 시사한다. 그러면 이에 대해 신경심리학은 뭐라고 말할까?

매우 미세하게 구별되기도 하는 각 반구 내의 상이한 구역들이 '무엇' 을 '하는지', 그것들이 중재하는 것처럼 보이는 것이 '무엇' 인지하는 물음에 우리가 답할 수 있다는 의미에서, 반구 구역들이 '무엇'을 '하는지' 우리가 많이 알고 있는 건 사실이지만, '어떻게' 란 물음에는 아는 바도 많지 않고 관심도 덜한 편이다. 여기서 말하는 '어떻게' 란, 이 두뇌 구역들이 일을 하는 메커니즘이 아니라 어떤 기능의 무슨 측면을 다루는지를 묻는 질문이다. 메커니즘의 측면은 우리도 빠른 속도로 이해의 범위를 넓혀 가고 있다. 그런데 '어떻게' 란 물음을 이런 방식으로 보기 시작하는 순간(예를 들면, 언어가 어디 있는가가 아니라 언어의 어떤 측면이 거기 있는가), 좌우반구 사이의 놀라운 차이점이 눈앞에 나타나기 시작한다.

▌지식으로 가는 길

두뇌 구조는 파악하기는 쉽지만, 문제는 기능이다. 그러니 두뇌 기능에 대한 지식과 그와 관련된 문제들을 어떻게 알게 되었는지부터 이야기를 시작해 보자. 특히 비전문가들은 현대의 기술 덕분에 거의 모든 인간 활동과 두뇌 각 부분의 관련성을 쉽게 '볼' 수 있게 되었다고 믿기 때문에, 이는 중요한 문제이다.

가장 먼저 이야기할 점은, 흔히 두뇌를 이런저런 파편들 혹은 모듈 module 같은 것들이 한데 묶여 구성된 것처럼 묘사하지만, 실제로 두뇌는 종합적이고 동적인 단일한 시스템이라는 점이다. 두뇌 속 어디에서든 일어나는 사건들은 서로 연결되어 있어서, 어떤 사건이 일어나면 다른 구역들이 그에 반응하여 그 최초의 사건을 증식·고조·발전시키고, 어떤 방식으로든 대안적으로 재구성하고, 균형을 재확립하기 위한 치열한 움직임이 일어난다. 두뇌는 결코 파편이 아니라 네트워크이며, 무수히 많은 통로로 연결되어 있다. 따라서 복잡한 인지적·감정적 사건을 처리할 때 언급되는 국소화局所化란, 특히 한쪽 반구 내에 국한되기는 하지만 궁극적으로는 반구 밖으로 넘어가는 국소화에 대한 언급은 모두 이런 맥락에서 이해되어야 한다.

이 점을 염두에 두고서, 이제 어떻게 출발해야 할까? 한 가지 방법은 두뇌 질환이 있는 환자를 연구하는 것이다. 여기에는 특정한 이점이 있다. 둔기에 맞거나 종양이나 기타 다른 수술로 인해 두뇌의 일부가 없어지고 나면, 비록 그 결과가 직접적으로 드러나지는 않겠지만 무엇이 누락되었는지를 알 수 있다. 또 다른 접근 방법은, 일시적인 반구 불활성화 실험을 하는 것이다. 와다 검사Wada procedure(Wada test)가 그 방법인데, 이것은 흔히 신경 수술을 하기 전에 말하기를 일차적으로 담당하는 것이 어느 쪽 반구인지를 알아보려고 행하는 검사이다. 구체적으로는, 나트륨아미탈이나 그와 비슷한 안정제를 한 번에 한쪽씩 경동맥에 주사하여 두뇌의 반쪽을 무기력하게 만들고 다른 반쪽은 평소처럼 활동하게 놔두는 것이다. 또 다른 방법은 경두개經頭蓋 자기자극법 transcranial magnetic stimulation techniques을 쓰는 것인데, 전자석을 써서 한쪽 반구의 활동이나 반구 내의 특정 장소를 일시적으로 억압하는(혹은 빈도에 따라 고조시키는) 것이다. 과거에는 전기발작치료에서 이와 비슷한 방법들을 사용했다. 이 방법으로 15~20분간 한쪽 반구가 무력해진 실험 대상자에게 특정한 과제를 주어 실험하는 것이다.

한쪽 반구에만 인지적 자극을 가하는 데는 다른 기법도 도움이 될 수 있다. 타키스토스코프tachistoscope(순간노출기)는 1천 분의 1초 정도의 짧은 시간에 시각적 자극을 주는 장치인데, 이는 자극이 오는 방향을 파악하려고 눈의 초점을 모으기에는 너무 짧은 시간이다. 자극의 위치를 포착하려고 애쓰다 보면, 자극은 결국 시야의 절반에만 전달되게 된다. 헤드폰으로 양쪽 귀에 각기 다른 자극을 제공하는 '이음이원청

취 실험dichotic listening techniques' 도 일반적으로 오른쪽 귀(좌반구)가 언어적 재료를 더 잘 처리한다는 사실을 입증하는 데 쓰인 방법 중 하나이다. 하지만 손상되지 않은 두뇌에서는 정보가 상대편 반구로 매우 빠른 속도로 전달되는 것으로 추정되므로, 이런 기법으로는 반응시간상의 차이나 현저성salience을 측정하기에 어려움이 있다.

이 때문에 특히 풍부한 자료를 제공해 주는 것이 소위 '분할뇌split brain'를 가진 사람들의 사례이다. 그들은 원인을 알 수 없는 간질을 치료하려고 뇌량절단술callosotomy, 즉 뇌량腦梁을 쪼개는 시술을 받은 환자들이다. 요즘에는 약물로 발작을 거의 통제할 수 있게 되어서 이 시술을 하지 않지만, 1950~60년대에 캘리포니아의 스페리Roger Sperry와 보겐 Joseph Bogen 등이 처음 이 수술을 집도했을 때는 그 덕분에 정상적인 생활을 할 수 있게 된 환자들뿐만 아니라 신경학자, 심리학자, 철학자들에게도 이는 혁명적인 시술이었다. 두뇌를 연구하는 사람들에게는 두뇌가 작동하는 방식을 들여다볼 수 있는 창문이 열린 셈이었다.

분할뇌를 가진 사람들은 한쪽 귀나 시야에 제시된 자극이 뇌량을 건너 다른 쪽 반구로 전달될 수 없기 때문에, 한쪽 반구가 그 자극에 어떻게 반응하는지에 대한 비교적 순수한 그림이 그려진다. 연구자들이 이들의 사례를 귀중하게 여기는 것은 이 때문이다. 몇몇 특정 상황에서 분할뇌 환자들은 매우 흥미있게 행동한다. 한 가지 이미지를 분할뇌 환자의 좌측 시야에서 보여 주면, 그 환자는 자신이 본 내용을 묘사하지 못할 것이다. 왜냐하면 왼쪽 시야에 들어온 이미지는 두뇌의 오른쪽에만 전달되는데, 분할뇌 환자의 우반구는 말을 하지 못하기 때문이다. 반구 간 소통이 전반적으로 없어졌기 때문에, 언어를 담당하는 좌반구는 우반구가 방금 본 것이 무엇인지 지적할 수가 없다. 다만 분활뇌 환자는 왼쪽 손으로 그 대상물을 가리킬 수는 있다. 왼손은 오른쪽 두뇌의 지시를 받기 때문이다.

최근에는 뇌전도腦電圖·electroencephalogram(EEG)라고도 불리는 뇌파腦波·brain wave 기록과 뇌영상이 두뇌의 기능에 관한 많은 정보를 제공하고 있다. 특히 뇌영상은 두뇌의 어떤 영역이 어떤 과제를 수행할 때 잘 활성화되는지를 볼 수 있게 해 주어서 앞으로 전망이 밝다. 뇌파검사는 즉각적인 정보를 제공하여 시간적으로 매우 정밀하지만, 그 뇌파가 두뇌의 어떤 지점에서 나오는지는 알기 어렵다. 요즘 인기 있는 촬영법인 기능적 자기공명영상Functional magnetic resonance imaging(fMRI)을 쓰면 뇌파의 발생 위치를 더 정확하게 포착할 수 있지만, 1/3초에서 1/5초까지 시간 차가 생긴다. 이런 기법들을 섞어 쓸 수도 있다. 뇌영상 촬영술로는 단일양자방출단층촬영법과 양자방출단층촬영법, 자기공명영상 등이 있는데, 이 기법들은 다양한 방식으로 두뇌에서 혈류량 변화가 일어난 장소를 탐지한다. 이 기법들에 공통되는 원리는, 활성화된 영역은 대사율이 더 높으므로 일시적으로 혈류량이 더 많이 필요해진다는 것이다. 그러나 믿을 만한 정보의 출처로서 뇌영상이 지닌 문제점들이 몇 가지 있다.

뇌영상은 몇 개의 정점만 보여 준다. 그러고 나면 대개의 경우 흥미는 다른 곳으로 이동해 버린다.[4] 조명을 받은 영역이 그 '기능'이 영상화되는 데 근본적인 관계가 있는 곳들이라고 추정할 수도 없고, 조명받지 못한 영역은 그 기능과 관계가 없다고 추정할 수도 없다.[5] 더욱이, 모든 '정점peak'이 가장 중요하다고 추정할 수도 없다. 노력이 많이 소모되는 작업이라야 더 잘 기록되는 경향이 있기 때문이다. 그리고 실제로는 어떤 작업이 전문적일수록 그에 관련된 두뇌 활동은 덜 눈에 띈다. 가령 높은 IQ를 가진 사람들은 정신 활동을 하는 동안 두뇌 대사율이 낮게 나타난다. 큰 두뇌를 가진 사람들 역시 마찬가지인데,

이는 IQ와도 관련이 있다. 또 우리가 두뇌 안에서 보는 활성화가 실제로는 자연 상태에서는 금지되는 것일 수도 있다고 생각해야 한다. 현재의 fMRI 방법으로는 활성화와 금지를 구별하기 어렵기 때문이다.

우리가 해결해야 하는 문제는 이뿐만이 아니다. 작업이 전개되는 단계에서 나타나는 작은 차이들이 결과적으로 커다란 차이를 낳을 수도 있다. 새로움이나 복잡성에서 보이는 변화는 그와 관련된 구조를 은폐하거나 부적절한 구조를 거짓으로 확인해 줄 수도 있다. 과제가 복잡해질수록 그와 관련된 네트워크의 범위는 더 넓어질 가능성이 크며, 그러면 우리가 측정하는 것이 무엇인지 알기가 힘들어질 것이다. 두 집합의 여건을 비교하여 흥미있는 요소를 뽑아내는 뺄셈 패러다임을 쓰더라도, 그 자체에도 문제가 있기 때문이다.

이것만이 아니다. 인간과 관련된 모든 실험에는 수많은 변수가 있게 마련이다. 남녀 대상자들은 서로 다르게 반응한다. 왼손잡이와 오른손잡이만 다른 것이 아니다. 더 중요한 것은, 심한 한손잡이(오른손이든 왼손이든)는 상황을 양손잡이와는 다르게 파악할 수 있다는 것이다. 인종과 연령 역시 차이를 만들 수 있다. 또 각자 세계를 경험하는 방식이 다르기 때문에 개별적 사례도 달라질 수 있다. 같은 두뇌라 할지라도 맥락에 따라 동일한 과제에 다양한 반응을 보인다. 과거와 현재에 다르게 반응할 수 있는 것이다. 한 유명한 뇌영상 전문가는 이렇게 말했다. "어떤 사람들은 뇌영상이 그대로 심리학을 대체했다고 믿는다. 하지만 나는 결코 그렇지 않다고 생각한다. …… 지식은 이 온갖 상이한 방법들을 대결시키는 과정에서 창조된다."[6]

이런 온갖 이유에서 나는 전체적으로 뇌영상에만 의존하지 않고, 어떤 것이든 한 가지 노선의 증거에 대한 의존도를 최소한으로 줄이려고 노력했다. 최근 들어 '마음의 이론theory of mind' 이라는 개념과 관련하여 뇌영상을 두뇌 발작 연구에서 가져온 증거와 결부시키는 것이 주목받았다. 하지만 처음에 지적했듯이, 두뇌 발작 연구에도 한계는 있다.

이런 사정을 모두 감안할 때, 발견된 내용들의 완전한 일치 같은 것은 기대할 수 없다는 점은 분명해졌다. 서로 어긋나는 점도 많고, 전체적으로 이 분야는 겉보기만큼 정밀한 과학이 아니다. 그럼에도 전체적으로 우리에게는 좌우반구의 한결같은 차이를 암시하는 정보 더미가 있으며, 여기서 우리가 면밀하게 살펴보아야 하는 것은 바로 그것들이다.

그렇게 하면서 나는 다음 페이지의 〈그림 2.1〉과 〈그림 2.2〉에서 묘사된 두뇌 구역, 특히 전두엽의 부분들, 간뇌間腦·diencephalon·기저핵基底核· basal ganglia·변연계邊緣系·limbic system를 가끔 거론할 것이다. 물론 전문적인 해부학 지식이 없어도 논의를 따라올 수는 있지만, 이 분야에 친숙하지 않은 독자들은 그림을 보면 이해하는 데 도움이 될 것이다.

독자들에게는 그리 반갑지 않은 소식일 텐데, 이 장은 매우 길어지지 않을 수 없다. 이 장을 여러 개의 장으로 나눌 수도 있었다. 하지만 설명을 위해 좌우반구가 전달하는 하나의 온전한 세계를 얼마나 많은 조각으로 잘라야 할지 모르지만, 내가 바라는 것은 서로 분리된 '인지의 영역들'을 보는 데서 벗어나자는 것이다. 나는 그런 구분이 억지스럽다는 것을 분명하게 깨닫고 있다. 각 조각들은 다른 조각들과 중첩되지 않을 수 없으며, 나는 궁극적으로 그것들이 하나의 일관된 전체를 형성한다고 믿게 되었다. 그에 대한 설명을 더 작은 장으로 쪼갠다면 내가 피하려는 서술 경향이 강화될 것이다. 이 장을 구성하는 여러 개의 부제는 이러한 서술 과정에 방향성을 부여하려는 나의 타협안이다.

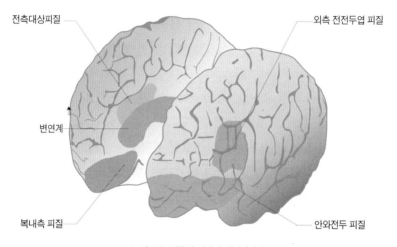

〈그림 2.1〉 전두엽 피질과 대뇌변연계

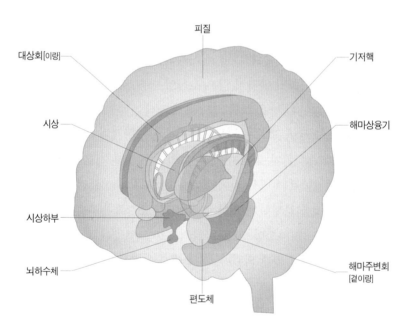

〈그림 2.2〉 간뇌, 기저핵, 변연계

■ 넓이와 유연성 vs 집중성과 파악력

나는 우리가 이미 살펴본, 관심의 근본적인 중요성이라는 문제에서 시작하려 한다. 어떤 것이 우리 각자에게 존재하게 되는 것이 우리 두뇌와 마음의 상호작용에 기인한다면, 우리가 관계에 부여한 속성에 의존하지 않는 어떤 지식이 있을 수 있다는 생각은 성립되지 않는다. 그런데 두뇌의 과제가, 우리가 두뇌를 갖고 있는 목적이, 우리를 우리 자신과 독립적으로 존재하는 것들과 접하게 하는 데 있음은 누구라도 알 수 있다.

하지만 이 결론은 겉보기만큼 명백하지 않다. 세계의 상이한 측면들은 우리 두뇌와 우리와는 독립적으로 존재하는 모든 것과의 상호작용으로 존재하게 된다. 정확하게 어떤 측면이 존재하게 되는지는 우리 관심의 본성에 달렸다. 세계를 사용하고 조작하는 등의 어떤 목적을 위해 사실 우리는 매우 선별적으로 보아야 하는지도 모른다. 다른 말로 하면, 우리는 우리에게 무엇이 쓸모 있는지를 먼저 알아야 하는지도 모른다. 그것이 무엇인지 경험하지 않고는 지식의 토대로 삼을 만한 것이 없으므로, 우리는 그것을 언젠가는 경험해야 한다. 하지만 알기 위해서는 경험을 다시 '처리'하는 과정을 거쳐야 한다. 우리는 우리가 경험하는 것을 인식할 수 있어야 한다. 무엇이 그러저러한 것이라고 말하려면, 예전에 그것을 경험하여 그에 대한 확고한 믿음과 느낌이 있는 어떤 것들의 범주에 포함시킬 수 있을 만한 특정한 성질이 그것에 있어야 한다. 이런 처리가 너무나 자동적으로 진행되기 때문에, 우리는 세계를 경험하기보다는 오히려 세계에 대한 우리의 표상表象을 경험하게 된다. 세계는 더 이상 우리에게 현존present하지 않고 표상re-present된다. 그것은 시각적 세계이고, 마음속에서 개념적 형태로 존재하는 복제물이다.

우리가 세계를 '활용' 하는 능력의 많은 부분은 우리와 독립적으로 존재하는 어떤 것을 최대한 많이 이해하도록 자신을 열어젖히려는 시도가 아니라, 나 자신을 위해 내가 존재하게 만든 것, 그것에 대한 나의 표상을 이해하는 것에 달려 있게 되었다. 바로 이것이 좌반구가 보낸 것으로, 여기에는 선택적이고 고도로 집중된 관심이 필요하다.

조류와 동물들의 예에서 보듯, 우반구는 "망을 보고" 있다. 그것은 우리와 독립하여 존재하는 모든 것에, 우리가 이미 알고 있거나 흥미를 느끼는 것에 집중하지 말고 선입견 없이 최대한 많이 열려 있어야 한다. 그렇게 하려면 좌반구보다 그 관심의 양상이 더 넓고 유연해야 한다.

기존의 신경심리학 문헌에서는 관심의 유형을 다섯 가지로 구분했다. 경계심vigilance, 지속적인 관심sustained attention, 기민함alertness, 집중된 관심focussed attention, 분할된 관심divided attention이 그것이다. 경계심과 지속적인 관심은 흔히 하나의 개념으로 취급되기도 한다. 이것은 기민함과 함께 관심 강도強度의 축을 형성한다. 다른 축은 선택성의 축인데, 이 다섯 가지 유형 중 남은 두 가지인 집중되거나 분할된 관심이 여기에 속한다. 실험에 따르면, 관심의 상이한 유형은 각기 구분되고 서로 독립적이며, 좌우반구 피질의 전두엽과 전방 대상피질前方帶狀皮質 · anterior cingulate cortex(ACC), 후부두정後部頭頂 · posterior parietal에 광범위하게 분포하는 수많은 상이한 두뇌 구조로 수행되는 것으로 나타났다. 분명히 양쪽 반구 내에 있고, 반구 사이에 있을 수도 있는 두뇌의 통제 처리 시스템은 복잡하다. 그런데 반구의 전문화와 관련하여 일관되게 발견되는 몇 가지 차이는 놀라울 정도로 크게 나타난다.

기민함과 지속적 관심은 기술적인 '기능' 의 파문을 만들어 낼 수도 있지만, 심리학 실험실 밖에서는 큰 관심을 불러일으키기 어려운 관심 유형이다. 하지만 경계심처럼 기민함과 지속적 관심은 가장 낮은 식물의 층위는 물론이고, 가장 높은 영적 존재의 층위에서도 세계 속 우리 존재의 토대를 형성한다.('형제들이여, 깨어 있으라, 경계하라.' '아, 인간들이여, 조심할지어다! O Mensch, gib acht!') 기민함이 없다면 우리는 주위 세계에 반응하지 않고 잠든 상태와도 같을 것이다. 지속적 관심이 없다면 세계는 부서진다. 경계심이 없다면 이미 아는 것 말고는 더 이상 알지 못하게 된다. 두뇌 연구에서 얻은 증거를 보면 경계심과 지속적 관심은 우반구에 병변이 있는, 특히 오른쪽 전두엽이 손상된 실험 대상자들에게서 심각하게 결여된 것으로 나타난다. 반면에 좌반구에 병변이 있는(그러므로 훼손되지 않은 우반구에 의존하는) 환자들의 경우에는 경계심이 그대로 유지된다. 우반구에 병소가 있는 환자들은 인지운동지체perceptuomotor slowing라는 증상도 보인다. 이는 관심의 쇠퇴와 함께 경계심이 줄어들었다는 신호이다. 분할뇌를 가졌지만 신체는 건강한 두 환자에 대한 연구는 관심의 강도 측면에서 우반구가 맡은 역할을 분명히 보여 준다. 정밀 촬영 연구 역시 기민함과 지속적 관심 영역에서 우반구가 지배적이라는 확증을 보여 준다.[7] 따라서 관심의 두 가지 중심축 가운데 강도 intensity(기민함, 경계심, 지속적 관심) 축은 우반구에 의존적이라고 할 수 있다.

관심을 구성하는 또 다른 주요 축은 선택성selectivity(집중적 관심과 분할된 관심)이다. 집중적 관심을 먼저 알아보면, 여기서는 상황이 매우 달라진다. 집중적 관심의 결손은 좌반구에 손상이 있을 때 더 심각해진다. 선택적 관심이 양쪽에 모두 해당될 수도 있겠지만, 일반적으로는 두뇌의 왼쪽 꼬리 부분 혹은 왼쪽 전방 대상피질帶狀皮質과 관련된다. 건강한 사람은 선택적 반응에서 좌반구 선호성을 보인다. 또 정밀 촬영 연구로 나타난 결과는, 집중적 관심은 왼쪽 안와전전두엽 피질眼窩前前頭葉皮質·orbitofrontal cortex과 기저핵基底核·basal ganglia에서 벌어지는 활동과 관련되어 있음을 시사한다.

분할된 관심에 관해서는 증거가 갈린다. 일부 연구는 왼쪽과 오른쪽 반구가 둘 다 개입한다고 주장하지만, 우반구가 주된 역할을 맡는 것은 분명해 보인다. 특히 오른쪽 배외측胚外側 전두엽 피질dorsolateral prefrontal cortex이 그렇다.

요약하자면, 우반구는 집중적 관심을 제외한 모든 유형의 관심을 관할한다. 관심이 분할되거나 두 반구가 모두 개입된 것으로 보이는 경우에도, 우반구가 일차적 역할을 하는 것으로 보인다. 전체에 보이는 관심을 담당하는 것이 우반구이므로, 또 반대쪽의 관심 영역attentional field에서 오는 자극을 선택적으로 처리하는 경향이 좌우반구에 원래 있기 때문에, 대부분의 사람들은 선 하나를 둘로 나누라고 하면 실제 중간 지점보다 왼쪽으로 조금 더 치우쳐서 나눌 것이다. 그렇게 해야 우반구의 시점에서 볼 때 반쪽 선의 길이가 똑같아지기 때문이다. 한편, 전체적인 관심에 가장 심각한 손상을 유발하는 것은 오른쪽 하두정소엽下頭頂小葉·inferior parietal lobule에 병변이 있는 경우이다.

관심 문제에서 우반구가 우세를 보이는 것은 우반구가 지닌 더 복잡한 시각·공간적 처리 능력 때문이라는 주장이 제기되었지만, 나는 이것을 좌우반구가 보이는 관심 차이의 원인이라기보다는 결과로 보려는 입장이다.[8]

더 구체적으로 말하면, 국소적이고 좁게 집중된 관심에는 좌반구가, 넓고 전체적이고 유연한 관심에는 우반구가 우세하다는 주장을 뒷받침하는 증거가 있다. 우반구가 관할하는 세계의 범위는 넓다. 우반구에 병변이 있는(그래서 훼손되지 않은 좌반구에 의존하는) 환자들은 조각들을 짜맞추어 전체 그림을 얻는 반면, 좌반구에 병변이 있는 환자들은 (우반구에 의존하여) 전체를 보는 접근법을 선호한다. 우반구에 손상을 입으면 관심이라는 '조명'의 폭을 조절하는 능력이 없어지는 것 같다. 그래서 우반구를 다친 사람들은 관심의 창문이 "지나치게, 또 대체로 영구적으로 좁아지는" 증상에 시달린다. 우리가 좌반구의 관심에만 의존할 때 바로 그런 현상이 일어난다.

■ 새로운 지식 vs 이미 아는 지식

여기서 우리가 새로운 것을 접하면 좌반구의 집중 조명을 받기 전에 먼저 우반구에 소개되어야 한다는 결론이 나온다. 무엇보다도 새로운 경험이 발생하는 경향이 있는 주변적 시야를 담당하는 것은 우반구뿐이다. 우반구만이 왼쪽, 오른쪽을 가리지 않고 우리 인식의 가장자리에서 들어오는 것에 관심을 가지라고 지시할 수 있다. 우리의 경험 세계에 새로 들어오는 모든 것은 즉시 노르아드레날린 호르몬을 방출하는 방아쇠를 건드리는데, 이 작용은 주로 우반구에서 일어난다. 오른쪽 해마海馬상 융기에서는 새로운 경험이 변화를 유발하지만, 왼쪽 해마상 융기에서는 그렇지 않다. 그러므로 새로운 것을 이해하도록 조율되어 있는 쪽이 현상학적으로 우반구라는 사실은 놀랄 일이 아니다.

이 차이는 모든 영역에 두루 해당된다. 새 경험만이 아니라 새 정보나 새 기술을 배우는 것도 좌반구보다는 우반구의 관심을 사로잡는다. 설사 새 정보가 언어적 성질의 것이라 하더라도 그렇다. 그러나 일단 새 기술이 연습을 통해 익숙해지고 나면, 이 기술을 담당하는 주체는 좌반구로 넘어간다. 악기를 다루는 기술 같은 것도 마찬가지다.

이처럼 '저 밖에' 존재하는 모든 것에 기민하게 관심을 보이는 쪽은 우반구로, 우리가 이미 아는 것 이상의 것을 가져다줄 수 있는 두뇌는 우반구뿐이다. 좌반구는 알고 있는 것만 다루며, 예상할 수 있는 것들 사이의 우선순위를 정한다. 그 과정은 예측 가능하다. 좌반구는 예측 가능한 사건들이 정해진 대로 진행되는 상황에서는 우반구보다 효율적으로 움직이지만, 최초의 추정을 수정하거나 옛 정보와 새 정보를 비교·대조해야 하는 상황에서는 우반구보다 효율이 떨어진다. 좌반구는 예상의 안내를 받기 때문에, 우반구는 예측이 힘든 상황에서만 좌반구를 능가한다. 새롭거나 감정적인 비중이 큰 것과 우반구 사이의 연결 고리는 인간을 포함한 고등 포유류에도 존재한다. 가령 말馬은 새롭고 감정적으로 흥분되는 자극은 왼쪽 눈으로 지각한다.

■ 가능성 vs 예측 가능성

다른 말로 하면, 우반구는 프레임 이동에 더 능하다. 오른쪽 전두엽이 특히 사고의 유연성 면에서 중요한 역할을 하는 것은 두말할 나위 없다. 그래서 이 구역에 손상을 입은 사람은 상황 변화에 유연하게 대응하지 못하는 보속증保續症·perseveration(반복성 장애)이 생긴다. 이런 환자는 한 가지 문제에 유효한 방법을 발견하면 그것에 집착하여 다른 방법으로 처리해야 하는 문제에도 그 방법을 부적절하게 적용하는 것이다. 심지어는 한 가지 질문에 정답을 말하고 나면, 그 다음 질문에도 계속 같은 대답을 반복하기도 한다. 그러한 즉각적인 반응을 금지하는 것, 그리하여 유연성과 과제이동set-shifting을 담당하는 것은 오른쪽 전두엽 피질이다. 오른쪽 전두엽 피질은 환경 자극에 대한 즉각적 반응을 금지한다.

문제를 푸는 과정도 이와 비슷하게 전개된다. 우반구는 일련의 가능한 해결책을 제시하는데, 이 해결책들은 다른 방법을 검토하는 동안에도 여전히 유효하다. 이와 달리 좌반구는 이미 알고 있는 것 중에서 가장 적합해 보이는 하나의 해결책을 채택하여 그것에 집착한다. 라마찬드란의 질병인식불능증anosognosia(疾病不認) 연구는 이미 성립된 사물의 도식에 맞지 않는 어긋남 현상은 부정해 버리는 좌반구의 성향을 밝혀내었다. 이에 비해 우반구는 마치 악마의 대리인처럼 어긋난 점을 적극적으로 관찰한다. 이는 둘 다 꼭 필요한 접근법이지만, 각기 끌고 나가는 방향은 서로 반대이다.

'언어 대 시각적·공간적 영역' 같은 오래된 구분에서는 이런 차이가 전혀 예견되지 않았다. 하지만 이 차이는 언어 정보에 대한 관심 영역에서도 똑같이 발생한다. 좌반구는 관심의 초점을 고도의 관련성이 있는 단어로만 좁히는 데 비해, 우반구는 더 넓은 범위의 단어를 활성화한다. 이런 성향은 우리가 알고 있는 좌우반구의 우선순위 결정 방식과 일치한다. 좌반구는 수렴적으로 작동하여 당장은 관련이 없는 의미를 억압하고, 우반구는 관련된 의미들을 광범위하게 활성화시키며 비수렴적 방식으로 정보를 처리한다. 의미론적·어휘론적으로 가까운 관계는 좌반구에 더 많이 의존하고, 느슨한 의미론적 연결은 우반구에 의존한다.

우반구는 사용 빈도가 낮거나 관계가 먼 단어들의 의미까지 활용하므로, 서로 동떨어진 단어를 조합하여 특이한 단어를 만들거나 대상의 새로운 용법을 창안하는 데서 우반구의 개입이 잦아질 수밖에 없다. 이것이 우반구에 자유롭고 창조적인 특성을 부여하는 수많은 이유 중 하나이다. 오른쪽 전방두정부前方頭頂部·right anterior temporal region는 우리가 무언가를 이해할 때 관계가 먼 정보들을 연결해 주는 일에 관계된다. 오른쪽 후방상두정구後方上頭頂溝·right posterior superior temporal sulcus는 언어적 창조성에 선택적으로 개입하는 부위로 추정된다. 반면에 좌반구는 우반구를 억압하여 의미론적으로 관계가 먼 것들 간의 연상을 배제시킨다.

우반구의 유연한 스타일은 단지 우반구가 선호하는 것만이 아니라 한 단계 더 높은 '메타meta'적 의미에서, 좌반구가 선호하는 스타일을 사용하는 것에서도 잘 드러난다. 좌반구는 우반구의 스타일을 사용할 수 없다. 가령 여러 개의 약한 연상보다 하나의 강한 연상에서 혜택을 더 많이 얻는 쪽은 좌반구이지만, 오직 우반구만이 두 가지를 똑같이 사용할 수 있다.

원격연상법Remote Association Test은 창조성을 측정하는 표준 심리학 검사법이다. 이 검사법은 창조성이 있으려면 매우 판이한 관념이나 개념들을 연관시킬 수 있는 능력이 있어야 한다는 믿음의 표현이다. 의지의 노력이 관심을 집중시키고 그 범위를 일부러 좁힐 수 있기 때문에, 무언가를 만들려는 노력의 중단, 즉 이완은 창조성을 선호하는지도 모른다. 왜냐하면 그것은 관심의 확장을 허용하며, 관심 영역이 확장되면 우반구가 개입하기 때문이다. (지금까지 살펴본 내용으로 미루어 볼 때, 우반구의 관심 영역을 더 넓히면 상대적으로 거리가 멀고 지루한 사고의 연상을 더 쉽게 할 수 있음을 알 수 있다. '말이 혀끝에 맴도는' 현상도 이로써 설명될 수 있다. 더 힘들게 애를 쓸수록, 즉 좌반구의 관심을 더 좁힐수록, 말하고자 하는 단어는 더 멀리 달아난다. 그런데 그런 노력을 중단하면, 그 단어는 걸리는 것 없이 떠오른다.)

좌반구는 우반구가 수용하는 넓은 관심 범위를 금지하기 때문에, 좌반구에 발작이 일어나면 창조성이 증대될 수 있다. 이는 감각적 성질에서만이 아니라 알라후아닌Theophile Alajouanine이 어떤 화가에 대해 설명하면서 한 말처럼, "수많은 지적, 감정적 요소에서도" 일어난다. 확실히 우반구가 창조성과 관계된다는 증거는 충분하다. 이는 사물들 간의 폭넓은 연결을 더 많이 만들 수 있는, 또 유연하게 사고하는 우반구의 능력을 감안할 때 전혀 놀랄 일이 아니다. 하지만 이것이 전부가 아니다. 창조성에는 두 반구가 모두 중요하게 개입되어 있다. 창조성은 서로 연관되면서도 독립적으로 유지되는 사물들의 결합에 의존한다. 분리하면서도 연결하는 뇌량의 기능이 바로 그것이다. 흥미롭게도, 실제로 뇌량을 쪼개면 창조성이 손상된다.

■ 통합 vs 분할

일반적으로 좌반구는 우반구에 비해 그 내부와 구역들끼리 더 긴밀하게 상호 연결되어 있다. 유형상 '밀집 초점' 스타일에 속한다고 할 수 있는데, 이는 좌반구 세계의 본질적으로 자기지시적인 성격의 신경 층위를 반영한다. 좌반구는 이미 아는 것, 자신을 위해 만들어 둔 세계를 상대한다. 그런데 우반구는 좌반구보다 훨씬 더 고도로 미엘린화되어 있기 때문에, 피질과 피질 아래의 중심부들 간에 정보가 더 신속하게 전달되기 쉽고 전반적으로 연결성이 더 원활하다. 기능적으로는 우반구의 통합성이 더 우월하다는 사실은, 뇌파 측정 결과 및 더 산만하지만 중첩적인 체세포 감각 투영somatosensory projections(촉각과 통증 및 신체 위치에 관한 정보를 알려 준다.), 청각 자료가 두뇌 오른쪽으로 들어간다는 사실로도 입증된다.

경험 차원에서도 우반구는 지각 과정을 더 잘 통합할 수 있다. 특히 상이한 감각기관이 전해 주는 상이한 종류의 정보를 함께 처리해야 할 때 이 점은 더 잘 드러난다. 두뇌에 부상을 입은 군인들에게서 얻은 자료도 좌반구의 집중된 조직과 확산되고 산만하게 조직된 우반구의 구조 차이를 확인해 준다. 공간적으로 매우 다양한 3차원적 세계를 구축하는 데 우반구가 더 유리한 것도 이 때문이다. 이를 통해 산만하게 조직된 우반구에 한데 묶인 매우 상이한 여러 가지 기능들이, 더 집중적으로 조직된 좌반구가 전형적으로 보이는 통합과는 다른 품질의 통합을 만들어 낸다고 추측할 수 있다. 그래서 서로 다른 정보를 더 폭넓게 수렴할 수 있고, "집중적으로 조직된 반구에서나 가능한 수준을 능가할 정도로 이종양식異種樣式·heteromodal 영역에서 통합을 이루는 것으로 예상할 수 있다."[9] 한 마디로, 상이한 요소들을 의식 속으로 한데 끌어 모은다는 의미다. 여기서 상이한 요소들이란 눈과 귀, 그 밖의 다른 감각기관 및 기억을 통해 얻어진 정보를 말한다. 그렇게 하여 우반구는 무척 복잡하지만 결속력 있는, 우리가 경험하는 세계를 발생시킨다. 이에 비해 좌반구는 "우반구가 달성한 것 같은 급속하고 복합적인 종합을 하는 데는 부적절하다."

앞에서 새로운 자극이 우반구에서 신경전달물질의 일종인 노르아드레날린이 방출되도록 유도한다고 언급했다. 대부분의 신경세포들은 계속 자극을 받으면 '피로'해진다. 즉, 반응을 중단하는 것이다. 그런데 노르아드레날린을 쓰는 이 신경세포들은 피로해지지 않고 흥분을 유지하여, 훨씬 넓은 시공간 범위에 걸쳐 열려 있다. 여기에 우반구는 좌반구보다 더 긴 작동 기억을 지녔기 때문에 이 자극 범위는 더 넓어지고, 더 많은 정보에 적용될 수 있고, 언제든 더 길게 유지될 수도 있다. 그리하여 더 많은 정보를 더 오랫동안, 더 구체적으로 마음속에 담아 둘 수 있다.(이는 또 시간이 흘러도 기억이 쇠퇴할 가능성이 그만큼 낮다는 뜻이다.)

이렇듯 무엇에든 열려 있고 시공간적으로 더 큰 통합성을 보이는 폭넓은 관심이, 우반구가 좌반구보다 폭이 넓거나 복잡한 양식을 더 잘 인식할 수 있는, '전체로서의 사물'을 인식할 수 있는, 나무가 아닌 숲을 볼 수 있는 근거이다. 정리하자면, 좌반구는 국소적이고 단기적인 관점을 취하고, 우반구는 더 큰 그림을 본다.

■ 관심의 상하 등급

　이처럼 우리 두뇌는 세계를 대하는, 서로 많이 다른 두 가지 방식을
가지고 있다. 그렇다면 이 방식들은 어떤 관계를 맺고 있을까?

　새롭게 경험하는 것이면 무엇이든 우반구에 소개될 확률이 더 크
다면, 이는 일시적인 관심에도 위계질서가 있음을 시사한다. 또한, 우
리가 경험하는 모든 대상에 대한 인식도 우반구에서 시작되어, 좌반
구에서 처리하기 전에 우반구가 그 경험의 토대를 제공한다는 의미
다. 관심이라는 분야에서도 우반구가 좌반구보다 우세한 지위에 있
음을 알 수 있다.

　우리가 어떤 것에 관심을 갖게 되는 것은 먼저 우반구 덕분이다. 우
반구는 또 관심을 보이는 순서뿐 아니라, 우리가 관심을 갖는 것이 무
엇인지를 감지하는 순서에서도 좌반구를 앞선다. 그리하여 우반구의
전체적 관심이 좌반구의 국소적 관심을 인도한다. 다음에 실린 그림을
사람들은 대개 E자로 된 H와 8자로 된 4라고 본다. 하지만 전체를 인
식하는 우반구의 능력을 상실한 정신분열증 환자들은 다르게 본다. 그

```
EEEE          EEEE                       88888888
EEEE          EEEE                     88888 88888
EEEE          EEEE                    88888    88888
EEEE          EEEE                   888888     88888
EEEE          EEEE                  888888      88888
EEEEEEEEEEEEEEEEEE                 888888       88888
EEEEEEEEEEEEEEEEEE                8888888888888888888888888
EEEE          EEEE                88888888888888888888888888
EEEE          EEEE                               88888
EEEE          EEEE                               88888
EEEE          EEEE                               88888
EEEE          EEEE                               88888
EEEE          EEEE                               88888
```

들에게는 이 그림이 그저 E와 8자들의 무더기로만 보인다. 정신분열증 및 정신분열성 성격장애schizotypy 환자와 정상인의 결정적인 차이는 관심의 양상, 부분들로부터 전체를 구축하는 관심의 방식에 있다. 그러나 정상인이라고 해도 특정한 상황에서는 관심의 위계질서가 전도될 수 있다. 우리가 찾는 것이 국소적 층위에 있을 가능성이 높을 때는 우리의 관심의 창문도 반쯤 닫힌다. 이 층위에서의 수행을 최대화하여, "전체적 면모를 선호하는 자연적 성향을 뒤집기 위해서"이다.[10]

좁은 범위에 집중된 좌반구의 눈초리는 본질적으로 눈에 보이는 모든 대상에 자유롭게 향할 것 같지만, 실제로는 이미 그 대상에 사로잡혀 있다. 따라서 탐험적 관심을 가진 움직임을 지배하는 것도 우반구이며, 좌반구는 이미 우선순위가 정해진 것에 대한 집중적인 파악을 보조한다. 관심을 어느 방향으로 돌릴지 제어하는 것은 우반구이다.

흔히 우리는 두뇌가 연속된 스캐닝을 통해 이미지를 구성한다고, 파편들을 짜 맞춰 완전한 그림을 만든다고 생각한다. 좌반구가 사후에 대상에 대해 설명하는 방식이 바로 그런 것이기 때문이다. 이렇게 보면 의식적·언어적인 좌반구의 역할이 우반구보다 더 커 보인다. 그러나 실제로 우리는 부분보다 전체를 먼저 본다. 우리는 어떤 대상의 전체를 이해하고자 굳이 그 대상의 면모 하나하나에 관심을 돌릴 필요가 없다. 우리가 집중된 관심을 보내지 않더라도, 그럴 필요도 없이 그 면모들은 모두 거기에 존재한다.

세계에 보이는 관심의 본성과 범위상의 차이 외에, 좌우반구는 방향성 면에서도 아주 놀랍고도 근본적인 차이를 보인다. 흔히 좌우반구가 다 전체로서의 세계를 관심 대상으로 받아들이고, 양쪽 다 그렇게 할 수 없다면 전체 영역에 걸쳐 대칭적이고 보완적으로 관심이 골고루 분배될 것이라고 생각한다. 하지만 실상은 그렇지 않다. 왼쪽 시야와 왼쪽 청각을 우반구가 더 잘 쓸 수 있으므로 혹은 오른쪽 시야와 오른쪽 청각이 좌반구에 더 잘 연결되어 있으므로, 우리의 관심이 왼쪽에서 오른쪽으로 혹은 오른쪽에서 왼쪽으로 점진적인 격차를 보일 것 같지만, 이 격차는 대칭형이 아니다. 전체 상황에 대한 관심은 근본적으로 비대칭형이다. 우반구는 관심의 대상이 왼쪽에서 들어오든 오른쪽에서 들어오든 상관없이, 감각이 쓸 수 있는 세계 전체에 관심을 보인다. 우반구는 경험의 단일한 세계 전체를 우리에게 가져다준다. 반면에 좌반구는 제가 담당하는, 공간과 신체의 오른쪽 절반에만 관심을 갖는 것으로 보인다.

분할뇌 환자의 경우에도 우반구는 전체 시야를 상대하지만, 좌반구는 오른쪽 시야만 상대한다. 세계의 왼쪽을 인식하기를 거부하는 좌반

〈그림 2.3〉
우반구 손상으로 반측 무시 현상을
보이는 환자가 베껴 그린 그림
(오른쪽)

구의 특성은, 우반구에 발작이 일어난 뒤 볼 수 있는 '반측 무시hemi-neglect'라는 흥미로운 현상의 원인이다. 우반구에 발작을 겪고 난 사람은 자기 신체와 세계의 존재 인식을 완전히 좌반구에만 의존하게 된다.[11] 그런데 좌반구의 관심은 세계의 오른편에만 한정되므로, 시야의 왼편에 있는 것들은 전혀 감지되지 않는다. 〈그림 2.3〉 이 현상은 너무나 극단적이어서, 이런 증세를 보이는 환자는 자기 왼편에 누가 서 있어도 모르고, 시계의 왼쪽 절반 혹은 책의 왼쪽 페이지를 인식하지 못하기도 한다. 심지어 세수할 때나 수염을 깎을 때 왼편을 남겨 두고, 옷을 입을 때도 왼쪽 부분을 입지 않는 등 왼쪽이란 것이 존재한다는 사실마저 부정한다.

시각 체계에 아무런 탈이 없어도 이런 현상이 일어난다. 우반구 발작을 일으킨 사람의 좌반구를 경두개 자기자극으로 일시 마비시키면 이 현상은 호전되는데, 이는 발작으로 우반구의 통제력이 상실되면서 좌반구의 활동이 극대화되었음을 암시한다. 흥미로운 점은, 좌반구에 발작이 일어난다고 해서 신체 오른쪽에서 같은 현상이 발생하지는 않는다는 점이다. 이 경우, 멀쩡한 우반구가 전체 신체와 세계에 대한 인식을 환자에게 제공하기 때문이다. 또 관심 구역의 맨 끝 부분(오른쪽이든 왼쪽이든)을 인식하도록 도와주는 것은 우반구뿐이므로, 반측 무시로 왼쪽에 대한 관심이 상실됐을 때에는 비록 예외적인 현상이지만 오른쪽 관심 구역의 끝 부분이 사라지기도 한다.

좌반구가 보이는 관심에는 '끈끈함stickiness'이라는 기묘한 현상이 있는데, 이는 앞에서 언급한 상대적인 뻣뻣함과 관련이 있다. 우반구에 손상을 입고 나면, 갑자기 오른쪽이 자력 같은 매력을 발휘하는 것으로 보인다. 이 사람들은 자기도 모르게 눈길이 오른쪽으로 향하는 것을 느낀다. 심지어 반측半側 무시 현상은 공간의 왼쪽을 무시하기 때문이 아니라, 공간의 오른쪽에 사로잡혀 거기서 벗어날 수 없기 때문이라는 주장도 있다. 왼쪽 영역은 관심을 차단하는 힘이 없는데, 이는 오른쪽 영역에 더 많은 관심을 보이도록 유도하기 때문으로 해석된다. 우반구 손상 환자들은 먼저 오른쪽에 있는 사물에 끌리는데, 그러다가 거기에 집착하게 된다. 왜냐하면 우반구 손상이 대부분의 경우처럼 금지(역逆 피드백feedback)를 유발하는 것이 아니라, 오른쪽에 주어지는 반복된 혹은 친숙한 자극의 촉진(순順 피드백)을 유발하기 때문이다. 나를 찾아온 한 환자는 우반구에 발작을 겪었는데, 그 뒤로 자신의 오른쪽 반쪽에 있는 무생물에 사로잡혔다. 그는 오른쪽에 문의 경첩이 있으면 그 문을 지나가면서 경첩에 눈이 팔려 곁에 있는 사람이 다른 물건으로 관심을 끌 때까지 계속 그것만 바라보았다.

우리가 어떤 것을 바라볼 때 두 눈동자를 함께 움직이게 하는 것은 우반구라는 사실은, 경험 세계 전체의 이익을 위해 우반구가 좌반구의 움직임을 통제하고 한데 묶어 두는 증거라는 주장까지 제기되었다.

요약하자면, 관심의 위계에서 토대 역할을 함축하며 최종적으로 종합하는 역할은 여러 가지 이유에서 우반구에 배당된다. 좌반구가 세부적인 층위에서 하는 일의 토대이자 나중에는 그리로 돌아갈 곳을 우반구가 만들어 내는 상황이다. 이것이 이 책의 주제인 '오른쪽→왼쪽→오른쪽'이라는 진행의 한 가지 보기이다. 우리 경험의 기초에는 바로 이런 작용이 놓여 있다. 세계는 우리의 관심을 받음으로써 실제로 존재하게 된다.

하지만 이것으로 그림이 완성되지는 않는다. 관심의 순서와 관련하여 좌우반구의 관계에는 우리가 관찰해야 할 점들이 더 있다. 알다시피 닭은 서로 다른 목적과 세계상을 얻고자 두 눈을 따로 사용한다. 그러나 그렇다고 해서 닭의 두뇌 기능이 분리된 것은 아니다. 닭은 우반구의 시야에 더 적응한다. 이는 이와 관련하여 우리가 아는 내용과도 일치한다. 하지만 이는 동시에 이 단계에서 좌우반구가 어느 정도의 독립성을 유지한다는 사실과도 관계가 있는지 모른다. 어른 새에게서 발달되는 이음매(뇌량을 비롯하여 두 반구를 이어 주는 신경세포의 끈)는 우반구가 좌반구에 행사하는 것보다 훨씬 더 큰 금지 효과를 좌반구가 우반구에 행사하도록 만든다. 그 결과, 새들은 자연적인 비대칭성을 뒤집는 데 성공했다. 우반구적인 세계상에 좌반구적인 세계상을 덧씌운 것이다. 우반구 식의 세계상을 선호하는 자연적 비대칭성을 다시 목격하려면, 좌우반구의 접촉면을 절단하여 반구 사이의 소통을 불가능하게 만들어야 한다.

▌전체 vs 부분

나는 우반구와 전체적 혹은 게슈탈트적 인지 사이의 관련성이 좌우반구의 차이에 관한 이론 가운데 가장 믿을 수 있고 지속 가능한 것에 속하며, 그것은 관심의 본성에서 생기는 차이에서 도출된다고 말한 바 있다.

우반구는 우리가 어떤 대상이나 현상을 파악하고자 전체를 부분들로 쪼개기 전에 그 전체를 본다. 그 시각적 형태의 전체적인 처리 과정은 부분의 요약에 기초하지 않는다. 그에 비해 좌반구는 대상의 부분을 본다.

좌반구에 비해 더 큰 종합력을 지닌 우반구는 끊임없이 사물 속의 일정한 양식pattern을 찾아 헤맨다. 그리고 우리가 사물을 이해하는 기초는 바로 이 복잡한 양식 인식 능력이다.

분할뇌 환자들에게는 자신이 본 것의 형체나 구조를 손으로 만지는

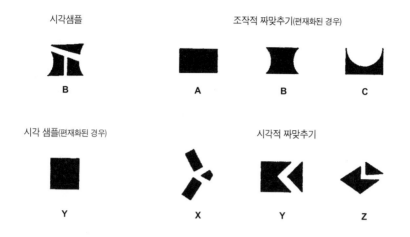

시각샘플   조작적 짜맞추기(편재화된 경우)

B   A   B   C

시각 샘플(편재화된 경우)   시각적 짜맞추기

Y   X   Y   Z

〈그림 2.5〉

첫 번째 실험에서 시각적 샘플 B가 보인다. 오른손과 왼손은 만져 보기만 해서 필요한 형태를 A, B, C 와 구별하는 능력을 알아보고자 별도로 실험한다. 두 번째 실험에서 시각적 샘플 Y가 각 시야에 따로따로 제시된다. 실험 대상자들은 그것을 X, Y, Z 가운데 하나와 조합해야 한다.(Gazzaniga & LeDoux, 1978)

어떤 것에 결부시키는 능력이 전적으로 부족하다. 특히 그 대상을 오른손으로 만질 때 그렇다. 하지만 왼손으로 만질 때(우반구)는 완벽한 능력을 보인다. 가차니가Michael Gazzaniga와 르두Joseph LeDoux는 이것이 더 작은 반구가 지닌 일종의 촉각이나 조작적 이점에 의거하는 현상이 아닐까 추측했다. 왜냐하면 시각과 시각의 통합과 관련된 두 번째 실험, 즉 쪼개진 형체를 맞추는 실험에서 좌반구가 거둔 성적이 그리 나쁘지 않았기 때문이다.〈그림 2.5〉

하지만 이 두 번째 실험은 아무래도 전체의 느낌을 만들어 내는 능력을 측정하는 것과는 거리가 있다. 전체의 느낌을 만들어 내는 능력을 측정하려면, 자기 앞에 있는 물건들과는 다른 양식을 어떻게 느낄 것인가 하는 감각을 실험해야 할 것이다. 즉, 한 번도 본 적이 없는 것

〈그림 2.6〉

오른쪽 두정엽 병변을 가진 환자가 한 남자를 그린 그림(왼쪽)과 오른쪽 두정후두부에 병변이 있는 환자가 자전거와 집을 그린 그림.(Hecaen & Ajuriaguerra, 1952)

을 만져 보면서 그것이 어떤 모양인지 말할 수 있는 능력, 혹은 본 적이 있는 물건이라도 촉각만으로 골라내는 능력을 측정하는 것이다. 이런 능력은 좌반구에는 없다.

두뇌의 한쪽이 손상된 환자들은 손상을 입은 부위가 좌반구인지 우반구인지에 따라 그림 솜씨에서도 상반되는 결함을 보인다. 우반구 상해를 입어 좌반구에만 의존하는 환자가 그린 그림은, 전체적인 일관성과 통합성을 상실하여 거의 알아보기 힘들 정도로 왜곡된 모습이다. 게슈탈트가, 전체가 파악되지 않는다. 예를 들어 사람을 그려 보라고 하면, 오른쪽 두정후두에 병변이 있는 환자는 "다양한 요소를 제대로 조합하는 데 상당한 어려움을 보이며, 계속 사지를 이상한 위치에 놓으려고 한다(팔을 목이나 몸체의 아랫부분에 붙이는 식으로)." 어떤 환자는 코끼리를 그려 보라고 하자, "꼬리와 몸통과 귀만 그렸다." 코끼리 모형을 조합해 보라고 해도 마찬가지였다. 그런 시도는 "느리게 진행되다가 결국은 완전히 실패했다. 환자가 하는 말을 들어 보면 본질적인 요소를 인식하고 있었지만, 그런 요소들을 연결하거나 엇비슷하게라도 올바

| 양쪽 눈 다 사용 | 왼쪽 눈만 사용 | 오른쪽만 사용 |

〈그림 2.7〉
동일한 실험 대상자가 그린 그림. (왼쪽부터) 정상 상태에서 그린 것, 우반구 불활성화 자극을 받은 상태,
좌반구 불활성화 자극을 받은 상태.(Nikolaenko, 2001)

른 장소에 놓을 능력이 없었다." [12) 그 결과, 형체들은 거의 믿을 수 없을 정도로 단순화되고 뒤틀리게 표현되었다. 사람은 관절을 나타내는 세 개의 직선과 하나의 동그라미로 표현되었고, 자전거는 작은 바퀴 두 개가 더 큰 페달 위에 자리한 모습이었다. 주택은 어지러운 선 몇 개와 지붕을 나타내는 뒤집힌 V자로 축소되었다.〈그림 2.6〉

반면에, 좌반구에 손상을 입어 우반구에만 의존하는 환자들의 그림은 세부 묘사가 부족한 경우가 많았다. 전체 형태만 강조되었다.〈그림 2.7〉

인지의 문제도 마찬가지다. 예를 들어, 헤카엔Henry Hecaen과 아후리아게라Julian de Ajuriaguerra의 연구에 나오는 한 우반구 손상 환자는 주택의 그림을 보여 주어도 그것이 무엇인지 모르다가, 굴뚝을 보고서야 집이라고 말했다.

우반구가 손상되면 발생하는 통합적 처리의 실패는 한두 영역에만 국한되지 않으며, 그전까지 속해 있던 시각적·언어적 이분법의 범위도 넘어선다. 우반구 병변이 있는 환자들이 시각적·공간적 정보를

전체로서 파악하는 데서 느끼는 어려움은 언어적 - 의미론적인 이해와 관련이 있다.

이처럼 좌반구는 부분에 의한 확인을 지향하고 우반구는 전체 그림을 지향하기 때문에, 좌우반구는 경험하는 것을 이해하는 방식도 각기 다르다.

■ 맥락 vs 추상

사물을 부분들로 소화하기 전에 전체로 먼저 보는 것과 같은 이유에서, 우반구는 각 사물을 맥락 안에서, 하나의 고립된 실체가 아니라 그 주위의 것들과 질적인 관계를 맺고 있는 것으로 본다. 우반구가 이해하는 세계는 결코 추상적이지 않다.

명시적이거나 문자 그대로의 것이 아닌 간접적 해석, 다른 말로 하면 맥락에 따른 이해를 필요로 하는 것은 모두 오른쪽 전두엽의 작용으로 그 의미가 전달되고 수용된다. 우반구는 명시적인 발언만이 아니라 간접적이고 맥락에 따른 암시도 이해의 재료로 삼는다. 이에 비해 좌반구는 맥락보다는 표찰로써 의미를 확인한다. (예컨대, 낙엽이 진 나무를 보는 것이 아니라 '1월'이라는 표찰이 있기 때문에 겨울이라고 판단하는 식이다.)

이 차이는 좌우반구가 각각 언어에 무엇을 기여하는지를 따질 때 특히 중요하다. 전체 맥락 안에서 말해진 내용을 받아들이는 우반구는, 화용론話用論과 의미의 맥락적 이해 기술, 은유의 사용을 전문으로 취급한다. 언어의 비非문자적인 측면을 처리하는 것이 우반구이다. 좌반구가 발언의 고차원적 의미층을 이해하는 데 서툰 것은 이 때문이다. 예컨대 "오늘은 좀 덥구나." 같은 발언(우반구는 이것을 "창문을 좀 열어 달라"라는 뜻으로 받아들이지만, 좌반구는 그저 날씨 이야기를 하는 것으로 여긴다.)은 왜 우반구가 유머의 감상을 강화하는지를 보여 준다. 유머는 말과 행동의 맥락을 이해하고, 그 맥락이 말과 행동의 의미를 어떻게 바꾸는지에 달려 있기 때문이다. 우반구가 손상된 사람은 여러 가지 면에서 정신분열증 환자들과 비슷하지만, 그들과 달리 함축된 의미를 이해하지 못하고 관례적인 발언을 문자 그대로 받아들인다.

좌반구는 그 사고가 맥락과 무관하게 진행되기 때문에 상황의 내적 논리를 노예처럼 추종하는 경향이 있다. 이는 철학 같은 분야에서 직관을 뛰어넘는 장점을 발휘하기도 하지만, 철학으로 치료해야 하는 질병으로 간주되기도 한다. 직관을 뛰어넘는 장점도 너무 일찌감치 이론에 항복해 버릴 때에는 도리어 약점이 된다. 좌반구는 추상抽象의 반구이다. '추상abstraction'이라는 단어 자체가 말해 주듯이, 이것은 맥락에서 어떤 것을 떼어 내는 과정이다. 이 추상화와, 사물을 추상화한 다음에 다시 범주화하는 능력이 좌반구가 지닌 지적 힘의 기초이다. 헤카엔과 아후리아게라의 연구에 등장하는 환자의 사례를 다시 보자. 좌반구에 손상을 입어 우반구에만 의존하는 이 환자는, 나무토막으로 어떤 모형을 복제해 보라는 말을 듣자 "마치 이상한 힘에 떠밀리는 것처럼, 복제해 보라는 그 모형의 옆이 아니라 꼭대기에 나무토막을 올려놓았다." 이것은 "구체적 모델로부터 추상적 표상을 만들어 내는 능력에 문제가 있음을 나타내는 증거"이다.[13)]

좌반구는 표상re-present만 하고, 우반구는 현존presence만 줄 수 있다. 이제 좌우반구가 지닌 핵심적인 차이에 거의 다가섰다. 여러모로 '현대 신경심리학의 아버지'라 할 헐링스 잭슨Hughlings Jackson은 두뇌 손상을 입은 환자와 간질 환자들을 관찰하여 좌우반구 간의 차이에 대한 풍부한 연구 자료를 얻었다. 그의 연구는 제1차 세계대전 때까지로 거슬러 올라간다. 그가 만난 한 환자는 말로 표현하는 능력을 잃었지만 대상의 이름을 자동적으로 이해할 수는 있었는데, 잭슨은 이것이 우반구의 중재 덕분이라고 짐작했다. 그 환자는 벽돌이라는 말을 듣고 금방 벽돌을 가리킬 수는 있어도, 벽돌이라는 단어 자체는 '기억'하지 못했다.

> 나는 벽돌이라는 단어를 말할(쓸) 수 없는 사람이 그 단어의 기억은 가진다고(그 **단어 자체**를 의식한다고) 생각하지 않는다. 그는 그 단어는 전혀 의식하지 못하지만 그것이 상징하는 것은 의식하는데, 이는 매우 다른 문제이다.[14)]

세계의 표상에는 추상화가 필요하다. 좌반구는 추상적인 시각적 – 형태 시스템을 작동시켜 여러 경우에 상대적으로 변하지 않는 정보를 저장한다. 그리하여 사물들의 추상화된 유형이나 집합을 만들어 낸다. 우반구는 한 가지 유형의 각기 다른 구체적 경우들을 구별하는 것이 무엇인지 알아차리고 이를 기억한다. 우반구는 실제로 존재하는 사물을, 실제 세계에서 우리가 만나는 그대로를 우선적으로 다룬다. 그리고 사물을 세계의 맥락에 뿌리내리게 해 주는 언어 덕분에 사물들 **사이의 관계**에 관심을 가진다. 따라서 우반구에는 어휘가 있다. 우반구는 좌반구와 공유하는 구체적 명사와 상상 가능한 단어들의 어휘록을 확실히 갖고 있다. 나아가 일차적으로 단어들 간의 지각적 연결을 만드는 쪽도 우반구이다.

일반적으로 추상적 개념과 단어 및 복잡한 구문構文·syntax은 좌반구에 의존한다. 그러나 다시 말하지만, 언어 분야에서 나타나는 우반구의 열세는 좌반구의 적극적인 금지 탓이 크다. 좌반구가 산만해지거나 무력화되면, 우반구가 길고 흔치 않은 단어나 상상 불가능한 단어가 포함된 더 포괄적인 어휘록을 가졌음이 드러난다.

'맥락 대 추상'이라는 구분은 좌우반구가 서로 다른 방식으로 상징을 사용하는 용례로 설명된다. 가령 장미 따위의 상징은 우리의 신체적·정신적·개인적·문화적인 삶의 경험을 통해 가지를 치고 뻗어 가는 끝없는 함의망含意網의 중심 혹은 초점이 된다. 상징의 힘은 일련의 묵시적 의미를 전달하는 힘의 직접적인 비율에 달려 있다. 그런 의미가 강력한 힘을 가지려면 계속 묵시적이어야 하기 때문이다. 이 점에서 상징은 의미층이 여러 개 있는 농담과도 같다. 농담을 설명하려 들면 그것이 지닌 힘을 망가뜨린다. 또 다른 종류의 상징의 예는 교통신호등의 빨간불이다. 빨간불의 힘은 그 용법에 있는데, 이 용법은 "멈춰"라는 지시를 빨간색에 1대 1로 부과하는 데 달려 있다. 빨간색은 모호함 없이 노골적이어야 한다. 이런 유의 상징적 기능은 좌반구의 영역에 속하지만, 첫 번째 유형은 우반구의 영역에 속한다.

특히 중요한 차이는 은유를 이해하는 우반구의 능력에 있다. 이에 대해서는 다음 장에서 논의해 보자. 오른쪽 측두엽側頭葉 구역은 서로 무관한 것 같은 두 개념을 통합하여 의미있는 은유적 표현으로 묶어내는 데 본질적인 역할을 하는 구역 같다. 하지만 흥미롭게도 진부한 은유나 비문학적 표현은 좌반구에서 다루어진다. 진부한 표현은 **문자 그대로**의 의미로 보아야 참신해지고 통찰력도 필요해진다.(농담을 알아듣는 것과 약간 비슷하다.) 따라서 이 경우, 현저하지 않은(진부하지 않기 때문에 친숙하지 않은) 의미는 우반구에서 처리된다.

▦ 개별 vs 범주

범주만이 아니라 한 범주 안에서 구체적인 사례들을 구별하는 능력을 가진 것도 우반구이다. 우반구는 세부 사항을 저장하여 구체적인 사례들을 구별한다. 우반구는 개별적인 것들, 즉 사물이나 개인과 친숙한 대상의 고유한 사례들을 제공하는 반면, 좌반구는 사물들의 범주, 즉 일반적이고 구체적이지 않은 대상을 표상한다. 우반구는 고유한 것을 참조하는 데 비해, 좌반구는 고유하지 않은 것을 참조한다는 점도 위 사실과 일치한다. 온갖 종류의 개별자, 장소, 얼굴들을 구별하는 것도 우반구의 담당이다. 사실 우반구가 개별자를 인식하는 것은 우반구가 지닌 전체적 처리 능력 덕분이다. 어쨌든 개별자는 게슈탈트적 전체이므로. 그 얼굴, 그 음성, 그 걸음걸이, 부분으로 쪼갤 수 없는 그 개인이나 사물의 순전한 본질 말이다.

이처럼 좌반구는 추상적 범주와 유형에 더 관심을 가지는 반면, 우반구는 존재하는 각 사물과 존재의 고유성 및 개별성에 더 관심을 보인다. 라마찬드란이 '비정상성 탐지기anomaly detector'라고 묘사한 우반구의 역할은, 사실 추상적 표상보다는 실제로 존재하는 그대로의 사물을 더 선호하는 우반구의 면모로 보일 수 있다. 그런데 좌반구가 애호하는 표상에서는, 사물이 고정되고 등가물equivalent이어야 하며 개별자보다는 유형type이 되어야 한다.

우반구는 그 대상이 생물이건 무생물이건 간에 사물들 간의 섬세한 구별에 관심이 있다. 사실 '범주화'라는 지적인 원리는 이 점을 놀라운 방식으로 헤아린다. 결국 무엇이 일반적이고 구체적인지는 상대적일 수밖에 없다. 하나의 대상을 자동차 혹은 과일 한 조각으로 규정하는 것은 일반적인 단계이다. 하지만 그 과일이 어떤 종류인지(배), 어떤 종류의 배인지(코마이스종), 혹은 어떤 브랜드의 자동차인지(시트로엥), 시트로엥의 어떤 모델인지(2CV) 하는 단계로 넘어가면 문제는 더 구체적으로 변한다. 하위 범주가 개별화될수록 그것은 우반구에 인식될 가능성이 커지고, 일반화되고 더 상위의 범주가 될수록 좌반구의 관할이 된다. 이 점과 관련하여 시각적이고 공간적인 문제를 다루는 데서 우반구가 유리하다는 것은 잘 알려진 사실이지만, 그렇기 때문에 범주화하기에 쉬운 단순한 형태와 모양을 확인하는 데서는 좌반구가 더 뛰어나다. 복잡한 형태는 덜 전형적이고 더 개별적이므로 우반구가 더 잘 처리한다.

일반적으로 좌반구의 성향은 등급을 분류하는 것이고, 우반구의 성향은 개별자를 확인하는 것이다. 두 개의 반구는 모두 경험의 분류에 따른 인식과 관련되어 있다. 각 반구는 그렇지 않았더라면 애매모호한 인상들의 덩어리였을 것들에 형태를 주어 현실감을 부여한다. 하지만 두 반구가 존재하게 하는 세계의 본성에 좌우반구가 각각 끼치는 영향은 결정적으로 다르다. 이상적 본보기와의 닮은 점을 인식하고, 이에 기초하여 세계를 구성하는 우반구의 방식은 더 보편적이고 전체적이다. 이에 비해 좌반구는 추상적인 특정 범주 속에 대상이 자리 잡는 단일한 특징을 밝힌다. 그 결과 좌반구는 추상적 범주를 활용하고, 우반구는 구체적인 본보기를 가지고 작동할 때 더 효과적이다. 두뇌의 기능을 비추는 영상을 보면, 좌반구는 사물을 표상할 때 변함없는 시선을 유지하는 '신의 눈' 같은 관점을 취하고, 우반구는 경험을 분류하고자 미리 저장해 두었던 '실제 세계'의 관점을 사용한다.

좌반구의 체계적인 범주화 과정은 때로 그 자체로 생명을 갖기도 한다. 앞에서 뇌 신경세포의 흥분 전달 역할을 하는 도파민은 좌반구에 더 넓게 분포되어 있다고 언급했다. 예를 들면 암페타민amphetamine〔중추신경과 교감신경을 흥분시키는 작용을 하는 각성제로 비만 치료에도 쓰인다.〕을 남용하거나 파킨슨병 예방약을 대량으로 쓸 때도 발생할 수 있는 다량의 과잉 도파민 에너지는 정신분열증과 비슷한 증세를 일으킬 수도 있다.〔중추신경계의 퇴행성 질병인 파킨슨병은 도파민의 생성과 작용이 줄어들며 생긴다.〕 **왜냐하면**

도파민은 우반구보다 좌반구를 선호하는 경향이 있기 때문이다. 도파민 에너지가 도를 넘어서면 좌반구는 수집과 범주화를 통제 불능한 수준까지 요구하게 되는데, 여기에는 획득과 제작에 대한 좌반구의 압도적인 관심이 수반된다. '펀딩punding' 이라 알려진 이 작용은, 기계를 조립하고 해체하거나 횃불, TV, 돌, 상자 등 움직이지 않는 대상을 수집하고 범주화하는 기계적이고 반복적인 행동으로 나타난다.

예전에 상품 포장지를 수집하여 대칭적인 구조물로 배열하는 데 몰입하는 증세를 보이는 정신분열증 환자를 치료한 적이 있다. 그의 집 거실은 그가 만든 '조각품' 으로 가득 채워져 있었다. 한번은 자기 아파트에서 주말을 보내고 온 그에게 어떻게 지냈느냐고 묻자, 그는 건조하게 대답했다. "물건들을 오른쪽으로 옮겼어요." 공간의 오른쪽에만 관심을 보이고 왼쪽은 무시하려는 좌반구의 강한 편향을 생각할 때 이는 매우 흥미로운 대답이다. 수집과 조직화에 대한 열성은 물론 아스퍼거 증후군 같은 발달장애에서도 나타나는데, 이 증후군에서도 우반구 손상이 발견된다.

물론 범주화하려는 열정이 오로지 '병자' 들에게서만 나타나는 것은 아니다. 우리 모두 그런 열정을 지니고 있다. 헨리 모즐리Henry Maudsley의 말을 들어 보자.

우리에게는 자연 상태에서는 전혀 구분되지 않은 것을 지식에서 구분하려는 강한 성향이 있다. 그런데, 그렇게 한 다음에는 자연에도 구분을 뒤집어씌우고, 현실이 관념에 편안히 순응하도록 만들 뿐만 아니라, 그 이상으로 나아가서 관찰로 얻어진 일반화를 적극적인 실체로 전환시키고, 장래에는 이런 인공적인 창조물들이 이해를 지배하게 만들려고 한다. [15]

■ 동일성 속의 차이점

좌우반구가 보는 세계상象의 대조는 동일성과 차이점이라는 쟁점이 부각되며 갑자기 사람들의 관심을 받게 되었다. 하지만 다시 말하거니와, 이런 차이를 그저 '정보처리 과정상의 상이한 기능' 문제로만 보는 것은 핵심을 놓치는 일이다. 우리 두뇌의 좌우반구는 우리가 이미 그 (기계적인) 구조를 알고 있는 세계 속의 '기능'이 아니다. 오히려 두 개의 반구는 그 자체가 우리가 이해하려고 애쓰는 세계의 기초이다.

한 개별자는 무한히 많은 연속된 순간과 경험 및 지각들(좌반구가 보는 방식처럼)로 이루어진 일종의 소우주이다. 이런 것들은 물론(적어도 우반구가 보는 한) 단일한 전체이다. 오늘 아침에 집을 나선 아내나 남편이 저녁에 귀가할 때 기분이 달라졌거나 머리 모양이 바뀌었다고 해서 서로를 몰라보지는 않는다. 좌반구는 이런 것을 별개의 경험 조각으로 보겠지만, 실제로 이런 조각들은 구분되지 않는다. 그 조각들은 하나의 고유한 전체의 상이한 측면들일 따름이다. 하지만 우반구에 결함이 생기면, 전체를 보는 능력이 상실된다. 우반구 손상 환자들은 자기가 보는 사람이 다른 사람이라고 믿는다. 그래서 사기꾼이 자기가 아는 사람의 행세를 한다고 믿는데, 이것이 '카프그라스 증후군Capgras syndrome'이다. 이 증후군 환자들은 지각상의 작은 변화도 전체 속에 통합시켜야 하는 새로운 정보가 아닌 완전히 다른 실체로 믿는다. 이런 의미에서 그들에게는 부분의 중요성이 전체의 무게를 능가한다.

여기서 우반구의 결함이 얼핏 봐서는 전혀 얼토당토않은 믿음을 낳을 수 있다는 사실이 흥미롭다. 어떤 사람이 다른 시간과 다른 장소에 존재할 수 있다는 믿음 같은 것 말이다. 이는 고유한 하나의 전체가 쪼개진 것이 아니라 그것의 대량 복제이다. 존 커팅John Cutting의 말에 따르면, "뭔가 개인적이고, 대개 살아 있는 것이 마치 전체 대열에 있는 하나의 항목인 것처럼" 그것이 고유성이나 친숙함을 잃지도 않고 '복제' 되는 것이다. 내가 만난 환자 중에도 자기 남편이 양다리를 걸친다고 비난하는 여성이 있었다. 그녀는 시내에서 쇼핑을 하다가 근무 시간인데도 다른 여자와 함께 있는 남편을 여러 번 목격했다고 했다. 이 이상한 증상은 1900년대 초반에 옷 빨리 갈아입기로 유명했던 이탈리아 예술가의 이름을 따서 '프레골리 증후군Fregoli syndrome' 이라 불린다.

프레골리 증후군의 경우, 우반구가 제공해 주던 개별자에 대한 미묘한 식별 능력이 상실되어, 서로 다른 개인들이 한데 뭉뚱그려져 하나의 범주로 '표상' 된다. 이것은 카프그라스 증후군의 반대가 아니라 동일한 원인이 낳은 자연스러운 결과이다. 즉, 고유한 전체 감각의 상실로 나타나는 현상이다. 이런 '착각에 의한 확인 오류' 는 인간만이 아니라 사물에게도 적용된다. 한 환자는 어떤 사람이 자기 침실에 들어와서 자기 옷을 품질이 약간 떨어지는 복제품으로 바꿔 놓았다고 믿고는 그 사람에게 복수를 하겠다고 했다. 어떤 사람은 특정 도시를 복제한 '사이비 도시' 가 여덟 군데나 있다고 주장했다. 그는 8년간이나 진짜 도시를 찾으려고 그 도시들을 떠돌았지만 끝내 찾지 못했다. 그는 자기 아내와 아이들도 여덟 벌 복제되었으며, 각 복제품은 자신의 복제품과 함께 또 다른 복제된 도시에 살고 있다고 믿었다.

이렇게 되면 좌우반구를 구별하는 것은 각 반구에서 행해지는 내용이 아니라 행해지는 방법이라는 원칙에 입각할 때, 한쪽 반구는 단일한 항목('단위unit')을 다루고 다른 반구는 집합체aggregate를 다룬다고 말할 수 없게 된다. 둘 다 '단위' 를 다루고, 둘 다 집합체를 다룬다. 구체적으로는 이렇게 말할 수 있다. 오른쪽은 개별적 실체(단위)를 보되, 그 실체들을 분리되지 않은 전체 맥락(집합체)에 속하는 것으로 본다. 반면에 왼쪽은 부분(단위)을 보는데, 부분들은 그것들이 속하는 범주(집합체)에 의해 인식되는 무언가를 구성한다. 다만, 왼쪽이든 오른쪽이든지 간에 더 작은 단위와 더 큰 집합체가 맺는 관계는 서로 다르다. 두 반구가 각기 결부되어 있는 세계에 보이는 관심 양식도 마찬가지다.

■ 개인적인 것 vs 비개인적인 것

우반구는 어떤 것도 추상적으로 보지 않고 항상 맥락 속에서 대상을 감식하기 때문에, 개인적인 것에 흥미를 보인다. 이와 달리 좌반구는 추상적이거나 비개인적인 것에 더 친근함을 느낀다. 우반구가 보는 세계상은 일반적으로 객관적이고 추상적인 범주가 아니라 그 개인에게 무엇이 중요한지에 따라 해석되므로 개인적인 성질을 가진다. 이런 성질은 좌반구와의 관계에서 우반구가 갖는 장점이자 단점이다.

우반구가 상대하기 좋아하는 대상은 자신에게 접근하는 것, 가까이 다가오고 관계를 맺는 것들이다. 오른쪽 측두엽은 삽화적 기억이라 불리는 것들, 즉 개인적이거나 감정적인 내용이 충만한 성격의 기억을 더 우선적으로 다룬다. 이와 달리 왼쪽 측두엽은 '공적 영역'에 속하는 사실의 기억에 더 관심을 가진다. 우반구가 개인적 과거에 보이는 관심이 앞으로 우리가 만나게 될 내용, 즉 슬픔을 잘 느끼는 우반구의 성향과 밀접한 관계가 있을지도 모른다는 점은 흥미 있다.

■ 살아 있는 것 vs 살아 있지 않은 것

지금으로부터 30여년 전, 위대한 신경학자 프랑수아 레르미트François Lhermitte는 사례 분석을 통해 우반구가 인공적 사물보다 살아 있는 개별자에 더 관심을 가진다는 사실을 확증하여 두 반구 간의 본질적 한 가지 차이에 관심을 끌어모았다. 이는 우리와 독립하여 존재하는 모든 것에 우반구가 갖는 관심 및 우반구의 공감 능력으로 볼 때 당연한 현상이다. 또 좌반구와 달리 전체를 부분들의 합이 아닌 전체로 보는 우반구의 능력도 이와 관련이 있다.

사물을 조각내는 것과 그것에서 생명을 박탈하는 것 사이에는 직관적인 관계가 있다. 살아 있지 않은 것에 유전암호를 배당하는 것은 좌반구뿐이다. 살아 있는 것에는 좌우반구가 모두 암호를 정해 준다. 아마 살아 있는 것은 독립적인 개별자로(우반구), 혹은 용도가 있는 대상이나 제물 및 사물 등(좌반구)으로 간주될 수 있기 때문일 것이다. 그러나 반구들이 깨끗하게 두 개로 나뉘어 있다고 주장한 연구가 최소한 하나는 있다. 그 연구는 어떤 과제에 대해서든 좌반구는 비생물에게, 우반구는 생물에게 할당되었음을 발견했다.[16] 또 다른 연구는 "살아 있는 실체와 살아 있지 않은 실체의 동일시를 각각 지지하는 상이한 두뇌 네트워크가 있다"고 결론지었다.[17] 여기서 식량과 악기는 비생물보다는 생물 쪽에 분류되는데, 아마 이것들이 신체의 생명에 가담하는 친밀한 방식 때문일 것이다. 그 신체란 물론 우반구적인 실체이고, 신체의 '부분들'은 좌반구의 영역이다. 사실 우반구가 더 이상 신체의 왼편을 존재하게 만들지 못하게 되면, 좌반구는 그쪽의 생명 없는 부분을 기계적 구조로 바꿔 넣을지도 모른다. 에렌발트H. Ehrenwald의 설명에 따르면, 우반구의 발작을 겪은 한 환자가 의사에게 다음과 같은 일을 보고했다고 한다.

'가슴과 복부, 위장이 있어야 할 몸의 왼쪽 절반에 나무판 한 장만 있었다.' 그 나무판은 항문까지 이어지며 여러 개의 가로판으로 칸막이가 되어 있다. …… 음식은 위장에서 소장으로 이어지는 통상적인 경로를 지나가지 않고, '이 임시 구조물의 칸막이에 갇히고, 그 구조물의 바닥에 있는 구멍으로 떨어진다.' 이것들은 모두 왼쪽에만 있다. 오른쪽에는 내장 기관이 완벽하게 제자리에 놓여 있다.[18]

에렌발트는 이것이 환각의 관념이 아니라 지각이라고 기록했다. 그 환자가 나무판을 **보고 느낄** 수 있었기 때문이다.

우반구가 살아 있는 모든 것을 친근하게 느끼는 것과 마찬가지로, 좌반구는 기계적인 모든 것을 친근하게 느낀다. 좌반구의 일차적 관심은 효용이다. 좌반구는 자기가 만든 것에, 또 사용 가능한 자원으로서의 세계에 흥미가 있다. 따라서 좌반구가 단어와 개념이라는 도구, 인공물, 메커니즘, 살아 있지 않은 모든 것에 유달리 친근함을 느끼는 것은 당연하다. 좌반구는 도구와 기계의 암호를 지정한다. 뭔가를 잡으려고 행동하거나 도구를 언급하면, 왼손잡이들에게서도 좌반구가 활성화된다. 일상생활에서 왼손(우반구)으로 물건을 잡고 도구를 사용하는데도 그렇다. 우반구에 손상을 입어도 전과 다름없이 간단한 도구를 사용할 수 있지만, 좌반구에 손상을 입으면 망치나 나사못, 열쇠나 맹꽁이자물쇠를 쓰지 못하게 된다. 그러나 우반구가 손상되면 연속적인 여러 단계를 거쳐야 하는 자연스러운 행동, 예컨대 커피를 끓인다든가 선물을 포장하는 따위의 행동에 어려움이 생긴다.

왼쪽 편이 과학을, 오른쪽 편이 자연을 표상한다고까지 말할 수 있을까? 나 자신도 두뇌의 두 면에 관련된 유명한 이분법에 회의를 표해 왔지만, 왼쪽이 인간의 발명의 결실을 나타낸다고 추정하는 것은 타당하다고 생각한다. 그 과실은 곧 언어, 제조업, 대상을 표현하는 분석적 방식이다.[19]

마이클 코발리스Michael Corballis는 로저 스페리에게 찬사를 보내며 이렇게 얘기했다. 이 두 사람은 모두 반구 연구에 기여한 인물들로, 둘 다 저 '유명한 이분법'에 회의적이다. 특히 코발리스는 인간이 간여하기 전과 후에, 또 인간 존재와 무관하게 존재하는 것들, 즉 자연에 대해 우반구가 느끼는 친밀함과 이와 반대로 좌반구가 자신이 만든 모든 것에 친밀함을 느끼는 문제를 집중 연구했다. 나는 진정한 의미에서의 '과학'이라는 단어를 좌반구의 영역을 가리키는 의미로는 받아들이지 않을 것이다. 르네상스 시절에 있었던 과학적 발견을 생각해 보면 알 수 있듯, 경험주의 정신은 대부분 우반구에서 나온다. 또 과학이라고 해서 꼭 예측 가능한 길로 나아가지는 않았다. 그것은 좌반구가 생각하는 것보다 더 요행이 많고 통제를 덜 받고, 존재하는 것에 대한 열린 인식을 포함한다. 아마 코발리스는 이런 견해도 받아들이지 않을 것이다. 자신이 제기한 질문에도 답을 하지 않으니 말이다. 그러나 메커니즘mechanism〔기제機制〕이라는 단어를 다른 것으로 바꾸려는 사람이 있다면 나는 그에게 완전히 동의한다. 애석하게도 과학은 너무 심하게 기계적일 수 있지만 말이다.

오른쪽 측두엽 구역에는 살아 있는 것들뿐만 아니라 특히 인간적인 것들이 차지하는 장소가 있는 것 같다. '인간적임humanness'에 대한 그런 판단은 얼굴을 알아보는 우반구의 탁월한 능력과는 별개이다.

우반구는 실제로 존재하는 것과 우리의 신경을 끄는 모든 것에게 우선순위를 부여한다. 그것은 존재하는 것들, 진짜 과학, 살아진 세계the lived world에 입각하여 의미가 통할 수 있는 자극, 우리가 인간 존재로서 의미와 가치를 두는 모든 것을 선호한다. 주위에서 얻은 정보에 더 쉽게 동화되면서도 그것에 자동적으로 반응하지 않을 수 있고, 아마 그렇기 때문에 우반구는 주위의 영향에 더 민감할 것이다.

우반구가 이러는 사이에 좌반구는 왜곡되고 비현실적이고 환상적인, 궁극적으로는 인공적인 이미지를 더 편안하게 다룬다. 이는 이 이미지들이 전체로서보다는 부분들에 의한 분석을 끌어들이기 때문일 것이다. 하지만 무의미한 것이든 실재하지 않는 것이든지 간에, 좌반구에는 괴상한 것에 대한 적극적인 편향이 있는 것 같다. 비록 거의 모든 연구가 혼란스러운 요소들을 분명히 구별하지 않았기 때문에 여기서 나온 자료들을 해석하기가 유달리 어렵지만 말이다.

어떤 사물이 여전히 새로 '존재' 하는 것일 때, 어떤 범주의 대표로 표상되는 것이 아니라 개별적으로 존재하는 실체로서 존재할 때, 그것이 우반구에 속한다는 사실은 생물과 비생물 간의 차이에 비추어 고려될 수 있다. 그 사물이 지나치게 친숙해지고 진짜가 아닌 것이 되면 생명이 없는 것으로 변하므로, 그때부터는 좌반구 담당으로 넘어간다.

■ 공감과 '마음의 이론'

사물의 상호 연관성에 열려 있는 우반구는 개별자로서의 타자他者들에게, 그리고 우리가 그것들에 어떻게 연결되는지에 관심을 보인다. 그것은 공감적 동일시의 중개자이다. 내가 고통을 겪고 있다고 상상하면 두 반구가 모두 사용되지만, 그 고통을 느끼는 것은 나의 우반구이다. 통증의 지각과 관련된 부위로 알려진 오른쪽 전방 대상피질에 있는 신경세포는 우리 자신이 상처 입거나 다른 이의 고통을 목격할 때 활동한다. "자기 인식, 공감, 타인과의 동일시, 더 일반적으로는 간주관적間主觀的 처리과정은 대체로 …… 우반구의 기능에 의존한다." 타인의 입장이 되어 생각할 때 활동하는 것은 우측 하두정엽下頭頂葉·inferior parietal lobe과 오른쪽 외측 전전두엽 피질前前頭葉皮質·right lateral prefrontal cortex이다. 이 부위는 자신의 관점을 자동적으로 신봉하려는 성향을 금지하는 것과 관련이 있다. 우반구가 활성화된 상황에서는 주체가 타인들에게 더 우호적인 태도를 보이며, 예전에는 지지하지 않았던 입장을 옹호하는 논의에 더 쉽게 설득된다.

일반적으로 우반구는 감정적인 것이든 다른 종류의 것이든 타인의 마음을 주체에 귀속시키는 데 결정적인 역할을 한다. 다른 개인의 감정적 상태에 관해서는 특히 그렇다. 사이먼 배런 코헨Simon Baron-Cohen의 말에 따르면, 우반구는 심지어 '생각하다' 라든가 '상상하다' 처럼 마음을 묘사하는 말을 듣는 데도 참여한다.[20]하지만 우반구는 그것이 기계가 아니라 또 다른 생물임을 알아야만 활성화되고 공감하고 동일시하며 모방하려고 한다. 이는 세계를 생명체와 비생명체로 나누는 데서 두 반구가 맡는 역할에 비추어 볼 때 흥미 있는 지점이다. 어떤 물건을 잡으려는 진짜 손이나 가상 손을 볼 때 우리는 자동적으로 그에 적절한 좌반구 부위를 활성화시킨다. 마치 우리도 그것을 잡으려는 것처럼 말이다. 그런데 오른쪽 측두두정엽側頭頭頂葉·temporoparietal 부위가 활성화되는 것은 놀랍게도 진짜 손일 때뿐이다. 어떤 행동을 하는 사람을 보면, 무의식적이고 비자발적으로 그의 행동을 모방하려는 충동이 우리 속에 생긴다. 특히 우리 자신도 그런 행동을 여러 번 해 본 경우에는 동조하여 따라하려는 성향이 한번쯤 해 보고 싶은 어떤 행동에 대한 욕구보다 더 크게 나타난다. 하지만 이는 그 행동 주체가 진짜 인간이라고 우리 두뇌가 생각할 때에만 참이다. 그것이 컴퓨터라고 생각하는 순간, 우리는 그런 상황에 가담하지 않는다.

우반구는 '마음의 이론theory of mind' 이라 알려진 것에서 중요한 역할을 한다. 이는 자신을 다른 사람의 입장에 대입시켜 보고, 그 사람의 마음이 어떻게 움직이는지를 보는 능력이다. 이 능력은 영장류에게서는 자기 인식 및 자기 각성과 함께 나타나며, 이런 기능과 긴밀하게 연결되어 있다. 인간의 아이들은 네 살 정도 되어야 이 능력을 충분히 획득하는데(관련된 요소들은 아마 생후 12개월에서 18개월 사이에 나타나겠지만), 자폐아들은 이 능력을 끝내 갖지 못한다. 마음의 이론을 입증한 고전적인 실험에서는, 대상자들에게 샐리와 앤이라는 두 인형이 구슬 놀이를 하는 모습을 보여 준다. 두 인형은 구슬을 상자에 넣고 치운 뒤 방을 나간다. 그런데 앤이 돌아와서 구슬을 갖고 놀다가 다른 상자에 넣는다. 여기서 실험자들은 이 실험을 지켜본 대상자들에게 이렇게 묻는다. "샐리가 돌아오면 어디에서 구슬을 찾을까?" 이때 마음의 이론 능력이 없는 사람들은 샐리가 구슬을 마지막으로 넣어 둔 원래 상자가 아니라, 자신들이 목격한 대로 앤이 구슬을 바꿔 넣은 새 상자를 가리킨다.

우반구에서는 감정적 이해가 훨씬 더 우세하다. 우반구는 사회적 행동의 중개자이다. 우반구가 없으면 좌반구는 타인과 그들의 감정에 무관심하다. "사회적 교섭은 타인들의 감정과 희망과 욕구와 기대치에 무관심하게 진행된다." 오른쪽에만 전두엽 결손이 있는 환자들은 공감을 하지 못하는 쪽으로 성격이 바뀐다.

'거울 신경세포mirror neurones'라는 별명이 붙은 신경세포를 발견했을 때 많은 사람들이 큰 관심을 보였다. 이 신경세포는 우리가 무엇을 할 때나 다른 사람이 그 행동을 하는 것을 보고 있을 때나 모두 활성화된다. 생리학적·행동적 증거에 따르면, 말하는 데 결정적인 역할을 하는 전두엽 부위인 왼쪽 판개부瓣蓋部·pars opercularis('브로카 영역'의 일부)에는 손가락 움직임을 모방하는 것과 관련된 거울 신경세포가 있다. 이 발견은 단번에 사람들의 관심을 사로잡았다. 최근까지도 거울 신경세포는 인간의 좌반구에만 있는 특징이며, 언어가 우반구가 아니라 좌반구에서 발전한 것도 바로 이 세포가 그곳에 있기 때문이라는 주장이 제기됐다.

하지만 이는 어쩐지 앞뒤가 뒤바뀐 것 같다. 특히 왼쪽과 오른쪽 판개부에 똑같이 거울 신경세포가 있으며, 보고 모방하는 과정에는 두 반구가 똑같이 기여한다는 사실을 생각하면 더욱 그렇다. 사실 어느 쪽 반구가 어떤 사건에 관련되었는지는, 우리가 복제하는 행동이 무엇이며 어디서 일어나는지뿐만 아니라 그 행동이 얼마나 도구적인가(대상 지향성object directed) 하는 문제와도 관계가 있다. 그런 행동은 좌반구의 시스템을 흥분시킨다. 반면 비도구적 모방 행동에는 오른쪽 측두엽과 전두엽이 주로 기여한다.

무엇보다도, 거울 신경세포는 단순히 행동을 모방하고 복제하는 수단을 넘어 타인의 의도를 이해하는 수단이다. 이 세포는 타인을 이해하고 타인과 공감하는 인간 능력의 일부이다. 가령 타인의 얼굴 표정을 모방할 때 결정적인 역할을 하는 영역은 오른쪽 판개부와 그 속에 있는 거울 신경세포이다. 이때 자폐아들에게서 침묵하는 영역도 바로 이곳이다.

■ 감정적 비대칭성

감정 및 감정의 신체적 체험과 친밀한 우반구의 특성은 기능적 비대칭성의 범위에 반영된다. 두뇌의 오른쪽 전두엽극前頭葉極 · frontal pole의 일부인 우반구의 안와 전두피질眼窩前頭皮質 · orbitofrontal cortex은 감정적인 이해와 통제에 필수적인 부위다. 이곳은 감정적으로 중요한 사건들이 의식적으로 감식되는 곳이기도 하다. 우반구는 일반적으로 온갖 종류의 감정 경험에 관련된 오래된 피질 하부 시스템인 변연계에, 또 그 밖의 다른 피질 하부 구조들에 좌반구보다 더 가깝게 연결되어 있다. 오른쪽 전두엽극 역시 시상하부視床下部 - 뇌하수체腦下垂體 축hypothalamic - pituitary axis을 규제하는데, 이곳은 신체와 감정 사이를 중개하는 신경 내분비의 경계면으로, 신체의 생리적 여건에 대한 주관적 평가에 필수적이다. 오른쪽 전두엽극은 신체 및 그 흥분 수위를 규제하는 무의식적이고 자동적인 시스템과 긴밀하게 연결되어 있다. 심장박동 혹은 신경 내분비 기능의 자동적 제어 등을 통해 그렇게 하는 것이다. 그 결과, 감정적인 흥분을 금지하고 통제하는 것 역시 오른쪽 전두측두 피질前頭側頭皮質 · frontotemporal cortex이다.

각 반구가 지닌 특정한 감정적인 특성에 대해서는 논란이 많지만, 감정의 유형에 상관없이 온갖 형태의 감정적 지각과 모든 표현 형태에서 우반구가 지배적이라는 사실은 입증되었다.

■ 감정적 감수성

감정 표현을 확인하는 것은 우반구이다. 우반구는 얼굴로 표현된 감정을 좌반구보다 더 빠르고 정확하게 알아본다. 구체적으로 말하면, 오른쪽 상측두구上側頭溝 · superior temporal sulcus가 얼굴의 감정 표현을 알아보는 데 관련된 것으로 보인다. 우반구는 얼굴 표정만이 아니라 운율(음성의 억양)과 몸짓이 해석되는 장소이다. 이처럼 우반구가 감정적 지각 능력이 우월하다는 것은 오른쪽 두정엽의 시각적 · 공간적 해석 능력상의 우월함에 따라오는 덤이지만, 두 가지는 서로 구별된다. 우반구에 손상을 입은 사람은 감정적 억양이나 함축된 의미를 이해하는 데 어려움을 겪는다.

이상한 일이지만, 좌반구는 얼굴의 하단부를 해석하여 감정을 읽는 것 같다. 좌반구도 감정적 표현을 이해할 수는 있지만, 이때 눈이 아니라 입을 본다. 심지어 눈을 보라는 말을 들어도 그렇게 한다. 눈이 보내는 더 섬세한 정보를 이해할 수 있는 것은 우반구뿐인 것 같다. 공감은 얼굴 하단부에서 읽을 수 있는 것이 아니다. 하단부는 상대적으로 무딘 메시지(친구냐 적이냐 따위의)만 전달하는 경향이 있다. 오른쪽 측두 두정엽에 결함이 있던 환자는 내게 "도대체 눈 가지고 왜들 그래요?"라고 물었다. 무슨 뜻인지 물어보자, 그녀는 사람들이 암호화된 메시지를 눈으로 소통하는 것 같다는 사실은 알아차렸지만, 그것이 무엇인지 모르겠다고 했다. 이는 아마 그녀의 두뇌 가운데 과거에는 그런 메시지를 해석했던 부위가 이제는 작동을 중지했기 때문일 것이다. 이는 좌반구로만 세계와 소통해야 하는 사람들에게서 나타나는 편집증의 또 다른 근거이다.

언어 면에서는 좌반구가 우세하지만, 언어에 나타난 감정을 이해하고 표현하는 데서는 다시 우반구가 더 뛰어나다. 좌반구에 발작이 일어나 발언 능력이 상실된 경우에도 감정적인 말은 할 수 있다. 어떤 이야기에서 감정적이거나 유머러스한 부분을 이해하는 것은 우반구이다. 감정적 언어를 기억하는 것도 우반구가 하는 일이다. 결국 언어든 얼굴 표정이든 어떤 종류의 것이든지 간에, 감정을 인식할 때 우리가 주로 의존하는 것은 우반구라는 증거는 명백하다.

얼굴은 우반구의 세계의 가장 중요한 측면, 즉 개별자의 고유성과 감정의 소통이라는 두 측면을 함께 중개한다. 우반구는 얼굴의 감정 표정만이 아니라, 그 표정이 어떤 개별 얼굴에 연결시키는 감정에도 간여한다. 유년기에 시작되는 이 작용은 아이들이 어머니의 얼굴과 상호작용하여 정체감을 키워 나가는 중요한 수단이 된다. 아이들이 어머니의 음성을 알아듣는 것은 오른쪽 측두두정 피질側頭頭頂皮質·parietotemporal cortex의 기능이기도 하다.

이처럼 우반구가 신체화된 자아, 우리의 감정, 타인의 감정과 의도, 그들의 고유성 등에 관심을 가지므로, 감정적 얼굴이 기억되는 것도 당연히 우반구일 것이라고 예상할 것이다. 실제로 얼굴을 알아보고 기억하는 능력을 주로 담당하는 쪽은 우반구이다. 이것이 우리에게는 너무도 친근하고 익숙한 능력이기 때문에 미처 깨닫지 못하지만, 이 능력은 대단한 것이다. 인간의 얼굴은 넓은 범위에서 비슷하고 복잡한 3차원적 구조물로서, 전체를 이루는 부분들 간의 상호 관계에서 드러나는 매우 미세한 차이(이것은 얼굴 표정에 따라 순식간에 변할 수도 있다.)로 구별되어야 한다. 여기에다 조명 여건도 다르고, 가깝거나 멀리 떨어진 거리도 다르고, 바라보는 방향도 다른데도, 몸을 움직이고 있을 때조차 우리는 순식간에 얼굴을 구별해 낸다. '안면인식불능증 prosopagnosia' (Drhan)이라 불리는 얼굴을 알아보지 못하는 증상은, 우반구에 병변이 생겨서 나타난다.

여기서 문제가 되는 것은, 우반구가 지닌 전체의 '배열' 측면을 보는 능력이다. 안면인식불능증 환자에게는 이 능력이 없다. 이 능력이 없으면 좌반구를 통해 부분들을 짜 맞추어 얼굴을 조합하는 힘들고 수고스러운 과정을 거쳐야 한다. 그러다 보면 바로 앞에 있는 얼굴을 알아보는 것도 거꾸로 놓인 얼굴을 알아보는 것만큼이나 어려워지며, 심지어는 거꾸로 있을 때가 더 쉽다고 느낄 수도 있다. 그러면 부분에 더 집중할 수 있으니까.

이 기능에서는 오른쪽 중간 방추상회紡錘狀回·fusiform gyrus가 핵심적인 역할을 맡지만, 근래에 와서는 얼굴 인식의 기초가 되는 네트워크가 우반구에 광범위하게 분포되어 있음이 분명해졌다. 오른쪽 두뇌가 손상된 환자들은 왼쪽 두뇌가 손상된 환자들보다 얼굴을 잘 알아보지 못할 뿐만 아니라, 잘 모르는 얼굴의 나이 따위의 요소를 평가하는 능력도 떨어진다. 개별 사람들의 얼굴을 알아보고 그 감정적 표현을 해석하는 일만이 아니라, 그 연령·성별·매력 포인트를 감식하는 데서도 우반구의 능력이 현저한 것이다.

1844년에 앞에서 언급한 아더 위건이 안면인식불능증의 존재를 밝혀냈지만, 그것이 제대로 이름을 얻기까지는 100년이 걸렸다. 20세기 중반에 요아힘 보다머Joachim Bodamer는 사람들의 얼굴이 "흰 타원형 접시처럼 하얀 평면으로 만들어지고, 검은 눈이 튀어나와 있는 이상하게 모두 똑같은 모습"으로 보인다는 환자의 증세를 묘사했다.[21] 깊이감의 상실은 앞으로 설명될 이유에서 흥미로운 특성이다. 안면인식불능증과 우반구의 병변 간의 관련을 알아낸 것은 서전트Justine Sergent와 빌 뮈어Jean-Guy Villemure인데, 그들은 "얼굴을 구성하는 요소들을 복합하여 각 얼굴을 고유하게 규정해 주는 어떤 배열을 가진 얼굴 표상으로 만드는 능력의 결여"가 있음을 간파했다.[22] 부분을 조합한다고 해서 고유한 전체가 만들어지지는 않는 것이다.

여기서 다시 한 번, 두 경우 모두 눈을 알아보지 못하는 결함이 있다는 점은 특기할 만하다. 일부 경우에는 아마 얼굴 하단부에 관심을 보이는 좌반구가 그 균열에 끼어들기 때문일 텐데, 우반구가 손상된 이후 부분적 안면인식불능증을 갖게 된 환자는 입 부근에서는 증거를 모을 수 있는데 눈에서 나오는 정보는 도무지 활용하지 못했다.

얼굴의 식별과 관련하여 우반구가 보이는 우월성은, 진화 사슬에서 나중에 생긴 편중화된 차이의 또 다른 예이다. 믿기 힘든 일이기는 하지만, 양들은 이 능력 면에서 탁월하다. 양은 인간이나 다른 양의 얼굴을 오랫동안 보지 못한 뒤에도 기억해 낼 수 있는데, 양들 역시 주로 우반구에 의존한다.

■ 감정 표현력

우반구는 감정의 인식과 마찬가지로 감정의 표현에서도 핵심적인 역할을 맡는다. 얼굴을 통해서든 음성의 운율을 통해서든, 오른쪽 전두엽은 얼굴과 신체 자세를 통한 사실상 모든 종류의 감정 표현에서 결정적으로 중요하다. 우반구가 우월하지 못한 감정 표현의 한 가지 예외는 분노이다. 분노는 왼쪽 전두엽의 활성화에 강하게 연결되어 있다. 공격성은 분노의 동기를 부여하며, 그것이 제공하는 보상에서는 도파민이 핵심 역할을 한다.

사회적 언어와 아이러니, 은유를 이해하지 못하고, 공감 능력이 없는(이것들은 모두 오른쪽 전두엽 구역에서 중개된다.) 자폐아들은 운율 기술, 억양과 음성의 굴곡을 통해 의미와 감정을 전달하는 능력이 없다.

이처럼 우반구는 유머나 다른 감정에 반응하는 미소나 웃음 등의 자발적인 얼굴 표현을 중개한다. 특히 인간적인 능력이라 할 수 있는 눈물로써 슬픔을 표현하는 능력은 우반구의 몫이다.

그러므로 우반구가 통제하는 얼굴의 왼쪽 절반('반측hemiface')이 감정 표현에 더 많이 관계되는 것은 당연하다. 왼쪽 반측으로 표현된 감정은 더 강하게 감지된다. 또 당혹스러운 일이지만, 오른손잡이들에게서 왼쪽 반측이 오른쪽 반측보다 더 큰 것으로 나타났다. 얼굴의 감정 표현은 모든 인간의 보편적 현상이지만, 그래도 문화에 따라 얼굴 표현에 차이가 없을 수 없다. 왼쪽 반측이 더 복잡한 감정, 여러 가지 감정이 뒤섞인 정보를 전시한다는 바로 이 사실 때문에, 여러 문화가 공존하는 상황에서는 사람들의 오른쪽 반측 얼굴이 전달하는 비교적 단순한 정보를 읽는 편이 더 쉬울 수도 있다.

오른쪽 반구가 감정 표현을 전담하는 이 현상은 인간 이전의 종에게서 이미 시작된 과정이다. 침팬지와 다른 영장류들에게서도 우반구가 얼굴의 감정 표현을 전담하는 전문화 현상이 나타난다.

우반구가 감정의 지각과 표현에 더 가깝다는 것은, 우리가 보통 아기를 어를 때 아기 얼굴이 왼쪽에 오는 자세를 취한다는 사실에서도 확인된다. 그렇게 하면 아기는 엄마의 우반구의 주 관심 영역 속에 들어오고, 엄마의 감정적 표현력이 더 풍부하게 나타나는 왼쪽 반측 얼굴이 아기 눈에 보이게 된다.[23] 이런 성향은 적어도 2천 년에서 4천 년 전까지 거슬러 올라간다. 심지어 왼손잡이 어머니들도 왼쪽에 요람을 두는 편향성이 있다. 침팬지와 고릴라에게도 우리와 똑같이 왼쪽에서 새끼를 어르는 편향성이 있다.

■ 감정적 친밀함의 차이

우반구는 눈에 보인 것에 감정적 값을 매긴다. 나는 이 문제를, 우리가 경험적 세계에서 발견하는 의미에 각 반구가 영향을 미치는 방식을 고려하면서 나중에 다시 다루려고 한다. 우반구가 제 기능을 하지 못하면, 우리의 세계와 자아는 감정적으로 빈곤해진다. 오른쪽 전두엽은 개성에 관해, 우리가 근본적으로 누구인지 하는 문제에서 지극히 중요한 역할을 한다.

하지만 우리가 감정을 이해하고 표현하는 데서 좌반구도 맡은 역할이 있다. 그 역할은 어떻게 다른가?

우선, 우반구가 일차적으로 처리되는 감정에 더 직접적으로 관여한다면, 좌반구는 더 피상적이고 사회적인 감정을 전문화한다. 이와 관련하여, 좌반구는 의식적인 감정 표현에 더 많이 관련되는지도 모른다. 실제로 의지에 따르거나 강요된 감정 표현은 입 부근에 주로 나타나며, 이는 좌반구의 통제를 받는다. 얼굴에 나타나는 감정 표현의 의식적·무의식적 처리 과정을 조사한 연구에 따르면, 왼쪽 편도체扁桃體·amygdala[변연계에 있는 아몬드 모양의 뇌 조각]는 관찰된 감정의 명시적·표상적인 내용과 결부되지만, 오른쪽 편도체는 무의식적·감정적 처리 과정에 더 깊이 개입하는 것으로 나타났다.[24]

　　물론 좌반구도 감정과 무관한 것은 아니지만, 우반구와 비교할 때 좌반구는 상대적으로 여전히 감정에 중립적이다. 이는 좌반구 특유의 비감정적인 추상화와의 동질성으로 입증된다. 감정적 자극이 좌반구에 주어질 때는 쉬이 기분에 편입되지 않는다. 즉, 그 감정이 개인적으로 적용되지 않는다. 두뇌의 전체 업무가 더 의식적이 되고 더 의지의 문제가 되고 신중해지는 것은, 좌반구가 경험을 표상하는 역할만 하는 것이 아니라 경험에 영향을 미치고 경험을 조작해야 하는 필요성과 일치한다. 감정적 흥분을 언어로 표현하는 능력이나 인식이 결여된 '감정표현불능증alexithymia' 은 감정적 지각력이 있는 우반구가 제 기능을 하지 못할 때 생긴다. 우반구가 감정적 흥분을 경험하고 그것을 좌반구로 전달하지 못하는 것이다.

　　문학에도 좌우반구가 갖는 감정적 색조에 차이가 있으며, 그것이 복잡한 문제일지 모른다는 암시가 있다.[25] 이른바 우반구가 부정적 감정과, 좌반구가 긍정적 감정과 관계된다는 오래된 믿음은 입증되지 않았다. 우반구의 감정은 '물러나는' 감정이고, 좌반구의 감정은 '다가가는' 감정이라는 것이 주류 이론의 추세이다. 그러나 그 어느 것도 내게는 별로 만족스럽게 들리지 않는다. 다만, 우반구가 좌반구보다 슬픔과 더 잘 조화를 이루며 분노와는 그렇지 않다는 견해[26] 및 긍정적인 감정이라 불리는 것이 두 반구에 모두 의존한다는 견해는[27] 널리 인정되고 있다.

우반구가 긍정적인 영향과 관련되며 즐거운 경험의 으뜸가는 연원이라고 주장하는 사례는 여럿 있겠지만, 일반적으로 좌반구가 자아와 미래에 대해 더 낙관적인 시각을 취한다는 것이 정설이다. 앞으로 다루겠지만, 사실 좌반구의 이 같은 낙관성에는 특별한 근거가 없다는 증거가 있다. 알다시피, 우반구가 관여하는 범위가 더 포괄적이고(두 가지를 모두 다룰 수 있다.), 좌반구는 더 국소적이다. 연대나 공감에 연결되는 감정들을 긍정적으로 보건 부정적으로 보건 간에, 우반구가 이런 감정들을 더 우선하여 다룬다. 우반구는 그런 자극에 매료되기 때문이다. 같은 이유에서, 경쟁과 관련되는 경쟁심이나 개인적 자기 확신은 좌반구에서 더 우선적으로 다루어진다.[28]

슬픔과 우반구에 대한 생각을 자극하는 또 다른 항목은 색깔의 지각이다. 색깔의 의식적 확인에 관련된 두뇌 부위들은 아마 왼편에 있을 것이다. 이는 범주화와 이름 붙이기 과정이 색깔의 식별에 포함되기 때문일 것이다. 그러나 정상적인 상황에서 색깔을 지각하는 것은 왼쪽이 아니라 오른쪽 방추상회만 활성화시킨다. 뇌영상 연구나 병변病變 연구, 신경심리학적 검사도 모두 우반구가 색깔 식별과 지각에 더 잘 조율되어 있다고 주장한다. 물론 이런 한계 안에서 우반구가 녹색을, 좌반구는 붉은색을 선호한다는 암시는 있다.(좌반구가 수평적 방향을 선호하고, 우반구가 수직 방향을 선호하는 것도 마찬가지다. 이에 대해서는 문자화된 언어의 기원을 검토하는 8장에서 다시 살펴보자.) 녹색은 전통적으로 자연과 순진무구함과 질투, 우울함과 결부된 색이다. "그녀는 생각에 골몰했다. / 녹색과 노란색 우울증에 걸려 / 그녀는 기념비에 새겨진 인내의 여신처럼 앉아서, / 슬픔을 보고 미소 지었다."[29]

그렇다면 우반구의 우울증 성향과 신체의 왼편이 검은 담즙에 지배된다는 중세적 신념 사이에는 무슨 관련이 있을까? 중세에는 검은 담즙이 우울증melancholy(그리스어 '멜랑melan' 은 검은색, '콜chol' 은 담즙)과 연결되며, 신체 왼편에 있는 기관인 비장에서 만들어진다고 여겨졌다. 같은 이유에서 비장을 가리키는 'spleen' 이라는 단어 자체가 14세기 이후 17세기까지도 우울증을 가리키는 말로 쓰였다. 'spleen' 은 우울증, 열정, 유머 감각 중 어느 것을 가리킬 수도 있는데, 이는 마치 이 세 가지가 같은 장소(신체 왼편에 연결된 우반구)에서 온다는 사실을 당시 사람들이 직관적으로 알았던 것 같다.

우울증과 우반구의 관계는 복잡한 문제이다. 무엇보다, 여기서는 두 뇌의 좌우 축만이 아니라 전후 축의 영향도 고려해야 한다. 상반되는 두 반구의 감정적 색조는, 가장 최근에야 고도로 진화한 부위로서 두 뇌 가운데 자리한 가장 인간적인 부위인 전두엽과 관련이 있는 것으로 보인다. 왼쪽 앞부분에 생긴 병변은 울증鬱症과 결부되며, 오른쪽 앞부분의 병변은 '어울리지 않는 쾌활함' 〔조증燥症〕과 결부된다. 좌반구의 병변이 전두엽극에 더 가까울수록 울증 증세가 더 심해진다. 우반구에 병변이 있는 사람에게는 그 반대 현상이 나타난다. 병변이 뒤쪽에 더 멀리 있을수록 울증의 가능성이 더 커진다. 이 내용을 합쳐 보면, 오른쪽 전두엽극이 왼쪽 전두엽극이나 그 자체의 후두두정피질보다 우울한 성향이 더 큰 것을 짐작할 수 있다.[30] 위협에 대한 감시는 오른쪽 후반부의 활동이라고 예측할 수 있겠지만, 우울증 자체는 대개의 경우 오른쪽 후반부의 활동이 줄어들고 그와 함께 오른쪽 전반부의 활동이 늘어나는 것과 관계가 있을 것이다. 우울증의 정반대 증상인 광기mania 에는 좌반구의 과잉 활동의 증거가 나타나는데, 이것 역시 다른 포유류에게서도 볼 수 있는 내용이다.

병변 연구는 오른쪽 전두엽의 활동과 우울증 사이의 연관성을 확인해 준다. 또 뇌영상 연구는 왼쪽 전두엽의 기능 저하와 우울증 사이에 상관관계가 있다고 주장한다. 왼쪽보다 오른쪽이 더 활성화되는 것은 우울한 기분에 연결된다. 오른쪽 전전두엽 부위에 특히 전기 활동electrical activity이 증가하는 것은 우울증의 표시이며, 뇌파검사(EEG)에서 왼쪽 전두엽의 활동 저하가 확인되는 사례가 많다. 정상적인 대상자에게 편안한 자세를 취하라고 요구하고 뇌파를 검사했을 때, 오른쪽에 치우쳐 뇌파가 활성화되는 것은 부정적인 결과를 예고한다. 반면에, 편안한 자세에서 왼쪽 전두엽 활동이 상대적으로 더 활발한 대상자들은 "부정적인 반응을 재빨리 종식시킬 가능성이 높다. 그에 비해 오른쪽 전두엽이 활성화된 대상자들은 부정적인 영향을 주는 반응의 지속 시간을 최소화하는 데 필수적인 적응 기술을 갖추지 못했을 수도 있다."[31] 우울증 환자들은 비교적 왼쪽 시야를 선호하며 눈을 왼쪽으로 더 많이 움직이는데, 이는 우반구가 활성화되었다는 주장을 증명한다.

이를 확인해 주는 증거가 우울증 치료 과정에서도 얻어졌다. 예상대로, 우울증이 누그러질 때는 왼쪽 전반부의 기능이 줄어든다는 것이 발견되었다. 왼쪽 전방 전두엽 구역의 혈류량이 처음에는 더 급격히 줄어드는데, 이는 항우울제에 더 잘 반응하리라는 예측을 가능하게 한다. 따라서 좌반구에 회복 불가능한 병변이 있는(다른 두뇌 부위에는 없는) 경우에는 우울증이 나아지거나 치료에 반응할 가능성이 더 적다.

오른쪽 후방의 활동성 저하 상태에서 겪는 우울증 유형은, 왼쪽 전두엽의 활동성 저하 상태에서 겪는 우울증과는 다르다는 증거도 있다. 이 두 가지 우울증이 차이를 보이는 방식은 두 반구가 존재 속으로 끌어들인 세계상의 차이와 일치한다. 따라서 우반구에 입은 손상으로 생긴 우울증은 무관심이나 무기력 증세를 더 많이 보이며, 좌반구의 병변으로 인한 우울증은 불안하고 초조해 하는 우울증 증세를 보이는데,

후자에는 생물학적인 특징도 따른다. 우울한 기분에 수반되는 일종의 불안감, 슬픈 이야기를 읽으면 생길 수 있는 종류의 기분은 '불안한 흥분'이라 알려져 있는데, 이는 두뇌 작용이 우반구 쪽으로 크게 편중화되어 있음을 보여 준다. 이와 대조적으로 '불안한 걱정'은 불확실성에 대한 공포와 통제 불능 상태(좌반구가 몰두하는 분야)에 기인하는 것으로, 이런 상태에 우선적인 관심을 지닌 좌반구의 활성화를 수반한다.

뇌영상 연구로 감정을 해석하려 할 때 우리가 꼭 기억해야 할 것이, 정서와 감정 연구 분야의 일인자로 평가되는 신경학자인 야크 판크셉 Jaak Panksepp의 지적이다. 그는 우리가 십중팔구 인지 이전의 정서적 상태 자체와 관련된 구역이 아니라, 정서적 상태의 인지적 내용에 관련된 구역을 상상한다고 비난한다.[32]

■ 이성 대 합리성

감정에 관한 한 우반구가 압도적으로 중요한 역할을 맡고 있음에도 불구하고, 이성을 독점하는 것은 좌반구라는 것이 전형적인 통념이다. 하지만 좌반구가 언어를 독점하고 있다는 견해와 마찬가지로 이것도 틀렸다. 항상 그렇듯이, 이것은 '무엇what'이 아니라 '어떤 방식으로in what way'에 관한 질문이다.

사실 추론은 다른 종류의 문제인데, 선적線的이고 순차적인 논의를 더 잘하는 것은 분명히 좌반구이지만, 연역법이나 수학적 추론 등 일부 유형의 추론은 주로 우반구에 의존한다. 더 명시적인 추론은 좌반구에, 덜 명시적인 추론(흔히 보는 문제 풀이, 과학 문제나 수학 문제 풀이 같은)은 우반구에 승인받는다. 직관에 기인하는 "아하!"라는 즐거운 현상과, 감정과 고급 전두엽 인지 기능 간의 상호 작용을 중개하는 오른쪽 편도체는 분명

긴밀한 관계가 있다. 사실 수학적이건 언어적이건 우리가 거기에 엄밀하게 집중하고 있지 않을 때 발생하는 문제 해결 방식인 직관은 우반구의 활성화와 연관되며, 주로 오른쪽 전방 두정엽 부위, 특히 오른쪽 전방 상두정회上頭頂回 · superior temporal gyrus에서 일어난다는 것이 광범위한 연구에서 시사되고 있다. 높은 수준의 재구성이 진행되는 경우에는 오른쪽 전전두엽 피질에서도 활동이 나타나지만 말이다. 직관은 자신의 추정에 담긴 과거의 부조화 요소에 대한 지각이기도 한데, 이 점에서 직관은 비정상적인 요소를 탐지하는 우반구의 능력에 연결된다.

지금까지 나온 여러 증거에 따르면, 수학적 기술은 두 반구에 나뉘어 있다. 아이와 성인 모두 우반구보다는 좌반구에 손상을 입을 때 수학 능력이 더 나빠진다고 한 연구가 있는가 하면, 좌반구에 손상을 입은 아이들에게서 능력이 크게 떨어진 것은 문자화된 언어뿐이며, 우반구에 손상을 입은 아이들은 문자화된 언어와 읽기, 수학에서 모두 능력이 떨어졌다고 주장한 연구도 있다.[33] 산수 계산을 할 때는 우반구가 분명히 어떤 역할을 맡으며, 일반적으로 수학적 계산은 우반구를 더 강하게 활성화한다. 덧셈과 뺄셈은 오른쪽 두정엽을 활성화시키며, 곱셈은 구구단표를 언어적으로 기억하는 좌반구를 활성화시킨다. 계산 신동들은 삽화적 기억을 활용하며 우반구에 의존하는 전략을 더 많이 쓰는 것으로 보인다.

우반구는 연역적 추론 과정에서 결정적인 역할을 하는 것으로 보인다. 연역은 좌반구의 언어 영역만이 아니라 우반구의 시각적·공간적 영역에서도 독립된 과정이다. 예를 들어, 상호 관련된 시각적 자료의 투입이 없을 때(가령 문제가 헤드폰을 통해 음향적으로 제시될 때)는 추론 문제의 상이한 유형들이 오른쪽 상두정엽 피질上頭頂葉皮質 · superior parietal cortex과 설전소엽楔前小葉 · precuneus을 쌍방적으로 활성화시킨다. 여기에 설전소엽이 관련된다는 사실은 그 자체로도 흥미로운데, 왜냐하면 두정엽 안쪽 깊은 곳에 있는 중심부인 이 전소엽은 감정 및 자아의 감각과 모두 깊이 결부되어 있기 때문이다. 설전소엽은 두뇌 중에서도 한결같이 가장 '뜨겁고' 안정시 대사율이 높은 지점으로, 잠을 잘 때라든가 마취 상태, 혹은 식물인간 상태처럼 자아 감각이 활성화되지 않는 변모된 의식 상태에서는 조용해진다. 이곳은 삽화적 기억에서, 그리고 1인칭 시각을 갖는 데서 중요한 역할을 하는 것으로 추정되는데, 그런 기억은 개인의 정체성에 결정적으로 중요하다. 자신이 실제 세계에서 놓여 있는 상황에 대한 사회적이고 감정적인 이해가 어떤 결과를 낳을지 아는 것이, 추상적 명제가 낳을 결과를 아는 것 못지않게 중요한 것이다.

숫자와 그 상대적 크기에 대한 직관적 감각이 우반구에 있다는 발견은 얼핏 예상 밖의 결과로 비치겠지만, 다음 장에서 그 전체적 중요성이 밝혀질 것이다. 그러나 이 직관적 감각은 어디까지나 추정치이며 정확한 값은 없다. 반면 좌반구는 엄밀한 값을 갖지만, 그것이 실제로 무슨 일을 하는지에 대한 직관적 감각은 없다.

숫자가 절대치를 나타낼 수도 있고, 관계를 나타낼 수도 있다는 사실은 고려해 볼 가치가 있다. 전자는 좌반구와의 동질성을 시사하고, 후자는 우반구와의 동질성을 시사한다. 피타고라스Pythagoras의 경우, 음악과 미, 공간의 음악, 우주의 자연적인 조화의 토대를 이루는 것은 절대적 의미의 숫자가 아니라 비율이나 관계의 규칙성이었다.

■ 쌍둥이

감정은 그것을 느끼는 신체와 분리될 수 없다. 그것은 우리가 세계에 가담하는 기초이다. 타인들의 느낌과 그들이 하는 말의 의미를 맥락만이 아니라 얼굴 표정과 몸짓 및 음색으로도 이해하는 것, 그리고 공감적 연결이라는 의미에서 사회적으로 이해하는 것, 이 모든 것을 가능하게 하는 것이 우반구이다.

감정을 느끼는 능력 및 정신적 경험을 추상화하기보다는 그 신체 맥락 내에서 일어나는 것으로 이해하려는 성향과 일관되게, 우반구는 **신체화된**embodied 자아에게 깊이 연결되어 있다. 두뇌의 양편이 모두 신체의 반대편에 운동과 감각 면에서 연결되어 있지만, 우리는 좌반구가 신체의 반대쪽, 즉 오른쪽의 이미지만 갖고 있음을 안다. 그래서 우반구가 무력화된 사람의 신체 왼쪽은 사실상 그에게는 존재하기를 중단한 것이나 마찬가지다. 신체 전체의 형상을 가지는 것은 오른쪽 두정엽뿐이다.

중요한 것은 이 신체 이미지가 그냥 그림이 아니라는 점이다. 그것은 표상이 아니며(좌반구에서라면 그랬겠지만), 우리의 신체 지각의 총합 혹은 상상된 어떤 것도 아니고, 우리의 세계 속 활동과 긴밀하게 연결된 살아 있는 이미지, 본질적으로 정서적인 경험이다. 그것이 흐트러지게 되면 신체이형증身體異形症 · dysmorphia〔정상적인 신체 부위를 비정상적이라고 느끼는 증상〕이라든가 거식증拒食症 · anorexia nervosa 같은 심각한 장애나 질병으로 이어지는 것은 이 때문이다.

이뿐만이 아니라 우반구와 좌반구는 신체를 서로 다른 방식으로 본다. 한쪽에 국한된 두뇌 손상을 입은 뒤 일어나는 매우 흥미로운 변화를 보면, 우반구는 분명 우리가 살아가는 어떤 것으로서의 신체 느낌에 대해, 우리 정체성의 일부인 어떤 것에 대해 책임이 있다. 좀 다르게 말해 본다면, 우반구는 우리 자신과 넓은 세계가 교차하는 단계라 할 수 있다. 반면 좌반구에 대해 신체는 우리가 비교적 소원해진 어떤 것, 다른 물건들처럼 세계에 있는 어떤 물건(사르트르의 용어를 쓰자면 '즉자卽自 · en soi 와 '대자對自 · pour soi'), 생명이 없는 시체와도 같은 것이다. 가브리엘 마르셀Gabriel Marcel이 말한 것처럼, 그것은 마치 가끔은 내가 내 신체인 것 같다가 때로는 내가 신체를 **가진** 것 같기도 한 그런 식이다.

독일어 같은 일부 언어는 신체를 두 가지 다른 의미로 보는데, 그 두 의미가 너무나 확연하게 구별되기 때문에 두 개의 단어가 따로 배정되어 있다. 첫 번째 의미는 'Leib', 두 번째 의미는 'Korper'가 담당한다. 사실 이보다 더 놀라운 것은, 후대에 가서 그 개인과 별개로 간주되는 신체를 가리키는 말로 변한 그리스어 단어 'soma'를 호메로스는 살아 있는 신체가 아니라 시체를 가리키는 말로 썼다는 사실이다.[34]

좌반구는 신체를 부분들의 집합으로 보는 것 같다. 에렌발트가 담당했던 환자를 떠올려 보라. 우반구에서 발작을 겪은 뒤, 그의 몸은 선형線形이 되고, 분절화되고, 생명 없는 것이 되고 속이 빈 상태가 되었다. 우반구가 제대로 기능하지 못하면 좌반구는 자기 지시에 따라 움직이지 않는 것처럼 보이는 신체 부분에는 아무런 상관도 하지 않겠다고 실제로 거부할 수도 있다. 우반구 손상 환자들은 손이 자기 것이 아니라고 하거나 옆 침대 환자의 손이라고 말하거나, 심지어 플라스틱으로 된 손이라고 말하기까지 한다. 한 환자는 자기 침대에 죽은 손이 있다고 불평했다. 어떤 백인 여자는 자기 팔이 함께 잠자리에 든 "어떤 흑인 소년"의 것이라고 했다. 한 남자 환자는 자기 팔이 자신과 동침한 여자의 팔이라고 생각했다. 또 다른 환자는 자기 왼쪽에 아이가 한 명 있다고 불평했다. 또 다른 사람은 간호사가 자기 팔을 더러운 세탁물에 싸서 세탁하러 보냈다고 확신했다.

어떤 여사 환자는 마비된 팔이 자기 어머니의 팔이라고 아주 굳게 믿었는데, 그 외의 다른 대화는 아주 정상적이었다. 그녀의 경우에 이런 과정은 전형적으로 좌반구를 금지하는 처치법인 전정前庭〔평형〕 자극을 가하자 회복되었다.

검사자 : 이건 누구 팔인가?

환자 : 내 팔은 아니다.

검사자 : 누구 것인가?

환자 : 어머니 팔이다.

검사자 : 도대체 어떻게 어머니 팔이 여기 있는가?

환자 : 나도 모른다. 내 침대에 있더라.

검사자 : 언제부터 여기 있었는가?

환자 : 첫날부터였다. 만져 보라. 내 팔보다 더 따뜻하다. 예전에 더 추
       웠던 날에도 내 팔보다 더 따뜻했다.

검사자 : 그러면 당신 왼팔은 어디 있는가?

환자 : (앞쪽으로 불확실한 몸짓을 하며) 저 밑에 있다.

전정 자극을 주어 좌반구를 금지한 직후, 검사자는 환자에게 환자의 왼
팔을 보여 달라고 말했다.

환자 : (자기 왼팔을 가리키면서) 여기 있다.

검사자 : (환자의 왼팔을 들어 올리며) 이게 당신 팔인가?

환자 : 물론 그렇다.

검사자 : 당신 어머니의 팔은 어디 있는가?

환자 : (머뭇거리면서) 어딘가 있다.

검사자 : 정확하게 어디인가?

환자 : 모르겠다. 아마 여기, 침대 시트 아래에 있겠지.(그녀는 오른쪽 침대
       시트 밑을 보았다.)

전정 자극을 한 지 두 시간 뒤, 다시 환자에게 질문했다.

검사자 : (환자의 왼팔을 가리키며) 이건 누구 팔인가?
환자 : 내 어머니 팔이다. 더 따뜻하다.
검사자 : 당신 팔은 어디 있는가?
환자는 아무 말 없이 검사자를 바라본다.

1시간 반 뒤에 그녀는 자발적으로 검사자에게 말을 건다.

환자 : (자기 왼팔을 가리키며) 내 어머니의 팔이 오늘 오전보다 더 차갑다.
　　　얼마나 차가운지 만져 보라.

다음 날 아침(11월 30일), 검사자는 환자에게 다시 그녀의 왼팔을 가리키면서 그것이 누구 팔인지 물어보았다.

환자 : 이건 어머니 팔이다. 아주 따뜻하다. 여기 있더라. 아마 어머니가
　　　퇴원할 때 잊어버리고 여기 놓아두고 간 것 같다.

그 전날처럼 다시 전정 자극을 준 뒤, 검사자가 환자의 왼팔을 들어 올리고 그것이 누구 팔인지 다시 물었다.

환자 : (자기 왼팔을 만지며) 내 팔이다.
검사자 : 당신 어머니의 팔은 어디 있는가?
환자 : 이쪽 구석에 분명히 있을 거다. (그녀는 침대 시트 밑에서 어머니의 팔을
　　　찾았지만 찾아내지 못했다.) 아주 따뜻하다. 튼튼한 팔이다. 어머니는

세탁부였다.……

'신체인식불능증asomatognosia'으로 알려진 이 증세는, 우반구의 발작이 일어난 뒤 그 후유증으로 흔히 생긴다. 신체를 가진 자아의 부분을 인식하는 능력의 결여가 좌반구의 손상에 연결된 적은 한 번도 없고, 언제나 우반구의 손상에 관련된다. 우반구를 선택적으로 마취하면 이 증세를 그대로 재현할 수 있다.

이 이론에 따르면, 영향을 받은 부위가 외부의 통제를 받는다는 믿음을 일으킬 수도 있다. 프랑수아 레르미트가 설명한 한 환자는, 신체 왼편이 마비되었지만 아무 걱정 없이 심한 도취감에 빠져 있었다. "마치 몸 왼편 전체가 그의 의식에서, 또 그의 정신생활에서 사라진 것 같았다." 그러나 사흘 뒤,

> 환자는 이따금씩 그를 괴롭히고 신경을 건드리는 외부의 손이 가끔씩 자기 가슴에 얹혀 있다고 말했다. 그는 "이 손이 배를 누르고 목을 조른다"고 말한다. 또 "이 손이 신경에 거슬린다. 그것은 내 것이 아닌데, 나를 해코지할 것 같아 겁이 난다"고 했다.

그는 그것이 옆 침대 환자의 손인 것 같다고 생각했다.[35] 또 다른 환자는 자기 몸의 왼쪽이 사악하며 외부의 누군가가, 아마 자신의 죽은 아버지와 결탁한 악마가 왼쪽을 통제한다고 믿었다.[36]

고유수용지각固有受容知覺·proprioceptive awareness은 좌반구보다 우반구에 더 많다. 즉 우반구가 좌반구보다, 예를 들면 반대쪽 손이 어디 있으며 어떤 자세로 있는지를 보지 않고도 더 잘 안다는 얘기다. 비록 오른손잡이들이 왼손을 더 잘 파악하지만 말이다. 우반구는 우리가 어떤

감정을 겪을 때 신체에서 일어나는 생리적 변화에 훨씬 더 긴밀하게 연결되어 있다. 감정 영역에서 우반구가 우수하다는 것은 이처럼 우반구가 신체와 생리적으로 밀접한 관계를 맺고 있다는 사실과 더 명시적으로 관련된다. 이것은 사람들이 왜 아기를 몸의 왼쪽으로 안는지를 설명해 주는 또 한 가지 이유이다. "가장 기본적이고 호혜적인 상호 작용 양식인 접촉의 감정적 영향은 아기가 몸의 왼쪽으로 안길 때 더 직접적이고 즉각적이 된다."[37] 뇌 발작이 성 기능에 미치는 영향에 관한 연구에 따르면, 좌반구의 발작이 있은 뒤 기능이 더 나빠졌다고 하는데, 이것은 좌반구 발작에 흔히 따르는 후유증인 우울증으로 인해 더 혼란스러워진다. 우울증이 있는 환자의 경우를 제외하면, 성 기능은 우반구에 대한 의존성이 더 큰 것으로 보인다.

흥미롭게도 우반구에 손상을 입으면 자아와 신체 간의 정상적인 통합성이 사라지는 것 같다. 몸은 그 소유자의 인격과 더 이상 통합되지 않는 충동들의 목록으로 축소되어 버린다. 이는 섹스나 음식에 대한 병적이고 과잉된 욕구를 낳기도 하는데, 이런 욕구는 주체가 관련된 자연과의 조화를 깨는 일이다. [38]

앞에서 우반구가 신체 및 그 흥분 정도를 통제하는 무의식적이고 자율적인 시스템, 가령 심장박동 수나 신경내분비 기능의 자동 통제를 통하는 시스템 같은 것과 더 긴밀하게 연결되어 있다는 사실을 언급했다. 여기에는 한 가지 예외가 있다. 자율 신경계 내에는 교감신경계交感神經系·sympathetic nervous system(SNS)와 부교감신경계副交感神經系·parasympathetic nervous system라는 두 개의 '반대편 처리장치'가 있다. 교감신경계는 우반구의 영향을 더 많이 받으며, 부교감신경계는 좌반구의 동세 하에 있다는 증거가 약간 있다.[39] 이 중 감정에 반응하여 심장박동 수와 혈압을 조절하는 데는 교감신경계가 더 중요하다. 교감신경계는 또 경계심이 많은 우반구의 특별 영역인 새롭고 불확실하고 감정적으로 부담 스러운 것에 대한 반응과 더 많이 관련되어 있고, 부교감신경계는 좌반구의 특별 영역인 친숙하고 이미 알고 있는 것들 및 감정적으로 더 중립적인 것에 대한 반응에 더 많이 관련된다. 하지만 좌반구를 풀어 놓으면 분명히 활동량이 부적절하게 증가하여, 교감적 활동과 연합할 것이다. 문제를 일으키지 않으려면 이 영역이 아직 제대로 밝혀지지 않았다고 결론지어야 할 것이다.

■ 의미와 자극 투입

의미라는 것을 생각하면 으레 언어를 떠올리게 마련이다. 의미에 대해 좌반구가 크게 기여하는 것은 언어적 의미, 상징 조작이다. 그 기여도가 워낙 크기 때문에, 다음 장 전체를 이 항목의 중요성을 검토하는 데 할애할 것이다. 좌반구는 우반구보다 훨씬 더 풍부한 어휘와, 더 섬세하고 복잡한 구문을 갖고 있다. 그것은 세계를 측량하고 사물들 간의 인과관계의 복잡성을 탐구하는 능력을 크게 넓혀 준다.

그러나 좌반구가 차지한 이런 우위는 우리가 청각적 재료를 더 친밀하게 느낀다는 사실과는 전혀 상관없다. 모든 면에서 음악은 우반구에 의해 훨씬 더 잘 감식된다. 물론 좌반구가 언어 영역에서는 우반구에 비해 어느 정도 청각적으로 우월하지만, 그것은 좌반구가 우반구에 행사하는 금지 효과 때문이다. 좌반구가 지닌 언어적 우월성은 기호sign를 경험으로 바꾸는 표상의 반구라는 좌반구의 본성에서 나온다. 이 본성이 없었다면 우리는 기호 언어를 쓰고 있었을 것이다. 기호언어는 그 본성상 언어적이지 않고 공간시각적인visuospatial 것으로, 이는 우반구의 전문영역에 속한다. 하지만 그럼에도 불구하고 기호언어는 좌반구의 중재를 받으며, 귀가 먹은 사람들이 보이는 기호언어의 장애도 항상 좌반구의 손상과 관련되고, 그로 인해 생기는 장애는 같은 부위에 병변이 있는 청각 장애 환자들이 겪는 언어장애와 비슷하다. 이는 청각피질聽覺皮質·auditory cortex이라는 것의 전문화가 청각적 자료의 처리, 단어 자체의 처리와는 상관없이 진행되었음을 증명한다. 그것은 언어적인 것이든 공간시각적인 것이든지 간에 기호, 표시, 사물의 표상과 관계가 있다. 또 똑같이 우반구가 공간시각적으로 편향되어 있다는 추정은, 시공간적 성질 그 자체 때문이 아니라 우반구가 외부 세계 및 그 기호와 대비되는 사물 그리고 그 자체의 지각이 들어오는 주 통로이기 때문에 나왔을 것이다.

하지만 좌반구는 언어 그 자체에 부착되어 있다. 언어는 가장 편안한 곳에 자리 잡은 것이다. 좌반구가 형태와 시스템을 통제하는 한, 좌반구가 의미에 대해 갖는 관심은 사실 우반구보다 적다. 그러나 우반구가 손상될 경우, 좌반구가 더 이상 우반구의 억제를 받지 않게 되어 언어의 무의미한 이상발달 현상이 나타날 수 있다.

하지만 여기서도 우리의 통념은 틀렸다. 물론 언어에서는 좌반구가 차지하는 비중이 크겠지만, 우반구도 좌반구 못지않은 중요한 역할을 한다. 바로 관념이나 사물을 조작하는 것이 아니라 다른 사람이 무엇을 의미하는지를 알고자 언어를 사용하는 것이다. 이른바 '침묵의 반구'라 일컬어지는 우반구도 단어를 인식할 줄 알고 어휘록이 있으며, 구문도 약간 있다. 또한 그저 언어를 수용하는 데 그치지 않고 표현하는 데에도 깊이 관계한다. 우반구가 손상된 환자들이 언어적 표현에서 겪는 문제가, 좌반구가 손상된 환자들만큼이나 심각할 수 있다는 주장도 있다.

또 이해의 문제에 관한 한, 통념의 오류가 어떤 점에서는 더 심각하

다. 우반구의 특별한 장점은, 의미를 전체적으로 맥락 속에서 이해하는
데 있다. 어떤 이야기의 교훈과 농담의 핵심을 이해하는 것은 우반구
덕분이다. 우반구는 컴퓨터가 하듯이 구문의 조합 규칙에 따라 의미
단위들을 총합하는 것은 물론이고, 억양과 화용론에 의거하여 사람들
이 무슨 말을 하는지를 똑똑하게 해석해 낸다. 따라서 비문자적 의미
를 이해해야 할 때 우반구의 역할은 더 중요할 수밖에 없다. 사실상 거
의 모든 대화에서, 비꼬는 말이나 유머, 간접화법이나 냉소가 관련된
경우에는 특히 그러하다. 우반구가 손상된 환자들은 비문자적 의미를
이해하는 데 어려움을 겪는다. 이런 환자들은 은유나 유머처럼 암시적
이고 간접적인 의미를 잘 이해하지 못한다. 결정적으로, 우반구에 손상
을 입은 환자들은 세상을 이해하는 데 핵심적이라 할 추론을 하지 못한
다. 그들은 명시적인 의미만 감지하고, 묵시적인 의미는 전혀 이해하지
못한다. (그래서 추론이 진행되어 좀 더 명시적이 되면, 그 과정을 담당하는 두뇌 부위가 오른
쪽 상측두회上側頭回·superior temporal gyrus에서 왼쪽 상측두회로 바뀔 수 있다.) 좌반구에
손상을 입은 아이들은 구문의 수행 능력이 떨어지고, 우반구에 손상을
입은 아이들은 어휘적 이해력이 떨어지는 것으로 나타났다.[40]

우반구는 비언어적 소통을 전문화한다. 좌반구가 "더 명시적이고
더 의식적인 처리 과정"에 묶여 있는 데 비해, 우반구는 묵시적인 모든
것을 다룬다. 우반구는 우리의 반응을 지배하는 미묘한 무의식적 지각
을 포착한다. 미세한 표정 변화로 표현된 감정의 변이를 우리가 알아
차리기도 전에, 0.3~4초라는 짧은 순간에 우리의 우반구는 그 변이를
감지하고 그와 동시에 반응한다. 이뿐만이 아니다. 우리가 다른 사람
의 눈과 입의 움직임을 보는 순간, 우측 후방 측두후두엽피질側頭後頭葉
皮質·temporo-occipital cortex이 활성화된다.

여기서 좌반구가 상대방의 눈에는 관심이 없다는 사실을 기억해야

한다. 그러므로 거짓말을 탐지하는 솜씨는 우반구가 더 낫다. 미세한 암시와 의미를 포착하는 것이 우반구이고, 다른 사람들이 느끼는 감정과 생각을 이해하는 것도 우반구이기 때문에, 참과 거짓을 판단할 때에도 우반구에 의거한다. 우반구에 손상을 입은 사람들은 농담과 거짓말을 잘 구별하지 못한다. 이와 대조적으로 좌반구가 손상된 사람들은 보통 사람들보다 거짓말 탐지에 더 능한데, 이는 반구가 연결될 필요 못지않게 분리될 필요도 있음을 말해 주는 또 한 가지 사례이다. 명시적인 거짓 고통과 묵시적인 소통 간의 관계를 존 네이피어John Napier는 이렇게 규정했다. "언어가 인간에게 주어진 이유가 생각을 숨기기 위해서였다면, 인간의 동작은 그 생각을 드러내는 것을 목표로 한다.[41]"

묵시적이고 모호하게 남겨져야 하는 영역은 광범위하고도 매우 중요하다. 이 때문에 인간적으로 중요하고 감정적으로 충만한 상황에서 그 의미를 문자화된 단어에 의존하여 전달하려 할 때, 우리는 절망감을 느끼게 된다.

> 비언어적 행동, 언어, 얼굴 표정, 억양, 몸짓은 사람들 사이의, 또 사람들과 세계 사이의 모순되고 압도적으로 감정적인 복잡한 관계를 확립하는 데 중요하다. 어깨를 건드리고 악수하고 쳐다보기만 해도 장황한 말보다 더 많은 의미를 전달하는 경우가 얼마나 많은가. 이는 우리의 발언이 충분히 정확하지 않기 때문은 아니다. 오히려 그와 반대이다. 발언이 복잡하고 변화무쌍하고 애매모호한 것을 표현하는 데 부적절하도록 만드는 바로 그 언어의 정확성과 확정성 때문이다.[42]

앞에서 보았듯이, 내 세계 속에 있기 때문에 내게 귀중한 대상은 우반구에게 현저하게 드러나는데, 이는 무엇이 개인적으로 의미 있는지에 관심을 갖는 것이 우반구이기 때문이다. 그러나 우반구는 온갖 다양한 형태의 사회적 행동을 중개하므로, 여기서 '나'란 객관화되고 사회적인 존재이다. 이 때문에 우반구에 일어난 발작은 실제 언어 기능과 상관없이 좌반구의 발작보다 더 큰 장애를 초래한다. 좌반구에 발작이 일어나면 언어 기능을 잃고 오른손을 쓸 수 없게 되는 어려움이 생기지만, 독립적인 생활을 유지할 가능성은 우반구에 발작이 일어날 때보다는 더 크다. 우반구가 중개하는 것이 그저 기능적이거나 실용적인 의미에서 감정적 신호를 해석하는 능력만은 아니기 때문이다. 우반구의 발작으로 타인의 심중을 해석하고, 그들이 무슨 생각을 하며 어떤 감정을 느끼는지를 감식할 능력(자폐증 환자가 결여한 능력)을 잃어버리면, 우리의 삶은 심각한 타격을 받게 된다. 그것은 적극적으로 공감하는 능력이다. 의미는 단어 이상의 것이다.

▓ 음악과 시간

때로는 그것이 음악이다. 신체에 기초를 두고, 함축적으로 감정을 소통할 수 있는 음악은 우반구가 지닌 본성의 자연스러운 표현이다. 언어와 음악의 관계에 대해서는 다음 장에서 다룰 것이다. 음성의 억양과 경험의 감정적 측면이 그 특별한 관심 대상임을 감안할 때, 음악은 대체로 우반구적인 현상으로 예측할 수 있다.

그러나 이뿐만이 아니다. 우반구에 일차적으로 중요한 것은 고립된 실체가 아니라 사물들 간의 관계이다. 그런데 음악은 오로지 관계, '사이betweenness'의 문제이다. 음표는 그 자체로는 아무 의미가 없다. 음표들 사이의, 그리고 음표와 침묵 사이의 긴장이 음악의 전부이다. 사실 음악은 음표 속에만 있는 것도, 음표 사이에만 있는 것도 아니다. 그것은 음표와 침묵이 함께 만드는 전체에 있다. 각 음표는 그것이 놓이는 맥락에 의해 변형된다. 음악으로 우리가 나타내려는 의미는 단순히 음표들의 무더기가 아니라, 각 음표가 새로운 방식으로 창조한, 예전에는 없던 방식으로 강력하게 살아나는 그런 전체이다. 마찬가지로 시詩도 그저 단어의 배열이 아니다. 각 단어가 새로운 전체 속으로 받아들여지고, 새로운 방식으로 다시 살아가고, 우리를 경험의 세계로, 생명으로 다시 데려가 주는 그런 배열이다. 시는 '말하는 침묵'을 형성한다. 음악과 시적 언어는 모두 우반구가 전달하는 세계, '사이'로 특징지어지는 세계에 속한다. 결국 우반구를 침묵의 반구라 부르는 것은 그리 틀린 말이 아닐지도 모른다. 우반구의 발언은 묵시적이다.

하지만 우반구가 음악에 관심을 갖는 것은, 음악이 '사이'에 존재하기 때문만은 아니다. 음악은 그 나눌 수 없는 본성, 영원히 시간 속에서 전개되면서도 언제든 전체를 경험해야 하는 필요, 절대로 정적이거나 고정되어 있지 않고 끊임없이 변화하며 생명체의 섬세한 박동(악기도 두뇌에게는 생명체로 제시된다는 점을 기억하라)을 가지고 항상 변화하는 어떤 것이지만, 본성상 묵시적이고 심오하게 감정적이며 우리 속에 구현된 본성을 통해 소통하기 때문에, **한 마디로 말해** 음악에 관련된 모든 것이 우반구의 당연한 '언어'가 되는 것이다. 월터 페이터Walter Pater가 노발리스Novalis를 따라 한 유명한 말처럼, 모든 예술은 끊임없이 음악의 상태로 나아간다는 말이 사실이라면, 모든 예술은 우반구가 우리에게 전달해 주는 세계 속에 자리 잡기를 열망하는 것이다.

음악과 신체 간의 관계는, 춤이 그렇듯이 결코 관절의 자발적인 움직임으로만 이루어지는 것이 아니다. 우리는 음악이 우리의 감정을 통해 신체적으로 우리에게 영향을 미치는 다양한 방식을 잘 알고 있다. 음악의 여러 과정은 호흡이나 심장박동 수, 혈압의 변화, 심지어 체온 변화로 땀을 나게 한다든가 눈물을 나게 하거나 머리끝이 쭈뼛 서게 만드는 등의 생리적 반응을 낳는다. 이런 변화는 또다시 우반구와 피질하皮質下 중심부subcortical centres, 시상하부, 신체 전반과의 필수적인 연결로 중개된다.

음악이 시처럼 본원적으로 슬픈 것이라는 말도 있었다. 세계 곳곳의 음악을 조사해 보면 실제로 그렇다는 것이다. 우반구의 감정적 음색에 비추어 볼 때, 이는 충분히 예상할 수 있는 주장이다. 덧붙여서 우반구와 단조 사이, 좌반구와 장조長調·major key 사이에 더 강한 동질성이 작용한다. 소크라테스Socrates 이전의 철학자 고르기아스Gorgias는 "시를 듣는 사람들의 마음에는 경외와 눈물 어린 연민과 애도하는 갈망이 들어온다"고 했는데, 그 시절에는 시와 노래가 하나였다.

음악과 감정 사이의 관계는 아주 매력적이지만, 간혹 이해하기 어려울 때도 있다. 수잔 랭거Suzanne Langer는 음악이 우리에게 친숙한 감정을 불러일으킬 뿐만 아니라, "예전에 알지 못했던 열정, 느껴 보지 못한 감정과 기분도 불러오는 힘을 갖고 있다"43)고 했다. 이렇듯 음악은 감정의 범위를 무한하게 확장할 수 있는 것 같다. 체험된 감정은 그것을 중재하는 작품의 고유성과 떼려야 뗄 수 없이 묶여 있기 때문이다. 하지만 우리가 그런 느낌을 묘사하는 데 쓰는 어휘는 여전히 답답할 정도로 유한하다. 바흐의 작품이 주는 '슬픔'은 모차르트의 작품이 주는 '슬픔'과는 아주 다를 것이고, 모두 바흐의 작품이지만 〈마태수난곡〉의 '슬픔'은 〈음악의 헌정〉에서 느껴지는 '슬픔'과는 다를 것이다. 언어는 어쩔 수 없이 표상이 되어 버린 닳아빠진 소통 수단에 우리를 도로 데려가고, 그 결과 표상에서는 존재하는 모든 것의 고유한 성질이 동일한 종류의 용어로 환원되어 버린다. 니체의 말에 따르면, "음악과 비교하면 언어로 된 모든 소통은 뻔뻔스럽다. 단어는 희석시키고 야만

화한다. 단어는 개인적 성질을 벗어던진다. 그것은 공통적이지 않은 것을 공통적인 것으로 만든다.[44]"

말하기speech는 일차적으로 좌반구의 기능이지만, 노래에 쓰이는 가사의 제작은 우반구의 폭넓은 활동과 관계되어 있다. 좌반구에 발작이 일어나 말을 하지 못하게 된 환자도 노래 가사는 어려움 없이 읊을 수 있다. 그러나 우반구에 손상을 입으면 음악을 감식하고 이해하고 연주할 능력을 잃은 음치音癡·amusia가 된다. 실어증은 없지만 음악을 감상하거나 연주할 수 없는, 또 그러면서 일상적인 발언이나 이해에는 장애가 없는 음치는 거의 대부분 우반구에 손상이 생긴 경우이다. 이와 반대되는 상황도 있다.

유명한 작곡가이자 모스크바음악원 교수였던 비사리온 쉐발린 Vissarion Shebalin은, 왼쪽 측두엽과 두정엽에 발작이 일어나 심각한 실어증(언어 기능의 손상)이 생겼지만 작곡 능력에는 이상이 없었다. 지휘자이자 작곡가인 다른 음악가도 좌반구의 발작을 겪은 뒤 단어를 읽을 수 없게 되었지만, 악보는 어려움 없이 읽고 쓸 수 있었다.[45]

선율, 음조, 음색, 박자 처리는 (직업적 음악가가 아닌 사람들에게서) 거의 언제나 우반구를 통해 중개된다. 리듬의 기초는 범위가 더 넓다. 측두엽·하두정엽·전전두엽 피질에 분포해 있는, 리듬 양식과 관련된 광범위한 네트워크는 거의 우반구가 독점적으로 활성화시킨다. 일부 기초적인 박자 리듬만 좌반구, 특히 브로카 영역에서 중개될 따름이다. 우반구는 화음harmony에 더 민감한데, 화음을 억양(화음 진행의 기초)이나 리듬의 일부 특징에 연결시키는 능력의 연원이기도 하다.

하지만 음악은 곤혹스러운 문제를 제기한다. 방금 말한 내용은 모두 아마추어에게 해당되는 이야기다. 전문가나 고도로 훈련된 음악가는 음악을 이해할 때 좌반구를 훨씬 더 많이 활용하는 것으로 보인다. 이는 그들이 좌반구식 처리법에 따라 언어처럼 좌에서 우로 이어지는 연속적 과정인 악보를 읽는 기술을 터득했기 때문일 수도 있지만, 이것이 의미하는 바는 우반구식 처리법에 따라 공간시각적으로 표현된다. 같은 맥락에서, 공간시각적 연속과정과 운동의 연속과정을 서로 통역해야 하는 피아니스트는 양손을 똑같이 쓸 줄 알아야 한다.

그러나 골드버그Elkhonon Goldberg와 코스타Louis Costa가 발견한 내용에 따르면, 이러한 음악가들의 특성 역시 앞에서 보았듯이 더 일반적으로 적용 가능한 원칙의 예외적 사례일 수 있다. 새 정보를 모으는 작업은 우반구가 책임을 지지만, 일단 무엇이든 철저하게 '알려진 것'이나 익숙한 것이 되고 나면 그것은 좌반구의 담당으로 넘어간다. 바흐Johann Sebastian Bach의 대위법對位法 음악은 훈련된 음악가들에게서도 우반구를 강력하게 활성화시키는 것으로 나타났다. 새로운 선율을 인식하더라도 그와 동시에 상당한 범위의 선율적 윤곽은 그대로 유지될 필요가 있고, 그렇게 하려면 기억을 조작하여 경험을 수용하는 우반구의 용량이 더 커져야 하기 때문이라는 설명이다.

음악은 우리가 살아가는 삶의 경험이나 이야기처럼 시간 속에서 전개된다. 음악을 그런 것으로 만들어 주는 것이 시간의 움직임이다. 음악이 강약과 리듬을 갖고 있기 때문만이 아니라, 그 구조가 구조를 한데 지탱해 주는 기억에 의거하여 시간을 통해, 시간에 걸쳐 확장되기 때문이다.

시간이 지나간다는 감각은 지속되는 관심과 결부되는데, 이것만으로도 이 감각이 우반구에서 발생하는 것이라고, 오른쪽 전전두엽 피질과 하두정엽의 도움을 받는다고 예상할 수 있다. 시간의 지속을 비교할 수 있는 능력은 우반구에 의해 더 잘 수행되며, 오른쪽 배외측 전전두엽 피질에 의존한다는 것은 분명하다. 실제로 시간을 감식할 때의 거의 모든 측면, 시간이란 뭔가 살아진lived through 것이며, 과거와 현재와 미래를 가진 어떤 것이라는 느낌은 우반구, 일차적으로는 오른쪽 전전두엽과 두정 피질에 의존한다. 그래서 우반구가 피해를 입으면 과거와 미래라는 감각이 심각하게 손상된다.

여기서 '시간적 순차처리temporal sequencing'라는 모호한 개념이 제기된다. 이 순차처리順次處理 · sequencing[46]가 무엇을 뜻하는지에 따라 우반구에 의존적일 수도 있고, 이야기가 그렇듯이 '현실 세계'적인 의미가 전혀 없는 맥락에서는 좌반구 의존적일 수도 있다. 이야기를 이해하는 것은 우반구의 기술이다. 좌반구는 이야기를 따라갈 수 없다. 하지만 인위적으로 맥락이 사라진 것들을 정연하게 정리(좌반구가 수행하면 더 나을 그런 종류의 일)한다는 의미에서의 순차처리는 사실 시간 감각의 척도가 결코 아니다. 그보다는 **시간 감각이 와해될 때** 그 감각을 대체하는 것이다.

시간은 본질적으로 분할되지 않는 흐름이다. 그것을 단위로 분할하고 그것을 측정하는 기기를 만들려고 하는 좌반구의 성향은 시간을 움직이지 않는 지점들의 연속으로 착각하게 할 수도 있다. 하지만 그런 연속은 아무리 가까워진다 한들 절대로 시간의 본성에 다가가지 못한다. 이것은 좌반구의 관점에서는 존재하지 않는 어떤 것이 좌반구에 의해 생명 없는 기계 형태로 표상되는 또 하나의 사례이다.

반복시反復視 · palinopsia는 정상적인 시각 경험의 흐름에 장애가 생겨 파편화되거나, 시간에 따라 영상이 비정상적으로 계속 남아 있어 시각적 흔적이 남는 시각 장애인데, 우반구 후방에 병변이 생겼을 때 나타난다. 그렇게 되면 흐름이란 것을 시간에 따라 이어지는 하나의 단일하고 통합된 움직임으로 인시하는 우반구의 능력이 사라지고, 그 자리를 좌반구의 무시간적이고 기계적인 세계가 채우게 된다. 이는 **간헐운동**Zeitraffer이라 불리는 현상으로, 영화 필름에서 프레임이 계속 이어지듯이 시간의 흐름이 정태적 순간들의 무한 연속의 총합으로 대체되는 것이다.

우반구가 "시간적 정보를 지속적으로 감시하는" 데 필요하다면, 좌반구는 맥락에서 벗어난 짧은 시간적 흐름의 방해를 탐지하는 데 더 능숙하다.[47] 이는 좌반구에는 시간적 흐름을 감지하는 능력이 없다는 사실과 함께, 좌반구의 추상에 대한 편향을 확인해 줄 뿐이다. '영원성'이라는 생각에는 모호한 점이 있다. 좌반구는 무언가의 영원성이라는 것을 그것이 정태적일 때만 인정하는 것 같다. 하지만 사물은 변화하고 흘러갈 수도, 영원한 것일 수도 있다. 강물을 생각해 보라. 우반구는 흐름이 있는 곳에서도 영원성이 있을 수 있다고 인지한다. 따라서 우반구가 손상되면 생명체는 영원성을 갖지 못하게 된다. 우반구가 손상됐을 때 같은 사람을 계속 다른 사람으로 인식하는 카프그라스 증후군이 그런 것이다.

음악은 시간 속에서 발생한다. 그러면서도 시간 밖으로 나가게 하는 능력도 있다. 조지 스타이너George Steiner가 말했듯이, "음악은 …… 시간성에서 해방된 시간이다."[48] 마찬가지로 그것은 신체를 통해 작동하지만, 신체적 세계를 넘어선 곳으로 우리를 데려간다. 그리고 매우 구체적이면서도 보편적인 것들에 대해 발언한다. 이처럼 어떤 것을 '통해' 그 정반대를 발견하는 것이 우반구 세계의 성질일 것이다. 그러나 언어를 그 한계에까지 혹은 한계를 넘어서까지 밀고 나가는 데 따르는 위험을 감수하고서라도, 나는 시간 그 자체(좌반구는 이렇게 부르겠지만)가 본성상 모순되며, 음악은 시간성에서 시간을 그다지 해방시키지 않았다고 주장할 것이다. 오히려 음악은 항상 시간 속에 존재해야 하며, 영원성에 참여하는 순간과 교차한다는 특징을 음악으로부터 끌어낸다. 모든 알려진 문명에서 초자연적인 것, 우리 자신 이외에, 우리 위에 있는, 또 우리를 초월해 있는 것으로 정의되는 '타자'와 소통하는 데 사용된다는 것이 음악의 특징이다.

■깊이

시각 영역에서 시간에 해당될 만한 것이 공간적 깊이다. 아인슈타인 이후 항상 우리는 시간과 공간이 단일한 실체의 여러 가지 측면이라고 이해해 왔다. 우반구는 이 시간 감각에 '깊이'를 준다. 따라서 시각적 영역에서 우리로 하여금 공간에서 깊이를 인식하게 하고, 범주화가 아 닌 타인과 관계하는 다른 방식을 우리에게 제공한다. 우반구는 멀고 가까움을 기준으로 공간 관계를 다루는 성향이 있는데, 그 덕분에 거 리를 쉽게 식별할 수 있다. 이와 달리 좌반구의 전략은 범주적인 쪽으 로, 즉 '위' '아래' 같은 식으로 기운다. 여기에는 시간 감각과 병행하 는 것, 즉 우반구에 속하는 지속이 있다. 순차처리('전' '후' = '위' '아래')는 좌반구에 속한다. 우반구의 공간 조직은 사물이 내게서 가까이 있든 멀리 있든, 깊이에 더 많이 의존한다. 이와 반대로 깊이를 잘 처리하지 못하는 좌반구는, 간혹 사물의 크기를 크게 오판하기도 한다.

우반구에 결손이 생기면 생명체의 특징이라 할 불규칙적이고 매끈 한 3차원 곡면을 잘 다루지 못하게 된다. 예측 가능한 3차원의 직선 물 체를 다루는 능력은 남아 있다 하더라도 말이다. 곡면 부피를 다루는 데서 나타나는 이 문제가 안면인식불능증의 기저에 놓여 있다는 주장 도 제기되었는데,[49] 실제로 이것이 한 가지 원인일 수도 있다.

우반구는 세계를 현실적으로, 시각적으로 세부 사항을 3차원으로 깊이감 있게 묘사하여 나타내는 경향이 있다. 시각적 표싱의 정도와 미에 관한 심미적 감각은 대개 우반구가 결정한다.

우반구는 대상을 경험되는 그대로, 공간 속에서 부피와 깊이를 가진

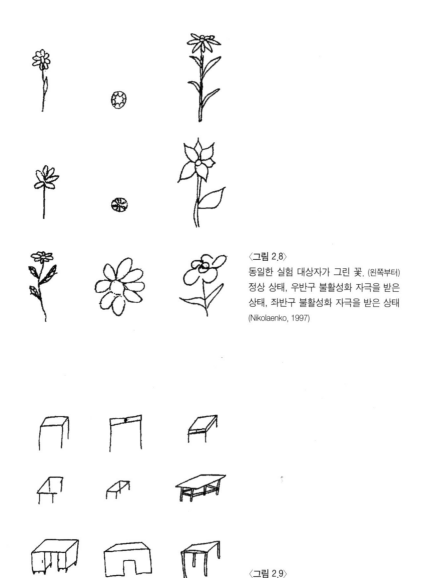

〈그림 2.8〉
동일한 실험 대상자가 그린 꽃. (왼쪽부터)
정상 상태, 우반구 불활성화 자극을 받은
상태, 좌반구 불활성화 자극을 받은 상태
(Nikolaenko, 1997)

〈그림 2.9〉
동일한 실험 대상자가 그린 탁자. (왼쪽부
터) 정상 상태, 우반구 불활성화 자극을
받은 상태, 좌반구 불성화 자극을 받은 상
태(Nikolaenko, 1997)

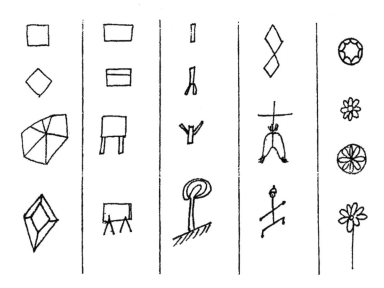

〈그림 2.10〉
우반구가 불활성화된 상태에서 '좌반구에 따라' 그려진 일상생활 도구(Nikolaenko, 1997)

	왼손	오른손
수술 전		
수술 후		

〈그림 2.11〉
교련절개술을 받기 전과 후에 그린 정육면체 그림. 수술 전에는 어느 손으로든 정육면체를 그릴 수 있었다. 그러나 수술을 받고 나자 상대적으로 더 나은 오른손으로도 제대로 그리지 못했다.(Gazzaniga & LeDoux, 1978)

것으로 표현한다. 반면에 좌반구는 시각 세계를 도식적이고 추상적으로, 사실적인 세부 묘사 없이 기하학적으로 표현하는 경향이 있다. 심지어 하나의 평면에 그려 내기도 한다.〈그림 2.8과 2.9〉

우반구가 활성화되지 않는 사람이 그린 건물은 어린아이가 그린 것처럼 각 면의 정면이 한꺼번에 보이는 평면으로 펼쳐지기도 한다. 좌반구는 '아는' 것에 관심이 있고, 우반구는 '경험하는' 것에 관심이 있다는 말로 이 증상을 설명할 수도 있다.〈그림 2.10〉

가차니가와 르두가 연구한 어떤 환자는 교련절개술交聯切開術·commissurotomy을 받기 전에는 양손으로 입방체를 그릴 수 있었지만, 수술을 받은 뒤 오른손만 잘 움직일 수 있었고 그리는 내용도 빈약한 도형뿐이었다. 그런데 왼손으로는 3차원적 구조물인 입방체를 그릴 수 있었다.〈그림 2.11〉

■ 확실성

좌반구는 인공물을 좋아한다. 사람이 만든 물건은 자연물에 비해 더 확실하다. 우리는 그것들을 만든 장본인이므로 그것들을 속속들이 알고 있다. 그것들은 생명체와 달리 끊임없이 변하고 움직이지도 않고 우리 손이 닿지 않는 곳에 있지도 않다. 우반구는 사물을 있는 그대로 보기 때문에 우반구에게는 사물이 항상 새롭다. 그래서 좌반구에 있는 범주 정보의 정보은행 같은 것이 우반구에는 없다. 우반구는 사물을 고정시키고 고립시키고 추출시켜서 얻을 수 있는 지식의 확실성은 가질 수 없다. 있는 그대로에 충실하려고 하는 우반구는 추상과 추상에 의거하는 범주를 만들지 않는다. 범주는 지시적 언어denotative language의 장점이다. 그러나 우반구가 언어에 대해 갖는 흥미는, 지시가 함의에 끼치는 제한적 효과를 넘어서도록 도와주는 모든 것에 놓여 있다. 모호성의 중요성을 인정하는 우반구는, 사실상 침묵하고 상대적으로 변하고 불확실하다. 이와 대조적으로, 좌반구는 비합리적이고 고집불통일 정도로 제 판단을 확신한다.[50] 존 커팅John Cutting에 따르면, "좌반구(소위 '우세파')는 그 파트너인 우반구(소위 '열세파')가 무엇을 하는지에 대해 놀랄 만큼 무지함에도 불구하고, 상황에 대한 합리적 증거가 없는 상태에서 독단적으로 결정을 내려 버린다."[51]

이를 보여 주는 사례는 수없이 많다. 어떤 분할뇌 환자의 우반구에 도발적인 자세를 취한 누드 사진을 보여 주면, 환자는 당황하면서 민망스러운 태도로 웃는다. 실험자가 왜 그런지 묻자, 환자는 엉뚱한 대답을 한다. 방 안의 누군가가 자기 기분을 언짢게 한다는 것이다. 즉, 환자의 언어적 좌반구에는 아무 생각도 들어 있지 않은 것이다.

이와 관련하여 가차니가와 르두의 실험은 좌우반구가 지닌 차이를 극적으로 보여 준다. 실험자들은 분할뇌 환자를 상대로 한쪽 반구에만 그림을 투영한 뒤, 그 장면과 관련된 카드를 고르게 했다. 가령 우반구에 눈 오는 장면을 보여 주고서, 여러 장의 카드 중 그와 관련된 카드를 어느 손으로든 골라 보라고 한 것이다. 환자는 자신이 무엇을 보았는지는 말할 수가 없었다. 우반구는 발언할 수 없기 때문이다. 환자는 왼손으로 곧바로 삽의 그림을 골랐으나, 좌반구는 아무것도 보지 않기 때문에 오른손으로는 우연성에 의존하여 아무거나 골랐다.

더 흥미로운 실험은 그 다음이었다. 실험자들은 눈 오는 장면과 닭발톱 그림을 환자의 우반구와 좌반구에 동시에 보여 주었다. 각 반구가 아는 내용이 서로 달라진 것이다. 그리고 환자에게 관계있는 카드를 고르게 했다. 환자는 이번에도 왼손으로는 삽을 골랐지만(우반구가 눈을 보았기 때문에), 오른손으로는 닭의 그림을 골랐다.(좌반구가 본 것은 닭 발톱이었으므로) 왜 왼손으로 삽을 골랐는지 질문을 받자, 그 질문에 답해야 하는 언어적인 좌반구는 삽을 고른 진짜 이유인 눈에 대해서는 아무것도 몰랐으므로, 환자는 조금도 망설이지 않고 자신이 닭을 보았으며 "닭장을 치워야 하므로" 삽을 골랐다고 대답했다.

이 실험에서 정말 재미있는 것은, 좌반구는 "눈도 깜빡거리지 않고" 자기에게 주어진 정보에서 틀린 결론을 끌어내고, 우반구만 알 수 있는 것에 대해 일반 법칙을 설정한다는 것이다. "그런데도 좌반구는 자기 생각을 추정이 아니라 기정사실의 천명으로 …… 내놓는다."[52]

이것은 '작화作話·confabulation'라 불리는 현상과 관계가 있다. 두뇌는 어떤 것을 기억할 수 없을 때 자신의 이해에 구멍이 있음을 인정하기보다는 나머지 이야기와 통할 것 같은 그럴듯한 이야기를 꾸며 내어 빈틈을 메운다. 따라서 가령 오른쪽에 병변이 있을 경우, 두뇌는 경험의 의미를 통하게 하는 데 도움을 주는 맥락에 맞는 정보를 잃는다. 좌반구는 이야기를 기꺼이 꾸며 내는데, 통찰력이 결여되어 있으므로 스스로 그 이야기에 완전히 설득되는 것처럼 보인다. 우리도 어느 정도는 삶에 대한 이야기를 꾸며 내며 살아간다. 이는 가차니가가 좌반구를 '해석자interpreter'라 부른 것으로 총괄되는 과정이다. 그러나 그런 이야기가 참인지 아니면 그럴듯한 거짓말인지를 판단하는 것은 우반구이다.

이렇듯 좌반구에 의존한 선택은 위험하다. 가차니가의 동료는 분할 뇌 환자 두 명(JW와 VP)에게 빨강보다 녹색이 명백하게 더 많은(4배) 색깔 시리즈를 보여 주고, 다음번에 나올 색이 빨강과 녹색 중 어느 것일지 물어보았다.[53] 최고 점수를 받으려면 매번 녹색을 고르면 된다. 그렇게 하면 80퍼센트를 맞힌다. 이것이 우반구의 전략이다. 그런데 좌반

〈그림 2.12〉 이것이 오리인가, 토끼인가?

구는 마음대로 선택하여 빨강보다 녹색을 4배쯤 더 많이 골라, 우연성에 입각할 때 얻는 점수와 다를 바 없는 점수를 받았다. 뒤이은 연구에서 밝혀졌듯이, 여기서 문제는 좌반구가 규칙을 개발하는데 그것이 틀린 규칙이라는 점이다.[54]

이보다 먼저, 정상인을 상대로 한 실험에서도 비슷한 결과가 나왔다. 즉, 좌반구는 사실을 잘못 파악하는 한이 있더라도 이론을 고집하는 경향이 있을 뿐만 아니라, 나중에는 자기가 옳은 결정을 했다고 아무렇지도 않게 주장한다는 것이다.[55]

이렇듯 좌반구는 확실성을 필요로 하고 옳을 필요가 있다. 우반구는 한 가지 결과를 불완전한 채로 유지하면서 여러 가지 모호한 가능성을 붙잡고 유보시킬 수 있다. 오른쪽 전전두엽 피질은 불완전한 정보를 처리하는 데 핵심적인 구역으로, 완전히 구체화되지 않은 상황을 추론하는 역할을 남낭한다. 우반구는 좌반구의 섣부른 해석에 좌우되지 않으며 모호한 정신적 표상을 유지할 수 있다. 이처럼 불확실성을 포용하는 특성은, 은유와 아이러니 또는 유머를 사용하는 우반구 특유의

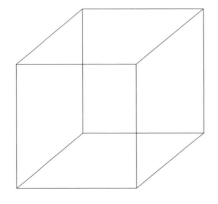

〈그림 2.13〉 네커의 정육면체

능력에 이미 내재되어 있다. 은유와 유머 등은 모두 모호성을 성숙하게 처리하는 자세에서 나온다. 지각적 경쟁(오리인지 토끼인지 모호한 그림이나 '네커 정육면체Necker cube' 처럼 이렇게도 저렇게도 보일 수 있지만 두 가지 모두일 수 없는 애매모호한 형체)을 자극받으면 우반구 피질은 더 활성화된다.

우반구에게는 흐릿하거나 불분명한 이미지가 별 문제가 안 되지만, 좌반구는 이를 문제로 받아들인다. 과제의 특성상 우반구에게 더 문제가 될 만한 상황에서도 그렇다. 반구 간 전문화 현상과 관련하여 초기에 발견된 내용 중 일관된 것은, 어떤 영상을 너무 짧은 시간 동안 보거나 형체의 상태가 너무 열악하여 부분적인 정보밖에 얻을 수 없는 경우에는 항상 우반구가 우월성을 나타낸다는 것이다. 그 재료가 언어적인 것일 때도 마찬가지다.

한편 저스틴 서전트는 하나의 이미지를 평소보다 더 오랫동안 제시하면, 그럼으로써 확실성과 친숙함이 커지면, 얼굴을 알아보는 문제에서도 좌반구가 우월하다는 것을 입증했다. 그러면서 서전트는 한편으로는 좌반구와 그것이 만든 것(여기서는 언어) 간의 동질성, 닳고 닳은 익숙함, 확실성과 확정성을, 또 다른 한편으로는 우반구가 '타자' 적인 것, 새로운 것, 미지의 것, 불확실하고 구속받지 않는 것들에게 갖는 동질성을 통합하는 공통의 흐름을 드러낸다.[56]

내가 얘기하려는 것이 바로 이 점이다. 좌반구적인 양식에 따라 따로 분리된 기능(혹은 관심 영역)으로 언급되는 것 역시 결국엔 우반구적인 양식으로, 서술의 편의상 인위적으로 격리되었을 뿐 동일한 단일 실체의 여러 면모로서 파악되어야 한다. '기능'은 이쪽 반구나 저쪽 반구에 인위적으로 수용된 것이 아니다. 우리 두뇌의 좌우반구는 세계 속 존재가 살아가는 전체 방식의 두 가지 특성이다.

확실성은 편협함과도 연결된다. 무엇에 대한 확신이 강해질수록, 우리가 보는 것은 적어진다. 이 점을 시각의 신경생리학적 맥락에서 살펴보면, 인간 눈의 와窩·fovea(작은 구멍), 시선의 중심에 있는 홍채의 이 작은 한 구역은 영장류 전체를 통틀어서 가장 명료하다. 이 지점의 해상도는 주변부보다 100배는 더 높다. 하지만 그 직경은 1도에 지나지 않는다. 시력이 미치는 전체 시야에서 실제로 해상되는 부분의 직경은 고작 3도이다. 그런데 **명료하게** 보이는 것에 집중하는 좌반구가 집중하는 곳이 바로 이곳이다.

■ 자각과 감정적 음영

세계 전반과의 관계에서, 우반구는 제 위치와 관련하여 좌반구보다 더 현실적이고 덜 거창하고 자기 인식에 더 능하다. 좌반구는 항상 낙관적이지만, 제 단점에 대해서는 비현실적인 태도를 보인다. 우반구에 발작이 일어난 환자들은 그 문제 행동을 아무리 지도해도 별 효과가 없다. 한 두뇌 손상 전문가는 "우반구에 결함 장애가 있는 아이들은 과제를 수행할 때 장애물을 무시하고 불가능한 도전을 받아들이고, 그렇게 부적절한 헛수고를 하고 나서는 그 결과가 빈약하다고 깜짝 놀란다. 이 아이들은 상황에 내재한 위험을 간과하기 때문에 겁 없이 행동한다."[57]

한 지적인 전문가는, 오른쪽 전전두엽 피질에 생긴 종양을 제거한 뒤 직업 활동에 필요한 능력을 잃었지만 그 사실을 전혀 깨닫지 못했다. 이 환자는 역할극에서 건강 전문가 역할을 맡아 자신과 같은 상황에 처한 다른 환자에게 의학적으로 보아 은퇴를 하라고 조언했다. 그런데 이 상황을 본인의 처지에 대입해 보라고 하자, 그렇게 객관적으로 판단하지 못했다.[58]

상대적으로, 우반구는 자아에 더 비관적인 관점을 갖지만 그만큼 더 현실적이다. ⓐ어딘가 우울한 사람이 더 현실적이라는 증거가 있다. 자기평가에도 그런 태도를 보이기 때문이다. 또 앞에서 밝힌 대로 ⓑ우울증은 흔히 우반구 쪽에 더 유리한 상대적인 반구적 비대칭성이 나타날 수 있는 여건이라는 증거도 있다. 정신분열증 환자들도 우울증 증세의 정도에 비례하여 각자의 여건에 대한 통찰력을 보인다. 통찰력 때문에 우울해지는 것이 아니라, 거꾸로 우울한 상태가 그런 통찰력을 발생시킨다는 것이다.

질병에 관한 깨달음은 일반적으로 우반구에 의존하기 때문에, 우반구가 손상된 사람들은 자신의 질병을 부정한다. 자신이 신체의 절반을 갑작스럽게 쓰지 못한다는 사실을 부정하거나 대폭 축소하는 질병인 식불능증이라는 특이한 현상이 그런 경우이다. 왼쪽 팔다리가 완전히 마비된 환자는 문제가 생겼다는 사실을 정면으로 부정하고, 왜 왼쪽을 움직일 수 없느냐고 물으면 전혀 앞뒤가 맞지 않는 설명을 늘어놓기도 한다. 이런 증상은 신체 왼쪽에 영향을 주는 발작을 겪은 대다수의 사례에서 발생하지만, 신체 오른쪽의 발작으로는 거의 일어나지 않는다.

이처럼 자기 질병을 부정하는 현상은 문제가 생긴 우반구를 활성화시키면 일시적으로 뒤집힐 수 있다. 마찬가지로, 우반구를 마취하면 질병의 부정 현상을 유도할 수 있다.

이것은 사실을 보지 못하는, 단순한 맹목이 아니다. 그것은 의지에 따른 부정이다. 호프Harrer Hoff와 푀츨Otto Potzl이 밝힌 사례는 이 사실을 훌륭하게 보여 준다. "검사할 때 오른쪽 시야에서 본인의 왼손을 보여 주면, 그녀는 **눈길을 돌리고, '안 보입니다' 라고 말한다.** 그러면서 자기 왼손을 침대 시트 아래에 숨기거나 등 뒤로 돌려 버린다. 그녀는 왼쪽을 절대로 보지 않는다. 왼쪽에서 그녀를 불러도 마찬가지다."59) 본인의 의학적 처지를 직시하도록 강요하면, 이런 환자는 종종 혐오감을 표출한다. 바로 '사지四肢혐오증misoplegia' 이다. 이런 환자의 왼손과 오른손을 겹쳐 놓으면, "그녀는 역겹다는 표정을 지으며 곧 두 손을 떨어뜨린다."60)

우반구에 병변이 있을 때 나타나는 현상이, 꼭 그로 인한 무능력이 드러났을 때의 부정이나 무관심만은 아니다. "전두엽 병변을 가진 사람들 특유의 멍한 표정을 상기시키는 기분 장애, 즉 황홀경이나 흥겨움, 사소한 말장난 취향" 등도 가끔 나타난다. 헤카엔과 아후리아게라가 보고한 환자들 가운데 두정엽 종양으로 완전한 반측 신체인식불능증이 생긴 환자가 있었는데, 그 환자는 "놀랄 만큼 흥거운 모습을 보이는 동시에 지독한 두통으로 투덜댔다."61)

부인否認은 좌반구의 특기다. 우반구가 상대적으로 불활성일 때는 좌반구 쪽으로 기울어지는 편향이 생기는데, 이런 사람들은 자신을 낙관적으로 평가하고 그림을 더 적극적으로 관찰하는 경향이 있으며, 기존의 자기 관점에 더 집착한다. 우반구에 발작이 일어나면, 좌반구는 "순진하게도 낙관적인 결과 예보만 믿는 불구가 된다." 그것은 항상 승리자이다. 승리는 언제나 좌측 편도체의 활성화와 우측 편도체의 불활성화와 연결되어 있다.

멜랑콜리해지는 경향과 우반구 간의 연결점이 여기에 있다. 슬퍼지고 우울해지기 쉬운 성향이 우반구에게 더 많다면 그것은 우반구가 상황 전개와 더 많이 접하기 때문만이 아니라, 타자와 더 많이 접하고 타자에 관심을 갖는 데 더 결부되기 때문일 수 있다. "아무도 섬이 아니다." 우리를 중심의 일부로 느끼게 하는 것은 인간 두뇌의 우반구이다. 우리 자신과 별개로 존재하는 어떤 것을 알게 되고 더 공감하며 연결될수록, 우리는 더 많은 고통을 받기 쉽다. 슬픔과 공감은 서로 매우 깊이 연관되어 있다. 이 사실은 어린아이와 사춘기 아이들에 대한 연구로도 밝혀졌다.[62] 한편으로 슬픔과 공감 사이에 직접적인 상호 연결이 있고, 다른 한편으로는 죄의식, 수치심, 책임감 같은 것들이 있다. 죄책감이나 수치심, 책임감 같은 감정이 전혀 없는 사이코패스 psychopath(정신병질자)는 우측 전두엽에, 특히 우측 복내측 피질과 안와 전두 피질에 결함이 있다.

아마 느낀다는 것 자체가 고통을 피할 수 없을 것이다. '느낌'을 뜻하는 그리스어 'pathe'는, '고통'이라는 뜻의 'pathos'와 '고통을 겪다'라는 'paschein'로 연결된다. 이 단어의 어근은 '열정passion'이라는 단어의 어근과 같다. ('열정'을 가리키는 독일어에서도 이와 비슷한 발전 과정이 나타난다. '열정', 즉 'Leidenschaften'은 '고통을 겪다'는 뜻인 'leiden'라는 어근에서 나왔다.) 이것은 한편으로는 즐거움과 행복, 다른 한편으로는 '선함the good' 사이의 손쉬운 등치를 의심해야 할 이유가 된다.

예전에 베를리오즈Louis-Hector Berlioz가 어떤 음악회에서 흐느끼자, 다른 관객이 이렇게 말했다. "아주 감동받은 모양이군요. 잠시 어디 물러가 있는 게 낫지 않겠소?" 이에 베를리오즈가 되받았다. "제가 여기

즐기러 온 것으로 보입니까?"[63]

셰익스피어의 희곡 『리어왕』에서 리어 왕이 "심장을 이렇게 단단하게 만드는 어떤 원인이 자연에 있는가?"라고 외칠 때, 우리는 어떤 층위에서는 그렇다고 대답할 수 있다. 그것은 우측 전전두엽 피질에 생긴 결함 때문이다.[64] 하지만 그것은 자연 속에 잔인성이 실재한다는 사실을 밝혀 준다. 오직 좌측 전전두엽 피질을 가진 인간만이 고의적으로 악을 행할 능력이 있다. 동시에 오직 우측 전전두엽 피질을 가진 인간만이 자비심을 느낄 수 있다.

▌도덕감

돌이켜 보면서 분석할 때 우리가 보는 것의 본성을 오인하게 만드는 또 다른 영역이 있는데, 그것은 도덕성이다. 도덕성은 좌반구의 원칙에 따라 세계를 재구축하기 때문이다. 도덕적 가치는 효용성이나 다른 원리에 따라 합리적으로 구축할 수 있는 것이 아니라, 색채처럼 현상세계의 환원 불가능한 측면이다. 나는 도덕적 가치가 다른 어떤 종류의 가치로도 환원 불가능하며 어떤 용어도 그와 관련한 책임을 회피할 수 없는 경험 형태라고 주장한 막스 쉘러Max Scheler에게, 또 같은 이유에서 비트겐슈타인Ludwig Wittgenstein에게 동의한다. 나는 이 지각이 신神의 존재로부터 도덕적 가치를 도출한 것이 아니라 도덕적 가치의 존재로부터 신의 존재를 도출한 칸트Immanuel Kant 이론의 기저에 깔려 있다고 믿는다. 그런 가치는 추론이 아니라 공감의 능력에 연결되어 있다. 또 도덕적 판단은 고의적인 것이 아니라 무의식적이고 직관적이며, 타인에 대한 우리의 감정적 감수성과 깊이 묶여 있다. 공감은 도덕성에 내재하는 본질이다.

복내측 전두엽에 병변이 있는 환자들은 충동적이고 결과를 예측하지 못하며, 감정적으로 타인들과 차단되어 있다. 특히 변연계 구조와의 상호 관련성이 풍부한 오른쪽 복내측 전두엽 피질은 도덕적·사회적 행동의 모든 측면에 결정적으로 중요하다. 도덕적 판단에는 복잡한 우반구의 네트워크가 개입되며, 특히 우측 복내측과 안와 전두엽 피질 및 좌우반구의 편도체가 다 관련된다. 그래서 우측 전전두엽 피질이 손상되면 사이코패스 같은 행동을 할 수도 있다.

우리의 정의감은 우반구에 의해, 특히 오른쪽 배외측 전전두엽 피질로 보강된다. 이 구역이 활성화되지 않을 경우 우리는 더 이기적으로 행동하게 된다. 이는 아마 타인의 관점을 고려하는 일반적인 공감 능력, 즉 오른쪽 전두엽의 능력과 관계가 있을 것이다.

여기서 더 근본적인 반구 간 차이들을 서로 연결해 볼 수 있다. 좌반구의 '점착성', 되풀이하여 익숙한 쪽으로 돌아가려는 성향은, 어떤 일이든지 이미 하고 있는 것을 강화하려는 쪽으로 기운다. 이런 처리 과정에는 거울의 방에 갇힌 것 같은 재귀성再歸性이 있다. 좌반구는 자기가 이미 아는 것을 좀 더 많이 발견할 뿐이며, 이미 하고 있는 것을 좀 더 행할 뿐이다. 이와 달리 상황을 더 넓게 보는 우반구는 그것 자체와 좌반구를 모두 포괄하는 더 넓은 시각을 취하기 때문에 더 상호적인 성향이 있고, 다른 관점을 수용할 확률도 더 크다.

이런 사고방식의 한 예가 피드백 시스템에 입각한 사유이다. 대부분의 생물학적 시스템은 균형을 추구한다. 한쪽 방향으로 너무 멀리 나가면, 자체적인 교정 작업을 거쳐 스스로를 안정시킨다. 이것이 열기구의 작동에서 볼 수 있는 '역逆 피드백'이다. 기온이 계속 내려가면 온도 조절 장치가 난방 시스템을 작동시켜 일정한 수준으로 온도를 올려놓을 것이다. 그러나 거꾸로 시스템이 불안정해지고 '순順 피드백'

이 작동하는 상황에 들어갈 수도 있다. 즉, 반대 방향으로의 움직임이 아니라 한 가지 방향으로의 움직임을 만들어 내어 '눈덩이 효과'를 발생시키는 것이다. 그럴 때 우반구는 역 피드백을 통해 이런 상황에서 벗어날 수 있게 한다. 이때 순 피드백에 몰입하는 경향이 있는 좌반구가 작동하면 우리는 꼼짝없이 그 상황에 묶이게 된다.

이것은 일반적인 술꾼과 중독자들의 차이이기도 하다. 어떤 단계에 이르면 일반적인 술꾼은 술을 더 마시고 싶은 생각이 없어진다. 중독자는 그런 '끄기' 버튼이 없는 사람이다. 한 잔 마시면 또 한 잔 마시게 되고, 그런 식으로 계속 이어진다. 중독 행태는 주로 우반구의 전변연계前邊緣系·frontolimbic systems에 생긴 병변과 관련이 있다. 가령 병적인 도박사들은 주로 오른쪽에 위치하는 전두엽 결함이 있다. 코카인 중독자들은 이와 달리 오른쪽 전전두엽 피질을 자극하면 코카인에 대한 욕구가 줄어든다. 좌반구가 잘하는 분야인 부인否認은 중독자들의 전형적 특징이다.

■ 자아

자신에 대한 의식적인 인식은 진화 과정에서 놀랄 정도로 늦게 발달한 현상이다. 침팬지나 오랑우탄 같은 고등 영장류는 자기 인식을 하지만, 원숭이는 그렇지 않다. 원숭이는 거울 실험을 통과하지 못한다. 우측 전전두엽 구역은 얼굴로든 음성으로든 자기 인식에 결정적으로 개입되어 있다. 우리의 자기 인식의 중요한 상관물은 인칭대명사 '나I'와 '나를me'을 올바르게 사용하는 능력이다. 수많은 우반구 결손을 복제한 상태인 자폐증 환자는 이 대명사를 쓰지 못한다.

분명히 어떤 반구도 혼자서는 자아를 구성할 수 없다. 자아는 복잡한 개념이지만, 간단하게 말하면 타자와의 관계로 이루어진 세계로부터 내재적이고 공감적으로 분리될 수 없는 자아는 우반구에 더 의존적이고, 객관화된 자아 또는 의지의 표현으로서의 자아는 좌반구 의존도가 더 높다. 분할뇌 환자 연구 가운데 우반구가 자기 인식에 더 유리하다고 주장하는 것도 일부 있지만,[65] 두 반구 모두 자아를 똑같이 객관적으로 인식할 수 있다고 주장하는 연구 결과가 더 많다. 비록 우반구가 친숙한 타자를 인식하는 데 더 유리하기는 하지만 말이다.

고유의 역사를 지닌 자아의 개인적인 '내면' 감각, 개인적이고 감정적인 기억, 다소 혼동은 되지만 '자아 개념self-concept' 이라고도 불리는 기억은 우반구에 대폭 의존하는 것으로 보인다. 어느 부위가 됐든 우반구를 다치면 자아 개념이 손상된다. 여기서는 우측 전두엽 구역이 가장 중요하다. 이곳은 '자아 경험self-experience' 으로 설명될 수 있다. 우반구는 감정적 · 자전적 기억에 더 많이 몰두하는 것 같다. '자아 감각sense of self' 이 우반구를 토대로 한다는 것은 놀랄 일이 아니다. 왜냐하면 자아는 자폐적으로 고립된 하나의 실체로서가 아니라 '타자' 와의 상호 작용에서 발생하기 때문이다. "자아 감각은 다른 자아와 상호 작용하는 두뇌의 활동에서 솟아난다."

우측 전두엽의 일부인 우측 안와 전두 피질은 사회적 · 공감적 이해에 가장 중요한 것으로, 영장류의 경우 오른쪽이 왼쪽보다 크다. 아기와 어머니가 놀이로써 상호 작용하는 생후 6개월 이후 1년 사이의 기간에, 또 자아 감각이 나타나는 생후 1년에서 2년 사이에 두뇌의 이 부위가 크게 자라는 것으로 보인다. 앨런 쇼어Allan Schore는 우측 안와 전두 피질이 자아 성장의 핵심임을 밝혔다.[66] 우반구는 좌반구보다 더 일찍 성숙하며, 유년기 초반에 이루어지는 정신적 기능의 발달 과정 및 사회적 · 공감적 존재로서 자아의 거의 모든 면모에 좌반구보다 더 많이 개입한다.[67] 유년기의 사회성 발달은 언어 발달과는 별개로 진행되는데, 이는 그 기원이 우반구에 있음을 가리키는 또 한 가지 징표이다.

앞에서 자아 감각의 진화, 그리고 타자를 자신과 비슷한 존재로 느끼고 그럼으로써 공감과 이해를 유발하는 감각의 진화가 오른쪽 전두엽의 업적이라고 언급했는데, 이 두 가지 진화 사이의 관계는 자아 감각과 마음 이론의 발달 간의 긴밀한 관련으로 입증된다. 예를 들어, 뇌 영상 검사를 해 보면 자기 인식과 마음 이론의 상관 요인들이 모두 우측 전두엽과 우측 대상피질에서 발견된다.

"일관되고 지속적이고 통합된 자아감"을 담당하는 것도 우반구이다. 반구와 시간에 관한 짧은 논의에 이미 함축되어 있듯이, 인간 어른들이 자신을 바로 그런 자아, 시간 속에서 지속적으로 존재하는 자아로 볼 수 있게 하는 것은, 다른 피질 및 피질 하부 구조와 협력하는 오른쪽(전전두) 피질이다. 그래서 오른쪽 전두엽이 손상되면 시간 속에 있는 자아 감각, 즉 이야기 줄거리가 있고 지속적인 흐름처럼 존재하는 자아의 감각이 해를 입는다.

로저 스페리와 그 동료들은 자기 인식을 발생시키는 것이 우반구의 네트워크라는 가설을 세웠다.[68] 우반구는 "자아 이미지 처리 과정에 몰두하는데, 적어도 자기 이미지가 의식적으로 감지되지 않을 때"는 그렇다.[69] 특히 우측 전두정엽前頭頂葉·right frontoparietal 네트워크는 자아와 타자를 구별하는 데 결정적인 역할을 하는 것으로 추정된다.[70] 우측 하두정엽과 중두정엽中頭頂葉·medial parietal이 있는 부위, 즉 앞쪽 설전부楔前部·anterior precuneus〔쐐기 앞부분, 두정엽의 중앙 표면〕와 후방 대상피질의 활성화는 자아를 언급하는 동안 감지된 자극에 비례한다.

우반구를 다치거나 우반구가 일시적으로 마비된 사람들은 자신의 손발을 알아보지 못하거나 무시할 수 있다. (좌반구를 다쳤을 때는 그렇지 않다.)

우반구 발작을 겪은 환자의 90퍼센트에게서 자신의 몸 전체 혹은 신체 부위를 알아보지 못하는 '신체인식불능증'이 발견된다. 이 증상을 연구한 파인버그Todd E. Feinberg는 자신이 알고 있는 100건의 사례 중 좌반구 손상 이후 그런 증상이 생긴 경우는 단 한 건도 없다고 말했다.[71]

같은 맥락으로, 우측 전두측두 피질에 손상을 입은 환자는 자아로부터 인지적으로 고립되는 경험을 하게 된다. 보통 1인칭 이야기를 읽으면 3인칭 이야기를 읽을 때보다 설전부와 후방대상 피질이 양방향으로 더 활성화되는데, 오른쪽 측두두정 교차점이 더 먼저 활성화된다.

최근에 이루어진 한 실험은 자아를 인식하는 데 우반구가 맡은 중심 역할을 강조하는 동시에, 개인적인 지식이 아니라 공적인 지식과 좌반구 간의 동질성도 강조한다. 이 실험에서 실험자들은 와다 검사를 시행하면서 대상자들에게 컴퓨터로 만든 대상자 본인의 얼굴 사진을 보여 주었다. 그런데 그 사진은 공적으로 유명한 어떤 인물과 대상자의 사진을 합성한 것이었다. 실험자들은 마취 효과가 사라진 뒤 대상자들에게 그 유명 인사와 대상자의 사진을 각각 따로 보여 준 다음, 먼저 본 사진과 어느 것이 더 닮았는지를 물었다. 결과는 흥미로웠다. 우반구로 합성된 사진을 본 사람은 자기 사진을 골랐지만, 좌반구로 본 사람은 유명 인사의 사진을 선택했다. 실험 대상자의 무려 90퍼센트가 이 양식을 따랐다. 분할뇌 환자를 대상으로 한 실험에서는 이와 반대의 결과가 나오기는 했지만, 대부분의 증거들은 자아 인식에서 우반구가 맡은 중심적인 역할을 가리킨다.

두뇌의 우측 전방 구역도 음성 인식 같은 다른 양상의 자아의 결정에 핵심적인 역할을 하는 곳으로 보인다. 우측 두정, 중앙부 구역을 다치면 자아와 타자가 혼동되는 일이 생길 수 있다. 일반적으로 우측 전두엽에 손상을 입으면 자아 영역이 혼란스러워지는데, 우반구, 특히 우측 전방 구역은 정상적인 상황에서 자아와 세계 간의 적절한 관계를 확립하는 데 결정적인 역할을 한다. 정신분열증 환자들에게서 확연하게 오작동이 생기는 부위가 바로 이곳이다. 그들은 공감, 유머, 은유 이해력, 실용적 지식, 사회적 기술, 마음 이론에서 문제를 드러내는 것은 물론이고, 결정적으로 자아와 타자의 경계선을 오해한다. 심지어 자신이 타인들 속으로 녹아들어 간다거나, 그들이 자기 몸에 침범해 들어온다고 느끼기까지 한다.

타인들이 나를 어떻게 보는지, 타인과 어떻게 만나게 될 것인지(직관과 비슷하게) 하는 의미에서 자기 인식의 중요한 측면도 우반구와 관계가 있다. 타인과 같은 인간으로서 자신의 자아를 이해하는 능력은 자기 인식에 관련된 것으로, 우리는 우반구에 의존하여 타인과 나를 동일시하고 그들과 공감하고 감정을 나눈다. 특히 우측 전방 두정엽은 나의 반응을 계획하고, 결과를 품평하는 데서 모두 결정적으로 중요한 역할을 한다.

좌반구가 의식적인 의지를 통해 자아를 표현하는 데 필요한 의식적인 자기 인식의 터전이라는 것은 초기부터 확인된 인식에 속한다. 나는 앞에서 이미 의식적이고 합리적인(포착하고 조작하는) 의지라는 의미에서 의지의 표현이 좌반구가 확장되는 데 일정한 역할을 했을 것이라고 주장한 바 있다. 그런데 결과적으로 우리가 다른 행동을 따라하지 않고 새로운 행동을 한다는 의미에서 "우리 자신을 위해" 행동할 때, 그 행동이 진행되는 장소는 대체로 우반구임이 밝혀졌다.[72] 물론 실용적이고 습관적인 행동에 국한되겠지만 말이다. 이처럼 우반구는 독립성과 동기부여, 좌반구는 수동성과 관계가 있다.

이러한 좌반구이 특성은 앞에서 설명한 점착성, 즉 소합을 바꾸는('세트쉬프팅set shifting') 능력이 상대적으로 부족하며, 환경이 주는 암시에 갇히지 않고 사물을 바라보는 새로운 방식을 수용하지 못하기 때문이다. '환경의존증environmental dependence syndrome' 이란 환경이 주는 암시에 대한 자동적 반응을 금지하지 못하는 증상을 가리킨다. 다른 말로는 '강제 활용 행태forced utilisation behavior' 라고 한다. 이런 행동을 보이는 사람들은 남의 안경이 있으면 집어들고 써 보는데, 그 이유는 그저 그것이 탁자 위에 있기 때문이다. 마찬가지로 무작정 펜과 종이를 집어 들고 쓰거나, 그렇게 하라는 말이 없는데도 검사자의 행동을 수동적으로 반복하고, 청진기를 들고 진찰하는 시늉을 하기도 한다. 케네스 헤일먼Kenneth Heilman에 따르면, 이런 증상은 의지 상실aboulia, 무운동akinesia, 운동지속성장애impersistence처럼 모두 좌측 전두엽보다는 우측 전두엽이 손상된 뒤에 흔히 나타난다.

이제는 고전의 반열에 오른 프랑수아 레르미트의 논문에 발표된 다섯 건의 환경의존증 사례 중 네 건에서 유일하거나 주된 병변이 우측 전두엽에 있었다. 환자들은 "당신이 물건을 내게 내밀었다. 그래서 그걸 써야 한다고 생각했다"고 해명했다.[73] 그런데 내가 읽은 레르미트의 추가 자료에 따르면, 이 증후군은 양쪽 전두엽 어느 쪽에든 병변이 생긴 뒤에 흔히 나타났다고 되어 있다. 양쪽 전두엽 어디에든 병변이 생기면, 그것은 반구 전체(혹은 뇌량으로 연결되는 대측對側 반구)의 기능에 손상을 끼치며, 이와 함께 같은 쪽 반구 후방의 특징적인 행동 양식을 유발한다. 하지만 이 행동 양식은 우반구가 손상된 뒤 강제 활용 행태를 보인 사례와 일맥상통한다. 한 환자는 외적인 암시(활용 행태)에 대한 과장된 반응과 운동지속성장애뿐만 아니라, 우측 시상하부에 경색이 일어난 뒤에는 오른손의 본능적 장악 반응도 보였다. 이 경색은 전체 우측 두뇌 피질, 특히 전두엽 구역의 피하 관류灌流와 관계가 있다.

실세로 우리의 뇌는 두 개의 반구로 되어 있으며, 비록 좌우반구의 기능을 인위적으로 분리하도록 고안된 실험에서 흥미로운 결과가 나오기는 했지만 그래도 두 반구는 일상적인 수준에서는 거의 언제나 함께 작동한다. 하지만 그렇다고 해서 좌우반구가 크게 다른 의제議題를 가지고 있을 가능성이 아예 없지는 않다. 또 장기간에 걸쳐 많은 수의 개체를 조사해 보면, 좌우반구가 타자와 갈등하며 살아가는 우리의 세계 내 존재 방식의 한 사례를 보여 준다는 점은 더 분명해진다.

■ 코다CODA : '앞-뒤'의 문제

이 장을 처음 시작할 때 나는 반구 간의 구역에 따른 차이보다는 반구 내에서 나타나는 한 가지 차이를 이야기해야 한다고 말했다. 두뇌의 모든 구역 중에서도 가장 고도로 진화했고 가장 분명하게 인간적인 구역인 전두엽과, 후방 피질 등 전두엽이 통제력을 행사하는 대상인 두뇌의 다른 구역에서 진행되는 처리 과정 간의 관계도 그 이야기 중의 하나이다. 전두엽이 이룬 성취는, 대개 같은 반구의 후방 구역에 대한 금지라는 것으로 달성된다. 하지만 특히 우반구의 경우에는 그 작용이 '모듈레이션modulation'에 가깝다. 금지 효과는 좌반구에서, 아마 흑黑과 백白처럼 통일성이 적은 좌반구의 특성상 더 "뚜렷해진다." '앞'과 '뒤' 사이의 이런 관계는 짝을 이루어 반응을 섬세하게 모듈레이션해주는 '반대편 처리장치'의 또 다른 보기이다.

여기서 '모듈레이션'이란 무슨 뜻인가? 저항감은 있지만 그 존재를 부정하지는 않는 처리 과정process을 말한다. 이렇게 보면 마치 두 반구가 적대적 관계인 것 같은데, 그보다는 한쪽 반구의 산물이 다른 쪽 반구의 산물을 부정하는 것도, 그저 막연하게 '보완'해 주는 관계도 아니라고 이해해야 한다. 이 같은 좌우반구의 양립 불가능성은 변증법적 종합으로 뭔가 새로운 것을 발생시킨다. 이것은 전두엽에 의한 뭔가의 부정이 아니라 그것의 모듈레이션, 혹은 배아 형태로 그곳에 항상 있었던 어떤 것, 어느 정도의 필요 거리가 부여될 때에만 생명을 얻는 어떤 것의 '짐 풀기unpacking'이다.

좌반구와 신체 간의 상대적 격리, 그리고 추상화 경향은 보통 개별적 소득을 얻으려는 좌반구의 의도적 갈구에 기여한다. 그러나 좌측 전두엽은 거리를 가져오고, 재료 영역과의 평화로운 격리 경험 및 신비 체험으로 불리는 명상을 통한 '비워 내기emptying out'를 가능하게 한다. 다시 말하지만, 이것은 부정이 아니라 좌반구가 할 수 있는 것을 다듬는 일이다. 두뇌에는 실제로 '신이 있는 지점a God spot'보다는 용어와 방법론의 문제가 잔뜩 들어 있을 뿐이다. 물론 흔히 종교적 체험과 관련되는 것으로 암시되는 구역들이 있기는 하다. 지금까지 이 주제를 다룬 글들을 검토하고 마이클 트림블Michael Trimble이 내린 신중하고 객관적인 결론은, 종교적 경험이 비지배적인 반구, 특히 우반구(두정엽 구역)의 후방에 더 밀접하게 연결되어 있다는 증거가 더디게나마 계속 축적되고 있다는 것이다. 나는 이와 관련된 다른 구역으로 좌측 전두엽을 언급하고 싶다. 구체적으로 말하자면, 이 부위는 언어와 연속적 분석이 행해지는 무대인 좌반구 후방을 금지하는 힘이 있기 때문이다.

▐ 결론

두뇌의 기능에 관한 글은 엄청나게 많이 나와 있고, 그 수는 매일같이 기하급수적으로 늘어나고 있다. 사안의 성격상 이 장에서 그 문제를 전부 다 검토했다고는, 그렇다는 척조차 할 수 없다. 그런 검토를 하는 데만도 전문가 팀을 꾸려서, 이 책의 몇 배가 되는 방대한 분량의 책을 써야 할 것이다. 다만, 이 장은 반구들 간의 차이를 집중 조명하는 데 그 목적이 있다. 이는 그런 차이가 일관된 증거를 제공하기 때문이며, 특히 "우반구가 삶에 약간의 색채를 더해 주기는 해도 진지한 일을 하는 것은 좌반구"라고 하는 뿌리 깊은 편견을 뒤집기 위한 것이다. 언어와 연속적 분석이 관련된 명시적인 조작을 예외로 한다면(엄청나게 중요한 문제이기는 하지만), 좌반구는 지배적 반구가 아니다.

다음 장에서는 언어와 분석을 주제로 삼으려 한다. 내가 말하려고 노력해 온 것은, 우리가 우반구에 얼마나 의존하고 있는지 그 엄청난 범위를 조금이라도 느끼게 해 주기 위해서였다. 우반구를 침묵의 반구라고 보는 견해와 그 증거는 완벽하게 상반된다. 우리는 효용과 기능에 집중하는 데 너무나 익숙해져 있어서, 우반구에 손상이 생기면 우리가 세계와 관계 맺는 방식이 완전히 달라질 수 있고, 또 우리의 존재 양상이 근본적으로 달라질 수 있다는 사실을 최근까지도 간과해 왔다. 그래서 좌반구를 덜 중시하는 것처럼 보일 위험을 무릅쓰고서더라도, 공간 지각 능력만이 아니라 언어 능력의 최고 수준에서도 우반구의 역할이 더 크다는 증거가 있음을 지적해야 한다. 그 다음에는 각 전공 분야의 최고 지성들이 담당할 문제로 넘어갈 것이다.

궁극적으로는 좌반구가 '무엇what'의 반구라고 한다면, 경험과 감정과 표현상 어감의 상대적 측면과 맥락에 몰두하는 반구인 우반구는 '어떻게how'의 반구라 불릴 수 있다. 이것이 좌반구의 행동을 드러내는 데 집중해 온 기존의 신경과학이 왜 두뇌가 각 반구에서 어떤 일을 어떤 식으로 하는지가 아니라, 어느 반구에서 무엇을 하는지에 그토록 집중해 왔는지를 설명해 줄 것이다. 그 결과, 신경과학이 그토록 이해하려고 애써 온 일의 의미를 놓쳐 버렸다.

우반구와 좌반구 간의 본질적 차이는, 우반구가 타자들에게, 우리와 별개로 존재하지만 우리와 깊은 관계를 맺고 있다고 보는 모든 것에 관심을 보이는 데 있다. 우반구는 이 타자와 함께 존재하는 관계, 사이betweenness에 깊이 끌리며 그것으로써 생명을 얻는다. 이와 달리, 좌반구는 자기가 만들어 낸 가상 세계에 관심을 보인다. 그 세계는 일관성이 있지만 자족적이고, 궁극적으로는 타자로부터 단절되어, 좌반구 자체를 강력하게는 만들어 주지만 그 자체를 조작하거나 아는 일만 할 수 있다.

그러나 내가 처음 시작할 때 강조했듯이, 두 반구 모두 두뇌의 거의 모든 '기능'에 어느 정도는 참여하며, 실제로는 둘 다 항상 참여하고 있다. 모든 인간이 좌반구에 발작을 겪는다면 좋을 것 같다는 인상은 남기고 싶지 않다. 좌반구가 언어와 특히 체계적 사고에 행한 기여가 지극히 귀중하다는 사실은 인정해야 한다. 우리에게는 분할하려고 하고 부분을 보려고 하는 재능이 있는데, 그것은 엄청나게 중요하다. 그보다 더 중요한 것은, 그것을 초월하고자 하는, 전체를 보고자 하는 능력밖에 없을 것이다. 좌반구의 이런 재능이 바로 문명 그 자체와 모든 의미를 낳았다. 설사 우리가 그것을 포기할 수 있다손 치더라도 그것은 바보짓이고, 우리를 무한히 빈곤하게 만들 것이다. 물론 포기할 수도 없다. 바로 그런 짓을 하라고, 명료성과 엄밀성을(어쨌든 이런 것은 양쪽 반구 모두에 크게 의존한다.) 포기하라고 부추기는 유혹의 목소리가 분명히 있지만, 나는 그런 유혹에 맹렬하게 반대한다는 것을 강조하고 싶다. 우리에게는 섬세한 구별을 할 능력과, 이성을 적절하게 사용할 능력이 모두 필요하다. 다만 이런 능력이 뭔가 다른 것을 위해 발휘되어야 한다. 그 대상을 제공하는 것은 우반구뿐이다. 그 능력만 있다면 파괴적이다. 그 능력이 자기를 만들어 내는 데 기여한 문명을 상실하는 쪽으로 지금 당장 우리를 유도할지도 모른다.

The Divided Brain and
the Making of the Western World

03

언어, 진리, 음악

지금까지 나는 좌우반구라는 주제와 관련하여 측정과 규정이 가능한 부분적 과제와 기능들에 집중하는 방식으로 일부러 현대 신경심리학의 연구 내용을 답습했다. 우선은 그렇게 해야 두뇌에 관한 정보를 얻을 수 있고, 또 우리가 그러한 사고방식에 익숙하기 때문이다. 이제 나는 이 재료들을 다른 관점에서 보려고 한다. 나는 그것들을 한데 끌어모아, 반구 간의 차이는 별 중요성이 없는 신경심리학적 사실의 무더기나 단순한 호기심의 대상이 아니라, 실제로는 각자 일관성 있지만 양립 불가능한 두 세계의 면모라고 주장하려 한다.

그렇게 되면 우리에게 왜 언어가 있는지를 탐구하는 쪽으로 자연스럽게 나아가게 된다. 소통을 위해서인가, 생각하기 위해서인가? 그도 아니라면 대체 무엇을 위해 언어가 있는가? 여기서 음악의 역할은 무엇인가? 이런 물음에 답하다 보면 좌반구와 우반구의 비대칭적 확장에 숨겨진 의미를 찾을 수 있을까?

■ 새로운 것과 익숙한 것, 두 가지 종류의 지식

앞 장에서 우리는 골드버그와 코스타가 처음 발견한 뒤로 후속 연구들이 확증한 한 가지 중요한 사실을 살펴보았다. 그것은 음악이든 단어이든 실생활의 물건이든 상상적 구조물이든지 간에, 모든 종류의 새로운 경험에는 우반구가 개입한다는 것이다. 그러다가 그것이 익숙해지고 일상적인 것이 되는 순간, 우반구의 개입은 줄어들고 결국 그 정보는 좌반구만의 관심 분야로 전환된다.

지금까지 이것은 정보처리상의 전문화로 여겨졌다. 이 과정에서는 우반구가 우선적으로 '새 자극'을 처리하고, 일상적이거나 친숙한 것들은 좌반구가 처리한다. 그런데 다른 모델들처럼 여기에는 우리가 찾고자 하는 것(정보처리 기계)의 본성이 이미 전제되어 있다. 그렇다면 다른 모델을 쓰게 되면 어떤 내용을 발견하게 될까? 뭔가 다른 내용이 등장할까?

나는 세계에 대한 우리의 경험을 형성하는 데서 두뇌가 하는 역할을 좀 다르게 보는 방식을 제안하고 싶다. 이 방식을 적용하면 지식 자체의 본성에도 관심이 생길 것이다.

'안다know'는 말을 우리가 쓰는 방식은 적어도 두 가지 의미로 구분된다. 한 가지 의미에서 지식은 본질적으로 어떤 대상이나 사람, 따라서 뭔가 다른 것('육체의 지식carnal knowledge'이라는 말에 담긴 진실)과의 만남이다. 우리는 누군가를 경험한 적이 있다는 의미에서 누군가를 안다고 말한다. 즉, 그 사람을 다른 사람과 구별되는 개인으로 느낀 적이 있다는 것이다. 다른 사람이 "그녀는 어떤 사람인가?"라고 묻는다면, 우선 그녀를 몇 마디 말로(예를 들어 성질이 급하다든가, 생기 있다는 식의 묘사와, 이를 수식하는 '아주' '매우' 등의 형용사를 섞어 쓰는 방법으로) 설명하려고 애쓰겠지만, 얼마 안 가서 이런 일반적인 말이 실제 나의 느낌과 생각을 전달하는 데는 별 도움이 안 된다고 느낄 것이다. 그래서 그녀가 한 말이나 행동을 그대로 따라해 볼 수도 있고 또 사진을 보여 줄 수도 있다. 얼굴은 많은 것을 말해 주니까. 하지만 그래도 질문이 계속된다면, 이렇게 말할 수밖에 없다. "이봐요, 그녀를 알고 싶으면 직접 만나 봐요. 소개해 줄게요." 이는 그녀는 누군가에게 넘겨줄 수 있는 대상이 아니라는 뜻에서, 또 그 속에 나의 일부가 들어 있다는 의미에서 '내' 지식이다. 내가 그녀에 대해 아는 내용은, 그녀를 만난 것이 '나'라는 사실에서 나온다. 내가 아닌 다른 사람이 그녀를 만났다면, 내가 아는 것과는 다른 그녀의 측면이 드러나서 다른 모습으로 그녀를 알게 되었을지도 모른다. 하지만 사람들이 그녀를 저마다 다른 존재로 알게 된다면 그것도 좀 이상할 것이다. 그녀라는 대상에 마땅히 있어야 할 어떤 안정적인 기저의 실체가 없다는 뜻이 될 테니까. 그래서 우리는 그녀를 아는 사람들 사이에 동의가 형성될 것으로 기대한다. 우리가 생명체에 대해 이야기할 때 제일 먼저 떠올리는 종류의 지식은 이런 것이다.

앞 장의 결론을 따라가자면, 나는 독자들이 이런 요점들을 통해서 뭔가를 발견해 내기를 바란다. 어떤 측면은 눈에 익다. 그것은 우리가 살아 있는 것에 대한 지식을 얻는 자연스러운 방식이다. 그것은 개인과 관계되고, 고유하다는 느낌을 준다. 그것은 '내 것', 사적인 것이며, 다른 사람에게 넘겨준다고 해서 달라지는 것이 아니다. 그것은 고정되거나 확실한 것도 아니다. 단어로도 쉽게 포착될 수 없다. 아무리 부분들(성질이 급하다, 생기 있다 등등)을 열거해도 전체가 포착되지 않는다. 다만 신체를 가진 인물(사진)과 관계가 있다. 그것은 일반명사에게 저항한다.

그것은 체험되어야 한다. 그 지식은 사이의 관계(만남)에 의존한다. 바로 이런 것들이 모두 우반구에 '의거한' 세계의 면모들이다.

이런 종류의 지식은 어떤 존재나 사물이 다른 존재나 사물과 전체로서 만나는 데서 만들어진다. 하지만 또 다른 종류의 지식도 있다. 그것은 조각들을 한데 모으는 데서 발생하는, 우리가 '사실fact'이라 부르는 지식이다. 그러나 이런 지식은 사람을 아는 데 큰 도움이 되지 않는다. "1964년 9월 16일에 태어났다", "키가 164센티미터이다", "빨강 머리다", "주근깨가 있다" 등등. 이런 묘사를 들으면 그 사람이 대강 어떤 사람인지 짐작할 수 있지만, 그 사람을 알 수는 없다. 경찰서의 인적 자료에 담긴 내용이나, 유명 인사를 다룬 잡지 기사도 마찬가지다. 그런 묘사는 마치 생명 없는 물체를 다루는 것 같다. 과학에서 허용되는 것은 그런 지식뿐이다. 그것은 지방의 기차 시간표, 트라팔가 해전 날짜 등 공공 영역에 속하는 지식을 다룬다. 이는 불변이다. 사람에 따라, 때에 따라 변하지 않는다. 그러므로 맥락과 무관하다. 하지만 그런 지식은 전체를 보여 주지 못한다. 다만, 전체의 조각들을 부분적으로 재구성한 그림만 보여 준다.

이런 지식도 나름의 용도는 있다. 이 지식의 가장 큰 장점은, 그것이 발견한 내용이 반복 가능하다는 데 있다. 그 성질은 이전에 개괄된 것들의 역순이며, 좌반구와 연결되어 있다. 생명이 없는 것과의 동질성, 정보 조각들, 일반적, 비개인적, 고정되고 확실하고 개입하지 않는 상태 등이 그것이다.

물론 하나의 대상에 대해 두 종류의 지식이 만들어질 수 있다. 내가 누군가에 대해 가진 지식은 그 사람의 나이, 키, 출생지 등의 정보로 구성될 수 있지만, 내가 그 사람을 안다는 말의 의미는 그것만이 아니다. 이런 앎knowing의 방식들이 워낙 다르기 때문에, 앎을 가리키는 단어도 나라마다 다르다. 첫 번째 종류의 지식, 즉 전체를 아는 지식은 라틴어로는 'cognoscere', 프랑스어로는 'connaitre', 독일어로는 'kennen'이다. 두 번째 종류, 즉 사실을 아는 지식은 라틴어에서는 'sapere', 프랑스에서는 'savoir', 독일어에서는 'wissen'이다. 여기서 내가 주장하고자 하는 바는, wissen이 때로는 사람과 생명체에게도 적용될 수 있듯이 kennen도 우리의 지인들 이외에 훨씬 더 많은 것들에 적용될 수 있다는 것이다. 이런 종류의 앎은 우리가 그저 생명체이든 비생명체이든 세계 속의 수많은 것들에 대한 정보를 축적하는 차원을 넘어 이해하도록 도와줄 것이다. 사실 과거에는 우리도 그렇게 해 왔지만, 그런 습관이 사라졌고 능력도 상실했다는 분명한 증거가 있다.

비록 생명체는 아니지만 wissen보다 kennen의 방식으로 알아야 할 것 같은 실체가 바로 음악이다. 음악에 접근하는 것은 살아 있는 개인과 관계를 맺는 것과 비슷하다. 음악을 이해하는 방식은 한 사람을 알아 가는 것과 비슷하다고 주장하는 연구도 있다. 실제로 우리는 음악에 연령, 성별, 개성, 감정 같은 인간적 성질을 마음대로 갖다 붙인다. 공감이 가능하다는 음악적 경험의 본성은 그것이 단어로 표현될 수 있는 개념이나 관념보다는 한 인간을 만나는 것과 더 많은 공통점이 있음을 의미한다. 여기서 음악이 감정적 의미를 상징화하지 않는다는 사실을 깨달을 필요가 있다. 만약 그렇다면 그것은 해석의 대상이 된다. 하지만 음악은 감정적 의미를 은유화하여 무의식적인 마음속에 곧장 전달한다. 마찬가지로 그것은 인간적 성질을 상징화하지도 않는다. 음악은 그런 성질을 곧장 전달하므로, 마치 사람을 만날 때처럼 우리에게 영향을 미치고 우리는 그것에 반응한다. 즉, 음악 한 곡을 안다는 것은 다른 예술 작품을 아는knowing 것처럼 kennenlernen의 문제이다. 우반구를 통해 우리에게 다가오는 그런 살아 있는 창조물은 본질적으로 인간적인 것으로 간주된다. 이 책의 앞부분에서 나는 음악이나 시, 그림, 위대한 건축물 등 예술 작품들을 이해하려면, 그것을 텍스트나 사물이나 개념 같은 것이 아니라 인간처럼 파악해야 한다고 주장했다. 이런 생각은 오래된 것이다. 아리스토텔레스 같은 사람도 비극을 유기체에게 비유했다.

골드버그와 코스타가 밝힌 것도 그저 새로움과 익숙함에 관한 어떤 사실이 아니라, 두 반구 속에 있는 인식 방법 전체에 관한 내용이다. 뭔가를 kennen의 의미로 안다는 것은 wissen의 의미에서는 결코 완전한 지식이 아니다. 그것은 계속 변화하고, 진화하고, 그 자체 속에 있던 또 다른 면모를 드러낼 테니 말이다. 이런 의미에서 그것은 우리가 선택한 것에 속한다는 의미에서 친숙해지고, 우리와 가까운 관계가 되고 가족이 되기는 하지만, 그래도 항상 새롭다. 안다는 것(wissen의 의미에서)은 반복 가능하고 반복될 수 있도록 그것을 고정시키는 것이다. 그래서 좀 다른 의미로 익숙해지는 것, 일상적이고 진짜가 아니며, 삶의 불꽃을 결여한다는 의미다. 그런 연구들은 어떤 것에 대한 첫 인식은 그것이 여전히 새로운 동안에는 우반구로 인식된다는 사실을 보여 준다. 즉, 어떤 것을 알아 가는(kennenlernen의 의미에서) 과정에는 그렇다는 것이다. 그러다가 익숙한 것이 되는 순간, 그것은 좌반구의 영역으로 넘어간다. 그것은 이제 알려진gewusst 것, 확실한gewiss 것이 되었다는 의미인 것이다. 부분의 지식은 전체의 지식을 너무 빨리 따라잡는다.

융은 "모든 인지cognition는 재인지recognition와 닮았다"[1]고 말했다. 이는 인지한다wissen는 의미에서 우리가 무엇을 안다know는 것은, 우리가 이미 아는kennen 어떤 것을 다시 알erkennen 때뿐이라는 뜻이다. 그 과정에서 예전에는 직관적이고 숨어 있던 것이 명료해지고 익숙해진다. 나는 이것이 골드버그와 코스타가 신경학적 층위에서 설명한 것과 동일한 과정의 표현이라고 생각한다. 즉, 새것이 낡아지는 것이다. 니체는 여기서 더 나아가 문제의 핵심을 포착한다. "우리는 '앎erkennen(re-cognition)'을 통해 우리가 어떤 것을 **이미 알고**wissen **있다**는 느낌을 갖게 된다. 따라서 앎이란 **새로움의 느낌과 싸우고 외견상 새로운 것을 오래된 것으로 바꾸는 일**을 의미한다."[2]

그레고리 베잇슨Gregory Bateson의 말처럼, 모든 지식은 구별의 지식일 수밖에 없고, 자아가 아닌 어떤 것의 지식이다.[3] 마찬가지로 모든 경험은 차이의 경험이라고 할 수도 있다. 감각적 층위에서 변화나 차이가 없다면, 우리는 뭔가를 경험하지 못한다. 우리의 감각신경은 금방 피로해지며, 냄새나 소리 같은 것에 금방 익숙해진다. 우리의 감각은 값들 **사이의** 차이, 절대적 값이 아니라 상대적 값에 반응한다.

지식이 구별에서 나온다는 이 사실은, 사물의 본성은 오로지 우리가 이미 알고 있는 다른 것과의 비교를 통해서만, 그리고 그 유사점과 차이점을 관찰함으로써만 이해할 수 있다는 뜻이다. 그러나 모든 것의 본성은 미세하게라도 바뀌게 마련이고, 그 맥락이 바뀌면 더더욱 그럴 수밖에 없다. 축구 시합 관람 내기에 나가는 것과 교회에 나가는 것을 비교할 때 드러나는 우리 경험의 측면은 각각 다를 수밖에 없다. 따라서 우리가 뭔가를 이해하고자 선택하는 모델이 우리가 발견할 내용을 결정한다. 이처럼 우리가 이해하는 것이 우리가 선택하는 은유의 결과라면, 그 은유가 원인이라는 말도 참이다. 그 은유에 대한 이해는 우리가 그것을 이해하는 수단인 은유를 선택하도록 유도한다. 선택된 은유는 그 관계의 원인이자 결과이다. 따라서 우리가 나 자신 및 자신과 세계와의 관계를 어떻게 생각하는지는 우리가 무의식적으로 자신에 대해 말하면서 사용하는 은유에 이미 드러난다. 이 선택은 주제에 대한 우리의 부분적인 견해를 더욱 견고하게 한다. 모순되지만, 우리는 우리 자신을 포함하는 뭔가를 채 이해하기도 전에 그에 합당한 은유 모델을 선택할 정도로 선先이해를 강요당하는 것 같다.

당연한 얘기지만, 순수하게 기계적인 우주를 가정하고 그 기계를 모델로 선택하면 신체와 두뇌를 기계로 보는 견해를 갖게 된다. 손에 망치를 든 사람의 눈에는 모든 것이 못처럼 보이게 마련이다. 하지만 우리는 오직 우리가 아는 것을 근거로만 사물을 알 수 있기 때문에, 모든 '설명' 은 아무리 그럴듯하더라도 모델일 뿐이다. 내가 누군가의 행동을 모방할 때 두뇌 속에서 무슨 일이 일어나는지를 알고자 뇌 속을 정밀촬영하면, 그 촬영 결과 어떤 내용이 나온다고 해도(가령 우측 전두엽에 대사가 증가했음을 알려 주는 열점이 보인다고 해도), 우리가 알 수 있는 것은 나의 경험과 그 영상 사이에 모종의 상호 관련이 있다는 것뿐이다. 하지만 그런 상호 연관의 본성은 여전히 분명하지 않다. 왜냐하면 그것이 인간 신체라는 고유한 실체 속에서 예시되고 있기 때문이다. 다른 살아 있는 신체 외에 그것과 비교해 보고 그것을 관리할 수 있는 것이 없으므로 우리는 더 나아갈 수가 없다. 물론 신체를 기계와 비교할 수도 있지만, 그들 간의 유사성은 모든 면에서 빈약할 수밖에 없다. 기능과 메커니즘을 거론하다 보면 바로 이 정원의 오솔길로 오게 된다. 기계 모델은 좌반구가 좋아하는 유일한 모델이다. 이 모델은 도구와 기계를 다루는 데 전문화되어 있다. 기계는 좌반구가 조각들을 짜 맞춰 만든 것이므로 순수하게 그 부분들의 관점에서만 이해할 수 있다. 기계는 생명이 없으므로 이 부분들은 불활성이다. 올록볼록한 활자는 맥락에 따라 본성이 변하지 않는다.

나는 어떤 '기능들' 이, 즉 '기계처럼 생긴 반구들 가운데 어떤 것이 작동하는가?' 라는 물음에서 한 걸음 물러나서, 좌우반구가 각기 어떤 성향이나 입장을 갖는지 알아보려고 한다. 이는 두뇌의 좌우반구가 우리 정신생활의 일부를 공유한다는 주장이다. 이것이 이상한가? 좌우 반구가 오로지 기계처럼 계산만 할 뿐이라고 가정하는 것보다 더 이상한가? 의식이 서로 복잡하게 연결된 신경 활동의 결과라면, 자체적으로 상호 연관된 신경 덩어리 중 가장 크고 조밀한 두 반구가 정상적 의식의 특징을 공유한다는 것이 오히려 당연하지 않을까? 실제로 분할뇌 환자에 관한 연구는, 분리된 반구들이 각기 다른 개성과 취향, 선호성을 갖는다는 사실을 보여 준다. 무의식은 우반구와 동일하지는 않더라도 분명히 가장 강하게 결합되어 있다. 그 범위 안에서 우리는 분리된 반구가 별개의 개성과 가치를 갖는다고 예상할 수 있다. 프로이트가 썼듯이, 무의식은 "그 자체가 원하는 충동과 표현 양식 및 다른 어디에서도 발현되지 않은 특정한 정신적 메커니즘을 가진 마음의 특정한 영역"이다.

이것은 그저 한 가지 다른 보기일 뿐이므로, 보기라는 것이 다들 그렇듯이 동일시가 아니라 비교로 받아들여야 한다. 이 보기에서 우리가 기대할 수 있는 것은, 기존의 인지론자들의 설명에서 뭔가 다른 것을 발견할 수 있으리라는 예감 정도이다. 두뇌 반구에 다른 모델을 적용하면, 즉 기계 모델이 아니라 인간 모델을 적용하면 각 반구는 우리가 아는 것과는 다소 다른 특징들을 드러낼 것이고, 이 특징들은 각 반구를 부분의 집적물이 아니라 하나의 전체로 느끼게 해 줄 것이다.

■ 언어가 반구에 대해 말해 주는 것

세계에 대한 우리의 생각 및 지식은 좋든 싫든지 간에 대체로 언어를 통해 중개되므로, 반구의 특성을 말할 때 언어의 본성 및 언어와 반구의 관계에 대해 더 자세히 살펴볼 필요가 있다. 언어는 분명히 반구 간의 차이에 대해, 각 반구가 전체 세계와 맺는 관계에 대해, 또 좌우반구가 서로 어떻게 연결되는지에 대해 많은 이야기를 해 줄 것이다. 세계를 해석하는 한 가지 버전이자 경험 유형으로서, 언어는 물리적 세계와 추상적 세계, 무의식과 의식, 묵시적인 것과 명시적인 것 사이에 다리를 놓아 주기 때문이다.

언어는 두 반구의 영토이며, 다른 것들처럼 좌우반구에서 각기 다른 의미를 가진다. 좌우반구는 언어를 다르게 사용하며, 각 반구가 활용하는 방법에 따라 언어의 다른 측면들이 부각된다.

여기서 두뇌의 구조로 돌아가서, 언어가 자리했다고 알려진 좌측 두정엽 부분에서 보이는 그 이상한 비대칭성을 다시 한 번 살펴보자. 그 비대칭성이 언어와 관계가 있다는 것은 너무도 당연한 일이 아닐까?

좌측 두정엽에서 목격되는 좌반구의 확장이 언어 기능과 결합되어 있는 것은 사실이지만, 그런 확장의 필요성을 부추긴 것이 언어라고 보기는 어렵다. 우선, 원시시대 인간들의 화석을 보면 인류학자들이 언어가 발달했으리라고 추정하는 시기보다 훨씬 전부터 이런 유의 전형적인 두뇌 비대칭성이 나타난다. 더 놀라운 것은, 일부 몸집이 큰 유인원과 분명 언어가 없다고 알려진 개코원숭이 같은 다른 영장류들도 좌반구 부위가 확장되어 있으며, 인간의 두뇌와 비슷한 비대칭성을 보인다는 점이다. 인간의 경우에 언어와 연관된 측두평면이 확실히 우측보다 좌측이 더 큰데, 이는 오랑우탕이나 고릴라, 침팬지도 마찬가지다. 즉, 〔누가 아래쪽에서 두뇌를 시계 방향으로 세계 비튼 것처럼 보이는 좌우반구의 비대칭성인〕야코블레프 토크는 인간 화석만이 아니라 대형 유인원에게도 있다.

우리는 이제 우리의 두뇌 기능에 대해 더 많이 알게 되었으므로, 언어가 한쪽 반구에 의해서만 움직인다는 주장이 참이 아니라는 걸 안다. 언어 기능은 두 반구에 걸쳐 분포되어 있다. 언어의 실제 내용인 구문과 어휘의 대부분이 거의 모든 사람에게서 좌반구에만 수용되어 있다는 것은 참이지만, 어떤 맥락 속에서 전체 구절이나 문장의 의미, 어조와 감정적 의미, 유머, 아이러니, 은유 등을 이해하는 언어의 고급 기능을 도와주는 것은 우반구이다. 이를테면 그림에 색칠을 하는 것은 우반구이지만, 물감 통은 좌반구가 갖고 있는 격이다. 따라서 좌반구에 발작이 일어나면, 우반구는 그림 재료를 잃는다. 좌반구가 '지배자'라는 오래된 견해는 그렇게 하여 성립되었다. 좌반구가 없으면 아무런 그림도, 일관된 발언도 나올 수 없다. 하지만 그렇다고 해서 언어가 한 장소에 묶여 있어야 하며, 이를 위해 좌반구가 확장되었다는 주장은 참이 아니다.

그렇다면 우리 두뇌 속 좌반구의 확장은 어찌된 일일까? 먼저, 우리 대부분이 오른손잡이라서 빚어진 결과라는 주장이 제기되었다. 하지만 이 주장은 더 근본적인 의문만 품게 했다. 왜 오른손잡이가 발달했을까? 흔히 도구를 만드는 동물로서 인간에게는 도구를 만드는 추가적인 기술이 필요했고, 그러다 보니 오른손과 왼손이 전문화되었다고 가정한다. 하지만 왜 그런 기술이 한쪽 손에만 있는 편이 더 나은지가 분명하지 않다. 상식적으로, 양손을 똑같이 쓸 수 있다면 더 낫지 않을까? 한쪽 손을 발달시키기 위해 다른 쪽 손의 기술 획득을 희생시켜야 하는 것도 아닌데 말이다. 다만, 인간의 진화 과정에서 손을 쓰는 것이든 물건을 만드는 것이든 오른손에 대한 강한 선호가 있었다는 것은 사실이다. 오른손은 두뇌 왼쪽의 규제를 받는다. 이 왼쪽 부위는 사물의 이름과 그것들을 조합하는 방식을 다루는 구문 및 어휘의 표현력을 노와주는 좌반구 부위인 브로카 영역과 근접해 있다.

인간만 그런 것이 아니다. 고등 유인원을 다시 살펴보면, 일부 유인원도 오른손으로 쥐는 것을 더 좋아하는 성향을 보인다. 비록 막대기나 돌멩이를 쓰기는 하지만, 그들은 인간과 같은 의미에서의 도구 제작자는 아니다. 따라서 일부 유인원에게서 보이는 두뇌 비대칭성이 도구 제작의 복잡한 기술을 수용할 공간이 필요했기 때문에 나타난 결과는 아닐 것이다. 물건을 쥐는 오른손은 반드시 뭔가 다른 것의 신호여야 한다.

참 이상한 일이긴 하지만, 두뇌의 비대칭성은 확장이 아닌 금지의 결과일 수 있다. 즉, 좌반구의 언어 기능에 상응하는 우반구 구역의 확장이 고의적으로 금지되었을 뿐이다. 또 그런 일을 하는 유전자가 무엇인지도 우리는 알고 있다. 이 사실을 발견한 연구자는 이렇게 말한다. "결국은 언어를 낳는 비대칭성이 언어 때문에 생겼을 것이라고 보지 않는 편이 안전하다. …… 그것은 뭔가 다른 이유 때문에 생겼을 것이고, 기본적으로 언어에 의해 선택된 것이다."[4]

두뇌 기능의 편중화와 그 구조의 비대칭성은 언어나 도구의 설계와 무관하게 발생했다. 그렇다고 해서 좌우반구의 비대칭성이 가속화된 뒤에도 그 비대칭성이 언어나 한손잡이와 무관하다는 말은 아니다. 관계가 있는 것은 분명하다. 내가 하려는 말은, 언어나 한손잡이 같은 것이 현상의 기원 혹은 현상을 발동시킨 요인은 아니라는 것이다. 언어나 한손잡이와 결부된 비대칭성은 다른 것의, 더 근본적이고 원시적인 어떤 것에 따라오는 부수적인 현상이다. 그게 무엇인가?

■ 언어의 기원

좌우반구의 비대칭성을 이해하려면, 먼저 한 걸음 물러서서 왜 우리가 언어를 가졌는지부터 고민해 봐야 한다. 언어가 없는 세상은 상상조차 안 되기 때문에, 언어는 우리가 언어 그 자체를 포함한 모든 것을 평가하는 매개이기 때문에, 처음에는 그것을 성찰의 중심에 놓기가 쉽지 않다. 도대체 언어란 어떤 물건인가? 그것이 속해 있는 구도는 어떤 성질의 것이며, 한손잡이와 언어 사이에는 어떤 공통점이 있는가?

명백한 점부터 살펴보면, 언어는 소통을 위해 발달했다고 여겨져 왔다. 하지만 이것도 생각만큼 그리 명백하지는 않다. 30~40만 년 혹은 그보다 더 오랜 옛날, 호모사피엔스와 호모네안데르탈렌시스의 공통 조상인 호모하이델베르겐시스Homo heidelbergensis는 현생인류에 맞먹을 만큼 큰 두뇌와 음성기관을 갖고 있었다. 그런 특징이 언제쯤부터 생겨났는지 확신할 수 없지만, 이르게는 50만 년 전쯤으로 추정된다.[5] 그러나 여러 가지 증거상 언어에 필요한 복잡한 상징 조작이 발달한 것은 이보다 훨씬 나중으로 보인다. 그 시점은 지금으로부터 4만 년 전까지 내려올 수도 있지만, 어쨌든 8만 년 전보다 더 올라가지는 않는다. 그때부터 인류의 문화적 도구와 시각적 표상의 증거가 갑자기 풍성하게 등장했으며, 죽은 사람들의 매장 제례를 치르기 시작했다. 인류는 큰 두뇌와 높은 지성에도 불구하고, 역사에 등장한 이래로 거의 대부분의 시간 동안 체계적인 언어 없이 살았던 것으로 보인다. 물론 그들은 우리가 생각하는 것처럼 문명화되지는 않았다. 하지만 그들은 사회적 동물이었고, 집단 속에서 생존하고 번식했다. 그런데 언어 없이 그들은 어떻게 소통을 했을까?

이 물음에 답하려면, 화석에 담긴 암호를 풀어야만 한다.

말을 하는 데는 어휘와 문법을 수용할 만한 충분한 두뇌 공간과, 발음에 필요한 구체적인 특징을 지닌 음성기관이 있어야 한다. 이런 기관이 없으면 음향을 폭넓게 조작하고 호흡을 고도로 통제하지 못해서, 긴 숨을 유지하며 억양과 구절을 섬세하게 조절할 수 없다. 알려져 있는 모든 언어를 말하는 데는 이러한 특질이 필요하다. 원숭이와 유인원에게 그토록 말을 가르치려 해도 안 되는 이유가, 그들에게는 이런 통제 수단이 없기 때문이다. 유일하게 새는 인간의 발언을 모방할 수 있는데, 우리의 가장 가까운 친척은 그렇게 할 수 없다. 새에게는 우리와 비슷한 음성기관인 목울대syrinx(본래 의미는 '피리')와 정교한 호흡 조절 능력이 있다.

인간의 이런 능력은 언제 개발되었을까? 인류 역사의 어느 시점에서 우리 선조들이 지금 우리가 가진 것과 같은 음성기관과 호흡법을 개발했는지는 알아낼 방도가 없다. 다만, 여러 가지 단서에 근거하여 엇비슷하게 추리해 볼 수는 있다. 말을 하려면 혀를 자유자재로 움직여야 하는데, 혀를 움직이는 신경인 설하신경舌下神經·hypoglossal nerve은 전방 관절융기관關節隆起管·condylar canal이라 불리는 두개골 밑부분의 구멍을 통과해야 한다. 신경이 수행해야 하는 업무의 양은 신경의 크기에 반영되고, 신경이 통과하는 구멍의 크기는 신경의 크기를 나타낸다. 그러므로 두개골 밑부분에 있는 구멍의 크기를 재면, 두개골 주인의 혀가 수행해야 하는 조절 업무가 어느 정도인지 거의 정확하게 알아낼 수 있다. 호흡을 통제하는 신경을 흉벽胸壁·chest wall 근육에 연결시키는 흉부척추관胸部脊椎管·thoracic vertebral canal에도 비슷한 생각을 적용해 볼 수 있다. 그리고 예상대로 호흡과 음성 조작과 관련된 유인원과 원숭이의 신경 구멍은 현대 인류의 것보다 훨씬 작았다. 하지만 여기서도 의문점이 생긴다. 인간의 언어능력과 두개골의 신경 구멍이 이처럼 밀접한 관계가 있다면, 왜 언어가 생기기 훨씬 전으로 추정되는 시대의 인류 해골에서도 그처럼 큰 구멍이 발견되는 것일까?

이와 관련하여 가장 가능성이 큰 대답은 대부분의 독자들에게 충격을 안겨 줄 것이다. 이를 받아들이려면 생각의 틀을 바꾸어야 한다. 우리가 생각하는 종류의 언어가 없는 상황에서는, 음향의 생산과 관련한 복잡한 통제와 모듈레이션이 억양과 표현은 있지만 실제 단어는 없는 비언어적 형태일 수밖에 없다. 그것이 음악이 아니고 무엇이겠는가?

실제로 언어와 음악 사이에는 중요한 유사점들이 있는데, 이는 최소한 둘의 기원이 같다는 것이다. 가령 언어의 미묘한 면모들을 중재하는 우반구 구역은, 음악의 수행과 체험도 똑같이 중재한다. 나아가, 이런 우반구 구역은 언어 생산 및 이해와 관련된 좌반구 영역의 동위물同位物·homoloaue이다. 즉, 두뇌의 다른 쪽 같은 위치에 있는 부위인 것이다. 음악과 언어는 같은 구조에 둘 다 똑같이 억양이 있는 프레이즈phrase〔언어는 '구절', 음악은 '악구'〕를 재료로 만들어지며, 일종의 구문構文으로 연결된다. 물론 음악의 구문은 일선적一線的 형태로 급속히 이어지는 요소들의 특정한 관계보다는, 몇 분(바그너의 경우에는 몇 시간) 동안 펼쳐지는 전체 작품의 형태와 더 큰 관련이 있다. 음악과 발언에서 프레이즈는 구조와 기능의 기본 단위다. 말하기의 프레이즈와 음악의 프레이즈는 모두 멜로디와 리듬을 갖는데, 이것이 표현력을 결정한다. 음악과 언어 사이에는 밀접한 의미론적 관계도 있다. 음악적 프레이즈는 필요하다면 특정한 단어와 직관적으로 결부되는 특정한 의미를 전달한다.

그러나 언어의 기원을 이해하는 문제로 오면 합의되는 사항이 적어지며, 세 가지 방향으로 생각이 진행된다. 먼저, 음악은 언어 발달 과정에서 나온 쓸모없는 파생물 혹은 부수적 현상이라고 믿는 입장이 있다. 이와 반대로, 언어 그 자체가 음악적 소통(일종의 노래)에서 발달되어 나왔다고 하는 입장도 있다. 마지막으로 음악과 언어는 독립적으로 발달했지만, '뮤지랭귀지musilanguage'라는 별명으로 불리는 같은 조상에게서 나란히 발달해 나왔다고 보는 입장이 있다.[6] 그러나 이 마지막 입장은 음악이 먼저 발달했다고 보는 입장과 구별하기 힘들다. 왜냐하면 뮤지랭귀지가 그다지 복잡한 음악은 아닐지 몰라도, 참조적인 언어보다는 분명히 음악과 더 닮았을 것이기 때문이다. 또 그것이 어떤 의미로든 언어가 되려면 박자, 억양, 크기, 리듬, 프레이즈 구분 등 우리가 언어의 음악적 측면이라 여기는 것들(비언어적 측면)에 의존했어야 한다. 뮤지랭귀지라는 개념의 존재 자체는 언어의 의미에 그 음악적 측면이 얼마나 기여하는지를 가리킨다. 즉, 음악적 측면들 자체가 의미가 소통되는 데 필요한 기반을 제공할 수 있다는 뜻이다.

이처럼 화석 증거에 따르면, 노래하는 데 필요한 음성과 호흡의 관리법은 언어의 경우보다 훨씬 전에 출현했다. 이 밖에 음악이 언어보다 먼저 생겼다는 견해를 뒷받침하는 증거는 또 있다.

■ 언어와 음악, 무엇이 먼저 생겼는가?

이 문제를 풀어 줄 힌트는 있다. 우선, 음악의 구문은 언어의 구문보다 더 단순하고 진화가 덜 된 상태인데, 이는 음악이 더 이른 시기에 발생했음을 시사한다. 더 중요한 것으로는, 아이들에게서 언어가 발달하는 과정을 살펴보면 언어의 음악적 측면이 먼저 출현한다는 사실이 확인된다. 억양, 프레이즈 구분, 리듬이 먼저 발달하는 것이다. 구문과 어휘는 나중에야 출현한다.

갓 태어난 아기들도 언어의 리듬에는 민감한 반응을 보인다. 신생아들은 운율, 즉 말의 음악성을 강조하는 '애기말baby talk'을 더 좋아한다. 엄마들은 아기가 태어나는 순간부터 언어의 박자 진폭을 넓히고 반복되는 말을 쓰며, 말의 전반적인 음정을 높이고 속도를 늦추며 리듬을 강조한다. 신생아들은 음성의 음색과 억양을 식별하여 엄마의 음성을 더 좋아하고, 모국어의 고유한 억양까지 구별할 수 있어 다른 언어보다 모국어를 더 선호한다. 그러나 한 언어 혹은 개별 화자話者의 특징적인 굴곡을 식별하는 능력이 있다고 해서, 아기들이 언어능력을 타고났다고 보기는 어렵다. 이런 능력은 좌반구가 담당하는 언어의 분석적 처리 과정과는 무관하며, 보편적 양식에 담긴 특징을 세밀하게 식별하는 능력을 지닌 우반구의 정보 처리법에 의존한다. 실제로 다른 영장류들도 같은 방식으로 개별 음성을 식별해 낸다.

신생아들이 보이는 이런 반응은 발언의 비언어적·음악적 측면을 담당하는 두뇌 구역의 활성화와 더 많이 관련돼 있다. "개체個體발생은 계통系統발생을 반복한다ontogeny recapitulates phylogeny" 〔에른스트 헤켈Ernst Haeckel(1866)〕, 즉 한 동물 종의 개별자들의 발달 과정은 그 종 전체가 밟아 온 발전 과정과 비슷하다는 원칙이 참인 한, 음악은 언어 이전에 출현했다고 볼 수 있다. 잘로몬 헨쉔Salomon Henschen의 연구에서도 같은 결과가 나왔다. "음악적 능력은 계통발생적으로 언어보다 더 오래되었다. 동물 가운데도 음악적 재능이 있는 것이 있다. 새는 매우 뛰어난 음악 능력을 갖고 있다. 개체발생적으로 보더라도, 음악이 언어보다 더 오래되었다. 아이들은 말을 배우기 전에 노래를 먼저 배운다."[7]

궁극적으로 음악은 우리가 하는 소통 중에서도 가장 근본적인 형태인 감정의 소통법이며, 계통발생에서나 개체발생에서 먼저 출현했다. 신경학적 연구에 따르면, 음악에 대한 사랑은 우리의 포유류적 두뇌가 지닌 감정적 음향을 전달하고 수용하는 기본적 능력, 곧 신체가 감정적 표현에 잠겼을 때 직관적으로 등장하는 율동적인 동작과 운율을 반영한다. "음악은 음성 억양을 통해 유효한 감정적 소통을 하게 해 주는 우반구의 운율 메커니즘 위에 구축되었다."[8] 짐작컨대, 이 메커니즘은 집단 생존에 지극히 중요한 요소였을 것이며, 그 뿌리도 깊을 것이다. 유명한 인류학자 로빈 던바Robin Dunbar는 이렇게 말한다. "음악이 깊은 감정적인 동요를 일으키는 것으로 보아, 나는 음악이 매우 오래전에 시

작되었으리라고 짐작한다. 언어가 발전하기 한참 전에 말이다." [9]

이 결론이 모든 이에게 환영받은 것은 아니다. 그 이유는 여러 가지인데, 발생학자들의 시각에 한정하여 보면 특히 한 가지가 두드러진다. 즉, 음악이 언어보다 먼저 발생했다면 그것이 진화적으로 더 유리하다는 것을 입증해야 한다는 것이다. 언어는 언어 사용자에게 막대한 힘을 부여하고 이점을 안겨 주지만, 음악은 어떤 이점을 주는가? 음악이 언어처럼 상대방에게 한 방 먹일 수 있는 것도 아니고, 유전자를 퍼뜨리는 데 기여할 것 같지도 않은데 말이다. 그래서 음악은 언어의 무의미한 '굴절적응exaptation'으로 여겨져 왔다. 원래는 다른 분야의 경쟁적 이점을 위해 개발된 기술이 아주 다른 목적으로 응용되었다는 것이다. 이 설명에 따르면, 음악은 경쟁적인 성격이 더 뚜렷한 일, 즉 언어로부터 파생된 비정규적인 일탈이다. 스티븐 핑커Steven Pinker는 확실히 언어와 음악의 관계를 이런 식으로 보며, 심지어 음악이 포르노나 살찌는 음식을 좋아하는 취향처럼 무의미하고 자기만족적인 것이라고 주장한다. [10] 하지만 음악이 언어의 굴절적응이라는 주장을 지지하는 증거는 없어도, 그 반대의 증거는 많다. 언어가 음악보다 나중에 진화했다면, 언어는 음악에서 진화해 나왔다는 증거 말이다. 어쨌거나 여기서도 진화의 문제는 여전히 남는다.

이 문제로 고민하는 이들은 생물학자들만이 아니다. 오늘날에는 음악을 무용지물까지는 아니더라도 주변적인 분야로 생각하는 경향이 있다. 인류의 선조들이 '노래하는 네안데르탈인'으로 불렸다는 말을 들으면 의외라는 표정을 지으며 말이다. 하지만 18세기의 루소Jean-Jacques Rousseau, 19세기의 훔볼트Karl Wilhelm Humboldt, 20세기의 예스페르센Jens Otto Harry Jespersen 등 여러 언어의 이론가들은 언어가 음악에서 발전해 나왔을 가능성이 크다고 생각했다. 따라서 21세기에 나온 미슨

Steven Mithen 같은 사람의 이론이 뜬금없이 형성된 것은 아니다.

사실 음악 같은 비언어적 수단을 소통에 사용할 수 있다는 것은 그다지 놀랄 일이 아니다. 정말로 놀랄 일은, 오늘날 서양인들이 음악을 보는 방식이다. 이제 우리는 음악이 공동체의 삶에서 한때 차지했고 지금도 세계의 거의 모든 지역에서 차지하고 있는 중심적 위치의 느낌을 잃어버렸다. 이 세계 어디를 가도 음악이 없거나 사람들이 한데 모여 춤추고 노래하지 않는 문화란 없다는 것이 확실한데도, 우리는 음악을 삶의 한 켠으로 치워 버렸다. 오늘날 서양인들처럼 음악을 개인적인 문제로, 고독한 경험으로 생각하는 현상은 세계 역사상 드문 일이다. 전통적인 구조가 더 많이 남아 있는 사회에서는 축하 행사나 종교 축제뿐만 아니라, 일상의 작업과 오락에서도 음악 연주가 중심적이고 통합적인 역할을 한다. 그것은 그저 수동적으로 듣기만 하는 것이 아니라 함께 실행하는 경험이다. 음악 연주는 사람들을 한데 묶어 그들의 공유된 인간성과 감정 및 경험을 인식하게 한다. 그런데 우리 서구 세계에서는 경쟁과 전문화로 음악이 여러 조각으로 분할되고, 삶의 핵심에서 격리되어 어딘가 갇힌 것이 되어 버렸다. 올리버 삭스Oliver Sacks는 다음과 같이 쓴다.

작곡가와 연주자가 특별한 집단으로 분리되어 있고 나머지는 수동적으로 듣는 위치로 축소된 오늘날에는, 음악의 주된 역할이 어느 정도 사라졌다. 오늘날에는 연주회나 교회, 음악제에 가야만 음악의 집단적 흥분이나 연대감을 재현할 수 있다. 그런 상황에서는 **신경 시스템이 실제로 연결되어 있는 것**같이 느껴진다. [11]

하지만 음악이 언어에서 나온 것이 아니라 음악에서 언어가 나왔다면, 이는 시가 산문 이전에 발달했다는, 그렇지 않으면 이해하기 힘든 역사적 사실을 이해하는 데 도움이 된다.[12] 처음에 산문은 'pezos logos'라고 알려졌는데, 이는 시를 '춤추는 로고스'라 부르는 것과 대비되는 '걸어가는 로고스, 보행자'라는 뜻이다. 사실 과거에 시는 모두 노래로 불려졌다. 그러므로 문학적 기술의 진화는 우반구의 음악(노래로 불린 단어)에서 우반구의 언어(은유적인 시 언어)로, 나아가 좌반구의 언어(참조적인 산문 언어)로 진행되었다.

음악은 십중팔구 언어의 조상일 것이며, 대체로 우반구에서 출현했다. 우반구는 타인들과의 소통 수단, 사회적 응집을 촉진하는 수단이 생기는 장소이다.

■ 언어 없는 소통

언어의, 무엇보다도 문자언어가 미치는 영향력이 우세하다는 사실 자체가 우리 문화에서 음악이 쇠퇴하는 데 기여했을지도 모른다. (뒤에서 나는 문자화된 언어문화가 좌반구를 '우세하고 경쟁적이며 전문화된 세계로 규정하는' 현상과 불가분의 관계임을 보여 주려고 한다.) 처음에는 음악의 일차적 중요성을 받아들이기 힘들 수도 있다. 지금까지 우리는 언어에 의존하고 언어로 결정되는 문화에 갇혀 살아온 탓에 다른 존재 방식을 상상하기 어렵다. 우리가 아는 '소통'은 언제나 말 속에 자리하고 있으므로, 말을 소통의 유일한 거처로 착각하는 것도 무리는 아니다. 그러나 우리는 의식하지 못하더라도, 또 대부분의 경우 계속하여 의식하지 말아야 할 사항은, 우리가 소통하는 메시지의 대부분은 언어 메시지가 아니라는 사실이다. 동물들은 언어 없이도 서로 잘 소통하고 협력하지 않는가?

어떤 동물은 보디랭귀지body language만이 아니라, 억양을 사용하는 일종의 뮤지랭귀지로 인간과 소통한다. 집에서 기르는 개를 보라. 개들은 냄새와 보디랭귀지로 더 많이 소통한다. 하지만 개들도 곧 인간과의 소통에서는 억양이 중요하다는 점을 깨달았다. 비록 음성 소통에 능한 개들이지만, 개들이 택할 수 있는 가능성은 제한되어 있다. 고대 인간들이 가졌던 것 같은 개념도, 음성이나 호흡기관도 없으니 말이다.

그래도 혹시 음악이 인류에게 그리고 유연하거나 광범위한 소통 수단은 아니라는 생각이 든다면, 인간을 제외하고 가장 영리한 축에 드는 보노보bonobo〔피그미침팬지〕, 수생동물인 고래와 돌고래, 복잡한 공격 솜씨를 발휘하는 범고래에 이르는 다양한 동물들의 폭넓은 사회생활이 오로지 '음악'이라고 할 수밖에 없는 것으로 조직된다는 사실을 기억하라. 그들의 '음악'은 음정, 억양, 속도로 소통하는 '언어'이다. 생각해 보라. 아직 언어를 배우지 않은 아이들도 그리 큰 어려움 없이 어른과 소통한다. 좌반구 발작으로 언어 기능을 거의 상실한 사람도 다양한 의도와 의미 및 감정을 전달하는 법을 배울 수 있다. 우리 사회 대부분의 사람들이 비언어적 소통 기술을 본능적으로, 직관적으로 배우는 환경에서 성장하지 못함에도 불구하고, 또 오로지 언어로써만 소통하도록 조직된 문화 속에서 살고 있음에도 불구하고, 이는 사실이다.

이에 대한 가장 놀라운 증거는, 지금도 아마존 분지에 살고 있는 피라하족the Piraha 같은 부족들의 소통 방식이다. 수렵채집 부족인 피라하족의 언어는 일종의 노래처럼 들리는데, 그들의 언어에는 복잡하고 다양한 어조와 강세 및 다양한 길이의 음절이 있어서 모음과 자음을 전혀 쓰지 않고도 노래와 허밍, 휘파람만으로 대화를 할 수 있다.

분명히 언어가 없었던 우리 영장류 선조들에게 보디랭귀지는 사회적 결속에 필수적인 역할을 했는데, 오랫동안 서로의 털을 빗어 주는 기간에는 특히 그랬다. 어떤 이론은 일종의 억양을 통한 본능적인 음악언어인 노래가 출현하게 된 것은, 인간의 사회적 집단이 너무 커져서 서로 빗질을 해 주는 방식으로 연대를 유지하기 어렵게 되었기 때문이라고 주장하기도 한다. 이 설명에서 음악은 먼 거리를 뛰어넘는 일종의 '빗질' 같은 역할을 했다. 신체 접촉이 필요 없으면서도 여전히 보디랭귀지 역할을 수행하는 것이 바로 음악인 것이다. 또 이 이론에 따르면, 참조적 언어는 여기에서 진화해 나온 후대의 형태이다. 지금도 인간 사이의 소통 가운데 90퍼센트 이상이 보디랭귀지와 특히 억양을 통한 비언어적 수단으로 이루어진다고 추산된다. 결국 소통은 사물에 **대해** 이야기하는 데 사용되는 종류의 언어만을 가리키지 않는다. 같은 소통이지만, 음악은 사물에 **대해** 이야기하지 않고 우리**에게** 이야기한다. 그것은 뭔가(제3자)를 언급하지 않고, '나와 그것I-it'이 아니라 '나와 너I-thou'의 존재를 갖는다.

사실 인류학적 증거가 아니더라도, 언어가 소통에 꼭 필요한 것이라는 전제를 의심할 근거는 또 있다. 더 직관적이고 음악적인 소통 형태와 달리, 언어는 의미를 드러내기보다는 숨기기에 더 알맞은 매개체라는 이유 때문만도 아니다. 우리가 지금 주로 언어를 통해 소통한다는 사실 때문에, 거의 모든 소통 유형에는 언어가 필요 없다는 중요한 사실에 눈을 감아서는 안 된다. 마음에 들든 들지 않든지 간에, 우리의 소통은 거의 모든 경우에 언어 없이도 이루어지며, 언어는 도리어 소통에 더 많은 문제를 일으킨다.

■ 언어 없는 사유

그렇다면 소통에 반드시 필요한 것은 아니더라도, 인간이 사유하는 존재가 되고, 개념을 구성하고 판단하고 결정하고 문제를 해결하는 등

고도의 기능을 처리하는 데에는 언어가 꼭 필요했을까? 글쎄, 꼭 그렇지는 않다. 사실은, 전혀 그렇지 않다. 언어 없이는 사유할 수 없다는 믿음은 내성적內省的〔內觀的〕 공정introspective process의 또 다른 오류이다. 이 공정 안에서 언어language에 **대해** 언어words로써 사유하는 것은 오직 언어적verbal 과정의 중요성을 확인하는 데 기여할 뿐이다.

사실 우리는 우리의 사유 과정을 의식적으로 성찰〔內省〕할 때 혹은 회고적으로 생각할 때, 또 무슨 일이 있었는지 마음의 작동을 구성해 볼 때, **그런 상황에서** 도출된 과제를 의식적으로 언어화한다. 그래야만 성찰하고 생각하고 구성할 수 있다. 하지만 마음은 그렇지 않다. 우리는 통상적으로 사유라는 말의 의미 내용을 구성하는 대부분의 정신적 과정을 의식적으로 아무 일도 하지 않고, 혹은 언어를 쓰지 않고 수행한다. 세계의 의미를 이해하고 범주와 개념을 형성하고 증거의 비중을 파악하고 평가하고 결정하고 문제를 해결하는 모든 일을 언어 없이, 그 과정을 의식적으로 깨닫지도 못한 채 수행하는 것이다.

실제로 이런 일은 그 과정을 너무 명시적으로 인식하지 않아야만 만족스럽게 달성될 수 있다. 그렇지 않으면 오히려 제약하고 금지하는 효과가 날 것이다. 유명한 과학적 과제도 언어의 개입 없이 해결된 사례가 많다. 케쿨레Friedrich August Kekule는 생각에 잠겨 있다가 화덕의 불꽃이 제 꼬리를 물고 있는 뱀 모양으로 피어오르자 거기서 벤젠 고리의 형태를 포착하여 유기화학의 토대를 세웠다. 푸앵카레Jules Henri Poincare는 '푹스 함수Fuchsian functions'를 반증하려고 15일 동안 골머리를 썩이던 중 블랙커피를 마시다가 갑자기 그것들이 실재한다는 것을 파악했다. "온갖 아이디어가 무리 지어 생겨났다. 나는 그것들이 각기 쌍으로 뒤엉켜 서로 부딪히는 것을 느꼈다." 이 방정식과 비非유클리드

기하학의 관계는 나중에, 그가 버스에 올라타려고 한 발을 올리는 순간 머릿속에 떠올랐다. 그때 그는 이와 전혀 상관없는 대화를 나누던 중이었다.("캉에서 돌아오는 길에, 양심을 걸고 말하는데, 나는 여가 시간에 그 결과를 검증했다.") 멘델레예프Dmitri Mendeleyev는 꿈을 꾸다가 원소주기율표의 구조를 터득했다. 아인슈타인Albert Einstein은 "내 생각의 메커니즘에서는 단어나 언어, 문자와 말이 모두 아무 역할도 하지 않는 것 같다."고 썼다.[13]

수학적 사고는 원칙적으로 우반구로 중재되지만, 3차원으로 이루어진다. 루돌프 아른하임Rudolf Arnheim은 처음 발표된 1969년이나 지금이나 똑같이 큰 영향력을 유지하고 있는 고전적 저술인 『시각적 사고 Visual Thinking』에서 다음과 같이 말했다. "우리가 인정해야 하는 것은, 지각적·회화적인 형태는 사유의 산물을 번역한 것일 뿐 아니라 사유의 피와 살 그 자체라는 점이다."[14] 그의 표현을 눈여겨보라. "사유의 피와 살 그 자체!" 이 점에 대해서는 나중에 언어와 신체를 논의할 때 더 이야기할 것이 있다. 어쨌거나 요점은 이것이다. 언어로 명시적으로 사유하는 시절이 우리에게 더 익숙하다는 이유로, 언어가 사유에 필수적이라고 믿도록 스스로를 속여서는 안 된다. 가령 상상의 혹은 혁신이나 직관적인 문제 해결, 영적인 사유, 예술적 창조성 등의 거의 모든 형태는 언어를, 아니면 적어도 기존에 사용되던 참조적 암호의 언어를 초월하라고 요구한다. 거의 모든 소통이 그렇듯이, 거의 모든 사유가 언어 없이 진행된다.

뿐만 아니라, 진화적 기준에서 볼 때 개념 형성을 포함하여 사유는 명백히 언어 이전에 이미 이루어졌다. 앞에서 이미 언급한 복잡한 언어를 사용하지 않는 영장류의 존재와는 별개로, 우리는 동물이 포식자로부터 스스로를 방어하고 식량을 찾아야 하는 여건에서 살아가려면 개념을 구성하고 사물을 범주화해야 한다는 것을 안다. 그런 능력이 없으면 친구이든 적이든, 식물이든 독이든지 간에, 새로운 대상을 만날 때마다 항상 처음부터 시작하지 않을 수 없을 것이고, 그렇게 해서는 오래 버티지 못한다. 이런 가정은 범주적 지각이 인간만의 것이 아니며, 따라서 언어에 의존하지도 않음을 보여 주려는 연구에서 입증되었다. 범주화 능력은 사실 만물 공통의 능력에 가깝다. 비둘기조차 잎사귀나 물고기, 사람들의 상이한 유형을 범주화할 수 있다. 그들은 심지어 군중 속에 있는 개인의 얼굴도 알아볼 수 있고, 인공물과 자연물을 구별할 수도 있다.

사실 비둘기는 만화도 범주화할 수 있고, 현대미술도 구별할 수 있음이 밝혀졌다. 즉, 마네와 피카소의 그림을 구별할 수 있다는 것이다.[15] 어떤 유형의 그림을 보고 그에 대한 반응으로 삼나무 씨앗이 있는 곳의 열쇠를 쪼도록 훈련받은 비둘기들은 그에 따라 올바르게 선택했고, 심지어 모네와 르누아르, 피카소와 브라크를 일반화할 수도 있었다. 이때 그림을 흑백으로도, 초점이 어긋난 흐릿한 상태로도 실험한 결과, 비둘기들의 식별 능력은 색깔이나 윤곽선 같은 1차원적 요인에 의거한 것도 아니었다. 또, 비둘기는 바흐와 힌데미트, 스트라빈스키의 음악도 구별했다.[16] 이뿐인가. 잉어는 블루스와 고전음악을 구별했다. 이처럼 동물들은 언어를 쓰지 않으면서도 정신적 표상을 구현하고, 일반화하고, 범주를 형성하고 추론하는 능력을 폭넓게 갖고 있다. 심지어 개는 단어와 행동과 사물 사이의 제멋대로인 것 같은 관계도 이해할 수 있다.

개념 형성은 사물이나 사건들 간의 관계를 보는 능력 및 신체적 움직임 같은 이면 종류의 기호로 개념들을 연결하는 능력과 함께, 현대 인류가 나타나기 오래전에 자연도태를 통해 발생했고, 이후 언어의 대체물로 성립했을 것이다. 지금까지 인간이 지닌 인지능력의 등록상표처럼 여겨져 온 사전 계획은 언어가 없는 새에게도 명백하게 존재한다. 정신 상태와 다른 것들을 결부시키는 능력으로, 복잡하고 다층적 사유의 암호나 마찬가지인 '마음 이론'은 언어를 잃어버린 인간들에게도 탈 없이 존재하며, 침팬지나 영장류들에게도 어느 정도 존재할지도 모른다. 따라서 '마음 이론'은 분명히 언어로 좌우되지 않는다.

사유가 언어에 의존하지 않는다는 것은 말하는 능력을 잃어버린 실어증 환자의 사례에서도 입증된다. 실어증에서 회복한 사람들은 자신들의 경험을 설명할 수 있는데, 몽펠리에 대학의 생리학 교수인 자크 로다Jacques Lordat는 실어증을 연구하던 한 남자의 실어증 경험담을 기록으로 남겼다. 1843년에 이 남자는 발작의 후유증으로 여러 주일간 몸소 체험한 실어증을 자세히 묘사한 논문을 발표했다. 여기서 로다는 다음과 같은 점을 지적했다.

> 말을 하고 싶었을 때 나는 필요한 표현을 찾을 수 없었다. …… 생각은 이미 마련되어 있었지만 그것을 표현할 매개 형태인 음향이 내 마음대로 되지 않는 것이다. …… 나는 사유에 언어기호가 필수불가결하다는 이론을 …… 받아들일 수 없게 되었다.[17]

개념을 형성하는 데 꼭 언어가 필요한 것은 아니라는 사실은, 영어와는 아주 다른 구조의 어휘를 가진 부족민들에 대한 연구로도 입증된다. 가령 숫자 개념은 언어 이전에 있었던 숫자를 나타내는 용어에 의존하지 않는다. 숫자 용어가 몇 개 안 되는 부족들(3 이상의 수를 나타내는 말이 없는 아마존의 문두루쿠Munduruku족 같은 부족)도 80 정도의 큰 수가 포함되는 산수 계산을 해냈다. 문두루쿠족은 부족어와 포르투갈어를 동시에 사용하는 주민과 문두루쿠어만 아는 주민들로 나뉘어져 있다. 그런데 이

두 집단 모두 3보다 더 큰 계산 문제를 잘 풀었고, 이는 어린아이든 어른이든 똑같았다.[18]

'순환적 무한'이라는 생각, 즉 무한히 숫자를 더해 나가면 계속 더 큰 수를 만들 수 있다는 생각은 기존의 기호 체계에서는 불가능하더라도 우리의 머릿속에서는 자연스럽게 떠오르는 것이다. 비록 촘스키 Avram Noam Chomsky와 그 동료들은 그것이 자연언어의 순환적 성질에서 도출된 이론이라고 주장했지만 말이다.[19] 파푸아뉴기니의 옥삽민 Oksapmin족은 계산할 때 보디랭귀지만 쓰는데, 화폐가 도입되자 생성적 계산 규칙에 금방 적응했다. 이로써 순환적 무한이라는 개념은 학습된 언어의 산물로서 문화적으로 주어진 것이 아니라 선천적인 것이라고 추정할 수 있으며, 이 점은 아이들이 숫자 개념을 터득하는 과정에 관한 연구로도 입증된다.

하지만 아무리 그렇다고 해도 우리의 경험을 구별하려면, 혹은 섬세하게 구별하려면 언어가 반드시 필요하지 않을까? 우리가 지각하는 것에 붙일 '표찰'이 없다면 경험을 어떻게 조직할 수 있겠는가? 그러나 이러한 주장 역시 결국은 참이 아니다. 가령 어떤 색깔을 나타내는 단어가 없다 하더라도, 그것을 인식하지 못한다는 것은 사실이 아니다. 퀘치Quechi 인디언 부족은 색깔을 나타나는 말이 다섯 개밖에 없어도 여느 서구인들만큼이나 색조의 음영을 잘 식별할 수 있다. 더 비근한 예를 들자면, 독일어에는 '분홍색'을 가리키는 용어가 없지만 독일인들은 분홍색을 잘 알아본다. 다만 언어가 지각에 영향을 줄 수는 있다. 언어가 우리가 색깔을 인지하는 방식에 구조를 덧씌울 수는 있다는 것이다.

이상의 내용을 정리해 보면, 언어는 범주화에, 추론에, 개념 형성에, 또 지각에도 필수적이지 않다. 그것 자체로는 우리가 존재하게 된 세계의 풍경을 가져오지 않는다. 언어가 하는 일은 우리가 세계를 조각내어 만든 국가들을 공고히 하고, 거기서 보는 실체들이 어떤 범주와 유형에 속하는지, 즉 우리가 그것을 어떻게 조각내는지를 규정함으로써 그 풍경을 형성하는 일이다.

그 과정에서 언어는 어떤 것들이 앞서 나가도록 도와주지만, 같은 이유에서 다른 것들이 뒤로 물러서게 만들기도 한다. 아동 발달 과정을 관찰해 보면 이 점이 확인된다.

> 우리의 개념은 우리가 사용하는 언어로 결정된다고 주장되어 왔다.('사피어-어워프 가설Sapir-Whorf hypothesis') 그러나 이 말은 절반도, 아니 그 4분의 1도 진실이 아니다. 아동이 개념을 먼저 터득하고 그것을 묘사하는 언어를 금방 배우는 것은 분명 흔히 있는 일이다. 하지만 이것은 사피어-어워프 가설에서 잘못 우회한 것이다. 뿐만 아니라 생후 5개월 된 아기가 강렬한 발작과 관련된 어떤 개념을 갖고 있다는 증거가 있는데, 이런 것은 아기의 모국어에 같은 개념이 없으면 곧 잃어버릴 개념이다.

'사피어-어워프 가설'은 부분적으로만 참이다. 즉, 적합한 용어가 없으면 그 개념을 잃어버릴 가능성이 크다는 부분은 참이다. 하지만 이 연구는 개념이 관련 용어 없이도 발생할 수 있고, 그러므로 언어에 의존하지 않는다는 것을 입증한다. 그러므로 사유는 언어에 앞선다. 언어가 사유에 기여하는 부분은, 세계를 보는 몇 가지 특정한 방식을 확정하고 그것에 안정성을 준다는 것이다. 여기에는 각기 장단점이 있다. 언어는 시공간에 걸친 참조의 일관성을 갖도록 도와주지만, 우리가 생각하는 주제와 방식에 제한적 힘을 행사할 수도 있다. 언어는 세계를 더 고정된 버전으로 제시한다. 그것은 우리 사유의 토대가 되는 것이 아니라 그것을 형성한다.

그렇다면 언어는 사유나 소통에 필수적이지 않고, 도리어 그것을 방해하거나 간섭할 수 있다. 여기서 원래의 물음으로 돌아오게 된다. 언어는 왜, 무엇 때문에 출현했는가?

그 힌트는 언어 이외에 인간의 특징을 규정하던 기존의 기준이 도구제작이라는 사실에, 또 그것이 오른손잡이의 발달과 연결된다는 사실에 있을지도 모른다. 흥미롭게도 이 두 가지는 의미론과 구문론을 담당하는 좌반구 구역과 같은 곳에 할당되어 있다. 하지만 설사 오른손잡이의 발달로 인해 '좌측 페탈리아'라는 파생물이 자라났다 치더라도, 그 과정이 왜 비대칭적이어야 하는가 하는 물음에 대한 답은 여전히 찾을 수 없다. 단지 두 반구의 의제가 매우 다르기 때문이라는 대답만 있을 뿐이다.

■ 언어와 손

좌반구에서 쥐기grasp를 담당하는 구역이 언어 구역과 가깝다는 것은 우연이 아니며, 이는 어떤 사실을 말해 준다. 손과 언어가 여러 가지로 관련돼 있다는 것을 우리는 경험으로 알고 있다. 가령 말하기 및 그와 함께 이루어지는 몸짓언어의 풍부함 사이에는 긴밀한 관계가 있다. 아무 문제 없는 일반인 실험 대상자들에게 손동작을 하지 못하게 하면 그 발언의 내용과 유창함이 저해된다. 라마찬드란은 팔 없이 태어난 한 젊은 여성을 관찰하여 보고했는데, 이 여성은 환각의 팔을 경험한다. 처음부터 팔이 없던 사람이 이런 환각을 경험한다는 사실 자체도 흥미롭다. 이 여성은 비록 걸을 때 환각의 팔을 흔들지는 못하겠지만, 말을 하는 동안 환각의 팔이 손동작을 한다고 느꼈다. 그녀는 한 번도 팔이나 손을 써 본 적이 없었지만, 말을 하는 것만으로도 두뇌에서 팔을 담당하는 구역이 활성화되는 것이다.[20]

신경생리학적 차원에서도 말을 하는 데 필요한 기술과 손을 움직이는 데, 특히 오른손을 움직이는 데 필요한 기술 사이에는 닮은 점이 있음이 밝혀졌다. 마르셀 킨스번에 따르면, 언어는 "오른쪽의 행동, 특히 오른편을 향하는 행동"과 관련하여 발달한다. 그는 이것이 "감각운동 기능을 확장하고 정교화하고 추상화한 것"으로, "오른쪽으로 향하는 동작과 같은 리듬에 따르며" 그 리듬에서 추진력을 얻는 발언에 의해 형성된 원原언어proto-language에 연원이 있다고 본다. 언어와 신체, 특히 오른손이 가리키고 쥐는 동작 사이의 긴밀한 연결을 확증이라도 하듯이, 아기와 어린아이들은 뭐라고 옹알대면서 무언가를 손으로 가리키는데, 아이는 "뭔가의 이름을 부를 때 항상 그것을 가리키고, 가리키지 않을 때는 이름을 붙이지 않는다. …… 옹알대는 소리와 함께, 방향 지시 반응의 후유증인 '연속적 운동motor sequence', 즉 이동 운동, 쥐기가 행해질 수 있다." 이런 연결은 아이들에게만 해당되지 않는다. 어른들에게도 언어와 몸짓과 몸 움직임은 "같은 과정의 상이한 실현 형태"이다.[21]

원시언어의 토대가 되었을 것으로 보이는 이러한 공간조작 능력manipulospatial abilities과 참조적 언어가 필요로 하는 신경 메커니즘은 비슷하다. 언어의 구문 요소는 동작에서 나올 수도 있다. 어쩌면 더 기능적이고 조작적인 손동작에서 나왔을지도 모른다. 도구 제작과 발언은 모두 "생화학적 패턴의 복잡한 공작을 토대로 하는 연쇄적이고 구문적이고 조작적인 행동이다."[22] 이런 연관성이 워낙 강력하다 보니, 참조적 언어가 음향에서 진화한 것이 아니라 손 움직임에서, 특히 쥐기와 관련된 특정한 동작에서 곧바로 진화한 것일지도 모른다고 주장하는 이론도 있다.[23] 기능들의 관계가 밀접하다는 사실은 두뇌에서 발언을 담당하는 구역과 쥐기를 촉진하도록 설계된 구역이 바로 곁에 붙어 있다는 해부학적 사실에 반영되어 있다. 앞에서 언급했듯이, 전두엽에서 발언을 작동시키는 곳인 브로카 영역에는 거울 신경세포라는, 손가락 동작에 관련된 신경이 있다. 그것은 다른 사람의 손 움직임을 지켜볼 때에도 활성화된다.

이러한 언어와 손으로 쥐는 동작 간의 유사 관계는 그저 흥미로운 신경생리학적·신경해부학적 발견에 그치지 않는다. 그것은 언어적 이해와 표현을 묘사하는 데 사용되는 용어가 입증하듯이, 직관적으로 옳다. 누군가가 말하는 의미를 '포착한다'고 할 때, 이는 우연의 일치가 아니다. 쥐기의 은유는 대부분의 언어에서 사유에 대한 이야기 방식에 깊이 뿌리 내리고 있다.(라틴어의 'com-prehendere'〔함께+잡다〕에서 유래한 로망스어〔포르투갈어·스페인어·프랑스어·이탈리아어 등〕의 다양한 파생 형태와, 게르만계 언어에서 보이는 'be-greifen'〔꽉 잡다, 파악하다〕의 변형태들을 예로 들 수 있다.) 게르만어를 쓰는 헝가리 심리학자인 게저 레베스Geza Revesz는 Erfassen, Begriff, begreiflich, Eindruck, Ausdruck, behalten, auslegen, uberlegen 등의 단어를 예로 든다. 영어에도 이런 단어가 있는데, grasp이나 comprehend만이 아니라 impression, expression, intend, contend, pretend 같은 단어('손에 닿는다'는 뜻을 가진 라틴어 'tendere'에서 나온 단어들)도 같은 종류이다.

무엇보다도 레베스는 촉각이 가장 먼저이고 우리의 감각 가운데 가장 기본적이고 확실한 것이지만, 그 촉각조차 사물의 파편적 이미지만 제공한다는 사실에 관심을 돌렸다. 뭔가를 다룬다는 것도 한 번에 정보 한 조각씩만 주며, 그렇게 주어진 조각들을 우리는 한데 짜 맞추어야 한다. 촉각도 전체의 감각을 주지 않는다. 레베스는 또 손으로 사물을 식별할 때 문제가 되는 것은, 사물이 어떤 유형인가 하는 것이지 특정한 개별적 사물은 아니라는 점도 지적한다.

이 모든 것, 쥐기, 통제하기, 파편적인 세계 이해는 대부분의 경우에 오른손으로 실행된다. 그리고 이러한 반사작용에는 좌반구의 처리 과정의 본성을 알려 주는 힌트가 숨겨져 있다. 이런 온갖 측면에서 쥐기 grasping는 그저 장악만 하는 것이 아니라, 그것을 전체로서 감지하는 능력보다는 조각조각 맞춰 구축해 나감으로서 이해하는 접근에서, 개별자로서보다는 사물의 범주에 대한 관심에서 좌반구의 작동 방식과 같은 길을 따른다. 우리가 어떤 사물에 확실성과 안정성을 허용하는 것은 사물을 쥠으로써이다. 그것들이 불확실하거나 고정되지 않았을 때, 우리는 "거기에 손도 못 댄다"고 하거나 "그걸 붙잡지 못했다"고 말한다. 이것 역시 좌반구와 관계된 세계의 중요한 면모이다. '쥐기'라는 생각은 우리 자신을 위해 사물을 붙잡는 것을, 그것이 놓여 있던 맥락에서 그것을 떼어 내어 사용하는 것을, 그것에 집중하여 단단히 붙드는 동작을 함축한다. 이런 의미에서 우리가 이해하고 쥐는 것은 우리 의지의 표현이며, 권력으로 가는 수단이다. 우리로 하여금 조작하도록 manipulate(문자 그대로 하면, 이 말은 필요한 것을 한 움큼 가진다는 뜻이다.)하는 것, 주위 세계를 지배하도록 해 주는 것이 바로 이것이다.

여기서 왼손잡이들에게서도 도구 사용이 좌반구로 우선 대표된다는 사실을 기억해야 하는데, 이는 좌반구와 도구적 성질, 쥐기와 쓰기 간의 깊은 관계를 확인시켜 주는 듯하다. 물론 이는 놀라운 발견이다. 왼손을 쓰는 일상적 행동이 우반구에 지배되는 방식으로 개인들의 두뇌가 조직되어 있을지라도, 도구 사용의 개념이 우선적으로 활성화되는 쪽은 좌반구가 아니라 우반구이다. 마찬가지로, 왼손잡이들에게서도 행동이, 구체적으로 말하면 쥐기가 좌반구의 통제와 결부되어 있음을 다시 한 번 확인할 수 있다. 따라서 개념은 이와 같은 손의 통제와는 분리되어 있다.

한편 쥐기가 아닌 탐색하는 손동작은, **설사 탐색하는 주체가 오른손일 때도** 우측 상두정엽 피질을 활성화시킨다. 뇌영상 촬영에서 발견된 이런 내용은 의학적 경험과 일치된다. 우반구에 손상을 입은 환자들은 손이 닿는 범위 안에 있는 것이면 무엇이든 쥐려고 하거나, 마치 뭔가를 찾는 것처럼 허공에서 오른손을 흔드는 경향이 있다. 이것은 그저 원초적인 반사작용 행태만은 아니다. 쥐기 반사를 보이는 환자들과 달리, 우반구 손상 환자들은 쥔 손을 놓으라는 말을 들으면 금방 놓을 수 있다. 이것은 의지에 달린 문제이다. 좌반구 손상을 입어 우반구에 의존하는 사람들과 대비해 보면, 이 점은 더 선명해진다.

■ 언어와 조작

참조적 언어가 소통이 아닌 다른 필요에서 유래했다고 결론지은 사람은 내가 처음이 아니다. 철학자 요한 고트프리트 헤르더Johann Gottfried Herder는 1772년에 언어의 기원에 관한 가장 중요하고 영향력 있는 논문을 발표하여, 음악에 존재하는 공감하는 힘이 결코 인간 언어의 특징이 아니라고 밝히고 "언어는 천연의 추론기관인 것 같다"고 결론지었다.[24] (그가 말한 공감하는 힘을, 나는 가장 직관적 수준의 소통에서의 '나–너' 요소라고 부를 작정이다.) 이런 주장에는 입증이 있어야 한다. 내가 강조했듯이, 추론은 증명 없이 진행되기 때문이다. 여기서 헤르더는, 일차적으로 어떤 특정한 인지 유형에 대한 보조물로서 언어가 갖는 중요성을 지적한다. 좀 더 최근에 와서는 미국의 신경학자 노민 게쉰드Norman Geschwind가, 언어가 결국은 소통의 충동에서 유래한 것이 아니라(이런 충동은 나중에 생겼다.) 세계의 지도를 제작하는 수단으로 출현했을 수도 있다는 과감한 주장을 내놓았다.[25] 나는 이 주장에 동의하면서도, 여기서 좀 더 나아가려 한다. 즉, 언어는 세계를 조작하는 수단이다.

언어의 본성을 이해하는 것 역시 '무엇임whatness' 이 아니라 '어떻게howness' 에 대한 생각에 달려 있다. 외연적 언어의 발달 덕분에 소통 그 자체가 아니라 특별한 종류의 소통이, 사유 그 자체가 아니라 특별한 종류의 사유가 가능해졌다.

언어는 어떤 관계 내에서의 개인적 소통에는 그리 중요하지 않은 것이 분명하고, 심지어는 장애가 될 수도 있다. 전화로 이야기하다 보면 나쁜 음질로 전해지는 억양을 약간 알아들을 수 있을 뿐 그 외의 모든 비언어적 신호가 사라지므로, 연인이나 친구만이 아니라 개인적 의사교환이 중요한 사람은 만족하기 힘들다. 심리치료를 받을 때나 인터뷰 같은 것을 할 때도 전화가 효율적일 것이라고 기대하지는 않을 것이다. 전화는 '나-너' 관계에 맞추어져 있지 않다. 언어가 스스로 등장하는 경우는 너와 내가 다른 어떤 것에 대해 뭔가를 하면서 협력할 필요가 있을 때, 우리에게 소개되지 않은 어떤 것에 대한, 시공간상으로 분리되어 있는 어떤 것에 대한 정보를 전달하기 위함이다. 그것은 '나-그것' (혹은 '우리-그것')의 관계 범위를 거의 상상할 수 없을 정도로까지 확장한다.

그리고 이제는 사유라는 것이 존재하니까 하는 말이지만, 언어가 사유에서 담당하는 역할은 어떤가? 다시 말하지만, 언어의 역할은 세계에 대한 지휘권을 행사하는 것이다. 특히 시간적·공간적으로 존재하지 않는 부분들에, 그 과정에서 음악의(그리고 우반구의) '나-너' 세계로부터 언어의(그리고 좌반구의) '나-그것' 세계로 변형되는 세계에서 그런 지휘권을 행사한다. 언어만으로 개념을 더 안정적이고 기억에 잘 활용할 수 있게 만든다. 사물에 이름을 붙이면 그것들에 권력을 행사할 수 있고, 그럼으로써 그것들을 사용할 수 있게 만든다. 아담이 신에게서 짐승들을 받고 그들을 다스릴 지배권을 얻을 때, 그들에게 이름을 붙일 힘도 함께 받았다. 범주의 형성은 세계의 지형에 더 명료한 경계선을 그어 주어, 세계를 보는 시야를 더 안정적이고 지속적으로 만들어 준다. 이런 것이 인류에게서 처음 시작된 것은 아닐지 몰라도, 그것이 참조적 언어를 크게 진전시킨 것만은 분명하다. 언어는 인과관계의 표현을 정련한다. 그것은 사유가 참조하는 범위를 엄청나게 확대하고, 계획하고 조작하는 능력을 확장한다. 언어가 없다면 인간의 기억으로는 감당할 수 없을 정도로 무한한 분량의 기억이, 언어 덕분에 가능해진다. 기억과 안정성이라는 언어가 가져다주는 이 같은 이득은, 언어가 문자화되어 마음속의 내용이 외부 공간 어디엔가 고착될 수 있게 되자 더욱 어마어마하게 커졌다. 이것은 또 조작과 도구화의 가능성을 더욱 확장했다. 남아 있는 가장 오래된 문자 기록은 관료들의 기록이었다.

요약하자면 언어는 엄밀성과 고정성을 가져다주는데, 이 두 가지는 우리가 세계를 제대로 조작하는 데 필요한 성질이다. 인정하고 싶지 않겠지만, 특히 다른 인간을 조작하는 데 도움이 되기 때문이다. 비언어적 소통으로는 진실을 숨기기 힘들지만 언어로는 쉽게 숨길 수 있다. 언어가 없다면 다른 사람들이 우리 계획을 수행하도록 만들기 힘들다. 먼 거리에서 언어 없이 행동할 수 없다. 언어는 제국주의적 열망이라 할 것과 함께 시작되었다.

물론 조작 그 자체가 잘못은 아니다. 우리가 통제하고 바꾸고 새롭게 만들 수 있는 것들에 대해 계획을 세우는 것이므로. 이런 것들은 확실히 인간의 기본 특질이며, 문명의 절대적인 기초를 이룬다. 이런 의미에서, 관례적인 표현이지만 단순하게 인식한다면, 언어는 엄청나게 귀중하고 중요한 선물이다.

전두엽이 왜 필요한지의 문제로 돌아오자면, 그것은 실재實在를 가상적으로 표상하는 데 필요한 틀을 제공한다. 언어는 좌반구가 '오프라인의' 세계를 표상할 수 있게 해 준다. 즉, 경험 세계와 구분되고, 끈질긴 인상과 감정과 요구를 가진 즉각적 환경과도 차단된 개념적 버전을 제공하는 것이다. 그것은 신체로부터 추상화되어 있으며, 신체의 구체적이고 특정적이고 개별적이고 반복 불가능한 것들과 더는 연관되지 않으며, 신체화되지 않은 세계의 표상과, 추상화되고 집중되고, 시공간에서 특정화되지 않고 일반적 적용이 가능하고 명료하고 고정된 것들을 상대한다. 그래서 사물이 놓인 맥락에서 언어를 인위적으로 고립시키면, 실재의 특정한 측면에 집중하여 그것을 모델화하는 방법을 파악하고 그것을 포착하고 통제할 수 있다는 이점이 있다.

하지만 언어는 전체로서의 그림을 그리지는 못한다. 묵시적인 영역에 있거나, 유연성에 의존하는 모든 것, 집중되고 고정될 수 없는 모든 것은 '말하는 반구' 의 기준에서 보면 더 이상 존재하지 않는 것이 된다.

언어는 좌반구의 관심 분야 쪽으로 무게 균형을 이동시키기도 하는데, 그 관심 분야가 우반구의 관심과 항상 조화를 이루는 것은 아니다. 언어와 쥐기 사이에는 수많은 연결이 있고, 비슷한 의제도 있다. 둘 다 세계에 예리하게 집중한다. 물리적으로 쥐는 것이 그렇듯이 정신적으로 쥐는 데도 엄밀성과 고정성이 필요한데, 언어는 그런 것을 줄 수 있으므로 세계를 조작 가능하고 소유 가능한 것으로 만든다. 그렇다면 개념적 사고의 범위를 확장하고 상징 조작을 가속화시킨 것이 환경을 통제하려는 의지에 구현되어 있는 권력 충동이었을까? 일부 유인원들에게 이미 존재했고, 초기의 선조들에게도 존재했던 그런 충동이 언어와 쥐기가 진화하기 전에 좌반구의 크기를 키운 것인가? 이렇게 보면 언어와 쥐기는 좌반구의 깊은 곳에 놓여 있던 충동이 현상적 차원에서 표현된 형태일 수 있다. 세계를 효율적으로 조작하고 다른 종과, 또 인간들 사이에서 경쟁하려는 충동 말이다. 일단 조작의 능력이 좌반구에 확립되고 나면, 특히 참조적 언어가 발생함과 동시에 추상화의 힘이 출현하고 나면, 환경을 말 그대로 조작하고자 오른손을 더 우선적으로 사용하는 경향이 그 뒤를 잇는다.

■ 은유

　언어의 기능은 돈과 비슷하다. 즉, 중개 기능만 한다. 하지만 돈이 그렇듯, 언어도 그것이 대표하는 것들의 생명을 일부 가져간다. 그것은 경험의 세계에서 시작하여 경험의 세계로 돌아온다. 이때 거치는 통로가 은유이다. 은유는 우반구의 기능이며, 신체에 뿌리를 내리고 있다. 은유법을 쓰자면, 언어는 '사유의 돈'이다.

　은유를 이해할 능력은 우반구에만 있다. 이 말이 별로 중요하게 들리지 않을지도 모르겠다. 문학적 윤색을 조금 가한다면 근사한 것이 될 수도 있겠지만. 그러나 이 사실은 논쟁의 세계가 어느 정도로 좌반구식 마음 습관에 지배되는지를 말해 주는 신호이다. 은유적 사고는 세계에 대한 이해의 근본이다. 왜냐하면 기호의 시스템을 넘어 삶 그 자체에 이해가 가닿을 수 있는 유일한 방법이 그것이기 때문이다. 언어를 삶에 연결하는 것이 은유이다.

　'은유metaphor'라는 단어는 간극을 넘어가게 해 주는 어떤 것을 의미한다.(그리스어의 'meta-'는 '~를 건너', 'pherein'은 '운반하다'는 뜻이다.) 내가 어떤 언어가 은유적이라고 하는 것은 키츠John Keats가 그리스식 항아리에게 말을 거는 것에만 한정되지 않는다. "너, 아직 겁탈당하지 않은 신부여/너, 침묵과 느린 시간의 양자여." 여기에는 분명히 여러 가지 복잡하고 상호 작용하는 은유가 있으며, 그것이 소시비오스 항아리에 대한 사실적 서술과는 다른 뭔가 새로운 것을 만들어 낸다는 점은 훤히 보인다. 이것은 극적인 의미에서의 은유적 언어이다. 하지만 언어가 은유적일 수 있는 의미는 두 가지 더 있다. 은유적으로 말하자면, 언어는 우리가 '꼭대기'와 '밑바닥'에 있는 경험적 세계를 가로질러 갈 수 있도록 열려 있다.

꼭대기 쪽에서 보자면, 내가 말하는 것은 단어가 광범위한 함축의 그물망을 활성화시키도록 사용되는 모든 맥락(이런 맥락이 결코 시에만 있는 것은 아니다.)에 관한 이야기다. 그런 그물망이 우리에게 있기는 하지만 묵시적인 상태이므로, 의미들은 순차적이고 좁은 범위에 집중된 관심의 빛을 고립화시키는 영향에 종속되기보다는 우리 존재의 의식적·무의식적 전체에 단번에 전체로서 감식된다. 의미들이 묵시적인 한, 그것이 의식적 마음에 납치되어 또 하나의 일련의 단어들로 전환될 수는 없다. 그런 일이 일어난다면 그 힘은 사라지고 유머를 구차하게 설명해야 하는 상황처럼 된다.(유머는 우반구의 능력이다.)

밑바닥 쪽에서 보자면, 나는 모든 단어가 그 자체로서 결국은 언어의 그물 밖으로 우리를 인도해 나가서, 살아지는 세계로, 우리의 구현된 존재에 연결되는 어떤 것에게로 나가야 한다는 사실을 말하고 있다. '가상의' 혹은 '비물질적'이라는 단어도 그것이 파생해 나온 라틴어 원어를 통해 한 남자의 힘(vir-tus)이라든가 나무 조각의 느낌(materia) 같은 현세적 실재로 우리를 데려간다. 모든 것은 뭔가 다른 것에 의거하여 표현되어야 하며, 그 뭔가 다른 것이란 결국 우리 몸으로 돌아와야 한다. 은유를 바꾸는 것(그렇게 하여 비트겐슈타인의 정신을 불러내는 것), 그것이 곧 삽이 암반에 닿아 그것을 파내는 지점이다. 그 점을 이해하는 것과 관련하여 이보다 더 근본적인 것은 없다.

이 관계가 왜 실제 세계에서 돈과 물품과의 관계와 비슷할까? 돈은 (밑바닥 쪽에서 보자면) 실재하고 살아 있는 사물(사람들이 소유한 소나 닭 같은 것들)에게서 가치를 가져가며, 그것이 일상생활의 영역(꼭대기 쪽에서 보자면)에서 실제의 물품이나 업무(의복, 소지품, 자동차 수리)로 번역될 때만 정말로 가치를 가진다. 한편 돈은 그 자신과의 관계에서 '가상적' 교차로를 수없이 취할 수 있다. 폐쇄적인 화폐 시스템 내부에서 벌어지는 일이 그런 것이다.

은유에 의해 우리가 건너갈 수 있는 간극이 언어 자체에 의해 만들어졌다는 점을 명심하자. 은유는 언어로 인해 생긴 질병의 치료약이다.(이와 똑같이 나는 철학의 진정한 과정은 철학을 함으로써 우리에게 떠안겨진 질병을 치료하는 것이라고 본다.) 언어 층위에서는 분리가 있더라도 경험 층위에서는 그런 것이 없다. 경험 층위에서는 은유의 두 부분이 비슷한 것이 아니라 동일하다. 1804년, 독일의 사상가 장 파울Jean Paul은 『미학의 예비학교Vorschule der Asthetik』에서 이렇게 썼다.

> 발언의 교묘한 형태는 영혼을 신체에게 줄 수도 있고 신체를 영혼에게 줄 수도 있다. 원래는 인간이 아직 세계와 일치했을 때 이 2차원적인 비유trope는 아직 출현하지 않았다. 아무 유사점도 없지만 같은 것이라고 선언한 것을 비교하지 않았다. 아이들에게서 그렇듯이, 은유는 몸과 마음의 필수적인 동의어이다. 마치 글쓰기의 경우에 알파벳보다 그림이 더 먼저 있는 것처럼, 은유(사물이 아니라 관계를 지시하는 한)는 말해진 언어의 첫 단어이며, 그 원래 색채를 잃고 난 뒤에야 문자적 기호가 될 수 있었다.[26]

은유는 그것을 만드는 사람의 신체에서 경험되며, 언어적 층위에서만 분리가 존재하는 공통적 삶을 주장한다. 두 개의 아이디어, 두 개의 지각, 두 개의 실체가 공통적이라는 느낌은 서로에게서 추상된 어떤 것을 순차적으로 도출하는 데서 나오지 않는다. 즉, 어떤 것을 차례대로 비교하여 비슷하다거나 동일하다고 보는 데서 발견되지 않는다. 그보다는 단일하고 구체적인 경험, 그것들보다, 또 그것들이 차례로 도출된 것들보다 더 근본적인 운동미학적 경험에서 발견된다. 그러므로 논쟁에서 벌어지는 충돌이나 심벌즈의 충돌은 몸을 떠난 충돌이라는 관념이 이런저런 경험에서 추상되고 비슷한 것으로 판단된 뒤에야 어떤 공통점을 가진 것으로 보이게 된다. 그것은 이런 경험들이 어딘가 우리의 신체적 자아에서 공통적 본성을 공유하는 것으로 느껴지는 것과 같다.

은유가 바꾸어 말해지거나 대체되면 언어 외적인 것, 무의식적인 것, 그리하여 이 두 실체의 충돌에서 잠재적으로 새롭고 살아 있는 것이 재구성된다. 은유의 목적은 어떤 것의 전체를 다른 것의 전체와 함께 가져와서, 각각을 서로 다른 빛 속에서 보는 데 있다. 그것은 어떤 것이 다른 것과 함께할 때 항상 그렇게 되어야 하듯이, 두 가지 방식으로 작동한다. 어느 하나를 다른 것 쪽으로 끌어오는 동안, 처음 것을 고정시켜서 움직이지 않게 할 수 없다. 그 둘은 서로에게 끌려가야 한다. 맥스 블랙Max Black이 말했듯이, "어떤 남자를 늑대라고 부름으로써 그에게 특별한 조명을 비추게 된다면, 그 은유로 인해 원래 그랬던 것보다 늑대가 더 인간적으로 보이게 된다는 사실도 잊으면 안 된다."[27] 또 브루노 스넬Bruno Snell은 호메로스가 용감한 전사들을 부서지는 파도를 맞고 서 있는 바윗덩이에 비유한 방식을 논의하면서, 거꾸로 그 바위가 인간 행동과의 비유로 '완강함'으로 묘사되고 있다고 말했다.

은유(우반구의 도움을 받는)는 지시(좌반구의 도움을 받는)보다 먼저 온다. 이것은 역사적 진실이다. 철학적 언어와 과학적 언어 같은 지시적 언어도 구체적인 세계의 즉각적인 체험을 토대로 하는 은유에서 도출되었다는 의미에서 그러하다.

> 핵심을 말하라면, 은유는 단어만이 아니라 사유의 문제이다. 은유적 언어는 은유적 사고의 반영이다. …… 은유를 없애면 철학도 사라질 것이다. 매우 방대한 범위에 걸치는 개념적 은유가 없다면, 철학은 시작도 하지 못한다. 철학의 은유적 성격은 철학적 사유에만 있는 것이 아니다. 그것은 모든 추상적 사유, 특히 과학에도 있다. 개념적 은유는 지극히 추상적인 사유를 가능하게 하는 어떤 것이다.[28]

은유는 사유를 **신체화하고**, 사유를 살아 있는 **맥락**에 둔다. 서로 다른 이 세 영역(은유, 맥락, 신체)은 모두 반구들 사이에 상호 침투하고 있다. 다시 한 번 말하지만, 그 체험의 토대인 신체와 더 조밀하게 상호 연관되어 있고 더 많이 개입되어 있는 쪽은 체험의 즉각성을 관심 대상으로 삼는 우반구이다. 우반구는 은유가 언어와 그것이 지시하는 세계 사이의 연관을 보존하는 유일한 방법임을 알지만, 좌반구는 그것을 거짓말이라거나 한눈팔게 만드는 장식물이라고 본다. 또 확실성에 유리하도록 단일한 의미를 선호하는 좌반구는, 함축은 제약이라고 본다.

따라서 좌반구에게 언어는 세계에서 단절된 것으로 그 자체가 하나의 실재實在 · reality로 보일 수 있다. 실재란 단어가 구문이 얽히듯 함께 엮인 조각들로 만들어지는 것이다. 좌반구는 언어를 이렇게 볼 수밖에 없다. 왜냐하면 그것이 사물을 이해하는 방식은 조각에 대한 관찰에서 시작하여 그것들을 쌓아 올려 뭔가를 만들어 내는 식이며, 그것만이 세계와 언어 그 자체를 함께 이해할 수 있는 길이기 때문이다. 이처럼 언어는 언어를 이해하고, 또 세계를 이해하는 도구이다.

■ 신체에 뿌리를 둔 언어

은유는 "기분이 저조하다" 같은 표현 속에 숨어 있는 단순한 것일지라도 일상 세계에서 신체를 가진 생물로서 살아가는 우리의 경험에서 도출된다. 다른 말로 한다면, 신체는 인간의 모든 경험을 위해 필요한 **맥락**이기도 하다.

사실 언어도 역사적으로, 또 일상에서 살아가는 모든 개인이 언어를 얻는 이야기 안에서, 알고리즘algorithm이나 규칙들에 의해 한데 엮인 조각들로 구성된 이론적 시스템이나 일련의 절차가 아니라 하나의 몸에 구현된 기술이며, 음악과 우반구 간의 공감적인 소통 매체라는 데서 유래한다. 우반구는 신체와 깊이 관련되어 있는 곳이다.

나는 앞에서 언어가 음악이 아니라 동작에서 발생했다고 믿는 사람들이 있다고 했다. 그러나 이 두 가지 믿음은 서로 충돌하지 않는다. 음악은 본성상 몸짓과 관계가 깊기 때문이다. 춤과 신체는 어디에서나 음악에 함축되어 있다. 몸을 움직이지 않을 때도 음악은 두뇌의 운동 피질을 활성화시킨다. 음악은 경험의 어떤 특정한 모드에 국한되지 않은 것, 스티븐 미슨에 따르면 전체적인 매체, '다중모드적multimodal' 매체이다. 언어의 기원이 음악에 있다는 범위를 벗어나지 않는 한에서, 언어는 특정한 몸짓, 즉 춤에서, 사회적·비목적적인 동작에서 유래한다. 언어가 다른 반구로 영역을 옮기기 시작했을 때, 그래서 음악과 격리되고 참조적 언어가 되기 시작했을 때, 즉 우리가 지금 언어라는 말로써 알고 있는 언어적 매개체가 되기 시작했을 때, 언어는 춤이 아니라 다른 종류의 몸짓, 즉 쥐기의 대열에 들어갔다. 이 몸짓은 음악과 정반대로 개인주의적이고 목적적이고, 하나의 모드로 한정된다.

하지만 제대로 살펴보면, 언어는 우반구에 있는 그 기원에서 오는 영광의 구름의 흔적을 여전히 달고 있다. 18세기 독일 철학자 헤르더는 『언어 기원론*Essay on the Origin of Language*』에서, 언어는 내재적으로 공감각적인 체험의 성격에 눈을 감도록 도와준다고 지적했다. 그리고 그런 성질의 일부는 언어에서 풍겨 오는 단어의 음향에서 포착된다고 했다.[29]

> 매우 다른 의미들 간의 그 같은 상호 연관성은 얼마든지 있다. …… 자연에서는 모든 관련이 하나의 단일한 세포이다. …… 감각들은 통합되고 서로 구별되는 특질들을 그것들이 음향으로 변환되는 지역으로 수렴한다. 그리하여 인간이 눈으로 보고 피부로 느끼는 것들이 귀로 들릴 수 있게 된다.[30]

하지만 20세기에 소쉬르Ferdinand de Saussure의 언어학이 등장하면서, 기호의 자의적 성격을 주장하는 이론이 더 유행하게 되었다. 이는 언어의 '자유'를 강조하고자 구상된 이론으로, 아주 흥미 있고 반反직관적인 변화였다. 언어가 묘사하는 물리적 세계와 신체의 속박에서 벗어날 수 있을 정도로까지 자유로워지겠다는 것이다. 그러나 단어의 음향이 자의적인 것이 아니라, 그것이 지칭하는 사물의 경험을 공감각적 방식으로 불러일으키는 것이라는 증거는 충분히 있다. 거듭 예시했듯이, 어떤 언어에 대해 아무런 지식이 없는 사람이라도 어떤 단어가 어떤 사물과 상응하는지를 추측할 수 있다. 이것이 '키키/부바 효과kiki/bouba effect'이다. ('키키'는 뾰죽한 모양의 물건이고, '부바'는 부드럽고 둥글둥글한 모양의 물건이다.)[31] 아무리 많은 언어가 이에 저항하여 정반대 주장을 펼칠지라도, 그 기원은 하나의 전체인 신체에 있다. 신체적 몸짓과 언어적 구문 사이에 밀접한 관계가 있다는 사실은 그저 구체적 명사, 사물 언어만이 아니라 형태적이고 논리적인 요소도 신체와 감정에서 유래한다는 것을 시사한다. 이는 이 책 5장에서 검토할 증거, 즉 사유의 구조와 내용은 그 자체가 언어로 표현되기 전에 이미 신체 속에 존재한다는 증거를 지지해 준다.

그렇다면 여기서 사유와 언어의 신체적 기원설을 강조하는 까닭은 무엇인가? 그 이유의 일부는 우리 시대에 그것이 부정되어 왔다는 데 있다. 이를 주로 부정한 것은 소쉬르 및 그의 추종자들이었지만, 그들만은 아니다. 지난 100년간 우리의 신체화된 존재를 더 크게 비난하고, 추상화되고 두뇌화되고 기계 같은 인간의 버전이 대중적 사유를 지배하게 된 것이다. 비록 최근 들어서는 철학에서 그런 결론을 벗어나려는 시도가 있었고, 그것이 성공하기도 하고 실패하기도 했지만 말이다.

나는 지난 100년 사이에 신체에 대한 매혹에서 언어가 탈출한 것은, 우반구가 세계를 인지하는 방식에 대항하여 좌반구가 벌인 세계 인지 방식상의 매우 광범위한 반란의 일부라고 생각한다. 이 책 제2부의 주제가 바로 이 반란이다.

고의든 아니든지 간에, 음악을 포르노그래피라든가 살이 찌는 음식을 좋아하는 취향과 다를 바 없는 쓸모없는 응용물과 비교하는 입장들이 너무 격렬하다보니, 과학적 인지의 귀중한 도구인 언어가 궁극적으로는 감정과 신체의 혼탁한 세계에서 나왔다는 주장을 개진하기가 힘들어진다. 그런 주장은 부정되어야 할 대상인가? 아니면 참조적 언어에 그토록 많이 의존하고 있는 과학적 토론이 집 안의 벽장에 숨겨져 있는 해골을, 수치스러운 신체적 선조들인 쥐기와 조작하기를 인정하기 싫어하는 것인가? 동기가 무엇이든, 언어가 그 궤적을 은폐하고 조상을 부정하기에 급급했던 것만은 분명하다.

촘스키가 말한 보편문법 이론을 생각해 보자. 분석적 언어의 구조가 우리 두뇌에 단단히 이식되어 있다는 믿음은, 두뇌가 인지적 기계라는 생각을 지속시키는 데 기여한다. 즉, 우리의 두뇌가 신체를 갖고 있고 지적 모방의 공감적 과정을 통해 묵시적이고 수행적인 기술을 발전시키는 살아 있는 유기체의 분리 불가능한 일부라는 생각보다는, 규칙에 토대를 두고 세계를 구축하는 프로그램과 맞아떨어지는 컴퓨터라는 생각을 지속시키는 것이다. 전문가들 사이에서 지금도 활발하게 논쟁이 벌어지는 이 사안에 대해 내가 완전히 공정하게 판단할 처지는 아니지만, 촘스키가 구상한 것 같은 그런 보편문법의 존재에 대해서는 반박할 여지가 많다는 데에는 이견의 여지가 없다. 그런 문법의 존재는 그 주장이 제기된 지 50년이 지난 지금까지도 놀라울 정도로 가설적인 신분을 벗어나지 못했으며, 언어학 분야의 주요 인사들의 반박을 받았다. 또 그 이론과 공존하기 힘든 사실들이 여러 가지 있다. 실제로 전 세계의 언어는 문장을 구축하는 데 매우 다양한 구문을 사용한다. 더 중요한 것은, 보편문법 이론이 발달심리학이 밝혀낸 과정들과 설득력 있게 공존하지 못한다는 점이다. 발달심리학에 따르면, 아이들이 언어를 습득하는 것은 현실 세계 속에서이다. 아이들이 개념적이고 심리언어적 형태의 발언을 자발적으로 포착하는 놀라운 능력을 발휘하는 것은 분명하지만, 그런 능력은 분석적 방식이 아니라 훨씬 더 전체적인 방식을 따를 때 발휘된다. 아이들은 놀랄 만큼 뛰어난 모방자이다. 복제 기계가 아니라 **모방자**imitator라는 점에 주목하라.

물론 모방은 기계적인 암기를 통해 복제하는 문제로 환원될 수 있다. '복제' 란 행동을 일련의 단계로 쪼개고, 그것들을 기계적으로 재현하는 것이다. 어떤 몸짓을 맥락과 무관하게 고의적이고 명시적으로 복제한다면 그렇게 된다. 하지만 그것 역시 이끌리는 감정에 휩쓸렸기 때문일 수도 있다.

나는 여기서 '이끌림attraction' 이라는 단어를 그 대상의 가치에 대한 필수적인 판단을 전혀 하지 않는다는 의미로 사용한다. 모방이 아부의 가장 진지한 형태라면, 동시에 조롱의 가장 진지한 형태일 수도 있다. 우리는 감탄하거나 존경하는 사람들을 모델로 삼아 모방함으로써 우리 자신이 된다. 그것은 기술을 습득하는 방법이기도 하다.

기술은 신체에서 구현되며, 그렇기 때문에 대체로 직관적이다. 기술은 명시적 규칙을 따르는 과정에 저항한다. 도가의 고전인『장자莊子』에 문혜군文惠君을 위해 황소를 잡는 포정庖丁의 이야기가 나온다. 이 이야기는 기술이란 말이나 법칙으로 형성될 수 없고 오로지 자기 눈과 손으로, 나아가 전체 존재로 지켜보고 따라해야만 배울 수 있는 것임을 보여 준다. 전문가는 자신이 그 일을 어떻게 해냈는지 의식하지 않는다. 이와 정반대의 주장도 강력하게 개진되기는 하지만, 언어는 자율성, 일상성, 규칙에 의거한 정의 등을 가진 게임도, 삶에서 추출된 추상도 아니다. 그것은 삶의 연장이다. 비트겐슈타인의 유명한 말처럼 "언어를 상상한다는 것은 삶의 형태를 상상한다는 뜻이다."32) 즉, 삶의 가상의 표상이 아니라 삶의 형태를 상상한다는 말이다.

언어를 배울 때 아이들은 언어 규칙을 배워서가 아니라 대개 부모나 혹은 그 일을 더 잘한다고 알려진 집단 구성원들을 모방함으로써, 즉 공감적 동일시의 형태인 모방을 통해서 언어를 배운다. 삶의 기술을 배울 때도 마찬가지로 법칙을 배우는 것이 아니라 모방을 통해서 배운다. 나는 그런 동일시에는 다른 사람의 신체에 깃들어 보려는 시도가 포함된다고 주장한 바 있는데, 이는 다소 신비스럽게 들릴 수도 있겠다. 하지만 모방은 다른 사람과 같아지려는 시도이며, 그 사람과 비슷해지는 게 어떤 느낌인지는 오직 내면에서만 체험될 수 있는 것이다. 언어의 습득만이 아니라 일상적인 언어 사용도 바로 그런 깃들어 보기와 관계가 있다.

타인의 몸에 깃든다는 것. 이것이 언어('뮤지랭귀지')가 시작된 방식일까? 인간들이 행동할 때 나타나는 신체 움직임의 의미를 그 누구보다도 더 면밀하게 관찰해 온 루돌프 라반Rudolf Laban은 이에 대해 몇 가지 재미있는 관찰을 보고했다. 사하라 이남의 아프리카에는 북장단으로 소통하는 형식이 있는데, 여기에는 별로 적절하지 못하지만 '리드믹 드럼 전보rhythmic drum telegraphy'라는 별명이 붙어 있다. 그 기술은 두루 사용되는데, 이 방법을 쓰면 먼 거리에서도 자세한 소식을 전할 수 있다고 한다. 라반에 따르면, 이것은 서구인들이 상상하듯이 단어나 구절의 음향 양식을 모방하는 식으로 이루어지지 않는다. 그 대신에 "이런 북이나 탐탐 리듬을 듣는 사람들은 그와 함께 고수의 동작을 환상 속에서 보며, 일종의 춤이라 할 이 움직임이 그들에게 시각화되고 이해된다."[33] 듣는 사람이 고수鼓手의 신체에 깃들어 있으면서, 고수가 체험하고 있는 것을 함께 체험하기 때문에 소통이 이루어진다는 것이다. 또 우리가 음악이 연주되는 것을 듣기만 하는 것이 아니라 보고 싶어 하는 이유 가운데 하나는, 그렇게 연주하는 모습을 봄으로써 우리가 연주자의 신체에 더 잘 깃들 수 있기 때문이라고 주장하는데, 이는 내가 보기에 직관적으로 옳은 얘기 같다.[34]

그러면 재현해 보자. 언어는 정서의 신체화된 표현으로 발생했으며, 신체에 거주하는 한 개인과 다른 개인의 감정적 세계로써 소통된다. 신체적 기술은 곧 우리 각자가 모방을 통해, 그것을 배우는 당사자와 그것을 가르쳐 주는 누군가의 신체적 상태에 대한 정서적 동일시와 직관적 조화로써 습득한다. 뿐만 아니라 이 기술은 신체 움직임의 유추 도시 두뇌에서 시작되며, 표현력이 풍부한 특정 몸짓에 관련되는 것과 똑같은 과정이나 부위에 관련된다. 또 우리가 행동을 실행할 때, 또는 다른 사람이 그 행동을 실행하는 것을 볼 때 활성화되는 것과 똑같은 신경(거울 신경세포)에 관련된다. 마지막으로 그 과정을 인류학자들은 음악에서 도출된 것으로 보는데, 이는 곧 털 빗어 주기가 연장된 형태로서, 그 집단 내의 수많은 개별자들이 결집하여 감정적으로 강력한 힘을 발휘하는 보디랭귀지의 확장 형태를 통해 신체에 구현된 존재로서 우리를 한데 묶어 주는 수단이다. 최소한 우리는 그것이 발전해 가고 실천되는 도중의 모든 단계에서 역사적·개인적으로, 여느 소통 양식처럼 개인들 간의 다리 구실을 한다고 말할 수 있다. 그렇게 할 수 있는 것은, 신체화된 표현이 우리가 어떤 집단에 공통적으로 소속되어 있음에 의존하기 때문이다. 그것의 이미지는 신체이다. 우리는 사람들 무리를 '몸뚱이體·body'라 부르고, 그 구성 요소를 관절 혹은 '멤버member'라고 부른다. 무리 내에서 이 사람들이 맺는 관계는 단순한 추가물이 아니라 구성 요소이며, 부분들의 총합 이상의 새로운 실체를 만들어 내는 조합적인 것이다. 화학물질이라면 그것은 혼합물이 아니라 복합물에 가깝다.

언어가 음악에서 시작되었다면, 그것은 경쟁과 분할이 아니라 공감 및 공동의 삶에 관련된 우반구의 기능에서 비롯된 것이다. 그것은 '함께하기togetherness', 혹은 '사이betweenness'를 진작시킨다. 본성적으로 소통의 수단인 언어는 감정을 전달하고 결속을 진작시키는 데서 시작된 음악처럼 공유되는 활동이 아닐 수 없다. 인간의 노래는 독특한 행동이다. 다른 어떤 생물도 인간들이 노래할 때 본능적으로 그러듯이 자신과 동료들이 말하는 소리의 리듬을 맞추거나 음의 높낮이를 조합시키지 않는다. 인간의 노래는 새들의 노래와 달리, 그 의도 면에서 개인적인 것이 아니고 경쟁적인 성질도 아니다.(우반구에 토대를 두는 인간의 음악과 달리, 새들의 노래는 다른 도구적 발언처럼 좌반구에 근거한다.) 음악에 관련한 인간의 모든 것은 그 본성이 경쟁적인 것이 아니라 공유하는 데 있다. 그리고 수많은 인류학자들은 음악적 기술의 발달은 개인적 선택이 아니라 집단 선택의 산물이라고 주장해왔다. 자연도태는 집단 내 개체들 간의 성공적 재생산의 비율 차이를 바탕으로 성립하지만, 여기서 전체 집단이 발전시켰을 어떤 것 덕분에 혜택을 누리는 것은 집단 전체였을 것이다.

참조적 언어 역시 그것이 정말로 소통과 관계가 있다면 집단 선택의 산물이 아닐 수 없을 것이다. 그것을 개발하는 데 집단의 모든 사람이 참여하며 집단이 혜택을 받으므로, 집단의 구성원들이 번영을 누리거나 아니면 집단이 발전하지 못하거나, 둘 중의 하나가 된다.

이것은 실용을 기준으로 한 논리다. 집단을 위해 쓸모 있다는 말을 많이 듣는 수많은 다른 일들(음악, 춤, 미의식, 경외감 등)처럼, 개인 차원은 아니더라도 집단 차원에서는 우리를 더 효율적인 경쟁자로 만드는 데 언어가 도움이 되었다. 하지만 나는 궁극적으로는 인류의 위대한 업적은 한데 뭉쳐 집단을 형성함으로써 효율을 극대화하는 것이 아니라, 우리의 능력, 즉 모방하는 능력으로 간間주관적 경험을 배우고 효용이라는 개념을 완전히 초월하는 데 있다고 믿는다. 우리는 사고와 행동의 형태를 마음대로 선택하여 모방할 수 있고, 그것을 우연과 필연의 맹목적 힘으로부터 이탈시켜 우리가 선택한 방향으로 이동시킬 수 있다.

춤을 쓸모없는 것이라고 한 로빈 던바의 말은 그냥 해보는 농담일지도 모른다. 사실은 나도 미소와 웃음과 춤이 쓸모없다고 한 말에 동의한다. 우리 중에서 춤을 추거나 웃거나 미소 짓는 것이 궁극적으로는 우리가 속한 집단에 유용하다는 애매한 이유 때문이라고 여기는 사람이 몇이나 되겠는가? 이런 행동들은 특별한 목적이 없는, 그저 우리 자신을 넘어 뭔가를 표현하려는 의도의 발현일지도 모른다. 우리가 지닌 많은 특징들이 그토록 쓸모없다는 사실을 알면 실망할 수도 있겠다. 하지만 효용성을 좇는 좌반구 방식과 달리, 우반구는 다른 이야기를 전한다. 간주관적 모방과 체험을 통해 칸트가 말한 "우중충한 우연의 우울"보다도 못한, 생기 없는 필연의 암담함에서 탈출해야 한다고 말이다.[35]

결과를 기준으로 어떤 행동이 유의미할 수 있는 까닭을 설명하지 못하다 보니, 과학자들은 가끔씩 어떤 것을 다른 층위에서 재묘사하는 것으로 그 현상을 해명하려 한다. 그리하여 던바는 우리가 쓸모없는 활동에 탐닉하는 이유를 설명하고자 엔도르핀endorphin〔뇌에서 분비되는 진통 작용을 하는 호르몬〕을 끌어온다. 실제로 털 빗어 주기, 음악, 함께하기, 사랑, 종교 등 이 모든 것은 신비스럽게도 엔도르핀을 분출시킨다. 한때 "아직도 안 들어 봤냐?"며 자신의 단순한 해결책에 기뻐했던 던바지만, 이제는 그 대가가 좀 비쌌다는 것을 알고 있다. "그래, 물론 들어 봤겠지. 이제는 온통 엔도르핀 이야기뿐이야."[36] 그것은 그 자체로 왜 우리가 그런 것들을 그토록 필요로 하고 즐기고 거기에서 위안을 얻는지를 설명해 주게 되었다. 그러나 실제 세계에서 우리는 그것이 엔도르핀을 분비하는 활동이기 때문에 그 활동을 하기로 선택하는 것이 아니다. 엔도르핀 분비는 충격파 같은 것이다. 우리가 무수하게 복잡하고 미묘한 이유 때문에 나름 의미가 있고 중요하게 여겨지는 일에 참여할 때, 그리고 행복감을 느낄 때 엔도르핀은 그저 신경화학적 층위에서 행복감으로 나아가는 최종 통로의 일부를 담당할 따름이다. 우리가 불한당을 피하려는 것은 그저 세로토닌 수치를 유지하고 싶어서가 아니라, 그런 사람에게 잘못 걸리면 인생이 비참해질 수 있기 때문이다.

그러므로 언어는 잡종이다. 그것은 음악에서 진화해 나왔고, 그 역사 단계에서 소통의 충동을 대표했다. 그것이 우반구의 공감적 요소를 보유하는 한, 언어는 여전히 이 충동을 대표한다. 언어의 기초는 신체와 경험 세계에 놓여 있다. 하지만 방대한 어휘와 복잡한 구문을 가진 참조적 언어는 소통하려는 충동에서 생겨난 것이 아니라, 소통의 관점에서 볼 때 뭔가 해적질 같은 것이다. 그것은 신체에 있는 연원과 경험에 대한 의존성을 모두 반박하고자, 그 자체로 하나의 세계가 되고자 온갖 수를 다 써 보았다. 하지만 그럼에도 불구하고 말하고 싶은 충동은 운동언어행위motor speech act의 발원지인 브로카 영역에서 오는 것이 아니다. 이는 브로카 영역에 병변이 있는 실험 대상자들이 대개 소통을 필사적으로 갈구한다는 사실로도 알 수 있다. 말하고 싶은 충동은 사회적 동기에 깊이 관련된 심층 부위인 전방 대상帶狀 구역에서 나온다. 이 구역에 손상을 입은 사람들은 무동성 무언증無動性 無言症·akinetic mutism 증세를 보인다. 이것은 발언과 관련된 기능은 완벽하게 정상적인데 소통하려는 욕구가 없는 증상이다. 한 마디 끼워 넣자면, 돌고래와 고래는 두뇌 속 이 구역의 신경이 대폭 증가했고, 소통 능력이 매우 높은 것으로 보인다."[37] 영리하고 사회성이 높기로 유명한 이런 동물들이 음악으로 소통한다는 사실도 이미 지적했다.

언어는 최선을 다해 그 조상을 은폐하고자 노력했다. 그래서 신체와 경험 세계 속에 있는 근원으로부터 자기를 점점 더 분리하고 추상抽象했다. 그것은 경험 속에 존재하지 않는not-present 것들을 언급할 수 있도록 현재와 같은 형태를 개발했다. 언어는 그것이 표상되는 데re-presentation 기여했다. 이렇게 되면 어떤 목표를 위해 소통하고 사유하는 쓸모는 늘어나지만, 다른 목표에 기여하는 쓸모는 줄어든다. 그 과정에서 언어의 중요한 측면인 정밀한 참조와 계획을 가능하게 하는 지시저 요소가 좌반구에 자리를 잡게 되었고, 언어의 다른 측면, 대체로 그 함의적이고 정서적인 기능은 우반구에 남게 되었다. 그 결과, 최고 수준에서의 언어의 이해, 즉 일단 파편들을 짜 맞추고 난 뒤 맥락 속에서 의미를 파악하는 것, 어조와 아이러니 등의 요소들에 대한 고려, 유머 감각, 은유의 사용 등이 우반구에서 이루어지게 되었다.

언어의 특성이 구별되는 방식은, 앞에서 보았듯이 내키는 대로가 아니라 좌우반구의 전체적인 성격과 일관되게 부합한다. 은유는 언어의 결정적으로 중요한 측면으로서, 언어와 세계의 연결을 유지하며, 언어가 동일시하는 것처럼 보이는 세계의 부분들이 서로 연결을 유지할 수 있게 한다. 이와 대조적으로, 문학적 언어는 마음과 실재 간의 접촉을 느슨하게 하고 그 자체로 일관된 용어 시스템을 구축하는 수단이다. 하지만 이보다 더 중요한 형태가 여기 있다. 그것은 우반구의 세계에서 발생하여 좌반구를 경유한 뒤, 마지막에는 다시 우반구로 돌아와서 최고 수준에 이른다.

■ 우측 전두엽의 확장

지금까지 좌반구와 그 세계에 대해 이야기했다. 물론 이 전문화되고 좁게 집중된 세계관도 개발해야 하지만, 우반구가 주관하는 풍부한 내용을 가진 경험 세계의 전체성을 잃을 수는 없다. 가상 세계도 좋지만, 우리는 실제의 경험 세계에 계속 거주해야 하며, 그래야만 조작 능력도 실제 효과를 거둘 수 있다. 인간의 성공은 그저 '도구를 만드는 동물'로서 환경을 조작하는 것만이 아니라, 긴밀하게 짜인 사회와 문명의 기초를 만들어 내는 데 있다.

소관 범위를 더 넓게 유지함으로써 우리가 그런 일을 할 수 있게 해주는 것, 또 전두엽의 발전이 우리에게 열어 준 것을 더 멀리 나아가게 하는 것이 바로 우반구이다. 이미 사회적 연대를 전문화하게 된 우반구는 관계를 위한 장소, 사회적 동물인 인간의 공감 기술이 계속 개발되는 자연스러운 장소이다. 우리가 발견한 것이 바로 이것이다. 두뇌의 구조를 들여다보면, 좌반구만이 아니라 우반구도 비대칭적으로 커졌음을 알 수 있다.

앞에서 언급했듯이, 인간의 두뇌에서 발견되는 것 같은 비대칭성은 원숭이와 유인원에게서도 보인다. 그들도 좌반구가 팽창되었다. 하지만 진화상의 선조들이 먼저 예고한 것은 이것만이 아니다. 그들은 바로 〔좌반구 뒤쪽 부분의 두정엽을 가리키는 '좌측 페탈리아' 가 아닌〕 '우측 전두 페탈리아right frontal petalia' 도 갖고 있었다.

우측과 좌측 페탈리아 중 어느 쪽이 먼저 출현했는지를 말해 주는 증거는 둘로 갈린다. 우측 페탈리아는 전두엽이므로 더 뒤쪽에서 일어난 좌반구의 팽창과 달리, 해당 장소에 그보다 늦게 등장한 것일 수 있다. 그러나 인간의 배아에서 우반구의 전두엽 구역은 좌반구의 후두골보다 먼저 발달했다. 생후 2년째가 되면 좌반구가 속도를 내어 언어와 발언 담당 구역이 형성되기는 하지만, 일반적으로 우반구가 먼저 성숙한다. 좌반구가 성숙한 뒤에도 우반구는 성숙을 거듭하여, 생후 5~6년째에는 더 복잡한 감정적·운율적 언어 요소가 발달한다는 증거가 있다.[38] 이것이 사실이라면 여기에는 반구들 간의 발달사(우반구→좌반구→우반구)와 그 기능적 관계 사이에 흥미로운 병행 관계가 성립한다. 어떤 경우이든 우측 전두 페탈리아는 사회성이 더 풍부한 원숭이, 예를 들면 짧은꼬리원숭이나 유인원 같은 종에서 발견되기 시작하지만, 가장 현저한 형태는 인간에게서 나타난다. 사실 두뇌는 인간의 경우에도 가장 비대칭적인 부분이다.

만약 좌측 페탈리아보다 우측 페탈리아가 더 현저하다면, 또 우측 페탈리아가 인간에게 더 고유한 것이라면, 왜 지금까지 우리는 그것에 관심을 거의 보이지 않았던 걸까? 우리가 우반구와 그것이 하는 일을 희생시키면서까지 좌반구와 그것이 하는 일에만 신경을 썼기 때문일까? 최근까지도 우반구에 관한 모든 것은 어둠 속에 가려져 있었다. 결국 그것은 침묵하는 반구로 알려져 왔다. 언어적인 좌반구적 사고방식으로 말하자면, 그것은 '바보'라는 뜻이다. 그런데 쥐기grasp와 외연적 언어를 기준으로 볼 때, 좌반구가 이룬 업적에 비할 만한 것들을 우반구에서 담당하는 것은 우측 전두엽이 아닌가?

실제로 언어가 하는 것 중 좌반구가 담당하는 것을 제외한 나머지를 모두 이룰 수 있도록, 즉 공감하고 유머를 사용하고 아이러니를 활용하게 하고, 사실의 전달만이 아니라 나 자신을 소통하고 표현하도록 도와주는 것은 우측 전두엽이다. 여기서는 언어가 그저 조작의 도구가 아니라, '타자他者'에게 다가가는 수단이 된다.

사실 인간 존재가 지닌 놀라운 점들, 동물과 인간을 구분해 주는 것들은 대부분 우반구에 의존하고 있으며, 특히 우반구가 팽창한 부분인 우측 전두엽의 활동에 의존한다. 인간과 동물을 궁극적으로 구분해 주는 특징을 열거해 보라고 했을 때, 이성과 언어라고 하는 것은 고전적이며 변변찮은 대답이다. 이성 및 언어와 관계가 있는 추리 능력은 다른 동물들도 일부 갖고 있다. 반면 동물들에게는 전혀 없는 특징들이 우리 인간에게는 더 많다. 이런 것들(물론 두 반구가 모두 간여한다는 것은 말할 필요도 없지만) 가운데 많은 부분, 혹은 대개의 경우 가장 주된 부분은 우반구의 활동에 의거하며, 대개는 우측 전두엽의 활동에 따른 것이다. 좌반구와 세계의 관계가 손을 내밀어 쥐고 일을 하는 관계라면, 우반구는 단지 다가가는 관계이다. 사실 두 반구의 존재 방식상 나타나는 주된 차이는, 좌반구는 항상 "눈에 보이는 목적"과 용도를 갖고 있으며, 의식적인 의지의 도구로서의 측면이 우반구보다 더 많다는 점이다.

■ 결론

이렇게 우리 두뇌가 세계를 대하는 데는 두 가지 상반된 방식이 있고, 이것들은 모두 없으면 안 되지만 근본적으로 양립 불가능하다. 따라서 인류가 출현하기 전에 이미 이 두 방식은 따로 처리할 필요가 있었고, 신경 측면에서도 분리되어야 했다. 우리의 목적을 이루는 데 필요한, 세계에서 뭔가를 얻어 내는 능력은 뭔가를 다른 것들과 격리시키고, 생명체와 주체로서 파악되는 그것을 세계로부터 고립시켜 하나의 객체로 받아들이는 성향이 있었다. 이로써 효용이라는 가치가 전 과정을 지배하는, 조작을 향한 돌진력이 세계 변화를 이끄는 추진 동력이 되었다. 이 과정은 좌반구를 식민지로 만듦으로써, 그리고 진화의 나무를 올라가는 과정에서 전두엽이 확대됨으로써, 점점 더 멀어져 가는 세계와의 거리를 감수하고라도 무언가를 받아들이는 수용 능력을 확대함으로써 시작되었다. 그 결과, 고등 원숭이와 유인원에게서 상징적으로든 물리적으로든 환경 조작에 유리하게 설계된 구역이 물리적으로 팽창했다. 이 팽창이 인간에게는 참조적 언어가 들어앉을 천연의 자리가 되었다.

동시에 〔원의 바깥으로 나아가려는〕 원심성이 아니라 〔원의 중심으로 향하는〕 구심성을 특징으로 하는 또 다른 방식이 우리 두뇌의 다른 쪽에 자리 잡았다. 이것은 반사작용으로 사물들을 고립시키기 전에 사물의 연결성에 더 집중하고, 그럼으로써 세계에 관여하는 쪽으로, 자아 밖에 있는 것들과의 '사이'를 존중하는 관계로 나아갔다. 전두엽이 성장하면서 이 성향은 공감의 가능성으로 고조되는데, 인간을 포함한 사회적 영장류에게서 확장된 우측 전두엽이 공감 능력의 자리가 되었다.

물론 인간과 인간이 출현하기 전에 존재한 큰 유인원들이 반구 기능상 비대칭성의 원조가 아니었을 수도 있다. 인간보다 훨씬 더 먼저 나타난 어떤 존재에게서 그 비대칭성을 물려받아서, 우리는 다만 그것을 특별히 인간적 목적을 위해 특별히 인간적 방식으로 활용하고 개발했을 뿐일 수도 있다. 좌반구에 언어나 도구 제작 기능이 자리 잡기 전에, 생활 구역에 대한 욕구가 그런 것을 몰아내기 전에 고등 유인원들도 이미 인간처럼 사회적 감정의 표현을 두뇌의 우반구에 나누어 놓았다는 징후가 있다. 다만, 인간은 그 감정 표현을 유용한 추상화 구역에서 격리시키고, 똑같이 중요한 추상 기능도 격리시켜 경험에 나쁜 영향을 미치지 못하게 했다.

이 두 가지 상반된 충동은 똑같이 우리에게 많은 도움이 되며, 그 자체로 곧바로 핵심을 찌르는 인간 조건의 면모를 표현한다. 궁극적으로 충동들 간의 갈등은 피할 수 있다. 가장 바람직한 것은 두 충동이 갈등하지 않는 것이다. 실제로 두뇌 속에서 이 두 가지가 밀접하게 공존하는 모습이 가끔 보이는데, 이 책의 결론에서 이 점을 다시 다루겠다. 하지만 반구 간의 관계는 단선적單線的인 것이 아니다. 오히려 차이가 창조적인 것일 수 있다. 화음이 그런 예이다. 화음에서는 차이가 한데 모여 그렇지 않은 부분보다도 더 훌륭한 결과를 만들어 낸다. 그러므로 성향이 서로 다르다고 해서 오직 부정적으로만 본다면 그것은 잘못이다. 화음이 있으려면 그전에 차이가 있어야 한다. 나는 좌우로 나뉜 우리 두뇌의 반구는 필수적 긴장의 표현이라고 생각한다. 두 반구는 또한 각자의 차이에 서로 다른 태도를 보인다. 우반구는 두 성향을 결속시키려 하고, 좌반구는 두 성향을 경쟁시킨다.

이처럼 좌반구보다 더 인간의 여건을 특징적으로 보여 주는 우반구가 왜 지금까지 간과되어 왔는지는 여전히 수수께끼다. 어쩌면 '열세劣勢 반구' 증후군이라 부를 만한 현상 때문은 아니었을까? 하지만 우리는 그것이 경험의 토대가 되고 더 넓은 시야를 가졌으며, 두뇌 밖에 존재하는 모든 것에 열려 있는 반구라는 사실을 알고 있다. 그렇다면 어찌하여 이러한 일이 일어났을까? 단순히 좌반구가 언어와 분석적 논쟁을 장악했기 때문에, 그래서 과학자들이 좌반구에만 집중했기 때문인가? 있는 그대로의 세계 전체를 이해할 능력이 없는 좌반구가 자신의 방식만을 고집했기 때문에? 아니면 우리가 모르는 다른 사정이 있는 것인가?

그 압도적인 중요성에도 불구하고 우반구가 좌반구에 밀려 철저하게 무시되어 온 정도를 보면, 그간 좌우반구가 벌인 치열한 경쟁을 어느 정도 짐작할 수 있다. 아주 최근까지도 신경학자들 사이에는 우반구의 역할에 의도적으로 눈을 감는 추세가 있었다. 존 커팅의 저서 『우측 두뇌반구와 정신적 장애 The Right Cerebral Hemisphere and Psychiatric Disorders』 와 『정신병의 원리 Principles of Psychopathology』, 마이클 트림블의 최근 저작인 『두뇌의 영혼: 언어, 예술, 믿음의 두뇌적 기초 The Soul in the Brain: The Cerebral Basis of Language, Art, and Belief』가 나오기 전까지, 우반구는 거의 인정받지 못했을 뿐만 아니라 피상적으로 보기에는 설명될 수 없는 어떤 적의의 대상이었다. 좌반구를 선호하는 과학자들 사이에는 일종의 '좌반구 쇼비니즘'이라 할 만한 동지 의식이 작동했던 것 같다. 가장 객관적이라고 하는 저술가들조차 반구 간의 차이를 설명할 때 그런 것이 보인다. 예를 들어, 똑똑한 좌반구의 엄밀성 요구는 '훌륭한' 처리 과정으로 이어지고, 놀고먹는 우반구의 요구는 '조잡한' 처리 과정을 낳는다는 식이다.

이처럼 편향된 신경학적 저술을 외부자의 시각으로 바라볼 때 이상한 느낌이 드는 것은 당연했다. 작곡가 케니스 가부로 Kenneth Gaburo는 우반구를 설명하는 용어에 "뭔가 경멸의 뜻이 잔뜩 담겨 있다"는 점을 지적했다.[39] 좌반구에 대해서는 '지배적'이라고 쓰면서 우반구는 '열세'니 '침묵의' 반구니 하는 글 중에서도, 특히 잘로몬 헨쉔이 쓴 영향력 있는 논문을 지목했다. 신경병리학 역사상 손꼽히는 거물로서, 웁살라 의과대학의 교수를 지낸 헨쉔은 1926년에 《두뇌 Brain》지에 다음과 같은 내용의 글을 기고했다.

> 모든 경우에 우반구는 좌반구보다 현저한 열등성을 보이며, 자동적인 역할만 수행한다. …… 이 사실은 우반구의, 특히 우측 측두엽의 열등함을 보여 준다. …… 좌측 측두엽이 망가진 뒤 언어를 알아듣지 못하게 된 환자는 원시인의 수준으로 떨어진다. …… 물론 우측 측두엽만으로도 원시적인 정신생활을 하는 데는 충분하다. 좌측 측두엽을 쓸 수 있어야만 인간은 정신 발달의 높은 수준에 도달할 수 있다. …… 우반구가 좌반구와 같은 정신적 발달의 높은 수준에 도달하지 못했음은 명백하다. …… 여기서 우반구가 퇴보하는 기관인가 하는 물음이 제기된다. …… 우반구는 예비용 기관일 수도 있다.

현재 생존한 신경학자와 반구 연구자들 가운데 가장 유명한 인물 중한 명인 마이클 가차니가가 이런 노선을 이어 가고 있는데, 그는 용어도 헨쉔의 전통을 따른다. "두 반구 사이에는 충격적인 차이가 있다." "좌반구가 지닌 정신적 능력은 우반구보다 훨씬 많다. …… 우반구는 문제 해결 기술이라는 점에서 격차가 매우 큰 2등이다. …… 그것은 모르는 것들이 무척 많다."[40] 심지어 이렇게 쓴 적도 있다. "언어가 없고 연결이 끊어진 정상적인 우반구의 인지 기술은 침팬지의 인지 기술보다도 한참 열등하다는 주장이 얼마든지 가능하다."[41] 더 최근에는 다음과 같은 글을 썼다. "쉽게 인지하는 반구(좌반구)와 대략 같은 수의 신경세포를 가진 어떤 두뇌 시스템(우반구)은 더 높은 수준의 인지를 하는 능력이 없다. 이는 피질 세포의 숫자만으로는 인간의 지성을 다 설명할 수 없다는 설득력 있는 증거이다."[42] 하지만 우반구가 아주 기본적인 예견 과제를 수행하는 데서 좌반구를 능가한다는 사실이 입증되자, 그는 이를 **좌반구**가 가진 지성의 신호로 해석한다. 동물 역시 인간의 좌반구 전략을 능가할 수 있기 때문이라는 것이다. 실제로는 단순히 이론을 애호하고, 실천 상황에서는 그것이 별 도움이 안 될 때가 많다는 것이 좌반구의 문제이다. 이런 좌반구의 관심에 대해 가차니가는 이렇게 말한다.

> 좌측의 지배적 반구는 지침이 있고 똑똑한 전략을 사용하는 데 비해 우반구는 그렇지 않다. 이는 좌반구가 유용한 인지 전략을 가지고 문제를 푸는 데 비해, 우반구에는 그런 여분의 인지 기술이 없다는 뜻이다. 그렇다고 해서 좌반구가 관심 지향성attention orienting의 문제에서 우반구보다 항상 뛰어나다는 뜻은 아니다.[43]

정말 그렇다. 사실 이 글에 그 점이 언급되어 있는 걸로 보아 그도 알고 있겠지만, 우반구는 관심 지향 분야에서 압도적인 역할을 한다. 가차니가가 좌반구를 가리켜 "똑똑하고" "유용한" 전략이라 말하는 것은, 사실 우반구의 개방적이고 비교조적인 태도와 비교하면 똑똑하지도 유용하지도 않다. 그것이 낳는 결과는 더 정밀한 게 아니라 덜 정밀하다. 하지만 이런 학자들이 쓰는 말에서는 그런 사실이 드러나지 않는다.

물론 대중적인 어법에서 흔히 좌반구라고 통용되는 것에는 그 단점을 벌충할 만한 특징이 전혀 없다는 사실 역시 똑같이 넌더리가 난다.

내가 보기에, 그런 입장은 흔히 이성과 언어의 신중한 사용에 대한 반대를 은폐하고 있다. 일단 말이 입 밖에 나가고 이성이 도외시되면, 이어서 대혼란이 벌어지는 것이다. 이성만이 진리를 내놓을 수 있다는 신념인 합리주의의 범위에 대해 의심을 품는다고 해서 반이성주의자가 되지는 않는다. 방향을 잃거나 과잉된 합리주의에 대한 회의를 유발하는 것이 이성에 대한 무절제한 무시가 아니라 이성인 것도 이와 마찬가지다. 하지만 언어와 이성은 한쪽 반구가 아니라 양쪽 반구의 자식이다. 좌반구의 작업은 우반구의 작업과 통합되어야 한다. 그뿐이다. 좌반구는 우반구라는 주인이 중시하는 자문관, 그의 귀중한 심부름꾼이다.

오른손잡이로 인해 좌반구가 얻은 이득이, 오른손 기술의 증대가 아니라 **왼손 기술의 결함**에서 비롯된다면 어떨까? 실제로 그러하다. 이것도 하나의 흥미로운 비대칭성일 것이다.

현재 생존하는, 한손잡이 문제에 관한 가장 위대한 권위자인 매리언 애네트Marion Annett는 우반구의 기술을 희생하여 좌반구에 지나치게 의존하게 되었다고 믿는다. 그러면서 화가나 운동선수 같은 "여러 종류의 숙련된 수행자들"에게서 왼손잡이가 예상 밖으로 많다는 점을 지적한다.[44] 오른손잡이에게서 나타나는 양손 기능의 현저한 차이는 오른손의 수행도가 약간 더 나아지는 현상과 결부되지만, 애네트는 이것을 왼손의 수행도가 대폭 낮아지는 대가로 본다. 이는 다른 여러 연구자들도 뒷받침한 바 있다.

우반구가 특정적으로 상대적 열세에 놓이는 이런 경향은 해부학적 차원에서도 나타난다. 이 책 1장에서 언급한 관자놀이의 측두평면은 거의 모든 인간 두뇌에서 비대칭적인데, 왼쪽이 오른쪽보다 최대 3분의 1쯤 더 크다. 하지만 두 반구가 대칭적으로 발달하는 예외적인 경우에는, 두 평면이 대개 더 작은 오른쪽 평면의 크기가 아니라 왼쪽 평면의 크기에 맞춰진다. 즉, 양쪽 다 크다. 그러므로 오른손잡이들의 정상 두뇌는 좌측 평면이 커진 것이 아니라 우측 평면의 크기가 줄어든 것이다.

최근 일부 과학자들은 두뇌의 언어 구역이 비대칭임을 설명해 주는 유전자를 찾으려고 했다. 그들은 좌반구가 확장되도록 유도하는, 좌반구에 작용하는 유전자를 찾을 것으로 기대했다. 그런데 과학자들이 발견한 것은, 우반구에 작용하여 우반구가 팽창하지 못하게 막는 유전자였다. 관련된 유전자 27개 가운데 대부분은 오른쪽에서 표현성이 더 높게 발현되었고, 가장 중요한 유전자는 그 정도가 더욱 컸다. 이 연구를 주도한 하버드 대학 신경학 교수인 크리스토퍼 월시Christopher Walsh는 이렇게 말한다. "언어가 가장 아름답다고 여기고 그것에 집중하기 때문에, 거기에는 좌반구의 뭔가 특별한 메커니즘이 부여되어 있을 것이라고 목적론적으로 추정하는 경향이 우리에게 있다. …… 그런데 실제로는 우반구에서 그것이 보통은 억압되어 있을 뿐이고, 그래서 좌반구에서 발현되는 것일지도 모른다."[45]

그렇다면 이 '보통'의 상황은 해부학적으로나 기능적으로 우반구의 희생과 관련되어 있다. 인간의 두뇌 비대칭성을 유발하는 메커니즘은 우반구의 역할을 축소시킴으로써 작동한다.

왜 그런가? 전혀 편중화되지 않는 성질은 앞에서 보았듯이 단점이다. 지배적인 반구, 언어와 쥐기를 통제하는 반구의 전문화와 관련된 거래가 있기 때문에 편중화되지 않을 수 없다. 좌반구 유형의 기능이 따로 분리되면, 그것이 해야 하는 일을 하기가 조금 더 쉬워진다. 그리고 다른 반구가, 소위 열세인 반구가 제시하는 세계관과 상충하는 '버전'을 다룰 필요가 없다면 더 효율적으로 작동한다. 그러므로 지배하지 않는 반구는 불리한 위치에 놓이게 된다. 그런데 그 과정이 너무 지나치면, 우반구를 묵살함으로써 초래된 현저한 손실이 좌반구가 얻는 이익을 뛰어넘게 된다.

사실 애네트는 수학자와 프로 운동선수 가운데 왼손잡이의 수가 많은 것은 왼손잡이들이 가진 선천적인 이점 때문이라기보다는 심한 오른손잡이들이 없는 데 기인한다고 주장한다.[46] 왼손잡이라든가 난독증, 정신분열증, 양극화 장애, 자폐증 등 편중화가 비정상적으로 큰 경우에는 '좌반구의 캡슐화left-hemisphere encapsulation'〔꼭 필요한 내용만 공개하고 그 외는 접근을 차단하는 정보은닉 개념〕라 불리는 증세를 보일 가능성이 적다. 비정상적인 편중화 유형에서는 이러한 격리가 일어나지 않는데, 여기에는 득과 실이 다 있다. 어떤 경우에는 보통 사람은 지닐 수 없는 특별한 재능을 낳을 것이고, 어떤 경우에는 더 열등해져서 진화상의 전문화가 지닌 장점을 잃을 것이다. 이런 견해는 비슷한 조건에서 비정상적인 두뇌 조직과 관련된 특별한 재능과 장애가 있다는 증거들과 일맥상통한다.

이는 확실히 큰 주제이고, 더 치밀한 분석을 요한다. 여기서 강조점은, 좌반구가 자기 일을 하려면 우반구를 억눌러야 한다는 사실이다. 바로 이것이 좌반구의 우월성은 좌반구의 도약이 아니라, 우반구를 고의적으로 불구로 만든 것에 기초하고 있다는 기능적·해부학적 증거에 담긴 뜻이다.

반구들 간의 관계 및 그 경쟁 관계를 이해하려면, 반구들이 만들어내는 두 개의 경험 세계를 비교하는 작업이 필요할 것이다.

04

두 세계의 성격

이 책 1장에서 나는 두뇌의 양분된 성격에 대한 관심을 촉구하며, 거기에는 목적이 있다고 주장했다. 또 두뇌의 비대칭성에 대해서도 관심을 가져야 한다고 했는데, 이는 차이가 반드시 동등성을 포함하지 않는다는 주장이다. 2장에서는 반구들 간의 차이가 구체적으로 어떤 성격인지를 살펴보았다. 3장에서는 반구들이 그냥 아무렇게나 수집된 '자료 저장고'가 아니라, 일관되고도 화해 불가능한 가치들의 모음인 것 같다고 주장했다. 그것은 오른손을 통해 이루어지는 좌반구의 조작 통제와, 언어가 음악에서 진화해 나오는 과정, 언어가 대체로 좌반구에 자리 잡고 음악이 대체로 우반구에 자리 잡게 되는 과정으로 이야기되었디. 이제 이 징에서는 두 반구가 존재하게 만드는 세계를 더 자세히 살펴보고, 그것들이 정말로 대칭적인지, 아니면 어느 한 편이 주도하고 있는지의 물음을 제기하려 한다. 이를 위해 먼저 반구 간의 차이를 탐색하기 시작한 지점인 관심의 문제로 돌아가 보자. 우리의 관심은 세계에 감응한다. 특정한 종류의 대상은 저절로 우리의 관심을 불러일으킨다. 죽어가는 사람을 보면 일몰日沒이나 카뷰레터에 보이는 관심과는 다른 종류의 관심을 보이게 된다. 그러나 그런 과정은 상호적이다. 어떤 것에 대해 우리가 보이는 관심의 성격은 그것 자체로만 결정되지 않는다. 예를 들어 보자. 죽어가는 사람은 병리학자에게는 질병의 교과서가 될 것이고, 사진 기자에게는 '원샷one shot'의 대상이 된다. 원샷이란 그 대상을 짧은 순간 고정시키는 시각적 순간이라는 의미와, 전투를 치를 때 한바탕 쏘아 대는 총알이라는 두 가지 의미가 있다. 관심은 도덕적 행위다. 그것은 사물의 측면을 창조하고 존재하게 만들지만, 그렇게 함으로써 다른 것들을 물러서게 한다. 어떤 존재가 무엇인가 하는 것은 누가 그것에 관심을 보이며, 어떤 방식으로 보이는지에 달렸다. 어떤 장소가 누군가에게는 평화롭고 아름다운 곳일 수 있지만, 바로 그 이유 때문에 다른 사람에게는 착취할 자원이 될 수 있고, 그렇게하여 그 평화와 아름다움은 파괴된다. 관심에는 결과가 따른다.

이는 우리가 어떤 객관적 실재를 발견하거나 주관적 실재를 발명하는 것도 아니지만, 감응적인 소환의 과정을 통해 세계가 나 속의 어떤 것을 불러내고 또 그것이 세계 속의 어떤 것을 불러낸다는 말로 표현할 수도 있다. 이런 것은 가치values만이 아니라 지각되는 성질에 대해서도 사실이다. 가령 희망과 열망과 경외감이, 혹은 그곳에 가려는 사람의 탐욕이 만들어 낸 것이 아닌 실제의 산이 없다면, 산의 초록색, 회색, 바위 등등의 성질은 그 산에도 내 마음에도 있지 않고, 다만 그것과 나 사이에 있을 것이다. 이는 양쪽 편에서 뭔가를 불러내고, 양쪽에 똑같이 의존한다. 음악이 피아노에서도 피아니스트의 손에서도 나오지 않는 것처럼, 조각이 손에서도 돌에서도 나오지 않는 것처럼, 음악이나 조각은 그 두 가지가 합쳐짐으로써 나오는 것이다. 그렇다면 손은 살아 있는 신체의 일부분이고, 더 관습적인 표현으로는 마음을 운반하는 도구지만, 또 그것과 상호 작용한 적 있는 다른 모든 마음, 베토벤과 미켈란젤로에서부터 일상적으로 만나는 모든 대상에 이르는 모든 마음이 만든 산물이기도 하다. 우리는 창조자가 아니라 전달자이다.

우리의 관심은 세계에 감응하지만, 세계는 우리의 관심에 감응한다. 일선적인 분석의 관점에서 보면 이런 상황은 모순이다.

이 모순은 우리가 뭔가를 어떻게 아는가 하는 문제에 해당하는데, 이는 특히 앎knowledge 그 자체가 생기게 되는 과정 자체를 다루려 할 때 문제가 된다. 세계에 대한 우리의 인식이 놓여 있는 신경심리학적 기초를 논의하려면, 의식적이든 무의식적이든지 간에 어떤 철학적 입장을 취하지 않을 수 없기 때문이다. 그것을 의식하지 않는 것은 과학적 유물론의 입장을, 그 결함에도 불구하고 공공연히 채택하는 것이다.

신경심리학은 철학과 뗄 수 없이 묶여 있다. 한두 가지 중요한 예외는 있지만, 최근 들어서는 신경과학자들보다 철학자들이 더 이 사실에 공감하고 있다. 이런 사태 변화에서 몇 가지는 매우 환영할 만하다. 하지만 그런 현상에는 탐지되지 않은, 기만적인 요소가 흔히 있다. 과학에서 새로 발견한 내용을 검열하지 않고 넘어가면 어떻게 되는가? 과학적 절차와 그것이 발견한 내용의 의미가 전체적으로 당연시될 것이다. 신체와 두뇌를 기계장치로 보는 모델은 철학적 회의의 과정을 거치지 않았고, 그것이 말한 내용은 그대로 진리가 되었다. 마찬가지로 두뇌가 마음과 동일시되면서 마음 역시 기계장치가 되었나. 철학석 세계관은 두뇌와 마음에 적용되는 기계적 모델의 진리를 드러낸다. 그 결과, 철학이 과학을 심문하고 과학이 철학에 정보를 제공하는 상호적 형성 과정이 진행되지 않고, 다른 세계관이 부재한 상황에서 과학의 순진한 세계관이 무슨 대단한 하이재킹이라도 하는 것처럼 '신경철학neurophilosophy'이란 것을 구축하고 지시하는 추세가 생겨났다.

좌반구의 세계와 우반구의 세계가 모두 마음에 소개되고 경험의 일관된 측면을 형성한다면, 우리는 그 결과인 철학사에 반영된 양립 불가능성을 보게 될까? 3장에서 논의한 것처럼 반구들은 "앎이란 무엇인가?"라는 근본적인 물음에 각기 다른 대답을 갖고 있고, 그러므로 좌우반구가 지닌 세계에 대한 진리도 다를 수밖에 없다. 하지만 철학이 부재한 채로 접근하는 것은 좌반구의 방식이다. 왜냐하면 우리는 지시적 언어와 일선적이고 순차적인 분석을 통해 사물을 고정하고 명료하고 정확하게 만드는데, 사물을 그렇게 만드는 것은 좌반구 쪽에서 보면 진리를 보는 것과 같기 때문이다. 내가 지닌 관심의 유형이 내가 발견하는 세계를 지시하는 만큼, 또 내가 쓰는 도구가 내가 발견하는 내용을 결정하는 만큼, 철학적인 실재관이 그것이 사용하는 도구, 즉 좌반구의 도구를 반영하고, 분석적이고 순수하게 이성적인 노선으로 세계를 이해한다고 해도 놀랄 것이 없다. 철학이 그 자체의 참조 기준과 인식론을 초월할 가능성은 거의 없다. 따라서 철학사가 반구들 간의 양립 불가능성을 반영하느냐 하는 물음에 대한 대답은 아마 "아니오"일 것이다.

그러나 만약 그럼에도 불구하고 철학자들이 좌반구보다는 우반구의 실재를 더 설명해 보겠다는 욕구를 더 많이 느낀다는 증거가 있다면, 이는 말할 수 없이 중요한 일이다. 철학의 관습적 도구를 사용하여 그런 과제를 달성하려고 애쓰는 것 자체가 마치 잠수함을 타고 날아보겠다고 하는 것과 비슷하기 때문이다. 그래도 그들은 물 위에서 1미터라도 떠오르도록 설계도를 교묘하게 고쳐 보려는 것이다. 성공하지 못할 확률이 훨씬 더 크지만, 그런 시도가 있다는 것만으로도 정상적인 한계를 넘어서도록 밀어붙이는 어떤 강력한 추진력이 그 배후에 있음을 짐작하게 한다. 이는 좌반구의 현실을 확인해 주는 철학의 방대한 분량보다도, 우반구 세계의 궁극적 현실성을 입증하는 더 강력한 증거라 할 것이다.

이 장에서 내가 주장하려는 것은 바로 그런 변화가 철학에서 일어났으며, 더군다나 우리 시대에 가장 영향력이 큰 철학자의 연구에서 증명되었다는 사실이다. 이러한 변화는 1880년대 이후 이루어진 수학과 물리학의 발전만큼이나 놀랍게 느껴진다. 어떤 면에서는 그 쌍둥이일 수도 있다. 오랫동안 과학적 방법론이 그 방법론의 원리를 반영하는 우주의 전망을, 뉴턴적 전망을 낳았다는 것은 결코 놀랄 일이 아니다. 하지만 이 전망은 곧 그 방법론으로 추정된 모델과는 양립할 수 없는 결론을 배출하기 시작했고, 우주의 모순적 존재를 드러내게 되었다. 19세기 후반 독일의 게오르크 칸토어Georg Cantor는 수학의 영역에는 필연적 불확실성과 미완성이 있다는 생각과 씨름했다. 무한성은 더 이상 그것을 추상적 개념으로 바꾸고, 그것에 이름을 붙이고, 마치 또 다른 숫자인 양 처리한다고 해서 그렇게 되는 것이 아니게 되었다. 칸토어는 무한無限이 하나만이 아니라 무한히 있고, 우리가 포착하거나 재현할 수 있는 범위 이상으로, 실재하는 것 이상의 "할 수 있는 한 최대로" 확대한 급수級數·series[일정한 법칙에 따라 증감하는 수를 일정한 순서로 배열한 수열의 합] 이상의, 그 너머의 뭔가가 있다는 것을 깨달았다. 자연 속에서 그것에 도달하려고 애써 온 급수가 아닌 다른 것, 그리고 원리상 지금까지 알려진 그 어떤 인지 과정으로도 절대로 도달할 수 없는 어떤 것이 있다는 것이다.

칸토어와 동시대인인 루트비히 볼츠만Ludwig Boltzmann은 무시간적이고 확실한 물리학 영역에 시간과 확률을 도입하여, 어떤 시스템도 완벽할 수 없음을 입증했다. 쿠르트 괴델Kurt Godel 역시 모든 시스템에는 그 시스템의 용어로는 입증할 수 없는 진리가 반드시 있다고 하는 이른바 '불완전성 정리'를 발표했다. 양자역학에서는 닐스 보어Aage Niels Bohr의 '코펜하겐식 해석'과 베르너 하이젠베르크Werner Heisenberg의 '불확정성 원리'는 불확실성이 배움으로써 극복할 수 있는 어떤 인간적 불완전성에서 나온 것이 아니라 사물의 본성임을, 그것을 본질로 하는 사물들의 우주를 보는 관점임을 확인했다. 이런 발견을 이끌어 낸 통찰력이나 직관이 우반구에서 오기는 했지만, 아니면 두 반구의 협업에서 나왔다 하더라도, 어떻게 보든 그 결론은 명확히 좌반구의 처리 과정, 순차 분석 논리의 결과였다. 그러나 그럼에도 불구하고 이런 변형적 발전은 좌반구가 아니라 우반구가 제시한 세계의 정당성을 입증했다.

철학과 두뇌로 돌아와 보자. 우리는 이 둘이 서로의 실체를 밝혀 줄 것으로 믿는다. 철학은 두뇌의 본성을 이해하도록 도와줄 것이고, 두뇌의 본성은 철학적 문제를 밝히도록 도와줄 것이다. 여기서 제기할 수 있는 물음은 세 가지다. 우리가 좌우반구에 대해 알고 있는 지식이 철학적 논쟁의 의미를 밝히는 데 어떤 도움을 줄 수 있는가? 마찬가지로, 철학은 우리가 알고 있는 반구 간의 차이의 의미를 밝히는 데 어떤 도움이 되는가? 그리고 이 두 물음에 대한 답이 두뇌의 본성에 대해 무슨 말을 해 줄 수 있는가?

첫 번째 물음은 더 위험한 영역으로 우리를 곧바로 끌고 들어간다. 철학자들 본인이 최선의 심판일 것이고, 이와 관련한 쟁점은 마음 그 자체만큼 포괄적이고 복잡하다. 하지만 논의가 가능한 영역들이 있다면 곧 저절로 드러날 것이다.

지난 2천 년간 이어져 온 서구 철학에서 실재實在의 성격은 이분법이라는 기준에 따라 취급되었다. 실재 대 관념, 주관 대 객관 등이 그것이다. 세월이 흐르면서 용어의 의미, 때로는 용어 자체가 변했고, 그런 이분법을 뛰어넘어야 한다는 한결같은 필요성으로 인해 사실주의나 관념론의 종류 혹은 객관주의나 주관주의의 유형이 수정되고 강화되었지만, 본질적인 쟁점은 여전히 남았다. 즉, 우리는 세계와 우리의 마음을 어떻게 연결해야 하는가? 우리 세계는 심히 다른 방식으로 실재를 구성하는 두 반구에 의해 존재하게 되었으므로, 이런 이분법의 일부는 각 반구가 존재하게 한 세계들 간의 차이로써 조명될 수 있을 것처럼 보이기도 한다.

그것은, 예를 들면 하나의 반구가 주관적이고 다른 것이 객관적이라는 식의 생각과는 아무 관련이 없다. 그런 생각은 분명히 틀렸다. 여기서 요점은 서구 철학이 본질적으로 '좌반구의 공정process' 이라는 데 있다. 좌반구는 언어적이고 분석적이며, 추상화와 탈맥락화와 신체에서 벗어난 사유를 요구하고, 범주로 다루어져야 하고, 특정성보다는 일반적인 것의 성격에 관심을 가지고, 진리에 대한 순차적이고 일선적인 접근법을 채택하며, 부분을 가지고 벽돌을 한 장 한 장 쌓는 것처럼 지식의 구조물을 구축한다. 이런 규정은 비록 소크라테스 이전의 철학자들, 헤라클레이토스Heracleitos 같은 철학자들에게는 맞지 않지만, 플라톤 이후 19세기까지의 철학자들 중 과반수 이상에게는 타당한 말이다. 그러다가 19세기 무렵, 쇼펜하우어와 헤겔, 니체 같은 철학자들이 그때까지 철학의 발전을 뒷받침해 온 기반에 의문을 제기하기 시작했다. 좌반구가 보는 세계관에서 철학은 사연스러운 현상으로, 여기서는 특히 주관과 객관의 구분 같은 것이 문제시된다. 하지만 이런 이분법은 자연스럽게 두 개로 나뉘는 양자택일적 세계관에 의존하는 것으로, 우반구가 제시한 세계관에서는 더 이상 문제되지 않는다. 우반구의 세계관에서는 좌반구가 보기에는 나뉘었다고 보일 만한 것들이 통합되고, 개념도 경험과 분리되지 않으며, 실재의 구성에서 '사이betweenness'라는 기초적인 역할이 자명하게 드러난다. 따라서 철학적 이분법을 이해하는 열쇠는, 반구 간의 분할division이 아니라 좌반구 자체의 본성 속에 들어 있다 할 것이다.

하나의 지배 원리를 기준으로 좌반구를 규정해야 한다면, 그것은 분할의 원리일 것이다. 조작과 사용은 명료성과 고정성을 필요로 하며, 명료성과 고정성은 분할과 격리를 필요로 한다. 끊긴 자국 없이 움직이는 과정이던 것이 정지하고 격리된 것, 즉 사물이 된다. 그것은 양자택일적인 반구이다. 명료성은 날카로운 경계선을 만들어 낸다. 그래서 좌반구는 우반구에 의거한다면 없을 수도 있는 구분을 긋는다. 하나의 개별적 대상이 그저 "여기 있는" 지각적 성질들의 묶음만도 아니고, "저기 바깥에" 있으면서 그것들의 기초를 이루는 어떤 것도 아닌 것처럼, 자아는 그저 정신적 상태나 능력의 묶음도, 그런 상태나 능력의 기저에 있는 어떤 분명한 것도 아니다. 그것은 그 어떤 날카로운 경계선도 없는 경험의 한 측면일 따름이다.

헤라클레이토스(플라톤이 나오기 전까지 그리스 사상에 영향을 준 동양의 철학자들처럼)는 모순 때문에 당혹해 하지 않았고, 오히려 그것을 우리의 일상적 사고방식이 실재의 본성에 어울리지 않는다는 신호로 여겼다. 하지만 플라톤식 논의 양식, 즉 배중률排中律(어떤 명제와 그것의 부정 가운데 하나는 반드시 참이라는 법칙)을 고집하는 양식이 활동하기 시작한 것과 비슷한 시기에, 다른 말로 하면 사유가 기성의 의미에서의 철학이 되면서 모순과 패러독스가 지적 불안정의 초점으로 등장하기 시작했다. 이와 관련한 논쟁 몇 가지를 소개한다.

무더기 패러독스*sorites paradox*(그리스어로 'soros'는 '무더기'라는 뜻에서 온 말). 밀레토스의 에우불리데스Eubulides(기원전 350년경)에게서 처음 시작된 말로 보인다. 모래 한 알갱이는 무더기가 아니다. 또 한 알갱이씩 더해 가다가 어느 시점까지는 무더기가 아니다가 어느 지점부터는 무더기가 되는 그런 지점이란 없는데, 그렇다면 무더기는 도대체 어떻게 하여 생길 수 있는가?(가령 10만 개의 알갱이가 모이는 시점부터 무더기라 불리는가?)

테세우스 배의 패러독스*The Ship of Theseus Paradox* 플루타르코스Plutarchos는 테세우스 전기에서 이렇게 썼다.

> 테세우스와 아테네 젊은이들이 타고 돌아온 배에는 노가 서른 개 달려 있었고, 데메트리우스 팔레레우스Demetrius Phalereus의 시절까지도 아테네에 보관되어 있었다. 배의 목재가 오래되어 삭으면 그 부분을 튼튼한 새 목재로 교체했기 때문이다. 그러다 보니 이 배는 철학자들 사이에서 성장成長이라는 논리적 질문에 답해 주는 살아 있는 예로 통하게 되었다. 한쪽 진영은 그 배가 같은 배라고 주장하고, 다른 진영은 같은 배가 아니라고 주장했다.

두 반구가 밝혀낸 상이한 세계를 이해하면서 보면, 패러독스의 변화에서도 의미가 통하기 시작한다. 좌반구가 갑작스럽게 실재에 간섭하여 우반구와 갈등하게 된 것이다.

무더기 패러독스를 생각해 보자. 이것은 전체는 부분의 합이며, 순차적인 연산으로 얻어질 수 있다는 믿음이 낳은 결과이다. 이 믿음은 두 가지 것, 즉 모래 한 알갱이와 한 무더기를 그것들 사이의 관계가 투명한 것처럼 연결하려고 한다. 또 언제라도 반드시 한 무더기가 있거나 있지 않다고 전제한다. '~이거나 아니거나either/or'〔양자택일〕이 유일한 대안이다. 이는 좌반구적인 시각으로, 어김없이 패러독스로 이어진다. 우반구적 시각에 따르면, 그것은 맥락 내 이동의 문제로서 게슈탈트Gestalt의 출현이다. 게슈탈트란, 경계가 부정확하게 규정되어 있고 전체로서 인식되는 실체이다. 무더기는 점진적으로 출현하며, 하나의 과정이고, 변화하고 진화하는 '사물'이다.(이 문제는 '성장 논법'과 관련된다.) 맥락을 고려하지 못하는 것, 게슈탈트 형태를 이해하지 못하는 것, 있지도 않은 정확성을 부당하게 요구하는 것, 과정에 대한 무지로 그것을 정적 순간들의 무한한 연결로 파악하는 것, 이런 것이 좌반구의 지배를 보여 주는 신호이다.

테세우스의 배를 보자. 여기서도 전체가 부분의 총합이며, 부분이 변하면 전체는 사라진다는 믿음 때문에 문제가 생긴다. 이는 반드시 어떤 지점, 그 과정 속에서 정체성이 변하는 어떤 지점이 있게 마련이라는 믿음과도 관련이 있다. 이런 유형의 패러독스가 '성장 논법'으로 알려져 있다는 사실은 모든 생명체, 변화하는 형태를 다루는 데 어려움이 있음을 입증한다. 다시 말하지만, 모든 증거는 좌반구적인 시각이 우반구적인 시각을 지배한다는 사실을 가리키고 있다.

실제 생활에서 우리는 유머러스한 말을 곧이곧대로 받아들이는 사람들이나, 이해하기보다는 어떤 절대적인 원칙을 열심히 적용하다가 패러독스에 직면하는 사람들을 만나게 된다. 그런 사람들은 자폐증과 비슷한 아스퍼거장애의 어느 범위엔가 속한다. 그런 증세 역시 우반구의 결함처럼 보인다. 맥락의 오해, 유머와 유연성의 부족, 원칙으로 얻어진 확실성의 고집 등이 그런 증세이다. 이 패러독스가 밝혀 주는 내용 중에는 좌반구가 만나는 폐쇄된 재귀적 시스템에 그 자체의 기준을 엄밀하게 적용하면 시스템 자체가 반드시 폭발하게 된다는 사실도 있다. 그 시스템에 수용될 수 없는 시스템 구성원이 있기 때문이다. 열심히 들여다보면 거울의 방에도 항상 출구가 있게 마련이다.

'패러독스paradoxe'의 문자 그대로 의미는, 기존의 견해나 예상과 반대되는 내용을 말한다. 그런데 기존의 견해와 예상을 제공하는 것은 좌반구이므로 이 해석은 우리에게 즉시 경각심을 일깨운다. 나는 패러독스를 우리의 일상적인 사유 방식인 좌반구의 방식이 실재의 본성을 사유하기에 적당하지 않다는 신호로 본다. 그런데, 잠깐만! 논리에 의존하는 좌반구가 말하는 내용은 이와 정반대인 것 같다. 즉, 실재가 우리의 통상적인 사유 방식에 맞지 않다고 말하는 것이다. 다른 말로 하면, 좌반구가 이해하는 패러독스는 실제 세계에 이런 종류의 논리를 적용하려 하면 문제가 생길 수밖에 없다는 것이 아니라, 실제 세계는 우리가 생각하는 대로 생겨먹지 않았다는 것이다. 이는 누가 주인이고 누가 심부름꾼인지를 재규정하는 새로운 허가장을 받은 흥미로운 찬탈, 역할 뒤바꾸기다.

우리가 세계를 항상 유동하는 하나의 과정으로 보는지, 아니면 정지되고 완료된 실체들의 연속으로 보는지에 따라 생기는 문제들이 철학에는 어쩔 수 없이 남아 있다. 중세에는 '나투라 나투란스natura naturans'로 보이는 세계와 '나투라 나투라타natura naturata'로 보이는 세계 사이에 구분이 있음이 인정되었다. 전자는 양육하는 자연, 자연이 하는 일을 하는, 알 수 없는 정도까지 항상 진화하는 과정인 자연이고, 후자는 양육된 자연, 뭔가 완료되고(항상 과거 시제로 언급되며, 시간의 흐름을 구속하는 것) 완성된 것, 정지되고 인식될 수 있는 자연을 말한다. 파스칼Blaise Pascal을 제쳐 두면, 스피노자Baruch de Spinoza는 플라톤과 헤겔 사이에서 우반구적 세계를 강하게 감지한 극소수의 철학자 중 한 명이었다. 이해할 수 있는 일이지만, 그에게는 이런 구분이 특히 중요했다.

그는 또 개별자를 통해서만 보편자에 도달할 수 있다는 사실을 이해한 것으로도 유명하다.

하지만 두 개의 반구와 철학이 이 책의 핵심적 관심사와 관련하여 서로 조명해 줄 수 있는 영역은 마음과 세계의 관계에 대한 부분뿐이다. 그 주제는 워낙 엄청난 것이므로, 나는 그 과정의 다른 쪽 끝에서 사태를 바라보도록 자리를 옮겨 그것을 제한하고, '철학이 반구 간의 차이를 이해하는 데 도움이 될 어떤 이야기를 할 수 있는가?' 라는 두 번째 질문을 던져 보려 한다.

반구 간 차이의 주요 논점인 분리 대 결속이라는 문제로 돌아가 보자. 악명 높은 데카르트적 주관-객관의 분리 이후, 철학은 유아론唯我論의 망령에 시달려 왔다. 뭔가를 안다는 것은 뭔가 다른 것을 만나는 것이며, 그것을 우리 자신과 분리된 어떤 것으로서 아는 것이다. 내가 확실하게 알고 있는 것이라고는 오직 나 자신의 존재(cogito ergo sum)밖에 없다면 인간이 그런 간극을 어떻게 넘을 수 있겠는가? 유아론자에게는 만날 대상이 없다. 우리가 알고 있는 것은 모두 우리 자신의 마음에서만 발생하기 때문이다. 비트겐슈타인에 따르면, 유아론자는 자동차 안에 탄 채로 운전석을 마구 밀면서 차가 더 빨리 달리게 하려는 사람과 같다. 여기에도 패러독스가 있다. 이 입장은 스스로를 훼손한다. 역시 유아론자일 수 있는 또 다른 의식, 또 다른 마음의 존재를 필요로 하기 때문이다.(주인이 주인이려면 노예가 필요하다는 헤겔의 말과 같다.) '나'라는 단어를 쓰려면 '비非나'인 뭔가가 있을 가능성을 요구한다. 그렇지 않다면 "존재하는 모든 것은 내 것"이 아니라, 그저 "내 것인 모든 것은 내 것"이라는 공허한 말만 남게 된다.

루이스 사스Louis Sass가 정신분열증 환자의 세계에 관해 입증했듯이, 한편으로는 유아론적 주관성(전능성이라는 환상과 함께)과, 또 다른 편에서는 소외된 객관성(그와 관련된 무능성이라는 환상과 함께)이 서로 충돌하는 경향이 있는데, 이 둘은 동일한 현상의 다른 측면에 지나지 않는다. 둘 다 연결보다는 고립을 함축한다. 신의 관점에 서 보려는 시도, 혹은 토머스 네이글의 유명한 구절을 빌리자면, "어디도 아닌 곳에서의 전망", 즉 객관주의가 주장하는 입장을 택하려는 시도는 유아론만큼이나 공허하고, 궁극적으로, 또 결과로 보자면 유아론과 구별되지 않는다. "어디도 아닌 곳에서의 전망"이란 "모든 곳에서의 전망"과 동일해지는 경향이 있다.

그것과 다른 것이 "어느 한곳에서 보는 전망"이다. 우리가 아는 것은 모두 어떤 개별적인 관점에서 보인 것, 그 존재의 한두 가지 측면에 관한 지식이지 절대로 전체나 완벽한 존재에 관한 지식이 아니다. 이와 마찬가지로 우리가 알게 되는 내용은 사물들이 아니라 관계, 각각 외견상 별개로 보이는 실체들이 그것에 관련된 다른 것들을 한정하는 관계에 관한 내용이다. 하지만 그렇다고 해서 신빙성 있는 공유된 경험 세계가 있을 수 없다는 뜻은 아니다. 완전히 똑같은 세계를 경험하지 않는다고 해서 우리가 하나의 세계에서 결코 만나지 못할 운명이라는 말도 아니다. 전능성이든 무능성이든 환상 속으로 도피할 수는 없다. 알기 힘든 진리는 그에 비하면 덜 거창하다. 우리 자신과 별개인 **뭔가**가 있고, 우리는 그것에 **얼마간**은 영향을 미칠 수 있다는 것이다. 우리가 그런 일을 어떻게 해내는지가 중요하다는 것이 그 증거이다.

■ 듀이와 제임스: 진리의 본성과 맥락

19세기 말에서 20세기 초반, 미국의 실용주의 철학자인 존 듀이John

Dewey와 윌리엄 제임스William James는 각기 다른 방식으로 철학에서의 원자론적·합리주의적 접근법과 그것에 반드시 수반되는 추상화에 불만을 표하기 시작했다. 듀이는 이렇게 썼다.

> 사유는 언제나 생각하는 것이지만, 전체적으로 말해 철학적 사유는 구체적 상황의 실제적 긴급성으로부터 한참 멀리 떨어진, 척도의 반대편 끝에 있다. 맥락의 무시가 철학적 사고에서 오류를 빚어내는 것은 이 때문이다. …… 철학적 사유에서 가장 보편적인 오류의 기원을 따져 가다 보면 맥락의 무시에 도달한다고 나는 감히 주장한다. …… 맥락의 무시는 철학적 사유가 범할 수 있는 가장 큰 재난이다.[1]

철학을 하는 과정은 세계를 이해하는 과정이고, 현실에서 사물들은 항상 그것을 변화시키는 다른 것들과 맺은 관계의 맥락에 놓여 있다. 만약 사물을 맥락에서 분리하기 시작하면 그것들을 이해할 수가 없어진다. "우리는 맥락이 행하는 역할을 명시적으로 알지 못한다. 왜냐하면 일상의 발언은 맥락에 워낙 깊이 잠겨 있어서, 맥락이 우리가 말하고 듣는 것의 의미를 형성하기 때문이다."[2] 여기서 듀이는 우반구 세계의 함축적 본성, 맥락에 대한 우반구의 강조, "우리가 말하고 듣는 것"의 의미를 만들어 내는 데서 우반구가 갖는 실용주의의 궁극적인 중요성을 지적한다. 그리고 맥락은 변화와 과정을 함축한다.

> 철학을 괴롭히는 문제에 대한 답을 얻으려면 자연에서 유기체를, 유기체에서 신경 체계를, 신경 체계에서 두뇌를, 두뇌에서 피질을 보아야 한다. 그렇게 보면 그것들은 **속에 들어 있는** 것으로 보일 것이다. 상자에 구슬이 들어 있는 식이 아니라, 역사에서 사건들이 벌어지는 것처럼 움직이

고 성장하며 결코 완료된 공정process이 아닌 방식으로 들어 있다.[3]

듀이와 제임스는 사물이 맥락에 따라 달라지는 세계에서, 또 그 맥락의 일부가 바로 인식을 수행하는 마음의 본성이 되는 그런 세계에서 진리를 어떻게 알 수 있는가라는 물음에 대답했다. "그 성질들은 결코 그 유기체 '속에' 있지 않다. 그것은 항상 유기체 외부의 사물과 유기체가 공동으로 참여하는 상호 작용이라는 성질이다." 듀이처럼 제임스도 우리 자신 외에 다른 뭔가가 있고, 그렇기 때문에 초연한 객관성이란 있을 수 없지만, 그럼에도 불구하고 그것에 관한 진리는 중요하다는 것을 알았다.

> 수많은 이들이 찬양하는 객관적 증거란 것은 한 번도 당당하게 그곳에 존재한 적이 없다. 그것은 단지 열망이나 우리의 사유 생활에서 무한히 먼 이상을 표시해 주는 한계Grenzbegriff〔한계, 또는 이상적 개념〕일 뿐이다. …… 하지만 경험주의자로서 우리가 객관적 확실성의 원리를 포기한다고 해도, 그것이 곧 진리 그 자체를 추구하거나 희망을 포기한다는 뜻은 아니다. 우리는 여전히 그것이 존재한다는 믿음을 확고히 갖고 있고, 계속 체계적으로 경험을 구축하고 생각하면 더 나은 위치를 점할 수 있음을 믿는다. 스콜라 학자들과 우리의 가장 큰 차이는, 우리가 세계를 직면하는 방식에 있다. 그들의 시스템이 지닌 강점은 원리에, 기원에, 그 생각의 출발점terminus a quo에 있다. 우리에게는 그 힘이 결과, 귀착점terminus ad quem에 있다. 결정해야 할 것은 그것이 어디서 유래하는지가 아니라 그것이 무엇을 지향하는가 하는 것이다.[4]

제임스의 설명은 두 반구의 지식이나 이해에 대한 두 가지 접근법

간의 차이가 무엇인지 밝혀 준다. 좌반구에 따르면, 이해는 부분을 쌓아 올리는 것이다. 사람들은 마치 벽을 쌓을 때 바닥에서 시작하는 것처럼, 한 가지 확실한 것에서 출발하여 다음 것으로 나아간다. 좌반구는 진리의 객관적 증거가 그것이 구성하려 하는 전체의 맥락을 벗어난 곳에 있음을 이해한다. 반면에 우반구에 따르면, 이해는 전체에서 나온다. 전체의 빛 속에서 보아야만 부분들의 본성을 진정으로 이해할 수 있기 때문이다. 어떤 과정은 뒤에서 떠밀린 것(출발점으로부터)이고, 또 다른 과정은 앞에서 끌어내야(귀착점을 향해) 한다. 우반구의 전망인 두 번째 과정에 따르면, 진리는 항상 잠정적일 뿐이지만 그렇다고 해서 우리가 "진리 그 자체를 발견할 희망이나 추진력"을 포기할 이유는 없다.

듀이 역시 지식을 수동적 공정으로 보는 견해에 불만이 있었다. 그런 생각에 따르면, 명료하고 확실한 진리는 저 밖에서 인간의 마음과 상상력이 능동적인 역할을 할 필요가 없는 과정으로 처리된다. 그는 1929년 기퍼드에서 행한 강의를 묶은 『확실성의 탐구The Quest for Certainty』에서 "철학 논쟁이 1630년대(데카르트의 시대) 이후 인간 정신에 대한 너무 수동적인 견해에 의지해 왔고, 기하학적 확실성을 부당하게 요구해 왔다"고 주장했다.[5] 그러면서 그로 인한 결과인 지식의 '관찰자' 이론에 대해, "전통적인 개념에 따르면 알려져야 하는 것은 아는 행동보다 먼저 존재하며, 그것과 완전히 별개로 존재하는 어떤 것이어야 한다"고 비판했다.[6]

독일과 프랑스의 현상학 전통을 따르는 철학자들이 이 주제를 붙잡았다. 사태가 예상치 못했던 놀라운 단계로 넘어간 것은 이들 덕분이며, 이제부터는 이들을 살펴볼 것이다. 이 같은 방향 전환을 오해해선 안 된다. 이 철학자들이 옳다고 말하려는 것이 아니다. 물론 나는 그들이 우리 자신과 세계에 대한 중요한 진리, 얼마 전까지도 서구 철학에서 거의 사라졌던, 다른 철학 전통에는 알려져 있던 진리를 밝혀 주었다고 믿는다. 그러나 철학에는 언제나 다른 견해가 있게 마련이고, 논의는 말 그대로 끝이 없다. 이런 철학자들이 보고 전달하려는 내용을 납득하지 못하는 사람들도 항상 있게 마련이다. 하지만 이 철학자들은 이제는 상식이 된 반구 간의 차이를 전혀 알지 못했음에도 불구하고, 저마다 우반구적 세계가 실재하며 궁극적으로 중요하다는 이야기를 본인들도 깨닫지 못한 새에 발설했다. 이는 그들이 비록 좌반구적 사고방식으로 기울어지는 내재적인 편향이 있고, 철학적 전제와 도구에서 출발했을지라도 이는 사실이다.

■ 후설과 '간間주관성'

에드문트 후설Edmund Husserl은 1859년 독일의 모라비아 지방에서 태어났으며, 처음에는 수학과 물리학, 천문학을 공부했다. 나중에는 심리학과 철학의 관계에 점점 더 관심을 갖게 되었다. 그의 주저는 20세기로 접어든 이후 제2차 세계대전이 벌어지기 전의 기간에 발표되었다. 비트겐슈타인처럼 그의 철학적 입장도 극적으로 변했는데, 후기 저작은 인간의 의식이 부분적으로 만들어 놓은 세계 속에서 합리주의가 겪는 문제들과 씨름한다. 엄밀한 의미에서, 그는 최초이자 아마 유일하게 진정한 현상학자일 것이다. 그는 의식과 의식적 경험(현상)을 객관적으로 연구하겠다는 목표를 세웠지만, 그럼에도 3인칭보다는 1인칭의 시각에서 연구했다. 그리고 특정한 종류의 사유 경험인 환원 reduction(환원주의와는 아무 상관이 없는 개념)이라는 경험을 사용하여 사물 자체, 있는 그대로의 사물에 도달하려고 힘겹게 노력하며, 선취先取된 모든 이론적 틀과 주관-객관의 이분법을 극복하려고 했다. 후설의 현상학 現象學은 20세기 유럽 철학에 중대한 영향을 끼쳤다. 후설 외에 하이데 거, 메를로 퐁티Maurice Merleau-Ponty, 막스 셸러등이 현상학자로 불리며, 1세기 전의 헤겔은 그 선구자로 간주된다.

비록 후설은 데카르트 철학과 과학적 방법론을 정신이라는 현상을 다루는 배경으로 사용했지만, 자신의 철학과 이 방법론으로는 경험의 본성을 설명할 수 없음을 깨달았다. 후설에 따르면, 유럽의 모더니즘 이 처한 위기의 뿌리는 "길을 잃은 합리주의verirrenden Rationalismus"와 "초 월에 대한 맹목Blindheit fur das Transzendentale",[7] 즉 일종의 광적인 합리주의 와 초월적인 것에 대한 맹목적 추구에 있다. 후설은 플라톤 이후 철학 을 그토록 괴롭혀 온 주관과 객관, 리얼리즘과 관념론의 뚜렷한 이중 성을 초월하는 것을 철학적 목표로 삼았다. 그는 세계를 구축하는 데 서 공감, 즉 자신을 타인의 입장에 놓아 보는 차원을 넘어 타인이 느끼 는 것을 느껴 보는 능력이 맡는 역할을 강조했다. 후설은 그 객관적 실 재가 있다는 결론에 도달했지만, 그 실재는 이른바 '간주관성間主觀性· intersubjectivity'으로 구성되어 있다. 이는 공유된 경험을 통해 발생하며, 공유된 경험은 각자 신체를 가진 개별자들 곁에 있는 신체를 가진 우 리의 존재로써 가능해진다.[8]

후설은 우리가 신체를 알게 되는 두 가지 방식을 구별했다. 세계 속 의 다른 대상들과 함께 존재하지만 생소한 물질적 대상Korper으로서의 신체가 있고, 그저 살아 있는 것이 아니라 살아지는leib 것으로서, 안으 로부터 우리가 경험하는 방식으로서의 신체가 있다. 다른 사람들이 세 계 속에 참여하는 것을 볼 때 우리는 그들을 함께 살아지는leibhaft 존재 로 느낀다. 마치 신체를 가진 우리의 존재 의식을 그들과 공유하는 것 처럼 말이다.

신체와 공감의 중요성과 간주관성(내가 말하는 '사이'라는 것)을 강조하면서, 후설은 우리가 사는 세계를 구성하는 데서 우반구가 필수적인 역할을 맡는다고 주장한다. 그 역시 맥락의 중요성을 강조한다. 하나의 사물은 그것이 놓여 있는 주변 여건으로 인해 바로 그 사물이 되는 것이고, 관련된 모든 것과 연결되어 있다. 그러다 보면 인식론적 순환성의 망령을 불러오게 된다. 어떤 하나를 이해하는 것이 전체를 이해하는 것에 달렸기 때문이다. 언어와 논리적 분석이라는 도구는 그것을 맥락에서 분리하여, 눈에 익숙한 개념들의 조합으로 가져가는데, 철학자들이라면 언어 분석을 통해 끊임없이 그런 개념을 초월하려고 애쓴다. 후설이 '현상학적 환원'이라 부른 것의 목표가 그것이었다. 세계는 빙빙 돌면서 그 기원을 탐구하는 순환적 공정에서 발생한다. 그것은 일렬로 순서대로 인지되는 것이 아니라, 단번에 눈에 들어오는 그림과 더 비슷하다. 즉, 좌반구보다는 우반구적 과정에 의거하여 발생한다.

타인들과의 공감이 그들에 대한 경험만이 아니라 우리 자신과 세계에 대한 경험의 토대도 된다는 사실은 최근의 심리학 연구에서도 밝혀졌다. 데카르트적 방식으로 생각한다면 우리가 타인들에게 '내향성內向性'을 부여한다고 말할 수도 있다. 즉, 우리 자신의 감정을 먼저 인식하고, 그와 동시에 우리가 행하는 외향적 표현과 발언 및 행동에 그 감정을 연결해 본 뒤, 타인에게서 그와 똑같은 표현을 목격하면 내 경우와의 일종의 논리적 유추를 통해 타인도 내가 경험한 것과 같은 감정을 느낀다고 판단한다는 것이다. 하지만 발달심리학은 이것이 틀린 가정임을 보여 준다. 공감이 이루어지는 방향은 우리 자신(격리된)의 내부에서 다른 사람(격리된)의 내부로 향하는 것이 아니라, 공유된 경험으로부터 우리 자신 및 타인의 내향성의 발전으로 향한다는 것이다. 우리는 자신과 타인을 연결하는 법을 배울 필요가 없다. 왜냐하면 우리는

개별적이기는 해도 원래 격리된 존재가 아니고, 의식 속에서는 간주관적이기 때문이다

좌반구는 공감에 영향을 받지 않는다. 그것의 관심은 자기 이득의 극대화에 있고, 그것을 추진하는 가치는 효용이다. 따라서 영미英美의 전통을 따르는 철학자들은 유럽 현상학의 영향을 별로 받지 않았으며, 이타적 행동을 보고도 당혹스러워하지 않는다. 그들은 궁극적으로 이기적인 관심의 산물이라 할 행동을 설명하고자 상식과 경험의 한계를 건드리는 복잡한 논리적 공식에 의거해 왔다.(다음에서 설명할 '죄수의 딜레마'는 합리적인 행동이 불합리하고 이기적인 결과를 가져올 수 있음을 입증하는데, 이는 좌반구 시스템 내에 있는 '괴델 포인트Godelian point'〔어떤 시스템, 신념, 이념이든지 간에 원칙에만 충실하다 보면 자체 모순에 빠지게 되는 지점, 즉 괴델 포인트를 내부에 갖고 있다. 이 지점이 괴델 포인트〕를 알려 주는 또 다른 패러독스이다).

이 같은 논리적 문제를 논리적으로 해명하는 방법은 당연히 있다. 점점 더 세련돼 가는 추가 조항, 케플러Johannes Kepler 이전 시대의 천문학자들이 "현상을 구제하고자" 행성궤도에 추가했던 주전원周轉圓〔일정한 크기의 원〕을 연상시키는 더욱 재귀적인 고리가 그런 것이다. 이는 직선만 사용하여 살아 있는 곡선을 그리려는 시도와도 비슷하다. 직선을 계속 추가하다 보면 무한히 복잡해지며 곡선에 근접하지만, 선들은 절대로 목표물에 완전히 닿지 못하며 항상 곡선 바깥에 남아 있게 된다. 이런저런 생각 없이 그냥 한 손으로 휙 그리면 곡선이 될 텐데 말이다. 혹은 살아 있는 사람의 복제물simulacrum을 만들고자 톱니와 바퀴의 복잡한 구조물을 만드는 것처럼, 아무리 닮게 만든다 하더라도, 목표에 아무리 가까이 절묘하게 접근한다 하더라도, 뭔가 빠진 것이 있게 마련이다.

앞에서 언급한 '죄수의 딜레마Prisoner's dilemma'라는 문제는 게임이론

이라는 경제적·사회적 모델링의 한 요소로서, 1950년에 플러드Merrill Flood와 드레셔Melvin Dresher가 처음 전개한 이론이다. 그 내용은 다음과 같다. 경찰은 A와 B라는 두 사람을 혐의자로 의심하고 체포한 뒤 따로 격리하여 심문한다. 그들은 각자 상대편에게 불리한 증언을 하는데, 만약 상대방이 침묵하면 그는 풀려나지만 상대방은 최고 중형인 10년 형을 받을 것이라는 말을 듣는다. 그러나 두 사람이 다 침묵한다면, 둘 다 6개월만 복역하면 된다. 그렇지 않고 두 사람 모두 상대방을 배신하면 둘 다 2년형을 받는다. 둘 다 상대방이 어떤 태도를 보일지 확신하지 못하는 상황에서, 두 사람은 어떤 반응을 보일까? 침묵할까 아니면 배신할까?

그들이 택할 수 있는 선택지는 다음과 같이 요약된다.

	B가 침묵할 때	B가 배신할 때
A가 침묵할 때	A는 6개월형 B도 6개월형	A는 10년형 B는 석방
A가 배신할 때	A는 석방 B는 10년형	A는 2년형 B도 2년형

이 문제의 핵심은 두 사람 모두에게 최선의 결과는 두 사람 다 침묵하는 것이고, 그러면 둘 다 6개월씩만 복역하면 된다는 데 있다. 하지만 두 사람이 저마다 합리적으로 처신한다면, 그들은 더 나쁜 선택을 하게 된다. 두 사람 다 상대방을 배신하고 2년씩 복역하게 될 테니까 말이다. 그 이유는 뻔하다. A는 B가 어떻게 행동할지 모르기 때문에 B의 예상 선택지를 저울질한다. B가 침묵한다 해도 A로서는 배신하는 편이 더 낫다. 6개월도 복역하지 않고 즉시 석방될 테니까. B가 배신

한다면 A도 당연히 배신하는 편이 더 낫다. 그렇게 해야 10년이 아니라 2년형을 받을 테니까. 그러니 B가 어떤 선택을 하든지 간에, A로서는 배신하는 게 최선책이다. 물론 상황은 대칭적이므로 B도 같은 처지다. 따라서 그들은 둘 다 침묵하는 것이 합리적으로 옳은 선택이지만(둘 다 6개월형), 결국 둘 다 배신하는 쪽(둘 다 2년형)을 택할 것이다.

이 게임이 반복되는 동안 상대방의 생각을 예측하고자 다양한 시도가 행해지고, 그것이 결과에 영향을 주게 된다. 가령 A는 경험상 자기들이 서로를 믿고 위험부담을 지지 않으면 함정에서 빠져나올 수 없음을 안다. 그래서 다음번에는 이타적으로 행동할 수도 있다. 그러나 B가 다음번에 그렇게 행동하지 않으면, A는 세 번째 판에서는 혼자 멍청이 노릇을 하지 않고 B에게 보복하겠다고 결심할 수도 있다. B가 세 번째에는 협력할 것이라고 예상하고, 그때는 배신하는 것이 자기에게 이익이라고 판단해서다. 계산해 볼 수 있는 경우의 수는 무수히 많지만, 이 수는 모두 컴퓨터 과학자나 철학자들이 만든 인위적 설정으로만 계산된다. 현실에서는 위험부담을 감수하고 서로 신뢰하는 자세가 없으면 어떤 일도 할 수 없다. 계산은 아무런 도움이 되지 않는다. 공감의 토대인 우측 안와 전두 피질이 제대로 기능을 발휘하는 대부분의 사람들에게는 선행善行의 습관이 모든 걸 능가한다. 따라서 사이코패스처럼 두뇌의 이 구역에 결함이 있어서 공감 능력이 없는 인물들에게는 세계의 이런 측면이 결여되어 있으며, 그들은 철학자들처럼 계산에만 몰두한다.

죄수의 딜레마를 놓고 봐도, 배신하는 편이 명백하게 이익이 되도록 설정해 놓은 상황에서도 대부분의 실험 대상자들은 상대방이 어떤 행동을 하든 상관없이 일방적인 배신보다는 상호 협력을 선호한다. 여기서 사람들은 타인을 희생시켜 자신의 물질적 이익만을 극대화하는 길을 추구하지는 않는 것처럼 보이는데, 이는 이론이나 추론만으로는 설명되지 않는 부분이다. 이타주의는 공감의 필수적 결과이다. 우리는 타인의 감정을 느끼고 그들의 존재에 참여한다. 몸집이 큰 유인원들도 공감 능력이 있고 이타적인 행동을 할 수 있다. 시카고의 브룩필드 동물원에 있는 고릴라 빈티 후아Binti Jua는 자기 울타리로 떨어진 어린 소년을 구했다.[9] 사람들과 함께 생활한 개는 본능이나 자기 이익과 무관한 방식으로 행동할 수 있고, 그런 행동은 인간이었다면 이타적이라고 할 만한 행동이다. 그들은 도저히 계산은 하지 못한다.

인간의 이타주의는 동물의 이타주의보다 그 범위가 훨씬 더 넓으며, 호혜적 이타주의라 불리는 수준을 넘어선다. 인간의 이타주의는 자신의 행동에 상응하는 보상을 기대하는 계산된 이타주의가 아니다. 그것은 유전자가 자기를 희생하고 보존하는 문제도 아니다. 인간 존재는 자신과 유전적으로 관계없는 사람들과도 협동한다. 이 협동은 또 자신의 평판을 유지하고자 협력하는 수준을 훨씬 뛰어넘는다. 우리는 거의 알지 못하는 사람이나 다시는 만날 일이 없는 사람들과도 협력하고 그들에게 도움을 준다. 물론 미래의 상호 보상 가능성이 그 순간에는 행동을 결정하는 데 영향을 줄 수도 있지만, 그런 현상에 근본적인 이유는 아니다.

그 같은 성공적인 협동의 동기이자 보상이 되는 것은 상호 이익이 아니라 상호 관계이며, 계산이 아니라 동료 의식이다. 공리주의적인 표현을 빌리면, 중요한 것은 결과가 아니라 과정과 관계이다. 신경학적 수준에서는 죄수의 딜레마 실험에서 이 사실을 확인할 수 있다. 어떤 사람과 상호 협력을 이루어 내는 사람은 쾌락과 관련된 두뇌 구역(안와 전두엽 피질과 대상帶狀구역striatum을 포함하는 중뇌변연 도파민 체계mesolimbic dopamine system 구역)의 활동량이 많다. 그러나 이런 사람이라도 살아 있는 사람이 아니라 프로그래밍된 컴퓨터와 '상호 협력' 비슷한 것을 해야 하는 상황에서는 그런 활동량이 나타나지 않는다. 그런데 다른 인간과 놀이를 할 때 협력 행동에 관여하는 것이 확인된 구역들 대다수가 오른편에 위치한 반면, 기계를 상대할 때에는 대부분 왼편에 있다는 것도 흥미 있는 일이다. 흔히 '공감'이라고 하면 타인에게 온화한 태도를 보이는 것을 떠올리는데, 오른편 구역에는 배신에 대한 이타적 처벌에 관련된 것으로 알려진 우측 미상핵尾狀核·caudate〔꼬리가 있는 회색질 덩어리〕도 포함된다.

■ 메를로 퐁티:공감과 신체

공감에 관해 논의하다 보면, 연대적 순서에서 벗어나서 모리스 메를로 퐁티의 철학을 살펴보지 않을 수 없다. 실재의 구성에서 공감과 신체가 담당하는 부분이 그의 사유의 중심이기 때문이다. 1908년에 태어난 메를로 퐁티는 양차대전 사이와 1960년까지 프랑스어로 주요 저작을 발표했는데, 이것들은 대부분 10~20년 뒤 영어로 번역되었다. 그가 20세기 후반 이후 철학과 심리학, 미술 비평에 미친 영향은 아무리 높이 평가해도 지나치지 않다. 그는 후설의 간주관성 철학에 영향을 받은 사상가 중 한 명이다.

메를로 퐁티는 "마치 타인의 의도가 내 몸에 깃들어 있고, 내 의도가 그의 몸에 깃들어 있는 것과 같은" 소통의 호혜성에 대해 썼다.[10] 메를로 퐁티 철학의 궁극적 기초는 '살아진 신체lived body'라 불릴 만한 개념, 우리가 그 속에 살고 있는 어떤 것으로서가 아닌 신체의 감각, 우리 자신의 연장으로서도 아니고 우리 존재에게 근본적인 존재의 측면으로서의 신체 개념으로 보인다. 그는 인간 존재의 자아 경험이 신체를 중개자로 하여 세계에 자리 잡고 있다는 앙리 베르그송Henri Bergson의 견해를 재현하며, 인간 신체에서 의식과 세계가 깊이 상호 연결되어 있다고 주장한다.

메를로 퐁티에게 지각의 '대상'은 그것만 따로 조망되는 것일 수 없다. 왜냐하면 실제에서 그것은 세계 속에서 그것에 의미를 주는 존재들의 관계망인 맥락 속에 놓여 있기 때문이다. 그리하여 어떤 대상도 다른 것들과 독립하여 존재하지 않고 함께 존재하는 것들의 일부를 반영하며, 마찬가지로 다른 것들에게도 그것이 반영된다. 이는 어떤 주어진 순간에 어떤 주어진 실체가 쓸 수 있는 시각의 내재적 불완전성 감각과 관련된다. 그런 부분적인 노출, 촬영, 다양한 음영들abschattungen(이는 후설의 용어로, 도움은 별로 안 되지만 흔히 '희미한 윤곽 묘사adumbrations'로 번역된다.)은 존재하는 모든 것에 대한 진정한 경험의 필수 부분이며, 그런 경험은 가능한 견해들 전체 속에 궁극적으로 존재한다. 그런 부분적 견해는 사물의 진정한 존재를 훼손하는 것이 아니라 도리어 확고히 해 준다. 완벽함의 시늉은 이론적인 이상의 표상이나 할 수 있는 일이다. 메를로 퐁티는 살아진 세계lived world에서의 그런 경험의 토대로서 깊이의 중요성을 구체적으로 강조하며, 단일한 전체의 상이한 면모들, 깊이를 지닌 사물에서 드러나는 다양한 음영들abschattungen을 대상이 깊이를 결여하는 곳에 남아 있는 유일한 것인 부분들과 대비시켰다.[11]

발작 환자를 돌본 경험이 있는 사람이라면 누구나 "주체와 그의 신체" 사이의 관계, 또 신체와 세계의 관계, 메를로 퐁티의 철학적 관심사의 초점이 되는 관계가 우반구가 승인하는 내용이라는 것을 알게 된다. 우반구의 기능에 뭔가 문제가 생기면 금방 눈에 띈다. 이는 50년 전에, 지금은 고전이 된 운동불능증apraxias에 관한 한 논문에서 이미 언급되었다. '운동불능증'이란 감각이나 운동 기능상으로는 아무 결함이 없는데도 행동을 수행할 수 없게 되는 신경학적 증후군을 가리킨다. 이에 관해 헤카엔과 그 동료들은 이렇게 썼다. "주체와 그의 신체, 혹은 신체와 주변 공간 사이의 관계에 생긴 결함을 나타내는 운동불능증이 열세 반구, 즉 우반구의 발작과 관련하여 발견된다는 것은 정말 놀랍다." [12] 대상을 어떻게 사용하는지가 문제가 될 때, 적어도 그것이 액면 그대로 사용된다면 발작은 대개 좌반구에서 일어난 것이다. 하지만 그렇게 사용된 경우가 아니라면 대개 우반구에서 일어난 발작이다. [13] 전체 감각을 상실하여 일어나는 구조적 운동불능증은 우측에서 일어난 발작의 후유증 중에서도 가장 중하고 흔한 증세이다. [14]

메를로 퐁티에게 진리는 세계에 대한 고도의 추상화가 아니라 세계에 참여함으로써 얻어지는 것이다. 보편자는 개별자의 방해를 뿌리치고 얻어지는 것이 아니라, 개별자를 통해 만날 수 있다. 무한자 또한 유한자로 한정되는 것이 아니라 그것을 통해 얻어진다. 예술에 관한 메를로 퐁티의 견해는 경험에 대한 견해와 일치한다. 예술가는 존재하는 것을 그저 새로운 방식으로 반영하는 것이 아니라, 실제로 예전에는 존재하지 않았던 세계에 관한 진리를 존재하게 만든다. 이는 아마 개별자를 통해 보편자가 현현되는 가장 좋은 예일 것이다.

우리가 타인과 공유하는 것은 생각과 언어가 신체에 뿌리내리고 있다는 사실인데, 이는 곧 모든 진리는 상대적이지만 그렇다고 해서 공유된 진리의 가능성이 결코 훼손되지는 않음을 뜻한다. 본능적이고 감정적인 경험을 우리가 세계에 대해 아는 것과 결부시키는 것은 우반구의 '일차적 의식'인데, 이것은 세계에 대해 신체가 의식에 앞서 알고 있는 것과 짝을 이룬다. 이 입장은 최근에 라코프와 존슨에 의해 더 보강되었는데, 여기서도 신체는 결정적인 중재자이다.

마음은 그저 신체를 갖는 것이 아니라 우리의 개념 시스템이 우리 신체와 우리가 살고 있는 환경의 공통점에 대폭 의거하는 방식으로 신체화된다. 그 결과, 한 사람의 개념 체계의 많은 부분은 보편적이거나 상이한 언어와 문화를 넘어 널리 퍼지게 되었다. 우리의 개념 시스템은 완전히 상대인 것이 아니고, 단순한 역사적 우연성의 문제만도 아니다. 설령 어느 정도의 개념적 상대성이 실제로 존재하며, 역사적 우연성이 매우 중요시된다 하더라도 …… 진리는 신체화된 이해와 상상력으로 중개된다. 이는 진리가 순수하게 주관적이라거나 고정 불변의 진리란 없다는 뜻이 아니다. 그보다는 우리가 공통되게 신체화됨으로써 공통적이고 안정적인 진리가 존재할 수 있게 됐다는 뜻이다.[15)]

메를로 퐁티가 개념적 사고보다 우선시하는 공감(그의 논문 중에는 "지각의 우위와 그 철학적 결과"라는 제목이 붙은 것도 있다.)이 맡는 경험의 기초를 놓는 역할, 세계 속 존재의 전제 조건인 '살아진 신체'에서 신체적으로 예시된 자아가 맡고 있는 근본적 역할 및 맥락에 대한 강조, 간주관적 경험의 매체인 살아진 신체, 그에 따른 결과이자 신체화된 존재의 필수 조건인 깊이의 중요성, 이미 존재하는 것의 이동이 아니라 뭔가 완전히 새로운 것을 존재하게 하는 것으로서의 예술 작품에 대한 강조. 내가 보기에, 이런 특성들은 모두 우반구의 세계를 지향하는 입장과 성향의 표현들이다.

■ 하이데거와 존재의 본성

이러한 세계관은 마르틴 하이데거의 철학에 이르러 가장 포괄적인 표현에 도달했다. 1889년 독일 남부에서 태어난 그는 사제가 될 운명이었고, 초기 저작은 아리스토텔레스와 스콜라 철학자인 존 둔스 스코터스Johannes Duns Scotus에 관한 연구였다. 하지만 하이데거는 우리가 존재를 다루는 방식이 세계와 우리 자신에 대한 오해로 이어졌음을 깨닫기 시작했다. 존재가 마치 다른 사물의 속성인 양, 혹은 다른 사물과 함께 존재하는 사물인 양 다루는 탐구 방식에 문제가 있다는 것이다. 그의 위대한 연구인 『존재와 시간 Sein und Zeit』은 1929년에 출판되자마자 즉시 그 중요성을 인정받았다.

'존재being' 같은 단어의 용법은 우리가 존재가 무엇인지 이해하고 있다고 느끼게 만들기 때문에, 우리가 그것을 참으로 이해한다면 가졌을 근본적인 놀라움의 감각이 그로 인해 은폐되고, 그것을 참으로 이해하려는 시도도 와해된다. 이는 무한성을 또 하나의 숫자로 다루는 게오르크 칸토어의 방식이 그것의 본성, 따라서 세계의 본성을 이해하지 못하게 방해했던 일을 떠올리게 한다. 하지만 그렇다고 해서 우리가 수학을 포기해야 하는 것은 아니듯이, 하이데거의 통찰력 때문에 우리가 언어를 포기해야 한다는 뜻은 아니다. 그저 언어가 이해를 훼손하려는 시도을 막아 내려면 항상 경계심을 늦추지 말아야 한다는 뜻이다.

하이데거는 열렬한 찬미자와 격렬한 반대자를 동시에 거느렸지만, 그 글의 난해성에도 불구하고 현대 사상의 모든 측면에 크나큰 영향을 끼쳤다. 인문학 전반에 걸친 그의 영향력은 지극히 심오하다. 하이데거의 전체 취지는 명료하게 분석되기 어려워서, 그의 글은 종종 오해를 불러일으킨다. 일부에서는 그를 현명한 철학자 또는 스승으로 여기고 찬양하지만, 다른 사람들은 고의로 논지를 흐린 사람이라고 비난한다. 그러나 하이데거는 일상적 의미의 세계의 경계를 헐어 버리는 데 관심이 있는 사람들을 뒷받침하는 후견인이 되었다. 줄리언 영Julian

Young이 '무정부적 실존주의자anarcho-existentialists'라 부른 사람들, 실재에 관한 모든 해석을 억압적 권력 구조로 받아들이는 이런 사람들이 그들의 명분에 하이데거를 끌어들이려 한 것은 하이데거가 대표하는 것을 완전히 전도시키고 희화화하는 행태가 아닐 수 없다. 하이데거에게는 존재하는 것들에 대한 이해가 그 사물이 그 사물로 생성되는 과정에서 이루어지며, 그렇기 때문에 존재하는 어떤 것에 대해서도 단일한 진리가 없다는 사실이 어떤 사물의 특정한 버전이 타당하다거나 모든 버전이 똑같이 타당하다는 것을 뜻하지 않는다. 예술 작품에 대한 메를로 퐁티의 성찰에 대해, 에릭 매슈스Eric Matthews는 이렇게 말했다.

> 만들어진 작품의 매체는 관습적인 지시적 언어가 아니기 때문에, 그것이 가진 의미는 작품 자체의 용어 외에 어떤 용어로도 표현될 수 없을 것이다. 그것은 **제멋대로 생긴** 의미가 아니다. 어떤 다른 매체로 그것을 '올바르게' 번역할 수 없다고 해서, 그 작품에 우리가 원하는 의미를 마음대로 갖다 붙일 수는 없다.[16]

비단 예술 작품에 대해서만 그런 것이 아니다. 사물이란 우리 마음대로 만들어도 되는 그런 것이 아니다. 우리 자신의 마음과 그것이 충실하고 진실해야 하는 모든 것을 이해하려고 하는 시도와는 별개로 존재하는 어떤 것이 있고, 또 동시에 그것을 이해하는 우리 자신에게도 진실한 뭔가가 있다. 유일한 진리가 없다는 말이 곧 진리가 없다는 뜻은 아니다.

진리라고 하닌 너무 서창하게 늘리고, 그 진리에 확실성을 부여하려는 시도가 허세처럼 보이는 것은 당연하다. 하지만 진리는 그렇게 쉽게 사라져 버리지 않는다. "진리 따윈 없다"는 단언은 그 자체가 어떤 진리의 단언이며, 그 반대 명제, 즉 "진리는 있다"는 단언보다는 더 참일 수 있다. 진리라는 개념이 없다면, 우리는 어떤 것도 단언할 수 없고 행동하는 것도 무의미해질 것이다. 가령 의사들의 자문을 구하는 것도 무의미해진다. 그들의 견해를 들어 봤자 의미가 없고, 어떤 치료법이 다른 방법보다 더 낫다는 그들의 견해에도 근거가 없으니 말이다. 하지만 우리 중 그 누구도 실제로는 아무 진리도 없다는 듯이 살아가지는 않는다. 우리의 문제는 그보다는 단일하고 불변적인 진리라는 개념에서 나온다.

　'참true'이라는 단어는 사물들 간의 관계를 시사한다. 누군가에게, 무언가에게 진실한 것, 충실함으로서의 진리, 두 개의 표면이 '참'이라고 말할 수 있는 것처럼 딱 들어맞는 어떤 관계이다. 그것은 '믿다'에 관련되며, 근본적으로는 사실이 그렇다고 믿는 것의 문제이다. '참'을 가리키는 라틴어 단어 'verum'은 선택하거나 믿는 것을 뜻하는 산스크리트어 단어와 어원이 같다. 우리가 선택하는 선택지, 신뢰를 부여하는 상황을 가리키는 것이다. 그런 상황은 절대적이지 않다. 그것은 선택된 사물에 대해서만이 아니라 선택하는 자에 대해서도 말해 준다. 그것은 확실하지 않고, 믿음의 행위를 포함하며, 자신의 직관에 충실한 것을 포함한다.

　하이데거에게 '존재Sein'는 숨어 있고, 진실한 존재 그대로의 사물 (das Seiende)은 세계를 향한 참을성 있는 관심을 보이는 특정한 성향을 통해서만 숨음으로부터 드러날 수 있다. 이는 "될 대로 되라"는 식으로 같은 종류의 의미를 찾고자 이리저리 합치고 마음대로 가져오는 것이 아니다. 하이데거는 진리를, 그리스어에서 '드러냄'을 뜻하는 **알레테이아**aletheia 개념과 연결지었다. 이 개념에서 진리의 수많은 면모들은 스스로 드러난다. 처음에 그것은 우리가 그 '덮개를 벗기려는discover' 시도에 앞서 존재하는 어떤 것을 시사한다. 그러면 그것은 부정에 의해, 무엇이 아닌 것에 의해 규정되는 실체가 되고, 어떤 것에 대한 반대(드러냄)로서 규정된다. 그것은 하나의 공정에 의해, 무언가의 존재가 되는 것으로 등장한다. 그 공정은 또 진리의 일부라는 점이 중요하다. 그것은 사물이 아니라 하나의 행위이고 여정이다. 거기에는 단계가 있다. 그것은 사물을 한데 모음으로써가 아니라 치워 버림으로써 발견된다. 드러냄으로서의 진리 개념은 정지해 있고 변화도 없는 올바름으로서의 진리 개념과 대비된다. 드러냄으로서의 진리는 뭔가를 향한 전진이며, 그 뭔가는 눈에 보이지만 절대로 완전히 보이지 않는다. 올바름으로서의 진리가 그 자체의 사물로서 주어진다면, 드러냄으로서의 진리는 원칙적으로 완전히 알려질 수 있는 것이어야 한다.

하이데거에게 진리란 그렇게 드러냄, 즉 숨기지 않음이지만 또 숨김이기도 하다. 왜냐하면 하나의 지평선을 여는 것은 다른 것을 닫는 일을 포함하지 않을 수 없기 때문이다. 모든 면모가 보일 수 있는 특권적인 단 하나의 시점이란 없다. 우리가 한 번에 보는 것은 한 '장면take' 뿐이다. 우리가 사물을 보는 것은 그것을 뭔가로 봄으로써이다. 이런 의미에서도 우리는 세계에 특정한 방식으로 관심을 가짐으로써 세계를 창조한다.

그러나 진리가 은폐되어야 하는 더 중요한 이유가 있다. 하이데거에 따르면, 진리라고 주장하는 모든 것은 근사近似가 아닐 수 없다. 참된 것들, 우리에게 파악되는 것으로서가 아니라 있는 그대로의 것들은 그 자체로서 말로 표현될 수 없고 포착될 수 없다. 그러므로 그것들을 명료하게 본나고 해도 기껏해야 눈앞에서 흐릿하게 보는 것에 불과하다. 예외적으로, 뚜렷하게 본다고 해도 진정으로 보는 것이 아닌 경우가 있다. 우리가 사물을 있는 그대로의 모습으로 본다는 인상을 받는 것

은, 그것이 우리에게 '현존現存·presence'〔또는 현전現前〕하도록 허용하는
것이 아니라 다른 어떤 것으로 그것을 대체하는, 뭔가 더 안락하고 친
근하고 포착 가능한 것으로, 내 식으로 표현하면 좌반구적 '표상'으로
대체해 주는 것이다. 경험 없는 선원은 얼음조각만 보지만, 경험 많은
선원은 빙산을 알아보고 겁에 질린다.

　은폐됨이라는 하이데거의 개념은 이해될 수 없는 것 앞에서 항복하
는 행동을 의미하지 않는다. 그의 평생의 연구가 가리키는 것처럼 오
히려 그와 정반대이다. 예술에서는 은폐됨이란 접근 불가능성이나 누
구든 환영한다는 태도를 뜻하지 않는다. 그것은 우반구에 이해되는 것
이 좌반구에는 이해되지 않으리라는 의미다. 어딘가 모르게 격언처럼
들리는 하이데거의 "드러냄 속에 은폐와 안전함이 들어 있다in der
Unverborgenheit waltet die Verbergung"는 말은, 이와 비슷하게 예술 작품 속에
동시에 존재하는 은폐됨과 진리의 발산에 관심을 끌어 모은다. 그 의
미는 예술 작품 속에 완전하게 들어 있다. 그것은 밝은 빛 속으로 끌려
나올 수도, 그것에서 추상화될 수도 없고, 다만 그것이 있는 곳에 완벽
하게 투영될 뿐이다. 하이데거를 비트겐슈타인과 비교할 수도 있다.
"예술 작품은 다른 뭔가를 전달하려는 것이 아니다. 오직 그 자체만 전
달한다."[17]

　하이데거에 따르면 우리가 채택할 필요가 있는 자세 혹은 성향은,
뭔가를 기다리는 것waiting for이 아니라 뭔가를 시중드는waiting on 자세
다. 참을성 있게, 존중하는 자세로 뭔가를 길러 내어 드러나게 하는 것
이며, 그것이 무엇으로 자랄지를 이미 좀 짐작하는 그런 것이다. 조지
스타이너Francis George Steiner는 이것을 이탈리아 산마르코에 있는 프라 안
젤리코Fra Angelico의 그림 〈수태고지Annunciation〉에서 보이는 것 같은 "영
성과 지성과 청각의 굴향성屈向性"에 비유한다.[18] 다른 말로 하면 매우

적극적인 수동성이다. 그것은 인간(현존재Dasein, 문자 그대로 거기 있음 혹은 세계 내 존재)과 존재 사이에 이루어지는 반응의 공정으로, 스타이너는 이를 다음과 같이 훌륭하게 표현했다.

> 응답함Ent-sprechen은 무엇에 대한 대답이 아니라 무엇에 대한 반응, 무엇과의 소통, 역동적인 상호성, 자동차의 기어가 재빨리 움직여 발동이 걸릴 때와 같은 어울림matching이다. 그러므로 철학의 본성에 대한 우리의 질문은 플라톤이든 데카르트식이든 로크 식이든 교과서적인 정의나 공식으로서의 대답이 아니라 응답함ent-sprechung으로서, 반응으로서, 살아 있는 메아리, 참여적 관여의 전례적 의미에서의 재보증re-sponsion으로서의 대답이다. …… 데카르트에게 진리를 결정하고 입증하는 것은 확실성이다. 또 확실성은 에고ego 속에 자리 잡고 있다. 자아는 실재의 허브가 되었고, 바깥세상을 탐색하고 수탈하지 않을 수 없는 방식으로 세계와 관련을 맺는다. 아는 자, 사용하는 자로서 자아는 포식자이다. 반면, 하이데거에게 인간 개인과 자의식은 존재의 중심이 아니라 장식품이다. 인간은 존재의 유일하게 특권적인 청중이자 반응자이다. 타자성에 대한 핵심적인 관계는 데카르트적 합리론이나 실증주의적 합리론에서처럼 '쥐기'와 실용적 용도 사이의 관계가 아니다. 그것은 듣기의 관계이다. 우리는 존재의 음성을 들으려고 노력한다. 그것은 지극한 책임감, 보호자, 무엇을 위한 그리고 무엇에 대한 응답성의 관계이고, 또 그런 것이어야 한다.[19]

여기에 나온 대비는 고립된 에고ego와 자아self 사이에 그어진 대비다. '고립된 에고'란 지식의 확실성을 요구하는 그 의식의 캐비닛 속으로 포획물을 가지고 물러나는, 주체에서 객체로 또 객체에서 다시 주체로 신비스럽게 도약하며 주위 세계를 소외시키고 포식자처럼 수탈하는 관계에 서 있다. 자아는 관계하는 세계와 연결되고 뗄 수 없이 묶여 있는 자아로서, 그 관계는 본성상 형이상학적일 뿐만 아니라 "함께 존재하는" 그리고 안에 있는 관계이며, 관심과 주의(Sorge)의 관계이고, 인지認知의 과정만이 아니라 경험적 존재 전체의 참여를 시사하는 그런 관계이다. 이 둘의 대비는 두 개의 반구가 우리에게 가져오는 세계들 간의 본질적인 차이를 상기시킨다. 하지만 결코 이것이 전부가 아니다.

'Dasein'은 세계(문자 그대로, 실제의, 구체적인, 일상적인 세계) 내에서 "거기 있음to be there"이므로, 인간이 된다는 것은 대지와 세계의 일상적인 기정사실에 침잠한다는 것이다. 우반구는 진정하지 않은 일상이라는 의미가 아니라, '나의' 일상 세계, **가족**, 가정, 내가 좋아하는 것들의 일부를 구성하는 사물들이라는 의미에서 친숙한 것들에 관심을 가진다. 그것은 물질적 사물에 등을 돌리지 않고 오히려 구체적이고 개별적인 사물들에 관심을 쏟는다. 이것은 하이데거에게서 발견되는 "바위든 나무든 인간 존재든 물리적 존재의 알갱이와 실질에 대한 개인적 민감성, 사물의 사물성thingness과 완강한 실질성에 대한 민감성 바로 그것"이다.[20] 이것은 존재를 신체와 감각 속에 뿌리내리게 한다. 우리는 무슨 외계적인 데카르트적 마술 기계처럼 신체에 들어가 사는 것이 아니라 그것을 산다. 신체에 대한 좌반구와 우반구의 이해 간의 차이가 바로 이것이다. 어떤 특정한 건물의 '타자성他者性·otherness'을, 그것이 부분적으로 파악되게 해 주는 인지 행위가 있기 이전의 그 순수한 존재, 에센트essent를 전달하려고 시도하면서, 하이데거는 그 존재의 원초적 사실이 그것의 냄새로 우리에게 알려진다고 이야기한다. 후각은 다른 어떤 묘사나 조사보다도 더 즉각적으로 소통된다. 감각은 존재의 '현존'에게, "그 어떤 분석적 해부나 언어적 설명도 고립시킬 수 없는 어떤 사물의 있음을 우리가 파악하는 데" 결정적으로 중요하다.

시간은 현존재Dasein의 개별성을 있게 하고, 존재하는 사물이 있게 되는 조건이다. 『존재와 시간』에서 하이데거는 우리가 시간 속에 살지 않는다고 주장한다. 즉, 마치 어떤 독립적이고 추상적인, 우리 존재에 생소한 흐름으로서가 아니라 시간을 산다는 것이다. 세계 내 존재 being-in-the-world라는 것이 마치 상자에 구슬이 담겨 있는 식으로 세계 속에 존재하는 것이 아닌 것처럼 말이다. 우리는 시간에 대해 그저 생각만 하는 것이 아니라 시간을 살아가며, 이와 비슷하게 신체를 통해 감각 정보를 그저 끌어내는 것이 아니라 신체를 산다. 시간의 경험을 통해 현존재는 죽음을 향해 가는 존재가 된다. 죽음이 없다면 존재는 무관심한 것이 되고, 우리를 서로와 세계에게 끌어당기는 힘을 갖지 못할 것이다. 하이데거에게 "진정하지 않은 일시성의 최하점"은 순간들의 연쇄로서의(좌반구적 양식의) 시간이다. 그것은 현존재의 살아진 시간, 그리고 그것에게 의미를 주는 모든 것과 반대된다.

'일상성everydayness'은 하이데거에게 중요한 개념이다. 거기에는 두 가지 의미가 있는데, 하이데거의 구분법은 여기서도 반구들 간의 차이를 더 잘 밝혀 주며, 반구 간 차이도 하이데거의 의미를 밝혀 준다. 그가 사용한 유명한 보기를 인용해 보면, 내가 쓰는 망치는 당연히 내가 그것을 쓰는 행동의 맥락 속에 놓이며, 나의 연장이나 마찬가지인 것이 된다. 그러므로 그에 대해서는 인식이나 집중적 관심이 없다. 그것은 맥락 속으로 물러난다. 나의 살아진 세계, 내 팔, 망치질하는 행동, 이 일이 일어나는 주변 세계(우반구). 하이데거의 용어로 말하면, 이것들은 '손 안에 있는zuhanden(ready to hand)' 것들이다. 이와 대조적으로, 하이데거의 용어로 그것은 뭔가가 잘못되고 이 흐름을 방해할 때, 그래서 조사할 대상(좌반구)이 되어 관심을 그것으로 끌어갈 때는 '눈앞에 있는

vorhanden(present-at-hand)' 것이 된다. 그러면 그것은 생소해지기 시작한다. 하지만 상황은 이 분석적 도식(좌반구)이 나타내는 것보다 더 복잡하고 생생해진다(우반구). 사물은 양쪽 반구에서 서류 처리(좌반구)되거나 살아가는(우반구) 것으로 끝나지 않고, 항상 이리저리 움직인다. 더 정확하게 말한다면, 일부 면모는 한쪽 반구에 속하고 또 다른 면모는 다른 쪽 반구에 속하며, 이런 면모들이 끊임없이 왔다가 물러가는 역동적인 과정을 이룬다. 생활이라는 업무는 양쪽 반구 모두에 있는 사물의 특징들을 불러온다. 사물들이 각자에게 익숙한 장소와 질서(우반구)를 갖고 있는 일상생활의 일정은 사물들을 둔화시켜 하이데거가 비진정성 inauthenticity이라 부른 것(좌반구)이 되게 할 수 있다. 비록 친숙함의 무게 자체와 내가 말하는 좌반구적인 표상이라는 것이 사물 자체를 대체하지만 말이다. 그러나 망치가 내 관심의 초점이 될 때, 그 갑작스러운 "눈앞에 있음Vorhandenheit〔前在性〕"의 경험에 내재하는 소외 자체로 인해 그것이 한때 상실했던 진정성을 재발견할 여지가 열린다. 왜냐하면 거리를 두면 우리는 경이감에 가까운 감정을 가지고 그것을 존재하는 사물로, 뭔가 놀라운 것으로 새롭게 볼 수 있게 되기 때문이다.

사물이 무뎌지고 진정하지 않은 것이 되면서 그것들은 경험되기보다는 개념화된다. 그것들은 살아가는 맥락에서 분리되는데, 이는 살아 있는 신체에서 심장을 떼어 내는 것과 비슷하다. 하이데거는 이 과정을 **게슈텔**Gestell, 즉 틀 짜기라 부르는데, 이는 창문을 통해 바라보는 것처럼 사물을 보는, 혹은 그것이 그림에 표현되거나 아니면 TV나 컴퓨터 화면에 잡힌 상태처럼 사물을 보는 방식을 시사하는 용어이다. 그 속에는 잠재적인 관계의 제멋대로 갑작스러운 조합이라는 개념이 내재되어 있는데, 궁극적으로는 존재의 전체성을 의미하는 맥락이 프레임의 경계선에서 깔끔하게 절단되어 있다. 실재는 무한히 다양하게 가지치고 이리저리 뻗어 나가며 상호 연관되어 있으므로, 또 논리적 분석이 다가오면 숨고 뒤로 물러나는 것이 본성이므로, 언어는 매체를 끊임없이 제한하고 잠재적으로 오도하고 왜곡한다. 하지만 철학자인 하이데거에게는 그런 것이 필요하다. 일직선적 성향을 가진 언어는 하이데거의 그물 조직 같은 사유에 저항하며, 그의 글은 숲의 길Holzwege, 들판의 길Feldweg, 이정표Wegmarken 등 순환적이고 간접적인 통로의 이미지와 은유를 지지한다. 데카르트가 바바리아의 화덕에서 잠들어 있는 동안, 그의 철학이 반쯤 익었다는 것은 재미있는 사실이다.〔법학 학위를 취득한 뒤 여기저기를 떠돌던 그는 바이에른 대공 막시밀리안의 군대에 복무하고 있던 어느 겨울, 병영 막사에서 그의 인생행로를 바꿀 꿈을 꾸었다.〕 이는 정지 상태와 자기 폐쇄를 은유하는 표현으로, 철학과 신체의 일치라는 철학의 본성을 드러낸다. 이에 비해 스타이너에 의하면 하이데거는 "불빛 없는 장소에서 지칠 줄 모르고 걸어 다니는 사람solvitur ambulando"이었다.[21] 진리는 대상이 아니라 과정이다.

분석적 관점에서 보자면, 스타이너가 말한 것처럼 우리는 끊임없이 화자話者 자신의 그림자를 벗어나 밖으로 도약하려고 시도해야 한다. 우리는 절대로 사물의 상호 연관적인 본성을 놓치면 안 되기 때문인데, 이 점에 관해서는 하이데거의 기획도 대상을 단일하게 바라보도록 자신을 제약한 데카르트와 반대된다. "한눈에 여러 개의 대상을 보고자 하면 그것들 중 하나도 분명하게 보지 못한다."[22] 하이데거는 자연스럽게 은유를 지향했다. 은유란 하나 이상의 대상이 마음 앞에 묵시적으로 (숨겨진 상태로) 존재하는 것으로, 그는 철학자로서는 특이하게 언어의 시적 모호성을 높이 평가한 사람이었다. 그는 일의성一意性·Eindeutigkeit(문자 그대로의 뜻은 의미의 단일성 또는 명료성)의 끔찍함을 한탄했는데, 컴퓨터 시대에 사는 우리는 바로 그런 것을 지향하고 있다. 리처드 로티Richard Rorty에 따르면, "비트겐슈타인과 하이데거 모두 결국은 철학이 시에 명예롭게 굴복할 수 있는 조건을 찾아내려고 노력하게 되었다."[23] 비트겐슈타인의 연구는 점점 더 경구 스타일로 변했다. 그는 철학이 시 밖에서는 가능하지 않다는 생각을 붙들고 씨름했다. 또 하이데거는 최후의 저작에서 결국은 자신이 뜻하는 바의 복잡성과 깊이를 전달하고자 시에 호소하게 되었다. 하이데거는 언어를 생각을 담는 단순한 그릇이 아니라 그것이 전달하는 모든 것과 통합된 것으로 보았는데, 이는 신체가 현존재Dasein에게 통합된 것과 마찬가지다. "단어와 언어는 그것을 쓰고 말하는 사람의 의견 교환을 위해 사물을 포장해 주는 포장지가 아니다."[24]

언어에 대한 하이데거의 이야기에는 또 언어가 나타내는 세계와 우리가 갖는 관계처럼 언어와 우리의 관계가 우리 용도에 맞게 사물을 가공하는 것처럼 단어를 가공하는 의지의 문제나 조작과 지시의 문제(좌반구가 그러듯이)가 아니라는 내용도 들어 있다. 그는 우리 속에서 언어가 발언하는 것이며, 우리가 발언하지 않는다고 말한다. 이 생각은 처음에는 모순되어 보이지만(하이데거는 다시 한 번 언어가 무엇을 말할 수 있는지에 제약을 가한다.), 언어가 우리를 지혜에 연결해 준다는, 어떤 의미로는 그것을 예시하기도 한다는 생각을 담고 있다. 그것은 쉽지 않은 철학적 논의를 통해, 혹은 그가 갈수록 더 믿게 되었듯이 시를 통해 다음의 사실들을 우리에게 말하도록 허용하는 데 필요한 지혜이다. 즉, 언어를 통해 말하는 것보다는, 다시 말해서 언어에 관념을 부과하기보다는 언어에서 출현하는 것을 들을 필요가 있다는 것이다. 우리는 침묵하는 우반구가 발언하도록 허용해야 한다. 그것이 이해하는 내용은 매일매일의 일상 언어로 표현되기 힘들다. 일상의 언어는 세계 내 존재의 특정한 방식, 즉 좌반구의 방식으로 우반구가 우회하려고 애쓰는 곳으로 이미 곧바로 데려가기 때문이다. 어떤 것을 이해하려고 애쓰면서 그것으로 다가갈 때, 하이데거는 우리가 그저 순진한 원동자原動者는 아니라고 말하는 것 같다. 우리가 어떤 것을 이해할 수 있으려면 그것에 접근할 수 있도록 충분한 이해를 이미 갖고 있어야 한다. 또 실제로, 우리가 그것을 이해할 수 있기 전에 어떤 의미에서는 그것을 이미 이해하고 있는 것이다.

혼자서 뭔가를 쥐고 있어 봤자 이해가 되는 것은 아니다. 그것은 이미 우리 속에 있고, 그것이 우리 속에 들어오도록 우리가 해야 할 일은 그것을 일깨우는 것, 혹은 그것을 펼치는 일이다. 이와 비슷하게, 우리는 다른 사람들이 어떤 것을 이미 어느 정도 이해하고 있지 않는 한, 절대로 그들에게 그것을 이해시킬 수 없다. 우리는 그들에게 우리의 이해를 줄 수 없고, 다만 그들 자신에게 잠복해 있던 이해를 일깨울 수 있을 따름이다. 이는 우리가 생각에 다가가는 것이 아니라 생각이 우리에게 온다고 하는 수수께끼 같은 말의 의미이기도 하다. 이해에 있어서 우리의 역할은 어떤 의미에서는 능동적이기도 한, 개방된 수동성의 역할이다. "통찰Einblick에 있어서 인간은 모습이 보이는 쪽에 속한다."[25] 이런 생각은 메를로 퐁티에게도 친숙하다. "존재가 우리 속에서 발언하는 것이지, 우리가 존재에 대해 발언하는 것이 아니다." 그리고 "우리가 인지하는 것이 아니라, 존재가 저쪽에서 그 자신을 인지하는 것이다."[26] 의식적 마음이 우반구를 통해, 또 저 너머에 존재하는 모든 것으로부터 그것에 다가오는 것과의 관계에서 수동적이라는 생각은 카를 융에게서도 발견된다. "오늘날 사람들이 '콤플렉스를 갖고 있다'는 사실은 누구나 알고 있다. 그러나 그만큼 잘 알려져 있지 않지만 훨씬 더 중요한 것은, 콤플렉스가 '우리를 가질' 수 있다는 사실이다."

철학과 철학적 논의는 세계를 이해하는 한 가지 방식일 뿐이다. 하이데거식 기준에서 세계를 본능적으로 보는 사람은 거의 대부분 철학자가 되지 않는다. 철학자란 스스로를 우반구의 실재를 공정하게 다루려 한다면 극복될 필요가 있는 기준에 의거하여 실재를 설명할 수 있다고, 아니면 타당하게 질문할 수 있다고 느끼는 자로 선택한 사람들이다. 그러나 여기에는 유명한 예외가 있는데, 쇼펜하우어Arthur Schopenhauer가 그런 사람이다. 하이데거와 비트겐슈타인이 시와 화해했듯이, 쇼펜하우어는 예술이라는 매체 전반, 특히 음악이 실재의 본성을 직접 드러내는 데 철학보다 더 유능하다고 믿었다. 또 그렇게 하는 데서 자비와 종교적 계몽의 중요성도 믿었다. "철학적 경이감이란, 그 기저에서는 당혹감과 멜랑콜리다. 철학은 모차르트의 오페라 〈돈 조반니Don Giovanni〉 서곡처럼 단조로 시작한다." 멜랑콜리와 음악, 공감, 종교적 감정을 우반구와 결합하는 기준에서 볼 때 이 관찰은 새로운 의미를 얻는다. 왜냐하면 외견은 그렇게 보이지 않지만, 철학은 우반구에서 출발하고 끝나기 때문이다. 비록 중간에는 좌반구를 통과해야 하지만 말이다.

하이데거가 최선을 다해 언어의 기반을 흔들고자 언어를 사용하면서도 존재Being에서의 일차적 역할은 계속 언어에 부여한 것은 사실이다. 그에게는 '왜 음악이 아니라 언어인가?' 라는 질문이 흔히 제기된다. 그것은 아마 개인적인 이유일 것 같다. 그가 언어를 일차적으로 중요하다고 생각하지 않았다면, 본능적으로 음악이나 시각 미술보다 언어를 자신의 매체로 붙들지 않았다면, 그는 철학자가 되지 않았을 것이다. 그렇기는 해도 좌반구의 작동 양식(언어, 추상, 분석)에서 출발하여 하이데거는 좌반구의 시야에 항상 감추어진다고 본 것에 충실했다. 그는 한 번도 그것에 휩쓸리지 않았고, 엄청난 참을성과 끈질김과 섬세함을 발휘하여 언어와 추상과 분석에 헌신하면서도 그것(감추어지는 것)이 스스로 발언하여 그것들을 초월하도록 만들었다. 내가 볼 때, 그가

1930년대 독일에서 취했던 애매모호한 공적인 역할에 대해 온갖 해석이 구구하지만, 그럼에도 불구하고 철학자로서 여전히 영웅적 존재인 것은 이 비범한 업적 때문이다.

매우 다른 철학 전통에서 출발했고 작업해 온 경로도 다르지만, 후기의 비트겐슈타인은 여러 가지 점에서 하이데거와 동일한 결론에 도달했다. 비트겐슈타인이 실재의 본성을 지극히 까다롭게 따진다는 데에는 의심의 여지가 없다. 그러면서도 그는 하이데거처럼 철학의 과정은 그 자체에 반하여 작동될 필요가 있음을 알았고, 자신을 철학을 정지시킨 존재로 보았다. "내 이름이 혹시 살아남는다면 그것은 오직 서구의 위대한 철학의 종착점으로서일 것이다. 알렉산드리아의 도서관을 불태운 자의 이름처럼 말이다."[27] 하이데거처럼 비트겐슈타인도 원칙과 시스템에 대한 맥락의 우위, 이론에 대한 실천의 우위를 강조했다. "여기서 우리가 얻는 것은 기술이 아니다. 우리는 올바른 판단을 배운다. 원칙도 있지만 그것이 시스템을 구성하지는 않는다. 경험 있는 사람들이라야 그것을 올바르게 적용할 수 있다. 계산의 원칙과는 다르다."[28] 그는 생각하고 느끼는 것이 마음만이 아니라 인간 존재임을 강조했다. 하이데거처럼, 진리가 드러날 뿐만 아니라 숨거나 기만할 수 있음을 파악했다. 비트겐슈타인 연구자인 피터 해커Peter Hacker는 이렇게 말한다.

진리의 기원은 모두 어쩔 수 없이 거짓의 기원이기도 하다. 그 자체의 추리와 확인 규범이 거기에서 출현하여 그것을 보호한다. 하지만 그것은 개념적 혼미의 근원이 될 수도 있고, 그럼으로써 그것이 전형적으로 무력해지는 지적 신화 제작의 형식이 될 수도 있다. 과학의 방법과 범주를 그 적절한 영역 너머에까지 불법적으로 확장하는 과학주의가 그런 형식의 하나이며, 과학의 통합성이라는 개념과 자연과학과 인문학 연구의 방법론적 동질성이 그런 신화의 하나이다. 그 같은 이성의 환각 으로부터 우리를 방어해 주는 것이 철학의 과제이다.[29]

비트겐슈타인은 두 가지 이유에서 과학적 방법을 불신했다. '환원' 시키려는 경향과 과학적 모델의 기만적인 명료성이 그것이다. "과학의 방법에 사로잡히는 것은 자연적 현상을 가장 작은 수의 원초적 자연법에 의거한 설명으로 축소시키는 것"이다.[30] 과학이 하는 것처럼 질문을 던지고 대답하려는 뿌리칠 수 없는 유혹을 느끼기는 하지만 …… 어떤 것을 환원하는 것은 결코 우리의 일이 될 수 없다. 비트겐슈타인이 가장 좋아한 말 가운데 "모든 것은 바로 그것이지 다른 것이 아니다"라는 말이 있는데, 이는 각 개별자의 순수한 본질에 대한 우반구의 열정적인 헌신을 표현한 말로서, 우리는 오직 그 헌신을 통해서만 보편자에게 접근할 수 있고, 좌반구의 시스템 구축에서 피할 수 없는 환원주의에 저항한다.

비트겐슈타인은 명료성을 추구하는 명예로운 업무를 존경하면서도 과학적 사고, 혹은 언어에서 공식이라는 업무가 가져오는 거짓된 명료성을 경계했다. 앞에서 나는 언어가 생각에 공헌하는 특정한 기여는, 사유를 명료하고 확고하게 만들어 주는 것이라고 말한 바 있다. 비트겐슈타인의 제자인 프리드리히 바이스만Friedrich Waismann이 마음 자체의 과정에 대해 말했듯이, "심리적 동기는 그것을 말로 표현한 뒤에야 두터워지고 단단해지고 모습을 갖춘다." 객관성을 향해 분투할 필요는 있다. 하지만 우리가 드러내려고 하는 목표인 실재는 그 자체로 엄밀하지 않으므로, 언어의 인위적 엄밀성은 우리를 배신한다. 비트겐슈타인은 '지성의 짜증', '지성의 간지럼'이라는 말을 가끔 하는데, 그는 이것을 종교적 충동과 대비시켰다. 그는 철학이라는 업무를 자기 위안적인 이유가 주는 진통 효과와 반대되는 것으로 본다. "인간은 깨어나서 놀라야 한다. 아마 사람들도 그럴 것이다. 과학은 인간을 다시 잠에 빠지게 만드는 길이다."[31]

하이데거는 이에 동의했을 것이다. 이 책의 주제와 관련하여 하이데거가 갖는 중요성은 세계가 궁극적으로는 우반구에 의해 주어진다는 인식에만 있지 않다. 그는 여기서 더 나아갔으며, 이 책 제2부의 주제가 될 반구 간의 관계 변화를 직관적으로 이해했던 것 같다. 즉, 가끔 격렬한 소동이나 축소시키려는 움직임 또는 흔들림이 있었지만, 그럼에도 서구에서 지난 세기 동안 우반구의 힘을 잠식하려는 부단한 움직임이 있었다는 것이다.

프로이트도 자신이 '이차적 공정'이라 부른 이성적 이해가 '일차적 공정'인 무의식을 절대로 대체할 수 없음을 알고 있으면서도, 인간의 역사에서 이성이 본능과 직관을 침해해 왔다고 믿게 되었다. 하이데거는 독단적이고, 단언적이고, 규정적이고 분류적인 서구 형이상학의 특징적 표현과 그가 니힐리즘nihilism이라 부른, 삶을 이성적·기술적으로 장악하려는 의지 사이에 치명적인 연속성이 있음을 알았다. 『기술에 관한 물음 및 다른 논문들The Question Concerning Technology and Other Essays』에서, 그는 "현대의 근본적 사건은 그림으로서의 세계를 정복한 것"이라고 썼다. 그는 과학 연구란 자연과 역사에 관한 좁고 탈맥락화된 특정 유형의 방법론을 가져오는 것이라고 보았는데, 그런 방법론은 주체를 고립시키고 객체화하는 것으로서 기업의 성격에는 꼭 필요하다. 전망에 대해, 그리고 나중에 라틴어의 '콘템플라티오contemplatio'로 번역된 '테오리아theoria'라는 그리스어 개념의 진화를 개괄하면서 그는 "그리스적 사유에 이미 마련되어 있던, 쪼개고 분할하는 것을 바라보고자 하는 충동"을 보고, "눈으로 포착될 것을 향해 …… 가까이 다가오는 접근"에 대해 이야기한다. 이것은 모두 "세계에서 벌어지는 모든 코미디의 배우보다는 관객이 되려고 한다"는 데카르트의 말을 상기시킨다.

시간 순서에 따라 지난 두 세기를 살펴보면서 하이데거는 서구 유물론의 재앙이 "존재Being의 망각"에서 발생하며, 자본주의와 공산주의라는 두 대립 세력도 자연의 수탈과 끈질긴 기술성의 변형태에 불과하다고 보았다. 자연을 우리 의지에 맞게 강요하려는 시도는 헛수고이며, 존재에 대한 이해를 보여 주지 못한다고 그는 생각했다. 이는 종교적이거나 이성과 어울리지 않는 성찰로 들릴지도 모른다. 하지만 좌반구조차 이해할 수 있는 의미가 여기에 있다. 자연과 자연 자원에 대한 지배와 대규모 약탈, 상품으로의 세계의 환원은 그것이 목적했던 행복을 가져다주지 못했다. 하이데거에 따르면, 온 사방에서 요구되는 것은 이제 거칠고 즉각적이며 필요할 때는 폭력적인 행동이다. "선물을 받으려고 오래 인내하면서 기다렸지만, 그것이 이제는 단순한 허약함처럼 보이게 되었다."[32]

■ 셸러 : 실재의 구성과 가치의 중요성

이제는 하이데거보다 좀 덜 알려진 동시대인으로, 하이데거의 동료이자 친구였던 막스 셸러에 대해서 살펴보자. 셸러는 젊은 나이에 죽었는데, 하이데거는 자신을 진정으로 이해한 유일한 사람이 셸러라고 믿었다. 하이데거는 셸러가 "오늘날 독일에서, 아니 유럽에서 가장 강력한 철학적 인물이며, 지금 같은 현대 철학에서도 그렇다"고 했다.[33] 셸러는 철학의 일부 방향에서는 하이데거보다 더 멀리 나아갔는데, 특히 부수적 현상이 아니라 현상학적 세계의 구성 요소로서의 가치와 느낌에 대한 탐구 면에서 그러하다.

셸러에 의하면, 가치는 그 자체로서는 느낌이 아니다. 비록 색깔이 시각 영역을 통해 우리에게 와 닿는 것처럼 가치가 느낌의 영역을 통해 우리에게 도달하기는 해도 그렇다. 다른 현상학 철학자들처럼 셸러는 경험의 간間개인적 성격, 특히 감정의 본성을 강조했다. 그는 이런 것이 개인을 초월하며, 그런 경계선이 더는 적용되지 않는 영역에 속한다고 믿었다. 셸러가 아동 발달과 언어학에서 검토한 결과에 의거하여 쓴 저서 『공감의 본성The Nature of Sympathy』은, 1928년 그의 사후에 이루어진 연구로 보강되었다. 이 책에 소개된 현상학에 따르면, 세계에 대한 우리의 초기 경험은 간주관적인 것이고 타인과 구별되는 자아에 대한 인식이 포함되지 않는다. 그보다는 "엄청난 경험의 흐름, 내 것과 네 것이 구별되지 않으며, 한데 융합되고 구별되지도 않는 우리 자신과 타인들의 경험을 실제로 담고 있는 흐름이 있다."[34]

감정은 환원 불가능하며 경험의 기초적인 역할을 한다는 셸러의 견해는, 정서의 일차성이라 불리는 것과 관련된다. 셸러를 번역한 만프레드 프링스Manfred Frings가 지적하듯이, 그는 이 점에서 파스칼을 따르고 있다. 파스칼은 수학자이면서도 심장은 이성이 전혀 알지 못하는 고유한 이유를 갖고 있다고 단언한 것으로 유명하다.[35] 하지만 셸러에게 일차적인 것은 다른 정서가 아니라 사랑의 정서였다. 그에게 인간은 본질적으로 '사랑하는 존재ens amans'였다. 셸러의 패러다임에서 보면, 이 끌어당기는 힘은 물리적 우주에서 중력의 끌어당기는 힘처럼 신비스럽고 근본적인 것이다.

셸러에게 가치는 존재하는 세계가 가진 인지 이전의 면모이며, 순수하게 주관적인 것도, 순수하게 교감하는 것도 아니다. 그것은 다른 어떤 것에서 색깔을 유도해 낼 수 없는 것과 마찬가지로 우리가 도출하거나 다른 종류의 정보를 조합하여 만들어 낼 수 있는 어떤 것이 아니며, 계산으로 결론을 얻을 수 있는 것도 아니다. 그것은 그 자체로서, 어떤 계산도 이루어지기 전에 우리에게 온다. 이런 입장은 우리가이미 접한 바 있는 우반구의 두 가지 주제와 중대한 관련이 있다. 즉, 맥락 및 전체의 중요성이 그것이다. 예를 들면 두 사람이 동일한 행동을 하더라도 그 가치는 전혀 다를 수 있는데, 도덕성이 절대로 맥락에서 벗어난 행동이나 결과가 될 수 없는 것은 이 때문이다. 넓은 맥락이든 관련된 개인들의 정신적 세계이든 마찬가지다. 그러므로 우리는어떤 것이 맥락을 벗어나면 취약점으로 간주하는 반면, 어떤 특정한개인의 성격의 맥락에서는 귀중하거나 매력적이라고 판단한다. 우리는 한 개인의 성격이나 행위의 전체성을 합산하여 그에 대한 판단을내리지 않고, 그 개인이라고 우리가 알고 있는 전체에 의해 그 특징이나 행위를 판단한다.

가치는 뭔가 사회적으로 유용한 목적을 위해 추가되는 향료 같은 것이 아니다. 그것은 뭔가 다른 것의 기능이나 결과가 아니라 일차적인사실이다. 셸러는 가치 감식 능력을 'Wertnehmung'이라 불렀다. 이단어는 영어로는 '가치-포착'을 뜻하는 'value-ception'으로 번역되었지만 그 원뜻을 제대로 담아내지 못한다. 셸러에게는 이 가치 포착이 우리가 무엇에 보이는, 그리고 그것에 의해 더 많은 것을 알게 되는관심의 유형을 지배한다. 부분에 대한 이해가 전체의 이해를 지배하는것이 아니라, 전체에 대한 가치 포착적인 지식이 부분에 대한 이해를지배한다.

셸러는 가치가 위계를 형성한다고도 주장했다. 물론 이 점에 동의할수도, 동의하지 않을 수도 있다. 이것은 논의의 문제라기보다는 판단과 직관의 문제이다. 하지만 여기서 중요한 점은, 그가 반구 간의 차이는 전혀 알지 못했으면서도 두 반구의 가치 시스템의 양극성을 완벽하게 보여 주고 있다는 점이다. 우반구는 위계상의 낮은 가치들이 갖는 힘은 그것들이 섬기는 더 높은 가치로부터 나온다고 본다. 반면에 좌반구는 환원주의적이며, 용도와 쾌락이라는 지배 원리에 따르는 낮은 가치를 기준으로 높은 가치를 설명한다. 셸러의 위계는 그가 '감각의 가치sinnliche Werte' 라 부르는 가장 낮은 층위의 가치로부터 시작한다. 즉, 무엇이 유쾌한지 불쾌한지로 구분되는 가치다. 효용의 가치도 감각의 가치와 같은 층위에 있다. "어떤 것은 쾌락 수단일 때만 쓸모 있다고 불릴 수 있다. 용도는 …… 현실에서는 쾌락 수단으로서 말고는 가치가 없다." 그 다음 층위는 '생명의 가치Lebenswerte' 혹은 생명성이다. 용기, 용맹, 희생정신, 과감성, 너그러움, 충성심, 겸손함 등 고귀하거나 감탄스러운 것이 이 층위에 속한다. 혹은 그와 반대인 것들, 비겁함, 소심함, 이기심, 쩨쩨함, 배신, 거만함 등 '저속한 것gemein' 도 이 층위에 속한다. 그 다음에는 지성, 혹은 '정신의 가치geistige Werte' 가 있다.

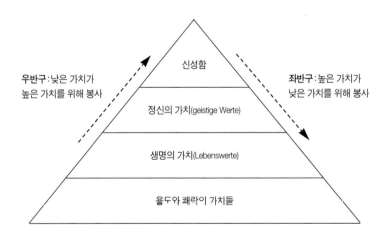

〈그림 4.2〉 셸러가 설정한 '가치 피라미드'

주로 정의, 미와 진리 및 그 반대 성질들이다. 마지막 영역에는 '신성함das Heilige'이 온다.〈그림 4.2〉

이 책의 논지에 관련되는 것은, 도구적으로 유용하고, 실용주의적 기반 위에서 추구되어야 하지만, 의지적 노력으로 얻어질 수 있는 것이 아니므로 추구해 봤자 소용이 없기 때문에 추구 자체가 무의미한 중요한 성질이 있다는 주장이다. 이것은 철학자 존 엘스터Jon Elster가 뛰어난 저서 『신 포도Sour Grapes』에서 대단히 섬세하고 우아하게 지적한 논점이다. 그런 가치의 전형으로 엘스터는 지혜, 겸손, 덕성, 용기, 사랑, 동정심, 찬탄, 믿음, 이해 같은 것을 든다. 이는 합리론에 내재하는 또 다른 괴델식 약점이다.(엘스터의 책에는 '합리성의 전도에 대한 연구'라는 부제가 붙어 있다.) 효용 때문에 그런 가치를 추구하려 하다가는 가치가 사라지게 된다. 그런 가치는 모두 셸러의 위계에서 더 높은 층위에 속한다. 좌반구의 작동 양식을 적용할 수 있는 것은 낮은 층위의 가치인 쓸모와 쾌락뿐이다. 또 이런 것들조차 추구하려다 보면 좌절할 때가 많다. 좌반구에서 사물이 표상될 때 현저하게 드러나는 것은 그것들의 용도 가치다. 사물이 존재하게 만드는 세계에서 모든 것은 효용으로 환원되거나 상당한 분노와 함께 거부당한다. 이것은 좌절에서 생겨난 것으로 보이는 분노이며, 그 '권력에 대한 의지'에 저촉되기 때문에 생기는 것이다. 셸러의 위계에서 더 높은 가치들은 모두 세계에 대한 정서적이고 도덕적인 참여가 필요한 것들이며, 우반구에 의존한다.

창세기의 아담과 이브가 선과 악의 지식 나무의 열매를 먹는 장면에서 '선과 악Good & Evil'으로 번역된 히브리 단어는, 엄밀하게 말하면 "쓸모 있는 것과 쓸모없는 것을 뜻하는데", 이는 달리 말하면 생존에 도움이 되는 것과 안 되는 것이다.

■ 두 세계

만약 좌반구의 공정이 그 자체의 방법상의 한계에 한결같이 충돌하고 그것을 뛰어넘으려 한다면, 이는 그것이 묘사하고자 하는 현실이 뭔가 다른 것Other이라는 확실한 증거가 된다. 20세기의 철학자들 중 점점 더 많은 수가 물리학자들의 경우처럼 좌반구식 방법론과 어긋나는 결론에 도달하고, 우반구가 전달하는 세계의 우위를 주장하게 된 현상은 뭔가 중요한 사실을 말해 준다.

철학의 영역에서 돌아와 일상의 경험에서의 언어 사용을 보면, 우리는 또 다른 현실, 즉 우반구의 현실을 알아차리게 되지만, 그 명백성이 좌반구의 세계만 인정하는 쪽으로 우리를 밀어붙인다고 느낄지도 모른다. 다른 말로 하면, 우리는 두 가지 다른 유형의 세계에 살고 있다. 따라서 우리가 통상 세계와 우리의 관계를 묘사하는 데 사용하는 대부분의 단어에는 두 가지 의미가 있을 때가 많다. 그것들은 전혀 포착되거나 의지되거나 자족적이거나 단일한 방향을 가리키지 않는다.

▶세계를 보다

아마 우리와 세계의 관계에 대한 은유 가운데서 제일 중요한 것은 '시각sight'일 것이다. '봄으로서의 앎knowing as seeing'은 가장 꾸준하게 사용되는 은유 가운데 하나로, 인도유럽 어계의 모든 언어에 존재한다. 이는 이것이 인도유럽어계의 원초 언어Ursprache에서 일찍이 발달했음을 말해 준다. 그것은 우리가 세계를 파악하는 방식에 깊이 각인되어 있다. "나는 본다I see"는 곧 "알겠다I understand"는 뜻이다.

온 사방에 폐쇄회로 카메라가 지키고 있고, 휴대전화가 동영상을 '붙잡는capture' 이런 시대에 사람들은 자기 눈이 일종의 계속 움직이는 카메라에 달린 렌즈 같다고 느낄 것이다. 이는 우리가 생각하고 기억하는 모델이 움직이지 않는 기억 저장장치를 가진 컴퓨터 모델인 것과 똑같다. 이런 이미지는 우리가 관심을 어디로 돌릴지를 우리 자신이 선택한다고 주장한다. 우리는 우리 자신을 지극히 능동적이고 자기결정권을 가진 존재로 본다. 우리가 받는 '인상'에 대해 말하자면, 우리는 사진필름처럼 저기 있는 세계의 충실한 기록을 받아들이는 것이다. 그 점에서 우리는 객관적이라고, 지극히 수동적이라고 자랑한다. 그 과정은 일선적이고, 하나의 방향을 지향하며, 수용적이고 좌반구 버전의 시각을 갖고 있다.

하지만 카메라라는 모델은 컴퓨터 모델만큼이나 방향이 잘못되었고 제약이 많다. 관심을 어디로 돌릴지를 선택할 때 앞의 설명이 주장하는 것처럼 능동적이지 않고, 보는 공정도 수동적이지 않다는 것을 우리는 알고 있다. 봄seeing에 관해서는 다른 이야기가 있는데, 신경과학의 지지는 그쪽으로 더 많이 쏠린다. 그것은 우반구의 세계관과 더 많은 부분 일치한다. 이 견해에 따르면, 우리는 이미 세계와의 관계 속에 있는데, 그것이 우리의 관심 방향을 정하도록 도와준다. 그것은 또 우리가 세계의 '시야vision'를 창출하는 과정에 자신의 일부를 가져간다는 뜻이다.

▶우리는 능동적 선택자인가?

어디를 볼지를 능동적으로 선택하는 것이 우리라는 첫 번째 생각을 보자. 좌반구 자체는 놀랄 정도로 그 시야의 덫에 걸려 있다. 그것은 무엇을 보게 되면 거기에 붙들리는데, 그 외에 달리 방도가 없다. 그것이 선택하게 될 세계란 우반구의 넓은 관심으로 제공된 것이며, 우리의 관심의 초점을 붙드는 것은 의식 이전에 오는 경우가 많고 의지적인 행동을 흔히 건너뛴다. 가령 눈은 페이지에서 뛰쳐나오는 현저한 단어나 이름에 "붙들린다". 실제로는 소위 의식 이전의 공정이란 거기에 무엇이 있는지를 판독할 기회를 갖기도 전에, 의식 이전에 우리의 관심을 요구하거나 거기에 정서적으로 특정한 부담을 떠안기는 뭔가가 있음을 알아차린다는 뜻이다.

따라서 우리가 어떤 것을 알기 전에 미리 그것에 의식적으로 신경을 써야 한다는 것은 분명히 옳지 않다. 우리는 우리가 다루는 것이 무엇인지 알게 될 때 무엇에 관심을 보일지 선택할 수 있을 뿐이다. 그것을 먼저 알고, 그런 다음에 거기에 관심이 끌리며, 그래서 더 많이 알게 된다. 세계가 우리를 만나러 오고 우리 눈길을 끌도록 행동한다. 활력, 생명, 움직임 그 자체가 우리 눈길을 끌어당긴다. 지나가는 누군가의 형체가 우리의 관심을 앗아간다. 방 안 어딘가에 TV가 켜지면 거기에도 신경이 쏠리지 않기는 힘들다. 화면에서 삶과 움직임이 나타나기 때문이다. 불이 피워져 있는 방에 있으면 우리는 불 쪽으로 이끌린다. TV가 나오기 이전 시대에는 불이 사교 모임의 관심 초점이었고('초점focus'이란 말 자체가 라틴어의 '화덕hearth'이라는 뜻이다.), 그것은 지금의 TV처럼 너무 노골적으로 서로에게 "관심을 집중"할 필요 없이 가까워지는 느낌을 주었다. 이 점에서 그것은 또 다른 사회적 목적을 달성했다.

좌반구의 '점착성stickiness'에서 어려운 부분은, 일단 세계가 무엇을 드러낼지를 이미 결정하고 나면 우리는 십중팔구 그것을 뛰어넘지 못한다는 것이다. 우리는 기대의 포로이다.

마음에 처음 "제시된" 상태의 새로운 경험은 우반구를 관련시키고, 그 경험이 친숙해지고 나면 좌반구에 의해 "다시 제시된다". 골드버그와 코스타의 주장처럼, 좌반구는 이미 친숙한 것을 다루는 것을 전문으로 할 뿐만 아니라 좌반구가 다루는 것은 모두 너무 빨리 친숙해지게 되어 있다. 이미 알고 있는 것을 계속 다시 다루는 경향이 있기 때문이다. 이것은 좌반구가 가질 수 있는 종류의 지식이 무엇인지를 함축한다. 본 질적 문제는 마음은 그것 자체가 만든 것에 날카롭게 초점을 맞춘다는 의미에서만 진정으로 알 수 있고, 명료하게 볼 수 있다는 것이다. 따라서 그것은 (우반구 앞에서) 전체로서 제시된 것이 아니라 (좌반구에서) 표상된 것만을 안다. 특정한 '지식wissen'이라는 의미에서, 어떤 사물이 고정되고 사용되도록 해 주는 종류의 지식이라는 의미에서 아는 것이다.

이제는 유명해진 사이먼스Daniel Simons와 샤브리스Christopher Chabris의 실험은 실험 대상자들을 실내에 가둬 두고 농구 경기의 짧은 동영상을 보게 한 다음, 한쪽 팀이 공을 몇 번 빼앗는지를 세어 보라고 한다. 격렬한 경기가 벌어지는 와중에 기괴한 고릴라 복장을 한 어떤 형체가 카메라 바로 앞에서 가슴을 주먹으로 쾅쾅 치고 춤을 추면서 경기는 보지 않고 화면의 다른 쪽으로 나가 버리는데, 나중에 물어보면 거의 모든 사람이 이 일을 전혀 기억하지 못한다. 두 번째 보면 그 동작이 어찌나 우습고 야단스러운지, 이런 모습이 나온다는 사실을 알고 난 사람들은 어떻게 그걸 못 보았는지 믿을 수 없어 한다. 이 실험이 확실하고도 극적으로 입증했듯이, 우리는 적어도 의식적으로는, 집중된 방식으로는 우리가 관심을 보이는 것만을 본다. 우리가 관심을 갖기로 선택하는 것이 무엇을 볼 것인지에 대한 기대로 인도되므로, 이미 알고 있는 것을 점점 더 경험하게 된다는 의미의 순환성이 존재하게 된다. 주위 세계에서 가장 현저한 것을 보지 못하는 무능력이 너무나 심하게 굳어 버린 탓에, 우리는 지금 사용하고 있는 기본 템플릿에 들어맞지 않으면 정말 새로운 것을 어떻게 경험하게 될지 알기 힘들어질 정도이다.

신경인지학자들은 우리가 재인식re-cognise할 수 있으므로, 두뇌 속에 그 모델이 이미 들어 있는 경우에만 그것을 안다고 말한다. 그것은 좌반구의 공정에 대한 완벽한 설명이다. 하지만 그것은 곧 우리가 다시 소개된 것, 이제는 생명이 없어진 좌반구의 지식 세계, 영원히 익숙한 것을 다시 경험하면서 영원히 딱딱해지는 세계의 덫에 영원히 걸리게 됨을 뜻하게 된다. 거울의 방으로 돌아오게 되는 것이다. 그것은 어떤 것을 처음 보고 어찌 알게 되는지, 그 모델이 우리 두뇌에 어떻게 들어오는지도 설명하지 않는다.

좌반구는 여기서 우리를 절대로 도와주지 않는다. 어느 한 연구자가 말했듯이, 좌반구 자체는 우반구에 발작이 일어난 뒤 그저 "그것이 보기를 예상하는 것만 본다". 헤라클레이토스가 지적했듯이, 우리는 예상치 못한 것을 예상할 필요가 있다. 우리는 다른 종류의 봄seeing을 사용하는 법을 배워야 한다. 경계를 하려면, 우반구의 선택지가 좌반구의 좁은 초점으로 너무 빨리 폐쇄되지 않게 하려면, 그래야 한다.

좌반구를 뭔가 새로운 것으로, 그것 자체가 아닌 "다른 것"으로 데려가는 것은 우반구의 임무이다. 좌반구가 파악하는 세계는 본질적으로 이론적이며 재귀적이다. 그런 측면에서 그것은 언어는 자기 폐쇄적인 기호 시스템이라는 포스트모던적 주장을 정당화한다. 하지만 그것이 좌반구만의 산물일 때, 그럴 때에만 그러하다. 이와 달리 우반구에는, 존슨이 문학 이론에 대해 말했듯이, 항상 본성에 개방된 호소력이 있다. 우반구는 경험에서, 더 큰 세계에서 오는 모든 새로운 것에 열려 있다.

'재인식re-cognition', 이미 친숙한 것으로의 귀환과 확실성 사이에는 피할 수 없는 관계가 있다. 의식적인 지식, 좌반구식 이해의 특징이라 할 지식은 그 대상이 고정되어 있는 데 의존하며, 그렇지 않으면 알려질 수 없다. 따라서 우리가 뭔가를 의식적으로 알 수 있게 해 주는 것은, 무의식적 마음속에 이미 제시되고 난 뒤 의식 속에 다시 제시된 표상일 수밖에 없다. 의식적인 인지는 무의식적인 파악에 비해 거의 2분의 1초쯤 뒤진다는 신경생리학적 증거가 있다. 크리스 넌Chris Nunn은 의식과 두뇌 문제를 다룬 최근 저서에서, 그렇기 때문에 "상상 속에서는 의식적으로 대상이 얼마만한 크기라고 인지하면서도 무의식적으로는 그것의 실제 크기에 맞게 올바르게 조정하는 괴상한 현상이 일어날 수 있다"고 썼다. 이처럼 뭔가를 의식적으로 알고 인식하려면 기억이 필요하다.

이것은 의식적인 좌반구를 통해 우리가 알고 있는 것은 이미 과거에 있고, 더 이상 살아 있는 것이 아니라 표상되는 것이라는 현상학적 진리의 신경인지학적 표현이다. 이 점에서 다시 융으로 돌아간다. "모든 인지는 재인지와 닮았다."[36)]

놀라운 일이지만, 지식의 과거 조건에 대한 이런 이해는 "알다to know"는 뜻의 그리스어 단어인 'eidenai'에 구현되어 있다. 이 단어는 정신적 과정에 대한 더 의식적인 인지로 나아가던 문화사의 바로 그 순간에 발생했다. 'eidenai'는 'idein'('보기to see')에 연결되며, 사실 원래 "본 적이 있음to have seen"을 의미한다.

▶우리는 수동적 수용자인가?

카메라 이미지의 두 번째 부분은 수동적 수용성이다. 하지만 우리가 뭔가를 본다는 것은 결코 사진 건판乾板이 빛을 받아들이는 식은 아니다. 실제 세계에 펼쳐진 무대에는 우리 자신의 것들이 이미 많이 올라가 있다. 즉, 우리가 보내는 눈길이 보는 대상을 변화시킨다는 뜻이다.

이는 고대와 르네상스 시대에 통용되던, 눈에서 빛이 나온다는 생각과 일맥상통한다. 생명과 에너지의 깊은 내적 근원에서 빛이 나온다는 것이다. 호메로스는 이 빛줄기를 독수리의 눈에서 나오는 "태양처럼 꿰뚫는" 빛으로 묘사했다. 엠페도클레스Empedocles는 인간의 눈이 창조되었을 때 그 둥근 동공 속에 원초적 불이 숨어들었으며, 이 불을 섬세한 격막이 둘러싸서 동공 주위를 흐르는 물로부터 보호해 준다고 말했다. 플라톤Platon은 『티마에오스Timaeus』에서, 우리 속의 가장 순수한 불에서 나오는 부드러운 빛의 조밀한 흐름이 그것이 보는 것에서 나오는 빛과 섞여 들며, 그렇게 하여 우리와 우리가 보는 시각의 대상 사이에 일체가 형성되고, 보인 것의 움직임을 우리 신체와 영혼의 모든 부분에 전달한다고 했는데, 이는 거의 현상학자들의 선구처럼 들린다.

　누군가의 눈을 응시한다는 구절은 여기서 더 나아가, 뭔가가 우리 눈에서 실제로 발산되어 관심 대상 속으로 들어간다고 주장한다. 이는 엘리자베스 시대풍 연인의 눈에서 발사되는 '화살'이라는 거짓말이나, 존 던John Donne의 시 『황홀경Extasie』에 등장하는 연인들에게서도 마찬가지다.

　　우리 눈의 빛이 비틀리고
　　우리 눈을 얽어매어, 두 줄이 꼬여 하나가 된다.

　연인들의 눈이 뿜어내는 이런 빛줄기에서 우리는 눈이 제공하는 깊고 상호적인 소통도 느낄 수 있다. 달리 말하면, 우리는 바라보면서 상호적 관계에 들어가는 것이다. 보고 보이는 것은 양쪽 존재에서 동시에 일어난다. 반면에 좌반구식 모델인 '카메라 모델'은, 사물을 순차적·분석적으로 포착할 뿐 서로 반동하고 상호적인 움직임, 즉 시각視覺의 사이betweenness에 도달하지 못한다.

　응시는 확실히 능동적이다. 대大플리니우스Gaius Plinius Secundus Major는 『자연사Natural History』에서 눈길로 상대를 죽일 수 있는 치명적인 뱀의 일종인 바실리스크basilisk를 언급했는데, 그런 생물이 있다는 믿음이 르네상스 시대까지도 횡행했다고 한다. 이는 관심에 대한 한 가지 진실을 담고 있다. 환자를 치료하는 입장에 있는 외과 의사들의 집중적이지만 초연한 관심은, 상대를 통제할 의도가 있다는 점에서는 사람을 고문하는 이의 관심과 유사하다. 문제는 우리의 의도이다. 그 의도가 무엇인지 알아야만 행위를 이해하는 방식을 바꿀 수 있다. 더군다나 내가 그 행위의 영향을 직접 받았다면, 그것은 나의 자아 경험까지 바꾼다. 이렇듯 인간이 기계의 지위로 혹은 기계의 한 부분으로 축소된다고 느낀다는 것은, 관심을 받는 방식에 따라 관심의 대상 자체가 변화할 수 있음을 인정하는 것이다.

과학은 무엇보다도 과학이 왜곡할 내용을 모두 떨쳐 내야 한다. 개인적 변덕이나 열성에 굴복한다면 결코 어떤 공유된 진리도 얻을 수 없다. 하지만 그렇게 왜곡 없는 단계에 도달하는 과정은 보기보다 훨씬 더 미묘하다. 객관성은 우리가 발견하는 것에 대한 해석을 요구하며, 그것을 달성하려면 상상에 의거해야 한다. 초연함 역시 모호하기는 마찬가지다. 과학적이나 관료적인 정신이 보이는 냉정하고 초연한 입장은 궁극적으로 우리가 가고 싶지 않은 곳으로 우리를 이끌지도 모른다. 좌반구적 관심에 함축된 관계, 유물론을 포함하는 과학적 방법으로 얻어진 관계는 무관계無關係가 아니다. 그저 초연한 관계일 따름인데, 그것은 관찰자가 관찰된 것에 영향을 주지 않는다고 사실과 다르게 암시한다.

여기서 '사이betweenness' 라는 관계는 사라진 것이 아니라 그저 부정된 것으로, 특별한, 유달리 '차가운' 종류의 관계이다. 그것이 우리에게 알려진 내용이 없다면 우리로서는 그것을 알 길이 없다. 그것을 알고 있는 주체가 우리가 아니라면, 우리는 그것이 어떤 것일지 모른다.

따라서 우리가 이해하는 것은 오로지 그것이 존재하는 방식뿐이다. 우리가 그것을 다른 방식이 아니라 바로 그 방식으로 보기 때문이다. 과학에서 '인간적인' 모든 요소를 최대한 제거한 채 집중적이지만 철저하게 초연한 관심을 쏟는 하나의 대상물에 대한 어떤 견해를 채택할 때, 그것은 또 하나의 인간적 재능을 발휘하는 것일 뿐이다. 즉, 어떤 것에서 한 걸음 물러나서 초연하고 중성적인 방식으로 그것을 보는 것이다. 이런 특정한 방식에 특권을 부여할 이유는 아무것도 없다. 그것은 다만 어떤 일을 더 하기 쉽게, 더 쓰기 쉽고 그 대상에 대한 권력을 더 갖기 쉽게 만들어 줄 뿐이다. 이런 것이 좌반구의 관심사이다.

이와 달리 우반구의 응시는 내재적으로 공감적이며, '사이betweenness'의 불가피성을 인정한다. 사실 초연한 눈길이 그토록 큰 파괴력을 갖게 되는 것은, 통상적으로 응시가 공감적인 공정이기 때문이다. 메를로 퐁티는 이렇게 말했다.

> 내게 눈은 사물과 접촉하는 힘이지 그것들이 투사되는 스크린이 아니다. …… 나와 타인이 모두 우리의 사고하는 본성의 핵심(좌반구)으로 물러날 때, 우리의 응시가 비인간적으로 변할 때, 우리 모두 상대방의 행동이 이해되는 것이 아니라 마치 곤충의 행동처럼 관찰되는 것으로 받아들여진다고 느낄 때, 타인의 응시는 나를 대상물로 변형시키고 내 응시는 타인을 그렇게 만든다. 가령 내가 낯선 이의 눈길을 받을 때 이런 일이 일어난다. 하지만 그럴 때 상대방의 눈길에 의한 객체화가 견디기 힘들게 느끼지는 것은, 그럴 때조차 소통이 이루어질 수도 있기 때문이다.[37]

메를로 퐁티는 간주관적 세계의 기초를 형성하는 데 신체화가 갖는 중요성뿐 아니라, 소외되거나 객관화하는 잠재력, 또는 간주관성이란 매체를 형성하는 잠재력을 가진 시각의 모호성에 대해서도 알고 있었다. 그의 가장 유명한 저작의 제목은 '보이는 것과 보이지 않는 것The Visible & the Invisible'이다. 만약 우리 몸을 덮고 있는 살을 완전히 불투명한 것으로 간주한다면, 달리 말해 눈에 보이는 영역만 고려한다면, 그것은 보는 이를 보이는 것과 갈라놓는 장애물 같은 것으로 작용할 것이다. 하지만 또 다른 방식으로 본다면, 즉 보이는 것만이 아니라 관통해서 보이는 것으로 간주한다면, 살의 두께는 장애물이기는커녕 타자와 우리 자신을 신체를 가진 존재로 인식하게 하고 둘 사이의 소통 수단이 되어 줄 것이다.[38] 여기서 우리는 보이는 것과 보이지 않는 것을 통합하는 반투명한 위치를 그대로 유지해야 할 필요성에 주목해야 한다. 완전히 투명하다면 그것은 그냥 보이지 않는 것이 되고, 우리는 또다시 소외되고 아무런 소통 수단도 갖지 못하게 될 것이다.

우리가 세계를 보는 방식은 타인만이 아니라 우리가 누구인지도 바꾼다. 우리는 무엇에 관심을 가지며 시간을 보내고, 어떤 식으로 보내는가? 일반적 지식 퀴즈의 출연자들을 상대로 교수·회사원·난동패라는 세 가지 스테레오타입에 맞는 활동을 시켜 보면, 대부분 어느 한 가지 타입에서 높은 점수를 얻는 것을 알 수 있다. 교수 타입에서 60점을 얻는 사람은 난동패 타입에서는 40점밖에 얻지 못하며, 회사원 타입에서는 그 중간쯤의 점수를 얻는다. 또 다른 실험에서는 '펑크족' 유형의 사람들은 '경리직' 유형의 사람들보다 더 반항적이고 덜 순응적인 것으로 나타났다. 같은 맥락에서 사실적이고 공격적인 비디오 게임을 하고 난 사람들은, 특히 젊은 남자들은 같은 상황에서 더 공격적으로 반응했다. 노인의 전형적인 특성을 지닌 사람들은 더 보수적인 견해를 보이고, 정치인 유형의 사람들은 더 장황하다. 노화 과정에 대해 긍정적 연상(지혜롭거나 경험이 많다는 등)이 강한 노인들은 노화에 대한 부정적 연상(치매 같은)이 강한 노인들보다 기억력 시험을 더 잘 치른다. 어떤 것을 준비하는 상태에 있는 노인들을 돌보는 간호사들은 노인들을 자주 접하지 않는 사람들에 비해 기억력 과제의 수행 점수가 낮다. 노화의 부정적 면을 강하게 받아들이는 노인들은 심지어 살아갈 의지를 버리기까지 한다.

이처럼 우리가 관심을 가지는 대상, 관심을 갖는 방식이 그 대상은 물론이고 우리 자신까지 변화시킨다. 본다는 것seeing은 과학자들이 생각하는 것처럼 "지식을 얻는 가장 효율적인 메커니즘"만이 아니다. 물론 그렇기는 하지만, 그것은 동시에 세계와 우리의 관계를 활성화시켜 주는 주된 매체이기도 하다. 본다는 것은 본질적으로 공감하는 일이다.

서로 보는 것, 특히 어떤 대상을 같이 본다는 것은 진화론적으로 매우 고차원적인 특징이다. 인간을 제외하면, 인간과 오랫동안 접촉해 온 원숭이류나 유인원들만 다른 대상을 함께 바라본다는 것을 이해할 수 있다. 물론 개도 인간의 관심에 매우 섬세하게 반응하는데, 특히 눈길의 방향과 눈의 표현에 민감하다. 어쩌면 개는 관심을 공유할 수 있을지도 모르고, 다른 일부 포유류도 응시의 방향을 따라갈 수 있는 것이 분명하지만, 그 관심의 수준이 어느 정도인지는 확신하기 힘들다. 개처럼 인간과 오래 생활해 온 고양이는 주인이 뭔가 다른 것에 흥미를 갖고 있다는 걸 이해하지 못하고, 주인이 바라보는 방향에도 관심이 없다. 손으로 가리켜도 소용없다. 가리키면 고양이는 그저 주인의 손가락만을 바라볼 것이다. 그러나 개는 어떤 특정 방향에 주인의 관심사가 있음을 이해하고, 같은 대상에 공감하며 그쪽을 바라볼 것이다.

공유된 응시든 상호적 응시든지 간에, 그 응시를 통해 모두 다른 개인의 마음과 연결되었음을 느낄 수 있는데, 이 공감 과정의 신경학적 기층基層을 제공하는 것이 우반구이다. 눈길을 돌려 다른 사람이 보고 있는 것을 보는 행동은 우반구를 통해 이루어진다. 사람들이 서로를 응시하게 되면, 응시 방향이 바뀌더라도 우반구 전체에 퍼져 있는 잘 분포된 네트워크가 활성화된다. 얼굴 해석은 우반구의 주 종목이다. 함께 있는 사람의 얼굴을 보면(모르는 얼굴을 볼 때보다) 우측 뇌도腦島·insula〔측두엽의 측열에 '섬'처럼 자리한 삼각형의 뇌 부분〕의 활동량이 증가한다. 그리고 본인의 얼굴을 보여 주면, 좌측 전전두엽 피질과 상측두 피질의 활성화가 유도되며 우측 변연계가 더 폭넓게 활성화된다. 그러므로 관심의 공유, 다른 사람의 눈을 들여다보고 가까운 사람의 얼굴을 알아보는 등의 활동은 모두 얼굴만 처리하는 것보다 우반구 내의 활동을 훨씬 더 많이 증가시킨다. 한 마디로, 공유된 정신 상태는 전반적으로 우반구를 더 활성화시킨다. 이와 반대로 자폐증에서는 공감적 관심의 모든 측면이 파괴된다. 눈 맞춤, 다른 사람의 응시를 좇는 능력, 합동이나 공유된 관심, 응시의 배후에 있는 마음에 대한 이해 등이 불가능하다. 정신분열증에서도 응시 관심의 결함이 나타날 수 있다.

그러므로 난해하고 추상화된 언어나 소외를 낳는 전망이 진리에 대한 적절하고도 유일한 접근법으로 간주되는 것은 과학과 철학에서도 문제가 된다. 철학자 데이비드 레빈David Levin에 따르면, 데카르트는 "설사 비인간화를 의미하는 것이라 할지라도 …… 원거리 시각을 더 좋아했다"고 한다. 과학 논문에서는 "나는 그것이 일어나는 것을 보았다"고 하지 않고 "그런 현상이 관찰되었다"고 한다.

그러므로 눈은 연결하고 분할하는 잠재력을 둘 다 갖고 있다. 사실 손도, 의지적이고 자족적이고 한 방향을 따른다는, 내가 설명한 것과 같아야 할 이유는 없다. 손은 다른 존재 양식을 갖고 있다. 앞으로 내민 손에는 다양한 뜻이 있을 수 있다. 위로할 수도 있고, 치료하거나 재촉하는 의미일 수도 있다.

손은 쥐는 수단만이 아니라 접촉의 수단이기도 하다. 따라서 '촉각 tact'이라는 은유의 기원도 손이다. 사실 '관심을 보인다to attend'는 말도 손을 앞으로 내민다는 뜻이다. 우리는 받기 위해서만이 아니라 주기 위해서도 손을 내민다.(ad-tend→attend)

■ 포자미|faux amis

두 반구의 상이한 존재론적 지위는 세계를 이해하고자 우리가 사용하는 철학적 용어의 의미에도 흔적을 남긴다. 두 반구 모두 자기들이 세계를 이해한다고 여기지만 그 방식은 상이하며, 그래서 경험이라는 개념을 각자 놓인 맥락에 따라 변형시킨다. 각 반구는 실재에 대한 각자의 버전이 있으며, 그 속에서 사물은 피상적으로는 동일해도 그 내용은 다르다. 우반구와 좌반구가 단어를 서로 다르게 이해하는 데서 발생하는 이 같은 몇 가지 포자미, 혹은 '가짜 친구'에 대해 간략하게나마 논의하는 것으로 이 장을 마무리하려고 한다.

지금까지 '지식knowledge'과 '진리truth'에 대해 논의해 왔는데, 다시 말하지만 여기에는 두 가지 버전이 있다. 하나는 공정하고 중립적이고 정적靜的이고 완벽하고 사물이라고 주장하는 반면, 다른 것은 개인적이고 잠정적이고 정도의 문제며 어떤 여정이라고 보는 버전이다. 이것은 '믿음'과 매우 밀접하게 연결되어 있고, 믿음 역시 두 가지 의미가 있다.

▶믿음

믿음은 그런저런 것이 사실일 수도 있다는 생각으로 환원되지 않는다. 그것은 의혹으로 수식된 더 약한 생각의 형태가 아니다. 가끔 우리는 이렇게 말한다. "나는 기차가 6시 13분에 떠난다고 믿어." 이 경우 "~라고 믿어"는 단지 "~라고 생각해(하지만 확실치는 않아)"라는 뜻이다. 좌반구가 관심을 가지는 것은 확실한 것, 사실에 대한 지식이므로, 이 버전의 믿음은 확실성이 없다는 뜻으로 해석된다. 이 버전의 믿음을 기준으로 하면, 확실한 사실은 "난 믿어"가 아니라 "난 알아"라고 말해야 한다. 믿음에 대한 이런 견해는 좌반구가 세계에 대해 보이는 성향에서 나온다. 쓸모 있는 것에 대한 관심, 따라서 고정되고 확실한 것에 대한 관심이 바로 그것이다. 따라서 좌반구가 볼 때, 믿음은 앎의 취약한 형태일 뿐이다.

하지만 우반구의 기준에서 보면 달라진다. 세계를 대하는 우반구의 성향이 다르기 때문이다. 우반구는 어떤 것을 확실한 지식이라는 의미에서 "아는" 게 아니다. 우반구에게 믿는다는 것은 보살핌의 문제이다. 그것은 '책임감'의 뿌리라 할, 부르고 대답하는 관계를 묘사한다. 따라서 내가 "너를 믿는다"고 말하는 것은 너에 관해 이런저런 사실이 있지만, 내가 옳은지는 확실하지 않다는 뜻이 아니다. 그것은 내가 너에 관한 특정한 보살핌의 관계에, 너에 대한 특정한 처신 방식을 수반하는 관계에, 그에 따른 행동과 존재의 특정 방식의 책임감을 너에게 부과하는 관계에 있음을 뜻한다. 마치 어떤 일이 사물의 본성상 확신할 수는 없지만 너에 관해서는 사실인 양 행동한다는 것이다. 그것은 "사이에 있음being a betweenness"이라는 우반구적 성질의 특징이다. 공명하고 다시 공명하고re-sonant 다시 반응하는respons-ible 관계, 양쪽 진영이 서로에 의해, 둘 사이의 관계로 변화된다. 이에 비해 좌반구적 의미에서는 믿는 자와 믿어지는 자의 관계가 무기력하고 일방향적이고 보살핌보다는 통제를 중심으로 한다. 비트겐슈타인이 "타인에 대한 나의 태도는 영혼을 향한 태도이지, 그가 영혼을 가졌다는 견해를 가진 것이 아니다"라는[39] 말로 표현하려 한 내용이 바로 이것이 아닐까. '견해opinion'는 지식의 취약한 형태일 수 있다. 믿음이나 성향, 태도가 의미하는 바는 그 견해가 아니다.

이는 신에 대한 믿음을 조명하는 데도 도움이 된다. '사실적 대답'이라는 표현이 무슨 의미가 있다고 가정할 때, 신에 대한 믿음은 "신이 존재하는가?"라는 물음에 대한 사실적 대답을 요구하는 질문으로 환원될 수 없다. 그것은 세계에 대한 어떤 성향, 내게 존재하게 된 그 세계가 그 속에 신이 존재하는 세계라는 태도 혹은 성향을 취하는 것이다. 그 믿음은 세계를 바꾸지만 나도 바꾼다. 신이 존재한다는 게 사실인가? 진실은 어떤 성향, 누군가에게, 무언가에게 충실한 성향이다. 흔히 무無를 믿을 수는 없으므로 믿음 전체를 기피한다. 이는 세계에 대해 아무 성향도 갖지 않을 수 없기 때문이며, 존재 그 자체가 하나의 성향이기 때문이다. 어떤 사람들은 유물론을 믿기로 선택한다. 그들은 '마치' 그런 철학이 참인 것처럼 행동한다. "신이 존재하는가?"라는 물음에 대한 한 가지 대답은 '마치' 신이 존재하는 것처럼 행동하는 데서만 나올 수 있다. 이런 식으로 신에게 충실하고, 신이 내게 충실하다고 경험하는(혹은 그렇지 않다고 경험하는) 데서만 그런 대답이 나올 수 있는 것이다. 내가 만약 신자信者라면 나는 신을 믿어야 하며, 신이 만약 존재한다면 신은 나를 믿어야 한다. 이 믿음은 일선적인 추리 과정이 아니라 상호적으로 발생해야 한다. 이렇게 '마치 ~'인 것처럼 행동하는 것이 일종의 책임 회피, 자신이 믿는 척하는 어떤 것을 실제로는 믿지 않음을 인정하는 것이 아니다. 그와 정반대이다. 한스 바이힝거Hans Vaihinger가 이해했듯이, 모든 지식, 특히 과학적 지식은 마치 어떤 모델이 지금 당장에는 참이라고 믿는 것처럼 행동하는 것에 불과하다. 다시 한 번 말하지만, 진리와 믿음은 그 어원에서부터 서로 깊이 연결되어 있다. 어디에서든 확실성이 있다고 생각하는 것은 좌반구뿐이다.

▶의지

우리의 일차적 존재는 세계를 향한 성향에 있다. 세계에 대한 생각, 온갖 다양한 생각들, 그런 세계에 대한 느낌에 있지 않다. 그러므로 의지 역시 그것과 일부 성질을 공유하는 믿음처럼 세계에 대한 성향의 문제로 생각하는 편이 더 낫다. 세계에 대한 좌반구의 성향은 쓸모의 성향이다. 철학은 의식 과잉의 인지 과정이므로 통제를 그 목적으로 하는 좌반구의 관점에서 벗어나기 힘들며, 의식적인 좌반구 속에 놓일 수밖에 없다. 하지만 세계에 대한 우리의 성향, 우리의 관계가 변하면 의지도 다른 의미를 갖는다. 우반구의 성향, 세계에 대한 우반구의 관심은 통제가 아니라 보살핌을 본성으로 한다. 그것의 의지는 무엇에 대한, 그것 바깥에 있는 어떤 것을, 타자를 향한 욕망이나 갈망에 연결된다.

'유형type'이라는 개념에도 두 가지 의미가 있을 수 있다. '무엇whatness'의 측면에서는 하나뿐이지만, '어떻게howness'라는 점에서는 둘일 수도 있기 때문이다. 한 가지 의미에서 그것은 뭔가가 특정한 모양으로 인해 그것으로 환원될 수 있는 범주를 가리킨다. 하지만 아이들은 규칙을 적용하기보다는 게슈탈트 형태의 개념을 사용하여 경험 속에서 두드러지는 형태를 봄으로써 세계를 이해하고 배운다. 이것은 비트겐슈타인이 『철학적 탐구Philosophische Untersuchungen』에서 '가족유사성family resemblances'이라 일컬은 것을 알아내는 인간 능력의 시초이다. 가족유사성이란 비록 그 집단의 모든 구성원이 반드시 공유하는 특정한 성질은 없더라도 개별자들을 엮어 주는 요인이다. 그것은 예전에는 한 번도 보인 적이 없지만 체험되는 각 사례들과 관련하여 의미를 갖는 어떤 것의 느낌이 있으며, 그 느낌은 경험이 쌓일수록 더 분명해진다는 뜻이다. 그러므로 우리가 유형이라는 것을 흔히 매우 축소된 현상으로, 어떤 경험 세트의 최저치 공통분모라고 생각하지만, 그것은 또 어느 한 경험보다 훨씬 더 큰 것일 수 있고, 실제로 경험 그 자체를 넘어선 곳에 있으며, 그것을 향해 우리의 경험 세트들이 나아가는 어떤 것일 수 있다. 모든 지식은 차이의 지식이라고 말한 그레고리 베잇슨이 옳다면, 유형화는 뭔가를 알 수 있는 유일한 방법이다. 그런데 어떤 것을 범주화하다 보면 본질적 차이를 잃게 마련이다.

여기서 우리는 다시 의지의 문제로 돌아오게 된다. 인간 행동의 가장 강력한 추동자들 중에는 그런 이상형ideal type들이 있다. 이상형이란 사실상 전형성과 같은 '형질 유형character type'이 아니라 뭔가 원형元型·archetype과 비슷한 것, 상상 속에서 살아 있는 힘을 발휘하며 우리를 불러들일 수 있는 어떤 것이다. 이런 이상형들은 하나의 유형이지만 우반구에서 기원했음을 시사하는 특정한 성질이 있다. 그것들은 환원(하향식)이 아니라 열망(상향식)이다. 그것들은 경험에서 도출되지만 그것에 갇히지 않았다. 그것들은 우리에게 정서적인 의미를 가지며 단순한 추상이 아니다. 이 이상형들의 구조는 이야기와 공통점이 많다. 그것들은 규칙이나 과정에서 도출될 수도, 전환될 수도 없다. 사실 이상형이 아닌 유형들이 이상형이 아님을 가장 확실하게 보여 주는 것이 바로 그것들이 이상형이 되려는 경향, 즉 규칙이나 과정의 세트이다. "이런 저런 일을 하면 당신은 성인이 될 것이다"라는 규칙 말이다.

여기서 말하는 '이상형'은 융의 '원형'과 공통점이 많다. 융은 이런 것들이 본능의 무의식적 영역과 인지의 의식적 영역 사이에 다리를 놓아 주고, 그럼으로써 양편이 서로를 형성하도록 도와준다고 보았다.

우리는 무의식적 영역에서 정서적이거나 영적인 의미를 가져다주는 이미지나 은유로써 그것들을 경험한다. 이상형이 존재하면, 우리는 그것에서 나오는 인력, 끌어당기는 힘, 갈망을 느끼며, 그것들은 우리를 의식의 경험 너머로 끌어간다. 융은 이것이 인류의 더 넓은 경험에서 도출되었다고 보았다. 이상형이란 그 정의상 신체가 없는 것처럼 들리지만, 이런 이상형이 피도 살도 없는 추상은 아니며, 그것은 우리의 정서적으로 신체화된 경험에서 도출된다.

신체도 여러 다른 '어떻게howness'를 갖고 있다. 효용의 영역에서는 우리가 세계에서 행동하고 조작하는 수단이 된다. 다른 한편으로는 최고의 가치 영역에서의 경험을 포함하는 모든 경험의 궁극적인 은유이기도 하다. 루돌프 라반은 이 점을 깨달았다. "신체적 움직임은 항상 두 가지 상이한 목표를 달성하는 데 사용되었다. 모든 종류의 작업에 있는 구체적인 가치를 달성하고자, 또 기도와 숭배에 들어 있는 만질 수 없는 가치에 접근하고자."[40] 그러므로 신체는 그 자체 속에 세계에 대한 두 반구의 성향을 모두 담고 있다.

▶익숙함과 새로움

원형은 우리가 그것을 만나고 경험하지 않더라도 익숙한 것일 수 있다. 익숙함은 또 하나의 애매모호한 개념이다. 이는 그게 무엇이든지 간에 어느 한쪽 반구의 전문 기능이나 선호 사항은 아니지만 각 반구가 그것을 지향하는 고유의 성향이 있으며, 그 때문에 반구의 이런저런 측면이 앞으로 드러나게 된다는 뜻이다. 그 반구의 세계에서 표면에 드러난 것이 그런 측면이다.

내가 일하고 있는 이 탁자는 그 모든 개별적 특징에서 '내' 세계이자 내게 중요한 모든 것의 일부로서 익숙하다(우반구). 일반 명칭으로서의 탁자는 그것이 일반 명칭이기 때문에 익숙하다(좌반구). 이는 내가 새로 익숙해져야 하는 낯설거나 새로운 요소가 전혀 없다는 의미다. 이와 똑같이, 에펠탑은 그 그림자 속에서 평생을 보낸 사람에게는 익숙하며 (우반구), 파리의 진부한 상징물로도 익숙하다(좌반구). 여러 번 들은 음악은 아무런 생명이 없는 것처럼 들릴 정도로 귀에 익다. 음악가가 애써 연습하며 씨름한 음악 작품은 익숙하다 못해 살아 있는 존재처럼 느껴진다. 하나는 꾸준하게 표상됨으로써 의미가 비워지고, 다른 것은 꾸준하게 존재함으로써, 살아지고 '내' 삶에 능동적으로 조합됨으로써 의미가 풍부해진다.

이와 관련된 개념인 '새로움newness'은 이처럼 특정 반구에 속하면서 다른 의미를 갖게 된다. 한 가지 의미에서는 좌반구의 익숙함에서 우반구의 익숙함으로, 비진정성에서 진정성으로 돌아온다. 그것을 원하는 요구는 많겠지만, 그것은 의지로 되는 일이 아니다. 그것은 존재하는 모든 것에 대해 참을성 있는 개방성을 요구하는데, 우리는 그 개방성이 있기 때문에 존재하는 것들을 마치 처음 보는 듯이 볼 수 있게 되고, 하이데거가 세계 앞에서의 근본적인 '경이'라 부른 것으로 인도된다. 이 개념은 얀 파토츠카Jan Patočka가 말한 '떨림'에도 연결된다. 이는 워즈워스William Wordsworth가 특히 달성하려고 분투한 것이다. 콜리지Samuel Taylor Coleridge의 말을 들어 보자.

초자연적인 것과 비슷한 감정을 촉발하려면 마음이 관습의 무기력함에서 눈을 떠서 그것을 우리 앞의 세계의 사랑스러움과 경이 쪽으로 향하게 해야 한다. 이는 지칠 줄 모르는 보물이다. 하지만, 익숙함의 필름과 이기적인 독점의 결과로 우리는 그것을 보는 눈을 갖고 있어도 보지 않고, 귀가 있어도 듣지 않으며 심장이 있어도 느끼지도 이해하지도 못한다.[41]

이는 익숙함이 가리고 있던 세계와의 재연결을 포함한다. 그것은 충격을 줄 필요와는 전혀 상관이 없다. 너무 익숙하게만 보이는 것을 더 주의 깊게 보도록, 마치 처음처럼 보도록 요구한다.

한편 이와는 아주 다른 유형의 새로움이 있는데, 이것은 의지로써 달성할 수 있다. 즉, 이미 알려진 요소들을 능동적으로 괴상한 방식으로 재조합함으로써, 공유된 우리의 실재 관습을 깨고 익숙하다고 할 수 있는 것들로부터 최대한 멀어짐으로써 그렇게 하는 것이다. 이는 이미 소개된 것들을 서로 어울리지 않는 조합에 놓아 익숙한 것에 균열을 내는 것이다. 우반구적인 의미에서 그것은 괴상하거나 생소한 것들을 거부감 없이 받아들임으로써 충격의 반응을 만들어 내는 데 그 목표가 있다. 이것은 "그것을 새롭게 하기 위해"라는 파운드Ezra Pound의 구절에서 모더니스트가 목표로 했던 의미, '새로움의 충격The Shock of the New' 이라는 의미다. 이런 유형의 새로움은 좌반구의 세계에서 발산된다.

▶능동성과 수동성

나는 존재하는 것들에 대한 우반구의 개방성을 '겉보기 수동성'이라 설명했다. 이것이 의지적인 행동이 없는 상황을 좌반구가 보는 방식이기 때문이다. 하지만 수동성에는 현명한 수동성이 있는데, 이는 무엇이 행해짐으로써가 아니라 행해지지 않음으로써 사물이 존재하게 하며, 행동이 그것을 폐쇄할 가능성을 열어 주는 수동성이다.

능동성과 수동성 간의 이분법은 통제의 필요성이라는 관점에서 발생한다. 이 관점에서 보면 수동성은 통제력의 상실, 자기결정권의 상실, 영향력의 상실, 쓸모 있는 상호 작용의 상실이며, 도구로서의 실패로 이해된다. 그러나 이는 이 장 앞에서 살펴한 중요한 논점들을 고려하지 않은 해석이다. 잠에서 지혜까지도 포함되는 그런 상태는 의지적 노력으로 도달할 수 있는 것이 아니다. 사실 그런 상황에서는 사물들을 성장하게 하는 개방적 수용성이 더 생산적이다. 그것은 키츠가 성공한 인물의 특징인 '부정적 성능negative capability'이라 부른 것, 즉 사실과 이성에 도달한 뒤에도 기꺼이 불확실성과 수수께끼와 의혹을 품고 있을 수 있는 상태와 비슷하다. 사물을 확실성, 명료성, 고정성으로 강요하지 않을 수 있는 능력과의 연결이 여기서 명백히 드러나고, 우반구 영역에도 연결된다.

궁극적으로 우리는 두 반구 각각의 보는seeing 방식을 통합해야 한다. 무엇보다도 좌반구의 관심이 파괴적이 되는 걸 막으려면 우반구의 관심과 재통합시켜야 한다.

■ 결론

지금까지 관심의 배후에 있는 의도의 중요성에 대해 언급했다. 지난 장에서 우리는 좌반구에서 언어의 본성과 쥐기가 맺는 관계는 쓸모에 압도적인 가치를 둔 관계임을 살펴보았다. 좌반구는 항상 목적에 개입되어 있다. 좌반구는 항상 목표가 설정된 상태이고, 도구적 목적이 없는 것은 곧바로 평가절하된다. 이와 달리 우반구는 아무런 설계도 없다. 그것은 존재하는 모든 것에 아무런 선입견 없이, 미리 규정된 목표 없이 주의력을 발휘한다. 우반구는 존재하는 모든 것에 관심이나 보살핌care의 관계를 맺는다.

두 반구로써 매개된 경험들 간의 주된 차이, 그 두 가지 존재 양식을 요약한다면 이렇게 말할 수 있을 것이다. 좌반구의 세계는 지시적 언어와 추상에 의존하며, 알려지고 고정되고 정지적이고 고립되고 탈맥락화되고 명시적이고 신체를 벗어나 있고 일반적 본성을 지니면서 궁극적으로는 생명이 없는 것들을 조작하는 힘과 명료성을 발휘한다. 우반구는 개별적이고 변화하고 진화하고 상호 관련되고 묵시적이고 신체를 가졌고, 살고 있는 세계 속에서 살아가는 존재지만 사물의 본성상 절대로 완전히 파악할 수 없고 항상 불완전하게만 알려지는 세계를 제시한다. 이러한 세계에 우반구는 보살핌의 관계로 존재한다. 좌반구가 중개하는 지식은 폐쇄 시스템 속의 지식이다. 그것은 완벽하다는 이점이 있지만, 그런 완벽성은 궁극적으로 공허함과 자기 참조성이라는 대가를 치러야만 얻어진다. 그것은 이미 알려진 다른 사물들의 기계적 재배열이라는 기준에서만 지식을 중개할 수 있다. 그것은 절대로 뭔가 새로운 것을 알고자 껍질을 깨고 나올 수 없다. 왜냐하면 그 지식은 그 자체의 표상일 뿐이기 때문이다. 사물 그 자체가 우반구에게 존재할 때 좌반구에게는 표상될 뿐이고, 그렇게 하여 사물의 관념이 된다. 타자라는 것이 어떤 것이든 우반구는 그것을 의식하지만, 좌반구의 의식은 그 자체의 의식이다.

마지막으로, 내가 이 장의 첫머리에서 물었던 세 번째 질문으로 돌아가 보자. 이것이 우리에게 두뇌의 본성에 대해 이야기해 줄 수 있는가? 나는 그렇다고 생각한다. 그 대답은 지금까지 살펴본 내용에 암묵적으로 들어 있다. 두뇌 같은 것은 없다. 다만 우반구에 따른 두뇌와 좌반구에 따른 두뇌가 있을 뿐이다. 두 반구는 모든 것을 존재하게 만들고, 그럼으로써 그들 자신을 존재하게 한다. 그러므로 일부에게는 두뇌가 하나의 사물이고 특정한 유형의 사물이고 기계인데, 이는 곧 두뇌란 우리가 밑바닥에서부터 우리가 이해하는 어떤 것이며, 우리가 인식하는 목적을 위해 존재하는 어떤 것에 지나지 않는다는 말이다. 다른 사람들에게는 두뇌란 고유한 본성을 지닌 어떤 것, 그렇기 때문에 존재하는 것들에 무엇이 마음을 열어 주는지는 모르더라도 거기에

만족함으로써만, 또 그 목적이 쉽게 확정되지 않더라도 그 정도로 만족함으로써만 이해할 수 있는 어떤 것이다. 이는 달리 말하면, 어떤 사람들은 두뇌가 어떤 종류의 사물인지 정확하게 안다고 만족하겠지만, 다른 사람들은 그에 대해 아는 것이 너무나 적다고 하는 상황이다.

05

우반구의 우선성

두 개의 반구가 두 개의 세계를 만들어 낸다면, 세계에 관한 진실을 추구할 때 우리는 어떤 세계를 믿어야 하는가? 그렇게 똑같이 타당한 두 개의 세계관이 있다고 인정하며 그냥 어깨를 으쓱하면 되는가? 나는 반구들 간의 관계가 동등하지 않다고 믿는다. 두 반구 모두 세계에 대한 지식에 기여하므로 둘을 종합할 필요는 있지만, 한쪽 반구, 즉 우반구는 좌반구가 갖는 지식의 기반이 되고, 양쪽 다 알고 있는 것을 활용가능한 전체로 종합할 수 있는 쪽은 어디까지나 우반구이기 때문이다. 이 장에서 왜 그런지를 설명하겠다.

좌반구가 자세하고 정밀한 그림을 제공하므로, 짜증스럽게 부정확한 우반구보다는 좌반구가 세계에 관한 진리를 준다고 믿을 수도 있다. 좌반구가 좀 더 초연한 태도를 보이는 것도 신뢰의 근거가 될 수 있다. 그러나 비참여적 관심이 사이코패스의 형태로 나타나기도 한다는 사실은, 우리가 경험하는 세계에서 도덕적 가치가 갖는 의의를 생각하게 한다. 이는 중요한 결정을 요구하는 질문이다. 하지만 여기서 곧바로 결론에 도달하기에는 문제가 있다. 각 반구는 상이한 방식으로 관심을 보인다. 관심의 상이한 방식은 상이한 실재를, **반구 간의 차이라는 문제와도 관련이 있는** 실재를 만들어 낸다. 이런 해석학적 순환을 어떻게 깨고 나올 것인가?

이 질문에 접근하는 한 가지 방식은 결과를 먼저 보는 것이다. 더 초연한 종류의 관심을 채택했을 때의 결과를 더 참여적인 관심을 채택했을 때의 결과와 비교하는 것이다. 이 책이 끝날 무렵에 그렇게 할 예정이다. 좌반구의 시각에 따른 단독 메커니즘으로 볼 때 세계가 가장 잘 이해된다는 가정과, 우반구의 시각에 따라 서로 연결된 전체, 살아 있는 생물 같은 것으로 볼 때 세계를 잘 이해할 수 있다는 가정을 비교해 보는 것이다. 나는 우반구가 아니라 좌반구의 가치에 따라 그 대답을 판단하려고 한다. 우리는 어쨌든 세계와 우리에게 일어나는 일을 근거로 세계를 보는 방식이 가져오는 결과를 측정할 수 있다. 그러나 관심은 그 대상뿐 아니라 우리 자신까지 변화시키므로, 우리가 내린 판단은 실재보다는 우리가 이미 그것이 되었거나 그것이 되어 가는 존재의 본성을 더 많이 반영할지도 모른다. 또 다른 순환을 제기하는 이 문제를 벗어나기는 힘들어 보인다.

지난 장에서 철학에서 이 암시를 찾아보려고 한 것은 이 때문이다. 처음에는 물리학이 이 암시를 주지 않을까 가정했다. 궁극적 실재를 파악하려면, 그저 같은 길을 다른 빛으로 보는 것이 아니라 정말로 다른 길을 시도해야 한다면, 그것이 바로 물리학의 길이니 말이다. 생명과학은 기계론적 우주를 더 '실재하는real' 것으로 간주하려는 경향이 있지만, 물리학은 이런 19세기식 유물론의 유산에서 벗어난 지 이미 오래이다. 그로 인해 생명이 없던 우주가 생명과 마음을 갖게 되고, 생명이 있던 우주는 생명과 마음이 없는 것처럼 보이는 괴상한 결과가 나오게 되었다. 과학은 명료성, 초연하고 좁게 집중된 관심, 부분으로부터 구축된 사물의 지식, 지식으로 나아가는 길인 순차적 분석 논리, 더 큰 그림보다는 세부 사항을 중시하는 태도에 우선순위를 둔다. 철학이 그렇듯, 과학은 좌반구적 시각에서 본 세계에 출현한다. 좌반구적으로 실재를 보는 방식은 습관적으로 집중하는 국소적 수준과 일상에서 잘 작동한다. 그곳에서는 뉴턴 식 기계론이 지배한다. 하지만 그것은 일단 더 큰 실재의 무대로, 분자 이상의 수준, 우주적 수준으로 나서게 되면 가장자리에서 해져 버린다. 고정되었던 것도 끊임없이 변해서 하나로 찍어 고정시킬 수가 없고, 직선은 휘어진다. 다른 말로 하면, 아인슈타인의 법칙이 뉴턴 법칙보다 설명을 더 잘한다. 지평선 같은 직선도 더 멀리서 바라보면 약간 휘고, 공간 자체도 곡면이다. 이렇듯 좌반구의 일직선성은 지구는 평평하다는 견해와 어딘가 좀 비슷하다. "그것이 지금 여기서 보이는 모습이다." 우리가 파악하는 시간과 공간만이 아니라 형태도 휘어졌다. 우반구에서 시작하여 중간 어디선가 좌반구 영역을 통과하고 다시 우반구로 돌아오는 궤적이다. 실재는 직선 형태가 아니라 둥근 형태이다. 이 주제는 이 책 말미에서 다시 다룰 것이다.

지난 장에서 나는 20세기에 들어와 철학적 과정의 본성과 어긋나게 우반구의 세계 이해를 부지불식간에 보강하는 철학적 논쟁이 출현했다는 사실을 지적했다. 여기에는 의식의 기초로서 공감과 간주관성, 의지적이고 포착하는 관심과 반대되는 세계에 대한 개방적이고 참을성 있는 관심의 중요성, 진리의 묵시적이거나 숨겨진 본성, 정지 상태보다는 과정에 대한 강조, 도착보다 더 중요한 여정, 지각의 우위, 실재의 구성에서 신체가 갖는 중요성, 고유함에 대한 강조, 객관화시키는 시각vision의 본성, 가치를 효용으로 환원하는 것의 불가능성, 의지적인 구성 과정보다는 덮개를 벗기는 과정으로서의 창조성 등이 포함된다.

비트겐슈타인은 "궁극적 가치 감각의 패러다임이 된 어떤 경험, 세계 그 자체의 존재에 대한 경이감"에 대해 이야기했다. 하이데거는 소위 소크라테스 이전 철학자들은 철학자가 아니라 '사유자Denker'였다고 말한다. 그들은 '철학'이 불필요한, 존재의 근본적 경이에 사로잡힌 사람들이었다는 것이다. 플라톤은 "경이감thaumazein은 철학자의 표시다. 철학에는 그 외의 다른 연원이 없다."고 했다. 플라톤은 이 '신성한 공포theos phobos'가 워낙 심오한 감동과 삶을 바꾸는 힘을 지녔기 때문에, 그것을 불러일으킬 수 있는 예술은 공적인 질서의 보존 차원에서 엄격하게 검열되어야 한다고 생각했다. 아리스토텔레스는 "인간이 처음에, 또 지금도 철학을 하는 까닭은 그것이 주는 경이 때문"이라고 썼다.

하지만 플라톤의 동시대인인 데모크리토스Democritos는 이미 어느 것에도 감동되거나 놀라기를 거부하는 '아타우마스티아athaumastia'[無我]와 '아탐비아athambia'[無語]를 찬양하기 시작했다. "스토아의 현인들은 평정을 잃지 않는 것을 최고의 목표로 삼았고, 고대 로마의 호라티우스Horatius나 키케로Cicero도 그 어떤 것에도 놀라지 않을 것nil admirari을 요구했다." 참된 철학자의 표시는 있는 그대로 사물을 보고 그럼으로써 존재의 사실에 경외를 느끼는 능력이 아니라, 그와 정반대의 능력, 즉 존재 앞에서 평정을 유지하고 세계를 체계화하고 명료하게 하여 지식의 대상으로 다시 소개하는 능력이다. 데모크리토스는 철학자의 역할을 과학자의 역할처럼 탈신비화하는 데 둔 것이다.

그러나 철학에 동기를 부여하는 경외감은 한번도 사라신 적이 없었다. 데카르트조차 "경이는 모든 열정의 첫 번째"라고 주장했다. 하지만 경이가 그저 철학의 기원만이 아니라 목표이기도 하다는 사실을 알아차린 사람도 많다. 그러므로 괴테Johann Wolfgang von Goethe에게 그것은 "인간이 달성할 수 있는 최고 지점"이었다. 비트겐슈타인은 "모든 것이 설명된 것 같은 인상을 남기는" 세계에 대한 과학적 설명보다는 신비주의에서 더 지혜로움을 보았다. 과학적 설명은 경이로워하는 편이 더 좋을 법한 세계를 설명한다는 착각을 준다. 비트겐슈타인은 경이를 들여오고자 설명을 비판한다. 그에게 명료성이란 대체로 경외를 섬기는 것이었다. 그의 비판적 에너지는 그가 보기에 세계와 우리 사이에 끼어들어 그 존재의 순수한 경이에 눈을 감게 하는 모조품 설명의 가면을 벗기는 데 투입되었다. 가장 최근에는 노르웨이의 철학자 아르네 네스Arne Naess가 이렇게 표현했다. "철학은 경이, 심오한 경이에서 시작하고 끝난다." 20세기의 철학이 힘겹게 다시 얻은 것이 이것이다.

철학은 내가 반구들 간의 전형적인 관계라고 묘사한 궤적을 공유한다. 그것은 놀람, 직관, 모호성, 당혹감, 불확실성에서 시작한다. 진행되는 과정에서는 포장이 풀리고 온 사방에서 검사되고, 좌반구가 선형線形을 강요하지만, 그 종착점은 언어와 선형성이라는 과제가 극복되어 다시 뒤로 방치되는 것을 보는 데 있다. 그 진행 과정은 눈에 익다. 우반구에서 좌반구로, 그런 다음 다시 우반구로 가는 과정이다.

이것은 경험적 세계를 만들어 내는 데서 우반구가 차지하는 일차적 역할을 입증하는 다른 증거와 일치한다.

■ 우반구의 일차적 역할에 대한 다른 증거

사실 우리는 우반구가 반구들 사이의 관계에서 일차적이고 기초적인 역할을 맡는다고 짐작할 만한 여러 가지 이유를 이미 접한 바 있다. 먼저 폭넓은 경계적 관심의 우선성이 있다. 집중된 관심은 그 주체에게는 의식적인 통제를 받는 것처럼 보이지만 실제로는 이미 발언된 것이다. 우리는 이미 알고 있는 것에 따라 관심의 방향을 정하며, 이를위해선 폭넓은 우반구적 관심을 필요로 한다. 다음에는 전체성의 우위가 있다. 우반구는 격리와 분할과 분석이 어떤 대상을 다른 것으로 변형시키기 전, 좌반구가 그것을 표상하기 전의 세계를 다룬다. 우반구가 연결하지 않고 종합하지 않고 통합하지 않는 것이 아니다. 우반구가 드러내는 것은 한 번도 격리된 적이 없고 한 번도 부분으로 해체된적이 없는 것들이며, 한 번도 전체가 아닌 적이 없기 때문이다.

우리는 우반구가 새로운 것을 전달하는 데서 담당하는 역할, 즉 경험의 우선성에 대해서도 살펴보았다. 우리가 아는 것은 우반구에 처음존재하게 되는데, 정의에 따르면 처음에는 그것이 새로운 것이 되고, 우반구는 그것을 '현전하는' 그대로 전달한다. 이는 좌반구가 그것을표상하기 전의 일이다. 좌반구의 가장 강력한 도구인 참조적 언어의연원이 신체와 우반구에 있다는 것은 사실이다. 이것은 일종의 수단의우선성이다.

이 문제에 대해 좀 다른 노선의 증거들을 살펴보자.

■ 묵시적인 것의 우선성

음악과 신체에 있는 언어의 기원은 더 큰 그림의 일부, 묵시적인 것의 우선성의 일부로 보일 수 있다. (우반구가 섬기는) 은유는 (좌반구가 섬기는) 지시**보다 먼저** 온다. 이것은 역사적 진리이기도 하고 인식론적 진리이기도 하다. 은유적 의미는 모든 의미에서 추상과 명시성에 앞선다. '추상abstraction'과 '명시성explicitness'이라는 단어 자체는 다음과 같은 내용을 말한다. 우리는 어떤 것을 그것에서 끌어낼 뭔가가 없는 한 그것을 멀리 끌어낼(라틴어의 'abs'는 영어의 'away', 'trahere'는 'pull'의 의미다.) 수 없다. 어떤 것이 이미 접혀 있지 않는 한, 그것을 펼치고 명시적으로 만들 수 없다. 명시성의 뿌리는 묵시성implicitness에 있다. 리히텐베르크 Georg Lichtenberg가 말했듯이, "우리의 표현은 거의 모두 은유적이다. 우리 선조들의 철학이 그 속에 숨겨져 있다."

하지만 은유는 그저 있었던 것의 반영이 아니라, 그냥 새로운 것보다는 진정으로 새로운 것이 출현할 수 있는 수단이다. 그것이 실제로 마음속에 살고 있을 때 은유는 새로운 생각이나 이해를 발생시킬 수 있다. 그것은 그저 한때 살아 있던 은유의 죽어 버린 역사적 잔여물이나 진부한 글귀가 아니라 인지적으로 실재하며 능동적이다.

세계에 대한 것이든 우리 자신에 대한 것이든, 이해라는 것은 모두 올바른 은유를 선택하는 데 달려 있다. 우리가 선택하는 은유가 우리가 보는 것을 지배한다. 이해에 대해 이야기할 때도 은유를 피할 수 없다. 사물을 '쥐는 것'도 우리가 생각하는 것만큼 성과가 크지 않다. 삶에서 가장 중요한 일은 어떤 의미로든 붙잡히기를 거부하는 것이니 말이다. 탄탈로스의 포도처럼 붙잡으려는 손에서 물러난다.〔제우스의 아들인 탄탈로스는 신들을 시험하고자 아들을 죽여 음식을 만든 뒤 그것을 신들에게 먹였다. 신들은 탄탈로스에게 목까지 찬 물을 마시려고 하면 물이 빠지고, 머리 위에 매달린 포도를 따려고 하면 포도가 위로 올라가 버리는 영겁의 벌을 내렸다.〕

철학의 역설은 포착되거나 명시적으로 단언될 수 있는 것은 넘어갈 필요가 있다는 점이다. 하지만 철학의 흐름은 항상, 또 어쩔 수 없이 명시적인 것 쪽으로 돌아오게 마련이다. 메를로 퐁티, 하이데거, 셸러, 비트겐슈타인은 명시성은 그것을 펼치고 또 펼치는 과정을 아무리 거듭해도 우리가 이미 아는 것에 우리를 묶어 둔다는 점을 알았다. 묵시적으로, 가끔은 명시적으로 철학자들은 철학을 명시적인 것 너머로 데려가려고 노력했으며, 어떤 의미에서는 그 자체를 넘어가려 했다. 그렇게 하는 과정에서 그들은 분석적 언어의 한계를 조명했다.("말할 수 없는 것에 대해서는 침묵해야 한다.") 그런 시도는 여전히 해 볼 만한 가치가 있고, 시도되어야 하고, 항상 시도될 것이다. 달성될 수 있는 한계를 존중하는 한에서 말이다. 언어의 문제를 너무나 잘 알았던 니체는 이렇게 썼다. "나 같은 늙은 심리학자, 피리 부는 사람에게는 …… 침묵하고 싶어 할 만한 바로 그것이 귀에 들려야 한다."

이런 철학자들의 글은 묵시적인 것을 구현할 뿐만 아니라 본인들이 표현하기도 한 은유적 이미지로 가득 차 있다. 그러므로 들판을 빙빙 돌아가는 하이데거의 '길Feldweg'의 메아리처럼, 비트겐슈타인은 철학적 탐구를 명시적인 발언이 아니라 일련의 관점이라고 말한다. 마치 전체의 상념이 떠오르도록 하는, 산의 능선을 가로지르는 수많은 은밀한 산책길 같은 것들이라고 보았다. 아마 그곳에 제일 먼저 도달하는 사람은 시인일 것 같다. 이 순환적인, 더 정확하게 말하면 나선형 같은 진전은, 다시 말하지만 매우 시사적이다.

그러나 명시성이 겪는 가장 큰 문제는, 그것이 우리를 이미 아는 것으로 되돌려 놓는다는 것이다. 명시성은 고유한 경험과 인물과 사물을, 추상화되고 중심적인, 어디에서나 이미 보았을 것 같은 개념들의 무더기로 환원시킨다. 실제로 이미 본 것들이다. 명료하게 본다는 의미에서의 앎이란 항상 뭔가를 이미 알고 있는 것 '으로서' 보는 것이므로, 존재하는 것이 아니라 표상된다. 풍요로운 애매성이 강요로 인해 어떤 다른 것이 된다. 이 장 처음에서 나는, 관심도 변화시키는 힘을 갖고 있기 때문에 파괴적일 수 있다고 말했다. 우리에게 중요한 많은 것들은 너무 각별한 관심을 받게 되면 견디지 못한다. 그것들의 본성은 간접적이고 묵시적이어야 하기 때문이다. 그것들을 명시적이 되도록 강요한다면 그 본성이 완전히 바뀌므로, 그런 경우에 우리가 '확실하게' 안다고 생각하게 된 것들이 실제로는 전혀 진정으로 알지 못하는 것이 되어 버린다. 너무 많은 자기 인식은 자발성만이 아니라 사물을 살아 있게 하는 성질 자체를 파괴한다. 음악이나 춤의 수행, 구애 행동, 사랑과 성적 행동, 유머, 예술적 창조, 종교적 숭배 등은 자기 의식이 너무 강해지면 기계적이 되고 생명이 없어지고, 정지해 버린다.

의식적 관심의 초점을 감당할 수 없는 것들은 주로 의지로 될 수 없는 것과 같을 때가 많고, 흔히 다른 것의 부산물로서 출현한다. 그것들은 좌반구적 세계의 눈부심 앞에서 움츠러든다. 잠 같은 것은 그저 의지로만 불러올 수 없다. 그것을 얻으려고 애쓰는 마음의 틀은 그것을 체험하게 하는 마음의 틀과 양립할 수 없다. 몽테뉴Michel Montaigne는 다음과 같이 말했다.

> 내가 쉽고 자연스럽게 행하는 일도 명시적이고 진술된 지시로 명령받게 되면 할 수 없어진다. 자유와 자율성을 누리던 내 신체도 내가 그것들을 일정한 시간과 공간에서의 의무적 행동에 묶어 두려고 계획하면 가끔 내 지시를 따르기를 거부하기도 한다.[1]

사랑을 하거나 잠이 드는 문제에서 참인 것은 그보다 덜 물리적인 상황에서도 참이다. 가령 자연스럽게 굴고, 사랑하고, 지혜로워지고, 순진하고, 자기를 의식하지 않으려는 시도는 자멸적이다. 삶에서 최고의 일은 집중된 관심의 눈부신 조명을 피하는 것이다. 그런 일들은 우리의 의지를 거부한다.

그런데 눈에 보인 것을 의지의 대상으로 만들고자 사물에 초점을 맞추고, 묵시적인 것을 명시적인 것으로 만드는 것이 바로 좌반구의 과제이다. 이 과제를 달성하는 것은 특정한 종류의 시각인데, 인간의 모든 감각 중에서 시각만이 우리의 쥐기grasp를 인도할 정말로 자세한 정보를 줄 수 있고, 공간 속에서 명확하게 콕 찍어서 지적할 수 있기 때문이다. 이런 대상의 명료성과 고정성은 좌반구가 보는 세계관에 매우 순종적이다. 사실 우리가 세계 '관view'을 거론할 수 있는 것도 엄밀히 말하면 좌반구뿐이다. 하지만 모든 감각 중에서 시각만이 정밀하게 차별화된 깊이를 허용한다. 그 깊이가 유지되는 한, 시각은 우반구의 개입과 '사이'에 양보한다. 그 깊이가 깎여 없어지면, 그것은 좌반구에 의해 2차원적 평면의 어느 한 점에서 정밀하게 초점이 맞춰지게 된다. 그로 인한 착각이 곧 명료성의 착각, 마치 명료한 시각을 통해 그에 관한 모든 것이 드러나는 것처럼, 뭔가를 "있는 그대로" 아는 능력이다.

깊이란 뭔가가 **그 너머에** 있다는 느낌이다. 좀 더 일반적으로 생각해 보면, 그것은 맥락의 궁극적 중요성을 인정하는 사고방식일 것이다. 맥락이란 눈에 보이는 것이 원래 귀속되어 있던 곳, 원래 놓여 있던 장소, 그것을 참조해야만 이해될 수 있는 것, 그 너머와 주위에 놓여 있는 어떤 것들을 말한다. 전통 심리학에서 말하는 관심의 조명이 안고 있는 문제는, 그것이 관심의 대상을 그 맥락으로부터 고립시킨다는 데 있다. 주위만이 아니라 그것이 살고 있는 깊이까지도 없애 버린다. 그 깊이를 불투명하게 만든다. 우리의 시각은 그것 자체에서 멈춘다. 이렇게 맥락을 치워 버린 결과, 생명 없고 기계적인 어떤 것이 만들어진다. 『성찰록』에 나오는 한 유명한 구절에서, 데카르트는 창문 밖으로 거리를 지나가는 사람들을 지켜본 이야기를 한다. "하지만 내가 보는 것이 자동인형을 가려 주고 있는 모자와 겉옷 이상의 것인가? 나는 그들이 인간이라고 **판단한다**."[2] 데카르트의 철학적 응시는 행인들에게 의미를 줄 수도 있는 맥락을 모조리 삭제한 채 그들을 바라본다. 데카르트가 바라본 것이 기계로 움직이는 모자와 겉옷이었다고 해도 놀랍지 않을 것이다. 모자와 옷은 완전히 불투명해졌다. 관찰자는 그것을 꿰뚫고 겉옷 밑의 살아 있는 인물을 보지 않는다. 그는 더 이상 함축된 것을 보지 않는다. 반면에 우반구의 관심, 맥락 속에 있는 것에 대한 관심은 우리가 그것들을 꿰뚫고 그 주위와 아래에 놓여 있는 실재를 보도록 허용한다. 그것은 옷과 모자를 고립된 것으로 보는 착오 따윈 범할 수 없다.

뭔가를 명료하게, 실제 모습대로 볼 수 있다는 환상은 엄청나게 유혹적이다. 러스킨John Ruskin은 『근대 화가론Modern Painters』에서, 명료성은 한계라는 대가를 치르고 얻어진다는 점을 지적했다. "우리는 무엇이든 명료하게 보지 않는다. …… 우리가 뭔가를 명료하게 본다고 할 때 그것은 그게 무엇인지 알아보는 데 필요한 만큼만 본다는 뜻이다. 알아볼 수 있음이라는 이 지점이 어디인지는 사물의 크기와 종류에 따라 수없이 다르다. ……" 그는 잔디밭에 펼쳐진 책과 자수 손수건을 예로 들었다. 400미터쯤 떨어져서 보면 이 두 가지를 구분할 수 없다. 좀 더 가까이 가면 구별은 되지만, 책의 글자를 읽거나 손수건의 자수를 알아볼 수는 없다. 더 가까이 가면 책의 내용도 읽을 수 있고 자수도 알아볼 수 있지만, 종이의 섬유질이나 손수건의 실오라기는 볼 수 없다. 더 가까이 가면 종이 섬유와 실을 볼 수 있지만, 종이 표면의 굴곡이나 실오라기의 미세한 솜털은 볼 수 없다. 현미경을 들이대고 더 세밀하게 들여다보면 이런 식으로 무한히 나아갈 수 있다. 우리가 그것을 명료하게 보는 것은 어느 지점부터인가? "우리는 언제 그 책을 명료하게 본다고 말하는가? 이는 그저 그게 책인 줄 안다는 뜻일 뿐이다."[3] 러스킨은 이렇게 결론짓는다. 그러므로 명료성이란 지각의 정도가 아니라 지식의 유형을 말하는 것 같다. 뭔가를 명료하게 안다는 것은 그것을 부분적으로만 아는 것이고, 그것을 경험하기보다는 특정한 방식으로 안다는 것이다.

현대가 시작되면서 우리의 경험 자체가 점점 더 회화적이 되었다. 하이데거의 말처럼 "세계 그림은 예전의 그림이 현대적인 그림으로 변하는 것이 아니다. 세계가 그림이 된다는 사실 자체가 현대의 본질을 구별지어 주는 사실이다." 이는 존재의 본성을 변화시킨다.

하이데거의 '아니무스animus'〔적의, 의향〕가 향하는 방향은 특히 데카르트의 영향에 반대하는 쪽이다. 데카르트는 "우리 삶의 행동은 전적으로 우리의 감각에 의존한다", 그리고 "시각은 감각 가운데서 가장 고귀하고 포괄적인 감각이다"라고 썼다.[4] 이는 엄밀히 데카르트가 각 고립된 사물에 대한 명료하고 날카롭게 규정된 지식을 가져다주는 도구로서 시각에 관심을 가졌기 때문이다. 이는 묵시적이고 맥락에 구애되는 우반구가 본 사물의 본성에 의거한 이해와는 화해하기 힘든 기획이다. 좌반구만이 각기 구분되는 항목으로 사물을 표상하고 설정할 수 있다. '구분되는distinct'이라는 단어가 '분할division'의 의미를 함축한다는 것은 우연이 아니다.

사물을 진정 있는 그대로 보려면, 관심은 뭔가 아주 다른 일을 해야 한다. 대상에 의지하면서 동시에 초점의 평면을 통과해야 한다. 사물을 있는 그대로 보는 것은 그것을 꿰뚫어 보는 것, 그것 너머에 있는 어떤 것, 그것이 놓여 있는 맥락과 주위 상황 혹은 깊이까지 보는 것이다. 좌반구의 초연하고 지극히 집중된 관심이 살아 있는 것들을 담아내야 하는 상황이라면, 그래서 그것이 나중에 우반구의 관심을 거쳐 깊이와 맥락까지 담아내는 전체 그림으로 발전하지 못한다면, 그것은 파괴적인 것이 된다. 우리는 메를로 퐁티가 말했듯이 곤충처럼 된다.

예술 작품도 이와 비슷한데, 예술 작품은 사물보다는 사람들과 공통점이 더 많기 때문이다. 명시성은 항상 이러한 깎아 없애기를, 표면에 대한 집중과 투명성의 상실을, 더 정확하게 말하면 반투명성을 강요한다. 이는 농담과 은유를 설명하는 격이다. 그런 상황에서 농담이나 은유의 메커니즘은 불투명한 참견이 된다. 은유적 의미는 이런 반투명성, 보이면서 보이지 않음에 의지한다.

사물을 명시적으로 만드는 일은 작품을 희생하여 작업에 집중하는 것, 메시지를 희생하여 매체에 집중하는 것이나 마찬가지다. 일단 불투명해지면 관심의 평면은 잘못 설정되는데, 이는 연극의 실질이 아니라 연극에 동원된 기계장치에 집중하는 것과 같다. 화폭 위에 그려진 내용이 아니라 화폭의 평면에 집중하는 것이나 마찬가지다.

평면으로부터의 거리와 반대인 깊이는 절대로 초연함을 함축하지 않는다. 깊이는 상대방과 어느 정도 떨어져 있든지 간에 우리를 그 사람과의 관계 속으로 데려가며, 사이에 놓인 공간을 "건너뛰어 느끼게" 한다. 그것은 우리를 상대방과 동일한 세계에 둔다. 그러므로 로랭Claude Lorrain의 그림에 있는 어떤 인물이 아무리 멀리 있더라도 우리는 그것과 그 세계에 이끌리는 것이다. 해즐릿William Hazlitt이 말했듯이, 우리는 그 인물을 둘러싸고 있는 공간의 깊이 속으로 여행을 떠난다. 디드로Denis Diderot는 정말 아름답고 황량한 풍경 속으로 어떤 수도사와 함께 떠났던 일곱 번의 도보 여행과 그 여행에서 자신들이 보고 겪은 일을 묘사하는 글을 연작으로 썼는데, 끝에 가서야 그 여행이 베르네Claude Joseph Vernet의 그림에 나오는 풍경 속으로 떠난 상상의 여행이었음을 밝힌다.

소외를 만드는 것은 깊이가 아니라 깊이의 결여이다. 마치 사진 건판이나 홍채의 표면에 투영된 것처럼 깊이가 없는 것은 데카르트적·

객관적 세계관의 중요한 특징이다. 깊이도 없이 거리를 두고 있는 평면적 2차원성에 우리는 거부당한다. 그런 세계에서 우리는 더는 시각視覺의 '대상'과 함께 서 있을 수가 없다. 깊이는 심리학적으로 중요한 것으로서, 루이스 사스가 보여 주었듯이 과잉 활성적인 좌반구의 상태와 동일한 정신분열증에서는 시각의 누락과 함께 참조 틀을 장악하지 못하게 된다. 관심이 더 이상 종이 위에 그려진 장면에 향하지 않고 종이 평면 자체로 옮겨지는 것이다. 그것은 사물을 정상적인 방식으로 이해할 때 작동하는 **투명성**의 상실이다.

그림은 세계 내 사물이 아니다. 세계의 단순한 표상도 아니다. 메를로 퐁티의 탁월한 표현을 빌리자면, 우리는 그림을 **본다**기보다는 **그것에 따라** 본다고 해야 한다. 그림은 인간이나 자연 세계의 형체들처럼 단지 객체인 사물도, 사물의 표상도 아니다. 그림은 그것들 자체를 꿰뚫어 보게 하고 그것에 따라 보게 한다. 그림은 반투명한 성질을 갖고 있으면서 완전히 사라져 버리지도 않는다. 완전히 사라져 버린다면 그것이 더 이상 나타내지 않을 이런저런 실재가 그것이 있던 자리에서 보일 것이다. 아니다, 그림은 자체의 실재를 갖고 있다. 하지만 단순한 사물도 아니다. 우리로부터, 아니면 존재하는 어떤 것들로부터도 독립적으로 존재하는 사물이 아니라는 말이다. 우리는 그림을 알고 있지만 그것을 꿰뚫어 보고 그것에 따라 세계를 본다. 시의 경우도 마찬가지다. 시 한 편을 읽을 때 언어가 투명한 매체처럼 기능할 때가 자주 있다. 우리가 언어의 사실성을 생각하지 않게 되는 것이다. 하지만 시에서 언어 자체는 우리에게 소개된다. 반쯤은 투명하고 반쯤은 불투명하다. 시는 사물이 아니라 우리가 그것을 통과해 그 너머로 갈 수 있게 해 주는 살아 있는 어떤 것이지만, 언어 너머에서 우리에게 전달되는 어떤 것에서 언어 자체가 아무런 역할을 하지 않는 듯이 사라지는 일은 결코 없다.

희곡 역시 완전히 몰입시킬 수도 있고 심히 소외시킬 수도 있으며, 우리가 참여하지 않는 그림이 될 수도 있다. 우리를 몰입시키려면, 매체는 투명하거나 속이 훤히 들여다보여야 한다. 우리가 연기자나 작가에게 집중해선 안 된다. 나쁜 연기가 그토록 민망스럽게 느껴지는 것은 이 때문이다. 그것은 배우들이 연기하고 있다는 사실에, 그들이 그들 자신을 어떻게 보는가 하는 사실에 관객의 관심을 끌어당긴다. 그런 배우는 자기들이 밝히겠다고 주장하는 것과 독자 사이에 자체 검열의 명분을 허용하는 비평가와 같다. 묵시적인 것이 명시적인 것이 되면 모든 것은 사라진다.

▮ 정서의 우선성

묵시적인 것이 명시적인 것의 기초라면, 느낌은 사람들의 인지적 평가에 대한 반응이나 그것에 덧씌워지는 뭔가가 아니라 그 반대를 뜻하게 된다. 정서affect[뭔가에 영향을 미치는 감정이라는 뜻으로, '정동情動'이라고 쓰기도 한다.]가 먼저 오고, 생각이 나중이라는 것이다. 정서적 판단이 인지적 과정의 결과에 의존하지 않는다는 것을 확증하는 흥미로운 연구가 하나 있다. 우리는 내가 어떤 것을 좋아하는지 아닌지를 판단할 때 어떤 명시적인 평가나 수지타산 도표 혹은 부분들의 무게 계량에 의거하지 않는다. 인지적인 과정이 작동하기 전에 전체를 직관적으로 평가하기 때문이다. 물론 인지적 과정이 나중에 작동되어 우리의 선택을 설명하고 정당화하기는 한다. 정서의 우선성이란 이를 일컫는 것이다.

우리는 전체에 대한 평가를 단번에 내리며, 구체적인 측면들에 관한 단편적인 정보는 전체에 비추어 판단한다. 그 반대가 아니다. 여기에는 우반구에 의존하는 우리의 정서적 판단과 전체 개념이 좌반구가 만들어 내는 부분들에 대한 인지적 평가 이전에 발생한다는 의미가 함축되어 있다. "나는 깊고 근본적인 정서 층위에서 우반구가 진정한 내적 감정에 더 많이 접하고 있고, 거짓말을 할 가능성이 더 적으리라고 …… 예상한다." 2장에서 살펴본 연구 증거들은 이런 야크 판크셉의 견해를 지지해 줄 것이다. 물론 정서가 가치와 동일하지는 않지만, 가치가 그렇듯 그것도 일차적인 것이고, 그 과정을 회고적으로 검토해 보면 좌반구가 우리에게 주입한 생각처럼 인지적 평가로 도출된 것이 아니다. 막스 셸러의 중요한 개념인 '가치포착Wertnehmung', 즉 어떤 것의 가치에 대한 인지전認知前 파악의 배후에 있는 것이 이 통찰력이다.

세계에 대한 성향이 먼저 온다. 모든 인지는 그 뒤에 나오며, 그것은 그 성향, 다른 말로 하면 '정서'의 결과이다. 흔히 '정서affect'와 '감정emotion'이 자주 동일시되는데, 감정이 정서의 일부인 것은 분명하지만 어디까지나 일부일 뿐이다. 정서에는 훨씬 더 폭넓은 것이 함축되어 있다. 그것은 세계에 관심을 보이는(혹은 보이지 않는) 방식, 세계에 관련되는(혹은 관련되지 않는) 방식, 세계를 향한 입장, 성향, 궁극적으로는 세계 속에서 '존재하는 방식'이다.

하지만 감정 역시 매우 중요하며, 마찬가지로 인지보다 우리 존재의 핵심에 더 가까이 있다. 니체가 썼듯이, "생각은 우리 느낌의 그림자이다. 항상 더 어둡고 더 공허하고 더 단순한 그림자"이다. 증거를 바탕으로 여러 가지 추리를 하다 보면, 존재의 본질적인 핵심은 피질 하부에 있다는 주장으로 수렴된다. 지각적–인지적 앎은 '혁명적 전제 조건'인 정서적 앎의 등 뒤에서 발전된 것으로 보인다고 야크 판크셉은 말한다. "그런 유리한 고지에서 보면 "나는 생각한다, 그러므로 나는 존재한다"는 단언에 대한 데카르트의 믿음을 능가하는 것이, 모든 포유류의 유전적 구성에 속하는 더 원초적인 "나는 느낀다, 그러므로 나는 존재한다"는 단언일지도 모른다." 판크셉은 나중에 각주에 다음과 같이 덧붙인다. "가장 밑바닥에 있는 토대는 아마 '나는 존재한다, 그러므로 나는 존재한다'는 말이 되어야 할 것이다."

감정과 신체는 환원 불가능한 경험의 핵심이다. 그저 인지를 돕고자 존재하는 것들이 아니다. 느낌은 생각에 쓰이는 단순한 덤이나 맛이 첨가된 장식물이 아니다. 그것은 우리 존재의 심장부에 있으며, 감정의 그 중심 알맹이로부터 그것을 제한하고 지시하려는 시도에서 이성이 발산된다. 이성에서 느낌이 발산되는 것이 아니다. 예나 지금이나 느낌이 먼저 오며, 이성은 느낌에서 발생한다. "감정은 인류에게 이성을 쓰는 법〔추론推論〕을 가르쳤다"고 18세기 프랑스의 철학자 보브나르그Luc de Clapiers de Vauvenargues는 말했다. 이성을 선호하는 우리의 선입견도 그 자체로는 추론으로 입증될 수 없다. 이성의 장점은 우리로 하여금 직관 이상의 것을 해 볼 수 있도록 한다는 점이다. 영향력 있는 저서 『데카르트의 오류Descartes' Error』에서, 다마지오Antonio Damasio는 신경학적 용어를 써서 감정의 우선성을 지적한다.

> 전통적으로 신피질적neocortical〔대뇌 신피질계〕이라고 추정된 합리성의 기관은, 생물학적 규제가 없이는 작동하지 않는 것으로 보인다. 자연은 합리성의 기관을 생물학적 규제 기관 위에다 구축한 것이 아니라 그것으로부터, 그리고 그것과 함께 구축한 것 같다.[5]

이 관찰로 1장에서 내가 지적한 논점으로 돌아간다. 두뇌의 구조는 그 역사를 말해 주며, 부분적으로는 바로 그 사실 때문에 마음도 이해할 수 있도록 돕는다는 것이다. 그럼에도 다마지오는 감정이나 정서의 현상학적 우위를 인정하는 것 같지는 않다. 오히려 그는 감정이 생각하는 존재인 우리를 안내하는 역할이 아니라 부수적인 역할을 한다고 보며, 안내자의 역할을 생각에 부여하는 것 같다. 그는 주장한다. "감정은 사치품이 아니다." 마치 경험해 보니 그런 생각을 한 사람이 있더라는 것처럼 말이다. 감정의 우선성을 인정하는 사람이라면 말할 필요도 없이 그런 생각을 하지 않는다. 감정은 유용한 도구이지 사치품이 아니라고 다마지오는 거듭 강조한다. 따라서 그의 주장에 따르면, 감정은 하인으로서 이성을 섬기고자 존재하며, 우리가 소통하도록 혹은 인지의 산물을 계량하도록 도와주는 것이지, 우리 기분의 환원 불가능한 핵심은 아니다.

어쨌든 느낌이 인지 과정의 필수적 부분을 구성한다는 것을 보여 줌으로써 느낌을 복권시키려 하다 보니, 다마지오는 느낌을 질적으로 다루기보다는 명시적이고 계량과 수량화가 가능한 것으로 만들지 않을 수 없었다. 즉, 느낌을 정신적인 연상 과정의 속도나 분량, 운동 행동 motor behaviour의 속도나 분량으로 전환시키지 않을 수 없었던 것이다. 그 역시 윌리엄 제임스가 그랬듯이 이런 부분을 신체적 '자료'의 **해석**으로 본다. 사실 다마지오는 "규칙적인 느낌은 신체적 변화를 '판독'하는 데서 나온다"고 단언하기까지 한다. 이에 따라 신체와 감정의 분리 불가능성은 감정이 '판독'을 통해 결국엔 신체에서 도출된다는 것으로, 판독을 수행하는 인지를 **안내**하고자 존재하는 것으로 해석된다. 이렇게 보면 다마지오는 자신이 데카르트의 오류를 되풀이하고 있음을 알지 못하는 것 같다. "나는 느낌의 정수精髓를, 우리 신체의 구조와 상태에 관해 지속적으로 업데이트되는 이미지를 향해 곧바로 열리는 창문을 통해 너와 내가 들여다보는 어떤 것으로 개념화한다."[6] 우리가 우리의 느낌을 "창문을 통해", 자기 신체의 '이미지'를 향해 열린 문을 통해 '볼' 수 있게 된다면, 우리는 데카르트가 벌인 게임에서 이미 그를 훨씬 능가한 것이 분명하다.

이 책 전체에서 계속 그 문제를 다루겠지만, 나는 정서 문제를 다루는 데 존재하는 어려움 가운데 일부는 우리의 지적 토론의 맥락에서 우리가 인지와 정서의 관계를 인지주의적 관점에서 "바라보도록" 항상 강요받아 왔다는 사실에 있다고 생각한다. 그만큼 정서의 관점에서 문제를 처리한다는 것이 정확하게 무슨 뜻인지를 말하기가 쉽지 않고 상상하기도 어렵다. 그냥 직관으로 만족하지 않고 이 관계에 대해 알고자 한다면, 인지를 지식으로 가는 통로로 다루어야 한다는 것은 두말할 나위가 없다. 그러나 인지와 정서 간의 관계에 대한 관점을 밝히라고 인지에 요구하는 것은, 갈릴레오 이전 시대의 천문학자에게 지구 중심적 세계에 대해, 태양이 지구 둘레를 도는지 지구가 태양 둘레를 도는지를 묻는 것과 마찬가지다. 그런 질문을 하는 것만으로도 미친 사람이라는 낙인이 찍히기에 충분하다. 하지만 이 은유에 담긴 의미는 놓치지 말라. 때가 되면 그 모델에 난 미세한 균열에 대한 관찰이 우주 전체의 붕괴를 가져오니 말이다. 그러므로 인지는 결국 인지에 속한 종류의 진리로 나아가는 길을 찾았다. 정서의 우선성이 그것이다.

■ 무의식적 의지의 우선성

1985년 벤저민 리벳Benjamin Libet은 의식적 의지를 신경심리학적 관점에서 탐구한 연구 논문 한 편을 출간했다. 리벳은 불특정한 실험 대상자들을 모아서 두피에 전극을 붙이고 손가락을 마음대로 움직여 보라고 요청한 다음, 뇌파 전위電位 기록 장치로 손가락 움직임에 따른 두뇌

속 변화를 기록했다. 그 결과, 한스 코른후버Hans Kornhuber라는 독일 신경학자가 그전에 발견한 내용이 확인되었다. 코른후버는 같은 실험을 통해 손가락 움직임이 일어나기 1초쯤 전에 순간적인 변동이, 즉 '준비성 잠재력Bereitschaftspotential'이라 알려진 현상이 일어난다는 것을 밝혀냈다. 하지만 리벳이 발견한 것은, 놀랍게도 손가락을 움직이려는 의지적인 충동이 준비성 잠재력보다 먼저 오는 것이 아니라 약 0.2초 뒤에 일어난다는 것이었다. 마치 주체가 어떤 행동을 할지 두뇌가 미리 알고 있는 것 같았다.

이는 분명히 우리가 어떤 일을 할지를 의식이 결정한다는 통념과 맞지 않는다. 이로써 인간이 창조될 때 신이 인간에게 부여했다는 자유의지에 대한 의혹이 피어올랐고, 광범위한 철학적 논쟁 및 연구가 행해졌다. 수전 포켓Susan Pockett이 말했듯이, "리벳의 연구 결과 가운데 일부는 우리의 일상적 행동에서 의식이 주된 역할을 맡지 않는다고 부정하는 것처럼 보인다."[7] 정말 그렇다. 하지만 이 논쟁에 주된 공헌을 한 학자가 지적하듯이, 무엇을 결정하려 할 때 내 마음의 의식적 부분에 의지해야 한다고 생각할 때만 이런 것이 문제가 된다. 아마 내 무의식도 똑같이 '나'일 것이다. 사실은 그런 편이 나을 것이다. 우리 삶에서 의식이 차지하는 비중은 너무나 작으니까 말이다.

프로이트가 나온 뒤로는 이런 결론을 포용하기가 그리 어렵지 않았으리라. 또 지금은 고전이 된 프린스턴의 심리학자 줄리언 제인스Julian Jaynes의 저서 『양원제 마음의 해체와 의식의 기원The Origin of Consciousness in the Breakdown of the Bicameral Mind』을 읽은 사람에게는 이러한 사실이 확실히 놀랍지 않을 것이다. 이 책에서 제인스는 독자들에게 인간의 정신적 삶을 규정하는 어떤 특징에든 의식이 필요하다는 생각을 체계적으로 붕괴시킨다. 그러면서 두뇌 활동의 매우 작은 부분만이 의식적이며, 의식이 개입할 필요가 없이도 사람들은 결정을 내리고 문제를 풀고 판단하고 식별하고 추리한다는 사실을 지적한다.

의식과 무의식적 정신에 대한 이야기를 더 진행시키기 전에 여기서 쓰이는 주요 용어를 분명히 해 두어야 할 것 같다. 애덤 제먼Adam Zeman은 이 분야에서 감탄할 정도로 엄밀한 작업을 해 놓았다. 그는 의식이라는 단어의 세 가지 주요 의미를 구분했다. ①깨어 있는 상태로서의 의식: "정신이 또렷하던 시간이 지나고 부상당한 병사는 무의식으로 흘러들어 갔다." ②경험으로서의 의식: "공포감이 느껴졌고 고무 타는 냄새가 코를 찔렀다." ③마음으로서의 의식: "내가 당신의 인내심을 고갈시킬지 모른다는 생각이 들었다." ③의 경우, 앞의 예들과 달리 우리는 그런 경험을 말하는 것이 아니라, 실제로 그것을 생각하거나 그런 생각의 결과를 바로 그때 경험하지는 않을지라도 당사자가 인지하고 있는 어떤 것에 대해서 말하는 것이다. 이 각각 의미에서의 의식은 한쪽 반구만으로도 유지될 수 있다. 비록 의식의 품질은 달라질지도 모르지만 말이다. 반구들 간의 주된 차이는 그것이 무의식적 마음과 맺는 관계에 있다. 무의식적 마음이라는 것이 꿈꾸는 상태이든(첫 번째 의미에서의 의식에 대비되는 것), 알지 못하는 채로 마음속에 담아 두거나 경험하는 것이든(세 번째 의미의 의식에 대비되는 것) 상관없다. 우리가 집중할 때 관심 영역의 중심에 놓이지 않는 것은 모두 우반구가 더 잘 제공하며, 좌반구는 그것에 대해 놀랄 정도로 무지할 수도 있다.

제인스는 우반구를 무의식적 마음과 한 진영에 두는데, 많은 학자들이 이런 분류에 동의한다. 이 분류는 흑백논리라기보다는 정도의 문제라고 봐야 한다. 어떤 저술가가 말했듯이, "왼편은 의식적 반응과, 오른편은 무의식적 마음과 관련되어 있다."[8] 사회적 이해 속에 대부분 수용되는 것을 포함한 전前의식적 정보의 처리가 우반구에 의해 수행되는 경향이 있는 것은 사실이다. 의식적 처리 과정의 바깥에서 자극을 탐지하는 관심 시스템은 우반구 쪽으로 강하게 편중되어 있다. 이와 똑같이 의식적 처리는 좌반구에서 진행되는 경향이 있다. 이 이분법은 감정처럼 강력한 우반구적 편향을 가졌다고 인정되는 영역에서도 보일 수 있다. 우반구는 무의식적 감정 재료를 처리하고, 좌반구는 감정적 자극의 의식적 처리 과정에 개입한다. 우반구는 확실히 좌반구는 알지 못하는 재료를 경험한다.

앨런 쇼어에 따르면, 프로이트의 전前의식은 우측 안와 전두엽 피질에 위치한다고 한다. 프로이트는 비언어적·상상적인 사유가 "그러므로 의식이 되는 과정의 매우 불완전한 형태에 불과하다"고 말했다. "어떤 점에서 그것은 언어로 생각하는 것보다 무의식적 과정에 더 가깝다. 또 말할 것도 없이 그것은 계통발생적으로든 개체발생적으로든 후자보다 더 오래되었다." 어쩌면 프로이트는 2차적(의식적) 과정과 1차적(무의식적) 과정을 구분하는 방식을, 좌반구의 언어적·명제적 사고와 우반구에 연결되는 말 없는 "낮은 층위의 관념 작용"과 구분한 존 헐링스 잭슨에게서 가져왔는지도 모른다. 이 모든 것은 아마 렘REM 수면〔깨어 있는 것에 가까운 얕은 수면〕시, 그리고 꿈꾸는 동안 우반구에, 특히 측두두정엽 구역의 혈류량이 크게 증가한다는 증거와 일치한다.[9] 뇌파검사(EEG)의 자료들 역시 꿈꾸는 동안 우반구가 우리의 뇌를 지배한다고 말해 준다.[10]

우리가 말하는 의식이라는 것이 세계에 집중하여 그것을 명시적으로 만들고, 언어로 공식화시키고, 본인의 앎을 알고 있는 그런 마음의 일부라면, 궁극적으로는 좌반구에 거의 모두 놓이는 활동에 의식적 마음을 결부시키는 것은 타당하다. 그런 의식은 울타리 한쪽에서 자라고 있지만, 그 뿌리는 울타리 양쪽으로 땅속 깊이 파고 들어가는 나무와 같은 것에 비유할 수 있다. 이런 유형의 의식은 두뇌 활동 가운데 극히 작은 부분에 불과하고, 두뇌 기능의 최고 통합 수위에서 일어난다. 그곳에서는 좌반구(실제로는 수천 분의 1초 단위로 우반구와 끊임없이 소통하고 있는)가 마이클 가차니가가 말하는 해석자처럼 행동한다. 비단 경험을 수행하는 것만이 아니라 언어로 번역하고 해석하는 일을 담당하는 것들도 그렇다.

'우리'가 왜 우리의 의식적 자아인 동시에 무의식적 자아이면 안 되는가? 리벳의 실험이 말하려는 것은, 우리가 어떤 행동을 선도하도록 선택하지 않는다는 말이 아니다. 그저 우리가 누구인지의 범위를 넓혀 무의식적 자아도 여기에 포함시켜야 한다는 것이다. 흔히 그렇듯이 어려움은 일차적으로 좌반구가 세계를 해석하는 방식인 언어 때문에 생기는 것 같다. '의지'라든가 '의도하다', '선택하다'는 말이 곧 그 과정이 의식적이라는 뜻이라는 주장에는 반박의 여지가 있다. 그것이 의식적이지 않다는 것은 곧 우리의 의지에 따라 그것이 일어난 것이 아니고, 우리는 그것을 의도하지 않았고, 선택하지도 않았다는 뜻이다. 우리의 무의식적인 소망과 의도와 선택이 우리가 알고 있는 것보다 우리 삶에서 훨씬 더 큰 비중을 차지할 수 있다는 것은 이제 누구나 다 아는 사실이다.

이 점을 억지로 양보해야 한다면, 그 다음 방어선은 무의식을 부인하는 것이다. 분할뇌 환자들이 우반구의 선도로 발생했음이 분명한 행동을 좌반구가 부인하는 것과 마찬가지다. 그것은 내 의지가 아니라는 것이다. 우반구가 좌반구와 마찬가지로 의지가 있고, 의도하고 의미를 가지고 의지하고 선택할 수 있음을 확인하려고 일부러 분할뇌 환자들을 만나 볼 필요는 없다. 한스 바이힝거는 다음과 같이 썼다.

생각의 유기적 기능은 거의 대부분 무의식적으로 실행된다. 그 산물이 마침내 의식에까지 들어가건 의식이 일시적으로 논리적 사유의 과정에 수반되건 간에, 의식의 빛은 얕은 곳만 뚫고 들어가며 실제의 근본적인 공정은 무의식의 어둠 속에서만 실행된다. 특정적으로 합목적적인 작동은 주로, 그리고 시작 단계에서는 언제나, 완전히 본능적이고 무의식적이다. 설사 그것들이 나중에는 의식의 빛나는 원 속으로 밀고 들어올지라도 말이다.[11]

이제는 이것이 사실일 뿐만 아니라, 다시 한 번 말하지만 이런 의도가 우반구에서 일어나며, 그것도 모든 경우에 좌반구보다 먼저 일어난다는 것을 확인해 줄 놀라운 연구 결과들을 살펴보자.

■ 생각과 그 표현의 근원은 우반구이다

놀라운 연구 결과는 몸짓 연구에서 나왔는데, 몸짓이란 그 자체가 말의 명시성을 뛰어넘는 섬세함과 즉각성을 갖는 일종의 언어이다. "우리는 지극히 기민하게 몸짓에 반응하며, 아무 데도 기록되지 않고 아무에게도 알려지지 않지만 누구나 이해할 수 있는 정교하고 비밀스러운 암호에 따라 반응한다고 말할 수 있다."[12] 그리고 내적인 감정 상태를 구현하는 표현적 몸짓과, 다른 사람의 즉각적 행동에 영향을 주도록 설계된 도구적 몸짓 사이에는 반구에 따른 구분이 있다. 예상할 수 있듯이 표현적 몸짓은 우반구의 상측두구를 활성화하며, 도구적 몸짓은 언어와 운동 모방 등 좌측으로 편중화된 시스템을 활성화한다.

하지만 몸짓의 중요성은 그것이 사유의 창조를 통찰하게 해 준다는 데 있다. 데이비드 맥닐David McNeill은 몸짓 언어와 발언된 언어 사이의 관계에 대한 사람들의 상호 작용을 오랫동안 애써 촬영하고 분석했다.

비록 그의 작업은 반구 간의 차이에 초점을 맞춘 것이 아니었지만, 그 부산물 가운데는 이 주제에 흥미를 가진 사람들에게는 순금처럼 귀중한 관찰이 몇 가지 있다.

우리에게 흥미로운 첫 번째 논점은, 몸짓이 발언을 미약하게나마 예견하게 한다는 것이다.

> 발언하기 전의 몸짓으로 발언 내용을 미리 엿볼 수 있는 것은 몸짓이 발언의 원시적 형태를 보여 준다는 주장의 중요한 증거가 된다. 준비 단계가 시작되는 순간 형성되는 전체적-종합적 이미지는 있지만, 그 것이 통합할 수 있는 언어적 구조는 아직 없다.[13]

전체적-종합적이라는 것이 우반구와 결부되는 생각의 전체주의적 혹은 게슈탈트적 본성을 설명한다는 사실은 쉽게 알 수 있다. 맥닐은 이와 대조적으로 언어적 발언의 "일선적이고 세분화된" 본성을 말한다. 일선성과 세분화는 좌반구에서 이루어지는 생각의 분석적 본성이 지닌 특징이다. 그러므로 생각은 우반구가 발생시킨 보편적-종합적 형태로 표명되는 것처럼 보인다. 하지만 몸짓의 실제 동작 단계(표현된 부분)는 고의적으로 늦추어진 것처럼 보인다. 그래야만 발언 행위와 시간을 맞출 수 있기 때문이다. 좌반구가 일단 작동하고 나면 생각의 두 가지 양식은 혼합된다.

맥닐은 몸짓과 발언 사이의 관계와 관련하여 중심 가정을 지지하는 증거들을 검토한 뒤, "생각의 두 반대 양상"의 종합이 있다고 결론짓는다. 하나는 몸짓에 표현되며, 모든 경우에 "전체적-종합적"이다. 그것은 발언하는 순간에 구축되며, 본성상 체계적인 암호를 형성하기보다는 공시적共時的이다. 이 모든 특징이 그것이 우반구에서 도출된 것임을 확인해 준다. 다른 것은 말로 표현되며 "선형이고 세분화된" 위계적·언어적 구조를 갖는데, 이는 좌반구에서 도출된 것으로 확인되는 특징들이다. 하지만 맥닐은 우반구가 기여하는 부분이 시간적으로도, 존재론적으로도 우선한다고 강조한다. 생각이란 원래 상상에 의한 부분이 많고, 분석적인 부분은 최소인 반면, 발언하는 순간에는 상상적이고 분석적이 되며, 전체적 기능과 분석적 기능의 종합이기 때문이다. 이 책의 주제에 의거할 때, 그렇다면 그 과정은 우반구의 영역에서 시작되었다가 좌반구에서 오는 정보를 투입받은 다음, 마지막으로 우반구와 좌반구의 종합에 도달하는 것이 된다.

"몸짓은 그저 생각을 반영하는 것만이 아니라 생각을 구성하도록 도와준다. …… 그것이 없다면 생각은 변하거나 불완전해질 것이다." 맥닐의 이 말은 맥스 블랙의 다음과 같은 주장을 상기시킨다. "은유를 풀어 설명해 보려면 지겹도록 장황하고 지루할 정도로 뻔해질 뿐만 아니라(스타일 면에서 결함이 있다.), 은유가 지녔던 통찰을 전달해 주지 못하기 때문에 번역으로서도 실패한다"는 것이다.[14] 거의 모든 몸짓은 발언과 함께 행해지며, 대부분이 오른손으로 행해지지만, 사실 몸짓 언어의 은유적 본성은 우반구에서 나오며, 이것이 실행되려면 좌반구로 넘어갈 필요가 있다. 이런 현상을 분할뇌 환자에게서 볼 수 있다. 그들의 오른손 몸짓 양식(단절된 좌반구를 반영하는)은 지극히 추상적이고 빈약하지만, 왼손(연결이 끊어진 우반구를 반영하는)으로 오면 다시 풍부해진다. 흥미롭게도 이것은 발언의 유창함에 간섭한다. 우리가 말하고 싶어 하는 것, 왼손으로 즉각 유창하게 표현된 내용의 전체적-종합적 형태는 정상적인 경우와 달리 뇌량을 건너 좌반구로 넘어가서 발언에 사용될 수 없기 때문이다. 이는 생각의 풍부함이 우반구에서 나오며, 생각이 좌반구로 이동하여 2차적으로 언어로 번역된다는 주장의 추가적인 증거가 된다. 이것 역시 가차니가가 본 '해석자'의 이미지다. 이것이 얼마나 적절한 이미지인지는 아마 그도 깨닫지 못했을 것이다.

맥닐은 몸짓 언어와 우반구에 있는 그 연원이 연결되어 있다는 증거를 더 많이 발굴했다. "우반구가 손상된 뒤 환자들은 발언의 맥락을 벗어나고 외적 몸짓을 줄이는 경향을 보인다."[15] 그리고 몸짓을 쓰지 않는 사람들은 보편적인 서술에 비해 정보를 더 파편화하는 경향이 있다. 앞에서 언급했듯이, 손동작을 제한하면 발언의 내용과 유창함도 제약된다. 이제 우리는 그 원인이 아마 자신이 말하고 싶은 것의 일차적인 전체적-종합적 개념의 표현을 금지하기 때문일 것이라고 짐작하고 있다. 그런 표현은 우반구에서 발생한다.

무엇보다도 놀라운 발견은, 몸짓과 발언이 일치하지 않는 경우에 승리하는 쪽은 백이면 백 모두 몸짓이라는 사실이다. "자극에 영향력을 발휘하는 요소는 항상 몸짓이었지, 한 번도 말이었던 적이 없다."[16] 어떤 사람은 수학에 대해 이야기하다가 틀린 말을 했는데, 그때도 그의 몸짓은 은유적인 의미를 올바르게 전달했다. 그의 말은 틀렸을지라도 생각은 옳았으며, 몸짓이 그 옳은 생각을 전달한 것이다.

맥닐은 또 단절된 좌반구는 두 가지 이유에서 이야기에 참여할 수 없음을 알아냈다. 그것이 전달하는 이야기에는 구체성과 특정성이 빠지고, 추상적이고 일반론이 된다. 또 순서를 잘 못 대고, 이야기 속에 별도로 들어 있는 비슷해 보이는 일화를 합치기도 한다. 생각의 이야기 형식은 우반구와 결부된다. 그 이야기 형식은 자타自他 간의 상호 작용과 결부되며, 정서적인 내용을 잔뜩 담고 있고, 패러다임적 형태보다 먼저 생긴다.

전체적으로 말해서, 맥닐의 증거는 생각과 의미, 소통의 충동이 우반구의 비교적 무의식적인 영역에서 먼저 생긴다는 주장을 강력하게 지지한다. 음악에서 언어가 나왔다는 역사적 가설이 옳다면, 이것은 우반구적 존재 방식의 우위를 입증하는 또 다른 사례이다.

◼ 표상은 존재를 기다린다

맥닐의 작업이 확증하는 것은, 우반구 세계가 좌반구 세계의 기초라는 것이다. 내가 볼 때, 이는 의지에 관한 리벳의 연구와 훌륭한 짝을 이룬다. 두 경우 모두, 의식적인 좌반구는 자신이 창시자라고 믿지만 사실은 다른 어디에선가 오는 것을 받아들이는 수용자로 밝혀진다.

이와 비슷하게 나는 의식적인 좌반구는 자기가 응시를 마음대로 통제하고 지시하며, 여기저기서 마음 내키는 대로 눈을 찡그림으로써 세계를 존재하게 만든다고 여기지만, 사실은 우반구에 의해 이미 존재하고 있는 더 넓은 세계에서 선택하고 있다고 말하겠다. 그것조차 하지 않을 때도 많다. 자신은 미처 모르겠지만, 그에 관한 선택이 이미 내려져 있는 경우가 더 많기 때문이다.

표상이란 존재가 제시된 다음에 나오는 것임을 생각하면, 이것은 기필코 사실이다. 신경학적·신경심리학적 저술에 다시 관심을 돌려보면, 우리는 우반구가 세계에 기여하는 바가 없어질 때 무슨 일이 일어날지를 알 수 있다. 세계는 사실성을 잃는다. 우반구의 주요 기능을 잃은 사람은 의미가 빠져나가 버린 세계를 경험한다. 그런 세계에서는 활력이 고갈된 것 같고, 사물 자체가 비현실적으로 보이고, 신체로서의 견고함이 없는 것처럼 보인다. 그런 세계에 감도는 초연한 느낌 때문에, 우반구의 기능을 잃은 사람은 자기가 보는 것의 실제성을 의심하게 되고, 그것이 사실은 연기나 시늉은 아닌지, 비현실적인 것은 아닌지 확신하지 못한다. 그들은 의사와 간호사들이 있는 병원이 자신들에게 유리하도록 정교하게 꾸민 위장이라고 생각하게 된다. 이는 앞에서 언급한 바 있는 카프그라스와 프레골리의 망상적인 오인 동일시 증후군과 비슷한데, 이런 신드롬을 보이는 환자들은 친숙한 사람이나 사물 혹은 장소가 사실은 복제품이나 사기꾼으로 대체된 것이라고 느낀다. 이런 신드롬 역시 우반구의 결함과 관계가 있다.

1944년에 발표한 일련의 논문에서 비에Jean-Christophe Vie는 오인 동일시의 놀라운 사례들을 다양하게 보고했는데, 그중에는 제1차 세계대전에서 부상당해 퇴역한 두 명의 프랑스 군인의 사례가 있다. 그들은 군인과 참호와 폭탄 등등이 모두 연극이라고 주장했다. 좌반구의 세계는 어쨌든 가상의 세계, 존재가 아니라 표상의 세계이다. 이 세계가 활성화되면 특히 정신분열증 환자들은 위협받는 느낌을 쉽게 받을 수 있다. 그런 느낌이 들면 뭔가가 위장되어 있고, 뭔가 숨기려고 하는 것처럼 보이게 된다. 소외는 편집증으로 이어지며, 근심스러운 지루함의 일종인 불안ennui과 짝을 이룬다. 아니면 거의 얼이 빠진 것처럼 무관심해진다. 흥미롭게도 우반구가 손상된 사람들은 자기 몸을 자신의 종합적인 측면으로서가 아니라 외부적인 것, 기계라든가 부분들의 모음이라든가 세계 속의 일반 사물로 볼 수 있다. 우리는 우리의 몸**속에서** 그냥 **살아가는** 것이 아니라, 그것을 살아가는 것인데 말이다. 자아와 세계로부터 부적절하게 초연한 느낌, 소외감, 낯선 느낌은 모두 우측으로 치우친, 대개는 측두 두정엽의 병변이 가져오는 특징적인 결과이다. 그 결과는 정신분열증의 특징과 비슷한데, 실제로 급성 정신분열증은 대부분 우반구의 주요 기능이 어긋나거나 약해져서 생기는 것으로 추측된다.

그러므로 살아 있는 세계가 존재하도록 허용하는 것은 우반구이며, 표상된 좌반구의 세계가 도출되는 곳도 우반구이다. 둘 사이의 차이,

존재하는 것과 표상된 것의 차이는 좌우반구가 지탱하는 진리의 상이
한 개념으로 훌륭하게 예시된다. 그것을 어떻게 파악할 것인가? 다음은
참이 아닌 전제에서 출발하는 삼단논법의 보기다.

1.대전제 : 모든 원숭이는 나무를 탄다.
2.소전제 : 호저는 원숭이다.
3.함축된 결론 : 호저는 나무를 탄다.

디글린Vadim L'vovich Deglin과 마르셀 킨스번이 증명했듯이, 각 반구에
는 이 문제를 다루는 고유한 길이 있다. 실험을 시작할 때, 뇌를 다치
지 않은 사람에게 "호저가 나무를 타는가?"라고 물으면, 그 사람은(물
론 두 반구를 모두 사용하여) "나무를 타지 않는다. 호저는 땅 위를 돌아다닌
다. 그것은 가시가 돋아 있고 원숭이가 아니다."라고 대답한다. 그런
데 실험을 위해 일시적으로 우반구를 불활성 상태로 만들자, 그 사람
의 좌반구는 그 결론이 옳다고 대답한다. "호저는 원숭이이므로 나무
를 탄다"는 말이 옳다는 것이다. 실험자가 같은 질문을 던지면, 그 사
람은 그렇지 않다는 걸 알고 있다고 대답한다. 하지만 삼단논법을 다
시 말해 주면, 실험 대상자는 약간 당혹스러워하지만 그 이야기를 긍
정한다. "실험용 카드에 그렇게 씌어 있기" 때문이다. 이번에는 좌반
구를 불활성 상태로 만든 뒤 그 삼단논법이 옳으냐고 물으면, 같은 실
험 대상자는 대답한다. "그게 어찌 나무를 탈 수 있는가. 그건 원숭이
가 아닌데. 이 부분은 잘못이다!" 그래도 실험자가 결론은 전제에서
추리되어야 한다는 점을 지적하면, 그 대상자는 화를 내며 대답한나.
"하지만 호저는 원숭이가 아니다!"

여러 대상자들을 상대로 전제가 틀린 삼단논법의 내용을 바꾸어 가

면서 같은 질문을 던져도 유사한 경향이 나타난다. 결론이 옳은지 물어보면, 뇌를 다치지 않은 실험 대상자는 상식적인 반응을 보인다. "그렇게 주장하는 것 같다는 데에는 동의하지만 실제로는 틀렸음을 알고 있다." 우반구는 참이 아닌 전제와 연역을 터무니없는 것으로 판단하여 기각하지만, 좌반구는 참이 아닌 결론에 집착하여 "여기서 말하는 게 바로 그거야."라는 식으로 차분하게 대답한다.

좌반구에서는 경험과는 상관없이 시스템에 우선권이 주어진다. 좌반구는 기호들의 시스템 안에 머문다. 좌반구에게는 진리란 일관성이다. 좌반구에게는 소통의 대상이 되어야 할, 자기 밖의 외부 세계, 타자, 마음 밖의 사물은 없기 때문이다. "여기서 말하는 게 그거야." 그러므로 좌반구는 자기 자신과 소통한다. 다른 말로 하면, 자신과 결속한다. 그런데 우반구는 경험에서 배우는 것에, "저기 바깥"에 존재하는 실제 상태에 우선권을 준다. 우반구에게 진리는 단지 결속력만이 아니라, 그 자체가 아닌 다른 것과 상응하는 것이다. 그것에게 진리는 어떤 것에게 진실함, 우리 자신과 별개로 존재하는 어떤 것에 충실함이라는 의미로 이해한다.

그러나 여기서 우반구가 익숙한 것과 보조를 맞추며 경험과의 편안한 순응을 택한다는 결론을 끌어낸다면 그것은 잘못이다. 지금까지 우리가 한 경험이 실재實在에 불충실한 것일 수도 있으니까. 그렇다면 논리에 관심을 보이는 것이 허위의 관습적 가정에서 벗어나는 중요한 방법일 수 있다. 나는 이 허위에서, 익숙한 것에서 벗어나도록 우리를 도와주는 것이 우반구임을 강조해 왔다. 앞에서 살펴본 삼단논법 실험의 설정은, 진리로 난 두 길 사이에서 선택을 강요받을 무슨 일이 일어나는지를 구체적으로 실험한 것이다. 즉, 경험으로 아는 것을 택할 것인가, 아니면 확연하게 거짓인 전제로 된 삼단논법을 따를 것인가 하는 선택이었다. 실험자들이 던진 질문은 삼단논법이 구조적으로 옳은지 아닌지가 아니라, 실제로 무엇이 참인지를 묻는 것이었다. 하지만 "이 삼단논법이 구조적으로 옳은가?"라는 질문을 받는 상황이라면, 우반구는 비록 그 결론이 우리의 경험과 상반되더라도 올바른 대답을 끌어내지만, 좌반구는 이미 자기가 아는 내용이라며 방심하다가 주의력을 잃고 틀린 대답을 한다. 여기서 두드러지는 것은, '거짓 탐지기'로서 우반구의 역할이다. 첫 번째 경우("여기서 무엇이 진실한가?"라는 물음에 답하는 것)에 이 탐지기는 상식을 사용한다. 두 번째 경우("여기서 쓰는 논리가 옳은가?"란 물음에 답하는 것), 탐지기는 뻔한 사실, 통상적인 사유 궤도에 저항한다. 이는 라마찬드란이 '악마의 변호인'이라 부른 우반구 활동의 한 측면을 보여 준다.

■ 신경계의 기능은 우반구의 합작품이다

여기서 또 다른 증거를 살펴봐야 한다. 앞에서 두뇌의 기능과 구조가 마음의 은유로 작용한다고 주장한 바 있다. 이를 달리 표현하면, 두뇌를 관찰하면 우리 정신 과정의 본성을 좀 더 알아낼 수 있다는 말이다. 동시에 나는 우반구에 의해 존재하게 된 세계에 더 근본적인 어떤 것이 있다고 주장했다. 좌반구가 좋아하는 그림을 구축하는 일선적·순차적·일방향적 방법이 아닌, '사이betweenness', 상호성을 포함하는 앎의 양식, 앞뒤로 반동하는 과정이 여기에 속한다. 그러나 물론 신경계는 그 자체로 우반구 모델과 같지 않다고 말해야 할 것이다. 하나의 신경은 다음 신경으로 충동을 전달하며, 다음 신경은 또 다른 신경에, 아니면 근섬유筋纖維[근육 조직을 구성하는 섬유상 세포]에 그 충동을 전달하여 마침내 행동을 유발한다. 이 과정은 직선적이고 작동한다면, 좌반구의 모델은 틀림없이 우리 존재의, 정신 과정의, 따라서 의식 자체의 근본이 될 것이다.

그런데 어쩌다 보니, 신경세포의 행동 방식은 직선적이거나 순차적이거나 일방적이 아니게 되었다. 그것들은 상호적이고 반동적인 방식으로 행동하는데, 꼭 우반구에서만 그러는 것이 아니다.

이 상호성, 사이betweenness라는 성질은 우리 존재의 핵심을 말하는 것 같다. 여기서 더 나아가, 두뇌가 어떤 것을 이해하고 기억의 궤적을 그리게 되면서 사이와 상호성이 세포 구조의 차원에 존재하며, 단 하나의 신경세포, 심지어 분자 차원에서도 기능한다는 흥미로운 증거가 있다. 그것이 분자와 분자 아래 층위까지 닿는지 아닌지는 알 수 없지만, 나와 같은 일반인도 그런 글을 읽으면 충분히 그럴 수 있겠다는 생각이 든다.

세계를 존재하게 만드는 과정은 그렇다면 우반구에서 시작된다. 2장에서도 언급했듯이, 그 기능을 먼저 개발하고, 적어도 생애 초반에는 계속 지배적인 위치를 갖는 것은 우반구이다.

▌ 좌반구가 수행하는 중간 공정

우선한다는 것은 그저 먼저 오는 것, 유년 시절이 성인 시절보다 먼저 온다는 그런 뜻일 수 있다. 하지만 여기서 말하는 우선성은, 우반구가 세계를 존재하게 만드는 공정을 먼저 시작한다는 뜻만은 아니다. 우반구의 우선성은 우반구가 실재와 더 많이 접하기 때문에 그렇다는 것이며, 그저 일시적이거나 발달 과정상의 우선성만이 아니라 존재론적 우선성을 갖고 있다는 뜻이다. 좌반구가 어떤 것을 더하든지 간에, 그리고 더해지는 것이 엄청나게 많기는 하지만, 좌반구는 자신이 본

것을 우반구가 기초를 놓은 세계로 되돌려야 한다.

이제 우리는 좌반구의 세계, 가상의 세계로 들어선다. 여기서 우리는 예전 같은 참을성 있는 수용자가 아니라 강력한 작동자이다. 명료성과 고정성이라는 가치가 좌반구의 공정에 추가되는데, 이것은 우리가 세계를 통제하고 조작하고 활용할 수 있게 해 준다. 이를 위해 관심은 지시되고 집중된다. 전체성은 부분들로 쪼개진다. 묵시적인 것을 싸고 있던 포장이 풀린다. 언어는 순열적 분석의 도구가 된다. 사물은 범주화되고 익숙해진다. 정서는 옆으로 치워지고, 인지적 추상에 밀려난다. 상황을 담아내고자 의식적 마음이 도입된다. 생각은 언어적 표현을 위해 좌반구로 넘겨지며, 은유는 일시적으로 사라지거나 유보된다. 세계는 이제 정지되고 위계적으로 조직된 형태로 표상된다. 이로써 우리는 지식을 가질 수 있고, 세계의 문제는 해결될 수 있지만, 아는 것이 자연에서 벗어나고 맥락과 분리되는 결과가 생긴다.

이것은 플라톤에서 칸트에 이르기까지, 소크라테스 이전 시대 철학자들의 통찰력이 사라지고 독일 관념론자들의, 나중에는 현상학자들의 통찰력이 지배하기 이전까지, 철학의 중간적 혹은 고전 시대로부터 우리에게 친숙한 세계이다. 물리학에서 그것은 고전적 역학의 세계, 뉴턴적 우주의 세계이며, 더 넓게 말하면 데모크리토스와 동시대인으로부터 시작하여 닐스 보어와 그 추종자들에게서 끝나게 된 자연관이다.

구분의 중개자인 좌반구는 절대로 종착점이 아니고, 항상 출발점이다. 비록 좌반구는 사물을 처리 공정에 보내는 데 쓸모 있는 분과이기는 해도, 사물들이 다시 의미를 가지려면 우반구로 돌아와야만 한다.

우리를 경험적 세계로 돌아오게 해 주는 재통합 과정이 있어야 한다. 부분들은 일단 검토되고 나면 전체에 다시 포섭된다. 마치 음악가가 연습할 때는 작품을 힘겹게 의식적으로 부분 부분 나누어 연습하지만, 실제 공연에서는 그런 파편화가 사라지는 것과 같다. 조명을 받던 부분들은 더 넓은 그림의 부분으로 보인다. 한동안 의식적이어야 했던 것은 다시 무의식적으로 되고, 묵시적이어야 했던 것은 다시 물러난다. 표상된 실체는 다시 한 번 존재하고 살아가게 된다. 언어조차 우반구의 전체적 실용주의로써 최종적 의미를 얻게 된다.

그러니 우반구의 세계에서 시작되는 것은 좌반구의 세계로 보내져 처리되지만, 새로운 종합을 위해 우반구 세계로 다시 돌아와야 한다. 이를 읽기와 삶의 관계에 비유해 볼 수 있다. 분명 책이 없어도 삶은 의미 있을 수 있지만, 책은 삶 없이 의미를 가질 수 없다. 우리 대부분은 책이 삶을 매우 풍요롭게 해 준다는 데 동의한다. 삶은 책 속으로 들어가고, 책은 삶 속으로 돌아간다. 하지만 이 관계는 동등하거나 대칭적이지 않다. 책 속에 있는 것은 삶에 더해지는 데 그치지 않고 진정으로 삶으로 돌아가서 그것을 변화시키며, 그럼으로써 우리가 책으로 가득 찬 세계에서 살아가는 삶은 부분적으로 책 자체에 의해 창조된다.

이 은유는 완벽하지 않지만 의미는 통한다. 어떤 의미에서 책은 좌반구에 의거하는 세계처럼 선택적이고 조직되어 있고 표상된 것이며, 정적靜的이고 반복 가능하고, 경계가 구획되어 있고, 삶의 정수가 동결된 형태이다. 그것은 무한히 복잡하고 상호 연관성이 무한하고, 흘러가고 진화하고 불확실하고 절대로 반복되지 않고, 우리가 그것을 이해하고자 사용하는 것들과는 매우 다른 방식으로 뭔가를 구현하고, 흘려보내고 만들어 낸다. 비록 삶 그 자체에 비하면 훨씬 덜 복잡한 게 분명하지만, 그래도 그것은 예전에는 없었던 삶의 어떤 측면을 존재하게 만든다. 따라서 좌반구(책처럼)는 우반구가 전달한 세계(고려되지 않은 '삶')에서 뭔가를 가져오고, 더 고양된 삶을 돌려주는 것처럼 보일 수 있다. 하지만 책장 선반에 꽂혀 버리면 책의 내용은 죽는다. 그 내용은 읽히는 과정에서만 되살아난다. 더는 정지되어 있지 않고 구획되어 있지 않고 동결되지 않은 책의 내용은, 아무것도 고정되거나 완전히 알려진 것이 없지만 항상 뭔가 다른 것이 되어 가고 있는 세계로 이동한다.

나는 마음 밖에 뭔가가 존재한다는 생각을 받아들인다. 어디에든 출발점이 있어야 하며, 이것조차 믿지 않는 사람에게는 할 말이 없다. 우리 자신과 별개로 존재하는 어떤 것과 우리 두뇌와의 관계는 네 가지 형태가 있을 수 있다. ①아무 관계도 없는 것:이는 유아론唯我論이 된다. 내가 경험하는 모든 것은 오로지 내 두뇌에서 나온 것일 테니까. ②수용적 관계:이는 라디오 수신기처럼 두뇌가 바깥에 있는 것들의 최소한 일부를 채택하며, 그것이 경험의 내용이 되는 관계이다. ③발생적 관계:두뇌가 우리와 별도로 존재하는 것들의 최소한 일부를 창출한다는 의미의 관계. ④반향적 관계:이는 수용적이며 발생적인 관계를 말한다. 채택하기도 하고 수용하기도 하고 감지하면서 그 과정에서 우리 자신 및 우리 자신과 별도로 존재하는 모든 것을 창출하면서 만들고 돌려주는 관계. 이 시점에서 나는 당연히 마지막 것을 채택한다. 여기서 무엇이 옳은지는 철학에 지극히 중요한 물음이지만, 설사 이것이 증명될 여지가 있다 하더라도 나는 그것을 입증할 수 없다. 내가 말할 수 있는 것은, 오로지 살아 있고 생각하고 경험하는 인간 존재로서 내가 쓸 수 있는 증거는 모두 그 결론으로 나를 인도한다는 것뿐이다.

그러므로 이 책의 논점을 생각할 때 다음과 같이 물을 수 있다. 이렇게 존재하는 것을 주고받고 그 일부가 되는 일을 하는 것이 두 반구 모두인가, 아니면 한쪽 반구만 그렇게 하는가? 나는 우리가 체험하는 세계를 창조하는 주고받는 과정에 우반구와 좌반구가 모두 관여한다고 보지만, 그 관여 역시 대칭적이지 않다. 우반구는 세계를 존재하게 만드는 첫 번째 운반자이지만, 그것이 존재 속으로 도입하는 것은 부분적일 수밖에 없다. 우리의 두뇌가 우주 속에 존재하는 모든 것을 존재하게 만드는 데 완벽하게 적용한다는 생각, 특히 두뇌가 우주 속에 있는 모든 것을 존재하게 만들 수 있다는 생각은 분명히 터무니없다. 하지만 우반구에 부과된 이런 걸러짐, 제약이 반드시 부정적인 것은 아니다. 그런 제약은 그것이 기능하는 데 필요한 조건이다. 그 조건을 기반으로 뭔가 특정한 것이 우리에게 존재하도록 허용되며, 우반구가 보는 세계는 그것을 우리에게 전달한다.

그에 비해 좌반구는 우반구가 수용한 것 가운데 일부만 포착하고, 보고, 수용한다. 그 방법은 선별과 추상화, 한 마디로 부정否定이다. 하지만 이 선별과 좁히기 역시 줄어듦이 아니라 늘어남이다. 제한하거나 선별함으로써 그전에는 없던 새로운 뭔가가 존재하게 된다. 그 과정은 조각하는 것과 비슷한데, 뭔가를 깎아 내버림으로써 어떤 사물이 존재하게 되는 것이다. 깎아 내버림은 돌 속에 살아 있던 어떤 것을 드러낼 수 있지만, 이와 똑같이, 무엇이 되었든 그 사물은 스스로 깎아 내버리는 행위가 아니라 돌 속에서만 살아난다. 그러므로 돌은 어떤 의미에서는 조각가의 손에 의존하지만, 조각가의 손이 돌에 의존하는 정도는 그보다 훨씬 심하다. 우리가 경험하는 세계는 두 반구 모두의 산물인 것은 분명하지만, 같은 방식으로 만들어진 산물은 아니다. 어떤 것을 존재하게 만드는 좌반구의 제한적 방식은 여전히 그 기초, 즉 우반구에서 승인해 주는 어떤 것에 달렸다. 그리고 둘 다 두뇌 밖에서 그것들을 모두 승인하는 어떤 것에 달렸다.

본질적으로는 부정적('아니라고 말하는')이며 두 개의 상을 갖는, 우리와 별개로 존재하는 것을 드러내는 이 구조는 막스 셸러가 먼저 예견한 것일 수 있다. 우반구와 셸러의 '드랑Drang', 그리고 좌반구와 그의 '가이스트Geist'를 간단하게 동일시할 수는 없지만, 이 개념들이 두 반구가 서로 어떻게 연결되는지, 그것들이 우리와 별개로 존재하는 것들에 함께 어떻게 연결되는지 그 중요한 요인을 밝혀 준다고 믿는다. 반구들 간의 관계는 허용만 가능하다. 우반구는 그것에 '제시'된 존재의 측면들을 허용하거나(아니라고 말하지 않음으로써) 허용하지 못하거나(아니라고 말함으로써) 둘 중의 하나이다. 그렇게 할 때까지는 그 측면들이 무엇인지 모르기 때문에 그 노출 이전의 존재에 개입할 수 없다. 이에 따라 좌반구는 우반구에게 소개된 것의 측면들이 표상되도록 허용하지 못하거나 (아니라고 말함으로써) 허용할(아니라고 말하지 않음으로써) 수밖에 없다. 우반구가 아는지의 여부를 좌반구는 알지 못하며, 그러므로 좌반구는 그런 존재가 되는 데 개입될 수 없다.

우리가 그 진정한 모습에 대해 알고 있다고 하는, 우리의 경험에 반영된 존재들의 이런 부정적·무념적인apophatic 창조 방식은, 존재 그 자체에서 시작되는 것으로서 본성상 부정적이다. 우리는 그것들이 무엇이 아닌지만을 알 수 있다. 이것이 특히 중요한 점은, 그것이 우반구가 선택한 진리로 나아가는 길을 묘사하기 때문이다. 그것은 사물을 전체로서 보며, 그에 대해 묘사하라고 하면 침묵해야 하는 그런 길이다. 그것이 무엇인지를 설명하려면 그것을 가리키는 수밖에 없다. 혹은 은폐를 벗김으로써, 조각가가 돌 속의 형체를 드러내고자 돌을 깎아 없애는 것처럼 그것들이 제 자신을 최대한 드러내도록 해 주는 수밖에 없다. 나아가서, 이에 대해 좌반구가 지닌 용도는 우반구에 소개되는 모든 것에 대해 '아니'라고 말하지 않는 것뿐이므로, 좌반구는 전체의 부분만 갖고 있다. 그것이 전체를 보고자 시도할 때에만 전체의 부분, 의지적으로 다시 조합해야 하는 파편들을 갖게 된다. 좌반구는 이 조각과 파편들을 조합함으로써, 마치 파편들을 조립하는 것처럼 내부에서 그것을 긍정적으로 구축함으로써 이해에 도달하려고 노력해야 한다. 이런 과정으로 인간 개인은 살아 있는 존재라기보다는 프랑켄슈타인의 괴물 같은 것이 된다. 프랑켄슈타인의 괴물을 낭만주의의 독창적인 은유라고 보는 데는 이러한 이유가 있다.

이 생각은 현상적 차원에서 두 반구로써 존재하게 된 세계에 대해 우리가 아는 것을 설명하도록 도와주는 철학적 통찰력에만 그치지 않는다. 다시 한 번 우리는 이 생각이 두뇌의 기능적 해부학의 신경 층위에서 실증되는 것을 보게 된다. 뇌량의 일차적 기능이 반구들 사이의 전달에서 여과 작용을 하는 것, 소통을 통과시키지만 전반적으로는 활동을 금지하도록 행동하여 일차적으로 좌반구에서 이루어지는 의식적 경험의 진화를 형성하는 것임을 기억하라. 하지만 이것이 전부가 아니다. 두뇌에서 가장 고도로 진화한 부분인 전두엽 피질의 활동은 대체로 다른 두뇌 활동을 부정함(혹은 부정하지 않음)으로써 이루어진다. "피질의 업무는 적절한 반응을 만들어 내기보다는 부적절한 반응을 방지하는 것이다"라고 조지프 르두는 쓴다. 즉, 그것은 존재하는 사물 가운데 선별하고 깎아 내는 것이지, 창시하지는 않는다는 것이다. 벤저민 리벳의 실험으로 제기된 자유의지의 문제에 대한 대답 가운데 하나는, 어떤 행동의 무의식적 창시와 의식적인 마음이 개입하여 그 행동을 거부하는 것 사이에는 시간차가 있다는 것이다. 이런 의미에서 그것은 '자유의지free will'보다는 '의지하지 않을 자유free won't'로서 더 큰 영향력을 발휘할 수 있다.

전두엽이 우리를 가장 인간적으로 만들어 주며, 우리의 모든 위대한 업적을 달성하게 한 두뇌 부위라는 데에는 이의의 여지가 없다. 이 부정은 따라서 엄청나게 창조적이다. 의지적으로 조각들을 조립함으로써 적극적으로 새로운 사물을 만든다고 하는 좌반구의 견해와 대조적으로, 존재하는 것들에 대한 수용적 개방성의 태도로 우리를 새로운 것과 만나게 하는 것이 우반구임을 기억할 때, 우반구가 사물의 본성에 더 진실하다는 증거가 여기에도 있지 않을까.

■ 재통합의 공정

궁극적으로 분할의 원리(좌반구의 원리)와 통합의 원리(우반구의 원리)는 통합되어야 한다. 헤겔의 용어를 빌리자면, 정正과 반反은 더 높은 층위에서의 종합을 이룰 수 있어야 한다. 분할뇌 환자는 실험실 밖에서, 삶과 접하면서 그들이 겪은 경험을 통해 이 층위에 대해 이야기를 해 줄 수 있다. 그들은 꿈꾸고 상상하는 데서 어려움을 겪으니 말이다. 꿈꾸기로 말하자면, 꿈을 꾸어도 좌반구가 그것을 들여다보기가 힘들고, 그 때문에 꿈에 대해 말해 주기가 힘들다는 것이 문제이다. 하지만 인간 정신의 가장 위대한 업적이 이루어지려면 두 반구의 세계가 통합되어야 한다는 점은 자명하다. 분할뇌 환자들은 상상과 창조성 면에서 빈약한 수준으로 후퇴한 듯 보이는데, 이는 그런 행동을 하는 데는 두 반구의 통합된 작동이 필요하다는 것을 시사하는 증거가 분명하다. 물론 그 통합은 전혀 고지식하지 않은 형태일 수도 있다. 또는 정상적인 뇌량이 없는 상황에서, 각 반구가 다른 반구를 적절하게 금지하여 결정적인 시기에 끼어들지 못하게 막을 방도가 없기 때문일 수도 있다. 아니면 각기 별개의 작업을 마친 뒤 그것을 다시 통합하지 못한 탓일 수도 있다.

만약 좌반구의 비전이 우세해진다면, 그 세계는 자연이 아닌 것이 된다.(하이데거의 용어로 하자면, 좌반구는 세계를 비세계화한다unworlding of the world) 그런 뒤, 좌반구는 뭔가가 잘못되었음을, 뭔가가 부족함을 감지한다. 사실은 부족한 것이 생명 바로 그것인데. 그것은 스스로 살아 있는 것의 속성이라고 여기는 것들, 즉 새로움, 흥분, 자극 등에게 호소함으로써 자기가 만든 것을 되살리려고 노력한다. 그런데 두 반구 사이에 있는 것은 상상력의 능력으로, 그것은 좌반구의 세계에서 사물을 도로 갖고 와서 우반구에서 다시 살아나게 한다. 사물이 진정으로 다시 한 번 새로워질 수 있는 것은 겉치레만의 새로움이 아니라 이 상상력을 통해서이다.

우반구가 경험의 포장을 풀려면 좌반구가 있어야 한다. 좌반구의 거리, 구조, 확실성이 없다면, 예술 같은 것은 있을 수 없고 오직 경험밖에 없을 것이다. 워즈워스가 시를 묘사하면서 사용한 "고요함 속에서 회상된 감정emotion recollected in tranquillity"라는 말은 이 점에 대한 성찰의 유명한 예다. 하지만 그 과정이 좌반구에서 끝난다면 우리에게는 개념만, 예술이 아니라 추상과 개념만 남을 것이다. 이와 비슷하게, 개념이 생기기 이전의 즉각적인 경외감은 좌반구의 도움이 있어야만 종교로 진화할 수 있다. 마찬가지로 그 과정이 좌반구에서 멈춘다면 우리에게 남는 것은 신학과 사회학, 공허한 제례뿐이다. 좌반구에 의해 분할의 작업이 수행된 다음에는 새로운 통합이 추구되어야 하며, 그 통합은 우반구로 돌아와야만 하는 것 같다. 그래야 생명을 얻을 수 있기 때문이다. 니체가 다음과 같이 말한 것은 그 때문이다. "예술을 모든 예술 작품에 필수적인 생명의 원천이라는 단일한 원리에서 도출하려고 결심한 모든 사람들과 대조적으로, 나는 내 눈길을 그리스의 두 예술의 신인 아폴로와 디오니소스에게 계속 고정시켰다."[17]

니체에 따르면 아폴로와 디오니소스는 근본적으로 상반되는 두 가지 '예술적 충동Kunsttriebe'을 대표한다. 하나는 질서와 합리성, 명료성, 완벽함과 함께 오는 종류의 아름다움으로서 자연에 대한 인간의 통제, 가면, 표상이나 외형에 대한 찬양을 나타내는 것이 있고, 다른 하나는 직관, 인간들이 고안한 모든 경계를 뛰어넘는 것, 하나 되는 느낌, 또는 전체성의 느낌, 육체적 쾌락과 고통, 자연의 본모습인 인간의 통제를 넘어선 자연에 대한 찬양 등을 나타낸다. 이 대비는 좌반구와 우반구의 대비와는 그대로 일치하지 않는다. 그보다는 신경심리학적 기준에서 전두엽 대 더 오래된 변연계의 피질 하부 구역의 대비와 더 많이 일치한다. 하지만 이런 구분은 반구들 간의 분할을 함축하고 있다.

좌반구는 우반구가 모르는 것을 알고 있다. 이와 마찬가지로 우반구는 좌반구가 모르는 것들을 알고 있다. 하지만 신체를 가진 채 살아지는 세계the embodied lived world와 직접 접촉하는 것은 우반구이다. 좌반구의 세계는 이와 달리 가상의 세계, 피와 살이 없는 사건이다. 이런 의미에서 좌반구는 우반구에 기생한다. 그것은 독자적인 생명이 없다. 그것의 생명은 우반구에서 나온다. 좌반구는 우반구에 대해 아니라고 말하거나 말하지 않을 수 있을 뿐이다. 윌리엄 블레이크가 「천국과 지옥의 결혼The Marriage of Heaven and Hell」에서 "에너지는 유일한 생명이며 신체에서 나온다. 이성은 에너지의 경계 혹은 바깥 울타리"라고 말한 배후에는 이런 생각이 자리하고 있다. 이성reason(블레이크가 다른 곳에서는 이성보다 합리성rationality의 의미에 더 가까운 '라티오Ratio'라 부른 것)의 존재 자체는 생명이 실제로 본래부터 존재하는 다른 어떤 것의 경계 획정에서 나온다. 블레이크의 의도도 그랬는지는 모르지만, 여기서 말하려는 것은 이성의 중요성이 아니라 그 존재론적 지위에 대한 중요한 이야기다. 이와 비슷하게 반구 간의 관계는 두 반구의 동등하고 대칭적인 협업 이상의 내용을 담고 있다. 분리의 원리(좌반구)와 통합 원리(우반구)는 비대칭적 관계지만, 궁극적으로는 통합이 선호된다. 대립자들의 화해, 첨예하게 구별되던 것들의 화해, 조화로운 통합의 연결성에서 아름다움을 본 사람은 하이데거만이 아니다. 분리와 통합의 궁극적인 통합의 필요성은 생명의 모든 영역에서 중요한 원리다. 그것은 서로 반대되는 두 원리의 필요만이 아니라, 양쪽의 대립 자체가 궁극적으로는 조화되어야 할 필요를 반영한다. 여기서도 통합과 분리의 관계는 이런 의미에서 동등하거나 대칭적이지 않다.

낭만주의 전통의 사상가와 철학자들은 이 생각을 다른 방식으로 표현하려고 했다. 여기서 '낭만주의'라는 용어를 쓸 때 내가 좀 망설여지는 것은 일부에게는 그 단어가 최근 서구 문화사에서 괄호 쳐진 시기의 한계를 시사하는 것으로, 엄격성의 결여 및 환상과 결부된 것으로 받아들여지기 때문이다. 불행히도 낭만주의란 말은 우리가 은유적 사유의 힘, 또 고전적, 논리의 한계를 재인식하기 시작한 것을 알리는 철학적, 또 문화적 혁명을 가리키는 유일한 용어이다. 그 혁명은 수천 년 혹은 수백 년 동안 동양 문화에서 통용되던 사유를 뒤늦게야 따라잡게 해 준, 세계를 바라보는 비非기계주의적 사고방식을 채택한 것이기도 하다. 낭만주의가 등장하면서 역설은 다시 한 번 오류의 신호가 아니라 플라톤 이전의 서구 철학자들이 보았듯이, 또 지금까지 동양의 주요 사상 유파가 모두 그랬듯이, 언어와 사유의 관습적 양상이 지닌 필연적인 한계의 신호로서, 진리를 향한 길에서 거부되기보다는 환영받게 되었다. "패러독스는 선하면서 동시에 위대한 모든 것이다." 프리드리히 슐레겔Friedrich Schlegel은 이렇게 썼다.

낭만주의자들은 통합과 분리의 통일이라는 생각을 표현하려고 애썼다. 슐레겔의 말을 다시 들어 보자. "철학이 멈추는 곳에서 시는 시작한다. …… 시와 철학이 분리되는 동안 행해질 수 있었던 것은 모두 행해졌고 달성되었다. 그러므로 이제 그 둘을 통합할 때가 되었다."[18] 이와 노선은 비슷하지만 조금 다른 논지도 있다. "마음에는 시스템을 갖는 것이나 갖지 않는 것이나 똑같이 치명적이다. 그저 그 둘을 혼합하기로 결정해야 한다."[19] 콜리지는 『문학평전Biographia Literaria』에서 다음과 같이 썼다.

진리에 대한 적절한 개념을 얻기 위해 우리는 그 구분 가능한 부분들을 지적으로 분리해야 한다. 이것은 철학의 기술적 과정이다. 하지만 그 일을 하고 나면 다음에는 개념 속에서 그것들을 통합하여 실제로 공존하도록 해야 한다. 그것이 철학의 **결과**이다.[20]

헤겔 역시 통합과 분리가 통일되도록 해야 한다고 주장하며, 그 과정의 어느 단계에서는 분리 원리가 필수적인 역할을 하지만 궁극적으로는 통합의 원리가 분리 원리의 우위에 선다고 암시한다. 그는 "모든 것이 차별화됨과 차별화되지 않음의 통일, 혹은 동일성과 비동일성의 동일시에 의거한다"고 했다.

따라서 '개별자individual'라는 개념은 애매모호한 개념이다. 한편으로 그것은 부분으로 보일 수 있다. 그것은 그것이 깃들어 있는 전체에 대해 우선적으로 존재하며, 그 전체는 부분의 합산으로 얻어지는 것처럼 보인다. 개별자는 단위의 복합체 속의 한 '단위unit'로, 건축에 쓰이는 벽돌 같은 것으로 간주된다.(좌반구의 관점) 그러나 다른 한편으로는 그 자체로서 하나의 전체로, 해체되고 난 뒤 다시 전체로 조립 가능한 부분들로 나뉠 수 없는 전체로 간주된다. 그럼에도 불구하고 그 자체는 그것이 소속되며, 거기에 반영되고, 그것으로부터 개별성을 도출해내는 더 큰 전체로부터 분리된 것이 아니다.(우반구의 관점) 따라서 이 관점에 따르면, 개별화를 향한 분리적 경향은 통합의 경향 속에 존재한다. 개별적 실체는 구별되지만, 그것으로 인해 발생하며, 그 구분을 정당화하는 통합 속에서만 구분된다. 나중에 말하겠지만, 낭만주의에서는 이런 개별성의 의미가 인간 개인에게 적용되는 것으로 유지되면서도 뭔가 더 넓은 범위의, 그 자체보다 더 깊은 맥락 안에 존재하는 것처럼 느껴진다. 뭔가 다른 것을 향하는 이런 경향은, 자아의 개별성을 파괴하는 것이 아니라 그것의 기초가 된다.

좌반구가 구축한 체계는 그 수사학적 위력으로 인해 역사적으로 매우 강력한 힘을 발휘했다. 그것은 좌반구 자체가 창조한 공통점이 없는 사실이나 실체들을 통합하는, 혹은 재통합하는 방식처럼 보였다.

하지만 실제로는 좌반구 체계는 상실된 전체와는 매우 다른 어떤 것을 창조한다. 여기서 나는 존 엘스터의 뒤를 이어, 합리론적 시스템 안에는 그 자체를 파괴하는 씨앗이 숨겨져 있다는 사실에만 관심을 집중시키려 한다. 괴델 식으로 말하자면, 어떤 시스템이든 그 자체의 원리로는 성취될 수 없는 어떤 요소가 시스템 내부에서 항상 생기기 마련인데, 그 요소는 우리로 하여금 시스템의 한계에 관심을 쏟고 그 너머를 바라보게 만든다. 이와 비슷하게 확실성에 대한 합리론적 추구와 지식을 향한 욕구 사이에는 긴장이 있다. 헤겔이 지적했듯이, '즉각성 immediacy'(다른 개념이나 관념을 요구하지 않고도 이해될 수 있는 성질)은 고정성과 양립될 수 없으며, 확실성은 내용을 희생시켜서만 얻어지기 때문이다. "우리 지식이 확실할수록 우리가 아는 것은 더 적어진다." 어떤 것이 확실하다고 더 주장할수록 실제로 그것에 대해 우리가 아는 것은 더 적어진다. 이는 앞에서 언급한 불확실성 원리와 같은 내용이다.

한편으로는 이해되기 위해 시스템(좌반구) 안으로 모아들여야 하는 부분이나 조각들의 집합으로서의 세계관과, 다른 한편으로는 그들이 속한 전체로부터 또는 역설적으로 보일지 몰라도 그것들이 그 개별성을 가져오는 전체로부터 절대로 분리되지 않는 개별자, 특정한 존재, 실체에 대한 인정 사이에 뚜렷한 구분선을 긋기 힘들다는 점이 낭만주의자들을 사로잡고 당혹스럽게 만들었다. 『문학평전』에서는 콜리지가 이 이중성을 더 명료하게 인지하고자 분투하는 모습이 보인다. 마음 자체가 가진 이중성, 깊은 감동을 주는 이 이중성을 밝히는 길을 찾는 것은 그가 지적 생애의 대부분 동안 몰입한 전투였다.

가끔 나는 자네가 묘사하는 아름다움을 그 자체에서, 그 자체로 느낄 수 있어. 하지만 모든 것이 소소하게 보일 때가 더 많지. 배울 수 있는 모든 지식, 아이들의 놀이, 우주 자체, 모두 소소한 것들의 이 얼마나 엄청난 무더기인가? 난 부분들만 바라볼 수 있고, 그 부분들이란 참으로 소소하단 말이네 ─ ! ─ 내 마음은 뭔가 거대한 것을 보고 싶고 알고 싶어 몸살이 날 지경이야. 하나로서 개별자인 어떤 것 말이지. 저 바위나 폭포, 산, 동굴이 숭고함, 장엄함의 느낌을 주는 것은 이것에 대한 믿음 때문이네. 하지만 이 믿음 속에서 모든 것은 무한성을 위조하지! [21]

그러다가 바로 며칠 뒤에는 또 이렇게 썼다.

'위대한 것', '전체적인 것'에 대한 나의 사랑. 한 걸음 한 걸음 자기들 감각을 꾸준히 증명하면서 동일한 진리로 인도되어 온 자들은, 내가 볼 때는 내게 있는 감각이 없는 사람들이네. 그들은 부분들밖에는 보지 않는군. 하지만 부분들은 모두 소소한 것일 수밖에 없지. 그들에게 우주는 소소한 것들의 무더기에 지나지 않는다는 말이야. [22]

19세기 말경, 니체는 불연속적인 소소한 것들의 무더기라는 이런 관점이 그저 또 하나의 보는 방식만이 아니라 인위적인 방식이라고, 앎의 편리를 위해 존재의 기저에 있는 연결됨 위에 덧씌워진 방식이라고 결론지었다. "지속하는 것도, 마지막 단위도, 분자도, 모나드monad〔단자單. 무엇으로도 나눌 수 없는 궁극적인 실체〕도 없다. 여기 또한 우리가 **끼워 넣은** 사물들의 존재이다." [23] 니체가 여기서 사물의 '존재'라는 말로 뜻하는 것은, 항상 변화의 과정에 있는 상호 연결된 전체라기보다는 완료된, 독립적으로 존재하는 실체라는 의미다. 좌반구적인 스타일로 '알아가는' 과정의 부산물로서의 부분과 시스템이 좌반구에 의해 실용성, 용도, 다각적인 이유로 세계에 덧씌워진다는 의미다.

"내 마음은 마치 어떤 위대한 것을 바라보고 알고 싶어 몸살을 앓는 것같이 느낀다." 독일어에서 자아 바깥에 존재하는 어떤 것, 스스로가 그것에 연결되었다고 느끼는 어떤 것을 갈망한다는 느낌은 "바라봄das Sehnen" 이라는 단어에 응결되어 있다.

'das Sehnen' 이라는 단어는 '힘줄' 이라는 뜻의 'die Sehne' 과 같은 어근에서 나왔다. 갈망의 대상은 그것을 향해 우리가 쏠리는 것으로, 힘줄은 이런 식으로 '쏠리다', '쏠림' 이라는 단어에 연결되어 있다. 영어에서는 'sinew' 라는 단어가 die Sehne와 같은 어원에서 나왔는데, sinew는 근육과 뼈를 잇는 힘줄의 탄력성 있는 전체를 가리키는 데 사용된다. 이런 이미지들은 관절, 예를 들면 팔꿈치 같은 부위의 작동을 시사한다. 관절은 힘줄, 관절에 포함되는(하지만 관절을 구성하지는 않는) 뼈가 서로 움직이면서도 계속 연결되도록 해 주는, 아니면 함께 움직이면서도 별개의 뼈일 수 있게 해 주는 탄력성 있는 연결 부위 덕분에 만들어질 수 있다.

요약하자면, 개별화의 힘(좌반구)과 결속의 힘(우반구)이 있다. 하지만 전체가 부분들의 총합과 같지 않은 곳에서는 개별화의 힘이 결속의 힘 안에 포함되고 그것에 종속된다. 이런 의미에서 좌반구의 주어진 내용들은 다시 한 번 우반구의 작동으로 재통합되도록 주어질 필요가 있다. 좌반구의 합리성이 감정적으로 복잡하기 짝이 없는 우반구의 더 넓은 맥락화 영향에 다시 복속되고 소속되어야 한다는 이런 주장은, 건전하고 이성적이기로 유명한 데이비드 흄David Hume의 단정을 확실하게 설명해 준다. "이성은 열정의 노예이며 그렇게 되어야 한다. 그 외에는 어떤 것도 섬기고 복종하는 시늉조차 해선 안 된다." [24] 여기서 흄은 고삐 풀린 열정이 판단력을 몰아내야 한다고 한 것이 아니라, 좌반구의 합리적 작업이 우반구의 직관적 지혜에 종속되어야 한다는 의미였다. 만약 보브나르그가 말한 것처럼 이성이 감정에서 발생한다면, 또 여기서 흄이 주장하듯이 감정에 머리를 숙여야 한다면, 이는 좌반구에서 발생하는 것은 우반구에서 발생한 것이며 다시 한 번 그것에 복속해야 한다는 이 책의 논지를 완벽하게 표현한 것이다.

■ '지양'으로서의 재통합

나는 이 재통합을 우반구로의 '복귀'라는 말로 표현한 바 있다. 이는 좌반구의 개입이 이룬 성취가 사라지거나 무효화되고, 우반구가 달성한 새로운 전체를 바라볼 때 예전에 있던 것과 동일한 전체지만 새로운 눈으로 보는 것처럼 기억으로만 환원된다고 주장할 위험이 있다. 마치 시계를 해체했다가 다시 조립하는 아이처럼 말이다. 재조립된 시계가 중요한 의미에서 그전과 다른 점은, 오직 아이가 그것을 구성하는 부속품들에 대해 뭔가를 새로 알게 되었다는 사실뿐이다. 이는 아이에게는 중요한 차이지만, 시계로서는 변한 점이 사실상 없다. 이처럼 우리는 기계론의 은유, 즉 어떤 의미에서 시계는 부분들의 총합 이상의 것이 아니라는 은유에 오도되고 있다.

내가 두뇌의 재통합 과정이 일어나는 방식을 설명하고자 복귀 대신 택한 개념이 헤겔의 'Aufhebung'이다. 흔히 '지양止揚'이라고 번역되는 이 단어는 문자 그대로는 어떤 것을 '떠받쳐 올림'을 의미하는데, 유기적 과정의 초기 단계가 그 뒤에 오는 단계로 대체되고, 그것들과 양립할 수 없는데도 그것들에 의해 반박되지 않는 방식을 가리킨다. 이런 의미에서 앞에 오는 단계는 뒤에 이어지는 단계 속으로, 들어 올려진다거나 포섭된다는 두 가지 의미에서, 또 과정 속의 더 높은 층위에 의해 변형되면서도 그 속에 존재한다는 의미에서, 떠받쳐 올려진다. 『정신현상학*Phanomenologie der Geistes*』서문 첫머리에 있는 유명한 구절에서, 헤겔은 식물의 성장을 예로 들어 이를 설명한다.

> 꽃이 활짝 피면 봉오리는 사라지는데, 이는 전자가 후자에 의해 격퇴되었다고 할 수도 있다. 같은 방식으로 열매가 열리면 꽃은 그 식물 존재의 거짓 형태라고 설명될 수도 있다. 열매가 꽃을 대신하여 식물의 참된 본성으로 보이기 때문이다. 이런 단계는 단지 차별화된 것만이 아니다. 그것들은 서로 양립 불가능한 존재로서 서로를 대체한다. 하지만 이와 동시에, 그것들 자체에 내재하는 본성의 끊임없는 행동으로 인해 그것들은 한 유기적 통일체의 순간들이 된다. 그 순간들에 그것들은 서로 대립하기만 하지 않고, 서로에게 필요한 존재가 된다. 이 모든 순간의 동등한 필요성만이 전체의 생명을 구성한다.

그러므로 좌반구가 제공하는 것은 반드시 우반구에 의해 지양되어야 하고, 그럴 필요가 있다. 우반구는 좌반구가 기여한 바를 취소하는 것이 아니라 더 멀리 진행시키며, 통합의 영역으로 그것을 다시 끌고 들어온다.(실제로 독일어에서 'aufgehoben'은 변형시킨다는 의미와 함께 **보존되다**는 의미를 적극적으로 내포하고 있다.)

물론 헤겔이 이 개념으로 반구들 간의 관계를 형상화한 것도 아니고, 또 반구들 간의 관계가 존재의 본성이 반대 혹은 부정에서 발생한다는 변증법적 존재론의 보기도 아니다. 그러나 헤라클레이토스나 하이데거와 함께 헤겔은, 내가 보기에는 그 철학이 실제로 마음이 그 자체의 구조를 직관한 내용을 혹은 그 자체를 인식하는 마음을 표현하려고 노력한다는 점에서 반구 관계의 논증에서 특별한 위치를 차지한다. 그의 정신은 이 책에서 보이지 않는 존재감을 발휘하고 있으며, 두뇌의 구조에 대해 어느 정도 알고 있는 지금도 우리의 손이 닿지 않는 곳에 있는 마음 혹은 정신Geist의 구조를 명료하게 표현해 보려 한 그의 시도는 영웅적이었다.

내가 앞서 니체가 말한 주인과 그 심부름꾼 우화를 언급한 것은, 좌우반구 관계의 중심부에서 두 개의 동등하지 않은 실체들 간에 벌어지는 권력투쟁을 보았기 때문이다. 열등하고 의존적인 진영(좌반구)이 자신을 일차적으로 중요한 존재로 보면서 일어난 권력투쟁 말이다. 그런데 헤겔 역시 주인과 노예의 이야기를 했다. 하지만 그 전에 분명히 해둘 것이 있다. 우리는 보통 『정신현상학』에 나오는 '영주와 구속'이라는 제목이 붙은 절을 통해 이 주인/노예 관계를 접한다. 이 구절에서 헤겔은 사회적으로 규정된 관계에 놓인 두 개인으로서의 주인과 노예라는 의미로 이야기하는데, 그의 관심은 실제 주인과 노예 사이가 상호 인정을 추구할 때 일어나는 역설적인 관계에 쏠린다. 간단히 말해서, 주인은 노예를 경멸하므로 노예가 주인을 인정하는 것이 주인에게는 아무 소용도 없다. 하지만 노예는 자신의 기술 작업에 대해 더 진정한 의미의 인정을 획득하게 되며, 그럼으로써 더 완성된 자기 의식을 달성한다.

하지만 이보다 훨씬 더 흥미 있고 심오하게 예지적인 구절이 『정신현상학』의 그 뒷부분에서 이어진다. 그것은 '불행한 의식'에 관한 것이다. 여기서 헤겔은 아주 다른 내용, 이 책의 주제와 직접 관련되는 내용에 대해 이야기한다. 그것은 마음 혹은 정신의 내향적 분할이라는 주제로서, 마음이 자체적으로 쪼개져 주인인 준準자아·subself와 노예인 준자아가 된다는 것이다. 이 대목은 두뇌의 작동에 관해 현대 신경학 연구가 밝혀내려 하는 것들과 이 책의 주제를 이루는 내용을 기묘할 정도로 예견한다. 다만 헤겔이 여기서 쓰는 '주인'이라는 용어는 내 어법에서는 좌반구에 결부된 것으로 보는 찬탈하는 힘을 가리킨다. 다른 말로 하면, 심부름꾼이 폭군으로 변하여 주인 반구로 행세한다는 것이다. 그리고 노예란 참된 주인, 찬탈자에게 부당한 대우를 받는 주인을 가리키는데, 바로 침묵하는 열세의 반구인 우반구이다.

헤겔의 이 서술은 신경학적 연구에 입각해 볼 때, 마음이 내적 성찰로써 "그 자체를 인식하는" 아주 보기 드문 사례로 꼽힐 만하다. 첫 단락에서 그는 우반구가 뒤따라 참여하지 않은 상태에서 좌반구가 실제 세계에 접근하는 방식의 취약점을 지적한다. 그리고 두 번째 단락에서는 참된 지식이 우반구에서 '그 자체로 복귀함'으로써 그 자신을 어떻게 구원하는지를 기술한다.

어떤 성향이 그 자체로는 구체적이거나 실제적인 것이더라도(우반구에 소개된 대로), 여전히(좌반구의 형식적 이해로써) 생명 없고 움직임 없는 어떤 것으로 평가절하된다.(단지 표상일 뿐이므로) 그것은 존재하는 다른 실체에게 단지 술어에 지나지 않기 때문에, 또 이 존재에 내재하는 살아 있는 원리로 알려져 있지 않기 때문이다. 게다가 이 실체 속에서 그 내재적이고 특유한 표현 방식과 생산 방식이 효과를 발휘하는지도 전혀 알 수 없다.(좌반구와는 반대로 그처럼 깊이 놓여 있고 고유한 성질을 감식하는 능력을 가진 우반구라면 이를 이해할 수 있었을 것이다.) 형식적 이해는 이 물질의 알맹이가 나중에 추가되도록 내버려 둔다.(나중 단계에 좌반구는 우반구가 재통합하도록 방치하는데, 그런 재통합이 필수적인 것은 이 때문이다.) 주변 물질의 내적 내용을 탐구하는 대신에(우반구라면 그랬겠지만) 오성悟性은 항상 전체를 조망하고 (마치 지도를 읽을 때처럼 수직축에 올라가 있는 좌반구의 고지점에서), 그것이 거론하는 특정한 존재 위에 자리 잡고 있는 것처럼 처신한다. 즉, 그것은 그 존재를 전혀 보지 않는다.

여기서 헤겔은 우반구가 원래 지각한 세계의 실제성과, 좌반구에 의한 세계의 '형식적 이해' 사이의 차이를 탁월하게 파악했다.

이와 반대로 진정한 과학적 지식에 필요한 것은 대상의 생명 자체를 포기할 것(우반구만이 달성할 수 있는 양상), 또는 같은 의미겠지만, 그 앞에 대상을 통제하는 내적 필연성을 가지고, 이것만을 표현하는 것이다. 그 대상 속에 깊이 발을 디딘(우반구가 하듯이 수평축을 따라) 그것은 단지 내용으로부터 그 자체로 돌아가는 지식의 전환인 일반적 검토(좌반구라면 했을 법한)를 잊어버린다.(이는 좌반구의 재귀적 본성을 가리키는 것이 틀림없다.) 하지만 주변의 재료에 몰입하여 그런 재료가 가는 대로 따라감으로써 진정한 지식은 그 자체로(우반구에 있는 그 연원으로) 되돌아가지만, 그전에 반드시 완전한 내용(그 귀중한 공헌인 좌반구에 의해 포장이 완전히 풀린 형태로서)이 고려되고 단순한 결정적인 성격으로 변하고, 존재하는 실체의 한 가지 측면이기만 한 수준으로 전락하며, 더 높은 진리(우반구와 좌반구의 최종적 지양으로 드러난)로 넘어가게 된다. 이 과정으로 그와 같은 전체는 전체 내용을 검토하면서 그 자체가 성찰의 과정 속에서 상실된 것처럼 보이는 풍요로움으로부터 출현한다.(우반구로의 복귀는 그것이 잃어버렸다고 위협했던 좌반구적 공정으로 더 풍부해진 전체를 다시 덮어 둔다.)[25]

우반구가 좌반구에 제공하는 것이 다시 제공되어 두 반구가 모두 포함되는 종합으로 포섭된다. 이는 창조의 과정과 예술 작품에 대한 이해 과정, 또 종교적 감정이 발달하는 과정에 대해 사실임이 틀림없다. 각각의 경우에 존재하는 것들에 대한 직관적 파악에서 의식적이고 자세한 분석적 이해를 통해 풍요로워지는 더 형식적인 과정을 거쳐, 이 전체에 대한, 그것이 거쳐 온 과정에 의해 변형된 전체에 대한 새롭고 고양된 직관적 이해로 나아가는 과정이 있다.

이 생각은 비록 어렵기는 해도 매우 중요한 것이다. 왜냐하면 좌반구가 우반구의 작업을 순수하게 양립 불가능하고 적대적이고 자기 영역에 대한 위협으로 보려는 경향, 심부름꾼이 주인을 독재자로 간주하는 경향이 있다는 주장이 이 책 제2부의 주제이니 말이다. 이것은 좌반구가 기계론적인 세계관만을 지지할 수 있다는 사실로 볼 때 피할 수 없는 결과이다. 그런 세계관에 따르면 우반구의 통합적 경향은 개별적 실체의 윤곽을 묘사하는 데서 좌반구가 이룬 성취를 뒤엎을 것이 뻔하기 때문이다. 그 견해에 따르면 반대는 지양을, 부정의 부정을 낳을 수 없고, 순수하고 단순한 부정만을 낳을 뿐이다. 하지만 이것은 흑백론적 태도이며, 개별적 실체를 원자론적인 실체로, 진공 속에서 돌아다니는 당구공 같은 것으로 보는 태도이다. 이보다 더 큰 실체는 없고, 개별적 당구공의 상호 행동의 총합만이 있을 뿐이다. 그러나 알다시피 자연은 진공을 싫어하므로 당구공들 사이에는 무無가 없다. 진공 속에 있는 각기 분리된 실체가 아닌, 개별적 실체들을 무한히 늘어날 수 있는 혹은 팽창할 수 있는 점성의 물질, 존재론적인 점액 속에 있는 조밀한 결절 같은 것으로 생각할 수도 있다. 그런 점액은 궁극적으로 분리될 수도, 한데 섞일 수도 없다. 다만 정체성이 없거나 궁극적인 통일감이 부재하는 상태가 아닐 뿐이다.

이런 생각은 자아를 파멸시키려는 모든 전통의 정신적 관행에 따르는, 얼핏 모순처럼 보이는 시도를 설명해 준다. 창조의 목적이 창조된 세계 속에 있는 모든 고유한 존재들의 무수한 자아 속에 구현된 무한한 다양성을 만들어 내려는 것이라면, 사람들은 왜 이와 같은 관행을 행하고자 할까? 그저 창조의 과정을 뒤엎으려는 억지, 존재로부터 무로 되돌아가려는 투쟁인가? 그러나 이 잘못된 호칭인 '자아의 파멸'이라는 것이 시사하는 바는, 자아를 원래 규정했던 경계의 파괴, 자아의 무효화가 아니라 케노시스kenosis[자아 비우기]에서의 경계 파괴, 그 자체보다 더 큰 어떤 전체 속으로 자신을 비우고 나오는 변신의 과정이다. 그러므로 그것은 봉오리나 활짝 핀 꽃의 반박이 아니라 열매 속으로의 지양이다.

여기서 좌반구가 만들어 내는 것과 같은 외견상 '완결된' 시스템은 모두 그 자체적으로, 우반구의 기준이나 가치관에 입각해서가 아니라 그 자체의 기준으로 보더라도 궁극적으로 완결되지 않은 것임을 알 수 있다. 뿐만 아니라 상부구조가 유지되든 아니든 간에 그 기초는 직관속에, 그 덫에 걸려 있다. 합리적 시스템의 구조가, 또는 작동 그 자체의 합리적 양상이나 이성의 가치의 양상이 시작되는 전제도 합리론적인 체계화 과정으로 확증될 수 없고, 궁극적으로는 직관될 수밖에 없다. 물론 그렇다고 해서 이성을 선호하는 우리의 직관이 무효화되지는 않는다. 선함, 아름다움, 진실함의 가치라든가 신의 존재 같은 우리의 다른 직관들이 무효화되지 않는 것과 마찬가지다. 하지만 이는 두 반구의 연원이 우반구에 있으며, 지양의 과정에서 우반구로 되돌아가지 않으면 그 기원을 뛰어넘을 수 없음을 의미한다. 합리론적 시스템이 아무리 완전해 보여도, 그 취약점을 볼 수 없는 사람들이 그것을 벗어나기는 힘들다. 그런 점에서 사실 미로를 벗어날 수 있는 실타래의 끝은 우리 속에 숨어 있는 것이다.

■ 필연적 무지

좌반구는 무엇이 존재하게 되는지를 결정하는 데서 결정적인 역할을 하는 것으로 보인다. 그것은 창조 과정의 일부이다. 일선적이고 순차적인 분석을 적용함으로써 묵시적인 것을 명시적으로 만들고 명료성을 더해 준다. 이것은 존재하는 것의 측면을 드러나게 하는 데 도움이 된다. 하지만 그렇게 하는 과정에서 전체가 사라진다.

여기서도 우리는 양립 불가능한 문제와 마주하게 된다. 새로운 것이나 중요한 것들을 놓치지 않으려면 세계를 개방적으로 보아야 한다. 그런 것들은 우리가 대상을 보는 방식을 바꾸어 놓는 경향이 있기 때문이다. 그러면서도 하나에 집중하여 그것이 무엇인지 충분히 알아서, 일단 대상에게 넘어갔다가도 나중에 전체 그림을 더 풍부하게 구성하는 요소로 돌아올 수 있는지를 알아야 한다. 여기서도 우리는 하나의 측면을 명료하게 보는 것이 다른 측면을 은폐하는 것임을, 진리는 드러내는 것이면서 또한 은폐하는 것이기도 하다는 사실을 깨닫게 된다. 수평축을 따라 세계 속으로 최대한 멀리 나가는 것과 동시에 수직축을 올라가는 데 포함되는 근본적인 양립 불가능성을 표현하는 것은 어렵다. 생명이 마치 '슈뢰딩거Erwin Schrodinger의 고양이'〔1935년 물리학자 슈뢰딩거가 양자역학의 불완전함을 증명하고자 고안한 실험으로, '산 고양이와 죽은 고양이가 한 상자 안에 공존한다'는 역설로 거론된다.〕처럼 우리를 밀어붙여 선택의 여지가 별로 없는데도 하나를 고르도록 강요하는 것 같다. 그래서 관찰에서 특정성을 달성하면서 그와 동시에 우리 관심 대상의 다른 특징들을 보존할 수는 없는 것으로 보인다. 이는 근접한 관찰로 빛의 파동(공정)을 고정시키려 하면 파동이 와해되어 입자(고립된 실체)처럼 행동하는 것과 매우 비슷하다.

우반구는 좌반구가 무엇을 아는지 알 필요가 없다. 그렇게 되면 전체를 이해할 능력이 파괴될 테니 말이다. 그와 동시에 좌반구는 우반구가 아는 것을 알 수 없다. 그 자체의 시스템 내부에서, 그것만의 관점에서, 그것 자신이 "창조했다"고 믿는 것은 완료된 것처럼 보이기 때문이다. 오직 자기가 만든 것이 시야의 초점과 중심에 있다는 이유 때문에 그것은 더 쉽게 눈에 띈다. 좌반구가 세계에 대한 지식에 기여하는 바를 우리가 더 잘 아는 한 가지 이유가 이것이다.

좌반구는 외부에서 새로운 것을 곧바로 가져올 수는 없지만, 주어진 것을 포장을 풀고 펼쳐 놓을 수는 있다. 거기에는 문명의 역사가 증명하듯이 엄청난 힘이 담겨 있는데, 그 힘은 좌반구가 우반구는 묵시적으로 내버려 두는 것을 명시적으로 만들 수 있다는 사실에 근거한다. 하지만 그것은 또한 약점이기도 하다. 명료하게 만드는 명시성은 전체에 대한 감각과 재통합되어야 하고, 이제는 포장이 풀린 또는 펼쳐진 어떤 것은 우반구의 영역으로 다시 건네져서 그곳에서 다시 한 번 생명을 얻게 된다. 이것은 어려운 문제이므로, 다음 장에서 더 면밀히 살펴보겠다.

좌반구의 승리

지금까지 논의한 철학·신경학·신경심리학의 증거들은, 전체 그림을 볼 기회가 우반구 쪽에 더 많이 있을 것이라는 추정을 뒷받침해 준다. 스스로를 충족된 존재로 여기는 좌반구의 자신감에도 불구하고, 경험의 토대를 마련하는 데서나(밑바닥 층위에서) 좌반구가 처리한 경험을 다시 한 번 살아 있도록 재구성하는(꼭대기 층위에서) 데서나, 반구들 간의 그리고 반구와 실재 간의 관계에 관한 모든 면에서 우반구의 우위를 시사한다. 그 과정에서 경험의 수많은 중요한 측면들, 특히 우반구가 잘 다루는 것들(열정, 유머 감각, 은유적·상징적 이해, 예술의 은유적·상징적 본성 같은 것들, 종교적 감정, 상상적이고 직관적인 과정 등)이 좌반구의 집중된 관심의 대상이 됨으로써 명시적인 것으로 변하고, 그 결과 기계적이 되고 생명이 없어지는 현상도 목격했다. 좌반구의 가치는 바로 명시적으로 만드는 데 있지만, 그것은 경험의 처리 과정상 존재하는 한 단계 혹은 경유지일 뿐 절대로 출발점이나 종착점이 아니며, 가장 깊은 층위나 최종 층위도 아니다. 이러한 반구들 간의 관계는 우리가 살고 있는 세계의 유형 문제에서 지극히 중요하다.

좌반구는 경쟁적이며, 그것의 관심과 일차적 동기는 힘이다. 따라서 우반구가 우위에 선 현 관계가 교란되면, 그리하여 좌반구가 우위를 누리게 되거나 경험 처리 과정상의 종착점이나 최종 단계가 된다면, 세계는 아주 다른 것으로 변할 것이다. 그것은 기계적인, 서로 관련 없는 부분들의 집합이 될 것이다. 추상적이고 해체된, 동료 의식과는 거리가 먼 이 세계는 명시성을 위주로 다루고 실용적 윤리를 신봉할 것이다. 실재에 대한 이 지나친 자기 확신은 당연히 통찰력이 떨어진다. 신경심리학적 증거는 이것들이 모두 우반구와 대조되는 좌반구 세계의 특징임을 지지한다.

현재 통용되는 반구 간 관계의 이론에 대해, 또 반구 간의 차이가 아니라 반구들의 작업 관계에 대한 지식을 어디에서 얻을 수 있을까? 우리가 의존하는 기능적 영상은 그 한계가 뚜렷하다. 뇌파 영상을 보여주는 기계의 시간 프레임은 반구 간의 상호 작용을 촘촘히 잡아내지 못한다. 또 뇌파 검사는 특정성이 떨어져서, 특정 반구가 아닌 양쪽 반구가 모두 관련된 영역을 찾아내는 경향이 있다. 왜냐하면 모든 '인간적인' 활동에는 두 반구가 모두 관계되기 때문이다. 한쪽 반구만으로 할 수 있는 것은 거의 없다.

우리가 두뇌의 정상적 기능에 대한 지식을 얻는 통로는 우연한 사건 혹은 신중하게 고안된 인위적 실험들인데, 이와 마찬가지로 반구 간의 관계에 대한 지식 역시 고도로 전문화된 상황에서 좌우반구의 '작업 관계'를 면밀히 관찰한 결과들이다. 이 가운데는 정상적인 두뇌를 가진 실험 대상자들을 상대로 신중하게 설계된 실험을 실시하여 나온 결과도 있는데, 이때 주로 반구들의 반작용을 인위적으로 분리하거나 상호 작용을 미세하게 관찰하는 식의 실험이 행해진다. 물론 가장 풍부한 자료는 분할뇌 환자들에게서 나왔다.

이제껏 나는 좌우반구는 서로 보완적이지만 상충하는 과제를 달성해야 하며, 서로에 대해 다분히 모르는 상태가 유지되어야 한다고 주장했다. 그러면서 반구들은 서로 협동해야 한다. 그렇다면 양 반구는 이 과제를 어떻게 달성하며, 이때 어떤 관계를 맺는가?

두 반구를 소통시키는 뇌량 및 대뇌 교련交連·commissure〔접합선·연합〕등 다른 피질하 구조들 역시 보완적이면서도 상충되는 역할을 맡고 있다. 정보를 공유할 필요가 있지만, 동시에 그 정보가 취급되는 세계를 분리해야 하는 것이다. 이 책의 시작 부분에서 나는 뇌량이 대체로 금지 기능을 한다는 신경학적 증거를 언급했다. 이는 보완이나 공유와 모순되어 보이지만, 금지는 협력 관계의 다른 말일 수 있다. 협력하자면 차이점이 있어야 하니 말이다.

한쪽 반구에서 하는 행동은 대체로 다른 편에 거울처럼 선명히 반영되지는 않는다. 여기서 말하는 협력이란 외과 의사와 간호사가 모두 메스를 잡고 절개를 한다는 말이 아니다. 이는 합창단 단원들이나 합주단 연주자들, 좁게 보면 피아니스트의 두 손이 처한 상황과 유사하다. 양쪽 반구의 관계가 진정으로 협력하는 동시에 진정으로 독립적이기도 해야 하는 피아니스트의 두 손의 관계와 비슷하다고 생각한다면, 뇌량의 임무가 어떤 절차들의 금지인 동시에 정보 전달을 도와주고 올바른 균형을 요구하는 협력임을 알 수 있다.

신경학적 증거만이 아니라 현상학적 증거도 이 관계의 복합성을 뒷받침한다. 뇌량이 갑자기 기능을 멈춘 환자들의 세계에서 무슨 일이 일어나는가? 분할뇌 환자들이 놀랄 만큼 정상적인 생활을 영위한다고 말한 적이 있다. 그런 사람을 한번 만나 보거나 식사를 함께 해 보면, 심지어 휴가를 함께 가더라도 그들에게 비정상적인 데가 있다고는 조금도 짐작하지 못할 것이다. 특정한 실험 조건 하에서, 두 반구의 작동을 인위적으로 고립시켰을 때에만 좌우반구의 독립적인 기능을 알 수 있다. 그렇다면 왜 분할뇌 환자들은 그렇게 보이지 않는 걸까?

정보 공유 문제에 관한 한, 외부 세계의 거의 모든 경험은 한쪽 반구에만 국한되지 않고 두뇌 시스템 안에서 상당히 중복되는 양상을 보인다. "대상을 바라보고 만지고 소리를 들으면서 세계 속에서 돌아다니는 동안, 우리 대뇌의 양쪽 반구 모두 그 정보를 수집한다. 게다가 두 반구 모두 대개 적절한 행동적 반응을 만들어 낼 수 있다."[1] 우리는 결코 뇌량에 전적으로 의지하지 않는다. 이 때문에 분할뇌 환자의 각 반구를 따로따로 시험하는 실험은 자극이 한쪽 반구에만 도달할 수 있도록 신중하게 고안되어야 한다. 인간에 관한 모든 것이 그렇듯이, 한쪽 반구가 아는 것은 대부분 다른 쪽 반구도 알고 있다. 결국 두 반구는 같은 경험을 겪고 같은 신체를 공유하며, 지금도 그 신체 속에 통합되어 있는 것이다. 뇌량 아래쪽의 모든 것, 그리고 신체가 시시각각으로 뇌량과 소통하는 모든 내용을 두 반구는 계속 공유한다. 더욱이 로저 스페리와 조지프 보겐이 지적하듯이, 정상적인 뇌를 지닌 사람들일지라도 그 뇌량이나 반구 간의 연결 통로가 언제나 작동하고 있지는 않다. 뇌량을 통한 신경 전달 작업이 오래 지속되면, 상당한 정도의 반구 간 독립성이 강제로 추진된다.

이는 그다지 이상한 이야기가 아닐 수도 있다. 내가 강조했듯이, 자연이 반구들 간의 현격한 분리 상태를 그냥 놓아둔 데에는 그럴 만한 이유가 있기 때문이다. 각 반구는 독립된 상태여야 하며, 상대편에서 무슨 일이 일어나는지 어느 정도는 모를 수밖에 없다. 금지는 뇌량의 또 다른 일차적 기능, 어쩌면 주된 기능일지도 모른다. 그럼, 이 뇌량을 쪼갠다면 무슨 일이 벌어질까?

장기적으로 보면, 그 영향은 생각보다는 적을 것이다. 두뇌가 외과적으로 분리되더라도 각 반구가 정상적인 뇌량과 함께 큰 문제 없이 작동해 온 오랜 역사가 있기 때문에, 그동안 두 반구는 자체의 전문화된 작동 양식을 구축하여 각자의 신경세포의 연결 양식 속에 저장해 두었다. 그러므로 손상된 것은 그런 전문화의 확립이 아니라 기능적 유지에 불과하다.

그럼에도, 분할뇌 환자들은 수술을 한 뒤 한 달 동안은 어딘가 불편한 경험을 호소한다. 그 경험은 이른바 '양손 간의 대립intermanual conflict'이라 불리는 형태, 외견상 의지의 충돌 형태로 나타난다. 어떤 남자는 한손으로는 아내를 끌어안으려 하고 다른 손으로는 밀쳐 내는 불행한 자세를 보이기도 했다. 또는 "옷장 문을 연다. 무슨 옷을 입고 싶은지 알고 있다. 오른손으로 그 옷을 꺼내려 하는데, 왼손이 다른 옷을 꺼낸다. 내 왼손이 그런 행동을 하면 그 옷을 내려놓을 수가 없다. 내 딸을 불러야 한다."[2] 여기서 주체의 의지에 반하게 행동하는 쪽이 언제나 왼손이라는 점에 주목하라. 이 문제는 잠시 뒤로 미뤄 두자.

이런 징후는 시간이 지나면 차츰 안정되는 경향이 있다. 사실 분할뇌 환자들은 놀랄 만큼 잘 적응한다. "두 개의 독립적이고 상이한 인지 과정을 갖고 있는데도 그들은 통일된 개인으로 행동하며, 일상생활에서 망설임이나 혼란이나 분열 징후는 거의 보이지 않는다."[3] 이는 뇌량절제술로 반구들이 정보를 주고받는 주요 수단을 절단하더라도, 그 외에 반구들을 연결하는 피질하 통로들이 있어서 금지 기능을 도와주며, 이런 '우회로'를 써서 두뇌의 재활 훈련을 하기도 하기 때문이다.

그렇기는 해도 수술 뒤 환자가 처음 겪은 경험이 어떤 성질인지에 대해서는 더 주의를 기울여야 한다. 이 부분은 좀 과소평가된 면이 있다. 아마도 사람들의 관심이 자아의 분할 가능성에 쏠리는 경향이 있기 때문일 것이다. 그러나 분할뇌 연구로 노벨상을 수상한 로저 스페리는 이렇게 말했다. "좌반구와 우반구가 모두, 상이하고 상충할 수도 있으면서 병행하는 정신적 경험을 동시적으로 의식하고 있는지도 모른다."[4] 이런 생각은 자아와 개별적 정체성에 대한 물음, 특히 분할뇌 환자들에 관한 연구가 알려지기 시작한 1960~70년대의 철학자들이 많이 논의했던 물음을 제기한다. 내가 여기서 이런 이야기를 하는 것은, 수술 뒤에 혼란이 생기는 것이 예상과는 달리 더는 일어나지 않는 일 때문이 아니라는 점을 말하기 위함이다. 오히려 그와 반대, 즉 일어나지 못하게 막을 수 없는 일, 금지될 수 없는 일이 그런 혼란의 증거가 된다는 것이다. 이 점에서 분할뇌 환자들은 뇌량을 통해 좌우반구 간 통로에 영향을 미치는 발작이나 기타 신경 손상을 겪은 환자들과 비슷하다. 무뇌량증callosal agenesis(뇌량이 발달하지 못하는 장애로, 인구의 1퍼센트를 차지하는 흔한 증상), 혹은 선천적 뇌량 기능 장애를 가진 환자들에게선 문제가 더 심각하다. 반구 간의 금지라는 통상적인 기능이 애당초 발달하지 못하기 때문에, 그들은 기능적 분업이 이루어지는 삶이라는 혜택을 한 순간도 누리지 못한다.

뇌량의 기능 불량은 일부 정신 장애, 특히 정신분열증의 발생과 관계가 있다. 이것은 정신 질환의 사례들이 뇌량의 전면적·부분적 미발생과 관련하여 발견된다는 사실과도 일치한다. 탈 없는 정상적 뇌량의 주요 기능이 금지라면, 그것에 이상이 생길 경우에는 예측할 수 없는 결과가 나올 수 있다. 뇌파검사나 다른 수단, 또 신경심리학적 실험을 활용한 정신분열증 연구가 보여 주는 것이 바로 이런 반구 간 금지의 실패이다. 단순형 정신분열증schizotypy에서도 좌반구적 양상이 우반구의 기능에 끼어든다는 사실은 잘 알려져 있다. 정신분열증과 단순형 분열증의 여러 증상으로는 창조적 존재(가령 천재적 수학자)가 될 가능성과 파괴적 영향의 명백한 현실성(억제된 혹은 내성적인 공중곡예사)이 모두 있는 데, 이것들은 좌반구의 양상이 우반구의 기능에 끼어드는 개입으로 설명될 수 있다. 여기에는 우반구의 양상이 좌반구의 기능에 끼어드는 것도 포함된다.

다른 말로 하면, 뇌량의 기능 불량이나 무발생은 기능의 상호 연관성이 외견상 증가하는 상황으로 이어진다는 것이다. 뇌량의 주된 목적이 반구들의 분리를 유지하는 데 있다면, 이 외견상 모순되는 내용은 타당성이 있다.

각 반구의 독립적인 기능은 성장이 이룬 업적 가운데 하나이다. 아이들은 상대적으로 반구들 간의 독립성이 적은 분할뇌 상태에 있는 존재들이다. 아기와 어린아이들은 뇌량에 덜 의존한다. 뇌량의 말이집형성myelination(다른 말로 미엘린화 혹은 수초형성. '말이집'은 신경세포의 신경 돌기를 말아 싸고 있는 덮개)은 생후 1년이 지나야 시작되며, 그 이후의 성장 속도도 더디다. 사춘기 이전의 아이들에게서는 반구를 따로 사용하는 것이 비교적 어려운데, 이는 뇌량이 성인들에게서 금지 역할을 수행한다는 또 다른 증거이다. 반구 간의 연결성은 아동기와 사춘기 시절에 성장하며, 그 결과 반구들은 더 독립적이 된다. 아기와 어린아이들이 좌반구보다 먼저 성장하는 우반구에 더 많이 의지하는 것이나, 시간이 흐르면서 좌반구의 기능이 갖는 중요성이 더해지는 것도 우연이 아니며, 그 때문에 두 반구 모두를 위해 활동 영역을 분리할 필요가 생기는 것이다. 점점 더 뛰어난 능률을 발휘하게 되는 뇌량은 바로 이 필요를 충족시키는 '베를린 장벽'이다.

궁극적으로는 반구 간의 차별화가 통합에 봉사할지는 몰라도, 뇌량은 주로 반구 간의 통합보다는 차별화의 대리자로 행동한다는 것이 나의 생각이다. 두뇌의 중심부에 자리 잡고 있으면서, 반구들의 세계를 갈라놓는 동시에 다리가 되어 주는 이 복잡하고 거의 역설적인 기능은 힌두교 성전聖典인 『우파니샤드Upanishads』의 한 구절에 놀라울 정도의 예지로써 표현되어 있다. "심장 속의 공간에 만물의 통제자가 자리 잡고 있다. …… 그는 다리이며, 그 다리는 다른 세계를 분리하는 울타리로도 사용된다."

■ 반구들 간의 관계

두뇌가 인위적으로 분리되지 않은 사람들에게서 나타나는 반구들의 정상적인 작동 관계에 대해 우리는 무엇을 알고 있는가? 그것은 조화의 관계인가, 불화의 관계인가? 이 물음은 간단하지 않다. 금지가 협력을 위해 유지될 수도 있는 것처럼, 협력도 경쟁을 위해 유지될 수 있다. 한쪽 반구는 상호적 정신에 따라 협력하는데, 다른 쪽 반구는 자기 이익에 따라 그렇게 할 수도 있다. 이 반구의 이기심은 첫 번째 반구의 관대한 정신 덕을 보는 것이다.

관계의 서로 다른 층위도 구별해야 한다. 소기업을 함께 경영하는 동료 두 명의 관계를 예로 들어 보자. 여기서 말하는 관계란, 가장 단순한 층위에서는 함께 일하는 동업자들의 일상적인 작업 양상이다. 즉, 그들은 같은 사무실을 쓰며, 저마다 해당 분야에서 훈련과 경험을 쌓아 왔다고 말할 수 있다. 그래서 두 사람이 함께 회사를 차린 것이다. 하지만 그렇다고 해도 두 사람에게는 나름의 관심 분야와 전문성이 있을 것이고, 그에 따라 업무를 분담한다. 특히 업무가 복잡할 때는 더 그렇다. 하지만 일을 빨리 처리해야 하거나 효율을 높여야 할 때,

예를 들어 한 사람이 외근 중인데 빨리 어떤 결정을 내려야 할 때는 다른 사람이 나서서 그 일을 대신 한다. 이 층위에서, 이런 의미에서, 두 사람의 관계는 아주 균형이 잡히고 문제가 없어 보인다.

하지만 이 두 사람을, 두 반구를 연결해 주는 관계는 이런 것이 아닐 수도 있다. 그들의 역할은 어떻게 상호 작용하는가? 그들은 각각 회사 업무에 어떻게 기여하는가? 이것은 상당히 다른 문제, 1일 단위의 업무를 넘어서는 중간 층위, 1개월 단위의 업무에 해당되는 문제이다.

가령, A는 새 기업을 사들이는 데 흥미가 있고 재능도 있다. 반면에 B는 후방 참모 스타일로 회계와 IT 업무를 운영하는 데 재능이 있다. 새 일거리가 들어오지 않으면 회사는 유지될 수 없다. 마찬가지로 제대로 된 회계와 IT의 지원 없이는 회사 운영이 어렵다. 그러므로 A와 B는 모두 상대방을 필요로 한다. 그런데 B가 새롭게 개선된 회계용 소프트웨어 체계를 개발하는 것이 더 중요하며, 거기에 회사의 장래가 달려 있다고 판단했다고 하자. 일거리야 누구든 찾아낼 수 있지만 시스템을 운영하고 수지균형을 잡아주는 사람은 구하기 힘들다고 생각한 것이다. 그래서 사업 자료를 근거로 더 정교한 소프트웨어를 개발하는 데에만 힘을 쏟고, A가 고객들을 설득하는 데 필요한 수치를 제공하는 일은 뒷전으로 미룬다. B는 자신이 A보다 우월하다고 믿게 된다. 그러자 A는 B가 기술적 문제에만 신경 쓴다며 불만을 품는다. 두 사람의 사무실에는 싸늘한 침묵만 감돈다. 이는 두 사람이 맺는 관계의 또 다른 측면을 나타낸다.

그런데 곧 이것과도 다른 관계의 세 번째 층위가 드러난다. B가 다른 회사를 차리려고 A 몰래 회사의 기밀 자료를 챙겨 도망친 것이다.

물론 두뇌의 두 반구는 사람이 아니다. 또한 위의 사례는 어디까지나 두 반구의 관계를 설명하고자 도입한 설정일 따름이다. 반구 간의 관계는 충위에 따라 다르게 설명될 수 있으므로, 그 관계의 충위를 살펴려면 먼저 가장 낮은 충위부터 보아야 한다. 즉, 전화는 누가 받는지, 누가 어떤 일을 하고 더 잘하는지를 말이다. 그 다음에는 중간 충위로 한 걸음 물러서서 살펴야 한다. 이 충위에서는 세계를 이론적으로 구축하는 데서 그들이 각각 맡은 역할이 서로를 어떻게 보완하는지를 살핀다. 마지막으로, 장기적 전략도 잊어선 안 된다. 그것은 동업자보다 외부자가 먼저 알 수도 있는 어떤 일이다.

▌제1층위

일상(반구의 경우에는 1천 분의 1초 단위)의 관계, 반구들이 포착하는 세계는 살아 있는 인간 존재인 우리에게 매 순간 필요한 것이다. 그것은 신체를 가진 존재인 우리가 움직이는 3차원 공간이 주위 상황에, 그래서 두뇌에 쌍방적으로 참여하기를 요구하는 데 그치지 않는다. 우리를 인간으로 규정해 주는 사고 과정에는 직관과 개념화가 둘 다 필요하다. 좌반구가 개념화된 지식의 장소인 한, 또 우반구가 직관적 지각을 구현하는 한, 둘 다 필요하며, 그 사이의 균형을 잡아야 한다는 것은 분명하다. 저 유명한 칸트의 "직관 없는 개념은 공허하고, 개념 없는 직관은 맹목이다"라는 공식이 여기에 적용된다.[5] 효용과 과제 달성이라는 관점에서 볼 때, 일상생활의 지극히 일반적인 과제를 수행하는 데도 두 영역으로부터 자료가 투입되어야 한다. 또 일상생활의 자연적 관점에서 볼 때 우리가 일상적 방식으로 경험하는 세계는 각 반구가 전달하는 내용이 합쳐진 것이다. 그러므로 반구들의 협동이 우리에게 최고 이익이라는 것은 분명하다.

그러나 우리는 앞에서 좌반구가 실제로는 아무것도 모르면서 우반구에서 진행되는 것을 따라잡는 냉담한 태도를 살펴보았다. 좌반구가 제 무지를 인정하지 않으려 하는 것은 우리를 당혹스럽게 한다. 좌우 반구가 과제를 수행하면서 차별적으로 행동하도록 고안된 몇몇 실험에서, 두 반구가 보인 상호 작용 양상은 협력보다는 경쟁에 가까웠다. 이 경쟁은 실제로 각 반구의 과제 수행을 저해할 수 있다.

이런 1천 분의 1초 단위의 결정에 의지가 개입된다고 보는 것은 착각이다. 한쪽 반구가 의지를 가질 수는 있지만, 의지가 발휘되는 데는 시간이 필요하다.

마치 각 반구는 이렇게 생각하는 것 같다. "이 편지가 나한테 온 것처럼 보인다면 그것은 내가 처리한다. 설사 막상 봉투를 뜯고 보니 네게 온 편지라 하더라도 마찬가지다." 반구들이 이런 태도를 택하는 이유는 분명히 있을 것이다. 정보를 반대편으로 보내어 처리하게 할 여유 시간이 있더라도, 더 빨리 처리할 수 있기 때문에 열등한 반응을 그냥 받아들이는지도 모른다. 이처럼 두 반구가 채택하는 일관성 없는 일처리 방식은, 양쪽 반구가 같은 정보를 동시에 접할 때 어느 쪽이 그 정보를 처리할지를 판정해야 하는 상황을 만든다. 그런 '심판 결정'은 아주 낮은 층위에서, 반구들 자체보다 더 낮은 층위에서 행해질 수도 있고, 어쩌면 뇌간腦幹〔뇌줄기〕까지 내려간 낮은 층위에 두 반구의 작업을 할당하는 메타 통제 스위치가 있을지도 모른다.

앞에서 살펴보았듯이, 분할뇌 환자들의 사례에서 두뇌 손상이 없을 때 보통 우반구의 의지가 금지되는 것은 더 의식적인 층위에서 좌반구의 의지가 작동하기 때문임은 분명하다. 1천분의 1 단위의 미세 층위에서도 얻어진 성과의 큰 부분을 차지하는 것은 좌반구라고 주장하고 싶은 유혹도 생긴다. 실제로 일부 실험 증거는, 오른손잡이의 과반수는 여러 가지 선택지가 내포된 자극을 받으면 대부분 좌반구가 좋아하는 선택을 한다는 견해를 뒷받침하는 듯 보인다.[6] 하지만 이를 뒤집는 증거들도 있으며, 아마 이러한 편향이 작동하는 것은 그 다음 층위일 것이다.

■ 제2층위

그러니 순간순간 일어나는 반구들의 자동적 반응을 떠나, 의식의 산물이라는 관점에서 두 반구의 관계를 살펴보자. 이는 곧 현상학적 층위를 말하는데, 여기서는 두 반구의 상호 작용이 우리의 경험 세계에서 나타나게 된다. 이 층위에서는 신경심리학적 사실을 입증하기가 더 어려워지는데, 우리가 보는 것은 신경세포의 상호 작용만이 아니라 인간 존재의 현상학적 경험이기 때문이다. 이 경험은 신경세포들의 행동 잠재력보다 더 긴 시간에 걸쳐, 또 통합된 앎의 가장 높은 층위에서 일어난다. 그 층위가 어디인지는 아무도 모른다. 과학자들이 아무리 그것을 상상하고, 그 신경학적 상호 연관물을 측정하는 방법을 알아내려고 해도 그러기가 쉽지 않을 것이다. 그것은 한자리에 정지해 있는 것이 아니라 요동이 심한 과정이다. 이 책 앞에서 탐구해 온 것처럼, 이 최고 층위에서 일어나는 일은 각각의 반구가 작동하는 본성과 선입견, 관심과 가치와 전형적인 양상에 대해 우리가 알고 있는 사실로부터 연역되어야 한다. 다만, 이와 별도로 몇 가지 교묘한 관찰을 해 볼 수는 있다.

제1층위에서는 한쪽 반구가 다른 쪽 반구를 반드시 금지해야 한다는 점을 기억해 두어야 한다. 각 반구는 별도로 작동할 필요가 있다. 그러나 더 높은 층위에서, 또 더 긴 시간 단위에서는 두 반구가 함께 작동해야 한다. 이는 단지 상상력 등 중요한 인간적 재능이 두 반구의 종합에 의존하는 것처럼 보이기 때문만이 아니다. 앞 장에서 살펴본 대로, 현실에서 우리 경험을 구성하는 데서 우위를 차지하는 쪽은 우반구이다. 그런데 이러한 우반구의 이해를 펼치는 것은 좌반구의 기술에 달렸다. 그렇게 해야만 우반구가 상상한 비전이 구현되어 다시 우반구의 현실과 재통합될 수 있다. 여기서 나온 것이 헤겔의 '지양' 개념이다. 이전에는 없던 새로운 어떤 것이 이전 단계를 부정하지 않고 그것을 변형시키는 과정을 통해 출현한다는 것이 이 개념의 요지다.

신경학적 층위의 반구 연구로 얻어 낸 가장 중요한 발견도 바로 이점을 증명한다. 미 콜로라도 주 불더에 있는 인지과학연구소 소장으로, 반구 간 상호 작용 연구로 유명한 마리 바니치Marie Banich는 이렇게 말했다.

> 1980년대 중반 이후 우리 실험실이 발견한 것은, 반구 간 상호 작용이 한쪽 반구가 상대편을 위해 경험과 감정을 복제하는 단순한 메커니즘의 수준을 한참 능가한다는 사실이다. 반구 간 상호 작용에는 중요한 기능이 있다. 단지 부분들의 총합으로 얻어질 수 있는 기능만이 아니다. …… 두 반구가 모두 개입하는 공정은 부분들로는 예견하기 어려운 성질의 것들이다.

특정 실험을 반복하면, 한쪽 반구만 사용하여 과제를 수행할 때 두뇌의 어느 구역들이 소집되는지, 또 각 반구가 자체적으로 결정하는 문제들은 무엇인지를 판정하기는 그리 어렵지 않다. 하지만 두 반구가 협력하여 과제를 수행할 때는 그저 추가적인 구역이 기능하는 정도가 아니라 완전히 다른 구역들이 함께 작동하는데, 이때 특히 한쪽 반구만 활동할 때는 불활성으로 있던 곳들이 활성화되거나, 두뇌의 상이한 부분들의 새로운 구역이 소집되어 활성화되는 경우가 많았다.

▶ 전체적인 층위에서는 한쪽 반구만 선호할 수 있다

그렇다면 우리의 두뇌 반구들은 이런 활성화를 위해 실제로 협력할까? 신경학적 층위에는 좌우반구가 실제로 어떤 관계인지를 알려 주는 몇 가지 힌트가 있다.

결과적으로 보면, 현상학적 경험(한 번에 1천 분의 몇 초만 지속되는 아주 짧은 경험)만이 아니라 그보다 훨씬 더 오래 지속되는 경험도 어느 한쪽 반구가 지배하는 것 같다. 그 반구의 특정한 인지와 지각 스타일이 전체적으로 세계에 대한 우리 경험에 더 크게 영향을 주는 것이다. 심지어 어느 한쪽 반구를 향한 개성이나 특징, 지속적 편향 혹은 어느 한쪽 반구에서 일어나는 흥분이나 활성화 정도와 결부된 특정한 종류의 경험에 대한 편향을 가지기도 한다. 바로 '반구적 활용화 편향hemispheric utilisation bias' 또는 '특징적인 지각 비대칭성characteristic perceptual asymmetry' 이 그것이다.

이런 개별적 차이가 시각적 관심을 통제하려는 경쟁에 영향을 미치는 방식을 검토하다 보면, 반구 간의 관계를 암시하는 흥미로운 부수 정보들을 얻을 수 있다. 관심을 덜 받는 시야에 주의가 요구되는 과제를 수행하게 하는 실험에서 관련성이 없고 주의를 분산시키는 정보를 더 좋아하는 시야에 이런 과제를 제시하면, 좌반구 편향을 지닌 실험 대상자는 오른쪽 시야를 우선시하며 왼쪽 시야를 폄하하는 좌반구 편향이 더 심해진다. 이는 오른쪽에서 보인 좌반구와 상관없는 정보가 왼쪽 시야에서 진행되는 과제 수행(우반구에 의해 통제되던)에 간섭한다는 것을 뜻한다. 하지만 특징적인 우반구 편향을 가진 사람들을 대상으로 같은 실험을 하면 이 같은 경쟁적 효과가 나타나지 않는다. 우반구가 선호하는 왼쪽 시야에 제시된, 우반구와 큰 상관없는 정보는, 실험 대상자가 오른쪽 시야(좌반구가 선호하는)에서 진행되고 있는 과제에 관심을 집중하는 능력에 간섭하지 않았다.

이는 좌반구보다 우반구에서 관심이 더 균등하게 분포한다는 것을 시사한다. 우리가 알다시피, 우반구는 좌반구가 그러듯이 자기 영역만 살피지 않고 두 반구의 영역을 모두 살핀다. 뿐만 아니라, 좌반구를 선호하는 '가동율 편향utilisation bias' 은 이 효과를 더 강화시키지만, 우반구를 선호하는 편향은 우리 관심의 고른 분포를 저해할 일을 하지 않는다. 이는 다른 연구 결과와도 공명하는 내용이다. 즉, 좌반구에서 우반구로의 정보 전달은 우반구에서 좌반구로의 전달보다 그 속도가 더 느리다는 것이다. 여기서 과제의 성격이 우반구에 더 어울리는 것이든 좌반구에 더 어울리든 것이든, 그것은 상관없다.

좌우반구가 경쟁을 벌인다는 사실은 두뇌에 상처를 입었을 때 보이는 반응으로도 드러난다. 두뇌에 상처를 입은 뒤 다치지 않은 다른 쪽 반구를 경두개 자기자극법 같은 방법을 써서 일시적으로 무력화시키면 손상된 반구의 기능이 개선되는 결과가 나타난다. 이와 비슷하게, 손상되지 않은 반구가 발작을 일으키면 상처를 입었던 반구의 능력이 개선된다. 이 사실은 19세기의 유명한 신경생리학자인 브라운 세쿼드Charles-Edouard Brown-Sequard가 처음 발견한 것으로, 그는 개구리의 한쪽 반구에 병변이 생겨 마비가 왔을 때 상대편 반구의 동일한 지점에 그와 비슷한 병변을 일으키면 원래 증상이 호전된다는 것을 발견했다. 그런데 이러한 반구 간 경쟁은 대칭적으로 일어나지 않았다. 즉, 우반구에 미치는 좌반구의 억압적 효과가 우반구가 좌반구에 미치는 억제 효과보다 더 크다는 것이다. [7]

이 이야기를 들으면 생각나는 내용이 있을 것이다. 바로 균열부를 통해 반구들이 접촉하면, 우반구가 좌반구에 그런 것보다 좌반구가 우반구를 더 잘 억압하게 된다는 것이다.

이상의 정보는 분할뇌 환자들에게서 나왔다. 그들은 비록 몇 가지 장애를 갖고 있기는 하지만, 적어도 한 가지 점에서는 정상인보다 유리하다. 가령 정신 집중이 필요한 과제는 대개 일차적으로 좌반구가 개입하는데, 분할뇌 환자들의 경우에는 좌반구가 우반구를 효과적으로 금지하지 못한다. 그 결과, 두 반구가 동시에 관심을 집중시켜서 정상인보다 두 배는 빨리 과제를 수행할 수 있다.

반구 간 경쟁은 각 두뇌가 상처를 입은 뒤 겪는 변화 양상에서도 확인된다. 어려서 좌반구를 다치는 바람에 우반구의 본래 특성인 종합적-게슈탈트적 능력과 함께 좌반구의 언어 기능까지 우반구에 수용해야 했던 환자들은 비언어적 IQ 재능이 떨어진다. 우반구 안에 언어 기능이 공존하면서 비언어적 재능이 방해받은 탓이다. 여기서도 영향력의 방향은 좌반구가 우반구에 영향을 미치는 쪽으로 기운다.

분할뇌 환자들이 수술 후 처음 몇 달간 겪은 이야기 역시 의식적 차원에서 우리 경험의 일관된 본성의 통제권을 쥐고 있는 쪽이 좌반구, 즉 가차니가의 '해석자' 라는 사실을 말해 준다. 설령 각 반구에서 다른 견해와 욕구와 가치를 갖고 있을지라도 말이다. 두뇌 손상으로 양손이 갈등하는 상황이 벌어졌을 때 나쁜 손, 통제 불능인 손, 반항자는 결코 오른손이 아니다. 다른 쪽 손을 밀어 버리고, 운전대를 뺏고, 엉뚱한 옷을 고르는 것은 항상 왼손이다. 그러면 이렇게 말할지도 모른다. "물론 그렇다. 차질을 빚게 하는 건 오른손이 아니다." 하지만 무엇에 차질을 빚는가? 일단 좌반구의 각본대로 연극이 반쯤 진행되고 난 뒤 우반구가 개입하면, 좌반구의 관점에서 볼 때 그것은 차질을 빚는 일이 아닐 수 없다. 우반구에서 무슨 일이 벌어지는지 모른 채 '내' 가 원하는 것이 무엇인지를 판단하고, 우반구의 개입이 '나'의 최고 이익과 충돌하는지 아닌지를 판단하는 것은 좌반구이다. 하지만 다른 맥락에서 보면, 오래전에 우반구의 지시대로 아내를 끌어안지 말고 그 곁을 떠났더라면 무슨 일이 일어났을지를 누가 알겠는가? 그때 문을 닫았더라면, 혹은 다른 방향으로 운전했더라면, 불꽃 색깔의 옷을 입었더라면? 어쨌든 그들이 "내가 뭘 입고 싶은지는 알고 있다"고 말하면, 이는 최소한 "내가 입었으면 하고 좌반구가 바라는 옷이 무엇인지 좌반구는 알고 있고, 나는 좌반구와 동일시된다"는 뜻임은 추론할 수 있다.

앞 장에서 우리는 좌반구가 내놓는 것이 반드시 우반구의 영역으로 복귀해야 그곳에서 다시 한 번 살아날 수 있음을 알았다. 우반구만이 일차적 경험 및 삶과 접한다. 좌반구는 그 도중에 있는 쉬어 가는 지점, 일을 처리하는 곳일 뿐이지 최종 목적지는 아니다. 우반구는 확실히 좌반구를 필요로 하지만, 좌반구는 우반구에 의존한다.[8] 부정적인 의미만이 아니라 긍정적인 의미에서, 우리를 인간이게 하는 많은 것이 우반구와 조화를 이루어 행동한다는 한에서 좌반구의 개입을 필요로 한다. 인간적 재능 가운데 중요한 것은 두 반구가 하는 활동의 종합에 의존한다. 그런 조화된 행동이 없는 상황에 처하면, 좌반구는 그 영역이 실제 세계라고 믿게 된다.

그 역할 면에서는 우반구가 우세한 비대칭형이지만, 권력 면에서는 좌반구를 선호하는 정반대의 비대칭이 나타난다. 주인이 심부름꾼에게 취약한 존재가 되며, 심부름꾼은 그런 상황을 이용하여 주인을 무시할 수 있다. 이는 두 반구의 본래 성향으로 보이며, 우반구의 세계가 그 작업을 와해시키고 좌반구의 우위에 도전하는 것으로 비칠 수도 있다.

이 이미지는 두 반구가 가진 의지가 항상 조화를 이루지는 않음을 시사한다. 그렇다면 반구들이 이런 의미의 의지를 갖는다고 보는 생각은 얼마나 타당할까? 보겐은 결정적인 두 가지 사실을 언급한다. "마음이 생기는 데는 반구 하나만 있으면 된다"는 것과, "교련〔좌반구와 우반구를 이어 주는〕절개술을 받은 뒤에도 반구들은 구분된 의식 영역에서 벌이던 활동을 유지할 수 있다"는 것이다. 로저 스페리는 교련절개술을 받은 환자에 대해 이렇게 말했다.

> 각 반구가 다른쪽 반구에게는 알려지지 않는 그 자체의 사적인 감각, 지각, 생각, 기억을 경험한다는 것은 입증될 수 있다. 음성을 다루는 좌반구에서 가져온 내향적 언어 설명은, 우반구에서 조금 전에 수행된 정신적 기능에 대한 앎이 좌반구에는 놀랄 만큼 부족하다는 사실을 전해 준다. 이를 통해 외과적으로 절단된 각 반구는 그 자체의 마음을 갖지만 서로 단절되어 있고, 상대편 반구에서 일어나는 의식적 사건들을 기억하지 않는 것으로 보인다.[9]

외과적으로 단절된 반구에서만 그런 것이 아니다. 와다 검사 같은 것을 통해 어느 한쪽 반구만 일시적으로 불활성화시키면 이와 비슷한 결과가 나온다.

그런 전문적인 처리 과정이 없이도, 일반인의 두뇌도 가끔 분할뇌 환자들에게서 발견되는 것과 비슷한 불연속 현상을 보인다. 따로 분리된 감각, 지각, 생각, 기억, 또는 이 모든 것을 처리하는 별도의 방법이 있다면, 각 반구마다 별개의 욕구가 형성되고 별개의 의지가 있다고 해도 놀랄 일은 아닐 것이다. 분할뇌 환자들의 사례는 실제로 그렇다는 것을 보여 준다.

하지만 그럼에도 불구하고, 또 우리가 실제로 분리된 욕구와 의지를 경험함에도 불구하고, 우리 의식의 통합된 장場은 하나뿐이다. 이는 왜 그런가?

스페리는 이 물음에 답하려고 했다. 그의 해답은 의식 과정의 맨 위에 있어야 하는 어떤 것에 있었다. "전반적·전체적인 기능적 효과는 그러므로 의식적 경험을 결정짓는다. 신경세포 활동의 기능적 효과가 상층부 의식 역학에 통일된 영향을 미친다면, 주관적 경험은 통일된다." 이 문제는 언어의 통상적인 용법으로는 풀기가 거의 불가능하며, 그렇다고 언어의 덫을 피하는 방식으로 이 문제를 해결할 수 있을 것 같지도 않다. 하지만 그래도 설명이라는 기준에서 "전반적이고 전체적인 기능적 효과" 같은 구절을 설명으로 받아들이기는 어렵다. 어느 모로 보든 이것은 증명해야 하는 내용을 이미 전제하는 오류를 범하게 되며, 그것이 설명하려고 하는 것을 재기술하는 것에 불과하다. 무엇보다도, '상층부 의식 역학'이 대체 어느 반구에 속하는가?

그보다는 차라리 의식을 날카로운 날을 가진 어떤 것이나 흑백논리적인 것보다는 두뇌 속 깊은 곳에서 시작하여 반구 수준 아래에서 상승했다가 큰 균열 부위에 닿게 되는 점진적 과정으로 생각하는 편이 더 쓸모 있어 보인다. 스페리의 모델을 뒤집은 형태를 적용해 볼 수도 있다. 그러면 문제는 '어떻게 하면 두 의지가 통합하여 하나의 의식이 되는가'가 아니라, '하나의 의식장이 어떻게 두 개의 의지를 수용하는가'가 된다. 이런 문제는 더 높은 인지 수준에서 진화한다. 각기 다른 가치 조합과 경험을 지닌 다른 세계가 각 반구에 의해 의식에 주어지는 곳이 이곳이기 때문이다. 하나의 상황에서 다른 상황으로 움직일 때 상이한 맥락과 가치들의 조합은 나의 선호도를 바꾸며, 내 의지도 변화시킨다.

그렇다면 의식은 아마 가장 낮은 층위에서 통합될 것이며, 그 과정이 인지의 맨 꼭대기 층위에서 자의식이 될 때에만 분리의 가능성이 생긴다. 여기서 야크 판크셉의 말을 인용해 보자.

> 의도 및 모든 형태의 깊은 감정적 느낌은 반구의 분리로써 어떤 현저한
> 방식으로 분리되지 않는다. 특정 사건들의 (상층부 현상의) 인지적 해석만
> 이 그 영향을 받는다. …… 분할뇌 환자들의 경우, 의식의 기저에 있는
> 형태의 통일성, 그들의 근본적인 자아 감각은 불연속적인 반구가 더 이
> 상 두 가지 인지 과제를 정상인들의 두뇌만큼 동시에 쉽게 수행할 수
> 없다는 사실로써 확인된다.[10)]

여기서 판크셉이 말하는 '근본적인 자아 감각', 즉 자아의 핵심은
정서적이고 깊이 숨어 있는 것이다. 그 뿌리는 반구 간 분열이 일어나
는 바로 아래 층위에 있지만, 그래도 그것은 인지적으로 인식하는 반
구의 최상층부가 접할 수 있는 층위다. 좌우반구 사이의 갈등은 상위
인지 공정에서 두 반구 간의 차이가 빚은 결과로서, 그 갈등이 겉으로
드러나는 것은 특별한 상황에서 재료를 한쪽 반구에만 도입하려는 시
도가 있을 때, 특히 그것이 뇌량 하부의 통로를 통해 소통할 수 있는 자
아의 층위로 내려갈 기회가 없어지는 방식으로만 도입될 때뿐이다. 이
는 분할뇌 환자들이 왜 자아감에 혼란을 느끼는 일이 없는지를 설명해
준다. 우리의 경험, 우리 자신에 대한 감각은 의식의 나무 아랫부분에
서, 반구 층위 아래에서 나온다. 이것은 통합될 필요가 없다. 뇌량이
하는 일은 자아의 통합이 아니라, 오로지 순간순간 각 반구가 독립성
을 유지하도록 돕는 일뿐이다. 이는 왜 분할뇌 환자들이 파편화된 자
아가 아니라 단지 부적절한 행동의 갈등을 금지하는 데서 겪는 어려움
만을 호소하는지를 설명해 준다.

판크셉은 의식이 두뇌 속 매우 깊은 곳에서, 중뇌中腦·midbrain 속의

수도주변회백질peri-aqueductal grey matter(PAG)에서 시작하여, 두뇌의 더 높은 구역, 구체적으로는 피질의 대상帶狀·cingulate, 측두側頭〔옆머리·관자〕, 전두前頭〔앞머리·이마〕 구역을 거쳐 이동한다고 본다.[11]그는 의식이 전부 아니면 무無인 어떤 것이 아니라, 연속적으로 존재하는 것이라고, 상향 이동하면서 스스로 변화하고 가지를 거쳐 '두뇌 덮개cerebral canopy' 라 부르는 것에 닿는, 그래서 전두 피질에서 상층부 인지 인식이 되는 것으로 본다. 그것은 실체가 아니라 공정process으로서의 의식의 본성을 보여 준다. 만약 토머스 네이글의 유명한 말처럼, 의식이 "그 유기체와 같은 것이 되었으면 좋겠다는 그런 것이 있을 때" 존재하는 바로 그것 이라면,[12] 이는 의식의 경험이 '무엇' 이 아니라 '어떤' 것임을 확인해 준다. 이에 따르면, 의식은 살아 있는 존재를 구별해 주는 존재 방식으로, 좌반구의 특징(집중과 분석을 담당하는 반구)을 띠는 것과 최소한 같은 정도로는 우반구의 특징(우리가 문제에 집중하고 분석에 기우는 바로 그만큼 이해 과정에서 배제되어 있는)을 띨 수밖에 없는 존재 방식이다.

의식이 없으면 내향성이 있을 수 없지만, 의식은 내향성과는 다르다. 전자기파를 0.46마이크로미터(μm) 지점에서 선택적으로 흩어 버리는 성향을 가진 사물을 푸른색으로 결정하는 것은 타당하다는 패트리셔 처치랜드의 단언으로 돌아가 보면, 사물을 이런 식으로, 마치 외부에서 보는 것처럼 푸른색의 주관적 경험을 배제하는 것은 매우 높은 의식과 자의식을 필요로 한다. 이처럼 양극으로 벌어진 객관적, 혹은 주관적 관점은 좌반구의 분석적 성향이 만들어 낸 산물이다. 현실에서는 절대적인 것이 있을 수 없고, 그 자신을 인정하는 사이betweenness와 자신의 본성을 부정하는 것 중에서 선택할 뿐이다. 푸름을 오로지 전자기적 입자의 활동으로만 확인함으로써, 우리는 가치나 사이나 우리의 그림자를 그림 위에 드리우는 것을 피하지 않는다. 이는 의식의 내향성을 매우 전문화된 방식으로 활용하여 의식 자체에서 가치와 자아를 최대한 배제하려는 시도이다. 이 시도가 낳은 결과는 모순되게도 푸른색에 대한 지극히 불공정하고 파편화된 해석으로, 그것은 가치중립적이지도 않고 그 대상물을 대하는 개인적 성향과 무관하지도 않다.

철학을 훈련할 때 겪는 어려움 가운데 하나는 본성상 집중적이지 않은 공정에 관심을 집중해야 하고, 그럼으로써 본성상 명시적이 될 수 없는 것을 명시적으로 만들어야 한다는 점이다. 그렇게 하려는 시도만으로도 우리가 발견하는 내용은 즉각 근본적으로 바뀐다. 비트겐슈타인은 그런 과정에서 세계를 성찰하고자 세계에 참여하고 행동하기를 멈추면 사물이 낯설게 느껴지게 된다고 거듭 말했다. "현상이 우리에게서 사라져 없어진다"고 느낀다. 그래서 그가 철학자로서 설정한 목표는 우리가 사물을 다루도록 도와주는 것, 세계 내 사물과 사건들의 본질적 특징을 배열하려고 애쓰지 말고 그것들 주위를 돌아다니도록 도와주는 것이었다. 다른 말로 하면, 세계 속 삶이 멈춘 상태(좌반구)에서 그 공정에 대한 초연한 분석자가 아니라, 흘러가는 그대로의 세계(우반구)에서 숙련된 참여자가 되도록 하는 것이었다.

의식이 무엇인지를 확실하게 포착하려고 할 때 이 말이 갖는 의미는 심대하다. 그런 시도에는 항상, 그리고 필연적으로 직관적으로 이해되는 의식과 다른 반사적 조건을 유발하는 높은 수준의 자의식을 강조하게 마련이기 때문이다. 신경과학자의 관점에서 이 주제에 대해 글을 쓴 판크셉은 의식을 궁극적으로는 정서적 본성을 가진 것으로, 신체 이미지의 표상과 밀접하게 연결되어 자의식을 발생시키는 운동 과정에 기초하는 것으로 보았다. 우리가 자신을 인식하게 되는 것은 먼저, 그리고 무엇보다도 신체를 가진 존재로서 세계 속에서 행동하고 세계에 참여하도록 만드는 기분 상태를 통해서이다. 그는 의식이 우리가 세계 속에서 행동하기를 멈추고 우리 자신의 생각 과정에 대해 성찰할 때 우리가 발견하는 것들을 토대로 하는 감각-지각상에서 발생한다고 보는 주류 인지 모델의 견해를 거부했다. "의식은 우리 마음의 내용이 우리를 그렇게 생각하도록 유도하는 것처럼 단순히 감각-지각적 사건, 정신적 심상이 아니다. 그것은 자동적으로 행동 준비성을 진작시키는 두뇌 메커니즘에 깊이 얽혀들어 있다."

물론 자아 감각이 반드시 신경 시스템의 하층부에서 오는 것처럼 느껴지는 것은 아니다. 하지만 그렇게 느껴지든 느껴지지 않든지 간에, 그것이 다른 '느낌을 줄 것' 같지는 않다. 문제는 나의 내면을 들여다보려고 할 때 우리는 우리가 보는 것의 본성을 바꾼다는 데 있다. 신체를 가지고 세계에 능동적으로 참여하는 것은 기술skill이다. 그것은 우리가 그것을 의식하기 전에 배우는 것이고, 의식 때문에 파괴될 위험이 있다. 의식은 모든 기술을 파괴하니까 말이다. 사실 기술이란 곧 명시적이지 않고 직관적인 어떤 것을 뜻한다. 우리는 망치질을 효율적으로 해내려면 어떻게 해야 하는지를 계산하지 않으며, 손과 팔에게 어떤 순서에 따라 그 일을 해내라고, 수많은 경고와 조건을 붙여서 의식적으로 지시하지 않는다. "망치가 너무 오른쪽으로 치우치면 약간 왼쪽으로 틀어라. 그래도 안 되면 힘을 좀 빼라."고 하지 않는다. 그렇게 하면 망치질이 잘될 리 없다. 우리는 그냥 망치를 집어 들고 내리친다.

여기서 "의식이 좌반구에 있는가?"란 물음으로 돌아간다. 분명히 의식이 무엇을 의미하는가 하는 질문에 많은 것이 달려 있는데, 의식이 하나의 연속체continuum라고 한다면 거기에는 명료한 윤곽이 있을 리 없다. 문제가 결코 없지는 않지만 우리가 기댈 수 있는 가장 든든한 구분법은, 자의식과 '순수하고 단순한' 의식 간의 구분이다. 하지만 자의식이 없다면 의식이 무엇이겠는가? 다른 생물이 자의식을, 혹은 의식이라는 것 자체를 가졌는지를 알 수 없기 때문에, 우리는 우리의 경험을 내성內省할 수밖에 없다. 그러나 그런 내성은 정의상 자기의식이며, 그렇게 한다 해도 자의식이 없이 의식적이 된다는 것이 어떤 느낌인지 알지 못할 것이다. 다만, 자신을 관심의 대상으로 인식할 때와 그저 존재하고 있음을 아는 때를 구분할 수는 있다. 내가 자의식과 의식의 구분선에 접근할 수 있는 것은 여기까지다.

이것은 매일의 화법에서 우리가 통상 자의식이라는 말로 뜻하는 바와 우연히 일치하며, 정신질환이 있는 사람들에게서 보이는 비정상성을 엄밀하게 지적해 내는 장점도 있다. 주로 불안장애, 특히 사회에 공포증이 있는 환자들은 자의식 과잉인 경우가 많다. 그런 중세로 시달리는 사람들은 관찰당하고 있는 듯한 불편한 느낌, 심지어 자기들의 '나'를 지켜보는 '눈'이 있는 것 같다고 느낀다. 이러한 자의식은 직관적이고 무의식적인 것이어야 할 일상적 사회생활의 기술을 기괴하고 인위적으로 만들어 버리는 마비 효과를 가져온다. 그러므로 자의식의 한 가지 면모는, 앎의 바깥에 남아 있어야 할 것을 앎의 중심으로 끌고 들어오는 행태이다.

모두 다 그렇지는 않지만 거의 대부분의 경우에 우반구가 중개하는 기능은 이 범주로, 의식의 초점 밖에, 묵시적이고 직관적이고 관심 대상이 아닌 채 남아 있어야 하는 종류로 분류된다. 따라서 좌반구가 우반구의 생활을 조사할 때는 최소한 자의식이 앞서는 것처럼 보인다. 우반구의 활동 그 자체에 관한 한, 그 활동을 수행하는 거의 모든 시간 동안 우리는 의식적이지만 그것에 집중하지는 않으며 그렇기 때문에 그것을 의식하지 않는다. 그럴 때 우리는 운전을 하고 있다는 인식이 없다가 관심이 운전에 이끌리게 되면, 혹은 실수를 범하게 되면 즉각 그것을 인식하게 된다. 그런데 과잉학습되고 일상적인 행동은 좌반구와 관련된다. 그러므로 좌반구의 모든 것이 관심의 초점에 놓이지는 않는다. 적어도 그 초점은 매우 좁으며, 좌반구에서도 앎이 주로 이루어지는 부분인 두뇌 덮개의 꼭대기 부근은 특히 좁다.

우리 자신이 무언가를 하는 것을 알고 있다는 의미의 자의식이 곧 좌반구가 우반구를 조사하는 것이라는 견해를 뒷받침하는 관찰 사례는 수없이 많다. 앞에서 보았듯이, 관심의 스포트라이트는 좌반구의 기능이다. 그리고 자의식으로 상처받는 것들은 모두 우반구에 토대를 둔 사회적이거나 공감적인 기술이다. 반사적인 과잉의식에 의존하는 정신질환인 정신분열증 환자들은 흔히 자기 그림에 자신을 지켜보는 눈을 그려 넣는데, 그들은 좌반구와 관련된 우반구 기능의 상대적 과잉 증상을 보인다.

부정의 과정을 통해 사물이 존재하게 된다는 생각 역시 자아의 문제에 빛을 던지며, 이 견해를 확증하는 데 기여한다. 흄은 내면을 성찰했지만 자아의 신호를 찾아내지 못한 채 그저 감각 인상의 연쇄만 발견했다. 피히테는 그것을 아주 당연하다고 생각했다. 그는 자아란 인지 속에 등장하지 않는다고 믿었다. 관심을 갖는 과정에서 더 몰입할수록 자신이 그 몰입한 자임을 덜 인식하게 된다. 뭔가의 저항이 있어야만 우리는 우리 자신을 "대상이 아니라 일종의 고집불통 반항자 같은 현실에 의해 불쑥 끼어든 존재로" 인식하게 된다.[13] 이는 하이데거 식으로 말해서, 사물들이 우리와 분리된 전재前在·Vorhanden가 되고 우리는 그것들로부터 분리된 것 같은 상황이다. 메를로 퐁티의 표현을 빌리자면, 이는 초점이 있는 평면에 관한 문제이다. '나'가 투명한지 불투명한지에 관한 문제라는 것이다. 나는 저항의 경험을 통해 자아로 존재하게 된다. 호수는 그것을 호수로 만들어 주는 기슭으로 윤곽이 결정된다. 투명성과 전재성前在性·Vorhandenheit 간의 관련은 오직 좌반구의 관심의 초점이 우반구의 세계를 압박할 때라야 자의식적인 자아가 출현한다는 것을 또다시 암시한다.

좌반구에 발작을 겪은 사람들에게도 의식은 분명히 있다. 하지만 그들이 자의식을 어느 정도로 느끼는지는 평가하기 어렵다. 왜냐하면 그것을 분절적인 방식으로 분석하기가 어렵기 때문이다. 이 문제를 우회할 방법을 궁리해 볼 수는 있겠지만, 이를 다루는 연구가 있을지 모르겠다. 자의식이 전혀 없다고 하면 이상하지 않겠는가. 나무가 울타리 한쪽에서 숲의 덮개에 닿지 못할 때 다른 쪽을 밀어 올려 거기에 닿으려고 하는 것처럼, 좌반구의 발작을 겪은 사람들이 오히려 자의식이 더 강해진다는 모순된 결과가 나타날지도 모른다. 본성상 스포트라이트를 피해야 하는데 바로 그 반구에 관심의 스포트라이트를 받음으로써 파괴적 효과가 생기기 때문이다. 이는 어렸을 때 좌반구 손상을 입은 사람들이 우반구에 언어능력까지 수용되는 바람에 우반구의 기술이 떨어지는 현상과도 비슷하다.

의식을 중뇌에서 시작하여 위쪽으로 이동하는 과정으로서 보는 판크셉의 견해는 소위 구속binding 문제를 다룰 수 있는 접근법을 시사한다. 이는 다른 말로, 두뇌 기능의 다양한 모듈적 요소가 자아의 경험 속에 어떻게 통합되는지를 알아내기 힘들다는 말이다. 두뇌의 어느 부분이, 어느 장소가 심리학이 확인해 주는 다양한 모듈을 통합시키는가?

이 문제에 대한 한 가지 대답은 인식론적이다. 즉, 이는 우리가 신봉해 온 마음의 모델이 만들어 낸 문제라는 것이다. 자의식에서, 좌반구의 자기반사적 메커니즘에서 불가피하게 도출된 우리 자신에 대한 점검은, 살아 있는 전체의 부분들을 확인해 주고 그 다음에는 이 부분들이 어떻게 조립될 수 있을지를 알고 싶어 한다. 이에 대해 판크셉은 신경학적으로 대답한다. 그것을 모듈로 보기보다는 나무의 가지로 보는 편이 더 낫다는 것이다. 다만 이 나뭇가지에는 나방도 매달려 있다는 점에 유의해야 한다.

경험은 가차니가가 말한 기능의 패치워크patchwork〔조각을 모아서 붙이는〕를 그저 꼭대기 층위에서 꿰매 붙이는 것이 아니다. 경험은 두뇌의 아주 낮은 층위에서도 전체적으로 이미 일관되며, 더 높은 층위가 하는 일은 조각을 조합하는 것(좌반구적 스타일)이 아니라 통일된 전체의 성장을 허용하는 일(우반구적 스타일)이다. 경험은 뇌량에서 한참 아래쪽의, 두뇌 속 깊은 곳에 놓여 있는 핵인 기저핵과 관련되어 있고, 여기에는 매우 복잡한 피질-피질하 고리들이 있는 것으로 알려져 있는데, 이 고리들 사이의 상호 관련도 무척 복잡하다. 고리들은 단순히 운동 협동만이 아니라, 운동적·정서적·인지적 기능의 통합과 분리에 모두 깊이 관련되어 있다. 이런 고리들이 미묘하고 감정적인 내용이 많은 경험의 측면 기저에 놓여 있다.

인지적·운동적·정서적 요소들은 시상하부의 핵(지름 5~15mm에 불과한 미세한 연결 센터) 안에서 주의 깊게 격리되기는 하지만, 동시에 신중하게 상호 연결되어 있다.(이 매우 낮은 층위에서도 통합된 속에서 내부는 다시 분할되어 있다.) 특별히 쓸모 있는 과정들은 학습되지만, 대부분은 의식의 통제를 받지 않고 자동적인 과정이 된다. 오늘날 파킨슨병 같은 증상을 가진 환자들은 심부深部 뇌자극술을 받는데, 이는 외과적으로 시상하핵 속에 전극을 심어 두고 잠깐씩 자극을 가한 뒤 전극을 제거하는 방법이다. 파리의 피티에살페트리에Pitie-Salpetriere 병원의 이브 아지드Yves Agid 교수 연구 팀은 전극 위치를 미세하게 바꾸는 것만으로도 수동적이고 움직이지 않고 스위치가 꺼진 것 같은 진행성 파킨슨병 환자를 심각한 우울증 상태로 바꿀 수 있음을 알아냈다. 그런데 자극을 멈추자 90초도 지나지 않아 우울증이 사라졌다. 환자는 그 뒤 5분간 약한 경조증輕

躁症 상태에서, 웃고 실험자와 농담을 하고, 실험자의 넥타이를 가지고 놀았다. 전극의 위치를 아주 조금 이동시켰을 뿐인데 환자는 완연한 경조증 상태로 변했다. 그저 쾌활한 것만이 아니라 "황홀경에 빠져 있었고" 초조하게 활동적이었다. 이런 변화가 고작 몇 분, 몇 초 만에 일어난 것이다.[14]

존재의 인지적·정서적·운동적 측면을 자동적으로 불러일으키는 데 완전히 융합되거나 통일된 경험, 통합된 현상으로서 최고의 현상학적 층위에서 겪은 경험은 의식 나무의 이 낮은 층위에서 이미 일관되게 구성되었고, "시작할 준비가 되었다". 거기에는 삶을 계속하는 것이 아무 소용없다는 생각과 깊은 슬픔과 절망하는 몸짓도 함께한다. 이는 전극을 옮겼기 때문에 파킨슨병에서 보이는 운동 제약, 광기의 인지, 우울의 감정 같은 일관성 없는 경험이 발생했다는 식이 아니다. 그런 것들은 통합을 담당할 최고 수준의 피질 기능이 출현한 뒤에야 등장하게 된다. 모든 영역에 걸쳐 완전하게 일관되며, 무의식적 층위뿐만 아니라 가장 의식적인 층위에서도 우리를 감동시키는 실험적 전체는 의식 한참 밑에 이미 존재하고 있다.

■ 제3층위

다시 재현해 보자. 의지가 하나 이상이 아니라고 해서, 의식도 하나만이 아니라는 말은 아니다. 우리는 하나의 의식을 통해 여러 개의 의지를 가질 수 있고, 한 가지 목표 이상을 표현할 수 있다. 이 책의 2장에서 4장까지 나는 광대한 결속력을 가진 두 신경 시스템인 두 반구가 각자 자체의 의식을 유지할 수 있고, 상이한 관심사와 목표와 가치를 가질 수 있다고 주장했다. 그렇기 때문에 좌우반구는 상이한 의지로 표현될 확률이 높다. 이 장에서 지금까지는 우리가 발견하게 될 것이 바로 의지의 갈등이라고 하는 주장의 증거를 제시했다. 앞 장(5장)에서는 광범위한 철학적·신경심리학적 무대에서 우반구가 우선권을 가진다는 것을 보여 주었고, 좌반구도 귀중한 역할을 맡고 있지만 그것의 산물은 우반구의 영역으로 복귀하고, 다시 한 번 새로운 전체, 부분들의 총합보다 더 큰 어떤 것으로 통합될 수 있음을 보여 주었다. 1장 앞부분에서는 첫 번째 층위, 1천 분의 1초 단위의 층위에서 반구들 간의 관계와 관련한 가장 현저한 사실은, 그것이 격리와 상호 금지에 의존한다는 것임을 살펴보았다. 격리와 금지는 두 반구의 현상학적 세계 사이의 관계에 대한 견해와 일관된다. 반구들은 상대편을 계속 모르는 상태이다. 그리고 의식 경험의 기초를 이루는 전반적인 상호 작용을 더 오랜 시간 행하는 2차 층위에서는, 관계가 대칭적이거나 상호적이 아니고, 혜택을 차지하는 것은 좌반구라는 증거가 나타난다. 이로써 비대칭성의 갈등이 생겨난다.

▶존재론적 비대칭성

우반구를 지지하는 방향에서 **존재론적 비대칭성**(존재자들과의 상호 작용에서 우반구의 우선성)이라 부를 만한 것이 있다. 우반구는 경험의 일차적 중개자로, 개념화하고 표상되는 좌반구의 세계는 거기에서 도출되며, 좌반구는 우반구에 의존한다. 블레이크의 말처럼 "이성은 에너지의 경계선, 혹은 바깥 원주"이며 신체로부터 나오는 유일한 생명이기 때문에, 좌반구 자체에는 생명이 없다. 신체나 감정, 우반구를 통해 들어오는 경험과 재연결에서 생기는 것 같은 생명은 없는 것이다. "태초에 말이 있었다"는 사도 요한의 발언을 뒤집은 괴테의 생각 배후에 놓여 있는 것은, 우리 자신 밖에 있는 살아 있는 세계의 표상(좌반구가 중재하는)

을 넘어서는 그 세계와의 상호 작용(우반구가 중재하는)의 우위이다. "태초에 말(logos)이 있었다." 이것이 파우스트의 입을 거치면 "태초에 행위가 있었다Im Anfang war die Tat!"가 된다.

▶기능의 비대칭성

또, 우반구를 선호하는 것이 **기능의 비대칭성**이다. 그것은 첫 번째 비대칭성에서 따라 나온다. 두 반구가 함께 작동할 때, 좌반구의 산물은 살려면 우반구의 영역으로 돌아가야 한다. 그 반대 과정, 즉 우반구의 산물이 포장을 풀고자 좌반구로 보내짐으로써 경험이 풍요로워지기는 하지만, 이 과정은 필수적이지 않다. 하나의 과정은 필수적인데, 다른 과정은 그렇지 않다.

이 두 비대칭성은 반구 간의 권력 균형이 어디에 있어야 하는지, 정말로 어디에 있을 필요가 있는지를 시사한다. 즉, 우반구에 있어야 하는데, 실제로는 그렇지 않다. 사실 권력의 균형이 위험할 정도로 열등한 반구인 좌반구 쪽으로 기울어지게 됨을 의미하는 세 가지 비대칭성이 있는데, '수단의 비대칭성', '구조의 비대칭성', '상호 작용의 비대칭성'이 그것이다.

▶수단의 비대칭성

이 비대칭성은 좌반구의 관점이 지배할 수밖에 없다. 왜냐하면 그것이 가장 알기 쉽기 때문이다. 이것은 자기 인식, 자기 검사하는 지성과 가장 비슷하다. 의식 경험은 관심의 초점에 있는 것이며, 그렇기 때문에 대개 좌반구의 지배를 받는다. 좌반구는 수단의 비대칭성 덕을 본다. 논의의 수단은 모두 궁극적으로는 좌반구의 통제를 받는 것들이므로, 우리에게 주어진 선택지는 우반구에 제시된 세계보다는 말하는 반구인 좌반구가 표상하는 세계관을 강요하는 의식적 논의 쪽으로 강하게 기울어져 있다. 이 관점은 분석적이므로 쉽게 방어할 수 있다. 문제는 이런 관점으로 모든 가능성을 포괄할 수 없다는 걸 알면서도, 분석적 방법을 초월하려면 분석적 방법을 쓰지 않을 수 없다는 데 있다.

논의 수단의 비대칭성은 또 언어가 좌반구에 자리 잡고 있다는 이유에서 표현하기 가장 쉬운 방법이기도 하다. 그것은 음성을 갖고 있다. 하지만 비모순의 법칙, 배중률의 법칙은 좌반구의 지배 법칙일 수밖에 없다. 왜냐하면 우반구에서는 좌반구가 세계의 본성을 해석하는 방식이 통하지 않기 때문이다. 우반구는, 세계는 내재적으로 좌반구가 모순과 모호성이라 부르는 것들을 발생시키게 되어 있다고 해석한다. 이는 은유란 무엇인지를 이해하는 데서 분석 대 전체적 이해의 문제와 매우 비슷하다. 아름답지만 궁극적으로는 아마 관련성이 없는 것이 한쪽 반구에 속하며, 진리로 가는 유일한 길은 다른 쪽 반구에 있다.

하지만 이 사실은 비록 중요하지만, 반구 간의 차이가 진정으로 얼마나 큰지는 알려 주지 않는다. 그것은 당장의 기능적 차이만이 아니라 정상적인 인간 두뇌에서 훨씬 더 장시간 동안 벌어지는 일과 관련이 있다. 좌반구는 시스템을 구축하지만, 우반구는 그런 일을 하지 않는 것이다. 따라서 좌반구는 한동안 그 자체가 행한 일을 체계적인 사고로 다듬어 영속성과 견고함을 갖도록 할 수 있다. 나는 이것이 우리의 세계에서 하나의 사례가 되어 좌반구에 대단한 이점을 주었다고 믿는다. 좌반구의 지배권이 우반구가 가진 결함에서 나왔을 수도 있다는 것은 매우 시사적이다.

먼저 두 반구가 알려고 하고 세계를 파악하려고 하는 방식을 보자. 알다시피 좌반구는 분석적·순차적인 처리를 선호하고, 우반구는 상이한 정보의 흐름을 통시적으로 처리하는 병렬적 방법을 좋아한다. 나는 하나의 그림을 느리지만 확실하게, 한 조각 한 조각씩 벽돌 쌓듯이 쌓아 가는 것이 좌반구식 방식이라고 말했다. 여기서 한 가지는 확실해 보인다. 그것은 확실성의 다음번 조각을 더하는 발판이 되어 준다는 것이다. 그런 식으로 계속된다. 한편 우반구는 자기가 접근하는 대상의 다양한 측면을 모두 한꺼번에 받아들이려고 애쓴다. 그 자체의 어떤 부분도 다른 부분보다 먼저 튀어 나가지 않는다. 이는 그림 한 점이 우리 눈에 들어오는 방식과 비슷하다. "아하!" 하는 순간, 전체가 갑자기 튀어나와 우리 눈앞에서 생명을 얻게 된다. 하지만 이 경우에 지식은 그것과 타자 사이의 관계, 사이, 오고가는 반동적 과정을 거치며, 그렇기 때문에 결코 끝나지 않고 결코 확실해지지 않는다.

여기에 우반구가 갖는 불리한 점이 있다. 이 지식이 누군가에게 전달되어야 한다면, 외견상 확실한 것을 제공할 수 있어야 한다. 다른 사람에게 그 과정을 반복할 수 있고 조각조각 구축할 수 있어야 하는 것이다. 이런 종류의 지식은 전달될 수 있다. 그것이 내 지식이 아니기 때문이다. 그것은 지식Knowledge(Wissenschaft)이지 인식Knowledge(Erkenntnis)이 아니다. 이와 달리, 우반구가 아는 것을 전달하려면 상대편이 제 속에서 일깨워질 수 있는 어떤 이해를 이미 갖고 있어야 한다. 그런 인식이 없다면, 그것은 좌반구가 가진 종류의 지식이 그 대체물이라고 생각하는 쪽으로 쉽게 기울 수 있다.

순차적이고 분석적인 처리 과정 역시 좌반구를 순차적 논의의 권위자로 만들어 주는데, 좌반구는 청중에게 자기 말을 들려줌으로써 가장 탁월하게 유리한 지점에 올라선다. 발언은 우반구로도 가능하지만 대개 매우 제약되어 있다. 생각은 우반구에서 시작될지 몰라도, 구문과 어휘의 대부분을 갖고 있는 좌반구가 단어 일반에 대한 통제자 같은 지위에 올라서게 된다. 분류와 분석과 순차적 사고를 선호하는 좌반구는 논의를 구축하는 데서 매우 큰 힘을 발휘하게 된다. 반면에 우반구는 청중을 얻기가 너무나 어렵다. 그것이 아는 내용은 너무 복잡하고, 깔끔하게 짜 맞춰질 수 있는 조각들로 잘라져 있지 않고, 애당초 음성도 없다.

▶구조의 비대칭성

구조의 비대칭성도 있다. 이런 시스템 구조에 내재한 비대칭성, 즉 자폐적인 시스템에서 탈출하지 못하는 어려움이 있는 것이다. 시스템 자체가 탈출 메커니즘을 모두 봉쇄한다. 언어 의존적인 사유 시스템은 언어로 표현되지 못하는 모든 것을 자동적으로 평가절하한다. 추론의 과정은 추리로 도달될 수 없는 모든 것을 폄하한다. 반면에 우리는 일상생활에서 언어나 합리성을 넘어선 실재의 존재를 기꺼이 받아들일 수도 있는데, 이는 전체로서의 우리 마음이 그 봉쇄된 시스템들을 넘어 존재하는 경험의 측면들을 직관할 수 있기 때문이다. 하지만 그 자체의 기준을 유지할 때, 언어는 그것이 만들어 낸 세계를 부수고 나갈 수 있는 방법이 없다. 예외는 오직 언어가 시詩에서 그 자체를 넘어서는 경우뿐이다. 그 자체의 기준에 따를 때 합리성은 합리성 밖으로 나갈 수 없고, 뭔가 다른 존재, 그 자체 이외의 다른 것, 그 존재를 승인해 주는 어떤 것으로 나갈 수가 없다. 오직 괴델의 논리를 따르는 결론에 도달할 뿐이다. 언어 자체는 그 자체만 지시할 수 있고, 이성은 그것으로 시작되는 전제만 가공하고 포장을 풀 수 있다. 하지만 이성이 출발하는 전제를 만들어 내는 것, 혹은 추론 과정 자체를 정당화하는 어떤 것의 증거는 이성 내에 없다. 그런 전제, 그리고 이성을 선호하는 신념의 도약은 그것을 넘은 곳, 직관이나 경험에서 와야 한다.

일단 시스템이 설정되고 나면 그것은 우리가 재귀적으로 갇혀 있는 거울의 방처럼 작동한다. 지금 이후 신념의 도약은 엄격하게 손닿지 않는 곳으로 물러난다. 하지만 거울의 방에 갇힌 상태를 부수고 나가서 살아 있는 세계와 재접속하려면, 언어와 이성의 세계를 넘어 도약할 수 있어야 한다. 또 탈출을 허용하기 싫어하는 이런 성향은 수동적인 과정이나 그 시스템의 비자발적 특징만이 아니라 좌반구의 의지의 산물이라는 증거가 있다. 특히 이 책 제2부에서 살펴볼 지난 100년간의 역사는 자연, 예술, 종교, 신체 등 좌반구의 권력을 넘어선 곳에 도달하는 주요 통로에 대한 좌반구의 무절제한 공격의 수많은 사례를 담고 있다. 좌반구의 행동은 분명 독재적이라는 의심을 살 만하다. 주인의 심부름꾼이 독재자가 된 것이다.

합리적인 시스템을 구축하는 좌반구는 의지를 행동으로 옮길 수 있게 한다. 또 자신이 일을 실행하게 해 주고, 사물을 살아 있게 해 준다고 믿는다. 하지만 우리 속의 어떤 것도 능동적으로든 적극적으로든 사물을 살릴 수는 없다. 우리가 할 수 있는 것은 오직 이미 존재하는 생명을 허용하거나 허용하지 않는 일뿐이다. 나도 셀러에게 동의하지만, 어떻게 하여 부정의 서술을 하도록('아니'라고 말을 하거나 하지 않을 권력을 가진) 설정된 관계 세트가 생명과 창조력을 갖는지가 증명될 수 있는지 여전히 이해하기 힘들게 보일 것이다. 우리가 유일하게 가진 생각하는 도구이며, 우반구가 아는 것을 여전히 알지 못하는 좌반구에게 창조란 자신이 행하는 긍정적인 작업의 결과이다. 좌반구는 사건을 발생시키는 것처럼 사물을 만들고, 그것에 생명을 준다고 생각한다. 이 점에서 좌반구는 죽은 쥐를 마루에서 이리저리 밀어 보면서 그 움직임을 탐지하는 고양이와 비슷하다. 하지만 우리에게는 사물을 살아나게 할 힘은 없다. 쥐를 다루는 고양이처럼 생명을 허용하거나 허용하지 않을 수 있을 뿐이다.

이런 생각은 의외로 낯설지 않다. 혹은 철학사에서 그리 특이한 것도 아니다. 창조 행위는 현대적인 의미에서가 아니라 옛날식 의미에서 발명 행위다. 그것은 거기 있던 것을 찾아내는 발견 행위고, 그것을 해방시켜 존재하게 만드는 과정을 필요로 한다. 현대 영어에서 발명을 뜻하는 'invention'은 과거에는 '발견'이라는 뜻(라틴어의 'invenire')으로 쓰였다. 17세기 이후에야 그 단어가 어떤 것을 찾아낸다는 것보다 우리가 무엇을 만든다는 거창한 의미를 띠게 되었다. 가린 것을 치우기, 드러내기라는 의미는 그 단어 속에 부정의 행위라는 의미, 은폐하고 있던 어떤 것에게 '아니'라고 말하는 의미를 집어넣었다. "모든 결단은 부정(omnis determination est negatio)"이라는 점을 처음 밝힌 것은 스피노자였다. 또 헤겔은 부정否定의 창조적 중요성을 강조했다. 하지만 과학의 주류도 그 생각은 익히 알고 있다. 포퍼Karl Raimund Popper 식의 진리 기준은 우리가 어떤 것을 절대로 참이라고 입증할 수 없고, 오직 그 반대가 참이 아님을 입증할 수 있을 뿐이라고 말한다.

경험의 발생에 대해 우리가 가진 느낌, 하던 행동을 멈추고 그냥 앉아서 바라보기만 하고 있어도 시간은 여전히 흘러가고 몸은 변하고 있고 감각은 광경과 음향과 냄새와 촉각을 포착하고 있다는 등등의 이야기는 삶이 우리에게 온다는 사실의 표현이다. 저 밖에 우리와 별도로 존재하는 것이 무엇이든, 그것은 물이 어떤 지형에 떨어지는 것처럼 우리에게 와서 접한다. 물은 떨어지고 지형은 그에 저항한다. 강물이 끊임없이 지형을 지나가면서 물길을 찾아나가는 것을 보지만, 사실 거기에는 아무런 의지가 개입되지 않았다는 점에서 어떤 행동도 일어나고 있지 않은 것이다. 지형이 물길을 가로막아 물이 다른 길로 돌아가는 것을 보지만, 또다시 물은 똑같은 방식으로 떨어지고 지형은 물을 가로막는다. 그럴 수밖에 없는 것이다. 무정형적인 물과 형태를 가진 지형이 서로 만난 결과가 강이다.

강은 지형 위를 그저 지나쳐 갈 뿐만 아니라, 그 속으로 들어가고 그 것을 바꾸기도 한다. 지형은 '바뀌었지만' 그래도 물을 바꾸지는 못한 다. 지형은 물을 만들 수 없다. 그것은 강을 조립하려 하지 않는다. 그 것은 강에게 '그렇다'고 말할 수도 없다. 그냥 '아니'라고만 말할 뿐 이다. 또는 물에게 '아니'라고 말하지 않고, 그처럼 '아니'라고 말하 지 않음으로써 그것은 그렇게 말하는 어느 곳에나 강을 존재하게 한 다. 강은 그 만남 이전에는 존재하지 않았다. 그전에는 물만 존재했는 데, 물이 '아니'라고 말하거나 말하지 않는 힘을 가진 지형과 만나는 과정에서 강이 존재하게 되었다. 이와 비슷하게, "무엇이 되었든 우리 와 별도로 존재하는 어떤 것"이 존재하지만, "존재하는 그것"은 우리 와의 만남에서 자신이 무엇인지를 발견하게 되면서 그것으로 존재한 다. 또 우리는 "존재하는 그것"과의 만남 속에서 우리가 무엇인지를 알아내고 그러한 우리로 존재하게 된다.

여기서 시간의 문제가 등장한다. 모든 기술에는 어쨌든 표상이라는, 알고 있는 어떤 것으로부터 시작한다는 문제가 있다. 그것들은 알려져 있는 어떤 것 위에다 알려져 있는 다른 어떤 것을 쌓아 올린다. 이것은 단어일 수도 있고, 심상心象일 수도 있다. 그러므로 그것은 조립을 통해 무언가가 존재하게 된다는 착각이다. 모든 언어는 이런 식이 아닐 수 없다. 그것은 경험된 모호성과 원래 만남의 불확실성을 그 과정에서 존재하게 되는 어떤 것으로 대체한다. 즉, 고정된 것으로 보이는 **정보** 파편들의 연속으로 대체하는 것이다. 정보는 정의상 고정된 것, 사실 의 묶음이다. 하지만 의식적 마음이 한 무더기의 정보 파편들을 가지 고 할 수 있는 일이라고는 그것들을 한데 모아 뭔가를 만들려고 시도해 보는 것뿐이다. 하지만 사지四肢를 짜 맞추어 생명체를 만들어 보려는 시도가 무용한 것처럼, 이것도 경험 그 자체를 실제로 다시 작동시키는 방법으로서는 무용한 짓이다. 그러므로 시간 속에서 서로 인과관계를 맺는 사물들의 연속은 세계를 바라보는 좌반구적 방식의 산물이다. 창조 과정에서 우리는 능동적으로 우리가 이미 알고 있는 것들을 짜 맞추는 것이 아니라 자신의 앎knowing을 통해 존재하게 된 어떤 것을 발견하는데, 또한 앎은 그것이 존재함에 의거한다. 푸시킨Aleksandr Sergeevich Pushkin이 『예브게니 오네긴Evgeny Onegin』의 중간 부분에서 작품 자체가 어디로 나아갈지 자기는 모른다고 말한 것처럼, 그것은 그 자신과 상상적인 세계 사이에 존재하게 된 어떤 것들의 끝나지 않은 길, 여정, 모험이다.

▶상호 작용의 비대칭성

마지막으로 상호작용의 비대칭성이 있다. '안정적 역동적 균형' 이라 불릴 만한 형태이던 반구들의 연결 방식 전체가 불균형 쪽으로 결정적으로 이동한 것으로 보인다. 서로를 필요로 하지만 반대되는 두 실체가 함께 작동하고 있을 때, 어느 한쪽을 선호하는 불균형은 다른 쪽을 선호함으로써 수정될 수 있고, 또 흔히 그렇게 된다. 즉, 진자振子의 진동과 같은 움직임이다. 하지만 역 피드백은 순 피드백이 될 수 있고, 좌반구에게는 그렇게 하려는 내재적 성향이 있다. 진자의 이미지로 돌아가 보면, 마치 진자가 격렬하게 흔들려 시계 전체를 움직이고, 그런 다음 균형을 잃어 뒤집힌 형국이다. 나는 문화사의 측면에서, 우리가 두 반구가 한 행동의 산물 사이에서 일어나는 부정적 피드백이 좌반구를 선호하는 긍정적 피드백에 패한 단계에 들어섰다고 본다. 우반구가 우선권을 가졌는데도 카드 패를 모조리 쥐고 있는 것은 좌반구이며, 이 지점에서 좌반구는 단호하게 승리를 거냥했다. 그것이 제2부의 주제이다.

하이데거는 반구 간 상호 작용을 어떻게 설명했을까? 하이데거에 따르면, 우리 존재의 두 측면, 옛날에 아폴로적이라 간주된 이성적인 측면과, 직관적이라고 간주된 디오니소스적 측면은 심각한 불균형 상태이다. 니체는 매우 다른 이 두 경향 간의 끊임없는 대립이 삶과 창조성의 차원을 더 높이고 발전을 자극하여 풍부한 결실을 거두었다고 주장한다. 헤라클레이토스의 말처럼, 전쟁은 만물의 아버지다. 하지만 하이데거는 이런 경향들이 벌이는 전쟁이 더 이상 창조적이지 않고 그저 파괴적이기만 한 것이 되었다고 본다. 우리는 붙잡고 배제하는 능력을 탁월하게 부여받았다. 아폴로적인 것이 디오니소스적인 것을 희생시키고 승리했다. 우리는 프로젝트를 구성하고 울타리를 치고 틀을 짜고 분할하고 구축하는 광기에 사로잡혀 우리 자신과 환경을 파괴하고 모든 것을 자원으로 바꾸며 그저 수탈 대상으로만 대하게 되었다고 그는 믿었다. 그가 예전에 도형으로 표현한 것처럼 자연은 거대한 자원 보급소로 변했다. 이것은 그리스인들이 겪었던 것과 정반대 상황이다. 그들의 시대에는 디오니소스적인 것이 대세여서 아폴로적인 것을 추구해야 했다.

그러나 하이데거는 자신의 철학 속에서 상황을 교정할 만한 실마리를 찾아낸다. 그는 횔덜린Johann Holderlin의 시 구절을 긍정적으로 인용한다. "위험이 있는 곳에서 우리를 구원할 존재 역시 자라난다." 이 구절을 두뇌 문제에 응용해 보면 다음과 같은 내용이 된다.

첫 번째 층위에서 이 구절은 항상적이고 상대적으로 안정적인 반구들 간의 최선의 관계에 대해 말해 준다. 어떤 점에서 그것은 니체가 말한 아폴로와 디오니소스적인 것 간의 의미 있는 관계이다. 좌반구의 영역 내에서("위험이 있는 곳에서") 묵시적인 것들이 펼쳐질 수 있는 가능성도 있고, 우반구로 복귀하게 되면 그것에서 더 대단하고 나은 것("우리를 구원할 것")이 출현하게 될 것이다.

좌반구는 그것이 적절한 장소에 설치되고, 우반구에 의해 다시 채택되도록 허용할 때에만 결정적이고 대체 불가능한 역할을 할 수 있다. 좌반구는 창조 공정과 잠재력 전개의 결정적 부분이다. 생성은 잠재력이며, 존재가 생성으로부터 출현하려면 "무너져서" 현재로 나와야 한다. 마치 파동의 기능이 관찰의 눈길 아래에서 "무너지는" 것이나, 슈뢰딩거의 고양이가 살거나 죽을 수밖에 없는 것과도 같다. 우리가 존재하는 조건도 그와 똑같다. 하지만 그럼에도 불구하고 좌반구는 자신의 작업 결과를 우반구로 넘길 필요가 있다. 새로운 통일이 나오는 것은 분할과 통일성이 통합될 때뿐이다. 그러므로 통일성은 그 반대와 한데 뒤섞이면서 더욱 그 자신이 된다.

두 번째 층위에서 횔덜린의 시 구절은 현대적 세계관이 가진 특정한 위험에 대해 이야기한다. 그 세계관에서는 반구들이 제대로 작동하지 않는다. 하이데거가 '전락Verfallen'이라 부른 상태가 그에게는 피할 수 없는 존재의 일부이다. 하지만 하이데거가 믿었듯이, 여기에는 긍정적인 면도 있다. 전락이 존재한다는 것 자체가 현존재Dasein를 촉발하여 그 진정한 자아의 상실을 깨닫도록 해 주며, 진정한 자아를 향해 더 강하게 노력하도록 촉구하기 때문이다. 이는 순환이나 방향 교대의 공정이 아닐 수 없다. 분투하지 않으면 얻을 수 없는 저 너머에 있는 어떤 것을 향한 갈망과 분투는 제2부에서 다시 다룰 주제이며, 그곳에서 분할된 두뇌가 서구 문화에 어떤 영향을 미쳤는지를 살펴보겠다. 거기서 전개될 이야기에서 좌반구는 더 도덕적이 되고 더 강력해지며, 그와 동시에 더 큰 문제를 낳는다.

■ 코다: 심연 속으로 들어가는 몽유병

20대 때부터 1832년 여든두 살의 나이로 죽을 때까지, 괴테는 파우스트의 전설에 사로잡혀 있었다. 그는 자신의 최고 걸작 서사敍事 작품이 될 장편 극시 『파우스트Faust』를 평생에 걸쳐 집필했다. 파우스트의 전설, 자신의 지식과 능력의 한계에 좌절하여 악마와 계약을 맺고 그가 살아 있는 한 지식을 무한히 늘리는 대신에 자신의 불멸의 영혼을 팔기로 한 박식한 박사의 이야기는 독일인의 정신세계 깊은 곳을 차지하고 있으며, 여러 가지 버전을 가진 이 이야기의 시원은 중세 때까지 거슬러 올라간다. 그 전설은 분명 오만함에 대한 경고이다. 괴테가 쓴 버전에서 파우스트는 본질적으로 선한 인간이며, 능력과 지식에 대한 욕심 때문에 파괴적인 일을 하기 이전에 의사로서의 능력을 발휘하여 타인을 위해 많은 일을 해 온 사람이다. 하지만 파우스트가 결국에는 인간이 이해하고 성취할 수 있는 일에 한계가 있음을 깨닫게 되더라도, 그전에 그는 자신의 고통과 회한을 통해 자신의 지식이 타인들에게 줄 수 있는 혜택을 절감한다. 그가 느낀 최고로 행복한 순간, 메피스토펠레스와 홍정한 목적은 자신이 자기가 아니라 인류를 위해 무엇을 할 수 있는지를 깨달음으로써 실현된다. 작품의 끝에서 그의 영혼을 가져가는 것은 악마가 아니라 신이다. 이런 버전의 전설에서 더욱 초월적인 것을 이해하고자 하는 우반구의 욕구와 그 목적을 달성하는 데 기여하는(주인과 심부름꾼이 화합하여 작동하는) 좌반구의 수단은 궁극적으로 거듭 다시 구원되는 것으로 나타난다.

괴테는 중년 무렵에 자신의 입장을 더 분명히 드러내는 '마법사의 제자'라는 시를 썼는데, 이는 디즈니가 만든 만화 영화 〈환타지아 Fantasia〉를 통해 많이들 알고 있는 이야기다. 이 이야기에서, 돌아온 마법사는 바보 같은 제자를 꾸짖지 않고, 그저 혼령을 안전하게 불러낼 수 있는 것은 자신뿐임을 이해시킨다. 좌반구가 뜨거운 머리를 가진 경쟁적 반구라면, 우반구는 그렇지 않다. 우반구는 자신의 동반자가 무엇을 제공할 수 있는지를 정확하게 평가한다.

하지만 두 이야기에는 모두 구원의 인식이, 사태가 심하게 잘못되었음을 아는 깨달음이 있다. 그러나 내가 하려는 이야기에서 좌반구는 자신이 익사할 위험에 처했음도 깨닫지 못하는 제자처럼, 자신이 범한 잘못과 그것이 불러온 파괴를 전혀 깨닫지 못하는 파우스트처럼 행동한다.

신경학 분야의 저술을 잠시 상기해 보자. 우반구가 이해하는 내용을 좌반구는 보지 못하고 이해하지 못하면서도, 좌반구는 마치 그렇게 할 수 있는 척 행세하는 데 능하다. 디글린과 킨스번이 행한 실험이 밝힌 사실을 상기해 보면, 좌반구는 자신의 감각이 얻은 증거를 믿기보다는 "이 논문이 말하는 것", 즉 권위를 믿으려 한다.

하지만 좌반구에 손상을 입고(그래서 환자가 우반구에만 의존하고) 몸의 오른쪽이 마비되면 얘기가 달라진다.

> 그들은 거의 부정하지 않는다. 왜 그런가? 그들도 우반구에 손상을 입은 사람들과 마찬가지로 불구가 되고 좌절하며, 정신적 방어를 할 필요는 똑같이 클 것이다. 하지만 실제로 그들은 마비를 인식할 뿐만 아니라 그것에 대해 계속 이야기한다. …… 설명이 절실하게 필요한 부분은 마비에 대한 단순한 무관심이 아니라 격렬한 부정에 대해서이다.[15]

다시 한 번 니체는 이에 대해 평가한다. '나의 (현실적이고 일화적인 우반구의) 기억이 말한다, '내가 그런 행동을 했다.' 나의 자부심(이론 주도적이고

^{부정 성향이 강한 좌반구)}은 '난 그런 일을 했을 수 없다.' 그리고 이를 완강하게 고집한다. 마침내 기억이 굴복한다."[16]

좌반구는 책임을 지기를 좋아하지 않는다. 결함이 자기 것으로 비쳐져도 그것을 받아들이려 하지 않는다. 그러다가 뭔가가 혹은 다른 누군가가 책임을 지게 할 수 있다면, 다른 누군가의 잘못을 대신 지는 희생양이 생기면, 선뜻 그것에게 미루려 한다. 라마찬드란의 연구에 의하면 "좌반구는 순응주의자이며 대체로 균열에 대해 무관심한 반면, 우반구는 그와 반대로 동요에 대해 지극히 민감하다."[17] 부정, 순응주의 성향, 증거를 무시하려는 자세, 책임을 회피하는 습관, 이론의 압도적인 증거 앞에서 단순한 경험에 맹목적이 되려는 태도, 이런 것들은 현대 서구 생활의 관찰자들에게서 불길할 정도로 익히 들은 말이다.

좌반구가 보이는 정상적인 양상은 밀랍으로 귀를 틀어막는 것 같은 행태이다. 그것은 우반구가 노래하는 유혹의 음향을 듣기 싫어한다. 그것은 좌반구를 충분히, 아니면 더욱더 현실이라 부를 수 있는 것으로 불러들이는 음향이다. 좌반구는 항상 똑같은 궤도를 맹목적으로 계속 밀고 나간다. 그것이 생각할 때는 실패할 증거라고 해도 우리가 틀린 방향으로 가고 있다는 증거는 아니며, 그저 이미 향하고 있는 방향으로 충분히 가지 않았다는 뜻일 뿐이다.

▶몽유병 환자 좌반구

우반구가 좀비나 몽유병 환자 같은 것일지도 모른다는 가정은 권위 있는 신경학자들이 지원하는 대중적인 가설에 속한다. 순진하게 생각한다면, 좌반구와 같은 언어능력과 추론하는 지성이 없다는 점이 이 섬뜩한 좀비를 규정하는 특징이다.

이런 가정은 계몽주의 시대 문학에서 등장하기 시작했는데, 이는 좀 이상하기는 해도 충분히 중요한 현상이다. 그리고 그런 현상의 섬뜩한 외관은 좌반구에 의거하는 세계가 가진 일부 특징들과 무척 비슷해 보인다. 그런 세계관에는 생명력이 없고, 인간은 기계를 닮도록 강요된다. 어쨌든 좀비는 프랑켄슈타인의 괴물과 닮은 점이 많다. 그들은 인간의 컴퓨터 모의실험처럼 동작한다. 그들의 눈에는 생명이 없다. 조반니 스탄겔리니Giovanni Stanghellini는 『신체를 벗어난 정신과 생명이 없어진 신체Disembodied Spirits and Deanimated Bodies』라는 저서에서 정신분열증 환자들이 좀비의 상태, 대체로 우반구에 결손이 있는 상황을 모방하는 방식을 섬세하게 탐구했다.[18]

'좀비 상태'의 가장 큰 특징은 해리解離·dissociation이다. 그런 상태에서 의식적 마음은 신체 및 감정에서 차단된 것처럼 보인다. 그것 자체는 우반구의 상대적 기능 저하를 시사한다. 나아가서 해리는 전체로서 체험되어야 하는 것의 파편화, 보통 같으면 함께 처리되어야 하는 경험의 구성 요소들이 정신적으로 분리되는 현상이며, 우반구에 문제가 있음을 시사한다. 해리의 핵심적 특징으로는 자전적自傳的 정보에 대한 기억상실증, 자기 정체성 혼란, 인격 상실, 현실감 상실 등이 있다. 첫 번째 특징과 관련하여 우리는 우반구 결함을 가정할 수 있다. 우반구가 손상된 실험 대상자들은 실제로 이와 똑같은 징후를 보인다. 즉, 자아의 변화와 낯선 느낌, 세계로부터 단절된 느낌, 세계에 소속되지 못한 느낌을 받는다. 가끔은 자기들이 무감각한 자동기계나 꼭두각시, 단순한 관중, 감정이 없고 주위 세계에서 단절된 존재가 되어 버렸다고 말하기도 한다. 실험 대상자들은 거의 한결같이 "다른 공간이나 장소로 간다"고 말한다.

이런 온갖 상황을 감안할 때 정상인 실험 대상자들에게서 나타나는 해리 현상이 우반구로부터의 단절과 좌반구를 선호하는 반구 간의 불균형 현상과 관련이 없다면 그것이 오히려 이상할 터이다. 실제로 해리 상황에서는 반구가 평소 이상으로 유리되어 있으며, 사실상 기능적 교련절개술을 겪거나 뇌량 기능이 붕괴한 이후 보이는 현상이 나타난다. 해리 성향이 특히 강한 사람들에게서 좌반구가 활성화되면 우반구는 평소보다 더 빠르게 금지된다. 그런 성향이 강하지 않은 대상자들은 반구 간 금지에서 균형을 이루는데, 이는 해리가 우반구에 대한 좌반구의 기능적 우위에 관련된 것이라는 판단을 보강해 준다.

해리가 최고조에 달한 상태는 최면 상태이다. 대중적으로는 최면술이 우반구 '풀어 주기'에 관련된다고 보는 편견도 있지만, 우반구가 지배적인 상태일 때 나타나야 하는 특징들이 실제 최면술 상태에서는 하나도 나타나지 않는다. 오히려 다수의 뇌영상 연구들은 최면술을 시행하는 동안 좌반구가 우세한 현상을 목격했다. 실제로는 밝은 색으로 그려진 그림을 흑백 그림이라고 상상하라는 주문을 받는 경우와, 최면에 걸려 그 그림이 정말 흑백이라고 믿게 되는 경우의 두뇌 상태는 좀 다르다. 최면 상태에서는 좌반구가 비정상적으로 활성화되지만, 우반구는 활성화되지 않는다. 심지어 전체적인 뇌파검사 결과를 기준으로 전형적으로 우반구적이라 판단된 과제를 수행할 때에도 그렇다.

최면술의 신경 관련성을 탐구한 뇌영상 연구에 의하면, 구체적으로 설전소엽, 대상후부帶狀後部·posterior cingulate, 우측 하두정소엽에서 활성화가 감소하는데, 이는 일관성이 있는 현상이다. 앞의 2장에서 보았듯이, 이 구역들은 개별적 행동 주체라는 느낌과 결부된 것으로 알려진 곳들이다. 뿐만 아니라 최면술은 초점의 집중도를 높이며 말초적 인식을 상대적으로 유보하는, 좌반구의 전형적인 관심 양상을 만들어 낸다. 한 연구에 따르면, 이것은 "반점〔황반〕시각macular vision과 유사하게, 강렬하고 자세하지만 제한되어 있는" 것이라고 하는데, 이는 좌반구의 시야에 대한 완벽한 묘사이다. 좌반구 가설과 일치하는 이야기가 또 있는데, 최면술에 잘 걸리는 실험 대상자들에서는 도파민 에너지의 활성화 수준이 더 높게 나타난다.(도파민 전이는 좌반구에서 더 광범위하게 이루어진다.)

그러므로 서구 세계의 역사는 좌반구의 지배가 더 커지는 역사라는 내 주장이 옳다면, 우리의 기조음基調音은 통찰력이 아니다. 그보다는 즐거운 곡조를 휘파람으로 불면서 심연 쪽으로 걸어가고 있는 몽유병 환자 같은, 일종의 만사태평인 낙관주의이다.

2부

두뇌는 세계를
어떻게 형성했는가?

The Divided Brain and
the Making of the Western World

모방과 문화의 진화

　두 반구로써 각각 존재하게 된 서로 다른 세계의 본성에 대해 우리가 무엇을 할 수 있는지를 알아보고 반구 간의 관계를 이해하면, 서구 역사의 과정에서 어떤 반복되는 유형을 발견할 수 있다고 나는 믿는다. 지난 2천 년간 반구 간의 균형이 계속 이동해 왔다는 것이 내 생각이다. 이 책의 제2부에서는 이 관점을 탐구하는 동시에, 현대 세계에서 무슨 일이 일어났는지를 이해한다는 특별한 목표도 추구할 것이다.

　서구 역사를 보면, 가끔 한쪽 반구에서 일어난 어떤 움직임이 다른 쪽 반구에서 그와 유사한 움직임을 촉발한 때가 있다. 니체의 주장에 따르면, "매우 상이한 이 두 충동은 나란히 공존하며 대개는 공공연히 갈등 관계에 놓이며, 서로를 자극하고 도발하여 항상 새롭고 더 활기찬 후손을 탄생시키는데, 그런 과정에서 그 충동들은 충동들 사이의 대립에 내재한 갈등을 영속화한다".[1] 그런데 오늘날 우리는 제1부에서 살

퍼본 이유들로 인해 이 균형이 아폴로적인 좌반구 쪽으로 너무 심하게 기울어 버린 지점에 도달했다. 이제 좌반구는 자기가 무슨 일이든 해낼 수 있고, 무엇이든 자기 것으로 만들 수 있다고 믿는 것으로 보인다. 우화에 나오는 심부름꾼처럼 좌반구는 주인에게 복종하기가 지겨워졌고, 그 결과 좌우반구가 공유하는 영역이 존속되기가 힘들어졌다.

이제부터는 서구 문화에 일어난 주요 변동이, 특히 은유의 틀 안에서 어떤 의미를 드러내는지 살펴보려 한다. 그 출발점은 문자언어의 등장, 화폐 사용, 연극의 시작 등 기원전 6세기의 아테네에서 분출한 새로운 종류의 문명이 지닌 몇 가지 면모들이 되겠지만, 르네상스 시대에 일어난 서구 문명의 재생, 종교개혁의 동요, 계몽주의의 출현, 낭만주의로의 이행, 모더니즘과 포스트모더니즘의 등장에 관심의 초점이 맞춰질 것이다. 그리하여 이 책의 주제와 관련이 있는 몇 가지 특징을 도출하고자 한다. 평생의 연구로도 감당하기 힘든 과제를 짧은 몇 개 장으로 다루는 것은 분명 무리다. 그러므로 과제를 매우 선별하여 작업할 수밖에 없다. 그런 터무니없는 일은 아예 시작도 하지 말았어야 한다고 말하는 사람도 있으리라. 나도 이 작업에 도사리고 있는 함정을 충분히 의식하지만, 그래도 전반적인 유형이나 양식 같은 것은 결코 발견될 수 없다는 확신이 서지 않는 한, 나는 그 위험성을 충분히 알면서도 시도는 해 볼 작정이다.

여기서 서양 이외의 문화는 자세히 다루지 못할 것이다. 이는 일부분 나의 무지 탓이다. 그런 과제까지 다루려면 책의 범위가 감당할 수 없이 넓어진다. 또 지적 분위기에서 느껴지는 그런 촉매적 변화가 서구 밖에서도 발견될까 의심스럽기도 하다. 다만 극동 지방의 문화에서 나타나는 반구 간 균형에 대해 성찰하고, 그곳에서는 두 반구가 서구에서보다 더 바람직한 공생 관계를 누리고 있다는 정도는 이야기하려고 한다.

다른 문화에서도 서구에서 일어난 변이와 우연히 일치하는 중요한 변이가 몇 가지 있었을 가능성이 없지는 않다. 카를 야스퍼스Karl Jaspers 는 고대 그리스에서 기원전 800~200년에 우리가 세계를 보는 방식에 중요한 변화가 일어난 것과 때를 같이하여 그 시기에 중국과 인도에서도 비슷한 일이 일어났다고 보았다. 야스퍼스는 이를 세계사에 존재하는 "축軸의 시대(Achsenzeit)"라 불렀으며, 『역사의 기원과 목표The Origin and Goal of History』에서 그 시기에 등장한 플라톤, 석가모니, 공자孔子 등 위대한 사상가들의 공통점을 확인했다. 이때는 헤라클레이토스, 노자老子, 『우파니샤드』, 히브리 예언자들의 시대이기도 했다. 이와 비슷하게 서구에서 일어난 몇몇 발전이 다른 곳에서도 일어났다. 종교개혁을 예로 들면, 그 당시는 여러 지역에서 시각적 이미지를 배척한다거나 경전을 바탕으로 하는 흑백논리식의 관용없는 근본주의가 행해지면서 신화와 은유에 대한 풍부한 이해와 충돌하는 사건이 숱하게 일어났던 시기였다. 이런 경향이 이슬람 등 다른 종교의 역사에서 차지하는 비중은 상당히 크다.

그러나 또 이러한 비상非常한 문화적 가지치기만큼 서구 역사의 특징을 잘 규정해 주는 건 없는 것 같다. 그것은 세계를 파악하는 유일하고 직선적인 방식을 고집하는 계몽주의도 아니고, 그 방식을 시정하려는 목표를 세운 낭만주의도 아니다. 막스 베버Max Weber가 중국과 인도 문화 및 유대교의 역사에서 입증했듯이, 과학과 자본주의와 관료주의에서 검열받지 않는 소유적인 합리론이 주도권을 쥔 곳은 서구뿐이다. "과학혁명은 왜 중국이나 중세 이슬람, 중세 파리나 옥스포드가 아니라 근대의 서유럽에서 일어났을까?" 과학의 등장을 탐구한 권위 있는 저서의 첫머리에서 스티븐 가우크로거Stephen Gaukroger는 이렇게 묻는다. 그리고 왜 서구에는 "인지적 가치가 과학적 가치에 점차 동화되는 경향"이 있는지를 알고 싶어 한다.

> 하지만 설명이 필요한 것은 그런 발전이 아니라 과학혁명이다. …… 중대한 과학적 발전을 이룬 적이 있는 다른 문화에서는 과학은 그저 문화의 수많은 활동 가운데 하나일 뿐이며, 과학에 바쳐진 관심은 다른 분야가 변하면 거기에 관심이 쏠리는 것과 같은 방식으로 변한다. 그로 인해 문화 속에서 흥미의 전체적인 균형 내에 있는 지적 자원을 놓고 경쟁이 벌어진다. …… 서구에서도 전통적으로는 흥미가 균형을 이루었지만, 지금은 과학적 관심이 지배하는 쪽으로 변했으며, 과학은 과거의 문화적 기준에서 보면 병적이라고 할 정도의 성장률을 보이는 중이다. 이는 궁극적으로 과학이 채택하는 인지적 입지로 정당화된다. 이러한 발달 형태는 예외적이며 기묘한 것이다.[2]

■ 균형점의 변동은 왜 일어났는가?

일부 사람들은 그런 변동이 일어났다는 사실 자체를 의심하는데, 여기에도 근거는 있다. 인류 역사를 보면 어느 시기 할 것 없이 수많은 이질적 요소들이 공존하며, 이 과정에서 다양한 갈등이 표출되었다. 진정한 개인個人이라면 전체적인 양식에 적응하지 못하는 게 당연하다. 원래 일반화에는 예외가 있기 마련이고, 전문가라면 언제나 어떤 일반화에도 동의하지 않아야 마땅하다. 미세한 분석의 실행은 전문가의 특권이다. 하지만 전문가의 분석이 미세해질수록 전체적인 양식을 포착하기가 더 어려워진다. 그것은 곧 근접 전망일 수밖에 없다. 어떤 사람은 이 사실을 가지고 어떤 양식도 없다는 결론을 끌어내겠지만, 그것은 착오이다. 양식이나 유형을 보려면 물러서야 한다. 그것을 인식하는 데는 "그만 한 거리"가 필요하다.

　실제로 반구 간 균형에 변동이 있었다면, 그런 일은 왜 일어났는가? 역사가가 볼 때, 수많은 사건이 전개되어 관념의 역사에서 그 같은 경천동지할 움직임으로 이어지는 과정에는 수많은 사회적·경제적 요인들이 개입된다. 또 거기서 우연이 중요한 역할을 하기도 한다. 그러나 그 같은 사회적·경제적 요소들은 우리가 세계를 보는 방식상의 변화와 분리 불가능하게 결부된 역동적 관계 속에 존재하며, 정말로 그 과정을 서술하는 다른 방식의 일부로 속한다. 우리가 선택하는 각각의 측면은 상이한 측면들이 배경nexus에서 돋보이도록 만드는데, 그 배경 속에서는 어떤 요소 하나도 다른 요소의 원인이 된다고 할 수 없다. 요소라고 보이는 것들은 그저 눈에 보이지 않는 인간 조건의 측면들에 불과하기 때문이다. 그런데 특정 요소들의 집합 하나를, 예를 들어 경제학적 요소 같은 것을 고정적으로 유지하면 마치 그것으로 모든 것을 다 설명한 것처럼 보인다. 하지만 사회적 요소이건 제도적 요소이건 지적 요소이건 간에, 어떤 영역의 요소 집합을 고정시키더라도 상황은 똑같이 설득력이 있을 수 있다. 문제는 현실에서는 어떤 것도 이런 식으로 고정적으로 유지할 수 없다는 사실이다. 모든 것은 끊임없이 이어지는 역동적인 상호 작용 상태에 있다. 그리고 이런 상호 작용의 요소 가운데 하나는, 두 반구가 전달한 세계 간의 원천적으로 불안정한 관계를 해결해야 할 필요였다.

　우리는 지금까지 두뇌 반구에 대한 논의를 엄격하게 한 개인이라는 맥락 안에서 진행해 왔다. 그 맥락에서 마치 반구들이 각자 나름의 가치와 목표를 지닌 인격체인 양 이야기했다. 그러나 이런 방식이 생각만큼 그리 큰 왜곡을 낳지는 않는다. 실제로 반구들은 생명체의 실질적인 일부분이며, 저마다 가치와 목표가 있는 것도 분명하다. 이제부터는 역사적으로 장시간에 걸쳐 펼쳐진 반구들 간의 전투를 살펴보려고 한다. 그 기간은, 반드시 그런 것은 아니지만 대개는 어느 한 개별 두뇌의 평생보다도 길다. 이는 마치 좌반구와 우반구가 무대 뒤에서 거대한 규모로 꿈틀거리는 어떤 우주적 투쟁을 벌이고 있다고 주장하는 것처럼 보일 수도 있다. 형이상학적으로 말하면 그런 인상은 옳다. 더 고지식하게 파고들어, 그것이 형이상학적인 자연의 힘이 갈등하면서 각 반구가 대표하는 세계 속에 존재하는 방식을 각기 몰아붙이고 있는 것인지 아닌지 묻는다면 그것은 이 책의 논의 범위를 벗어나는 물음이다.

오랜 세월 동안 여러 철학자와 모든 신학자가 우리의 마음과 몸속에서, 또 그것을 통해, 개인적으로만이 아니라 오랜 시간에 걸쳐 활동해 온 힘이 있다고 생각했다. 더 최근에 와서는 프로이트가 인간 행동 배후의 '충동Triebe', 삶과 죽음의 '본능'인 에로스eros와 타나토스thanatos를 이야기했다. 융 역시 인간 역사상 긴 시간 동안 작동해 온, 앞으로 밀고 끌어당기는 힘이 있다고 믿었다. 니체는 아폴로적·디오니소스적 성향을 '충동triebe'이라 불렀다. 막스 셸러는 '드랑Drang'과 '가이스트Geist'에 대해 이야기했다. 그런 힘들은 자연 속에서 작동하여, 눈에 보이지는 않지만 그 영향이 축적되어 장기적으로 보면 눈에 보이게 되는 것으로 인식되었다. 마치 바람이 수천 년에 걸쳐 바위에 남긴 흔적으로써 가시화되는 것처럼, 그런 힘은 인간의 두뇌와 마음, 문화에 미치는 영향으로 가시화되는 것이다.

그렇다면 반구 속에 가시화될 의지가 있는가? 유전자는 정말로 이기적인가? 이것은 당연히 제기해야 할 물음이다. 공식적으로 말하면, 유전자는 진화를 추진하는 어떤 힘과도 상관이 없다. 그것은 '중립적인' 과정이며, 우리는 그 위에다 우리의 도덕적 가치를 투사하는 경향이 있다. 두뇌 반구는 정신 현상의 발생과 밀접하게 연결되어 있으므로 이 측면에서는 유전자와 입장이 다르지만, 같은 질문을 던져 볼 수는 있다. 그런 충동의 존재에 관한 질문은 전적으로 타당하며, 그것들은 다른 층위의 설명을 구할 뿐이다. 어떤 대답이 나오든지 상황은 똑같다.

나는 문화가 두뇌의 발전을 밀어붙였다고 보지 않지만, 마찬가지로 두뇌가 문화를 밀어붙였다고 보지도 않는다. 두뇌와 문화는 서로를 다듬어 만들어 나가지 않을 수 없는 관계이다. 우리가 세계를 어떻게 보는가 하는 문제에 부과된 제약 가운데 하나는, 두 반구가 우리에게 부과한 선택지들 간의 균형 잡기인 것은 분명하다. 좌우반구 간의 차이는 기나긴 인간 역사에 걸쳐 비교적 안정되게 형성되었다. 문화 변동은 그런 선택지를 활용할 수 있지만, 반구의 차이는 여전히 인간 마음이 택할 수 있는 선택에 제약을 가한다.

이 이야기에 나오는 종류의 변동은 우리가 통상 이해하는 대로의 세계 내 작동 과정으로 설명해야 한다. 여기서 그런 변동을 일으키는 수단에 대해 짧게 살펴볼 것이다. 하지만 그것이 어떻게 일어나든, 그것이 왜 일어나는지에 대한 물음은 여전히 남는다.

문화상의 변동은 지적 유행이라는 차원에 그치지 않고 엄청나게 중요한 의미를 띤다. 그것은 단순하게 "지난 시즌에는 깃 폭이 좁았는데 이번 시즌에는 깃 폭이 넓어진다"는 식의 문제가 아니다. 우리는 반구에 충동을 개입시키지 않더라도 각 반구의 세계는 상대편 반구로 보완되며, 어느 한쪽이 지배하게 되면 상대편의 결손은 점점 더 눈에 띄게된다는 것을 안다. 다음 장에서 증명하겠지만, 서구 역사 초반의 어느시점 이후로 각 반구는 상대편에게서 더 독립적으로 작동해 나간 것으로 보인다. 독립성이 더 크면 각 반구는 각자의 방향으로 더 멀리 나아갈 수 있고, 그 자체의 고유한 작동 양상을 상대적으로 고양시키거나 과장하게 된다. 여기에는 극적인 보상이 따르지만, 어쨌거나 양극화가 덜한 다른 대안보다 더 불안정하므로, 지속적인 평정을 유지하기보다 는 중간 지점에서 일탈한 다음 다시 제자리로 물러가는 경향이 있다. 따라서 그 일탈은 균형의 변동에 기여하는 요소가 된다.

더 구체적으로 말하면, 우리는 우반구의 현전現前의 진정성이 좌반 구의 진정하지 않은 표상으로 변형되려는 경향이 지속적으로 존재한 다는 것을 알고 있다. 본질적으로 살아 있던 것들이 진부한 표현이 되 어 버린다. **좌반구로 표상되는** 우반구의 세계가 진정하지 않은 것으로 여겨지는 이러한 경험은 논리적으로 보아 둘 중의 한 방향으로 이어지 는데, 앞으로 살펴볼 역사는 이 두 방향을 다 보여 줄 것이다.

첫 번째 방향에서 우리는 항상성과 역逆 피드백의 영역, "진자의 진 동" 영역에 남아 있다. 자연적인 반동이 있고, 그로 인해 우반구 세계 자체의 진정성으로 돌아가게 된다. 그러나 그것은 다시 좌반구로 흡수 되고 다시 진정하지 않은 것이 될 운명을 맞는다.

두 번째 방향에서는 우반구 세계로의 복귀가 아니라, 반대로 그것이 거부된다. 왜냐하면 그것이 우연적이 아니라 원천적인 비진정성으로, 이에 따르면 우반구 세계는 무용지물로 보이기 때문이다. 그러므로 진 자가 흔들리면서 상황이 교정되는 것이 아니라 항상성이 상실되고, 그 결과로 순順 피드백이 생기며, 그럼으로써 좌반구의 가치가 더 굳어진 다. 이는 좌반구가 시간이 흐르면서 필연적으로 입지를 넓히게 되는 이유도 일부 설명해 준다.

문화적 전통, 자연세계, 신체, 종교, 예술 등 오늘날 직관적 삶이 이 루어지는 모든 영역은 좌반구가 형성한 말과 기계적 시스템, 이론의 세계로 너무나 개념화되고 생명을 잃고 해체되어, 그것이 설치한 해석 적 세계 너머를 보도록 우리를 이끌어 주지 못한다. 이미 말했다시피 니체, 프로이트, 하이데거 등 관념의 역사에 등장한 수많은 인물들은 시간이 흐르는 동안 합리성이 직관이나 본능의 자연 영토를 점차 잠식해 들어왔음을 지적했다.

물론 그 과정은 매끈하고 평평한 길이 아니었다. 경기자들은 부지런히 움직이는데 한쪽 편이 계속 지는 전투 장면과 비슷하다. 그리하여 마침내 지금 우리가 좌반구의 세계로 알고 있는 쪽으로 계속 더 기울어졌다. 앞에서 살펴본 대로라면, 좌반구 세계는 우반구의 더 폭넓은 이해와 반드시 재통합되어야 하는데 말이다.

▮ 균형의 변동은 어떻게 일어났는가?

나는 앞에서 우리가 알고 있는 구조적·기능적 비대칭성이 발생하기까지 수천 년이 걸렸다고 지적했지만, 그렇다고 해서 관념의 역사에 일어난 중대한 변동이 두뇌 구조에 생긴 변동의 결과라고 주장하는 것은 아니다. 아카이아Achaea 이전 시대(기원전 8세기경) 사람들의 두뇌를 정밀 촬영해 볼 수만 있다면, 그보다 1천 년쯤 앞서 살았던 사람들이나 현대 인간의 두뇌와 비교하여 비록 미세할지라도 측정 가능한 구조상의 차이, 혹은 기능상의 차이를 발견할 수 있을지도 모른다. 그런 변화는 매우 긴 시간대에서만 일어날 수 있다. 그러나 우리는 더 최근의, 지난 500년간 우리의 뇌 속에서 어떤 변화가 일어났는지조차 알 수 없다. 아니, 두뇌에서 무슨 일이 진행되고 있기는 한가?

나는 그렇다고 생각한다. 세계에 대한 우리의 경험은 우리 두뇌를 형성하는 데 기여하며, 두뇌는 세계에 대한 우리의 경험을 형성하는 데 기여한다. 가시적인 구조의 변화는 아닐지라도 두뇌 기능의 양식은 그럴 가능성이 높다. 그렇다면 어떤 과정으로 그렇게 되는가?

고전적인 자연도태에는 긴 시간이 필요하다. 특정한 변이를 다른 것보다 선호하는 환경의 선택적 압력이 여러 세대에 걸쳐 작동하는, 매우 더디게 진행되는 임의적 변이 과정에 의존하기 때문이다. 앞에서 언급한 고대 그리스에서 이러한 상황이 벌어졌다고 생각할 수 있다. 당시 지중해 중부로 새 유전자 집합을 가진 인구가 유입되고 난 뒤에 이런 일이 발생했기 때문이다. 그런 의미에서 이 변화는 그 이후 근대 유럽에서 발생한 것과는 상당히 다르다. 고대 그리스의 경우에 해당하는 이주상의 특정 요인들은 그전이나 그 당시의 다른 문명에는 해당되지 않는데, 이 사실은 그리스와 이집트 혹은 메소포타미아 문명 사이의 큰 차이를 설명하는 데 도움이 될 수 있다. 4~5세기 고트족, 훈족, 프랑크족이 로마 제국을 정복한 뒤에 이어진 엄청난 쇠퇴 현상도 이 유전자 변동으로 설명될지도 모른다. '암흑시대'라 불린 시대의 생활상에 감탄하는 사람도 있겠지만, 그 뒤 1천 년 동안 현상적 세계의 모든 측면, 사유하고 존재하는 모든 방식이 서구에서 **사라져 버렸다.**

그 뒤 르네상스 시대 이후에 일어난 관념의 발달은 시간 단위가 너무 짧기 때문에, 또 유럽인의 유전자 집합을 대폭 바꾸어 놓을 만큼의 대규모 인구 이동은 없었기 때문에 이런 종류의 논의에는 어울리지 않는다.

다윈적 자연선택설에 의존하지 않는 다른 변동 요인들도 있다. 가령 '볼드윈 효과Baldwinian effect'라는 것이 있는데, 이것은 진화 과정에서 가속자 역할을 한다. 이는 우리가 되는 대로 짝을 짓지 않고 어떤 유전자를 진작시키고자 그 유전자가 암호화하는 특징을 역시 가진(똑똑한 남자는 똑똑한 여자와 결혼할 확률이 높다.) 배우자를 선별하는 방식을 가리킨다. 이와 비슷하게 우리는 우리가 갖고 있는 유전자에 유리한 쪽으로 환경을 바꾼다.(똑똑한 이들은 똑똑함이 혜택이 될 수 있는 사회를 개발하며, 그 결과 똑똑하지 않은 이들은 적어도 이론상으로는 생식 면에서 똑똑한 이들보다 불리한 처지에 놓이게 된다.)
하지만 나는 이것이 큰 영향을 미쳤을 거라고는 생각하지 않는다. 그 진행 속도가 너무 느린 데다, 여기서 거론하는 특징들이 유전자 재생산을 크게 달라지게 했을 거라는 주장은 대개의 경우 역사적 사실과 맞지 않기 때문이다.

그렇기는 해도 한 개인이 평생 동안 획득한 두뇌 용량과 인지 능력이 다음 세대로 전달될 수 있는 메커니즘은 있다고 본다. 이것은 유전자 DNA 속 뉴클레오티드nucleotide의 실제 연쇄로 일어나는 변이가 아니라, 같은 DNA로 표현된 것에 영향을 미치는 요인들에 의존하기 때문에 '후생적後生的 메커니즘'이라 불린다.

다른 요인을 고려하면, 우리 신체 내의 모든 세포에 표현된 유전자 연쇄가 모두 똑같다는 것은 생각해 보면 참 이상한 일이다. 콩팥 세포는 구조적으로나 기능적으로 근육세포와 다른데도 DNA 면에서는 완전히 똑같다. 그런데도 각 세포는 바로 그 종류의 세포만 생성한다. 해당 유기체가 살아 있는 동안 특정한 세포 기능을 사용하는 것이 실제로 그 세포의 구조를 변화시키고, 그로 인해 세포 기억이라는 결과가 나오게 된다. 이처럼 문화 발전은 유전자 메커니즘으로 전달될 수도 있다. 두뇌의 구조와 기능이 문화의 발전에 영향을 주었듯이, 문화의 발전도 두뇌에 영향을 미치는 것이다.

> 그 관계는 일종의 호혜적 상호 작용 관계이다. 그 속에서 생물학적 지시에 따라 문화가 발생하고 형성되는 한편, 유전자 진화의 경로는 문화적 혁신에 응하여 변동한다. …… 후생유전학적 규칙은 아마 특정한 문화적 정보가 있을 때 그 특정한 방향을 따라가도록 정신 발전의 방향을 미리 조정할 것이다.[3]

그러므로 특정한 사유 방식이 개인의 신경 시스템을 구조적 · 기능적으로도 형성한다고 할 수 있다. 자극의 존재 여부는 시냅스synapse(신경세포 접합부) 접촉의 수에 영향을 미치며, 일부는 강화하고 다른 일부는 배제한다. 시냅스 접촉의 수만이 아니라 효율성도 성인기의 학습에 따라 변하는데, 이는 전체 단위와 관련되는 일일 것이다. 한 개인의 신경 시스템 전반에 걸쳐 일어나는 이런 변화는 다음 세대로 후생적으로 전달될 수 있다. 문화와 두뇌는 비교적 단기간에도 서로를 형성하는 관계이다.

이런 단계 너머로 나아가면, 물론 생각idea은 전염으로도 전파되고 당연히 어떤 점에서는 경쟁 관계에 있으며, 개념들은 리처드 도킨스가 말한 밈meme(비유전적 문화 요소 혹은 문화 전달 단위), 즉 유전자에 상응하는 문화 분야의 존재 속에 축성되어 있다. '밈'이란 하나의 마음이 다른 마음에 전달하는 문화적 정보의 복제물이다. 곡조나 관념, 구호, 의복 패션, 도자기 제작 방식이나 아치 쌓는 법 등은 물론이고, 개념과 관념, 이론, 견해, 믿음, 관행, 습관, 춤, 풍조 등이 여기에 포함되는데, 도킨스가 '착각delusion'이라 말하는 신God 관념도 궁극적으로는 여기에 포함된다. 말하자면 밈은 좌반구가 그 자체의 역사를 구성하는 완벽한 사례이다. 특히 하나의 문화를 맥락이 없는 원자론적 파편으로 분할하고, 행동 · 감정 · 생각 같은 경험의 조각들이 충분히 많이 뭉쳐져 우리가 살고 있는 세계를 이룬다고 보는 방식이 그러하다.

기계론적인 입장에서 밈은 복제물로, 그 자체의 완벽한 복제를 만들어 내는 유전자로 간주된다. 유전자 복제의 경우, 변이는 오직 우연으로만 발생한다. 처방의 오류나 방사능 같은 환경적 연원이 유전자 구조에 개입함으로써 일어나는 것이다. 기계장치는 실수를 저지르거나 겉만 번지르르한 재료를 받기도 하지만, 이 맥락에서는 여전히 기계이다. 반면에 밈에 해당하는 것은 어떤 곡조를 잘못 기억하거나 처음부터 그것을 잘못 듣는 일이다. 밈은, 그것이 실제로 존재한다면, 유전자와 달리 마음속에서 복제한다. 그것이 접하는 것들과 끊임없이 상호작용하는 마음은, 변화 없이 혹은 다른 것들과 단절되도록 내버려 두지 않는다. 우리는 모방자이지 복제하는 기계가 아니다.

존 러스킨은 모방을 인간의 가장 위대한 업적 가운데 하나이자 가장 어려운 일로 보았다. 진정으로 대상을 보고, 나무 잎사귀 하나의 생명을 복제하고 포착하는 일, 위대한 예술가들이 평생 한두 번밖에 이루지 못하는 일이 바로 그것이다. "잎사귀 하나를 그릴 수 있다면 세계를 그릴 수 있다." 자연을 모방하는 것은 다른 사람의 스타일을 모방하는 것과 비슷하다. 그의 삶 속으로 들어가는 것이다. 그와 동시에 생명이 모방자 속으로 들어온다. 모방할 때 우리는 다른 사람의 어떤 점을 받아들이지만, 그것은 무기력하고 생명 없고 기계적인 의미가 아니다. 그것은 헤겔이 사용한 "보존aufgehoben"이라는 의미에서, 모방은 우리 속으로 받아들여지고 변형된다는 의미다. 모방과 상상이 반대말이 아님은 동양 문화의 길고 풍부한 역사를 보아도 알 수 있다. 사실 모방은 상상력이 우리 이외의 모든 타자에게 도달할 수 있는 가장 유력한 길이다.

모방은 인간적 개성이며, 논쟁의 여지는 있지만 인간적 기술 가운데 궁극적으로 가장 중요한 것이며, 인간 두뇌의 진화에 일어난 결정적인 발전이다. 우리는 확실히 모방을 통해 음악을 배우며, 촘스키 때문에 관심이 좀 다른 쪽으로 쏠린 적도 있지만, 우리가 언어를 배웠고 또 배워 나가는 방법이다. 새를 제외하면 음향을 직접 모방할 수 있는 것은 인간뿐이다. 또 인간만이 타자의 행동 경로를 정말로 모방할 수 있다. 다른 종들도 같은 종의 다른 구성원과 동일한 목표를 갖고, 그것을 달성할 각자의 방법을 찾아내겠지만, 목표만이 아니라 수단까지 직접 모방하는 것은 인간뿐이다. 이는 어딘가 퇴보처럼 들리겠지만 그렇지 않다. 인간의 무한한 모방 능력은, 두뇌가 우리 경험의 한계를 벗어나 다른 존재의 경험에 곧바로 들어가도록 해 주는 수단이다. 우리는 오직 이 방법으로 그 균열을 잇고, 다른 사람들이 느끼고 행하는 것을 공유하여 그 사람이 되어 보면 어떨지를 느낀다. 모방은 우리가 지각하는 것을 우리가 직접 경험하는 것으로 변형시키는 능력을 통해 달성된다.

모방은 공감에 토대를 두며, 신체를 바탕으로 한다. 사실 모방은 공감의 표시다. 공감 능력이 뛰어난 사람은 함께 있는 사람들의 표정을 더 많이 모방한다. 이 현상에 관한 중요한 연구에 의하면, 공감하는 사람들이 자신들이 느꼈다고 말하는 것과 그들이 비자발적으로 얼굴과 신체로 실제 발산하는 것 사이에는 차이가 있다고 한다. 공감력이 낮은 사람은 공감력이 높은 사람이 느끼는 것과 동일한 감정을 얼굴로 표출하지 않고, 그들이 느껴야 한다고 생각하는 감정, 의식적인 좌반구가 알고 있는 바로 그 감정을 느꼈다고 언어로 보고한다. 그리고 예상할 수 있듯이, 단순한 관찰에 비해 특히 감정적 얼굴 표정을 모방하면 변연계에서 오른편에 치우친 활동이 크게 증가한다.

사람들은 어떤 과제를 협력하여 수행할 때 공통된 목표를 갖고 있는 타인들과 자신을 주관적으로 동일시하는 나머지, 그들과 합체合體된 것처럼 보이기까지 한다. 두 참여자를 나란히 앉히고 공통 과제를 주고 각기 기능적으로 독립된 역할을 맡겨 보면, 이 두 사람은 통합된 행동 계획에 따르는 한 사람처럼 자발적으로 기능한다. 아이들은 다른 사람들을 열심히 모방하지만, 똑같은 행동을 수행하는 기계적인 방식은 모방하지 않는다.

모방은 도구적이지 않다. 그것은 원천적으로 즐거울 수 있고, 아기와 어린아이들은 모방 자체를 위해 모방에 탐닉한다. 모방 과정은 근본적이며 견고한 관련 위에서 이루어지며, 태어난 지 45분밖에 안 된 갓난아기들도 얼굴 표정을 모방할 수 있다. 우리가 지금 알고 있는 것을 알게 된 방법이 이것이며, 지금의 우리가 된 것도 이 방법을 통해서이다.

모순처럼 보이겠지만, 모방은 개별성을 발생시킨다. 모방의 과정이 기계적 재생산이 아니라 타자를 상상력 있게 수용하는 것이기 때문이다. 타자란 그 간주관적 사이 때문에 언제나 다른 존재이다. 이처럼 의도, 열망, 매력, 공감의 과정인 모방의 과정은 우반구에 크게 의존한다. 반면에 복제는 해체된 과정과 알고리즘을 따르는 것으로 좌반구에 의거한다. 이 구분은 은유와 직유 사이의 구분과도 비슷하다. 직유에는 내면이 없다. 최초의 인간과 호모사피엔스 간의 차이에 대해 글을 쓴 스티븐 미슨은 이렇게 말한다. "초기 인간은 직유 능력은 있지만 은유 능력은 없었던 존재로 규정될 수 있다. 그들은 동물처럼 행동할 수 있었지만 동물이 될 수는 없었다."[4] 여기서 미슨이 말하고자 하는 것이 공감적 동일시다.

수렵 문화에서 추적자들은 자기들이 추적하는 동물 속에 깃드는 법을 배우며, 추적 대상을 그들 자신의 존재 속에 최대한 많이 반영하려고 한다. 흔적에 남아 있는 그것의 느낌과 생각을 반영해 보는 것이다. 그들은 이런 방법으로 대상물을 찾아내는 데 성공한다. 아마 공감할 때 우리도 실제로 그 공감의 대상이 되며 그 생명을 공유할 것이다. 어떤 의미에서는 그것이 전달하는 언어를 넘어서기도 한다. 언어는(시를 제외하면) 지금 여기의 특정한 세계 그림을 반영하는 개념 조합만 전달할 수 있기 때문이다. 그러니 우리가 동물이라 부르는 자연적 형태로도 이런 일을 할 수 있을 것이다. 워즈워스는 이렇게 말했다. 산들의 "거대하고 장엄한 형태"는,

······ 살지 않는다

낮에는 살아 있는 인간들이 내 마음속에서 천천히 움직이고,

내 꿈을 어지럽히는 존재처럼.[5]

일본 사상에도 "인간 존재와 모든 자연물은 전체로서 일체"이며, "마치 인간 자신인 것처럼 자연물을 아끼는 감정"이 있다.[6]

거울 신경세포의 존재를 발견함으로써 우리가 볼 수 있는 어떤 것을 모방할 때, 마치 그것을 경험하는 것과도 같아진다는 것을 우리는 이미 알고 있다. 하지만 이것은 경험에 그치지 않는다. 직접적인 시각 혹은 다른 자극이 없는 상태에서도 정신적 표상은 지각에 직접 관련된 것과 똑같은 신경세포를 작동시킨다. 우리가 어떤 것을 모방하지 않고 그저 모방하는 상상만 하더라도, 실제로 그것을 모방하는 것과 같은 결과를 무시 못할 정도로 가져오는 것이다. 이처럼 어떤 일을 상상하는 것, 누군가가 어떤 일을 하는 것을 보는 것, 직접 그 일을 하는 것은 신경세포의 형성과 발달에 중요한 토대를 공유한다.

그렇다면 상상은 화면에 투사된 중립적인 이미지가 아니다. 우리는 상상도 신중히 해야만 한다. 상상하는 것은 어떤 의미에서 현재와 미래의 우리 자신이기 때문이다. 라틴어로 이미지image를 가리키는 '이마고imago'라는 단어는 어떤 모델이나 양식, 원본을 본떠서 만든다는 뜻의 이미타리imitari와 연결된다. 모방이 전염성이 매우 강하다는 증거는 이미 살펴본 대로이다. 어떤 것에 대해 생각하고, 그것과 관련된 말을 듣기만 해도 우리의 행동과 과제 수행 방식이 변화한다. 이 점을 이해한 파스칼은 덕 있는 사람을 모방하고, 그 습관을 받아들이는 것이 덕성으로 가는 길임을 알았다. 이것이 모든 수도원 전통의 토대가 되었다.

'사람들이 음악과 언어를 어떻게 배우는가' 하는 질문으로 돌아가

보자. 이 질문은 모방이 가진 혁명적 힘을 이해하는 데 도움이 된다. 음악과 언어는 기술인데, 기술은 더 큰 날개라든가 더 긴 다리 같은 신체적 속성과 다르다. 신체적 속성은 대체로 모방이 불가능하지만, 기술은 모방될 수 있을뿐더러 음악과 언어 등은 호혜적인 기술이다. 그것 자체로나 한 사람에게는 별 소용이 없지만, 집단에게는 상당한 효능이 있다. 언어 같은 기술의 발달을 순전히 고전적인 자연도태의 경쟁 개념으로만 설명하려는 입장은, 기술이 유전적으로 무관한 사람들에게도 쉽게 모방되어서 유전자에게 유리한 선택의 위력을 심각하게 훼손할 뿐만 아니라, 기술도 모방되지 않는 한 그것 자체로는 별 소용이 없다는 사실을 해명해야 한다. 또한 모방은 그 자체로 선택적 이점을 갖는다. 그것은 숙련된 모방자가 집단 내에서 타인들과 강한 유대를 맺을 수 있도록 해 주며, 사회적 집단을 지속적으로 안정시키는 데 기여한다. 결속력이 강한 집단은 연대를 촉진하는 공유된 기술, 즉 음악이나 언어 같은 기술을 습득함으로써 집단 전체의 유전자를 개선하고 살아남게 된다. 반면에 모방 실력이 부족한 개인들은 집단과 잘 연대하지 못해 연대가 강한 집단만큼 번성하지 못한다.

기술을 습득하고 집단에 적응하는 것과 관련된 또 다른 중요한 선택적 요소는 유연성이다. 유연성은 전두엽, 특히 오른쪽 전두엽의 확장으로 생겨난다. 이 부위는 사회적 지성이 자리 잡은 곳이기도 하다. 기술은 존재와 행동의 금지된 거주 방식으로서, 분석적으로 구축되거나 규칙에 근거하지 않는다. 그러므로 우리는 언어 유전자나 음악 유전자라는 식으로 특정한 능력이나 특정한 유전자 때문이 아니라, 혹은 그런 유전자 때문에 집단적으로 선택된 것이 아니라, 유연성과 모방 능력이라는 이중적인 기술 덕분에 개별적으로 선택되었는지도 모른다. 그리고 그런 기술은 기술 일반을 개발하는 데 필요한 것들이다.

■ '모방 유전자'

모방을 위한 유전자와 특정 기술을 선호하는 유전자가 있다고 가정하자. 역사상 어느 시점에서 인간들이 어떤 기술, 예를 들면 수영 같은 기술을 배웠다고 해 보자. 수영 유전자가 있다고 가정하고, 수영할 줄 아는 것이 어떤 이유에서든 크게 유리하다고 하면, 수영을 하지 못하는 사람은 훨씬 뒤떨어지게 된다. 수영이 전혀 모방할 수 없는 기술이라고 한다면, 얼마 안 가서 수영 유전자를 가진 사람들만 살아남을 것이다. 그로 인한 결과는, 여러 세대가 지나면 모든 사람이 그 유전자를 갖고 수영을 할 줄 알게 된다.

이와 반대로, 수영이 매우 모방하기 쉬운 기술이어서 수영하는 것을 보기만 하면 누구나 그것을 배울 수 있다고 하자. 그러면 수영 유전자는 아무런 위력을 갖지 못할 것이고, 선택의 압력에 종속되지 않아서 유전자 자체가 소멸할지도 모른다. 그 결과는 역시 앞의 경우와 동일하지만, 훨씬 더 빨리, 더 빠른 메커니즘으로 누구나 모방함으로써 수영을 할 줄 알게 된다. 그리하여 대부분의 사람들은 수영 유전자가 없겠지만, 어쨌거나 소수의 사람들은 이 유전자가 있을 것이다.

이 두 가지 극단적 입장보다 더 그럴싸한 가정을 해 보자. 수영이 **부분적으로만** 모방할 수 있는 기술이라는 가정이다. 그러면 수영 유전자가 있는 사람들을 선호하는 선택적 압력이 생기고, 점차 더 많은 사람이 그 유전자를 갖게 되어 수영을 할 줄 알게 된다. 그중 일부는 모방을 하여 유전자 없이도 수영을 하게 된다. 하지만 수영은 부분적으로만 모방할 수 있는 것이기 때문에, 모방 실력이 뛰어나야만 그것을 모방할 수 있다. 그리하여 모방 실력이 뛰어난 사람을 선호하는 강한 선택적 압력도 생겨난다. 수영 유전자가 없더라도 모방 유전자가 있으면 어쨌든 수영을 할 수 있게 되니 말이다. 그 결과, 얼마 안 가서 모든 사람이 수영을 하게 되는데, 일부는 수영 유전자가 있고 일부는 모방 유전자가 있을 것이고, 일부는 두 가지 다 있다.

그런데 부분적으로 모방 가능한 또 다른 행동이, 가령 비행술 같은 것이 있는데, 이것이 수영과 비슷하거나 좀 더 큰 경쟁적 이점이 있다고 가정해 보자. 그러면 모방 유전자를 가진 사람들이 앞설 수밖에 없다. 그들은 수영뿐만 아니라 날 수도 있어서, 수영이나 비행술 유전자만 있는 사람들을 한참 앞서게 된다.

여기서 여러 가지 단계가 이어진다.

- 모방 유전자를 선호하는 과정은 결정적인 행동이 부분적으로 모방 가능해야만 시작될 수 있다. 전적으로 모방 가능하거나(이 경우에는 유전자가 이 행동과 무관한 것이 된다.) 전적으로 모방 불가능하다면(이 경우에는 유전자의 효력이 없어진다.) 모방 과정은 시작되지 않는다.
- 문제의 행동이 선택적 압력을 행사할 만큼 중요해야 한다. 즉, 생존과 관련이 있어야 한다. 모방될 행동이 더 큰 선택적 압력을 행사할수록 그 과정은 더 빨리 작동할 것이다.
- 두 번째 배움의 폭발(비행술)이 첫 번째 폭발(수영)보다 더 빨리 일어날 것이다. 왜냐하면 두 번째는 주로 모방에 의거할 것이며, 모방은 유전자 전이보다 더 빨리 진행되는 과정이기 때문이다. 따라서 새로운 기술이 계속 발전하지 않을 수 없을 때, 그 과정의 진행을 가속화하고자 유전자 전이보다 모방에 의존하는 정도가 더 커질 것이다.

이제 수영의 자리에 '음악'을 넣고, 비행술 대신에 '언어'를 넣어 보자. 그러면 모든 사람이 모방 유전자를 가지고 있고, 특별한 행동을 선호하는 유전적 메커니즘이 아니라 오직 모방만을 중요시하는 단계가 되지 않을까? 나는 그렇게 생각하지 않는다. 왜냐하면 그런 종류의 행동을 더 가능하게 만드는 유전적 메커니즘이 있다면, 어떤 것을 선택하기가 항상 더 쉬울 테니 말이다. 하지만 모방은 성과가 항상 더 빠르기 때문에 결국은 우리가 모방하기로 선택하는 것에 따라 어떤 후생유전학적 메커니즘이 선택될지가 결정날 것이다. 무엇을 모방할지를 우리에게 지시하는 유전자가 선택되는 것이 아니다.

모방의 달성은 고대의 유인원들에게서 이해할 수 없을 정도로 신속하게 벌어진 두뇌 확장 현상을 설명해 줄지도 모른다. 그 무렵 인간이 적응하고 변화하는 속도에, 그리고 능력의 범위 면에서 갑작스러운 비약이 일어나기 때문이다. 모방은 우리가 모든 종류의 기술을 습득하는 방법이다. 기술 습득(모방)을 위한 유전자는 다른 개별적 기술과 관련된 유전자를 압도할 것이다. 따라서 유전자로부터 앞으로의 진화가 더 빨리 또 우리가 선택하는 방향으로 일어나도록 해 주는 기술이 출현할수도 있다. 여기서 유전자는 가차 없는 경쟁의 상징이며, 상대적으로 자동적이고 대립적인 좌반구적 가치를 상징한다. 이와 달리 공감과 협동으로 이루어지는 선택은 우반구의 가치다.

유전자는 유전자에게서 우리를 해방시킬 수 있다. 모방이 가져온 인간의 위대한 발명은, 우리가 어떤 존재가 될지를 스스로 선택하게 되었다는 점인데, 그 선택 과정은 놀랄 만큼 빠른 속도로 진행될 수 있다. 앞에서 말했듯이, 우리는 모방을 통해 "활기 없는 필연必然의 우울"에서 탈출한다. 이는 음악이나 언어 같은 소통 기술이 개별적 경쟁으로 획득되어야 하며, 그런 기술은 집단 전체가 그것을 함께 습득하지 않으면 무용지물이 된다는 고전적 유전학의 현저한 모순도 해명해 준다. 우리는 행동의 기계론적 모델에 따라 우리 자신의 모습이라고 믿어 온 피도 눈물도 없는 경쟁자가 아닐 수 있다. 세계도 메커니즘이 아닐지도 모른다.

모방의 압도적인 중요성을 생각하면, 좋은 모델을 하나 골라 모방하는 게 좋겠다는 결론에 도달하게 된다. 우리는 개인으로서만이 아니라 하나의 종으로서 우리가 모방하는 그 존재가 될 것이기 때문이다. 우리는 후생적 메커니즘에 따라 모방하기로 배운 행동을 전달할 것이며, 이런 이유로 윌리엄 제임스는 대중적 편견을 뒤집고 인간 종의 본능적 행동 범위는 다른 어떤 종보다도 더 크다고 보았다.

원인과 효과라는 기계적 시스템에서는 원인이 효과에 앞선다. 말하자면 뒤에서 미는 것이다. 그런 시스템을 논리적으로 확장하면, 일단 일어난 일은 궁극적으로 먼저 일어난 사건으로써 결정된다는 점에서 폐쇄적이 된다. 우리는 밀려가는 쪽으로 가는 것이다. 인간의 선택은 열려 있는 것처럼 보이지만, 자유의지의 존재란 까다로운 쟁점이다. 원인과 결과가 확률과 불확실성으로 후퇴하는 이론물리학 영역상의 해석을 근거로 하여 복잡한 변론들을 제시했지만 말이다. 나는 그런 변론을 제대로 평가할 능력이 없지만, 현상학적 관점에서 볼 때 우리는 이미 일어난 일에 의해 밀려가거나 질질 끌려가기보다는 일종의 자력 같은 것을 가진 사물에 의해 끌려가고 이끌리고, 그것에 매혹당하면서도 스스로 자유롭다고 느낀다.

이런 중요한 유인요소attractor들은 가치라고 표현되는 편이 바람직하다. '가치'라는 단어가 이 맥락에서 좀 미흡하게 들리기는 하지만 말이다. '이상적'이라는 말이 더 어울리겠지만 이 역시 문제가 있고, 우리 시대에 신뢰받는 단어가 아니다. 이런 이상이나 가치는 원인과 결과와는 달리 시간을 벗어나 있다. 그것들은 선행 원인보다는 미세하게 결정하는 면이 적다. 어떤 유인요소에는 저항하고 어떤 요소에는 접근할지를 선택할 여지가 있다는 점에서 그렇다.

내가 말하는 가치란 어떤 도덕적 갈등을 해결하는 원리 같은 것은 아니다. 순수하게 결과론적인 계산을 할 것인가, 아니면 칸트 식의 의무론적 원리를 준수할 것인가 하는 식의 원리 말이다. 여기서 논쟁거리가 되는 것은, 가치가 아니라 딜레마에 빠질 때 그 가치와 가장 잘 화해할 수 있는 특정한 행동 노선이다. 내가 말하려는 것은 위험에 처한 가치 자체이다. 가령 용기나 자기희생이 그 자체로, 결과와 상관없이, 혹은 어떤 의무론적 원리와 상관없이 가치를 갖는가 하는 문제이다. 그러나 그런 원리는 도구적 도덕성의 계산에서 제외될 것이다. 이런 의미의 가치는 선악을 초월해야 한다.

막스 셸러는 가치의 영역을 구분했을 뿐만 아니라 그것들을 위계적으로 배열했다. 감각 층위에서만, 혹은 효용 기준에서만 평가될 수 있는 것을 맨 밑바닥에 두고, 신성한 것의 영역을 맨 위에 두었다. 셸러의 특정한 가치 구조를 받아들일 수도 있고 아닐 수도 있지만, 이를 반구 간 구분과 관련시켜 보면, 좌반구는 그 위계에서 낮은 서열의 가치만 인정한다. 셸러가 효용보다 더 높은 서열로 분류한 용기, 아름다움, 지성, 신성함 등의 가치들은 효용의 도구와 순차적 분석적 논리에만 묶여 있지 않은 접근 방식을 필요로 한다. 그런 가치들은 다른 방식으로 이해되어야 하는데, 그것은 궁극적으로 논리적 기준만으로는 정당화될 수 없는 것에 대한 우반구의 개방성으로 가능해진다.

그러나 좌반구 세계에도 그런 가치를 수용할 길이 있다. 그저 그것들을 모두 자기가 아는 유일한 가치인 효용으로 복귀시키면 된다. 가령, 아름다움은 건강하고 생식력 있는 동반자를 고를 수 있도록 보장해 주는 수단이라는 식이다. 그런 논리에 따르면, 용기는 유전자 공유에 이로운 영역을 방어하는 활동이다. 지성은 환경과 동료들을 조작하는 힘을 갖게 한다. 신성함은 집단의 응집력을 증진시키도록 설계된 장치다. 이런 논의는 너무나도 익숙하다. 온전히 좌반구의 세계 해석에만 의존하지 않는 사람들은 이 속에 담긴 기만을 금방 탐지할 것이다. 이런 노선에서 논의를 진행시킬 수 없는 것은 아니다. 비록 현상을 살리려면 심하게 교묘해져야 할 필요가 있지만 말이다. 가령 세계의 무수한 아름다움 가운데서 성적 동반자로서의 미美 개념은 일부분에 지나지 않으며, 그중에서도 아름다움은 성적 매력과는 다른 가치다. 하지만 이런 이론은 설득력이 떨어진다. 궁극적으로 그 논의 배후에 놓여 있는 가치로 돌아간다. 당연한 일이지만, 합리성은 합리론적 논의 기저에 다른 것이 놓여 있을 수 있는 가능성을 인정하지 않으려 한다. 좌반구는 그 자체 밖에 다른 어떤 것이 존재한다는 걸 받아들일 수 없기 때문이다. 항상 그렇듯이, 타자인 것, 그 자체 밖에 있는 것에 이끌리는 것은 우반구이다.

이런 상황에서 내가 말한 유인요소는 우반구에게 호소할 것이다. 하지만 우반구의 취약성은 곧 그것이 가진 강점의 이면이다. 즉, 그것이 세계 내에서 신체화되어 있다는 것과 동전의 양면을 이룬다. 그것은 비재귀적인 존재가 갖는 자연적 관점의 토대이며, 그렇기 때문에 혼자서는 자연적 관점에서 완전히 벗어나지 못한다. 일상성의 "너무 심하게 견고한 피와 살"이 그것에 걸려 있다. 따라서 그것은 너무 쉽게 무너진다. 그것은 일상의 현실로써 제어되며, 그 생존력은 살아 있는 세계에서 억지로 뜯겨 나오지 않은 데 달렸다. 문제는 그 관점이 더 "자연스럽게" 보일수록, 어떤 것의 존재라는 특이하고도 외경적인 사실이 우리에게 점점 더 현전하지 못하게 된다는 점이다. 그래서 그것은 하이데거가 말한 '전락Verfallen'의 비진정성에 떨어져 버린다. 이 상태에서는 "부자연스러운" 관점을 의지적으로 채택할 수 있게 해 주는 것은 좌반구이다. 그렇게 함으로써 우리는 대지의 중력에서 좌반구가 대표하는 수직축을 따라 상승하여 다른 관점에서 볼 수 있게 된다. 우리는 일시적으로 대지의 인력에서 벗어나서 사물을 새롭게 볼 수 있다. 그러다가 하이데거의 용어로 하면 '현존재'는 그 비진정성을 깨닫는다. 그리고 더 진정한 자신을 향해 노력하게 된다.

이렇듯 좌반구를 향한 흔들림을 유발하는 것은 비진정성의 깨달음이다. 궁극적으로 진자振子가 되돌아오도록, 즉 우반구가 일상을 넘어선 어떤 것을 감지하는 힘을 가진 어떤 것으로 나아가도록 만드는 것은 좌반구에 따른 세계에서 느껴지는 비진정성의 느낌이다. 각 반구는 각기 다른 이유로 비진정성의 위험을 감수한다. 그 때문에 각 반구는 서로에게 필요한 것이다. 우반구는 세계가 '현전'하는 대로 세계에 참여하는 데서 오는 익숙함의 위험을 지며, 좌반구는 진부함과 고정관념이 주는 익숙함의 위험을, 참여 없는 표상의 위험을 진다. 각 문화의 변동이 어느 한쪽 반구에 따른 세계의 결과적인 비진정성에 대한 반응이라면, 우반구로 돌아가는 길은 그 자체를 넘어선 인력引力·attractive power에 참여함으로써 이르는 길일 수밖에 없다.

모방 그 자체는 고전적인 유전자 메커니즘에서 나왔지만 그것을 추월하거나 적어도 나란히 선다는 생각이 타당하다면, 여기서도 일종의 반구 이동을 볼 수 있을까? 다시 말해서, 우반구의 가치가 좌반구의 가치에서 아무 소리도 없이 출현하는 것을 볼 수 있을까? 좌반구 식으로 개별자를 원자론적으로 이해하면 발전은 유전자를 통해 다른 노선의 개별자들과 경쟁하는 개별자들의 노선을 통해 일어나는데, 이것이 적자생존이다. 이 관점에서 보면 집단은 개별성에 잠재적인 위협이 되며, 경계심 많은 외부인들의 융합은 집단이 개인적인 혜택을 줄 때에만 협력을 용인한다. 좌반구의 눈에는 개인의 정체성이 집단 속에서 사라져 버리는 것처럼 보이겠지만, 개인의 개별성이 맥락(집단) 속에서만 이해되는 우반구의 관점에서 볼 때 그것은 단지 그것이 속한 집단 내에 받아들여지는(aufgehoben) 것이다. 즉, 경계심 많은 반대로부터 공감이 발생한다. "먹거나 먹히거나"의 세계로부터 모닥불을 둘러싸고 함께 식사하는 자리가 출현한다. 일선적인 분투, 내 유전자와 네 유전자의 싸움이 협력으로 변하여 반향을 일으키고, 그 과정을 거쳐 죄수의 딜레마에서처럼 우리 모두 더 잘할 수 있게 된다. 반구 간의 전투란 단지 좌반구의 관점에서 볼 때만 전투이기 때문이다. 더 포괄적인 우반구의 관점에서 보면 그것은 또 다른 반향 과정이며, 그 속에서 어떤 것이 생명체처럼 존재하게 되는, 분리된 힘의 통합을 통해 각자의 구분을 유지하면서도 그 통일 안에서 하나의 실체가 다른 실체와 작용하는 그런 과정이다. 헤라클레이토스가 말했듯이, 만약 전쟁이 만물의 왕이자 아버지라면 평화는 만물의 여왕이자 어머니다.

뿐만 아니라 우리는 더 빨리, 그것도 우리가 선택하는 방향으로 나아간다. 하나의 층위에서 보면, 진화는 정말로 단지 생존과 관련된 유전자들의 진화일 뿐이다. 유전자 간의 분투도 경쟁도 아니다. 그런 단어는 그 배후에 저의가 있음을 시사한다. 하지만 리처드 도킨스는 이 과정을 '이기적'이라 불렀다. 최고의 과학자들도 의인화를 피할 수 없었던 것이다. 그래도 그런 규정은 옳다. 내가 반구를 의인화하여 보듯이 유전자를 의인화하여 본다면, 그것들은 실제로 이기적이고 가차 없는 방식으로 작동하기 때문이다. 이 과정에서 우리는 "뒤에서 떠밀려 가고", 어디로 갈지 하는 결정권은 우리에게 없다. 그럼에도 간절한 소망의 대상인 '지양aufhebung'으로써 그 모든 것들로부터 과정이, 모방을 통한 기술 습득의 과정이 출현하고, 그 과정에서 우리의 눈이 열리고 협력이 중요한 역할을 하며 어느 정도의 자유가 생겨서, 그 속에서 무엇을 모방할지를 선택할 수 있다.

그렇다면 반구 간 균형에 의거한 문화 변동은, 거듭 말하지만 두뇌에서 일어나는 구조적 변이가 아니며, 거시적 차원에서의 변이도 결코 아니다. 그것은 기능적 변동일 테고, 원래는 믿음과 훈련, 어느 한쪽 반구를 선호하는 세계를 보는 방식과 세계 내 존재 방식을 모방하는 데서 비롯되었을 것이다. 이 변동은 다음 세대에서 마음과 두뇌의 습관과 일치하는 두뇌 변화를 복제하며, 그럼으로써 그런 습관을 보강하고 권장하는 후생유전학적 메커니즘으로 그 지속성이 더 커졌을지도 모른다.

이제 우리는 우리 자신의 가치와 이상을 자유롭게 선택할 수 있게 되었다. 물론 그것이 반드시 지혜로운 선택은 아닐 수도 있다. 그 선택 과정은 그것이 좌반구적인 세계 내 존재 방식을 모방하고 터득하도록 우리를 설득할 수 있어야만 다시 좌반구의 지휘를 받을 수 있다. 최근 서구 역사에서 일어난 일이 이것이라고 나는 믿는다. 현대 세계에서 기술은 평가절하되고 전도되어 알고리즘algorism으로 변했다. 우리는 기계를 모방하느라고 분주하다.

The Divided Brain and
the Making of the Western World

고대 세계

밀턴 브레너Milton Brener는 저서 『얼굴: 인류의 변화하는 외모Faces: The Changing Look of Humankind』에서 고대에 인간의 얼굴이 변화한 방식을 자세히 논의했다. 감정 소통의 90퍼센트가 비언어적이며, 그중 대부분이 얼굴로 표현된다는 점에 주목하여, 브레너는 선사시대 미술에는 얼굴 묘사가 거의 없다는 성찰로 책을 시작한다.

실제로 선사시대 미술은 주로 동물을 주제로 했으며, 인간이 등장할 때에는 골반과 엉덩이, 가슴만 있고, 인형은 대부분 머리가 없었다. 머리가 있더라도 머리카락만 있을 뿐 얼굴은 없었다. 마침내 얼굴이 등장한 뒤에도 표정은 없고, 개인화되지 않은 윤곽만 있었다. 브레너는 아주 초기의 그림에서는 공간 지향성이나 부분들 간의 관계가 부족하며, 전형화된 추상적 양식이 반복되고, 보는 것이 아니라 아는 내용을 그렸다는 등의 특징이 나타난다며, 이런 그림은 좌반구에만 의존하는 정신병 환자들이 그린 그림과 비교될 만하다고 지적한다. 그러면서 난독증과 안면인식불능증이 있는 환자들은 고대 미술에 나오는 것 같은 무표정한 윤곽적 특징이 두드러지는 원시적 얼굴 양식을 선호한다고 말한다. 그들은 모두 우반구 기능에 문제가 있는 환자들이다.

얼굴을 '처리'하고 얼굴 표정을 파악하는 데서, 특히 얼굴을 통해 감정을 느끼고 표현하는 데서, 또한 공감을 느끼고 개별성을 평가하는 데서 우반구가 차지하는 중요성은 이 책 2장에서 이미 언급한 바 있다. 이와 함께 심미적 즐거움을 느끼는 우반구의 능력도 언급했다. 기원전 6세기경 시작되어 기원전 4세기 이후 그리스에서 급격한 변화를 보이는 얼굴 묘사 양식은, 브레너에 의하면 대략 같은 시기에 그리스에서 일어난 우반구 기능의 급격한 발달의 결과로 판단된다. 기존의 추상적이고 전형적이며 무표정하던 얼굴 묘사가, 이 무렵 고대 그리스와 이집트에서 개별화되고 감정적 표현이 풍부한 '공감하는' 초상으로 바뀌었다. 브레너에 따르면, 이 변화를 뒷받침하는 다른 증거는 은유적이며 표현적인 시詩의 진화이다. 이는 '개인'이라는 관념이 집단 전체의 관념과 균형을 이루는 방향으로, 타자 일반과 공감하고 자연 세계에 눈을 돌리는 방향으로 진화했음을 말해 준다. 여기에 한 가지 더 추가하자면, 세계 속에서 "죽음을 향해 가는 존재"로 살아가는 인간의 파토스pathos에 대한 아이러니에서 나온 유머 감각을 언급할 수 있다.

브레너는 오랜 기간에 걸쳐 그려진 5만 점의 초상화 속 눈길의 방향을 연구한 한스 요아힘 후프슈미트Hans-Joachim Hufschmidt의 연구를 인용한다. 1980년에 출판된 이 연구는 놀라운 결과를 알려 준다. 후프슈미트에 따르면, 초기의 2차원적 표상은 얼굴이 정면을 보거나 감상자의 오른쪽을 보는 경향이 있었다. 그런데 기원전 6세기에서 헬레니즘 시대 사이에 초상화 속 눈길의 방향이 확실하게 바뀌어, 대부분의 인물들이 감상자의 왼쪽을 바라보게 되었다.

1973년에 크리스 맥매너스Chris McManus와 닉 험프리Nick Humphrey는 16세기부터 20세기에 이르는 기간 동안 서구에서 그려진 초상화 약 1,400점을 연구한 결과를 《네이처Nature》지에 발표했다. 맥매너스 등은 이 시기에도 모델이 감상자의 왼쪽을 바라보도록 그려지는 경향이 있었음을 보여 주었다. 이 발견 내용은 이후 다른 연구자들에게서도 확인되었다. 이는 관심의 초점이 감상자의 왼쪽 시야(우반구가 주로 섬기는)에 놓이고, 그 결과 감정적인 표현력이 더 풍부한 모델의 왼쪽 얼굴 절반(우반구가 통제하는)이 감상자의 시야에 노출되게 되었다는 말이다.

후프슈미트의 연구는 그 방대한 연구 규모 외에도, 연구 범위에 고대 세계까지 포함시켰다는 점에서 높이 평가할 만하다. 이 연구로 기원전 6세기 이후 인간 얼굴의 표상을 감상하는 데서 우반구를 선호하는 분명한 변화가 생겼음이 밝혀진다. 브레너와 후프슈미트에 따르면, 이 경향은 중세 때 사라졌다가 르네상스 때 다시 나타났다. 왼쪽 얼굴을 선호하는 경향은 15세기에 가장 강했다가 이후 점차 약해져서, 20세기가 되면 고대 그리스 문명이 출현하기 전 같은 좌우의 옆모습이 똑같아지는 양식으로 돌아갔음이 다른 연구로 확인되었다. 이는 이 책의 주제와 관련하여 볼 때 매우 흥미로운 내용이 아닐 수 없다. 특히 르네상스 시대에 일어난 두뇌의 우향적 이동, 그리고 현대에 들어 일어난 좌향적 이동을 생각해 보면 더욱 그러하다.

아이들이 그린 얼굴 그림이 보여 주는 "자연스러운" 성향은 여전히 얼굴을 왼쪽으로 돌리게 그리는 것으로, 이런 현상은 오른쪽을 바라보는 모델을 그릴 때도 가끔씩 목격된다. 이와 달리 자화상은 얼굴을 오른쪽으로 돌리는 경향을 보이는데, 이는 화가들이 자기 모습이 왼쪽 시야에 오도록 거울 앞에 자리 잡기 때문이다. 유명한 독일 화가 로비스 코린트Lovis Corinth가 1911년 우반구 발작을 겪기 전과 후에 그린 일련의 자화상 시리즈를 연구한 결과, 발작이 일어난 뒤 그의 그림 속 얼굴 방향과 빛이 들어오는 방향이 모두 반대가 되었음을 알 수 있다.

브레너의 논지는 독창적이며, 관념의 역사에 나타난 변동을 두뇌의 편중화와 결부시킨 매우 드문 연구이다. 그는 우반구 기능의 넓은 범위가 갑자기 대두되는, 특히 시각예술에서 나타난 현상을 집중 조명했다. 그러나 나는 이런 현상을 브레너와 조금 다르게 바라본다. 그리스 문명이 가져온 여러 가지 사건을 우리는 또 다른 층위에서는 좌반구가 갑작스럽게 개화하는, 최소한 우반구만큼 번성하는 사태와 결부시켜야 한다. 이와 함께 분석적 철학이 시작되고, 법률이 성문화되었으며, 체계적인 지식군이 형성되었다. 이런 사태는 군중에게서, 자연과 우리 자신에게서 한 발 뒤로 물러나서 초연해지는 능력을, 사물을 객관화하는 능력을 필요로 한다. 이것은 타자 및 자연과의 사이에 다리를 놓는 기반이기도 하다. 이 다리는 고전적으로, 또 신경심리학에 따르면 우반구에 의해 중재된다. 앞 장에서 언급한 헤겔식 주제로 돌아가면, 통일은 분리와 구별 없이는 존재할 수 없지만, 분리와 구별은 그 뒤에 나올 더 큰 통일이나 종합의 전주곡이 아니면 무용지물이다.

따라서 나는 다음과 같은 일이 일어났다고 주장하려 한다. 원래는 두 반구가 대칭적으로 발전했다. 두 반구의 전두엽 기능이 같이 발전한 것이다. 거리(공간)와 지체(시간)를 발생시키는 것은 전두엽이다. 전두엽은 우리가 우리 자신과 세계에서 뒤로 물러설 수 있게 해 준다. 하지만 성찰하고 과거의 교훈을 고려하며, 미래에 실현 가능한 세계를 투사하고, 국가를 더 잘 운영하고, 전체 세계의 지식을 늘릴 계획과 구상을 구축할 능력을 더 많이 허용하는 이 발전은 기록 능력을 필요로 한다. 그러므로 전두엽의 발전은 자연을 관찰한 기록과, 인간 및 국가 역사의 기록인 도표와 공식과 지도가 발달하면서 문자화된 언어 영역을 엄청나게 확장하라고 요구한다. 이는 우반구가 아니라 좌반구에 대한 의존을 필요로 한다. 그렇게 물러나 있는 것이 좌반구의 기능인 분석 철학의 본질이다. 그것은 적어도 플라톤 이후 칸트 시절까지의 서구 철학의 본질이다. 이 물러서는 과정을 시작한 것이 그리스인들이었다. 분석철학, 정치적 상태에 대한 이론화, 지도의 발달, 별과 객관적 자연 세계에 대한 관찰은 애초에 모두 좌반구에 의해 중개되었을 것이다. 다만 그렇게 하려는 충동은 모두 우반구에서 온다.

전두엽을 통해 만들어진 이 '필수 거리'는 우리 자신을 다른 자아 처럼 볼 수 있게 해 준다. 한 걸음 물러서서 인간의 얼굴을 객관적으로 관찰하고, 자세하고 아름다운 초상을 그릴 수 있게 해 준다. 이 거리는 브레너가 지적한 우반구 기능의 확장에 산파 역할을 했다. 공동체에 묶여 있으면서도 그것과 구별되는 개인 개념이 발생한 것 역시 이 시기의 일로, '개인'은 거리를 둘 수 있는 능력으로 비로소 성립되었다. 이런 물러섬 덕분에 우리는 존재하는 것들을 훨씬 더 많이 볼 수 있게 되었다. 그것은 우리의 이해를 전개하고 명시적으로 만들었다. 동시에 이 물러섬으로써 그로 인해 얻은 이해를 묵시적으로 재통합하는 우반구의 능력까지 확장되었다. 바로 여기에서 브레너가 이 시기 그리스 역사의 특징으로 규정한 우반구의 모든 발전상이 나왔다. '자아'의 특정한 측면의 성장, 타인과의 공감, 상상력 풍부한 은유적 언어와 예술, 유머와 아이러니 감각, 개인 얼굴과 감정 표현 등을 식별하는 능력이 그것이다.

요약하자면, 브레너는 두 반구가 전반적으로 대립하는 관계라고 파악했고, 그와 함께 설명하기는 어렵지만 같은 시기에 좌반구를 희생하면서 우반구의 기능이 진보한 현상이 나타났다고 보았다. 그러나 나는 전두엽의 쌍방적인 기능이 처음에는 상승했으며, 그 기능들은 '거리'를 승인하고자 좌반구의 진보를 촉진하고, 필수 거리를 설정하여 우반구가 그 능력을 확장하도록 해 주었다고 본다. 즉, 우반구의 진보를 부정하지 않되, 다만 그것을 좌반구와 전두엽의 역할에 각각 다르게 연결할 것이다.

이처럼 진보 현상이 두 반구에 모두 관련된다고 보면 '도대체 반구 간의 차이를 왜 촉발해야 했는가?' 라는 질문이 나올 수 있다. 그냥 반구 간의 차이라는 쟁점을 포기하고 지식이나 상상, 창조성 면에서 전반적으로 반구 전체에 진보가 있었다는 견해로 돌아오면 왜 안 되는가? 내 대답은, 그런 상식적인 견해는 진보의 주요 특징을 다루는 데 완전히 실패하기 때문이라는 것이다. 즉, 양 반구의 진보는 한 번에 상반된 두 방향으로, 세계로부터 더 크게 추상화되는 방향과 세계에 더 공감하면서 참여하는 방향으로 동시에 움직여야 하는 문제이기 때문이다.

두 반구가 각각 전달하는 두 세계 사이에 다양화가 가속화되어, 틀림없이 풍부한 결실을 낳을 새로운 긴장이 발생한다. 그리고 반구 간의 차이와 관련된 자료는 모두 지난 100년간 서구인들이 밝혀낸 것들이므로, 세계 다른 곳에서 동일한 차이가 같은 정도로 항상 존재했는지 아닌지 우리는 알지 못한다. 우리가 말할 수 있는 것은, 오로지 서구 역사의 어느 시점에서는 적어도 분명히 차이가 발생했다는 사실이다. 그리고 상대적으로 독립적으로 기능하는 좌반구와 우반구를 표현하는 문화 활동의 증거가 처음 목격되는 곳이 고대 그리스이므로, 우리는 지금 반구 간의 상대적인 단절 혹은 찢김을, 그리고 지금 우리가 알고 있는 각 반구의 전문화가 처음 생기는 상황을 목도하고 있는지도 모른다.

반구 간의 분리에는 장단점이 모두 있다. 그것은 "자연스러운" 참조 틀 밖에 있는 자리를, 세계를 보는 상식적이고 일상적인 방식을 가능하게 해 주었다. 그 덕분에 우리는 세계와 필수 거리를 갖게 되었고, 전두엽의 도움으로 달성된 이 거리를 통해 이전에는 볼 수 없었던 사물에 대한 통찰이 생기고, 세계 전체와 서로 깊이 공감할 수 있게 되었다. 이를 보여 주는 최고의 보기가 그리스 연극이다. 연극에서는 우리 자신과 타인들의 생각과 감정이 객관화되면서도 우리 자신의 것으로 돌아온다. 거리와 공감이 모두 결정적으로 작용하는 특별한 종류의 보기가 발생한 것이다.

하지만 이 분리로 인해 좌반구 특유의 고립주의의 씨앗이 뿌려져 좌반구가 검열받지 않고 작동하는 일이 허용되었다. 문화사의 이 단계에서 두 반구는 여전히 대부분 함께 작동했으며, 그로 인한 혜택이 손해를 한참 능가했지만, 시간이 흐르면서 손해도 더 명백해졌다.

원활한 이해를 위해 이러한 사태 변화를 연대적 순서로 다룰 것이다. 맨 처음에 나올 고전 그리스 시대는 최소한 기원전 7세기경까지 거슬러 올라가는 소위 '고전 시대'부터, 기원전 6~5세기에 플라톤이 등장할 무렵을 거쳐 플라톤 이후의 시기를 포괄한다.

▌▌고전 그리스

위대한 호메로스의 서사시 『일리아드』와 『오디세이Odyssey』가 한 사람의 작품인지 여러 사람의 합작품인지는 정확하지 않고, 이 시들이 언제 지어졌는지도 여전히 논쟁거리다. 대략 8세기 후반 현재의 형태로 완성되기 전에, 어떤 과거의 전통에 의거하여 여러 명의 시인들의 손을 거쳤는지도 모른다. 시를 기록한 사람이 한 명이었는지 여러 명이었는지도 불확실하다. 그러나 이런 불확실성과 상관없이 이

시들은 서구 문명을 통틀어 가장 오랫동안 사람들의 홍미를 끄는 인물 유형을 창조해 냈다. 이 작품들의 가장 현저한 특징, 상당한 분량의 작품 전체에 걸쳐 통일된 주제를 보유하며 단일하고 전체적으로 일관된 서술 구조를 가질 수 있는 능력, 공감력, 캐릭터에 대한 통찰력, 고귀한 가치에 대한 강력한 감각 등은 이 두 작품이 고도로 진화된 우반구의 소산임을 시사한다.

인간 얼굴에서 우반구가 차지하는 중요성과 관련지어 볼 때, 호메로스의 서사시에는 얼굴에 대한 기술이 거의 없다는 점이 의외일 수 있다. 『일리아드』와 『오디세이』 속 등장인물들이 경험하는 감정이 현실적이라는 데는 의심의 여지가 없다. 그들이 느끼는 자부심, 증오, 질투, 분노, 수치심, 연민, 사랑은 극이 만들어지는 재료이다. 하지만 대부분의 경우, 이런 감정은 얼굴보다는 신체 혹은 신체적 몸짓으로 전달된다. 물론 『오디세이』의 끝 부분에서 페넬로페와 오디세이가 재회하는 장면처럼, 눈물이 가득한 페넬로페의 눈과 가슴에서 솟아오르는 갈망의 고통을 드러내는 오디세이의 눈이 눈앞에 선하게 그려지는 때도 있다. 얼굴이 강조되지 않는 이런 현상은 공감적인 참여도가 커지는 시기에는 좀 당혹스럽게 받아졌을 수도 있지만, 여기에는 그럴 만한 이유가 있을 것이다.

제1부에서 지적했듯이, 호메로스의 이야기에는 살아 있는 인물의 신체 혹은 영혼이나 마음에 대한 언급이 없다. 마이클 클라크Michael Clarke의 『호메로스의 노래에서의 살과 정신Flesh and Spirit in the Songs of Homer』에 따르면, 호메로스의 인간은 신체나 마음을 **갖지** 않는다. 마음, 즉 '튀모스thumos'를 시사하는 단어, 예를 들면 '가족' 같은 것은 행동 주체와 행동 사이에서, 사유하는 실체와 그것이 수행하는 생각이나 감정 사이에서 유연하고 지속적으로 변한다.

심오하게 체현된 사유와 감정의 이 화신, 단일하고 정지된 실체보다는 항상 흘러가는 과정에 대한 이런 강조, 마음과 신체 사이의 양자택일적 구분에 대한 거부는 역시 모두 우반구에 의존적인 세계관을 시사한다. 하지만 이와 똑같이 현대적 정신이 볼 때 현저하게 눈에 띄는 것은 근거리에 설정된 시점이다. 나는 이것이 호메로스의 작품에 얼굴 묘사가 거의 없는 까닭을 설명하는 데 한몫을 한다고 생각한다. 얼굴에 관심을 쏟으려면 어느 정도 초연한 관찰이 필요하다. 인간 존재를 이런 식으로 틀 안에 넣는 능력은 사실 두 반구 간의 어느 정도의 협력과 함께 거리를 시사한다. 고대 그리스 시대에 우반구의 능력이 개화하고, 우반구와 좌반구 능력을 모두 개봉하여 과학과 예술 활동에 사용하기 시작한 것은, 호메로스 이후 그리스 문화에서 이 거리감이 더 발전한 덕분이다.

그 거리감과 함께, 현대에 가장 가깝고 더 심하게 해체된 것, 마음의 관념인 누스nous(혹은 noos)가 나왔는데, 이는 호메로스에게서 잘 보이지 않는 개념이다. 간혹 쓰이더라도 거의 언제나 지적인 의미로 쓰이며, 직설적으로 신체 부위를 가리키는 일은 없다. 클라크에 따르면, 이는 "사실상 계획, 전략과 동일시될 수" 있다. 좌반구의 공정과 일치하게, 그것은 화살이 날아가는 것처럼 직선적이다.

기원전 5세기 후반에서 4세기에 걸쳐 서로 분리된 "신체와 영혼 개념"이 그리스 문화에서 확고하게 확립되었다. 플라톤에게서, 또 그 이후 2천 년 동안 영혼은 플라톤이 『파이돈Phaedo』에서 묘사한 것처럼 죽음에 의한 해방을 기다리는 신체에 갇힌 포로였다.

제인스의 관찰에 따르면, 호메로스에게는 "의지의 개념이나 그것을 나타내는 단어가 없었다. 그 개념은 이상하게도 그리스 사유에서 늦게 발달했다. 따라서 『일리아드』의 인간들은 자체의 의지가 없었고, 자유의지는 분명히 없었다."[1] 여기서 제인스는 미해결 상태로 남아 있어야 하는 것을 너무 현대적인 태도로, 참을성 없이 다룬다. 비록 명시적 층위에서 신들이 두드러져 보일지라도, 묵시적인 층위에서는 신들이 어떤 의미에서는 자아와 같은 반열에 속한 것으로 보이기 때문이다. 클라크는 '인과因果의 이중 평면'이라 부른 것에 대해 언급한다. 호메로스의 작중인물들이 떠올리는 갑작스러운 생각과 감정은 각각의 신들이 개입한 것이면서, 동시에 독립적인 인간 심리의 한 측면이기도 하다는 것이다. "핵심은 두 평면이 조화롭게 공존한다는 것이다. 신들이 개입한다고 해서 필사必死의 인간이 자기 행동에 지는 책임감이 덜해지지는 않는다." 이와 비슷하게 시적인 기술도 인물 본인과 신들에게서 오고, 생각은 자신과 신들의 촉발로 나온다. 도즈E. R. Dodds는 『그리스인과 비합리적 인간The Greeks and the Irrational』에서, "호메로스에게 신이란 인간이 아닌 주체들이 인간의 삶에 간섭하여 그들에게 뭔가를 집어넣고 그리하여 그 생각과 행동에 영향을 미치는 요소들을 대표한다"고 썼다.[2] 이는 또한 사물이, 특히 클라크의 책에 비추어 볼 때, 실제보다 더 간명하고 건조한 것처럼 보이게 만든다. 그러므로 '나의' 의지는 이 단계에서는 그저 좌반구나 의식적인 노력만이 아니라 우반구, 그리고 신들의 음성으로 대표되는 가치와 이상에 이끌리는 직관적 매혹이기도 하다.

크리스토퍼 길Christopher Gill은 호메로스 시대에 자아 감각이 공유된 윤리적 삶에서 이루어지는 개인들 간의, 공동체의 대화와 긴밀하게 묶여 있는 방식을 섬세하게 분석했다. 이는 헬레니즘 이전의 그리스가 나중에 그렇게 된 것보다 좌반구의 지배력에 덜 종속되었다는 견해를 훌륭하게 뒷받침해 주었다. 부분적으로는 바로 이 때문에, '내' 생각, 내 신념, 의도 등으로 통하는 것들이 의식적으로 원래 내 것이라고 알고 있는 바로 그것이어야 하지는 않게 된다. 길은 이 논지를 탁월하게 전개했다.

이제 특정한 최적의 거리에서 보아야 할 필요에 대해 살펴보자. 그리스인들은 세계를 어떻게 보았을가? 그리스인들이 시각에 대해 한 말을 살펴보면, 그 의미가 매우 풍부하고 다양함을 알 수 있다. 놀라운 점은, 그런 단어 가운데 눈과 그것이 보는 대상의 관계만이 아니라 그것을 보는 사람들의 경험의 품질까지 함축하는 것들이 있다는 것이다. 눈은 우리의 지각에 어떤 감각 자료를 차갑게 전달만 한다는 생각, 그것이 대상을 파악한다는 생각은 한참 뒤까지도 언어에 없었다.

호메로스는 시각을 가리키는 용어를 무척 다양하게 사용했다. 스넬이 확인한 것만도 아홉 개 이상이다. 독수리가 '날카롭게 본다oxytaton derketai'고 말할 때, 호메로스는 독수리의 눈이 뿜어내는 광선 줄기를 염두에 두고 있다. 호메로스가 언급하는 날카로운 태양 광선도 이와 비슷하다. 'derkesthai'는 그저 뭔가를 기록하는 눈만이 아니라 그 대상을 향한 강렬한 응시를 뜻한다. 'paptainein'은 "하나의 시각적 태도를 가리키되, 시각 기능을 조건으로 삼지 않는다." 그것은 조사하는 듯이, 주의 깊게, 두려워하는 태도로 뭔가를 바라보는 태도이다. 'leussein'은 뭔가 밝은 것을 보며 자부심과 기쁨과 자유로운 느낌을 표현하는 태도이다. 그렇기 때문에 이 동사는 주로 1인칭으로 발견되며, "바라보는 양식에서 그 특별한 의미를 가져온다. 시각의 기능이 아니라 보여진 대상 및 시각과 관련된 감정이 그 단어에 고유한 품질을 주는 것이다."[3] 'theasthai'는 크게 뜬 눈으로 놀라는 표정으로 바라보는 것이다. 'ossesthai'는 뭔가 의심하는 듯한, "위협받는다는 인상"을 준다.

결국 그리스어로 '본다'는 뜻의 '이데인idein'의 주된 부분은

'horan', 'idein', 'opsesthai' 이라는 시각을 가리키는 세 가지 다른 동사에서 왔다. 고대 그리스어에는 그냥 본다는 단순한 기능을 전달하는 단일한 단어는 없고, 사물과의 관계나 경험의 품질을 가리키는, "보는 자"가 "보이는 것"을 대하는 태도를 가리키는 단어들만 있었다. 이는 당시까지만 해도 시각이 살아 있는 세계 내 맥락 속에, 아직 추상화되지 않은 상태로 들어 있었음을 말해 준다. 그것은 그 자체로 살아서 반향을 일으키고, 사이 관계를 표현하는 맥락 속에 여전히 놓여 있고, 아직 하나의 방향만 따르거나 초연하거나 죽은 관계가 아니었다. 아직은 관찰이 아니었다.

한편, 영어 단어 'theory'〔이론〕의 기원인 'theorein'은 훨씬 나중에 만들어졌다. theorein은 우리가 통상 '봄'과 연결짓는 의미, 눈이 그 대상을 파악한다는 의미를 갖게 된다. 흥미롭게도 그것은 원래 동사가 아니라, 관찰자를 가리키는 'theoros'라는 단어에서 소급적으로 형성되었다. 그것은 특별하게 여겨지는 어떤 상황에서, 통상 구경거리에 거리를 두는 것과는 다른, 더 특별하고 규모가 큰 상황에서 도출된 것으로 보인다. 추상적 인지라는 의미에서 '생각'을 가리키는 단어와 '보기'를 가리키는 단어는 서로 밀접하게 연결된다. 호메로스 시대 이후, 그 이전에 본다는 뜻을 담고 있던 단어들과 비교할 때 'theorein'과 'noein'〔지성에 의한 이해〕이 두드러지는 현상은 이 단어들이 고려되는 대상으로부터 상당히 추상화되었음을 뜻한다. 앞에서도 잠깐 다루었듯이, 마음의 여러 측면에 관해서도 이와 유사한 방식으로 'thymos'와 'noos'가 구별된다. 'thymos'는 신체를 움직이게 하는 본능으로 감정과 짝을 이룬다면, 'noos'는 성찰이며 관념, 이미지다. 그리스인들은 그때 이미 생각과 경험에서 좌반구가 중재한 것과 우반구가 중재하는 것을 현저하게 구별했던 것이다.

■ 고전 그리스 시기의 생각과 경험

기원전 6세기경, 세계를 생각하는 방식에도 급격한 변화가 일어났다. 이는 일반적으로 '철학의 시작'이라 알려진 변화이다.(버트런드 러셀 Bertrand Russel에 따르면, "철학은 탈레스로부터 시작된다".) 그 뒤 200~300년 동안 수많은 성찰이 이루어져 각기 상이하고 상반되기도 하는 결론에 도달했지만, 나는 그런 성찰의 출발점에는 한 가지 지각이 공통되게 깔려 있다고 감히 주장한다. 그것은 존재의 순수한 사실에 대한 지적 경이감, 나아가 세계를 경험하는 통상의 방식이 심각하게 잘못되었다는 확신이다. 이는 근본적인 비진정성에 대한 깨달음이라 부를 수 있을 것이다. 이 깨달음은 세계로부터 어느 정도 거리를 둘 때 발생한다.

반구에 대해 우리가 알고 있는 내용에 비추어 볼 때, 이것은 대략 두 방향 중 하나로 향할 것이라고 예측할 수 있다. 우선 그것은 경험의 개념화에 등을 돌릴 수 있는데, 이는 지각 현상에 버릇처럼 첨가되는 생각을 떨쳐 버리려는 시도이다. 그런 생각들이 첨가되면 세계와 거짓으로 친숙한 관계가 된다. 이는 실재의 표상에서 돌아와서 존재하는 것들을 제시하는 능동적 개방성으로 향하는 것이다. 다른 말로 하면, 우반구 세계의 진정성으로 복귀하는 것이다. 두 번째 방향은 이와 반대되는 방향, 즉 착각의 근원으로 간주되는 감각의 증언을 불신하는 쪽으로 밀고 나가서 마음의 내용만을 관조하는 쪽으로, 더 내향적으로 전환하는 것이다. 이는 우반구적 세계로 복귀하지 않고, 반대로 그것을 거부한다. 그것은 본래 진정하지 않은 것으로, 따라서 무효한 것으로 간주되기 때문이다.

나는 우리가 두 과정을 모두 보지만, 거기에는 순서가 있다고 생각한다. 우선 우리에게는 우반구의 우선성에 대한 인식이 지배하는 공정한 균형이 있지만, 시간이 흐르면 이 균형은 좌반구의 승리 쪽으로 기울어진다.

소크라테스 이전 철학에서 발견되는 친숙한 공통점은, 현상세계의 겉보기 통일성과 그 명백한 다양성을 화해시키려는 시도이다. 이는 만물이 그것으로부터 생겨나는 어떤 공통된 근원적 원리, 아르케arche〔원리原理〕가 있어야 함을 시사한다. 만물의 기저에 있으면서 상이한 여러 상태 사이에서 변형 가능한, 원초적 물질의 변형 가능성을 반영하는 외양과 현상의 다수성多數性이 그 원리다. 이 시도는 원자론적인 것으로 보일 수도 있다. 나는 이 시도를, 다수를 하나로 축약시키는 것이 아니라 통일성 속에서 분리를 설명하면서 두 가지 모두의 실재성을 존중하는 방법으로 보려 한다.

러셀이 말한 "최초의 철학자" 탈레스Thales는 6세기 초반의 사람으로, 자신이 세운 밀레토스 학파에 속하는 후배들과 함께 자연 세계를 열성적으로 관찰했다. 그는 천문학 분야에서 여러 가지 발견을 했으며, 기계 공학 문제를 푸는 데 수학을 사용했다. 그는 만물을 발생시키며 나중에는 그곳으로 돌아가는 1차적 원리가 물이라고 설정했는데, 이는 물이 고체에서 액체로, 다음에는 기체로 변하는 가시적인 이행 과정 및 모든 생물에 두루 존재한다는 사실에서 도출한 가설적 결론이었다.

탈레스의 제자인 아낙시만드로스Anaximandros는 문제를 더 진전시켰다. 그는 만물이 근원적인 원리에서 발생하며, 궁극적으로는 그곳으로 돌아간다고 설정했다. 그는 이 원리를 "무제약적인 것", "무규정적인 것"(아페이론apeiron)이라 불렀다. 이는 규정될 수 없는 어떤 것, 따라서 부정을 통해 접근해야 하는 것('아페이론'이란 문자 그대로 규정되지 않은 것, 제한이 없는 것을 의미한다.)을 시사하며, 그것은 시작도 끝도 아닌 것, 사물이 그것으로부터 영원히 발생하며 영원히 그곳으로 돌아가게 될 무한한 근원,

단순히 시간 속의 어느 한 정지 지점을 차지하기보다는 영원한 과정에 있으며, 인과 연쇄의 시작점이 되는 그런 것이다. 아페이론은 직접 지각의 대상은 아니지만 그래도 세계의 현상적 측면의 원인이 된다. 아페이론이란 상반되는 원리들이 서로를 파괴하지 않고 그 자체 속에 보존될 수 있다는 생각에서 나왔다. 아낙시만드로스가 올바르게 보았듯이, 물이든 다른 무엇이든지 간에 인지 가능한 물리적 원소 가운데 이런 조건을 충족시키면서 그 역할을 할 수 있는 대안은 없다. 아낙시만드로스에 따르면, 아페이론 내에 있는 이런 상반된 원리는 결정적인 중요성을 가진다. 그것들은 서로의 균형을 맞춰 주며, 이러한 상반되는 것들의 들고남, 주고받음이 만물을 발생시킨다. 사물 속의 불가피한 논리에 따르면, 그것들은 서로를 침해하고 그에 대해 보복하기 때문이다. "사물은 소멸했다가, 필연성에 따라 존재하게 될 때 복귀한다. 시간의 응보에 따라 서로에게 각각의 부당함을 보상하기 때문이다."[4]

그 제자인 아낙시메네스Anaximenes와는 달리, 아낙시만드로스는 통찰력 있는 글을 여러 편 남겼다. 여기서 그는 상반되는 것들의 공존 본성이며 생산적이기도 하고 파괴적이기도 한 필연성에 대해, 유한하지도 무한하지도 않은 것의 우선성에 대해, 사물이 아니라 과정으로서 아르케의 본성에 대해 말한다. 이는 곧 우반구의 본성에 대한 통찰이다. 비록 철학의 과정에서는 세계의 원인과 본성에 대한 통찰, 또 그것을 체계화하려는 시도 등은 좌반구에서 나오지만 말이다.

헤라클레이토스에 관한 자료는 모두 단편적인 것밖에 없지만 소크라테스 이전의 철학자들에 비하면 상대적으로 많은 편인데, 이것들은 과묵하고 경구 스타일에 걸핏하면 모순된 특성을 보인다. 그것들은 여러 세기 동안 끝없이 풍부한 해석의 소재가 되어 주었다.

헤라클레이토스는 사물의 본성은 우리가 일상적으로 과제를 수행하는 데 사용하는 도구로는 탐구하기 힘든 것이라고 주장했다. 자연스러운 가정과 공통된 사유 방식으로는 길을 잃게 마련이므로, 진리를 추구하는 길에서는 조심성을 유지하고 불굴의 투지를 가져야 한다고 말이다. "기대하지 않는 자는 예상치 못한 것을 발견하지 못한다. 왜냐하면 그것은 길이 없고 탐구되지 않은 것이므로."[5] 따라서 사물의 본성을 진실하게 불러내는 방식은 "선포하지도, 숨기지도 않고, 신호를 주는 것"이다.[6] 한 마디로, 사물의 본성은 모순된 것이 아니지만 그것을 언어로 담아내려는 시도는 기필코 모순되지 않을 수 없으며, 모순을 피하려다 보면 진상을 왜곡하게 된다는 것이다.

자연의 은폐성, 혹은 묵시적이지 않을 수 없는 성질은 그것에 다가가는 자들에게 특히 기민하고 유연할 것을 주문한다. "숨겨진 구조는 드러난 구조보다 우월하다."[7] 지혜를 찾는 자는 개방성과 여러 다른 사물에 대한 탐구를 해야 한다. "지혜를 사랑하는 인간은 여러 가지 것들에 대한 훌륭한 탐구자여야 한다. 왜냐하면 자연은 숨기를 좋아하니까."[8] 헤라클레이토스는 또 "모든 길을 다 가 보더라도 영혼의 끝에는 도달할 수 없다. 그것의 깊이logos가 워낙 깊기 때문"이라고 말했다. "만물에는 신들이 가득하다"고 본 점에서 헤라클레이토스는 탈레스와 견해를 같이한다. 그에게 만물은 영혼으로 가득하며, 마음이나 영혼과 물질의 세계 사이에는 날카로운 구분이 없다. 브루노 스넬은, 영혼의 새로운 개념을 묘사한 첫 번째 저술가인 헤라클레이토스가 '깊이'를 담은 심사숙고bathyphron라든가 깊은 생각bathymetes 등의 단어로 된 고전 시의 역사에서 의미를 길어 냈다고 말한다. '깊은 지식', '깊은 생각', '심사숙고' 등등의 개념은 '깊은 고통'처럼 고전 시대에는 흔한 것이었다. 이런 표현에서 깊이는 항상 지적인 것, 정신적인 것을 물리적인 것과 구별해 주는 무한성을 상징한다.

오도하는 본성을 가진 표상에 대한, 사물이 보이는 방식에 대한 헤라클레이토스의 반응은 그 방향으로 가지 않는 것, 현상으로부터 멀어지는 것이 아니라 우리 경험이 우리에게 무엇을 말해 주는지를 다시보는 것이다. 다른 말로 하면, 그는 실재의 본성을 발견하고자 내면으로 들어가라고 조언하는 것이 아니라 참을성 있고 주의 깊게 현상세계에 관심을 가지라고 말한다. 그는 대부분의 사람들은 경험에 비해, "자신들이 만나는 사물에 비해", 자신의 견해와 생각을 우선시하는 실수를 범한다. 그리하여 "보고, 듣고, 경험에서 배우는 것이 무엇이든지 간에 이쪽을 선호한다." 그는 다른 곳에서 "눈은 귀보다 더 확실한 증인"이라고 썼는데, 이는 곧 우리가 경험하는 것이 사람들이 경험했다고 말하는 것보다 더 확실하다는 뜻이다. 하지만 경험만으로는 불충분하다. 이해가 필요하다. 거의 모든 사람은 자기가 경험하는 것을 이해할 위치에 있지 않다. "인간의 영혼이 그 언어를 이해하지 못한다면 눈과 귀는 인간에게 빈약한 증인이다."⁹⁾

헤라클레이토스에게 로고스logos, 궁극적 이성, 명분, 의미, 세계의 깊은 구조는 외관 배후 어딘가에 있는 힘 같은 것이 아니다. 나중에는 그런 것이 되지만, 여기서는 칸이 "현상적 자산"이라 부르는 것, 이성적인 생각과 반응 속에서 증명되고 경험되는 것이다.

우리가 경험에 대한 미리 구상된 생각이 아니라 경험 자체에 관심을 가질 수 있다면, 헤라클레이토스에 따르면 우리는 반대되는 것들 간의 통일의 실재를 만나게 된다. 반대되는 모든 원리들이 화해하는 이 합일의 진가를 인식하는 것이 헤라클레이토스가 보는 지혜sophia의 정수였다. 반대자는 서로를 규정하며 서로를 존재하게 만든다. "전쟁은 만물의 아버지, 만물의 왕"이라는 그의 유명한 발언은 반대의 창조적 힘에 대한, 반대자들이 서로를 무효화하는 것이 아니라 새로운 어떤 것을 창조하는 유일한 방식임을 표현한 말이다. 그러므로 헤라클레이토스가 말하듯이, 화음을 이루려면 높고 낮은 음표가 모두 필요하며, 남성과 여성이 합쳐지지 않으면 우리는 태어나지 않았을 것이다. "그들은 사물이 어떻게 자신과 일치하며 달라지는지를 이해하지 못한다. 리라나 활의 경우처럼 그것이 조화harmonie이다."[10]

팽팽한 줄, 양 끝이 상반되는 힘으로 서로를 잡아당기며, 그럼으로써 활이나 리라에 가장 필수적인 힘이나 장점을 주는 그런 줄은 정지적이기보다는 역동적인 평형의 완벽한 표현이다. 정지 상태 속에 운동을 담아 두는, 상반된 것들을 화해시키는 이 현상은 헤라클레이토스의 가장 유명한 발언인 "만물은 흐른다"는 말에도 나타나 있다.[11] 경험된 세계에서의 안정성은 언제나 그것을 통해 사물들이 흘러가는 형태가 제공하는 안정성이다. "같은 강물에 발을 디디는 것처럼, 항상 다른 물이 그를 지나쳐 흘러가는데…… 우리는 같은 강물에 두 번 다시 들어설 수 없다."[12] 강은 언제나 다르지만 언제나 같다. 물론 궁극적으로는 강 자체는 그것을 통해 흘러가는, 왔다가 가는 물만이 아니다. 이 점에서 우리 신체 역시 강과 같다. 이와 달리 변화와 흐름의 반대인 정지 상태는 생명과 공존할 수 없고, 분리와 해체로 이어질 수밖에 없다. "마약도 저어 주지 않으면 분리된다."[13]

헤라클레이토스는 우반구 세계의 우선성에 대해 알고 있으면서도 반구들 간의 균형의 본질이 무엇인지를 파악한 사람 같다. 그렇게 생각하는 까닭은 여러 가지다. 무엇보다도 그는 일차적 실재의 숨겨지고 묵시적이고 얽매이지 않은 본성을 주장한다. 그리고 우리가 지각하는 것이 무엇인지 진정으로 이해하기 힘들지만, 그럼에도 불구하고 지각의 중요성을 주장한다. 경험에 대한 이론이 아니라 경험을 우선시한다. 반대자들이 상대방을 불가피하게 무효화하기보다는 한데 모여야 할 필요성을 주장한다. 만물은 정지 상태에 있거나 완성된 것이 아니라, 항상 변화하는 도중이며 영원히 흘러가는 것이라고 주장한다. 만물은 에너지나 생명을 담고 있다고 주장한다. 게다가 그는 로고스를 사적이고 고립된 사유 과정으로 성취된 어떤 것으로서가 아니라 공유된 어떤 것, 호혜적인 것, 호혜적으로 존재하게 된 것으로 본다. 또 맥락에 따라 사물의 본성이 바뀐다는 점을 강조한다.

칸은 자신이 보기에 헤라클레이토스의 것인 듯하지만 해석은 불가능한 어떤 단편에서, 헤라클레이토스가 "가까이 다가서다anchibasie"라는 단어를 썼다고 말된다. 좌반구의 방식과 대조적인 진리에 대한 우반구의 접근을 묘사하는 데 이보다 더 나은 단어는 있을 수 없다.

기원전 5세기 초반으로 이동해 보자. 이탈리아 남부 해안에 있던 그리스의 식민지 엘레아에서 파르메니데스Parmenides는 자신의 철학 학파를 세웠다. 파르메니데스는 아폴론을 섬기는 사제였다. 그의 주된 저작은 단편으로 남아 전하는 시인데, 여기서 그는 헤라클레이토스와 명백한 반대 입장에 선다. 그가 전하려는 중요한 메시지는, 진리의 길 대 믿음의 길이라는 시의 이중 구조에 구현되어 있는 메시지는, 현상세계는 기만이라는 것이다. 존재하는 것은 사유뿐이다. "사유와 존재는 동일하다."[14] 생각될 수 있는 것은 반드시 존재해야 하고, 생각될 수 없는 것은 존재할 수 없다. 논리에서 이어지는 것은 아무리 경험과 어긋나더라도 반드시 진리다. 그러나 모순, 언어 및 이성 체계 내에서의 갈등은 확실한 오류의 표시다.

우리는 모두 분명히 운동이 있다고 생각하며, 파르메니데스의 논리에서도 그것이 사실일 것처럼 보인다. 하지만 그의 생각은 그렇지 않았던 것 같다. 알고 보니 운동은 착각에 불과하다는 것이다. "존재하는 모든 것"(만물萬物)은 움직일 수 없다. 움직인다면 아무것도 존재하지 않는 허공 속으로 들어가게 될 테니까. 이는 논리적으로 있을 수 없는 일이다. 그러므로 존재하는 모든 것은 그처럼 무시간적이고 무차별적이며 불변적이다. 만물은 정지해 있고, 변화의 과정은 영원히 제거된다. 운동과 변화 현상은 착각에 의한 외관이다. 논리적 체계를 현상에 충실하는 것에 우선함으로써, 모호성이나 모순을 거부하는 데서, 확실성과 정지 상태를 달성하는 데서, 이 철학은 좌반구의 세계에 대한 충실함을 보여 준다. 하이데거는 궁극적으로 헤라클레이토스와 파르메니데스가 똑같은 이야기를 한다고 보았는데, 그는 파르메니데스의 존재를 실제로 존재하는 모든 것의 존재 속에서 발견함으로써 그것을 구제하고, 그래서 실제 존재와 파르메니데스의 존재를 화해시킴으로써 그런 입장을 교묘하게 유지한다. 만약 이것이 사실이라면, 내가 이 책 제1부에서 논의한 것도 저절로 증명된다. 즉, 좌반구의 통로를 멀리 따라가다 보면 결국 우반구가 인식하는 세계로 인도되지 않을 수 없다는 것이다.

플라톤의 대화록인 『테아에테토스*Theaetetus*』에서, 소크라테스는 파르메니데스가 현자들 가운데 만물은 변화하고 움직인다는 것을 부정한 유일한 사람이었다고 지적한다. 그러면서도, 그럼에도 불구하고 파르메니데스는 플라톤에게 엄청난 영향을 미쳤으며, 플라톤을 통해 그 뒤에 이어지는 서구 철학에 막대한 영향을 미쳤다. 지식은 오류가 없어야 하며 일반적이어야 한다는 플라톤의 신념은, 가변적이고 개별적인 것을 우리는 인식할 수 없다는 입장으로 이어졌다. 좌반구적인 의미의 '지식'을 기준으로 할 때 이는 참이다. 그렇다면 플라톤에게 지식은 실재가 된다. 형태의 영역, 신체가 없고 이상적이고 보편적인 추상의 영역, 실제적이고 물리적인 감각적 경험의 대상은 모두 그것의 그림자일 뿐이다. 확실성과 명료성의 요구는 배중률과 함께 모순으로 보일 수 있는 것의 가능성에 눈을 감게 했다. 그 이후 그리스 철학은 좌반구적인 작동 양상과 가정에 지배되었다. 그리고 아리스토텔레스의 제자로서 기원전 3세기에 활동한 테오프라스토스Theophrastus 이후, 헤라클레이토스의 수수께끼 같은 경구적인 스타일은 그저 정신병의 징후로 여겨졌다.

철학이라는 것의 존재 사실 자체가 필수 거리라는 것의 등장으로 가능해진 여러 가지 변화 가운데 하나였다. 적어도 그리스인들이 생각하는 것 같은 연극은, 또 니체가 본 대로의 연극은 아폴론과 디오니소스 간의 필수적 균형을 입증하는 예이다. 이 거리는 현대의 연극인들이 지지하는 것 같은 '아이러니를 위한 거리(Verfremdungseffekt)'와는 아무 상관이 없고, 실제로는 그와 정반대 목표를 유발한다. 그것은 우리가 타인을 강력하게 느끼고 또 그럼으로써 우리 자신을 알게 해 주며, 거꾸로 타인들이 우리를 강력하게 느끼게 해 준다. "인간은 자신을 듣거나 알기 전에 자기 자신의 메아리를 들어야 한다"고 스넬은 말한다. 그 메아리를 우리는 연극에서 찾게 된다. "비극에 나오는 코러스chorus의 과정, 자신이 자신의 눈앞에서 변신하고 마치 다른 사람의 몸에 정말 들어간 것처럼, 또 다른 캐릭터인 양 행동하는 것을 보는 경험은 연극의 원래적인 현상이다."[15] 니체는 이렇게 말했다. 비극에서 우리는 서구 역사상 처음으로 공감의 힘을 본다. 그 속에서 우리는 의지의 고통스러운 형성, 남녀 영혼의 형성만이 아니라, 진화하는 신들 자체의 형성 과정, 본능으로부터 보복과 보속적補贖的 정의를 거쳐 자비와 화해로 나아가는 것을 보게 된다.

또 철학의 명시적인 논의에서는 절대로 화해될 수 없는 반대자들이 신화의 묵시적 힘을 통해 화해하는 것 역시 연극에서 가능하다.

아테네에는 기술과 지성intelligence의 신인 프로메테우스에 대한 특별한 숭배가 있었다. 하늘에서 불을 훔쳐 인간들에게 준 것이 프로메테우스였다는 사실은 오래 기억된다. 이 책의 주제어를 써서 말하자면, 심부름꾼이 스스로 주인의 힘을 가진 것이다. 제우스는 인류를 멸망시키려는 계획을 세웠는데, 프로메테우스가 준 선물이 인간들에게 저항할 희망과 힘을 주었다고 한다. 이 죄로 인해 프로메테우스는 제우스에 의해 쇠사슬로 바위에 묶이고, 매일 독수리가 날아와 그 간을 쪼아 먹게 되는데, 독수리에게 쪼아 먹힌 간은 다음 날이면 원래 상태가 되어 고통도 영원히 이어진다.

아이스킬로스의 연극에서는 헤르메스가 제우스의 전령(주인의 심부름꾼)으로 파견되어 회개하지 않는 프로메테우스에게 더 큰 고통을 주지만, 다른 신화에서는 하늘에서 불을 가져온 것이 헤르메스라고도 한다. 어떤 면에서 헤르메스는 프로메테우스의 분신alter ego인 것이다. 프로메테우스처럼 헤르메스는 무게와 척도, 그리고 문자와 예술의 발명자이다. 이 책의 논지에서 중요한 것은 헤르메스가 상인과 사기술의 신이기도 하다는 점이다. 이 점에서 그는 이집트의 과학과 기술의 신인 토트Thoth에 상응하는데, 토트는 문자의 신이기도 하다. 프로메테우스 역시 "희생 제의의 수립자이자 사기꾼, 도둑이었다"고 케레니는 쓴다. "이런 특질은 그를 다루는 모든 이야기의 바탕에 있다. 자기 주위의 신성함을 훔치는 자의 이미지, 무모함 때문에 헤아릴 길 없고 예측할 수 없는 불운을 가져오는 자의 이미지인 것이다." [16]

기원전 5세기 초반에 집필했던 아이스킬로스는 일반적으로 그리스 비극의 창시자로 받아들여지는데, 슐레겔A. W. Schlegel은 아이스킬로스의 『포박된 프로메테우스』야말로 비극의 정수라고 여겼다. 다만, 아이스킬로스가 이 희곡을 직접 썼는지는 확실치 않다. 하지만 주인공이 오만hubris의 결과로서 영광의 정점에서 절망의 심연으로 떨어지는 과정을 묘사하는 것이 비극이라면, 이 희곡은 밀턴의 『실낙원*Paradise Lost*』과 함께 비극의 축도縮圖로 간주되어야 한다는 점은 분명하다.

프로메테우스의 운명을 그린 아이스킬로스의 묘사는 감동적이고 연민을 자아내지만, 또한 스스로 강력해지고자 다른 영역에 속하는 것을 붙잡아 활용하려 한 그 오만한 시도로 인해 인간이 입게 된 고통에 대해서도 말해 준다. 슐레겔이 표현한 대로, 프로메테우스는 "인간 본성 그 자체의 이미지"이다.[17]

너 자신을 알라Gnothi seauton. 이 유명한 말은 델피의 신탁 신전 입구 위에 새겨져 있다. 신성한 향초를 태우는 증기를 들이마시고 황홀경에 든 여사제의 입을 통해 발언되는 이 신탁 자체는 추론하는 지성의 세계에 대해 너무 쉽게 파악한 내용을 잠시 제쳐 두고, 경배의 분위기에서 나온 애매모호한 발언의 해석에서 발생하는 직관에게 지성을 열어 보이는 방식이다. 프로메테우스를 그린 아이스킬로스의 비극에서도, 마음이 미처 알지 못한 사이에 자기 자신을 알게 되는 것 같다. 그 자체를 인식하는 것은 마음(사실은 두뇌)이다. 프로메테우스의 비극은 두 반구의 이야기다. 더 일반적으로 말하자면, 그리스에서의 비극의 발명 혹은 발견은 항상 되살아나는 주제인 오만을 통한 전략이라는 주제를 토대로 자의식의 역설을 표현한다. 즉, 마음이 그 자체의 본성을 알고 이해하기 시작한 것이다.

■ 문자언어

문자 기록이 없었다면 호메로스의 말도, 아이스킬로스, 소포클레스, 에우리피데스 등 위대한 비극작가들의 말도 알려지지 않았을 것이다. 또 문자의 역사적 중요성을 감안하지 않으면서 고대 세계에서의 반구

이야기를 할 수 있는 길은 분명히 없다. 그렇다면 문자와 반구 사이의 관계는 어떤 것인가?

이 질문에 답하려면, 문자가 처음 발생한 이후 본질적으로는 그리스의 알파벳 체계와 동일한 현재 서구의 알파벳에 이르는 문자의 역사 발전 단계를 볼 필요가 있다. 기원전 4세기경이면 그리스에서 문자 기록 과정에서 일어나는 중요한 반구 간 변동은 이미 다 일어난 시기다. 여기에는 네 가지 중요한 요소가 있는데, 각 요소에서 권력 균형은 점점 좌반구 쪽으로 움직였다. 그 네 요소란 그림문자에서 표음表音문자로, 음절형 표음문자에서 표음 알파벳으로, 모음 기호가 알파벳에 포함됨, 글쓰기의 방향이다.

▶그림문자에서 표음문자로

우리가 아는 한 최초의 문자언어는 기원전 제4천 년대에 출현했다. 대상을 시각적으로 표현하는 그림문자는 기원전 3300년경 수메르에서 처음 사용되었다. 이것들은 좀 더 도식적인 기호인 표의表意문자에 차츰 밀려났다. 이는 그 자체가 가진 의미보다는 추상화 쪽으로의 이동을 나타낸다는 점이 더 중요하다. 같은 방향으로 진행된 훨씬 더 큰 이동은 표의문자가 표음문자로 대체된 것이다. 대상을 지칭할 때 내는 음향 이외의 지각적 자질에 더 이상 도식적으로 결부되지 않는 임의적 기호를 사용하는 방향으로 이동하는 추세로 인해 문자는 더욱 좌반구 영역으로 이동했다. 이집트에서는 수메르와 대략 같은 시기나 조금 뒤인 기원전 3100년경에 문자가 등장했다. 전체적으로 보면 그림문자, 표의문자, 표음문자의 세 가지 형태 모두 각각의 맥락에 따라 병행하여 함께 사용된 것으로 보인다.

▶표음문자에서 표음적 알파벳으로, 그리고 모음의 사용

어떤 언어에서는 표음문자가 음절音節을 나타낸다. 알파벳을 쓰는 언어에서 각각의 알파벳은 원래 자음인 단일한 표음적 구성 요소를 나타낸다. 그리스어는 음절언어가 아니라 음소音素언어이다. 중국어와 같은 음절언어에서는 동일한 음절이 다른 음조로 발음되거나, 히브리어나 아랍어처럼 다른 모음으로 발음될 수도 있다. 음조나 모음이 변하면 의미도 변한다. 이는 중요한 의미를 담고 있다. 언어가 순수하게 음소적이기보다는 음절적인 한, 그것은 아주 다른 의미를 나타내는 문자화된 글자들을 구별하고자 맥락에 의존하지 않을 수 없다. 음절언어를 읽고 이해할 줄 아는 데는 그리스어나 라틴어, 영어 등 그 밖의 다른 현대 유럽 언어 같은 순수하게 음소적인 언어를 읽고 이해하는 것과는 다른 과정이 필요하다.

가장 중요한 것은, 의미가 맥락에서 출현하고 음절이나 음향이 읽히는 방식을 마음이 개정한다는 데 있다. 이는 시 속의 의미를 다룰 때와 마찬가지로, 지시의 일선적·일방향적인 연쇄를 통해서가 아니라 하나의 전체로서 초점 속으로 용해되는 발언을 둘러싸고 작업하는 것이다. 이보다 덜 명백하지만 그에 못지않게 중요한 것이, 음절적 언어에서 개념은 그 자체로 의미를 가지는 음절로부터 조립된다는 사실이다. 현대 서구의 언어들은 음절적이 아니라 음소적이지만, 영어 단어의 어원을 알고 있다면 그게 어떤 식인지를 이해할 수 있다. 따라서 음절적 언어에서의 의미는 그것이 발산되어 나온 바깥 세계에 뿌리내리고 있음이 더 명백하고, 덜 임의적이며, 그 은유적 기초를 더 크게 보유하고 있다. 이 두 가지 측면에서 음절적 언어는 우반구에 의한 이해를 선호하고, 음소적 언어는 좌반구식 이해를 선호하는 걸 알 수 있다. 모든 알파벳 체계의 기원은 원 가나안Proto-Canaanite 시대(기원전 2천 년~1500년)로 거슬러 올라가, 기원전 1500년경 설형문자에서 아카디아 표음문자가 발달해 나온 데서 찾을 수 있다. 그것으로부터 라틴어 알파벳이 발생해 나온 그리스어의 알파벳은 페니키아 알파벳에서 유래했다. 사실 그리스어 알파벳은 페니키아 알파벳과 거의 똑같지만, 흥미롭게도 후대에 일어난 글쓰기 방향의 변화로 거울에 비친 것처럼 쓰는 방향이 뒤집혔다. 이 변동이 일어난 시기에 대해서는 논쟁의 여지가 있지만 대략 기원전 9세기경이라고 한다.

문자에 모음이 처음으로 포함된 것은 그리스어 알파벳이 페니키아 알파벳에서 진화해 나온 때의 일이었는데, 이 일은 반구 간 권력 균형상의 변동을 더욱 공고히 하여, 맥락에 의거한 문자로부터 순서에 의거한 문자 기록으로 넘어가는 최후의 무의식적 처리 전략을 없애 버렸다.

▶글쓰기 방향

우반구는 수직선을 좋아하지만, 좌반구는 수평선을 더 좋아한다. 선들이 수직으로 있는 경우에 좌반구는 그것을 밑에서 위로 올라가면서 읽는 것을 좋아하고, 우반구는 위에서 아래로 내려 읽는 편을 더 좋아한다. 거의 모든 문화에서 문자는 처음에는 수직 방향으로 기록되었다. 일부 동양의 언어는 지금도 그렇게 쓰인다. 또 일반적으로 위에서 아래로, 오른쪽에서 왼쪽으로 읽힌다. 즉, 최대한 우반구가 결정하는 관점에서 읽는다는 뜻이다. 동양과 서양에서 모두 언어는 일반적으로 위에서 아래로 읽히며, 그래서 전 지구적 층위에서 여전히 우반구 선호성을 따라야 하지만, 지역적이고 순차적인 층위에서 보면 서구에서는 좌반구적 관점 쪽으로 흘렀다. 이 변이는 표음문자로의 이동과 함께 시작되었다. "거의 모든 그림문자 체계가 수직적 구도를 선호하는 반면 …… 언어의 표음문자적 특징의 시각적 실행에 독점적으로 의지하는 사실상 모든 글쓰기 체계는 수평적 구도로 펼쳐진다."[18] 그리하여 수직적 글쓰기는 수평적 쓰기로 대체되기 시작했고, 서구에서는 기원전 1100년경 수직적 글쓰기가 거의 사라졌다. 기원전 11세기쯤이면 그리스어는 오른쪽에서 왼쪽으로 나아가지만 수평적으로 쓰기 시작했다.

기원전 7세기까지는 오른쪽에서 왼쪽으로 쓰기가 계속되었다. 그러나 대략 이 무렵 아주 흥미로운 변화가 일어났다. 8세기에서 6세기 사이에 그리스어가 지금 '부스트로페돈boustrophedon'이라 알려진 방식으로 쓰이기 시작한 것이다. "황소가 밭을 가는 것처럼"이라는 뜻의 이 방식은, 줄 끝까지 가서 뒤로 돌아오는 것이다. 그래서 글쓰기의 방향이 매 줄마다 바뀌게 된다. 그러나 기원전 5세기경이면 왼쪽에서 오른쪽이라는 방향이 정규화되기 시작했고, 4세기에는 그 변동이 완결되어 그리스어의 모든 형태는 왼쪽에서 오른쪽으로 쓰이게 되었다.

왼쪽에서 오른쪽으로 읽으려면 눈을 오른쪽으로 움직여야 하는데, 이는 좌반구가 추진하는 일로, 이렇게 하면 좌반구에 보이는 것들과 더 잘 소통할 수 있다. 결과적으로 사실상 모든 음절언어가 오른쪽에서 왼쪽으로 쓰이지만, 독립적 요소들의 일선적 순차로 구성된 인도유럽어족 같은 거의 모든 음소언어는 왼쪽에서 오른쪽으로 쓰이게 됐다.

쓰기의 본성과 방향상의 변동이 좌반구를 선호하는 쪽으로의 이동을 초래했는가, 아니면 글쓰기 본성에서 나타난 변화는 그저 외적인 징후나 신호에 불과할 정도로 더 깊은 다른 차원에서 생긴 인지의 변동이 그리스 세계에서 일어났는가?

나는 쓰기의 본성 자체가 그런 변동을 필요로 한다고는 생각지 않는다. 그런 변동을 일으킨 주 원인은 분명히 뭔가 더 깊은 곳에 있는 어떤 것이리라. 무엇보다도 비서구 세계의 거의 모든 언어가 우반구를 선호하도록 구축되지 않았는가. 그럼에도 불구하고 이런 우반구 성향의 언어는 우반구에 의해 처리되지 않게 되었고, 지금은 사실상 좌반구로 처리된다. 이는 아마 서구적인 마음의 관습이 불가피한 것이 되어 가는 세계에서, 비서구적 문화가 이 무렵 그리스에서 시작된 인지상의 변화를 물려받았기 때문일 것이다. 다른 말로 하면, 현대 세계에서 언어는 좌반구의 의제에 너무 길들어져서, 히브리어나 아랍어처럼 우반구에 의해 처리되는 과정에서 시작된 것이 분명한, 또 지금도 오른쪽에서 왼쪽으로 읽히는 언어들도 지금은 사실상 상당 정도 좌반구에서 처리되고 있다.

이와 비슷하게 그림문자가 표음문자보다는 좌반구 쪽에 덜 편중화된 것은 사실이지만, 한때 믿어졌던 것처럼 일본의 그림문자 기록인 칸지漢字는 우반구에 의해 더 잘 감식되고, 일본어의 표음문자인 가나는 좌반구에 의해 더 잘 처리된다는 것은 사실이 아니다. 두 종류의 필기가 다른 구역이기는 해도 주로 좌반구에서 처리되는 것으로 보인다. 중국어에서도 언어 처리 과정의 대부분이 서구의 알파벳 언어처럼 이제는 좌반구의 도움을 받는다. 그러나 그 결과는 절대적이지 않고, 히브리어와 아랍어를 읽는 것이 서구의 언어를 읽을 때보다 이 두 반구를 더 균등하게 활용한다는 증거도 많이 있지만, 한자를 크게 소리 내어 읽으면 영어를 읽을 때보다 우반구의 연결망이 훨씬 더 광범위하게 활성화된다. 이는 아마 시각과 음조 면에서 미묘한 요구가 더 많기 때문일 것이다.

그리스어가 다른 여러 언어들처럼 처음에는 반대 방향으로, 우반구를 선호하는 방향으로 쓰였으리라는 사실을 인정해야 한다. 그렇다면 글쓰기 방향은 왜 바뀌었고, 왜 모음을 포함시킬 필요가 생겼을까? 좌반구로 처리되는 중이 아니라면 말이다. 모음이 포함된 것은, 맥락적 접근법과 대립되는 좌반구의 분석적 · 순차적 접근법의 요구 때문이었던 것으로 보인다. 모음이 좌반구의 분석적 접근법을 요구한 것이 아닌 것 같다. 다른 언어는 모음 없이 그냥 사용되었다.

그렇다면 어니스트 헤브록Ernest Havelock이나 존 스코일스John Skoyles가 주장했던 내용, 그리스 문화의 인지적 변동에 책임이 있는 것이 그리스어 자체가 아니라 그 알파벳의 구조였을지도 모른다는 주장에 대해 말하자면, 나는 그 관계가 매우 중요하다는 데는 동의하지만 그리스 알파벳의 성격은 원인이라기보다는 결과 쪽에 더 가깝다고 본다. 다른 말로 하면, 그것은 분명히 다른 곳에서 시작되었을 변동을 공고히 한 것에 불과하다.

클로드 아제주Claude Hagege는 이렇게 말한다. "쓰기는 권력의 도구이다. 그것은 먼 곳의 농노에게 명령을 내릴 수 있게 해 주며, 어떤 법률을 중요시할지 결정할 수 있다."[19] 이집트와 수메르에 연원을 두는 서구 세계에서의 글쓰기에 관해서는 이 말이 확실히 사실일 것이다. "쓰기는 기본적으로 기술"이라고 프랑스의 위대한 역사가 페르낭 브로델Fernand Braudel은 썼다.

그것은 기억하고 소통하도록 사물을 관련짓고, 사람들로 하여금 원거리에서도 지시를 내리고 관리할 수 있게 해 주는 방법이다. 넓은 공간에 펼쳐진 제국과 조직된 사회는 글쓰기의 자식들이다. 글쓰기는 이 같은 정치적 단위와 때를 같이하여, 또 비슷한 과정을 거쳐 모든 곳에서 등장했다. …… 글쓰기는 사회를 통제하는 수단으로 확립되었다. …… 수메르에서 대부분의 고전 점토판은 재고 조사와 회계, 식량 배급 목록, 수여자의 기록 등이다. 미케네·크레타 문자인 선형문자 B는 1953년에 마침내 해독되었는데, 똑같이 실망스럽다. 그것 역시 비슷한 주제를 다루고 있기 때문이다. 지금까지는 궁궐의 회계 이외에 다른 내용이 없었다. 하지만 글쓰기가 처음으로 확정되고 국가와 왕공들의 열성적인 하인들에 의해 발명되어 그것이 무엇을 할 수 있는지 보여 준 것은 이 기본적 차원에서였다. 다른 기능과 적용 분야는 곧 등장하게 된다. 숫자가 등장한 것은 최초의 문자언어에서였다.[20]

브로델은 숫자가 문자언어 초기에 등장한다고 말한다. 사실 숫자를 최초로 기록한 것은 수메르인이었고, 그들의 사회는 최초의 진정한 제국이었다. 숫자는 작물, 가축, 백성을 통제하는 데 필수적이었다. 하지만 제국이 글쓰기의 자식이라는 것은 그리 대단한 사실이 아니며, 제국과 글쓰기는, 적어도 서구에 등장한 이후로는, 모두 좌반구의 자식이었다. 원래 글쓰기는 이런 특징을 가질 필요가 없었다. 그렇게 된 것은 아마 서구 뿐일 것이다. 다른 문화에서는 글쓰기가 아마 이처럼 불길하고 실용적인 의제를 염두에 두고 발생하지는 않았을지도 모른다. 아제주에 따르면, 중국 글자의 기원은 경제적이고 상업적인 영역보다는 마법-종교적이고 점술적인 영역에 있었던 것으로 보인다. 서구에서만 글자가 이와 같은 성격을 가진다면, 이는 서구 특유의 두뇌 발전 양상을 반영한다.

▋ 화폐

상황이 어떻든지 간에 그리스에서 쓰기가 경제 및 상업 영역과 관계가 많다는 데는 의심의 여지가 없다. 화폐는 쓰기와 공유하는 중요한 기능을 가진다. 기호나 표로, 표상으로, 즉 좌반구의 활동의 본질로 사물을 대체하는 것이다. 내가 주장하려는 바는, 그것들이 동일한 신경심리학적 발전의 측면들이라는 것이다. 단어가 그것이 상징하는 실재보다 더 진정한 것이 되도록(좌반구에게) 인도하는 변화는 화폐와 함께 발생한다. 리처드 시포드Richard Seaford는 화폐 통화는 기호와 실질에 대한 반정립의 필요성을 촉구한다고 단언한다. 그럼으로써 기호가 결정적인 것이 되고, 구체적인 실재 아래에 놓여 있는 이상적인 실질이 되는 것이다. 스코일스가 알파벳을 새로운 사유 방식에서의 제1의 원동자prime mover[자신은 움직이지 않으면서 모든 운동을 출발시키는 시초를 가리키는 아리스토텔레스의 용어]로 본 것과 마찬가지로, 시포드가 화폐를 새로운 종류의 철학에서의 1차적 운동자로 본다는 점은 흥미롭다. 시포드의 이 공식이 플라톤의 형상形相·eidos 이론과 기묘할 정도로 닮았다는 점을 감안하면, 왜 그런지는 확실하게 이해할 수 있다. 지금쯤이면 독자들도 짐작하겠지만, 나는 알파벳이든 통화든 제1의 원동자로 보지 않고, 그것을 부수적 현상으로 보려고 한다. 즉, 반구 간 균형에 나타난 더 깊은 변화의 신호가 두 가지로 표출된 것으로 본다.

화폐는 서로의 관계를 예측 가능하게 바꾼다. 이는 우반구의 가치로부터 좌반구의 가치로 넘어가는 과정을 명료하게 반영한다. 호메로스에게 금은으로 만든 물건은 귀족들의 선물이며 신이나 불멸과 결부되었지만 화폐는 아니었다. 사실 이는 중요한 일인데, 무정형의 금은보화에 결부된 연상은 부정적인 쪽이었다. 화폐가 발달하기 전에는 호혜성이 중시되었다. 선물은 엄밀한 것도 아니고 계산된 것도 아니었다. 또는 즉시 써먹을 수 있는 것이나 자동적으로 받아들여지는 것도, 또는 요구되는 것도 아니었다. 선물은 그 자체로 대체 가능하지 않고 고유한 것이었다. 선물에서 중요한 지점은 관계를 창조하거나 유지하는 가치였는데, 그것 역시 고유했다. 그런데 상업에서는 이 모든 것이 변한다. 본질은 경쟁이다. 교환은 즉각적이고, 등가성을 근거로 하며, 방점은 관계가 아니라 효용이나 이윤에 찍힌다. 시포드가 지적하듯이 화폐는 동질적인 것이어서, 그 대상과 사용자를 동질화하고 고유성을 해친다. 그것은 부적符籍 같은 것과는 달리 비개인적이며, 연대의 필요, 또는 우리가 교환하고 있는 상대방에 대한 지식을 근거로 하는 신뢰를 약화시킨다. 그것은 죽음의 제의까지도 타락시키고, 그것이 초월하는 다른 가치들을 위협하고 대체하면서 보편적인 목표가 된다. 그것은 보편적 수단이며, 그것이 달성하려는 목표에는 신들의 선한 의지나 정치 권력도 포함된다. 그것은 "무한한 탐욕을 기른다."[21] 폴리스polis의 뒤늦은 발달이 이런 변화를 초래하고 주화의 발달로 이어진다.

그러니, 그리스 세계에서 발생한 것은 알파벳만이 아니라 화폐도 있었다. 더욱이 두 가지 모두 상업이 제공한 가능성에서 발생했다. 브로델은 알파벳과 화폐를 한데 묶어 "변화의 가속자"라 부른다.

글쓰기는 지휘, 상업, 소통, 그리고 흔히 탈신화화의 도구가 되었다. 그것이 권력, 혹은 권력의 수단을 향해 움직인 것은 사실이다. 하지만 이미 더 낫건 못하건 간에, 그것은 묵시적인 것을 희생시키고 명시적인 것 쪽으로, 좌반구 쪽으로 움직인다. 하지만 이 이행은 완전히 다른 이유에서 매우 흥미롭다. 즉, 연대年代적으로 그것이 그리스 세계 전체에 걸친 진보를 기록하는 방식을 주목해보자. 먼저 오론테스 강 하구에 있던 무역 거점인 알 미나가 언급된다. 알 미나가 세워진 것은 기원전 9세기경으로 추정되지만, 기원전 14세기 이후 이미 미케네인들과 상업을 하는 거점 역할을 했다. 아주 이른 시기부터 그리스 사상에는 동양에서 오는 영향을 서로 주고받는 성향이 있었다. 여기서 확인된 요소들은 모두 우반구의 영향을 말해 준다. 더 이상 좌반구가 애호하는 "딱딱한 기하학적 스타일"이 아닌 미술, 그리스 과학의 1차 요소인 연역적 방법론, 미신, 종교적 신비인 디오니소스 숭배 등이 모두 그렇다.

하지만 뭔가 다른 것이 있다. 기원전 7~5세기 사이에 우편향과 좌편향 움직임 사이에 애매모호하게 위치했다가 4세기에 와서 온전히 우편향으로 기울어진 글쓰기와 매우 비슷하게, 화폐는 기원전 7세기에 유통되기 시작했지만 당시에는 많이 쓰이지 않았다. 화폐가 널리 퍼진 것은 기원전 4세기부터였다. 반구 간 균형의 기준에서 본다면, 초기의 우반구적 영향은 좌반구의 영향과 평형을 이루다가 좌반구의 우위에 굴복한 것으로 보인다. 적어도 글쓰기와 화폐라는 두 가지 중요한 영역에서 측정된 바로는 그러하다. 그 시기는 기원전 4세기경인데, 이는 소크라테스 이전 철학자들의 세계가 플라톤의 세계에 자리를 내주고 물러난 것과 대략 같은 시기다.

그리스 문명의 초기, 호메로스가 나오기 한참 전인 기원전 제2천년대 중반에서 기원전 1100년경까지의 미케네 문명으로 곧바로 돌아가 보면, 동양과 서양의 교차 수정에서 매우 중요한 영향이 시작되었음이 분명해진다. 미케네의 그림은 이집트 문화와 미술의 특징이던 공포의 신화가 밝음과 환희의 신화와 교체된 사실을 입증해 준다. 이집트 미술의 특징을 이루던 위계적인 관계는 물러나고, 남자들 사이만이 아니라 남자와 여자 간에서도 느슨하고 동등한 관계의 제시가 자리 잡았다. 그런 관계는 크레타의 미케네 미술에서 최초로 관찰된 성질이다. 내가 볼 때 이런 특징은 분명히 빛을 가져오는 자인 루시퍼로 위장한 좌반구의 가장 긍정적 측면을 나타낸다. 여기서 좌반구는 우반구의 작업과 조화를 이루는 것처럼 보이는데, 이는 살아 있는 동물 세계의 온갖 구체적인 모습에 대한 매혹과 생생한 상상력으로 충분히 입증된다.

사람들, 사물, 사건의 자연스러운 모습을 그림과 조각으로 만든다는 의미에서의 모방은 그리스 미술과 조각에서 완벽의 경지에 도달했는

데, 다른 사회가 만들어 낸 관습적인 이미지에서는 이런 것이 놀랄 만큼 빠져 있다. 곰브리치Ernst Gombrich가 주장하듯이, "이집트의 화가는 예를 들면 남자의 신체는 암갈색, 여자의 신체는 엷은 황색으로 그려 구별했다. 그림 속 인간의 실제 살 색깔은 지도 제작자에게 강물의 실제 색깔이 중요하지 않은 것처럼 그 맥락에서 거의 문제가 되지 않았던 모양이다".[22] 그런 그림에서는 크기가 인물의 중요성을 말해 주고, 그 인물의 감정이나 성격은 거의 언급되지 않는다. 암흑시대와 중세 초기의 종교미술에서도 이런 방식이 다시 쓰인다. 그리스 미술에서는 이 모든 것이 기적처럼 바뀌고, 지극한 아름다움과 생명력을 가진 형체, 공감을 불러일으키고 우리 세계에서 살고 있는 듯한 형체를 보여 준다.

두 반구가 모두 참여하는 이 온건한 발전을 중개한 것이 '필수 거리'의 진화이다. 이 개념의 근본은 우리가 어떤 것과 관계를 맺는 것은 바로 그것과의 사이에 적절하게 거리를 둠으로써 가능해진다는 사실에 있다. 그것은 서로 떼어 놓기 위한 거리 두기가 아니다. 필수 거리는 오히려 공감을 가능하게 한다. 전성기를 누리던 그리스 문화에서 실현된 조화, 균형, 평형의 중요성 배후에 있는 것이 바로 이 사실이다.

지금부터는 여기서 조화 혹은 평형이 상실되는 시기로 넘어간다.

■ 후반기

브로델은 셸링쿠르Aubrey de Selincourt와 마찬가지로 "그리스 문화에서 가치 있는 것은 모두 플라톤과 아리스토텔레스가 등장한 4세기경 완성되었다"고 믿었다. 이는 분명히 하이데거와 니체의 견해일 것이다. 그들의 견해에 따르면, 그리스의 전성기는 아폴로와 디오니소스가 화해하고 비극이 탄생한 아이스킬로스 시절이다. 니체가 볼 때 결국은

"애매모호한 술과 죽음의 신이 아폴론 및 합리성의 승리에, 이론적·실천적 실용주의와 민주주의에 무대를 내주었다." 민주주의는 당대의 현상이며, 나이 들어 가는 그리스 문명의 징후였고, 그가 본 현대 서구 세계의 우울한 광경을 예고하는 것이었다. 아폴론적인 것의 역할에 관한 니체의 극단적 견해를 반드시 지지하지는 않더라도, 이 분석은 본질적으로 옳은 것으로 보인다.

그러나 그 이후 시대는 정 방향으로 발전했다. 우리가 우리 자신과 타인들의 개별자로서의 고유성, 대체로 얼굴에 표현된 고유성에 초점을 맞추기 시작한 것은 서로 간의 거리가 더 멀어지는 쪽으로 계속 발전했기 때문이다. 우리가 우리의 고유한 감정을 묘사하면, 변화하는 얼굴 표현보다는 신체적 틀 전체에 걸친 감각적·감정적 반응을 더 즉각적으로 인지하게 된다. 이를 위해 우리에게 필요한 것은 거울이 보여 주는 것 같은 더 높은 자의식이다.

시와 연극과는 대조적으로 조각이라는 시각미술에서 우리는 특정적으로 '외부'에서 들어온 어떤 것의 이미지를 창조한다. 어느 정도의 거리는 본질이며, 다른 사람의 얼굴에 정확하게 표현되어 있는 공감을 보기 시작한다. 관상학은 얼굴을 이해하는 기술에 담긴 더 높은 수준의 자의식과 체계화를 함축하고 있다. 관상에 대한 관심은 영혼과 신체 간의 밀접한 관계에 대한 의식적인 인지, 정격正格, 그 개인에 대한 어떤 것, 특정한 개인적 자질, 결함까지도 그 얼굴의 신체적 특질에서 읽을 수 있다는 생각을 가리킨다. 모든 개별성과 불완전함 사이에는 어떤 관계가 있다. 우리를 특별하게 만드는 모든 것이 좌반구적 관점에서는 어떤 추상적 이상으로부터 뒤처지는 것으로 간주될 수 있다. 아마 이것이 아리스토텔레스가 "인간은 한 가지 면에서는 좋지만 다른 많은 면에서는 나쁘다"는 말로 넌지시 암시한 의미일 것이다. 얼굴의 완벽하지 못함을 개성으로 읽는 것은 십중팔구 우반구적 발전의 결과일 것이다. 비록 그것을 관상학이라는 일종의 학문으로 체계화한 것은 좌반구적 발전을 시사하지만 말이다.

최근의 한 연구자는 "고대 철학에서 이론적 관심 대상이던 관상학은 엘리아의 파이돈Phaedo〔기원전 4세기〕에서 시작하여 아리스토텔레스학파에서 번성했다가, 갈렌Gallen〔기원후 2세기〕에게서 끝났다고 말하는 것이 타당하다"고 했다.[23] 이 주제에 관한 위대한 고전 문헌인 라오디케아의 폴레몬Polemon of Laodicea의 『관상학Physiognomy』은 2세기에 집필되었다. 그는 최초로 눈을 강조한 사람으로, 이 책의 3분의 2가 눈에 관한 내용으로 채워졌다. 조각 분야에서는 130년경 눈동자에 그저 색칠만 하던 것에서 음각으로 눈동자를 새기는 데로 나아가서, 표현적인 석조 조각의 힘을 확대했다.

기원전 4세기에서 기원후 2세기까지의 이 시기에는 브레너의 자세한 분석이 말해 주듯이, 조각과 초상화에서 모두 인물 묘사의 표현력이 절정에 달했으며, 그리스와 특히 로마 미술에서 개별성을 승인하는 리얼리즘과 개별적 표현에 비상한 관심이 쏟아졌다. 이런 현상은 상대적으로 왜 늦게 등장했는가? 후프슈미트는 얼굴의 해석에서 우반구를 선호하는 경향이 기원전 6세기경 시작됨을 보여 준다. 헬레니즘 시대의 초상화에서 보이는 정도의 표현력이 나타나려면 독립적으로 움직이는, 특히 눈 주위의 얼굴 상반부의 엄청나게 복잡한 근섬유 집합에 대해 알고 있어야 한다. 이런 것을 아는 데는 시간과 함께 우반구와 좌반구의 균형도 필요하다.

시, 연극, 조각, 건축, 공감, 유머, 자아감 등의 위대한 인문적 업적이 고대 그리스가 이룬 업적의 전부가 아니다. 고대 그리스 문명은 객관적 지식과 쓰기의 산물로 체계적으로 구축된 토대이며, 우반구와 보조를 함께한 좌반구의 발전 덕분이다. 이런 성과에는 법률 체계와 헌법, 철학, 역사라는 관념과 역사 연구, 지리적 지식의 형성, 지도 연구, 교육 체계의 구축, 건축 원칙의 발명, 물리학 이론 등의 발전도 포함된다. 이 모든 것은 그 자체로 엄청난 진전이며, 아직은 우반구의 심부름 꾼 노릇을 하며 자기가 주인이라고 믿지 않을 때 좌반구가 발휘하는 선한 힘을 입증한다.

그러나 우반구는 예언적이거나 "점을 친다". 이 상황이 어디로 이어지는지도 안다. 우반구의 예언은 프로메테우스의 전설에 간직되어 있다. 그것은 어디로 이어졌는가?

기원전 5세기 후반, 소크라테스의 제자 플라톤이 태어났다. 문자화된 플라톤의 저술은 4세기 초반에 등장하는데, 그것이 진짜이건 상상된 것이건 간에 소크라테스가 진리를 구하러 온 사람들과 나눈 이야기로 된 대화록이다. 여기서 소크라테스는 자신이 출발점으로 삼았던 전제들의 오류를, 그런 전제의 논리적 귀결이 모순임을 입증해 보인다. 비록 플라톤의 저작은 르네상스 시대가 오기까지 1천 년 동안 사라진 상태였고, 그 일부와 주석만이 아랍어를 거쳐 라틴어로 번역되었다는 사실에도 불구하고, 플라톤이 논리·수학·도덕철학·정치철학의 역사에 끼친 영향은 과소평가될 수 없다. 그의 유산에는 진리는 원칙적으로 알 수 있는 것이지만 이성을 통해야만 알 수 있고, 모든 진리는 다른 진리와 일관된다는 좌반구적인 신념이 담겨 있다.

소크라테스의 시대가 되면 인간의 감각이 하는 증언에 대한 헤라클레이토스 식의 존경은 사라지게 된다. 현상세계가 제공하는 것은 기만뿐이다. 사물의 관념이 사물 자체보다, 우리의 직접 지각보다 우선하게 되었다. 플라톤의 제자이며, 진정한 과학자로서 아마 여러 분야에 걸쳐 지금까지도 역사상 가장 뛰어난 전문가일 아리스토텔레스는 최대한 선입견 없이 자연 세계를 관찰하고 이해하는 데 흥미를 가졌고, 또 경험의 중요성을 항상 염두에 두는 태도로 플라톤의 주장을 사실상 뒤집었다. 그는 특정한 개별자를 통해 보편자를 발견했다. 하지만 아리스토텔레스의 정신은 그의 작품과 함께 사라지고 말았다. 오히려 그 정신은 전도顚倒된 형태로, 그 이후 르네상스 시대까지 1,500년 동안 실험적 세계의 일종의 성서 같은 것이 되어 잠정적인 것에 불과한 경험에 대한 그의 생각을 정태적이고 불변적이고 무오류적으로 이상화된 것으로 만들어 버렸다.

그리스 언어와 사유의 바탕에는 이상화의 추상화를 선호하지 않을 수 없는 경향이 있었다. 스넬은 그리스 언어가 정관사가 발명되면서 예전에는 형용사로 표현되던 존재 사물들의 어떤 속성을 가져다가 추상명사로 바꾸어 버렸다고 지적한다. "아름다운kalos 것"이 "아름다움 to kalon"으로 변한 것이다. 이처럼 영리하고 대담한, 오만할 정도의 전도를 행한 좌반구는, 이제 순수하게 개념적인 것이 실재하는 것이고, 감각으로 경험된 내용은 평가절하하며, 놀라운 일이기는 하지만 그것은 사실상 '표상'이 된다고 주장하는 듯하다.

이제 로고스로만 인식되는 절대와 영원은, 열등한 것으로 여겨지는 순전히 현상적 영역에서 분리되며, 이는 그 이후 2천 년 동안 서구 철학사에 지울 수 없는 각인을 남긴다.

이성에 대한 의존은 감각의 증언만이 아니라 우리의 묵시적인 지식 전체를 평가절하한다. 소크라테스가 결코 우리 문화의 영웅이 아니라 최초의 배신자라고 하는 니체의 견해는 바로 여기서 나왔다. 소크라테스는 직관을 신뢰할 고귀한 능력을 잃어버렸기 때문이다. "정직한 자는 이성을 이런 식으로 드러내 놓고 다니지 않는다."[24] 이 설명에 따르면, 타락은 비교적 늦게 그리스에서 플라톤으로부터 시작되었으며, 이는 묵시적이거나 직관적인 것을 믿지 못하는 것과 관련이 있다. "우선 입증되기부터 해야 하는 것은 가치가 없다." 니체는 『우상의 황혼*Gotzen-Dammerung, oder, Wie man mit dem Hammer philosophiert*』에서 이렇게 주장한다.

> 사람들은 다른 수단이 없을 때라야 변증법을 선택한다. 사람들은 그것을 택하면 불신이 생긴다는 것을 안다. 그것은 설득력이 별로 없다. 변증법의 효과를 지워 버리기는 지극히 쉽다. 모임에 가서 다른 이의 발언을 들은 경험이 있는 사람이면 다 알 것이다.

직관 능력을 잃어버림으로써,

> 이성은 구원자로 나섰다. 소크라테스도, 그의 환자들도 합리적이 되는 것 외에 달리 선택의 여지가 없었다. 그것은 그들의 관례이자 최후의 수단이었다. 그리스의 모든 성찰이 이성에 몰두하는 광기에서는 상황이 절망적임이 드러난다. 위험이 있으니 한 가지 선택밖에 없다는 것이다. 죽거나 절대적으로 이성적이 되거나, 둘 중의 하나를 선택하라.[25]

만약 이것이 용서할 만한 니체 식의 과잉열광으로 보인다면, 혹은 영감靈感을 얻은 광인의 헛소리로 들린다면, 신경학자인 야크 판크셉의 다음과 같은 말을 고려해 보라.

> 마음과 두뇌 사이의 균열을 과학적으로 이어 줄 유일한 방법이 언어이기는 하지만, 그래도 우리 인간은 맹목적 신앙과 마찬가지로 논리적 엄격성에도 기만당할 수 있는 존재임을 항상 기억해야 한다. …… 대중의

심리학이 쓰는 애매모호한 개념이 엄격하지만 제약이 있는 언어, 시각적으로 관찰 가능한 행동적 행태의 언어보다 두뇌의 통합적 기능에 대해 더 유용한 이해를 가져다줄 수도 있다.[26]

그리스 후기에는 진리란 논의로써 입증되는 어떤 것이 되었다. 이와 다른, 더 강력한 진리의 현시자인 은유의 중요성은 잊혔다. 은유는 또 한 번 영리하게 전도되어 보기 좋은 거짓말이 되기도 했다. 따라서 신화에 담긴 진리의 발언은 '허구'로, 참이 아니거나 거짓말을 하는 것으로 폄하되었다. 좌반구에 따르면, 은유도 이런 것에 불과하다.

플라톤은 말할 것도 없이 위대한 철학자였지만, 이 점에서는 그리 솔직하지 않았다. 플라톤 본인에게도 그가 무시할 수 없는 직관이 있었다. 아주 감동적인, 진정한 의미에서 비극적이기까지 한 것은, 소크라테스/플라톤이 자신의 직관과 그것을 더 이상 믿을 자유가 없다는 깨달음 사이에서 분열된 존재라는 것이다. 플라톤은 원래 시인이었는데, 소크라테스와 만나면서 시를 버리고 변증론을 받아들일 필요를 깊이 느꼈다.

하지만 역설적으로 플라톤은 언어나 변증법의 형성에 저항하는 것들을 설명하는 데 신화를 가져다 써야 했다. 동굴 우화, 기게스Gyges의 반지[『국가론』 제2장 우화에 등장하는, 손에 끼면 모습이 보이지 않게 되는 마술 반지. 자기 마음대로 할 수 있는 자유를 나타낸다.] 같은 것이 그런 예이다. 사실 플라톤은 양면적으로 모호한 태도를 취하는데, 특히 『향연』에서 형상의 영역은 논리적인 것을 초월하는 방식으로 우리를 끌어당긴다고 암시한다. 또 그는 선과 미의 형상을 직관한 이들은 그것을 추구하고 다른 사람들에게 그것을 전달하려고 노력하지 않을 수 없다고 말한다. 이는 우반구가 이끌려 가는 이상형이 우반구에 행사하는 위력과 똑같으며, 좌반구가 창조한 순수하게 추상적인 사물의 형상들과 대조되는 성질이다.

플라톤이 제시한 것이 최초의 궁극적으로 좌반구적인 세계관이라는 데는 의심의 여지가 없다. 그것이 어찌나 강력하게 제시되었던지, 그것을 떨쳐 버리는 데 2천 년이 걸렸다.

그것은 그리스인들이 남긴 가장 뿌리 깊은 유산일 것이다. 지금 우리가 사용하는 것 같은 의미의 '신화들'로 간주되는 그들의 신화는 거짓 역사이다. 하지만 말리놉스키Bronisław Malinowski는 다음에서 신화의 참된 본성을 이야기한다.

> 이런 이야기가 얻는 생명은 한가한 흥미에 의한 것이 아니다. 즉, 지적 호기심에 대한 대답에 지나지 않는 원시적 과학의 일종이 아니라는 말이다. 또 허구적이든 참이든 이야기에만 그치지도 않는다. 그것은 그 토착 주민들에게는 원초적이고 더 위대하고 적절한 실재에 대한 발언이었다. 그것을 통해 인류가 영위하는 현재의 삶, 운명, 활동이 결정되고, 그에 대한 지식이 제의와 도덕적 행동의 동기를 제공하며, 그것을 수행하는 방법도 알려 주는 것이다.[27]

이런 종류의 진리는 직접적으로, 명시적으로 이해될 수 없다. 그것을 이해하려고 시도하면, 좌반구는 그것을 2차원적인 것, 평면적인 것으로 만들어 버리고 심지어 죽이기까지 한다. 그것은 신들이 그 속에서 우리에게 접근하는 신화와 제의로써 은유화되어 우리 세계로 "운반되어야" 한다. 아니면 신성한 연극을 통해 그것에 '필수 거리'를 둠으로써 그것에 접근할 수 있다. 케레니는 다음과 같이 쓴다.

> 신화의 영역에서는 일상적인 진리만이 아니라 더 높은 진리, 단순한 생명인 비오스bios만이 아니라 인간 존재의 더 높이 규정된 생명에서 그것

자체에 대한 접근을 허용하는 진리가 발견된다. 그것은 2천 년이라는 간극에도 불구하고 현존재Dasein로 가장 잘 표명될 수 있다. 이런 접근은 인간이 자신을 신의 수준으로 고양시키며, 신들을 높은 곳에서 끌어내리는 신성한 연극에서 주어진다. 신화는, 특히 그리스 신화는 어떤 의미에서는 신들이 우리에게 다가오는 신들의 연극으로 간주될 수 있다.[28]

결국 신화는 일종의 대체과학, 말리놉스키가 그렇지 않다고 말한 바로 그것이 된다. 플라톤의 신화 가운데 일부는 이런 종류이다. 인간은 어떻게 하여 지금과 같은 신체 형태를 갖게 되었는가? 글쎄, 원래는 머리통이 곧 인간이었다. 구체球體, 완벽한 형태의 머리였다. 다만 그것은 자신이 어디로 갈지 통제할 수가 없었다.

그 머리는 기복이 있는 바닥에서 굴러가지 못했고, 높고 낮은 장소를 넘어갈 방도가 없었다. 그래서 그것은 움직일 수단으로 신체를 부여했다. 신체는 신들이 머리의 이동을 위해 고안해 낸 것으로, 그것이 길어지고 굽히거나 펼칠 수 있는 사지를 갖게 된 것은 이 때문이다.[29]

이 신화는 당시 이미 출현하고 있던 마음과 신체 사이의 관계에 대해 많은 것을 말해 준다. 상상해 보라! 마음은 이제 신체란 목적 없이 혼자서 떠돌아다니던 제각각의 조각들이 우연에 따라 조합된 결과라고 믿게 되었다. 그것들이 어느 쪽 반구에서 왔는지 추측해 봐야 소용이 없다.

▮로마

로마 문학의 위대한 유산은 거의 모두 기원전 1세기의 아우구스투

스Augustus 시절에 속한다. 베르길리우스Vergilius, 호라티우스Horatius, 오비
디우스Ovidius, 프로페르티우스Propertius, 카툴루스Catulus의 모든 글은 전
부 이 50년이 못 되는 기간에 나왔다. 이 기간에 말할 것도 없이 심리
적 복잡성이 놀라울 정도로 증가했고, 위대함과 실패의 온갖 가능성을
가진 인간 본성에 관한 감동적이고 재치 있는 통찰력이 발휘되었다.
그리하여 법률의 확장과 성문화成文化뿐만 아니라, 예술과 시에서 온당
함과 도덕적 올바름의 이상도 확립되었다.

　베르길리우스와 호라티우스는 막스 셸러의 '삶의 가치Lebenswerte' 라
할 만한 것, 로마 귀족들이 자신들의 업적을 통해 발산하는 이상형에
확연히 이끌렸다. 자연 세계 및 인간들이 맺는 연대의 중요성에 대한
베르길리우스의 매혹과 이상화, 아모르amor〔사랑〕와 피에타pietas〔충성〕의
가치 및 인간의 삶과 업적의 덧없음에 대한 연민은 모두 당시에 우반구
와 좌반구 간의 동맹 관계 및 우반구의 우위가 존중되고 있었음을 시사
한다. 본인의 삶 자체가 운명의 가혹한 반전을 성찰하기에 충분했던
오비디우스는 자신의 최고 저작을 『변신 이야기Metamorphoses』라 불렀는
데, 이 제목은 헤라클레이토스적인 플럭스flux를 시사한다. 그 속에서
우리는 다시 한 번 세계로부터의 물러섬을 목격한다. 세계의 최고 정
신들이 수직축으로 상승하고, 인간 심장으로 "살아진 세계"로 나가는
수평축으로 확장하는 일은 모두 이 물러섬으로써 가능해진다.

　이보다 더 큰 경이는 없다.
　별이 있는 높은 하늘을 보고 지상의 지루한 영역을 떠나
　구름 속으로 타고 오르고, 아틀라스의 어깨 위에 올라서며,
　멀리, 저 멀리까지,
　작은 형상들이 여기저기, 죽음에 대한 두려움에 차서,

이유도 없이 헤매는 모습을 바라보고,

그들에게 조언을 하고,

운명을 한 권의 열린 책으로 만들어……

돛을 올려라, 항해를 떠난다,

무한한 바다 위로. 나는 말한다.

모든 세계에서 영원한 것은 없도다.

만물은 흘러가고, 모든 이미지는

변화 속에서 떠돌아다닌다. 시간은 강물,

끊임없이 움직이며, 시간은

물처럼 흘러가고, 파도를 넘으며, 밀고 밀리고,

영원히 달아나며 영원히 새로운 물이다.

존재했던 것은 존재하지 않고, 존재하지 않았던 것이

존재하기 시작한다. 움직임과 순간은 항상

새로워지는 과정에 있나니……

소위 원소라는 것도 불변은 아니다. ……

똑같은 것은 아무것도 없다. 위대한 쇄신자,

자연은 형상으로부터 형상을 만드나니, 아아, 나를 믿으라,

죽은 것은 아무것도 없노라. ……[30]

하지만 의심의 여지 없이 두 반구가 협력한 결과물인 위대한 예술적 업적이 있는데도 불구하고, 로마 문명은 좌반구만의 작업을 시사하는, 계속 더 완강하게 체계화된 사유 방식 쪽으로 전진했다는 증거를 보여

준다. 그리스에서는 후반에 가서 아폴론적인 것이 우세해지기는 했어도 아폴로적인 것이 디오니소스적인 것과 분리된 적은 한 번도 없었다. 로마의 초대 황제인 아우구스투스는 예술의 위대한 번성을 주도했지만, 황제의 권력이 로마의 군사적·행정적 성공과 발맞춰 발전하면서 아폴론적인 좌반구가 자유롭게 움직이기 시작했다. 로마 제국은 "마을과 도시로 규정된다"고 브로델은 썼다.

> 그 자체의 이미지로 마을과 도시를 형성한 로마 권력에 의해 존재하게 된 마을과 도시는 먼 오지까지도 항상 동일한 성질을 지닌 일련의 문화적 물품을 이식하는 수단이 되었다. 흔히 원시적인 원주민들 한복판에 자리 잡은 그것들은 자기홍보에 충실하고 동화력이 강한 문명의 작전 거점을 표시했다. 이런 마을들이 모두 너무나 비슷한 까닭, 시공간을 넘어 거의 변하지 않는 모델에 충실하게 상응하는 까닭이 이것이다.[31]

가령 사실적인 세부 묘사를 선호하는 취향, 실물 같은 초상화·풍경화·정물화를 좋아하는 취향에서 보듯이 가끔 로마의 독창성이 강하게 주입될 때에도 그 원래의 불꽃은 분명 동방에서 왔을 것이다. 그것은 그리스로 소급되며, 더 올라가면 그리스의 독창성을 낳은 동방으로 소급된다.

로마의 위대성은 유연성·상상력·독창성보다는 성문화·엄격성·견고함 쪽에 속한다. 입법과 관련하여 브로델은 다음과 같이 말했다.

> 말할 것도 없이 로마의 지성과 천재성은 이 영역에서 발휘되었다. 대도시는 정치적·사회적·경제적 질서를 유지하는 데 필수적인 법적 규제가 없다면 제국과 연결될 수 없었다. 법률 체계는 시간이 흐를수록 커

질 수밖에 없었다.[32]

처음에 그것은 매력적인 안정성을 가져왔다. 찰스 프리맨Charles Freeman 의 말에 따르면, 2세기경의 로마제국은 절정의 성숙기에 도달하여 비교적 평화롭고 자신을 방어할 수 있었으며, 그 엘리트 계층은 상대적인 지성과 정신적 자유의 분위기를 누리며 번영했다.

하지만 이것은 오래가지 못했다. 로마 후반기의 점점 팽창하는 관료기구, 전체주의, 기계주의에 대한 강조는 좌반구가 시도한 단독 행동을 표현하는 것일 수도 있다. 이 점을 염두에 두고 로마의 건축과 조각의 발전을 잠시 살펴볼 필요가 있다. 브로델이 말하듯이, "로마가 가장 빠른 속도로 그 개성을 개발한 영역이 건축"이었기 때문이다. 건축 영역은 로마의 지적 진전 과정을 가시적으로 보여 준다. 로마 건축의 제국적 광대함이 콘크리트의 발명으로 이루어졌다는 사실에는 역사적 진리만이 아니라 시적 진리도 담겨 있다.

"일반인들의 일상생활은 고전 시대 후반에 변형되었다"고 한스 피터 로란주Hans Peter L'Orange는 말한다. 그의 저서 『로마제국 후반의 예술형태와 시민 생활Art Forms and Civic Life in the Late Roman Empire』은 이 시대의 건축과 그 광범위한 가치 간의 관계를 연구한 고전으로 꼽힌다. 그의 연구는 좌반구의 우위가 보이는 또 하나의 특징을 매우 아름답게, 또 우리 자신의 상황에 대한 유추로써 매우 적절한 방식으로 예시한다. "초기 제국의 자유롭고 자연스러운 형태, 탈중앙화된 행정 체계 하에서의 삶이 취할 수 있는 다양성과 많은 가능성이 사라지고 항상 존재하며 갈수록 중앙집중화되는 관료들의 위계질서에서 나타나는 동질성과 획일성"이 그것이다. 그가 "정력적인 자연 성장의 무한한 다양성"이라고 본 것은 "평탄화되고 규제되어 변화 불가능하고 확고하게 굳어 버린 질서"가 되었으며, 그런 질서 속에서 개인은 더 이상 주위 환경과 자유롭게 유동하는 조화를 이루는 독립적 존재가 아니라 국가의 뼈대 속에서 움직일 수 없는 부속품이 되었다. 로란주는 사회의 군대화에 관련된 현상으로 기계적 협력이 예술에서 유기적인 집단화를 대체하는 결과를 낳는 삶의 표준화와 동등화의 증가에 대해 이야기했다.

인간 얼굴 묘사에 일어난 변화도 사정은 비슷했다. 3세기 말까지 초상화는 실물 같은 개성을 전달하려고 노력했다. 그 모델이 "시간 속에, 삶의 움직임 바로 그 속에 놓여 있으면서 불안해 하는 얼굴이 보여 주는 특징들의 놀이, …… 개성의 번쩍임 바로 그것"을 드러내려 한 것이다.[33] 비대칭성은 이 목적을 달성하는 데 중요했다. 그러나 300년경 얼굴의 묘사에도 근본적인 변화가 일어났다. 돌에 새긴 초상들은 "특이하게 추상적인 태도", 초연한 응시, 우리가 살고 있는 덧없고 변화하고 복잡한 세계에 대한 무관심, 영원한 추상에 고정된 모습을 보이기 시작했다. 이 시기의 초상에서는 기존의 풍부하고 복잡하게 가공된 얼굴 표정이 대칭적이고 정규적이고 응고된 어떤 것으로 변했다.

이 변화는 르네상스 시대가 오기 전에는 뒤집히지 않는다. 이때부터 중세 내내 얼굴과 신체는 일개 상징에 불과했다. 황제 개인들의 초상은 사라지고, 그들의 모습은 성인聖人과 똑같아졌다. 인체를 근거로 하는 균형의 미는 외면당했다. 이제 크기는 관념을 나타내고, 우리가 그 인물에게 부여해야 하는 중요성의 정도를 대표하게 되었다. 신체에 대한 거부감을 가진 순교자와 금욕가들이 고전 시대의 영웅들을 대체했다. 살 속에 있는 생명은 모두 타락한 것들이었다. 신화와 은유는 더 이상 반투명하지 않고 그 핵심에 있는 추상, 진정한 진리를 둘러싸고 있는 거짓의 불투명한 껍질이었다. 개선문에 새겨진 조각들은 실제로 일어난 사건과 그 승자가 아니라, 추상적인 승자의 일반화되고 상징적인 속성을 묘사할 뿐이다. 있는 그대로의 존재는 전혀 없고, 그것이 표상하는 것만 있을 뿐이다.

비율의 아름다움을 느끼는 감각도 상실되었다. 고대 조각에서는 각 신체 그 자체를 신체적으로 아름다운 전체로 보고자 각 조각상이 따로 분리되어 있었지만, 그와 동시에 그것들은 자세와 움직임과 몸짓으로써 하나의 유기적이고 살아 있는 집합으로 표현되는, 서로 반응하는 어떤 역동적인 접촉 관계에 놓여 있었다. 그런데 3세기경이 되면 이런 고전적인 구성은 "산산조각 난다". 형체는 신체적인 아름다움을 잃었을 뿐 아니라 더 이상 유기적인 집합으로 존재하지도 않는다. 전체의 감각, 생명의 흐름은 상실되었다.

3세기 말에서 4세기 초반까지 유기적 형태는 "위로부터 대상에게 부과된 기계적인 질서"로 대체되었다. 인물들은 대칭적이고 수평적인 선으로 찍혀 나와 "그 형체들의 움직임을 박탈하는 특이한 방식으로⋯⋯ 마치 대열 속의 병사들처럼" 똑같아졌다. "똑같은 요소들의 무한한 반복"이 대칭으로 더욱 굳어졌다. 로란주가 내린 결론에 따르면, "개념 영역 전체에 걸쳐 복잡성에서 단순성으로, 동적인 것에서 정적인 것으로, 변증적이고 상대적인 것에서 교조적이고 권위적인 것으로, 경험주의에서 신학과 신정론神正論 쪽으로 이행하는 움직임이 있었다".

아마 이 변화를 가장 잘 표현하는 것이 자연의 질서를 거스르고 반구 간에 일종의 상하질서가 생긴 일일 것이다. 더 소박하고 더 국내적인 차원에서 우반구는 상대적으로 방해받지 않은 상태였고, 비록 거창하지는 않더라도 야심을 품은 심부름꾼은 제국에서 군림했다. "그림과 조각 영역에서 로마 예술은 그것이 모델로 삼았던 그리스 예술과 서서히 차별화되었다"고 브로델은 말한다.

> 대중 예술, 로마적이기보다는 정통 남부 이탈리아적인 예술이 있었는
> 데, 이것이 로마에 특징적인 어떤 것을 기여하게 된다. 그것은 억세고
> 사실주의적인 예술로서, 사람과 사물을 실물과 매우 비슷하게 묘사한
> 다. …… 로마 미술이 특히 우수성을 발휘한 것은 초상화라는 국내적
> 예술이었다. …… 그리스의 영향 때문에 이따금씩 더 자만하는 특징이
> 나타나기는 했지만, 로마의 초상은 조각에서든 그림에서든 오랜 옛날
> 의 전통에서 내려온 상당히 큰 표현력을 보유하고 있었고 항상 비교적
> 엄숙한 스타일이었다.[34]

각각의 지역적인 층위에서는 더 활발하고 관용성 있는 문화가 우세
했겠지만 갈수록 다른 문화, 귀에 거슬리고 관용성이 없고 추상에 더
관심이 많으며 순응적인 문화가 주도권을 장악한 것으로 보인다.

찰스 프리맨은 저서 『서구적 마음의 폐쇄The Closing of the Western Mind』
에서 이런 변화는 기독교 세력이 커진 결과라고 보는 견해를 전개한
다.[35] 기독교도인 콘스탄티누스Constantinus 황제는 313년에 밀라노 칙
령을 공포하여 기독교를 포함한 종교에 대한 관용을 선언한 뒤 곧 교
회와 국가를 통합시키는 일에 착수했다. 그 과정에서 그는 군사적 성
공과 세속적 권력, 부를 교회와 동일시하도록 선전했다. 여러 세기 동
안 박해를 받아 온 기독교도는 이로 인해 분명히 일종의 안정을 누리
게 되지만, 프리맨에 따르면, 사람들은 차이를 포용하지 못하고 엄격
하며 이성보다는 교조에 더 관심이 있는 세계로 나가게 되었다. 381
년에 발표된 니케아 포고령으로 이교는 불법화되었고, 삼위일체의 성
격에 대한 특정한 이해만이 정통으로 인정받게 되었다. 반대와 논쟁

의 여지는 압살되었다.

그리스 전통은 타인의 신념을 관용하는 전통이며 신들을 포용하는 태도였으므로, 콘스탄티누스의 칙령도 명목상으로는 그 노선에 있는 것으로 볼 수 있다. 하지만 4세기가 끝날 무렵, 승리의 제단을 두고 심마쿠스Symmachus와 암브로시우스Ambrosius가 벌인 논쟁에서 보듯이 그런 관용은 과거지사가 되었다. 그리스인들에게는 정신성과 합리성, 미토스muthos(mythos)와 로고스logos가 충돌 없이 공존할 수 있었다. 미토스가 문자화된 형태로 응결되어 있다가 진리의 선언으로 해석될 수 있다는 생각은 그리스인에게는 생소했다. 하지만 프리맨이 지적하듯이, 초기 기독교 시대에는 그런 공식에도 저항이 있었고, 기독교도나 이교도 모두 테오도시우스Theodosius의 포고령으로 박해를 받은 터였다. 프리맨이 그리스 전통과 기독교 간의 대비라고 보는 것을 일부 학자들은 두 문화, 두 전통 사이의 대비로 파악한다. 즉, 한편으로는 초기 기독교 교부들의 풍부한 전통이나 그것과 공존했던 이교도 전통에서도 발견되는 사고방식의 유연성과, 다른 한편으로는 그것을 가차 없이 대체한 기독교와 그리스에서 목격되는 법률적 추상화에 대한 관심 및 올바름과 좌반구의 교조적 확실성에 대한 관심을 특징으로 하는 문화가 대비되는 것이다.

감정적인 것에 대한 플라톤의 거부감, 신체와 구체적인 세계에 대한 불신은 우리가 암흑시대라 알고 있는 기독교의 금욕주의와 흥미롭게 비교된다. 열정은 통제, 고정, 확실성에 바쳐졌다. 또 그것은 종교만이 아니라 마음의 어떤 틀, 좌반구의 틀과 함께 등장한다.

하지만 이것은 아리스토텔레스의 전통은 아니었다. 그는 헤라클레이토스가 권장했듯이 여러 사물을 탐구하는 자, 진정한 경험주의적 과학자, 구체성 세계의 옹호자였다. 또 그는 지식의 잠정적 본성에 대한 개방성이 있었으며, 그럼으로써 위대한 철학자가 될 수 있었다. 하지만 앞으로 다룰 시대에는 아리스토텔레스의 연구 역시 응결되고, 모순된 일이지만 각자의 생각을 위한 영감의 원천이 아니라 탐구할 필요성을 제거하는 권위가 되어 버렸다. 그리스의 지적 생활에서 놀라운 점은 반대에 대한 관용이었다. 이런 의미에서 마음의 독립성은 그리스인들에게서 시작되었다. 하지만 그런 것들은 그들과 함께, 또 그들 뒤에 나온 로마인들에 의해 쇠퇴했고, 어떤 의미에서는 지금껏 존재한 것들 중에서 구체성의 세계를 옹호하고 개인의 가치를 옹호하는 가장 강력한 미토스mythos이던 기독교가 결국은 순응성, 추상성을 옹호하고 독립적 사고를 억압하는 권력이 되어 버렸다.

제국은 동양에서는 어떤 형태로든 계속 존재했지만, 서쪽에서는 붕괴했다. 지적 생활의 여건은 더 이상 유지되지 않았고, 그리스의 지식은 사라졌다. 500년에서 1천 년 사이에 수학이나 과학 분야에서는 어떠한 발전도 일어나지 않았다. 아랍어로 번역된 그리스의 문서가 유럽인들의 의식 속으로 다시 스며든 것은 10세기 이후의 일이다. 그리스 학문은 대부분 교회의 통제를 받게 되었다. 그런데 역설적으로 고전 문화가 고대 후반에서 르네상스 시대까지 살아남은 것은, 교회가 그것을 보존하고 사본을 만들거나 학습을 권장하여 학자들이 그리스어와 아랍 사상에 열려 있었던 덕분이다.

로마제국의 쇠퇴는 서구 역사에서 목격되는 어떤 변이보다도 더 논란이 많은 주제이다. 『로마의 멸망과 문명의 종말The Fall of Rome and the End of Civilization』에서 브라이언 워드 퍼킨스Bryan Ward-Perkins는 210개 이상의 개념을 사용하여 이를 설명했다. 그가 만든 공식에 따르면, 당시 로마에서는 재정의 실패와 군대 예산의 부족으로 내전이 일어났고, 내전은 자원을 훼손했으며, 결국은 야만족의 손에 패하여 문명이 참혹하게 붕괴하는 결과를 낳았다. 나는 비록 역사가는 아니지만 이 논의가 설득력 있게 들린다. 그것은 또 마음의 틀에 변화가 생겼다는 생각과도 충돌하지 않는다. 새로운 인구가 유입되었으니, 그런 변화는 불가피했을 것이다. 어찌 되었든지 간에, 마음의 변화는 일어났다.

■ 결론

이 장은 겉만 훑고 지나가는 한이 있더라도 많은 분야를 다루어야 했다. 여기서 한번 요약해 보자. '필수 거리'의 달성이 이 장의 출발점인데, 아마 전두엽 기능의 발달로 그 거리가 확보되었을 것이다. 처음에는 그 덕분에 좌반구와 우반구가 조화를 이루어 그리스 문화의 비길 데 없는 풍요로움이 이루어졌다. 이것은 두 반구 간의 관계에서 모종의 타협을 꾀하거나 뭔가를 유보하는 것이 아니라, 그와 반대로 양 방향 모두에서 전례 없을 정도로 멀리 나아가는 것으로, 서구 세계가 일찍이 보지 못했던 각 반구의 잠재력이 펼쳐졌다. 그러나 철학에서, 현상세계에 대한 태도에서, 문자 그대로 그것을 보는 방식, 영혼과 신체의 관점에서, 시와 연극에서, 건축과 인간의 얼굴과 형체의 조각에서, 그리스 알파벳과 화폐의 진화에서, 우리는 권력 균형이 동일한 방향으로 이동하여, 좌반구가 점차 승리하게 되는 이동을 보게 된다.

그리스와 로마의 역사에서 우리는 애당초 마음의 제국이 확장된 것이 좌반구의 작업을 통해서라는 사실을 입증하고 수렴하는 일련의 증거를 얻게 된다. 또 제국이 번영을 누린 것도 주인인 우반구와 협동하여 일하는 동안 좌반구가 획득한 지식과 이해를 충실하게 가져오면서 그것들을 우반구에 제공하여, 우반구만 가진 능력으로 어떤 세계를 존재하게 만들었기 때문이라는 증거이기도 하다. 그런데 이와 반대로 좌반구가 자기 영역이 전부라고 믿기 시작하면, 그것이 만들어 낸 부가 고집스럽게 자체 영역에 남아 있기 시작하면, 우반구만이 존재하게 만들 수 있는 세계로 복귀하지 않고 자기 혼자서도 살아남을 수 있다고 믿게 되면, 그러면 제국은 와해되기 시작한다.

르네상스와 종교개혁

5세기 로마의 쇠망에서 초기 르네상스 시대까지, 흔히 '암흑시대'라고 알려진 약 700년간은 결코 그 이름이 뜻하는 대로 활력과 색채가 결여된 시대는 아니었다. 이제는 이 명칭이 사용되지 않는다는 것은 그 시기에 만들어져 지금까지 살아남은 기술의 놀라운 질적 가치를 인정한다는 것, 또는 우리가 그 시기에 대해 아는 바가 없다는 의미에서 더 이상 '어두운' 시대가 아님을 인정하는 것이다. 이는 현대의 서지학자들 덕분이기도 하지만, '암흑시대'라는 말에 감도는 경멸적인 어감을 경계한 탓일 수도 있다. 그렇기는 해도 인류 문명사에서 르네상스가 차지하는 절대적 중요성, 기원전 6세기의 아테네에 비견되는 그 역사적 가치를 부정하기는 어렵다. 제아무리 대단한 암흑시대의 발명품이라도 르네상스의 중요성 앞에선 빛이 바래고 만다.

이제부터 이어지는 몇 개의 장들에서는 르네상스, 계몽주의, 낭만주의 등 논란이 많은 용어들을 사용하지 않을 수 없다. 좌반구가 보면 이런 것들은 규정 가능한 범주일 테고, 우반구가 볼 때는 느슨하게 배치된 가족유사성을 띠는 현상들의 경험적 산물일 것이다. 관례적으로는 이 지점에서 르네상스의 도래와 함께 새로워진 인류의 관심에 대해 이야기해야 한다. 우리가 살아가는 더 넓은 맥락인 자연 세계와 역사적 세계가 이론적으로 어떤 것이어야 하는지, 권위에 따르면 어떤 것인지가 아니라, 그런 세계에 대한 지적인 갈증, 사물의 존재 방식에 대한 강조의 우위에 대해 이야기해야 한다. 이것이 곧 현대 과학과 역사, 철학의 시작이다. 예술에서는 조화의 중요성, 전체와 부분의 관계, 과감하면서도 교묘한, 우아하면서도 독창적인 개념의 새로운 정신이 가져온 새로운 의미를 흔히 이야기한다. 만물에 대해서 우리는 개별과 사회, 암과 수의 균형 잡힌 상호성의 새로운 의미가 있음을 배운다. 그래서 흔히 서구의 근대는 르네상스 시대부터 시작된다고 말한다. 물론 문제는 이보다 더 복잡하다.

어떻게 보면, 르네상스는 우반구가 벌인 두 번째 반란, 고대 세계 때 벌인 첫 번째 반란보다 더 강력한 대반란처럼 보일 수도 있다. 하지만 이런 생각 역시 지나친 단순화이다. 물론 이 시기에 '물러서기'가 또 한 번 있었던 것 같지만, 이번에는 기원전 6세기 아테네 때보다 더 강한 자의식이 작용한 물러서기였다. 결국 이 시대에는 처음부터 고대 세계에 대한 자의식적인 회고, 자의식의 제2 층위가 있었다.

이 책의 제1부에서 우리는 전두엽의 활동을 지형 위로 솟아올라 좌반구로 하여금 그 앞에 펼쳐진 세계의 지형을 보게 하는 능력에 결부시켰다. 이 상승의 은유를 확대 적용하면, 르네상스 시대의 첫 번째 위대한 작가인 페트라르카Francesco Petrarca가 이 시기에 멀리 바라보고자 언덕을 오른 최초의 인물이었다고 하는 것은 의미심장하다. 더욱이 그가 본 것은 경험의 효용성이 아니라 그 아름다움이었다. 이는 서구 문명사에 일어난 이런 전환점의 특징, 즉 전환이 처음 시작될 때에는 대칭적이었다는 사실을 예시한다. 물러서기는 그 자체로 반구 중립적인 기능이었다. 다른 말로, 양쪽 두 전두엽과 다 관련된 기능이었다. 그런데 여기서 물러선다는 사실로 인해 각 반구가 맡은 분업을 더 잘게 쪼개야 하고, 좌반구에 유리한 추상화와 일반화에 대한 요구가 다시 한번 고조된다. 그와 동시에, 그것은 우반구와 그 주위 세계 간의 관계를 한 걸음 도약시킨다. 우반구는 앞서 살펴본 '필수 거리'를 통해 이제 주위 세계와 더 깊어지고 더 풍부한 관계를 맺게 된다.

페트라르카의 '시야'는 개안開眼을 시사한다. 그는 누구나 볼 수 있지만 아무도 보지 못했던 것을 보았다. 이것이 르네상스의 특징이다. 지금까지 이유 없이 무시되어 온 경험의 측면들을 갑자기 알아보게 된 것이다. 과학에서는 사물을 그럴 것이라고 알려진 대로가 아니라 그것들이 존재하는 그대로 주의 깊게 살펴보는 쪽으로 복귀했다. 회화에서도 우리가 알고 있는 것보다는 우리가 보는 것으로 돌아간다. 이는 원근법의 재발견이라는 중요한 사건과 결부되어 있다. 많은 이들이 원근법을 르네상스 시대의 발명품으로 알고 있지만, 그리스 시대 후반의 화가들 역시 분명 이를 이해했고 이는 로마 시대의 벽화를 보아도 알 수 있다. 하지만 그 재능은 13세기 후반에서 14세기 초반에 지오토 디 본도네Giotto di Bondone가 나올 때까지 1천 년 이상 상실된 상태에 머물렀다. 지오토는 원근법을 채택한 최초의 르네상스 화가로 알려져 있다. 실용적 원근법은 1415년에 브루넬레스키Filippo Brunelleschi에 의해 피렌체의 두오모 광장에서 입증되었으며, 그 뒤 마사초Masaccio의 그림에서 더 멀리 발전했다. 알베르티Leon Battista Alberti는 1435년에 출간한 『회화론De Pictura』에서 원근법의 기하학적 토대를 다룬 최초의 체계적 논문을 발표했다.

이 책의 제1부에서 나는 깊이가 원칙적으로 우반구에 의거한다고 말한 바 있다. 물론 각 반구는 나름대로 원근법에 기여한다. 원근법적 공간은 또 다른 르네상스적 세계관의 고전적 요소인 개별성과도 관련되어 있다. 원근법은 각 개인의 관점에서 본 세계의 조망을 중개하기 때문이다. "어디에서도 아닌 관점"인 신의 관점이 아니라, 하나의 특정한 장소, 특정한 시간의 관점에서 보는 것이다. 그러나 개별성이 그렇듯이, 원근법도 두 반구에서 각각 다르게 이해된다. 원근법은 한편으로는 개인을 세계에 연결시키는 수단인 동시에 세계 속에 서 있는 개인의 감각을 획기적으로 드높이는데, 그 세계에서는 깊이가 상상력이라는 인력引力으로 감상자를 포괄하고 끌어당기기까지 한다. 다른 한편으로 원근법은 개인을 관찰하는 눈으로 변모시키는 수단이며, 객체의 공간으로부터 초연하게 거리를 두는 기하학자의 관점이다. 이와 똑같이, 사회와 구별되는 개인이라는 감각이 성장하여 자신의 것과 똑같은 감정을 지닌 개인으로서 타인을 이해하도록 해 주는데, 이것이 공감의 토대이다. 이 감각은 동시에 자폐증의 방향으로 개인을 끌고 가는, 주위 세계로부터 개인이 분리되는 토대이기도 하다.

살아진 시간의 의미 역시 깊이와 유사하게 우반구에서 도출된 자산으로, 그 자체의 '원근법'을 갖고 있다. "살아진 시간"이란 그저 시간이라는 사실의 인식만이 아니다. 모든 사람에게 모든 시간과 장소에서 불변적으로 존재하는, 변덕스러움이라는 똑같은 법칙에 대한 인식이 아니라는 말이다. 나는 이것을 어떤 개인을 돌이킬 수 없이 잃었다는 느낌이나 특정 문화의 흥망성쇠에 대한 느낌과 구별한다. 그런 것은 돌이킬 수 없는 손실에 대한 느낌이지만 거기서 찬미되는 것은 덧없는 것의 무가치함이 아니라 가치이기 때문이다. 관례적으로 우리가 르네상스라 부르는 것을 규정하는 측면인 더 넓은 문화사적 맥락에서 우리 시대를 보는 것은, 우반구의 맥락화하는 기능에 의존한다.

일례로 프랑수아 비용François Villon의 시에서 우리는 극적인 형태로 나타난 이 변화를 본다. 그가 쓴 「옛 여인들의 발라드Ballade des dames du temps jadis」는 과거의 대단한 미인들에 대해 읊조리는 관례적인 형태로 시작하여, 그들이 지금 어디 있는지 묻지만, 그 후렴구에서 우리는 벌써 더 친밀하고 개인적이며 구슬픈, 설교와는 아무 상관이 없는 어조를 감지한다. 시의 후반부는 대단한 열정과 연민으로 한때 아름다웠고 존경받았던 노인과 여자들의 고난을 묘사한다. 비용이 택했던 주제는 항상 단순한 물리적 사실이나 도덕적 교훈, 신학적 논쟁의 재료가 아니라, 개인의 문제, 심장의 문제였다.

이런 시에서 비용의 예술에 수반되는 기억은 적어도 세 종류이다. 그 자신처럼 실제로 고통받는 인간 존재들이 살고 있던 역사적 과거의 긴 원근법을 기억하는 것, 자신이 죽은 뒤 타인들의 눈을 통해 회고적으로 자신을 돌아보는 시간을 향한 투사, 그리고 자신의 과거와 그 손실에 대한 기억이 그것이다. 이 점에서 우리는 비용의 세련된 계승자인 롱사르Pierre de Ronsard의 마음이 되어 본다. 롱사르는 「그대가 아주 늙었을 때 촛불을 켠 저녁에Quand tu seras bien vieille, au soir a la chandelle」에서, 자신의 애인이 늙고 백발이 되어서 촛불 앞에 혼자 앉아 "내가 아름다웠을 때 롱사르가 나를 찬양하여 노래했지"라고 회상하는 모습을 상상한다. 비용은 또한 독자들에게 한 개인으로 다가선, 워즈워스의 표현을 빌리자면 "사람들에게 말을 거는 한 남자"로서 등장한 최초의 작가로 손꼽힌다. 영어권에서는 스켈턴John Skelton, 특히 초서Geoffrey Chaucer가 그런 작가일 것이다. 초서의 작품에서 우리는 또한 불완전함과 오류를 이상형에 견줘 비난받을 결함이 아니라 우리를 개별자로 만들어 주는 동시에 한데 묶어 주는 어떤 것으로 보기 시작한다.

이 모든 것은 이 당시에 우반구가 전면에 등장했음을 시사한다. 그것은 인간을 다시 하이데거가 본 "죽음으로 가는 존재의 빛" 속에 설정했다. 토머스 모어Thomas More 같은 다른 르네상스 시대의 학자들처럼 에라스뮈스Desiderius Erasmus는 항상 책상 위에 메멘토 모리Memento Mori(죽음을 기억하라)를 기억하고자 해골을 놓아두었다.

낭만주의 시대가 오기 전에 이미 강렬한 감정이 담긴 장면들을 읊은 것으로 기억되는 위대한 영국 시인으로, 16세기 중반기에 활동한 토머스 와이엇 경Sir Thomas Wyatt이 있다. 영국 헨리 8세의 두 번째 아내인 앤 볼린Anne Boleyn의 사랑의 상실을 노래한 유명한 시에서, 그의 기억은 비상할 정도로 생생하게 분출된다. "맨발로 내 방에 살금살금 들어오며/ 때때로 나를 쫓아오던 그들이 내게서 달아나네."

> 운명에 감사하라. 그렇게 달라진 것이.
> 스무 배나 더 잘되었어. 그러나 한 번은 더 좋아.
> 얇은 의상을 입고, 즐거운 표정으로,
> 느슨한 가운이 어깨 아래로 드리워질 때,
> 그녀는 길고 가는 팔로 나를 붙잡고,
> 무척이나 달콤하게 내게 키스했네,
> 그리고 부드러운 목소리로 말했네, 사랑하는 이여, 이건 어떠신지요?

우리가 여기서 접하게 되는 것은, 감정적 기억의 사이betweenness에 대한 심오한 내용이다. 셸러가 말했듯이, 우리의 생각이 우리 것이 아닌 것처럼 우리의 감정도 우리 것이 아니다. 그것들은 우리 머릿속에 있고 우리 자신 속에 있지만, 사람들 사이에 그어진 경계를, 그런 경계가 그들에게는 아무 의미가 없는 것처럼 넘어 다닌다. 한 사람의 마음에서 다른 사람의 마음으로, 공간과 시간을 넘어 다니면서 더 커지고 증식하지만, 우리는 그것이 어디에 있는지 모른다. 우리가 느끼는 것은 나에 대한, 또 다른 수많은 일에 대한 당신의 감정에 대해 내가 느끼는 것을 당신이 어떻게 느끼는지에 대한 내 느낌에서 생겨난다. 감정은 사이에서 발생하며 이런 식으로 우리를 한데 묶어 주고, 나아가 공유되는 것이어서 실제로 우리를 결합시킨다. 하지만 그런 감정은 오로지 우리가 구별되므로, 분리될 수 있는 능력 때문에, 헤어짐과 죽음을 오가는 별개의 개인일 수 있는 능력 때문에 생긴다는 점에서 모순이다.

연극은 우리가 '필수 거리'를 확보한 역사의 어느 시점에서, 서로를 바라볼 수 있을 정도로 충분히 떨어져 있지만 동시에 부적절하게 객관적이 되고 서로에게서 소외될 정도로 멀리 떨어지지는 않을 때, 전면에 등장했다. 셰익스피어William Shakespeare의 희곡은 이 시기에 우반구가 상승했음을 증명하는 가장 충격적인 증거이다. 그것은 개성과 유형에 따른 일반적인 행동법칙이 아니라, 이론과 범주를 완전히 무시한, 인간의 풍요함과 더없는 다양성에 대한 찬양이다. 셰익스피어의 인물들은 결코 운명이나 연극적 플롯이 그들에게 강요하는 존재가 아니라 완강한 그 자신들로서, 그들의 개별성은 그 인물의 토대가 되는 문학적·역사적 출처의 전형화된 양식을 뒤집는다.

셰익스피어는 또 장르를 뒤섞은 것으로도 유명하다. 비극에 희극 장면을 집어넣고, 희극에다 자크 같은 인물을 집어넣은 것이다. "우리 인생의 그물이란 선과 악이 한데 뒤엉킨 실꾸리"임을 알았던 그는 모든 층위에서 반대 요소들을 뒤섞어 버렸다. 자신의 창조물 밖이나 위에 올라서서 자신의 인물들을 어떻게 판단할 것인지 우리에게 말해 주는 대신에, 셰익스피어는 그들에 대한 연민과 공감을 갖지 않을 수 없음을 강조했다. 심지어 도덕적 부패의 본보기로서 설정된 『베니스의 상인』 속 악인 샤일록도 예외가 아니다. 추상적으로 판단된 조각과 증거로 분해해 보면 비겁자, 허풍장이, 광대에 불과하지만, 그래도 그는 불완전한 것들로 치부되고 말았을 것들을, 그냥 '능가' 해 버리는 것이 아니라 자기 존재의 유동성 내에서 뭔가 다른 것들로 전환시킴으로써 다시 구제하는 용감하고 관대한 심장의 자질을 갖추었다.

전체가 부분들의 총합에 의존하지 않는 방식을 가장 신비스럽게 표현한 예술 방식이 캐리커처caricature이다. 여기서는 각 부분을 크게 왜곡하더라도 즉각 전체를 알아볼 수 있다. 고대의 캐리커처는 언제나 어떤 유형의 과장이었지 한 개인의 캐리커처가 아니었다. 특정한 개인의 캐리커처를 처음 그린 화가이자 '카리카투라caricatura' 라는 용어를 처음 만든 안니발레 카라치Annibale Carracci(1560~1609)는 "훌륭한 캐리커처는 모든 예술 작품처럼 실재 그 자체보다 더 삶에 충실하다."고 말했다.[2] 미술평론가 곰브리치와 크리스Ernst Kris가 지적했듯이, 캐리커처의 천재성은 "비슷하다similarity고 해서 반드시 닮은 것likeness은 아니다"라는 사실을 드러낸 데 있다. 카라치는 친구와 동료들을 동물로 묘사했다. 이때 화가는 얼굴의 모든 특징, 모든 부위를 변모시킨다. "그가 여전히 갖고 있는 것이라고는 그것이 다른 생물로 변할 때도 바뀌지 않고 남아 있는 개별적이고 놀라운 표정뿐이다. 다른 형태에 들어 있는 그런 비슷함을 알아본다는 것은 놀라움의 충격과 웃음을 선사한다." 그런 면에서 캐리커처 화가의 작업은 "어딘가 흑마술과 비슷하다".[3]

아주 초기부터 르네상스 시대의 예술은 모두 새로 발견된 표현력, 이르게는 중세 음유시인 아당 드 라알Adam de la Halle이 부른 노래나 15세기 크리스틴 드 피장Christine de Pisan의 연애시에서도 들을 수 있었던 섬세한 감정을 보여 주었다. 시각예술에서 이것은 지오토 이후 특히 인간 얼굴의 표현력에 매혹된 화가들, 특히 마사초, 고졸리Benozzo Gozzoli 등에게서 명확하게 드러난다. 이 표현력은 그런 표정이 덜 중요해지는 군중 장면에서도 나타난다. 한스 요하임 후프슈미트, 그뤼서O. J. Grusser, 라토R. Latto 등의 연구는 르네상스 시대에 초상화를 그릴 때 왼쪽 옆얼굴을 보이는 추세(우반구 선호)가 절정에 달했음을 밝혀냈다. 이는 르네상스 시대에 우반구가 전면에 부각되었다는 이 책의 주장과 일치하는 것으로, 14세기 이후에 회화에서 빛의 원천을 왼쪽 시야에 두는 경향이 시작되었다는 추정을 가능하게 한다. 이 경향은 르네상스 시대에 더 강해지다가 18세기 이후 약해졌다. 20세기 들어서는 중세식으로 광원光源에 방향이 사라졌는데, 제임스 홀James Hall에 따르면, 흥미롭게도 대략 이 무렵 신체의 왼쪽과 오른쪽이 주는 인상에 눈에 띄는 변동이 생겼다. 왼쪽이 불길하다고 보는 전통적 견해는 르네상스 무렵에는 완화되었고, 왼쪽이 가진 긍정적인 성질들을 직관적으로 인정하는 태도가 자리 잡은 것으로 보인다. 홀은 르네상스 시대의 바로 초창기부터 "왼손의 아름다움이 궁정의 연애 전통에서 중요시되었다"고 주장한다.[4] 르네상스 시대가 진행되면서 왼쪽의 주장이 오른쪽을 억누르고 앞으로 나섰다. 그쪽이 더 아름다운 쪽, 더 섬세하고 더 온화하고 더 진실하고 감정과 더 많이 접하는 쪽으로 간주되었다. 신체의 왼쪽 전체가 아름다움, 진실함, 연약함의 틀을 갖게 되었다. 이런 견해가 반구 간 차이에 대한 지식이 영향을 미치기 수백 년 전에 나왔다는 사실을 생각하면, 이는 두뇌가 직관적으로 자신을 인식할 수 있다는 또 하나의 증거처럼 보인다.

음악에서는 다성음악polyphony이 놀랄 만한 수준으로 발전했다. 또 그와 함께 고도로 표현적인 선율이 강조되고, 허위적 관계와 보류, 부분과 전체의 관계가 두드러지며, 역사상 최초로 복합적인 화성이 발달했다. 르네상스 시대에도 즐거운 음악이 있었지만, 이 시대에 나온 최고 수준의 결과물들은 주로 침울했다. 레퀴엠 및 수난과 관련된 봉헌 작품들, 세속 음악 영역의 류트 음악과 마드리갈madrigal(성악곡) 등 쉽사리 충족되지 않는 사랑을 찬양하는 음악들이 그렇다. 이 시기의 시와 음악과 회화는 또한 매우 우스운 성격일 수도 있고, 재치와 유머도 두드러지며 자기비하적인 성격도 흔히 보인다.

16세기의 멜랑콜리melancholy는 흔히 재치, 지성, 지혜, 현명함과 결부되는데, 『우울의 해부The Anatomy of Melancholy』를 쓴 영국 작가 로버트 버튼Robert Burton은 이런 전통의 발원지라기보다는 절정에 달한 순간을 대표한다. 제니퍼 래든Jennifer Radden은 멜랑콜리의 역사를 다룬 저서에서, 사려 깊은 기질의 소유자들이 근거 없이 깊은 멜랑콜리에 빠질 때가 있다는 아리스토텔레스의 견해가 르네상스의 작가들에게 "멜랑콜리의 두려움과 슬픔에는 이유가 없다는 사실을 강조하는 주제를 소개했다"고 지적한다. "멜랑콜리아melancholia의 두려움과 슬픔의 근거 없는 본성을 강조하는 것은 18세기에 수그러들었다. 하지만 19세기의 분석에서 다시 돌아왔다."[5] 사려 깊은 성품의 증거인 이런 "이유 없는 멜랑콜리"는 셰익스피어에게서도 발견되는데, 『베니스의 상인The Merchant of Venice』의 첫머리에서 안토니오는 이렇게 말한다.

> 참으로 내가 왜 이리 슬픈지 나도 모른다네,
> 그 때문에 내가 지치고, 자네 역시 지친다고 말하네,
> 하지만 어쩌다가 내가 그리 되었는지, 그걸 만났는지, 겪게 되었는지,
> 그게 도대체 뭘로 만들어졌는지, 어디서 생겼는지,
> 나는 아직 모르고 있네.

당대 음악과 시의 특징이기도 한 멜랑콜리는 우반구적 세계가 지배

하는 시기의 특징으로, 그 "이유 없음"에 대한 강조는 그것이 하나 혹은 일련의 사건에 대한, 혹은 어떤 가시적 세계의 상황에 대한 유한하고 설명 가능한 반응이 아니라 세계 내 존재의 특정한 존재 방식에 본래 속하는 것임을 분명히 밝히고자 구상된 표현이다.

동정적인 입장에서 종교를 연구한 가장 위대한 심리학자인 윌리엄 제임스는 "멜랑콜리는 …… 모든 완전한 종교적 진화 과정에서 본질적인 순간"이라고 썼으며,[6] "가장 완전한 종교"는 염세주의가 가장 잘 발달된 것이라고 했다. 르네상스 시대에 적어도 종교적 믿음과 멜랑콜리한 기질 사이에는 음악과 멜랑콜리만큼 강한 관련이 있었다. 나는 그 각 현상에서 우반구가 우세하며, 이 무렵 우반구에 '입각한' 세계가 상대적으로 우세했던 사실을 감안할 때 이런 상호 연관된 현상이 필연적이었다고 본다. 당시의 미술과 시에서 눈물이 차지한 위치에 대해서도 흥미 있는 연구를 진행할 수 있다. 셰익스피어의 연극에서, 다울런드John Dowland〔영국의 류트 연주가〕와 동시대인들의 노래에서, 또 던John Donne, 마블Andrew Marvell, 크래쇼Richard Crashaw의 시에서 보이는 더욱 큰 초연함과 거의 괴상할 정도의 건조함에서 그런 특징이 나타난다. 이들 작품에서 눈물은 종교와 세속적 헌신 사이에서 거의 불법적이라 할 정도의 암묵적인 다리 역할을 한다.

르네상스 시대는 외관상 반대되거나 모순된 생각들이 공존했을 뿐만 아니라, 언어에서 애매모호하고 다양한 의미들이 함께 유행한 시기이자, 전형적으로 뒤섞인 감정이 경험된 시기이기도 했다. 고대 그리스의 메트로도루스Metrodorus가 슬픔 속에도 쾌락과 비슷한 것이 있다고 말한 적은 있지만, 고대에는 뒤섞인 감정이 잘 감식되지 않았다. 슬픔과 쾌락이 뒤섞인다는 것은 르네상스가 되기 전에는 거의 받아들여지지 않았다. 스넬은 "사포가 나오기까지 우리는 씁쓸달콤한 에로스라는 말을 들은 적이 없다. 호메로스는 반쯤은 원하고 반쯤은 원하지 않는다는 말은 할 수 없었다"고 지적한다. 호메로스는 "그는 원하지만 그의 튀모스thymos(기개)는 원하지 않았다"고만 했다. 반면, 미켈란젤로의 「나의 쾌활함과 우울함la mia allegrezze la malinconia」부터 달콤한 죽음과 죽음의 장면을 노래한 수많은 마드리갈에 이르는 르네상스의 시는 쾌감과 고통의 결합을, 슬픔과 달콤함의 가까운 관계를 되풀이하여 읊는다. 상반된 전제들의 해결과 명시성에 의존하는 명료성과 확실성의 추구보다는, 간접적인 표현, 은유와 상상에 의존하며, 불완전하고 미해결 상태인 것을 포용하다 보니 우반구의 인식론은 모호성 및 상반된 것들의 결합에 더 우호적이 되는데, 좌반구의 인식론은 그런 영역을 다룰 수 없다.

여기서 욕망desire과 갈망longing 간의 차이에 대해 이야기할 필요가 있다. 오늘날 좌반구적 세계관과 들어맞지 않는 어떤 것을 물리치는 방법 가운데 하나는 그것에다 낭만적이라는 딱지를 붙이는 것이다. 그렇게 하면 그 속내를 폭로했다는 기분이 든다. 상대적으로 단명했던, 그리고 사라진 지 이미 오래된 세계의 문화, 그것도 다분히 과잉이고 감상적이며 지적 엄격성이 부족하다는 인상을 주는 세계에 관한 견해를 그런 데다 갖다 붙이는 것이다. 그런데 그런 딱지가 붙은 견해나 태도들이 예상보다 더 오래 존속했고 또 폭넓게 존재했음이 판명되었다. 반드시 낭만주의의 푸른 꽃die blaue blume (독일 낭만주의 작가 노발리스 Novalis‑Friedrich von Hardenberg의 대표작의 제목이기도 함. 무한을 동경하는 낭만주의자들의 본질을 나타내는 상징) 형태는 아닐지라도 갈망도 그런 개념 중 하나인데, 그것은 틀림없이 인류만큼이나 오래되었다. 그것은 그리스의 운문韻文에도 등장하니, 바로 고향 이타카를 향한 오디세우스의 갈망이 그 시초이다. 무언가를 그리워하는 마음인 노스탤지어nostalgia의 'nostos'는 집으로 돌아감을 뜻하며, 'algos'는 고통을 뜻한다. 히브리어 시편에서는 여행자가 집을 그리는 갈망과, 뭍사람들이 봄이 오면 품는 바다를 향한 갈망 두 가지 의미가 다 나온다.

르네상스 시대가 지극히 깊은 갈망에서 시작했다는 말은 결코 과장이 아니다. 갈망의 대상은 궁정 연애, 손이 닿지 않는 이상적 여인에 대한 경외감 가득한 숭배, 연인이 상대방을 그리워하는 갈망, 실낙원을 찾으려는 갈망이기도 한 과거에 대한 추구로서 아카디아적Arcadian〔목가적 이상향〕 상상 등이었다. 갈망은 르네상스 전성기의 수많은 시와 음악의 심장부에 있다. 특히 영국에서는 튜더 시기 작곡가들의 "애가哀歌·Lamentations"분야에서, 가톨릭교회의 오래된 질서가 사라진 데 대한 비탄으로 지극히 아름다운 비가悲歌 스타일의 음악이 수없이 만들어졌다. 본Henry Vaughan의 「은둔The Retreate」과 트러헌Thomas Traherne의 「세기Centuries」 같은 시에서는 어린 시절과 함께 사라진 것들에 대한 낭만주의적 갈망의 선구적 형태까지 엿보인다.

갈망은 의지에 내몰린 것이 아니며 목적도 아니고 얻고자 하는 최종 목표도 없다. 그보다는 결합을 위한 욕망이며, 재결합을 향한 욕망으로 경험된다. 이는 그렇게 갈망되는 것이 무엇인지 명료하고 단순하게 보여야 할 필요가 없고, 묵시적이거나 직관적인 영역에 속하며, 흔히 본성상 정신적인 상황을 동반한다. 정신적 갈망과 멜랑콜리는 어떤 것이 되었든지 간에 타자와 우리 사이에서 일어나고 발생하는 것의 더 산만하고 반향적인 특징을 공유한다. 어떤 경우이든 이유가 무엇인지 반드시 말할 수 있는 것은 아니고, 멜랑콜리 혹은 갈망이 무엇에 대한 것이며 무엇을 위한 것인지조차 불분명할 때도 있다. 반면에 원한다는 것은 그 과녁이 명확하고, 원하는 대상과 원하는 자가 분리되어 있다. 갈망은 그보다는 거리를 시사하지만, 그렇다고 해서 갈망의 대상까지의 거리가 아무리 멀더라도 그 거리를 뛰어넘는 대상과의 연결이나 결합이 방해받는 일은 결코 없다. 그것은 어떤 면에서는 갈망하고 갈망되는 대상 간에 설정된 유연한 긴장감으로 체험된다. 결코 분리된 것일 수 없는 활의 양 끝을 붙들고 있는 활줄에서 느껴지는 것과 같은 팽팽함(독일어로 'die Bogensehne), 인력과도 비슷한 것이다. 이것 역시 "갈망하다die Sehne"와 "갈망die Sehnsucht"의 관계이다.

"위대한 예술은 영혼에게 생생하지만 덧없는 가치를 제공하려는 환경의 배열이다." 화이트헤드Alfred North Whitehead는 이렇게 썼다. 그럼으로써 "새로운 어떤 것이 반드시 발견될 것이며 …… 그 과거의 자아를 넘어서서 확장되는 가치를 영원히 실현하기 때문이다".[7] 따라서 예술은 본성상 끊임없이 우리를 강요하여 그 자체를 넘어선, 우리 자신을 넘어선 어떤 것에 도달하도록 만든다. 인간이 만든 예술을 도구로 하여 인간이 만든 것, 혹은 만들 수 있는 어떤 것을 넘어 우리 자신 외의 어떤 타자로 도달하는 것이 우반구의 양식이다.

『궁정인Cortegiano』에서 카스틸리오네Baldassare Castiglione는, 고의적이리만치 자신의 기술을 숨기는 기술(ars est celare artem)이라는 원리를 옹호했다. 하지만 이것이 너무 자의식적인가? 이것은 확실히 어떤 온건한 기만 형태를 권장하는 것으로 해석되었는데, 특히 당사자가 점잖은 궁정 관료일 때는 그런 기만을 발휘하여, 실제로는 배워야 하고 어느 정도 훈련이 필요한 일도 힘들이지 않고 해낼 수 있는 척해야 한다고 되어 있다. 이는 사실일 것이다. 그러나 기술은 습득되는 공정이고, 가끔은 그 과정이 확실히 기계적이고 명시적인 방법에 따른다. 그러나 기술이 발전할수록 직관과 무조건적 경험으로 진척되는 비중이 커지는데, 이것은 20세기에 기술이 겪게 될 운명을 고려할 때 적절한 주제이다. 기술을 실연하는 동안 관련된 기술을 배우는 데 들인 의식적인 노력의 낌

새가 드러나는 것은 숙달된 공연자들에게는 치명적이다. 그들은 그런 기술을 직관적으로 수행할 만큼 그 기술에 숙달되어 있어야 한다. 그렇지 않으면 공연은 실패한다. 다른 말로 하면, 그 기술은 투명해야 한다. 우리 눈은 공연자들이 아니라 그들이 하는 동작에 머문다. 이는 기만이 아니라 기술의 본성을 존중하는 것이다. 이는 묵시적이고 신체에 구현된 상태를 유지하는, 그런 의미에서 숨겨진 우반구의 직관적 과정이다. 이것이 카스틸리오네가 한 조언의 참된 의미다.

개별성으로부터 독창성에 대한 추구, 기존의 것, 공동체적이고 관례적인 행동과 사유 양식에서 멀어지는 태도가 발생했다. 어떤 것이든 타자를, 마음과 별개로 존재하는 세계를 경험하는 쪽으로 향하는 것이 우반구의 방향인 데 반해, 좌반구는 그 자체의 일관된 시스템, 우반구가 만들어 그것이 활용할 수 있게 한 것에서 도출되었지만 본질적으로는 폐쇄된 시스템을 갖고 있다는 생각이 옳다면, 개별성과 독창성, 그리고 그것들 사이의 관계는 모두 어느 반구가 지배하는지에 따라 달라질 수밖에 없다. 나의 주장은 개별성과 독창성의 중요성이라는 의미가 본질적으로는 양쪽 전두엽으로 중개되는 물러서기에서 나오며, 그 결과가 양쪽 반구에 상이하게 받아들여진다는 것이다. 우리는 우리 자신을 분리된 존재로 본다. 우반구는 여전히 우리 주위의 세계와 결정적으로 중요한 연결을 맺고 있다. 그러나 좌반구는, 좌반구를 작동시키는 폐쇄되고 자족적인 시스템 탓에 고립되고 원자론적이고 강력하고 경쟁적이다. 따라서 개별성과 독창성은 그 자체로는 어느 한쪽 반구의 특권으로 간주될 수 없다. 둘 다 각 반구를 위해 존재하지만, 근본적으로 매우 다른 방식이며 다른 의미를 갖고 있을 따름이다.

독창성과 개별성이 새롭게 강조되다 보니 예술가의 역할도 바뀌었는데, 그런 역할이 집중 조명을 받게 된 시기가 르네상스였다. 이 시대에 이르러 예술가는 처음으로 일종의 영웅이 되었다. 레오나르도 다빈치Leonardo da Vinci, 미켈란젤로, 홀바인 같은 화가들이 각기 섬기던 귀족이나 왕들에게서 동등하거나 존경스러운 존재로 대접받은 이야기는 많이 있다. 막시밀리안Maximilian 황제는 귀족 한 명을 시켜 뒤러Albrecht Durer가 작업을 할 때 사다리를 잡아 주도록 했으며, 카를 5세Karl V는 직접 몸을 굽혀 티치아노Vecellio Tiziano의 붓을 집어 주었다고 한다. 다시 한 번 말하지만, 예술가의 영웅적 지위는 흔히 짐작하듯이 낭만주의에만 있었던 현상이 아니다. 사람들의 존경은 예술가들의 내면에 있는 신적인 영감을 받은 작업에 대한 존경이었다. 흔히 이 존경심이 우리 시대에 폭발적으로 나타난 것으로 짐작하지만, 이것은 이 책의 기준에서 보자면 우반구에서 나오는 묵시적이고 직관적이며 의지로 좌우할 수 없는 기술에 대한 태도이다.

여기서 르네상스 시대의 화가들에 대한 일화를 좀 살펴볼 필요가 있다. 르네상스 시대에는 무의식적이고 비자발적이고 직관적이고 묵시적인, 그래서 규칙에 지배되는 과정으로 공식화될 수 없고 다른 것들로 정제될 수 없는 것들, 그래서 의지에 복종하도록 만들 수 없는 것들이 존경받고 사랑의 대상이 되었다. 화가들에게서 찬양받는 자질은 자신을 숨기는 기술을 포함하여 모두 우반구에서 나오는 자질들이다. 그것들은 모두 나중에 낭만주의에서 발견된다. 이런 인간의 경험 절반을 '낭만적'이라는 이름으로 묶어 없애 버리려는 시도는 성공하기 어렵다. 결국은 비정상적이고 더 제한적으로 문화에 구속된 견해를 가진 것은 우리일지도 모른다.

르네상스 시대에 화가들이 누린 신뢰를 살펴볼 수 있는 중요한 자료는 크리스와 쿠르츠Otto Kurtz가 1934년에 출간한 고전 『화가의 이미지에서의 전설, 신화, 마법 : 역사적 실험Legend, Myth, and Magic in the Image of the

Artists: A Historical Experiment』이다. 이 책에는 르네상스 시대의 예술과 예술가에 대한 수많은 상투어가 "기술을 숨기는 것이 기술ars est celare artem" 따위의 라틴어 경구로 요약되어 있다. "시인은 만들어지는 것이 아니라 태어난다poeta nascitur, non fit"는 것도 그런 예이다. 이 주장을 예시해 주는 것으로 예술가들이 어린 시절부터 교육받지 않고도 얼마나 재능을 드러냈는가 하는 이야기가 담겨 있다. 그런 이야기 가운데 하나가 지오토에 관한 것이다. 지오토는 치마부에Cimabue에 의해 우연히 발견되었다고 알려졌다. 이탈리아 피렌체 화파의 시조인 치마부에가 목동이던 지오토가 가축을 돌보는 동안 심심풀이로 바위 위에 그린 대단히 뛰어난, 마치 실물 같은 그림을 보고 그를 발굴했다는 것이다. 이 이야기의 요점은 기술은 어떠한 요청 없이 주어졌으므로 힘써 규칙에 따라 배운 결과가 아니라는 의미와, 직관적이라는 두 가지 의미에서 재능이라는 것인데, 둘 다 그 연원이 좌반구 밖에 있음을 시사한다. 예술가에 대한 이런 견해는 고대에도 흔했다. 가령 기원전 4세기 고대 그리스의 조각가들인 리시푸스Lysippus, 실라니온Silanion, 에리고노스Erigonos의 이야기는 모두 그들의 기술이 천부적이었음을 확인해 준다. 지오토의 이야기는 비단 서구 세계에서만 발견되는 사례가 아니다. 크리스와 쿠르츠는 일본 화가 마루야마 오쿄圓山應擧의 이야기, 지나가던 무사가 마을 상점에서 쓰는 종이 봉지에 그려진 소나무 그림을 보고 마루야마의 재능을 알아보았다는 이야기도 언급한다.

이 생각은 영감의 재능과도 연결된다. 영감이라는 것은 신뢰할 수도, 강요하거나 의지로 원할 수도 없는 것이지만, 주어진 것과 예술가에게서 창조되는 것 사이의 협력을 허용하면서 의식적인 힘을 제약하는 방법으로 우연한 기회를 활용하면 간접적으로 인도될 수는 있다. 그리하여 레오나르도는 습기가 벽에 만든 축축한 얼룩의 윤곽처럼 우연히 만들어진 윤곽 형태를 먼저 그려 보라고 화가들에게 조언한 것으로 유명하다. "불분명한 사물에서 마음은 새로운 창안을 자극받기 때문이다."[8] 화가의 창조물을 발명이 아니라 발견으로 보는 견해는, 화가의 재능을 그 자체로서 발명이 아니라 발견으로 보는 견해와 병행한다.

이와 비슷하게, 예술적 작업이란 의식적인 노력이 아니라 직관이나 영감에서 오기 때문에 최초의 생각이 가장 좋다. 그러므로 벤 존슨Ben Jonson이 "연기자들은 셰익스피어가 글을 쓸 때 한 줄도 지우지 않았다는 말을 그에 대한 칭송의 의미로 흔히 언급했다"면서, 이에 대해 자신은 "그가 1천 줄은 지워 버렸을 것"이라고 날카롭게 반박했다고 말한 것도 이런 뜻이었다.[9] 바사리Giorgio Vasari에 따르면, 프라 안젤리코Fra Angelico는 자기 그림을 절대로 다시 고치지 않았다고 한다. "고치지 않은 것이 신이 원한 대로의 그림이기 때문"이다.[10]

다시 말하면, 모방되어야 하는 것은 다른 화가의 작업 결과가 아니라 본인의 스승인 자연 그 자체이다. "자연은 모방되어야 한다naturam imitandam esse." 이는 서로 연관된 수많은 주제를 상기시킨다. 우선, 이 말은 인간이 만든 것보다 자연이 주는 것을 더 선호한다. 기술은 다른 화가들이 가르치는 것이 아니라 자연에서 나온다. 이는 규칙보다 경험에 의존한다. 이러한 견해는 낭만주의 화가나 서구의 예술가들만이 아니라 동양 화가들의 예술관에서도 쉽게 찾아볼 수 있다. 크리스와 쿠르츠에 따르면, "한간韓幹은 다른 화가들이 아니라 황실 마구간에 있는 말들이 자신의 스승이었다고 말한 것으로 알려졌다."[11] 예술은 자연 속에 놓여 있는 것의 정신적 계시로 간주되었다. 거기에는 간間주관성, 대상 속에 들어가는 화가와 화가 및 그 작품 속에 들어가는 대상이 있다. 오토 피셔Otto Fischer는 "도가道家에서 영감을 받아 인간이라는 매개체를 통해 존재가 계시되는 것으로 미술을 해석하는 시도"
에 대해 이야기한다. "사실 중국 미술의 목표는 자연의 생명력을 눈
에 보이도록 그리는 것이었으므로, 미술이 자연의 정신적 계시로 간
주된 것은 이해할 만하다." [12]

화가가 복제한 자연은 죽은 것이 아니라 자연의 생명력을 구현함으
로써 그 자체로 살아 있는 것처럼 보이게 된다. 포도를 실물과 똑같이
그려 새들이 날아와서 쪼아 먹으려 했다는 제욱시스Zeuxis 이야기는 유
명하지만, 미술 작품이 실물로 착각되는 이야기는 그리스만이 아니라
중국, 일본, 페르시아, 아르메니아, 또 르네상스 시대의 여러 자료에도
나온다. 르네상스 시대의 화가들은 예술을 추구하고자 부와 물질적 풍
요를 포기하고 고독 속에서 살며 자연에서 받은 영감을 그렸다고 얘기
된다. 그런 이야기 역시 그리스와 서구, 동양 문화에 나란히 출현한다.

이로 인해 화가가 마법의 힘을 가진 존재라는 전설이 생겼다. 좌반구
가 자신이 통제할 수 없는 힘을 보게 되며 그것을 '마법'이라 부른다.
이는 좌반구가 정신분열증을 앓을 때 우반구에서 발생하는 직관적 행
동과 사유 과정에 관하여, 편집증을 드러내면서 그것들을 외부의 힘
이나 사악한 영향력 탓으로 돌리는 행동과도 비슷하다. 여기에 인간
이외의 어떤 다른 존재로 인도하는 자로서의 화가, 신적인 화가divino
artista, 제작자인 신과 어떤 식으로든 동일한 존재인 화가, 물건의 신
deus artifex 본인이라는 은유, 우반구에 의해 직관적으로 이해되며 무생
물인 돌덩이를 움직이게 할 수 있고 생명을 부여할 수 있는 존재인 화
가가 있다. 이런 견해의 이면이 거짓말쟁이, 사기꾼으로서의 화가, 하
늘에서 불을 훔쳐 온 프로메테우스 같은 존재, 악마적인 대담한 거짓
말쟁이, 자연을 정확하게 모방할 수만 있다면 무슨 일이든지 하는 존
재로서의 화가이다. 미켈란젤로는 한 청년을 고문하여 죽이면서 그

모습을 모델로 하여 조각했다는 소문까지 있었다. 신이든 악마이든, 이 같은 두 가지의 신화 모두 자연을 정확하게 모방하는 화가의 능력과 결부되어 있다.

예술적 창조의 본성에 관한 그런 견해들은, 사실 우리보다 좌반구의 지배를 덜 받는 문화에서는 흔한 일이다. 르네상스를 특징짓는 또 다른 현상도 그러하다. 즉, 현세의 아름다움에 대한 인식, 그것을 더 이상 저항해야 할 대상이나 함정으로 취급하지 않고, 눈을 돌리고 보지 말아야 하는 어떤 것으로 보지 않고, 그것을 넘어선 어떤 것을 가리키는 존재로 보는 입장이다. 육체를 깔보던 중세 때의 경향과 정반대로, 이것은 지상의 것, 신체를 가진 것, 감각에 중개된 존재의 복권과 나란히 진행되었다. 몽테뉴Michel Montaigne나 에라스뮈스에게, 신체는 다시 한 번 우리의 일부로서 현존하며, 따라서 단지 영혼의 감옥이 아닌 그 자체로 정신적인 것이 되고, 사랑받을 수 있는 잠재력을 갖고 있는 것이다.

> 우리를 이루고 있는 주된 조각 두 가지를 분리하고, 하나를 다른 것과 떼어놓고 싶어 하는 것은 잘못이다. 우리는 그와 반대로 그것들을 짝지우고 단단히 결합시켜야 한다. 영혼에게 제 구역으로 물러나라고 지시할 것이 아니라, 혼자서 별도로 존속하라고 할 것이 아니라, 신체를 경멸하고 포기하라고 지시할 것이 아니라, 그것에 관계하고, 그 품속으로 신체를 받아들이고 귀중히 여기며, 도와주고 보살피고, 그것이 제멋대로 떠돌아다니면 다시 집으로 데려오게 해야 한다.[13]

깊이를 가진 세계와 우리의 관계는 은유적 시인들에게 끝없는 매혹의 연원이었다. 존 던, 허버트George Herbert(「불사약The Elixir」), 토머스 트러헌(「물에 비친 그림자Shadows in the Water」)처럼 창문 유리판, 거울 평면, 수면의 거울 같은 표면의 이미지를 사용하여 시각 평면 너머에 있는 세계와의 상상적 접촉, 보기는 하되 그것을 넘어서 보는 것을 탐구하려는 시인들에게는 특히 그러했다. 세계는 냉혹한 사실이 아니라 은유나 신화처럼 반투명하고, 그 자체에 온갖 의미를 담고 있으면서도 그것 너머에 있는 어떤 것을 가리키는 것이다.

앞에서 살펴보았듯이, 깊이감은 어떤 것을 맥락 속에서 보는 데 내재한다. 이는 공간의 깊이와 시간의 깊이에 모두 해당되지만, 형이상학적 깊이도 여기에 함축된다. 그것은 은유나 신화에서는 그럴 수밖에 없듯이, 어떤 것이 한 차원 이상에서 존재하는 데 대한 존중이다. 르네상스 시대에 구현되었던 지식과 이해의 상호 연관성 및 상이한 영역에 걸친 응답 양식의 기저에 놓여 있는 것이 이 같은 맥락에 대한 존중이며, 궁극적으로는 지식에 대한 최대한 광범위한 맥락의 필요성이다. 여기서 헤라클레이토스가 말한 "수많은 일을 탐구하는 자"를 가리키는 "르네상스적 교양인Renaissance man"이라는 별명이 등장하게 된다.

역사적 과거로 돌아가 보면, 고전 세계의 재발견은 호기심이나 효용성의 압박을 받아 사실을 찾아가는 임무가 아니었다. 그 중요성은 그저 지식 자체를 증가시키는 것이 아니라, 그것이 만들어 내는 지혜, 덕성, 통치술의 모범을 추구하는 데 있었다. 인간의 존엄성이 단순히 이성에 대한 맹목적인 추구만이 아니라, 우리가 선택하는 모델과 우리가 이끌리는 이상형을 통해 자신의 운명을 선택하는 인간의 고유한 능력에 있다는 것이 인정되었다. 이는 자기 지식, 각기 상이한 개성들이 각자의 특정한 목표를 향해 나아가면서 채택한 고유하고도 상이한 통로에 대한 매혹을 포함한다. 따라서 개별적 생애의 기록, 그리고 진정한 전기傳記와 자서전의 등장이 중요해졌다.

■ 종교개혁

이 책 제2부의 첫 장에서 나는 좌반구의 세계가 가진 표상의 비진정성이 촉발할 수 있는 반응 방식이 두 가지 있다고 했다. 하나는 우반구가 전달하는 세계의 약동과 신선함을 절박하게 갈망함으로써 잃어버린 것을 되찾으려는 경향이며, 다른 하나는 그와 정반대로 그것을 거부하는 것이다. 우반구의 세계가 원천적으로 진정하지 않은 것으로 보이게 되어, 그럼으로써 무효로 취급되기 때문이다. 진자가 흔들리면서 교정되어 균형을 찾아 나가는 것이 아니라, 균형이 상실되며, 그 결과는 정正 피드백이 된다. 그런 상황에서는 좌반구의 가치가 계속 더 강화될 뿐이다.

지금까지 우리가 관심을 집중해 온 것은 중세적인 세계상을 넘어선 곳에서 세계의 약동 쪽으로 우리 눈을 열어 준 것들, 새로 발견된 고대의 역사, 글, 미술, 기념물들에 거의 자력 같은 이끌림을 느끼면서 르네상스가 꽃을 피우는 가운데 우반구로 복귀하는 것이었지만, 중세 시대의 몰락은 이 세계에 작동하고 있는 두 가지 과정을 모두 보여 주었다. 행사와 제례에 대한 은유적 이해가 쇠퇴하여 중세적인 공허한 과정의 진정하지 않은 반복이 되어 버리는 방식이 은유적 이해에 다시 생명을 부여하기보다는, 종교개혁의 발생과 함께 그것에 대한 직설적인 거부를 촉발한 데서 두 번째 과정(우반구 세계에 대한 거부)의 예를 목격할 수 있다. 이 격동적인 소동은 루터Martin Luther가 1517년 비텐베르크의 슐로스키르헤 교회 대문에 붙인 95개 조 반박문에서 비롯되었다고 말해진다.

그러나 뒤이어 일어난 사건들을 볼 때 루터는 어딘가 비극적인 인물로 여겨질 수 있다. 그 자신은 관용적이고 보수적이었으며, 그의 관심사는 권위에 대한 의존에 반대하고 진정성을 얻고 경험으로 돌아가려는 데 있었다. 교회의 생활과 숭배 대상인 이미지에 대한 그의 태도는 균형 잡히고 타당한 것이었다. 그가 공격한 과녁은 이미지 자체가 아니라, 그가 생각하기에 마땅히 존경받아야 할 이미지들의 남용이었다. 하지만 그럼에도 불구하고 그는 자신이 통제할 길 없는 파괴의 힘을 풀어놓았음을 알았다. 그는 그 힘에 맞서 싸웠지만 결국은 아무 소용이 없었다. 에라스뮈스는 당시의 광신주의에 대해 설명하면서 "나는 그들이 설교를 듣고 돌아오는 것을 보았는데, 마치 악령에게 홀린 것 같은 모습이었다"고 말했다. "그들의 얼굴은 모두 기묘한 분노와 맹렬함을 내보이고 있었다." [14]

루터의 사례는 하이데거의 운명과 흥미로운 유사점이 있는데, 이는 주의 깊고 조심스럽게 살펴보아야 하는 사항이다. 하이데거는 존재하는 것과의 진정한 만남이라는 힘든 문제에 몰두하여 데카르트적 주관/객관 양극성을 뛰어넘으려고 분투했다. 하지만 얼마 안 가서 객관적 진리라는 개념을 문제 삼는 그의 태도를 제멋대로 굴어도 좋다는 뜻으로 해석하고 싶어하는 자들이 그의 가치관을 가로채버렸다. 그들의 주장에서는 가치란 그저 상대적일 뿐이고 더 이상 진리의 객관적 기준이란 없으며, 결국은 하이데거가 귀중하게 여기고 방어하려 한 모든 것이 무정부주의적으로 파괴되는 사태가 그의 이름을 내걸고 벌어진다. 루터의 경우도 그 원래의 진정성을 향한 충동은 우반구에서 나왔지만, 순식간에 좌반구의 의제에 병합되어 버렸다. 그런 병합은 혁명적인 전복順覆이 아니라 관심에 값할 만한 의미의 편차 때문에 일어난다.

루터는 그러나 우리가 어떻게 표현하든, 그것을 마음/영혼과 신체의 영역이라 하든지, 가시적인 영역과 비가시적인 영역이라 하든지, 외부와 내부 영역은 **하나**가 될 필요가 있음을 인식했다. 그렇지 않으면 외부의 모습은 내향적인 여건에 대해 말할 것이 없다. 다른 말로 하면, 가시적 세계는 어떤 것이 모든 현실적 면에서, 우반구에 의해 전달되는 그대로 우리에게 현존하는 것이 된다는 문자 그대로의 의미에서 '현전presentation'이 되어야 한다. 루터의 이 인식은 신체화된 세계의 자연스러움을 고집하는 르네상스의 태도와 전적으로 연결되고 그것에 속하는 것으로서, 이를 인식함으로써 그는 내외 세계가 분리된 결과인 공허함에 도전할 영감을 얻었다. 하지만 그의 추종자들은 이를 외부 세계가 그 자체로 공허하며, 그렇기 때문에 유일한 진정성은 내부 세계에만 있다는 뜻으로 받아들였다. 이로 인해 외부 세계는 다른 곳에 있기도 하고 아무데도 없기도 한 어떤 것의 일개 '겉보기', '표상'으로만 여겨지게 되었다. 내적인 것과 외적인 것의 살아 있는 융합이 이미지라는 의미에서, 그것은 존재의 이미지가 아니라 좌반구에 의해 전달된 단순한 기표記標·signifier로만 보이게 되는 것이다.

루터의 의도를 탈선시킨 이 중요한 사건에서 일어난 변이는 외적 형태에 대한 믿음에서 내적 형태에 대한 믿음으로의 변이가 아니라, 외부와 내부가 동일한 사물의 본질적으로 융합된 두 측면이라고 보는 견해에서 내·외부가 분리되었다는 믿음으로 변해 간 것이다. 그러므로 르네상스의 힘이 종교개혁에서 나타난 그와 상반된 정신의 움직임으로 갑작스럽게 탈선된 것이라 생각하면 안 된다. 하나의 입장에서 그 반대 입장으로 넘어가는 변이 과정에는 균열이 없었다. 하나가 다른 하나로 아예 변신한 것이다. 그렇지 않았다면 문제가 많았을 계몽주의에서 낭만주의로, 낭만주의에서 모더니즘으로의 이행하는 과정에 관해, 그런 과정에 대해서는 더 이야기할 것이다. 다들 그런 과정을 각기 경천동지할 전복 현상이라고 여겼지만, 사실 각각의 경우가 유연한 변이 과정이었다고 보는 편이 온당하다. 물론 근본적으로는 상반된 현상의 본성을 인정해야겠지만 말이다.

종교개혁은 확실성을 추구한 근대의 첫 번째 위대한 표현이었다. 슐라이어마흐Friedrich Schleiermacher가 말했듯이, 종교개혁과 계몽주의는 이 점에서 공통적이다. 즉, 모든 신비스럽고 경이적인 것은 금지되었다. 지금 생각하기에 공허한 이미지로 상상을 충족시켜선 안 된다. 두 운동은 하나의 진실을 탐구하면서 모두 시각적 이미지의 무용성을 시도했는데, 시각적 이미지는 특히 신화적이고 은유적인 기능 면에서 우반구 최고의 운반 수단이다. 그것은 모호하지 않은 확실성을 추구하면서 좌반구의 주요 거점인 언어를 선호한다.

물론 우상파괴가 이 시기에 처음 등장한 것은 아니다. 730~843년 동로마제국에서는 단 한 차례 잠시 중단된 때를 제외하고 100년이 넘도록 종교적 형상을 숭배하지 못하게 금지했다. 그림에는 흰 물감이 덧칠되었고, 조각상은 파괴되었다. 이 움직임은 종교적 형상을 금지하는 종교를 가진 아랍인들이 제국 내부 깊숙이 가한 내부 충격에 대한 반응이었다. 아랍인들은 콘스탄티노플을 세 차례 침공했다. 하지만 인류 역사상 종교예술이 가장 많이 쏟아져 나온 이탈리아 르네상스의 뒤를 이은 종교개혁이 시각적 이미지에 대해 그 같은 혐오감을 나타낸 것은 아주 특이한 일이다. 여기서 흥미로운 점은 종교개혁 배후의 원동력이 곧 진정성을 다시 얻고자 하는 충동이었고, 그에 대해서는 모두 깊이 공감할 수밖에 없었다는 것이다. 그럼에도 그것이 채택한 길은 진정한 것을 다시 얻을 수 있는 모든 수단을 파괴하는 길이었다.

이제부터 종교개혁의 신학과 정치학, 철학을 그것이 표현된 시각적 이미지, 상징, 문자화된 언어와의 관계를 통해 탐구한 조지프 쾨르너Joseph Koerner의 최근 연구를 살펴보려고 한다. 쾨르너에 따르면, 종교개혁의 문제는 "이것이냐 저것이냐"(양자택일)의 문제, "진리와 거짓 사이의 절대적 구분을 근거로 하는 증오"였다.[15] 애매모호하거나 은유적인 것을 받아들이지 못한 탓으로, 또 상상의 힘에 대한 두려움 때문에, 형상들은 테러의 대상이 되었다. 조각상들은 "그저 나무토막"으로 환원되어야 했다. 그렇다고 해서 소위 "우상숭배자"들이 조각상을 숭배한다고 생각한 것은 절대로 아니었다. 자기충족적인 허구는 우상파괴자들의 마음에만 존재했다. 그들은 신성神性이 그 자체 속에 고정적으로 거주하기보다는 어느 하나(조각상)와 다른 것(감상자) 사이에 자리한다는 것을 이해하지 못했다. 루터조차 이렇게 말했다. "저기서 있는 십자가가 나의 신이 아니라(나의 신은 하늘에 계시니까) 하나의 기호에 불과하다는 사실을 이해하지 못하는 사람은 전혀 없거나, 극소수일 것이라고 생각한다."[16]

종교개혁가들의 조각상 참수는 생물체와 무생물체를 혼동한 탓으로, 또 하나가 다른 것 속에 은유적으로 살 수 있다는 사실을 보지 못하는 탓에 벌어진 일이었다. 은유적 이해가 사라진 세계에서는 모든 것이 쾨르너가 말하듯이 이것이냐/저것이냐의 선택으로 환원된다. 조각상이 신이거나 사물이거나 둘 중의 하나이다. 누가 보아도 그것은 신이 아니므로 사물이어야 한다. 따라서 "고작 나무토막"일 뿐이다. 그러므로 숭배받을 이유가 없다. "고작" 나무에 지나지 않는 것이 신성에 참여할 수 있음을 이해하려면 그것을 **은유**로 볼 수 있어야 한다. 또 엄밀하게 말해, 그것이 표상이 아니라 은유이기 때문에 그것은 그 자체로 **신성하다**는 것을 이해할 수 있어야 한다. 신성하지 않은 어떤 것이 신성함을 나타내는 것이 아니라 그것이 곧 신성한 것이다. 이것이 빵과 포도주가 그리스도의 몸과 피를 **나타낸다**는 믿음, 그것들이 어떤 중요한 의미에서 그리스도의 몸과 피라는, 그것의 은유라는 믿음 사이의 차이다.

중세의 스콜라 신학이 "이것이냐 저것이냐"의 양자택일로 넘어갔고, 결과적으로 화체설化體說〔성변화聖變化〕이라는 있을 법하지 않은 교리를 낳은 것은 명시적이고 분석적인 좌반구가 이 문제를 풀어 보려 한 시도가 낳은 결과였다. 사제가 축성의 말을 읊는 순간, 그저 빵과 포도주에 불과하던 것이 갑자기, 문자 그대로 그리스도의 몸과 피가 되었다. 우반구가 직관적으로 이해하고 그 은유적 의미를 받아들인 것이 법률적 사고방식의 족쇄 속으로 억지로 밀어 넣어졌고, 문자 그대로 빵과 포도주이거나 문자 그대로 몸과 피 둘 중의 하나가 되어야 했다. 이 문제가 종교개혁에서 다시 등장했다. 가톨릭적 사고방식에서 볼 때 그것이 문자 그대로 몸과 피가 아니라고 말하는 것은, 그것이 그저 표상에 불과하다는 견해에 굴복하는 것이 되고, 그런 견해는 분명히 은유적 사유의 현실에 부적합하다. 그런 사유의 현실에서 몸과 피는 특정 순간에 읊어진 몇 마디 말 때문만이 아니라 미사의 전체 맥락 때문에, 그 모든 말과 절차, 회중들의 존재와 충실한 성향 덕분에 등장하는 것이다. 은유가 작동하게 만드는 것은 맥락, 그리고 그것에 참여하는 사람들의 마음의 성향인데, 이 두 가지는 또 다른 한 쌍의 우반구적 실체이다.

쾨르너의 책이 길고 자세하게 예시하는 것은, 종교개혁이 현전을 표상으로 대체하는 방식이다. 관찰자에 의해 체험된 것은 메타 층위로 이동된다. 종교개혁가들이 인정했으며 그들의 정신으로부터 뿜어져 나오는 예술 작품은, 예술 작품이 그것을 언어적 의미로 옮겨 놓은 것보다 더 위대한 것일 수 있다는 가능성을 부정하는 것으로 보인다.

종교개혁이 포스트모더니즘의 은둔자적 자기반영성의 선구자가 되는 방식은 여러 가지 있다. 그것은 쾨르너가 검토한 시각적 이미지 가운데 몇 개 내에서 자기참조적인 무한한 후퇴로 완벽하게 표현된다.

크라나흐 Lucas Cranach의 걸작 하나는 좌반구적 공허함의 완벽한 재귀적 표현으로, 포스트모더니즘의 선구적 작품이다. 더 이상 그 너머를 가리킬 것이 없고, 타자도 없으므로 그것은 무의미하게 그 자신을 가리킨다. 이는 공허해 보이는 것에 반대하는 반란으로 시작된 운동으로서는 상당히 모순적인데, 내용으로서 주목받은 것은 종교의 내용이 아니라 구조이다. 하지만 이 모순은 반투명함의 지혜보다 "이것이냐/저것이냐"를 고집하는 사람들의 운명이다.

종교개혁 시기의 교회에서 허용되던 종류의 그림은 그것들이 묘사하는 것이 교회 안에서 실제로 벌어지고 있는 내용이라는 점에서 재귀적이다. 그런 한에서 그것들은 잉여적인 것이 되었다. 그것들은 타자에게로 나아가지 않고 고집스럽게 상징 체계 속에 갇혀 있다.

이미지는 명시적이 되고, 일종의 열쇠를 독해함으로써 이해된다. 그런 열쇠는 그 이미지가 단순히 장식물로 여겨진다는 것을 보여 준다. 장식물의 유일한 기능은 하나의 의미를, 문자로 발언되는 편이 더 나았을 수도 있는 의미를 마음에 더 쉽게 심어 주기 위함이다. 이는 은유를 이해에 필수적인 요소가 아닌, 작가의 기술을 보여 주거나 오락적인 기능을 가진, 혹은 관심을 끄는 데 도움이 되는 장식물로 보는 계몽주의적 견해를 예고한다. 성례전聖禮典〔성찬식과 세례식〕이 정보 전달식으로 축소되었다는 생각을 계속 품고 있는 쾨르너는 계속하여 말한다. "추가로 생각해 보면, 그리스도의 말씀에 설명이 필요하다는 생각은 기억 매체에서 내려받은 자료의 원근법을 완성한다. 성례전의 단어들도 그것이 다른 것을 위해 뭔가를 **의미**할 때에만 고려 대상이 된다. 그렇지 않다면 그것은 아무 소용도 없다."[17]

지금은 문자화된 말이 승리하는 시대이고, 말은 실제로 사물의 지위를 획득한다. 쾨르너는 이렇게 쓴다. "개신교의 문화에서 언어는 공격적 물질적 명문明文으로 **사물의 지위를 획득했다.**" 위안을 주는 말씀의 일람표는 대부분 "말씀에 대한 말씀"으로 이루어진다. 의미를 전달하려는 방법이 알고 보니 단어를 끝없이 반복하는 것이더라는, 지겨워질 정도로 귀에 못이 박히도록 거듭 말해 주는 것이며, 이것 역시 좌반구의 영역에 속하는 일이라는 사실은 아주 흥미롭다.

그림은 얼굴을 잃었고, 흔히 문자화된 글이 쓰인 목판으로 대체되었으며, 가끔은 그 위에 실제로 글자가 쓰이기도 했다. 그것은 언어가 승리했다는 구체적인 표현이다. 초연한 관찰자의 눈에는 가톨릭교의 제례란 언어적 요소가 부족하고 여전히 부정확하고 묵시적인 것이지만, 은유가 풍부하여, 의미도 없고 해독 불가능한 것이 된다.

세계를 바라보는 이 같은 상이한 방식들은 반구 간 차이와 병존한다. 리쾨르Paul Ricoeur가 입증했듯이, "신비한 영감에서 말이 출현하는 것은 …… 선언과 표명을 구별해 주는 원초적인 특색이다."[18] 왜냐하면 "영감으로부터의 말의 출현"은 우반구에 대한 좌반구의 승리로 읽히기 때문이다.

쾨르너에 따르면, 이 당시에 그림은 '예술'이 되었고 예배라는 살아 있는 맥락에 나가서 액자를 둘레에 두르고 허용 가능하고 안전해질 수 있는 인위적인 맥락으로 이동했다.

맥락은 잠재적으로 통제될 수 있는 명백하게 이론적이고 지적인 구조만이 아니라, 우리 자신과 우리 삶 전체에서 의미를 가져온다. 권력에 굶주린 의지는 항상 직관적 이해를 명백한 것으로 바꾸려고 시도한다. 직관적 이해는 통제되지 않으며, 따라서 우리가 생각하는 방식을 조작하고 지배하고 싶어 하는 사람들은 이를 신뢰하지 않는다. 그들에게는 수천 년간의 경험으로 축적되기도 하는 강력한 숨은 의미를 지닌 그런 맥락들을 지워 버려야 할 절박한 필요가 있기 때문이다. 이 책의 주제인 갈등을 기준으로 할 때, 권력에 대한 의지가 자리 잡은 곳인 좌반구로서는 묵시적이고 맥락적인 것을 통해 영향력을 발휘할 수 있는 우반구의 잠재력을 파괴할 필요가 있다. 따라서 칼뱅주의자들은 과거를 지워 버리려고 했고, 과거에 어떠했는지에 대한 기억을 키울 수 있는 것까지 파괴하려고 했다. 이는 "과거가 어떠했는지 하는 기억조차 교회 내에 남기지 않을" 일종의 적색혁명이었다.[19]

그러나 궁극적으로 다루기 힘든 경험의 맥락이 신체이다. 그리하여 그리스도의 몸과 육체적 고통의 표상이 중요한 것을 전혀 보여 주지 못한다고 생각하여 이에 저항하는 거부감이 있었다. 신체를 거부하는 마니교적 사고가 여기서 작동한다. "그리스도는 자신의 살은 아무 소용이 없지만 정신은 쓸모 있고 생명을 준다고 말씀하신다."[20] 이는 은유 전반의 육화된 성격이 폭넓게 사라지고 직유로 대체된 현상과 관련이 있다. 성찬식에서 "이것은 내 몸이니라"고 하던 것이 "이것은 내 몸을 상징한다"로 바뀐다. 하지만 신체를 거부하는 또 다른 이유가 있다. 신체는 변화, 곧 "지상의 타락"과 동일시되기 때문이다. 말은 영속적인 불변성과 동일시되며, 신성함은 이제 불변성과 동일시된다.

몇 가지 다른 흥미로운 현상이 나타나기 시작한다. 신체의 거부, 신체를 가진 세계 속에서 신체를 가진 존재가 거부되고 대신에 눈에 보이지 않는 것, 마음의 비육체적인 영역을 선호하는 현상은 일반 규칙의 적용을 저절로 용이하게 만들었다. 두 가지 모두 몸에서 물러나는 것이며, 일반 규칙을 찾아 나서고 개발하는 것은 좌반구가 전달하는 세계의 근본적 면모이다. 또 그것들은 서로를 강화한다. 종교개혁가들은 어떤 대상이나 장소에서 신성함의 구체적인 본보기를 없애는 데 열심이었다. 눈에 보이지 않는 교회가 유일하게 실재하는 교회이며, 문자 그대로 모든 곳에 존재하는 교회였고, 그러면서 실제 교회는 덜 중요해졌다. 어떤 장소에서든 예배를 올린다는 점에서는 똑같았다.

이런 견해가 지닌 위력은 모든 장소가 그곳에서 신의 존재가 선언될 수만 있다면 다른 어떤 곳과 마찬가지로 신성하며, 정의상 그런 일은 가능하다는 데 있었다. 하지만 신성함은 다른 모든 성질처럼 구별짓기에 의거한다. 중요한 문제는, 만약 모든 사물과 장소가 신성하다면 신성한 것은 어디에도 없고 어떤 것도 신성하지 않게 된다는 것이다. 존재하는 사물이나 장소와 사람들의 실제 성질을 고려해야 할 필요가 없어지면 관념은 무차별적으로 적용될 수 있다. 하지만 같은 이유로 관념의 세계와 그것이 나타내는 사물 세계가 상호 작용하는 평면이 갈등 없는 것이 되면서, 말의 바퀴는 활차 장치를 잃고 헛되이 돌기만 하며, 우리가 살고 있는 세계에서 아무것도 돌릴 힘도 갖지 못하게 되었다. 이와 비슷한 변화가 20세기 들어 우리에게 익숙해졌다. 예술이 관념, 개념의 영역으로 물러나서 모든 것이 예술이라는 통념으로 확립된 것이다. 혹은 제대로 검토해 보면 모든 것은 다른 모든 것과 마찬가지로 아름답다는 입장이다. 이로 인해 예술의 의미와 미의 의미가 침해당하지 않을 수 없고, 지금까지의 기준에 입각하여 예술 작품을 검토하는 일은 파격적이거나 세련된(즉, 좌반구적인) 이해의 부족을 드러내는 행위로 간주된다.

나는 우반구가 이루는 연결에 대한 이해와 반대로 분열을 지향하는 좌반구의 성향을 강조했다. 하지만 분열과 통합에는 각기 두 종류가 있다. 제1부에서는 '부분'과 '총합'을 바라보는 두 가지 방식을 구분했는데, 그것이 이 책의 중심 논지다. 좌반구식 견해에 따르면 하나의 층위에는 부분 혹은 파편이 있고, 다른 층위에는 일반화된 추상, 부분들의 총합이 있다. 우반구식 견해에 따르면 한 층위에는 온갖 차이를 가진 개별 실체가 있고, 다른 층위에는 그것이 속하는 전체가 있다. 다른 말로 하면, 전체를 전달하면서도 특수성을 처리하는 것이 우반구의 특별한 재능이다. 이것들은 모순적 역할이 아니다. 일반성을 도출하는 것은 좌반구의 특별한 재능이지만, 일반성은 전체와 아무 상관이 없다. 그것들은 실제로는 반드시 존재하는 사물의 부분들, 측면들, 파편들로부터 만들어져야 한다. 그것들은 전체적인 개성, 개별성haeccitas을 생각하면 절대로 일반화되지 않았을 것들이다. 존재하는 모든 실체는 경계를 통해서만 오로지 구별되기 때문에 존재한다. 「창세기」에서 신이 나눔으로써 만물을 창조하는 이야기를 하는 것은 아마 이 때문일 것이다. 땅을 하늘과, 바다를 육지와, 밤을 낮과 나누는 식이다. 분리와 구분을 향해 매진하는 데서 개별적 사물이 존재하게 된다. 이와 반대로 일반화를 향한 돌진은 그 목표를 사실상 민주화함으로써 살아 있는 힘으로서의 그 목표를 파괴하는 효과를 낳는다.

쾨르너는 루터파 교회에서 시작된 관료제적 범주화에 관심을 집중시킨다. 그리고 막스 베버Max Weber가 프로테스탄티즘과 자본주의와 관료제 사이의 연관을 거듭 천명하면서 강조했듯이, 관료화는 권력의 도구이다. 더 중요한 문제는, 프로테스탄티즘이 좌반구 인식의 표명이라는 사실 그 자체가 권력에 대한 의지로 직결되지 않을 수 없다는 점이다. 그것이 좌반구의 의제이기 때문이다. 관료화와 자본주의는 그 자체로 반드시 가장 친한 동료는 아니지만, 또 이따금씩 갈등을 겪기도 하지만, 둘 다 권력에 대한 의지의 표명이며, 각기 프로테스탄티즘과 연결되어 있다. 베버는 프로테스탄티즘의 인지 구조가 자본주의와 밀접하게 결합되어 있다고 주장했다. 둘 다 개별 주체를 과도하게 강조했으며, '친교communion'라 불리는 것을 과소평가했다. 프로테스탄티즘에서는 물질적 기준에서의 성공이 정신적 용기의 상징, 충성스러운 신자들에게 내리는 신의 보상이 되었다.

베버가 보았듯이, 근대의 자본주의는 반전통적이다. 관료화처럼 과거의 것을 모두 없애려는 필사적인 노력이다. 전통은 단지 예전 세대의 육화된 지혜에 불과하다. 우반구의 영역에 속하는 모든 것이 변화하듯이 전통도 변화하고 발전하고 진화해야 하지만, 그런 변화는 유기적으로 이루어져야 한다. 그것을 전적으로, 또 원칙적으로 거부하거나 뿌리 뽑는 일은 현명하지 않다. 하지만 좌반구에게 전통은 그것이 현재 구상하는 구원에 유리하도록 통제권을 장악하려는 과감한 계획에 대한 도전을 나타낸다.

신성한 장소를 없애고 신성함의 차원을 사실상 제거하는 일은 교회 지도부의 권력을 약화시켰지만, 세속 국가의 권력을 강화하는 데는 도움이 되었다. 권력과 복종의 구조를 구체화하는 종교의 능력은 얼마 안 가서 종교개혁가들의 중계로 국가의 권력과 연대했다. "그리하여 신성함의 중심지는 관심의 중심지에게 자리를 내주었다." 쾨르너는 새로운 교회 실내의 물리적 배치에 대해 언급하면서 이렇게 말했다. 그런 교회에서 이제 관심의 초점은 제단이 아니라 설교단이었다. 도덕법칙에서 이탈하는 데 대한 처벌의 강조, 대중에 대한 전지적全知的 감시는 설교단의 높은 위치로 구현되었다. 그것은 도덕법칙을 퍼뜨리는 장소였고, 회중들의 머리 위로 어지러울 정도로 높이 위치하여 거의 천장에 닿을 정도였다. 그것은 제단보다 높았고, 그 아래에는 회중들의 세속적 신분에 따라 좌석이 여러 층 설치되었으며, 각 층은 그 아래 기하학적 순서로 배열된 일반 회중의 머리보다 훨씬 높게 자리 잡았다. 나는 개혁파 교회의 이 같은 기하학적 성격, 모눈종이처럼 배열된 마루 위에 대칭적 지위에 따라 단정하게 사람들이 배치되는 형태가 좌반구적 기능을 강하게 시사한다고 본다.

좌반구에게 공간은 신체를 통해 살아가거나 체험되는 어떤 것, 우반구에게 그러듯이 개인적 관심사로 가공되는 어떤 것이 아니라, 추상적인 척도에 따라 자리매김되고 대칭적이고 측정되는 어떤 것이라는 점을 기억하라. 이것들은 모두 개인적인 경험을 돌이켜 보면 기억할 수 있다. 대열을 맞춰 단정하게 앉아 있는 회중들 사이에서 한 개인은 자신을 순종하는 백성 또는 대중의 한 사람처럼 느끼게 된다. 그에 비해 종교개혁 이전의 교회에서 군중 속의 한 개인은 살아 있는 어떤 것의 일부, 살아 있는 인간 존재 공동체의 일부라고 느꼈다. 우리는 '백성들' 중 하나가 아니라 인류의 한 사람이었다. 개혁교회에 관심을 가지라고 촉구하던 니체가 가리킨 것이 바로 이것이었다.

초점은 부동성과 고정성에 맞춰진다. 로마가톨릭교회가 신체로 구현된 움직임, 걷기, 절차를 권장했다면 개혁교회의 실내장치에서 가장 눈에 띄는 특징은 어디에나 있는 의자였다. 그것은 정지와 체계를, 그리고 사회적 질서와 상하질서를 강요했다. 그리고 에른스트 트뢸치Ernst Troeltsch는 이 논점을 더 파고들어, 국가로의 권력 이동을 강조했다. "그리하여 가톨릭교에서 직접적으로 신성한 교회의 질서를 통해 실현된 목표를, 순수하게 정신화된 형태로 모든 종류의 위계적이고 성직적인 조직을 떨쳐 낸 루터교는 정부와 시민 행정을 통해 실현했다. 그러나 엄밀하게 바로 그 이유에서 정부와 시민 정부는 반半신성을 축적했다."[21] 옛날식 분배 제도 하에서처럼 신의 권력을 대표하는 봉사직 사제 '하'에서 개혁교회 사람들은 모든 존재의 동등성이 아닌 세속적 차이의 소소한 차등에 등을 돌렸다. 중요한 것은, 개혁가들이 묘사한 무릎 꿇은 왕공들의 이미지에서 사람들은 익명의 성직자 앞에서만이 아니라 특정한 개인인 루터 앞에서 무릎 꿇은 것을 보았다는 점이다. 예전이라면 그들이 신을 대표하는 사제직의 익명적 권력 앞에 몸을 굽혔을 텐데 말이다.

이처럼 종교개혁 내부에서 원래는 우반구의 관심사이던 것이 좌반구의 관심사로 넘어갔다. 그렇다면 진정성에 대한 호소이며, 중세 로마가톨릭교회의 일부 관행이 가진 의심의 여지없이 공허하고 부패한 본성에 저항하고 반발하여 시작된 것이, 종교적 감정의 표상 형태에서 진정한 소개로 복귀하려던 시도가 어찌하여 급속도로 비진정성을 더 강화하는 쪽으로 전환됐을까?

물론 종교개혁은 단일한 현상이 아니었다. 엘리자베스 시대의 해결책은 칼뱅의 제네바가 택한 방안과 매우 달랐고, 그것은 또 뉴잉글랜드를 향해 돛을 올린 청교도들의 상황 및 신념과도 달랐다. 하지만 그들 사이에는 공통된 요소가 흔히 있었고, 그런 것이 있는 곳에서 우리는 좌반구의 영역으로 넘어가는 상황을 목격하게 된다. 명료하고 확실한 것을 모호하고 확정되지 않은 것보다 선호하는 성향, 단일하고 고정되고 정적이고 체계화된 것을 다수이고 유동적이고 움직이고 우연한 것보다 선호하는 경향, 이미지보다 말을 강조하고 언어에서는 은유적 의미보다 문자화된 글을 강조하는 경향, 또 언어 속 균열을 통해 언어 너머의 어떤 타자에 도달하기보다는 글로 쓰인 본문이나 명시적인 의미를 선호하는 경향, 물질적 영역을 폄하하는 동시에 추상화로 나아가는 경향, 현전보다는 표상에 대한 관심, 음악을 비난하는 더욱 청교도적인 요소, 고의로 과거를 배제하고, 맥락적으로 조율되고 묵시적인 전통적 지혜를 없애고 그 자리에 새롭게 이성적이고 명시적이지만 근본적으로 세속적인 질서를 가져오려는 경향, 폭력적인 신성모독 행위와 지극히 격렬하며 반복적으로 행해지는 신성한 것에 대한 공격 등이 그런 예이다.

본질적으로 기독교의 핵심적 교의, 곧 말이 육신이 되었다는 교의敎義는 뒤집혀, 육신이 말이 되었다.

■ 계몽주의의 시작

몽테뉴는 말했다. "나는 가장 확고하고 가장 인간적인 철학적 견해를 아주 기꺼이 받아들인다." 그러나,

> 내 생각으로는, 철학은 신성한 것과 지상적인 것의 결합이 야만적인 결합이라고 설교하는 죽마에 탄 아이처럼 굴고 있다. 이성적인 것을 비이성적인 것에, 엄격한 것을 너그러운 것에, 건전한 것을 불건전한 것에 결합시키려는 시도가 야만적이라는 것이다. …… 죽마에 올라타는 건 괜찮다. 죽마에 올라타도 여전히 두 다리로 걸어야 하니까! 그리고 우리는 여전히 세계에서 가장 높은 옥좌에, 우리의 엉덩이 위에 앉아 있다.[22]

비트겐슈타인의 제자인 철학자 스티븐 툴민Stephen Toulmin은 현대성을 분석한 고전 『코스모폴리스Cosmopolis』에서 현대성의 기원에서 분명히 구별되는 두 단계를 보았다. 하나는 에라스뮈스·라블레François Rabelais·셰익스피어·몽테뉴가 속한 단계로서, 관용적이고 문학적이고 인문주의적 단계인데, 여기서는 수평선이 확대되었다. 이는 은유적으로나 문자 그대로의 의미로도 사실이다. 이때는 탐험가들의 시대로서 다른 민족과 그들의 관습에 매혹되고 차이에서 경이를 느낀 시대였다. 두 번째 단계는 과학적이고 철학적인 단계로서, 툴민은 이 단계에서 더 엄격하고 교조적인 기준에서 그전 시대에 등을 돌렸다고 믿는다. "17세기에 르네상스적 사치가 진도되었다는 주장에는 좋은 선례가 있다."[23] 예를 들어 갈릴레오Galileo Galilei와 교회의 분쟁에 대한 기존의 이야기에 비추어 보면, 이런 주장이 좀 이상하다고 생각할지도 모르겠다. 그 이야기는 분명히 갈릴레오를 교회의 비합리적인 궤변에 맞선 이성의 옹

호자로 보는, 우리 시대의 교조에 어울리는 한 편의 성인전聖人傳이다. 그러나 실상 교황이나 주교들은 그의 견해를 기각하지 않았으며, 오히려 자신들은 그의 연구를 찬양했음을 그에게도 알렸다. 갈릴레오가 가택연금에 처해진 것은 오로지 그의 성격 탓이었다. 이 가택연금 덕분에 그는 과학의 연대기에서 성인의 반열에 오르게 되었다. 툴민이 지적하듯이, 당시 교회의 관용성이 줄어든 것은 사실이지만 그런 추세는 반동 종교개혁 시기의 일이다. 그리고 갈릴레오의 이야기도 종교개혁의 과잉에 대한 반발로서, 철학과 과학이 더 완고하고 교조적이 된 시기의 일이다.

툴민에 따르면, 16세기에서 17세기로 넘어가면서 관심의 범위가 넓어지지 않고 좁아지는 경향이 생겼다. 의학에서 타당한 것이 기하학 이론에서의 논리적인 것과 같지 않음을 알아본 아리스토텔레스가 주장한 것처럼, 이성 자체도 개념적으로 더 좁아졌고 더 이상 맥락을 존중하지 않게 되었다. 보편적이고 무시간적 이론만이 철학의 유일하게 진정한 주제로 다루어졌다. 추상적 일반화와 완벽함을 위한 법칙이 차이의 우연성을 포용하는 것을 대신했다. 툴민은 이 시기에 상호적인 구어적 양식에서 고정되고 일방향적인 문자적 양식으로, 국소적이고 특정한 것에서 일반적인 것으로, 구체적인 것에서 추상적인 것으로, 실제적인 것에서 이론적인 것으로, 시간 의존적이고 변동적인 것에서 무시간적이고 영속적인 것으로 이동이 있었음을 확인한다. 각각의 경우에 예전에는 둘 다 평형(우반구와 좌반구와의 평형) 속에 자리 잡고 있었지만 이제는 두 번째 선택지만 허용되었다. 하지만 아리스토텔레스가 표현했듯이, "오래가는 것이 하루 만에 사라지는 것보다 더 희지는 않다."[24]

자아에도 무슨 일인가 일어나고 있었다. 16세기는 자서전과 자화상의 시대, 몽테뉴의 목소리, 뒤러의 자기인식적 성찰의 시대였다. 사실

몽테뉴는 자기 자신을 성찰의 주제로 선택하면서 의식적으로 초상화를 생각하고 있었다. 실제로 거울이 가정생활의 더욱 친숙한 일부가 된 것도 이 시기였다. 이 같은 자기 인식은 아직은 자아의 객관화와 동일하지는 않지만, 타자와, 비슷한 존재들과 공유하는 세계의 일부로서 자아에 대한 이해를 고조시키는 '필수 거리'를 달성하는 것과 같다.

자아와 타인들 간의 이 같은 최적의 관계, 그것을 달성하고자 자신에게서 최적의 거리를 두는 것은 여러 르네상스 작가들의 글에 구현되었지만, 차츰 그것에 긴장감이 감돌았음을 감지할 수 있다. 존 던은 시와 성찰록에서 눈과 자기 탐구에 관한 매혹적인 구절을, 타인의 눈에 비친 자신을 보는 글을 썼다. 패니 버니Fanny Burney가 나중에 그녀의 가슴에 생긴 종양을 수술하는 의사의 눈에 비친 공포감을 보는 것을 자신의 고통으로 인해 느낀 공포감보다 두려워했던 것처럼, 던은 죽음으로 이어질 병을 앓으면서 의사의 얼굴에서 처음으로 자기 자신을 보게 된다.

병이 진행되면서 던은 "그들이 나를 보고 들었으며, 나를 이런 족쇄에 채우고 그 증거를 받아들였다. 나는 자기 해부를 행하고 나 자신을 분해하고, 그것들이 나를 독해하려 한다."고 쓴다.[25] 그가 쓴 여러 편의 시는 눈과 자기 인식의 기만을 담고 있다. 시에서 던은 좀 더 문자 그대로의 의미를 가지고 장난친다. 우리가 연인의 눈에 비친 자기 이미지를 본다고 말할 수 있는 것이나, 플라톤이 우리가 자신의 영혼을 그곳에서 본다고 말한 것도 그런 의미이다.

한데 합쳐져야 하는 경험의 두 가지 측면을 던과 그 동시대인들이 그토록 잘 알고 있었다는 바로 그 사실이, 분열이 이미 확립된 사실이었음을 보여 주는 신호이다. 비록 던은 위대한 시를 통해 종합을 이룩할 수 있었지만 말이다. 그는 놀라울 정도로 커진 자기 인식에 맞서면서도, 동시에 여전히 묵시적이고 섬세하고 간접적이고 은폐되기까지

해야 하는 것의 중요성을 존중한다. 그런 것이 완전히 상실되지 않도록 하려면 그래야 한다. 끝 부분에서 그의 시는 바흐J. S. Bach의 음악이 그렇듯이, 역사의 이 시점에서 여전히 게슈탈트를 잃지 않으면서 전체의 부분들을 가볍게 풀어 낼 수 있음을 증명한다. 하지만 던의 경우에는 아슬아슬할 때가 있었다.

그리고 그들도 이를 알고 있었다. 햄릿의 대사인 "시간이 어긋났다"는 말이나, 『트로일로스와 크레시다Troilus and Cressida』에 나오는 율리시스의 대연설(1막 3장) "한 눈금만 더 올리고 현을 풀어 버리라/그런 다음 어떤 불협화음이 오는지 보라."만이 아니다. 던 역시 그러했다.

그러자, 인간들처럼 세계도 전체 틀이
아주 뒤틀려 버렸다. ……
그리고 인간은 자유롭게 이 세계의 과거를 고백하네.
행성에서, 창공에서,
그들은 수많은 새 것들을 찾아 나서네. 그들은 이것이
다시 부서져 그의 원자가 되는 것을 보고,
온통 부서졌고 결속력은 사라졌군,
그저 공급과 관계뿐.
왕궁, 백성, 아버지, 아들, 모든 게 잊혔네.
인간은 누구나 자기가
불사조여야 한다고 생각하니까.
그런 것은 존재할 수 없다고, 그가, 자신이.
지금 세계의 상황은 이러하다.

셰익스피어와 던은 어쩔 수 없이 당시의 정치적·종교적 혼란을 고려해야 했지만, 그들이 직관한 것은 그보다 훨씬 더 큰 어떤 것, 다른 종류의 권력 다툼이었다. 그들은 부분과 전체의 관계가 사라진 것을, 개인과 공동체의 상실을, 맥락의 상실, 모든 영혼이 속해 있는 우주의 상실을 탄식했다. 이제 누구나 홀로 서 있다. 조화도 상실되었고, 전체는 조각과 파편들의 무더기가 되었다. 율리시스가 우리에게 상기시키듯이 여기에는 한 가지 종말만 있을 수 있다.

> 그렇다면 모든 것은 자신에게 힘을 부여한다.
> 힘이 의지가 되고 의지는 식욕이 된다.
> 식욕, 우주적 늑대는
> (그렇게 의지와 권력의 지지를 이중으로 받아)
> 반드시 우주적 제물로 삼지 않을 수 없고
> 마지막으로는 자신을 먹어 치운다.

피터 해커에 따르면, "과학혁명은 17세기 초반이 되어서야, 르네상스의 전성기가 지난 뒤에야 속도를 내기 시작했다."[26] 이는 갈릴레오의 『프톨레마이오스와 코페르니쿠스의 2대 세계 체계에 관한 대화 *Dialogo sopra i due massimi sistemi del mondo*』가 1632년에 출판된 사실과 확실하게 부합된다. 하지만 그 정신은 르네상스 시대와 자연 세계에 대한 존경을 넘어 발전해 나간다. 현상을 관찰하는 쪽으로의 이동은 예술만이 아니라 과학의 번영으로도 이어졌는데, 중요한 사실은 과학이 현상 관찰과 아직 구별되지 않은 상태라는 점이다.

프랜시스 베이컨Francis Bacon의 경험적 방법론의 옹호는 과학혁명에서 중요한 요소이다. 그는 확실히 여러 가지 문제에 대한 탐구자였다. 하지만 최근의 해석자들은 그가 탐구를 수행한 정신을 오해했다. 그가

"지식은 힘이다"라는 표현을 만든 것은 사실이지만, 돌이켜 생각하면 그 표현은 그다지 좋지 않은 사건이 일어나리라는 일종의 경고였다. 그런데 그가 그 말을 한 맥락이 신이 자신이 만든 세계에 대해 미리 알고 있다는 이야기였으며, 그러므로 그 말은 결코 자연에 대해서가 아니라 인간이 자신의 창조물(기계)에 대해 갖고 있는 지식에만 해당된다는 사실이 흔히 망각된다. 베이컨이 자연을 괴롭히는 것을 지지했다는 생각이 널리 퍼졌는데, 베이컨의 말에 자연을 강요하여 비밀을 털어놓게 해야 한다는 의미를 시사하는 점이 있는 것은 분명하지만, 자연을 고문해야 한다거나 고통을 주어야 한다고 말하는 곳은 어디에도 없다. 그런 짐작은 라이프니츠Gottfried Wilhelm von Leibniz가 동료에게 보낸 편지에서 지나가듯이 한 말에서 나왔고, 에른스트 카시러Ernst Cassirer가 계속 사용한 것으로 보인다. 베이컨이 한 말은 우리가 관찰하는 여건을 더 **강제로 규제함**으로써 더 많이 배운다는 것이었다. 다른 말로 하면 규제되지 않은 자연에 대한 무심한 관찰보다는 신중하게 설계된 실험으로 더 많이 배울 수 있다는 것이다. 이는 헤라클레이토스의 표현을 빌려 오자면, "자연은 숨기를 좋아한다"는 것을 인정하는 태도이다.

그러나 데카르트가 완전히 다른 정신에 입각하여 "과학은 우리를 자연의 주인이자 군주로 만들 것"이라고 말하기까지는 그리 오래 걸리지 않았다. 그렇게 하여 자연에 대한 주의 깊은 관찰이 필수적이지만 그것이 우리의 이해나 감각보다 몇 배는 더 섬세하다는 것을 인정한 베이컨의 신중한 태도는 사라졌다. 데카르트가 그 경고를 준수했더라면 "나는 우리가 매우 명료하고 분명하게 이해하는 사물들이 모두 참이라는 것을 일반 법칙으로 받아들일 수 있다"고 믿는 치명적인 실수를 범하지 않았을 것이다. 그것은 그 뒤 300년간 서구 사상의 탈선을 가져온 오류였다.

광범위한 주제를 다루느라 간명해질 수밖에 없었던 이 검토문에서 나는 우리의 경험과 이해에 일어난 변동을 시사하는 요소들에 집중하려고 노력했다. 우리는 르네상스라 불리는 관념사에서 나타난 이 운동의 초기 단계에서 반구 간 관계의 유익한 균형을 보았다. 그 작동은 공간적 깊이와 역사적이고 개인적인 시간이라는 양 측면에서, 그리고 개인적인 관념의 측면에서 르네상스의 정수라 할 관점의 성취를 가져왔다. 그러나 거의 모든 부분에서 이 시기에 발생한 변화는 일차적으로 우반구적 세계가 두드러짐을 시사한다.

르네상스를 규정하는 특징 가운데 하나는 경험에 눈을 뜨는 것인데, 그것은 흔히 알려진 것과 달리 스콜라주의 이론의 가르침이나 기존 견해보다는 거의 전적으로 개인적인 경험에 개방하는 것이었다. 이에 걸맞게, 사물과 인간들을 범주의 구성원으로만 보기보다는 그 개별적 실질을 존중하는 태도가 있었다. 자연 세계의 충실한 모방, 면밀한 관심, 다른 시대의 다른 사람들이 무엇을 생각하고 알았는지에 대한 관심도 있었다. 이 같은 폭넓은 관심에서, 또 사물 간의 상호 연관성 및 최대한 충실한 맥락의 중요성에 대한 고집에서 그것은 또다시 우반구 세계의 존재를 입증했다. 이처럼 르네상스는 생각할 수 있는 모든 측면에서 세계 속에 존재하는 우반구적 방식의 거대한 확장으로서, 그 속으로 좌반구적 작업이 통합되어 들어오는 것으로서 시작되었다. 즉, 신체와 영혼을 하나의 사물 이상으로, 전체 인간의 본질적 부분으로 존중하는 데서, 감각을 복권시키는 데서, 공간적 깊이를 강조하는 데서, 살아지는 시간을 강조하는 데서, 인간이 죽음을 향해 가는 존재가 되는 데서, 예술에서의 공감에 재점화하는 데서, 당대의 시각예술을 지배하는 초상화에서 특히 인간 얼굴이 가진 표현력에 몰두하는 데서, 한 개인이면서 사회와의 도덕적·감정적 연대로써 통합된 존재로서 자아의 감각이라는 점에서, 모든 예술의 새로 발견된 표현력에서, 다성음악의 등장에서, 멜로디와 화성과 부분과 전체의 관계의 중요성에서, 재치와 파토스의 중요성이 상승한 데서, 지혜와 멜랑콜리 간의 연결에 대한 지배적인 강조에서, 범주보다는 개별 사례에 대한 매혹에서, 반대되는 것들의 인식과 혼재된 감정을 음미하고 광범위하게 상이한 생각을 한데 합칠 줄 아는 능력에서, 묵시적인 채 남아 있어야 하는 것의 중요성을 강조하는 데서, 선천적인 것과 직관으로 얻어진 기술을 강조하는 데서, 외관 그대로의 상태에만 머물지 않고 그 너머에 있는 어떤 타자를 가리키는 것으로서의 세계, 반투명한 세계, 신화와 은유를 가득 담고 있는 세계에 대한 강조에서, 이 모든 측면에서 그러했다. 바로 이것이 지금까지도 '르네상스적 인간'이라는 개념 속에 담겨 있는 놀랄 정도의 풍요성과 비옥함, 넓은 관심 범위를 설명해 준다.

그러나 르네상스가 진행되면서 우반구적인 존재 방식에 대한 강조에서 점차 좌반구적 비전 쪽으로 이동해 갔다는 것은 자명하다. 그 이행 과정에서 경쟁과 야심을 특징으로 하는 원자론적 개별성이 더 현저해졌으며, 독창성은 창조적 가능성이 아니라 자유로운 생각을 할 권리를, 과거와 그 전통이 가하는 족쇄, 더 이상 무궁무진한 지혜의 원천이 아니라 독재적이고 미신적이고 비합리적인 것이며 따라서 잘못된 것으로 간주되는 과거가 가하는 족쇄를 내던지는 방법을 뜻하게 되었다. 이것이 계몽주의라 알려진 오만한 운동의 토대가 되었다.

계몽주의

　계몽주의는 물론 이성의 시대이다. 명료성, 단순성, 조화를 한껏 상기시키는 이 용어는 그러나 출발할 때부터 혼란과 복잡성, 모순을 일으킨다. "합리적인 것rational과 합리성rationality, 소문자 이성reason과 대문자 이성Reason은 지금도 매우 논쟁이 분분한 개념이며, 사용자들은 자신들이 무엇에 동의하지 않는지에 대해서도 동의하지 않는다"고 철학자 맥스 블랙은 썼다. 다만 한 가지 주요 구분이 다른 구분들의 기저에 놓여 있다. 그것은 고대 이후 언어로 이해되고 표현되어 온 구분이며, 그러므로 살아진 세계에서는 여러 층위를 갖고 있을 가능성이 크다. 그것은 한편으로는 그리스어 'nous'와 라틴어 'intellectus', 독일어 'Vernunft', 영어 'reason', 다른 한편으로는 그리스어의 'logos/dianoia', 라틴어 'ration', 독일어 'Verstand', 영어의 'rationality' 간의 구분이다. 첫 번째 집단은 유연하고 고정된 공식에 저항하며 경험으로 형성되고 살아 있는 존재 전체에 관련되는 것으로, 우반구의 작동에 우호적이다. 반면에 두 번째 집단은 더 엄격하고 순화되고, 기계적이고 명시적인 법칙에 지배되는 것으로, 좌반구에 우호적이다.

내가 '우반구적 의미'라 부르는 첫 집단은 전통적으로 더 높은 능력으로 여겨져 왔다. 왜 그런지 그 이유는 많다. 우선 합리성(rationality, logos)의 구조물, 좌반구적 유형의 이성은 어떤 사물과 그 반대가 둘 다 참일 수 있다는 사실을 인정하게 되면(배중률이 위배됨으로써) 약화된다. 여기서 로고스의 근간을 흔드는 문제가 하나 더 있다. 로고스는 증거를 제공하고 논쟁을 토대로 하기 때문에 과학과 대부분의 철학을 구성하는 성분이기는 하지만, 증거와 논쟁의 원리에 따라 그 자신을 구성하지는 못한다. 그 자신의 근거가 될 수는 없는 것이다. 합리성의 가치, 혹은 어떤 것이든지 그것이 출발하는 전제는 직관으로 얻어져야 한다. 그 어떤 것도 합리성 자체에서 도출될 수는 없다. 합리성이 할 수 있는 일이란 일단 체계가 세워져서 작동되고 나면 거기에 내적 일관성을 제공하는 일이다. 더 깊은 전제를 도출하더라도 궁극적인 물음을 연기한 채 무한 후퇴로 이어질 뿐이다. 결국 우리는 이성nous이 지배하는 직관적 믿음의 행위로 돌아가게 된다. 로고스는 좌반구답게 자신과 별개적으로 존재하는 어떤 것에도, 그 바깥의 존재에 도달할 수 없는 폐쇄적 체계이다. 누스(합리성rationality과 대조되는 이성reason)는 플라톤에 따르면 직관에 의거한다는 특징이 있으며, 아리스토텔레스에 따르면 연역을 통해 제1원리를 포착하는 것이다. 따라서 이성(우반구)의 우위는 합리성(좌반구)의 토대가 된다는 사실에 기인한다. 또다시 우반구는 좌반구에 우선한다.

칸트는 이런 우선성을 뒤집은 것으로 알려져 있다. 처음 보면 이 말이 맞는 것 같다. 그에게 합리성Verstand은 헌법과도 같은 역할을 하고 그렇기 때문에 1차적인 반면, 이성Vernunft은 일단 합리성이 맡은 일을 다 하고 난 뒤에야 규제적 역할을 맡는다. 이 공식에 따르면 합리성이 먼저 오고 난 뒤에 이성이 와서, 합리성이 내놓는 것을 토대로 하여 합리성의 산물을 어떻게 해석하고 사용할지를 작업한다. 그러나 과연 칸트의 이 공식이 사람들의 생각과 달리 반전보다는 오히려 연장을 구현하는 것은 아닐까?

이성이 합리성의 토대라는, 합리성은 그 작동의 결실을 다시 이성에게 되돌려야 할 필요가 있다는 예전의 고전적 그림에는 뭔가 빠진 것이 있다. 이성은 직관적·연역적인 토대를 합리성에 주어야 한다. 하지만 합리성은 또 반대로 끝에 가서는 그 작업을 이성의 판단에 맡겨야 한다. 그리하여 A(이성)→B(합리성)가 아니라 A→B→다음에 다시 A인 것이다. 이는 앞에서 살펴본 반구들의 협력 과정을 반영한다. 우반구는 좌반구에 뭔가를 전달하고, 좌반구가 전개되어 그것을 더 고양된 형태로 우반구로 돌려주는 것이다. 칸트 이전의 고전적인 입장은 이 과정의 첫 부분에 집중했다. A(이성)→B(합리성). 따라서 이성은 합리성의 바탕이었다. 나는 이것을 칸트가 3단계 논법의 두 번째 부분의 중요성을 인지한 것이라 읽는다. 즉, B(합리성)→A(이성)으로의 과정, 합리성의 산물이 이성에 종속해야 한다는 것을 인지함으로써 하나의 반전으로 인지된 것을 접하게 된 것이다. 물론 이는 원래 공식의 연장으로 보는 편이 더 타당하다.

이성은 사물을 우반구적 재능인 맥락 속에서 보는 데 의존한다. 이에 비해 합리성은 맥락에 독립적이며, 범주화와 추상의 결과물인 상호 교환 가능성을 실증한다는 데서 전형적으로 좌반구적인 재능이다. 순수하게 이성적인 모든 연속된 상황은 이론상으로는 개별적 마음의 맥락에서 추출되어, 있는 그대로 다른 마음에 '삽입'될 수 있다. 그것은 규칙을 토대로 하기 때문에 그 단어의 좁은 의미로 배울 수 있는 반면, 이성은 이런 의미에서는 배울 수 있는 것이 아니라 각 개인의 경험을 벗어나 성장해야 하며, 그 각각의 감정과 믿음, 가치, 판단과 함께 그 개인에게 육화되어야 한다. 합리성은 이성의 중요한 부분일 수는 있지만 부분일 뿐이다. 이성은 가끔 양립 불가능한 요소들 간의 균형을 잡아 주는 일을 하는데, 이것은 르네상스 시대의 인문주의 학자들이 매우 높이 평가한 우반구적 능력이다. 반면에 합리성은 타당성과는 거리가 먼 삶에 대한 '양자택일'을 요구한다.

통일성에 애정은 갖고 있지만 계몽주의는 지극히 자기모순적인 현상이다. 그것은 공정하게 말해, 최고의 시절이었고 최악의 시절이었다. 계몽주의의 최고 업적들, 18세기 문화가 널리 찬양하던 것들은 조화와 균형의 표현이며, 흔히 아이러니가 따르기는 해도 관용적이고 인간의 허약함을 받아들이며, 그 점에서 높은 수준의 우반구와 좌반구의 협력을 나타낸다고 할 수 있다. 이 시기는 또 좌반구가 우반구로 제 자신을 넘겨준 상태이기도 하다. 하지만 계몽주의 사고의 기초에는 결국은 유연성과 인간적 시각이 적은 쪽으로 나아가게 되어 있는 교훈, 즉 좌반구에만 국한된 교훈들이 포함되어 있다.

이성이 아니라 은유를 생각해 보자. 은유적 이해는 이성과 밀접한 관계가 있는데, 이 관계가 모순되어 보이는 것은 오직 우리가 은유에 대한 계몽주의적 관점을 물려받았기 때문이다. 즉, 은유가 간접적으로 문자 그대로이며 제대로 된 문자적 언어로 환원될 수 있거나, 아니면 순수하게 환상적인 장식물이며, 따라서 의미와 합리적 사고에는 부적절할뿐더러 그런 사고를 와해시키려 한다는 것이다. 은유는 사고의 수단이 아니라 언어적 장치로 간주된다. 직해주의적literalist 견해와 반직해주의적anti-literalist 견해에 공통되는 것은, 궁극적으로는 은유가 진리와 직접 관계를 맺지 않는다는 것이다. 두 가지 모두 단순히 문자 그대로의 진리를 천명하는 방식이거나 진리의 길을 훼손한다. 하지만 라코프와 존슨이 보여 주었듯이, "은유는 무엇보다도 사유의 문제이지 단지 말의 문제가 아니다."[1] 따라서 은유의 상실은 인지적 내용의 상실이다. 사유는 은유가 발생하는 우리의 신체적 존재와 단절될 수 없다.

■ 데카르트와 광기狂氣

계몽주의에 가장 큰 영향력을 발휘한 철학자인 르네 데카르트는 이와 정반대를 증명하려고 시도한 것으로 유명하다. 그는 신체, 감각, 상상력이 우리를 오류만이 아니라 광기의 영역으로 끌고 간다고 보았다. 주저인 『성찰록Meditationes de Prima Philosophia』에서 그는 자신의 감각을 신뢰하는 사람을 미친 사람이라 부르며, "그들의 머리는 흙이나 유리로 되어 있거나 호박"이라고까지 했다.[2]

여기에는 심한 역설이 포함되어 있다. 그가 묘사하는 징후는 정신분열증에서 전형적으로 나타나는 특징인 환각이다. 하지만 미친 사람에 관한 그의 주장과 달리, 정신분열증은 결코 감각을 신뢰하는 것을 특징으로 하지 않는다. 오히려 정신분열증 환자들은 이유 없이 감각을 불신한다. 정신분열증은 타인들과 공유하는 상식적 세계 속에서 신체를 가진 존재의 실재성에 총체적으로 의존하지 않는 무능력 증상을 보일 때가 많으며, 타인들을 인간이 아닌 것으로, 직관으로써 동료 인간으로 체험된 정체성을 잃은 것으로, 생명이 없는 기계로 본다. 그들은 우리 자신의 신체를 더 이상 실재가 체험되는 수단이 아니라 또 하나의 객체로, 때로는 인지로만 정당화되는 세계 속에 있는 짜증날 정도로 외적인 객체로 간주한다.

"이성을 잃는다"는 것은 광기를 가리키는 오래된 표현이다. 하지만 합리성의 과잉도 또 다른 종류의 광기인 정신분열증의 바탕이 된다. 루이스 사스가 『광기와 모더니즘Madness and Modernism』 및 『환각의 패러독스The Paradoxes of Delusion』에서, 그리고 조반니 스탄겔리니가 『신체를 벗어난 정신과 생명이 없어진 신체』에서 더욱 강조했듯이, 정신분열증을 합리적 사고에 대한 낭만주의적 무시와 더 원초적이고 자아 없는 의식, 신체와 감각의 감정적 영역으로의 후퇴로 규정할 수는 없다. 정신분열증을 결정하는 것은 과도하게 초연한, 과도하게 합리적이고 반사적으로 자기인식적인, 신체를 잃고 소외된 여건이다.

루이스 사스는 비트겐슈타인의 철학 비판과 다니엘 파울 슈레버Daniel Paul Schreber가 밝힌 본인의 정신 질환에 대한 자세한 설명을 비교하여 다음과 같은 사실을 입증했다. 즉, 주위 환경으로부터 거리를 두려고 의식적으로 노력하고, 정상적인 행동 및 상호 행동을 억제하고, 그것들에 대한 자신의 정상적인 짐작이나 감정을 유보한 채 그것들을 초연하게 비판할 때의 마음 상태와 정신분열증 사이에 닮은 점이 광범위하게 존재한다는 것이다. 이런 태도로써 실재를 더 깊이 이해하게 될 것이라는 믿음은, 우리가 어떤 것에 대해 갖는 관심의 본성이 그 속에서 발견하는 내용을 변화시킨다는 사실을 무시하는 것이다. 통상적으로 정신분열증으로 고통받는 환자들에게서만 발견되는 자세는, 더 높은 진리를 발견하는 처방은 분명히 아니다.

그런데 데카르트적인 세계관이 하는 일이 바로 이것이다. 『성찰록』에 나오는 유명한 구절, 데카르트가 창문 밖을 내다보면서 그곳을 지나가는 사람들을 보고 모자와 겉옷을 걸친 기계 같다고 한 구절을 철학자 데이비드 레빈은 다음과 같이 해석한다.

창문 밖을 내다보면서 진짜 사람이 아닌 기계를 보는 것이 심각한 정신병 증세가 아니고 무엇인가? 내가 강조하고 싶은 요점은, 그가 받아들인 합리성이 나아가는 목표점이란 바로 이런 종류의 시각이라는 것이다. 우연의 소치도 아니고, 일시적인 변덕 때문도 아니라, 그가 몰두한 합리성의 가차 없는 논리에 의해 …… 오직 철학자만이 이런 길을 갈 수 있고, 또 걸어갈 것이다.(다른 인간들의 존재에 대한 회의와 함께) 서재 밖의 실제 생활에서라면, 그런 식의 이야기, 다른 사람을 그런 식으로 보는 태도는 미친 것으로, 편집증의 약한 징후로 판정될 것이다.[3]

데카르트는 "내가 배고픔이라 부르는, 위장이 기묘하게 당기는 느낌"과 먹고 싶은 욕구 사이에는 "절대적으로 아무 연관도 없다"고 주장했다.[4] 그에게는 심지어 고통조차 신비였다. 그는 묻는다. "통증이라는 그 기묘한 감각이 왜 마음의 특정한 불편을 불러일으켜야 할까?"[5] 이는 직관적 이해가 아주 이상할 정도로 부족한 상태처럼 보인다. 사실 신체와 주관적 경험 사이의 관계가 직관적으로 이해되는 처소가 있다면, 그것은 바로 통증과 배고픔 같은 감각이다. 하지만 그런 경우에도 데카르트는 자신이 신체를 갖고 있다고 전혀 확신하지 못한다.

신체가 존재한다고 그럴듯하게 짐작할 수는 있다. 하지만 이것은 가능성일 뿐이다. 신중하고 포괄적으로 조사를 하더라도 내가 내 상상 속에서 발견하는 형체를 가진 자연이라는 명확한 관념이 어떻게 신체가 존재한다는 필연적 추론의 토대를 제공할 수 있는지 나는 여전히 모른다.[6]

데카르트의 합리성은 타인의 존재를 의심하는 것뿐만 아니라, 자기 신체에 대한 지식도 직관으로써 자명한 것이 아니라 지성으로써 구성된 것으로 보게 만들었다. "신체도 감각이나 상상력으로 엄격하게 지각되지 않고 지성에 의해서만 지각된다. …… 그리고 이 지각은 촉각이나 시각이 아니라 이해를 통해 도출된다."[7] 그러므로 놀랄 만한 도치법倒置法에 따라 합리성은 단지 이성의 구성 요소가 아니라 직관과 신체의 구성 요소가 된다. 그러나 이성은 신체에, 우리 신체만이 아니라 동물과 공유하는 물리적이고 본능적인 영역에도 뿌리를 두고 있다. 라코프와 존슨은 이렇게 쓴다.

> 그 추상적인 이성이 하급 동물에 있는 지각 형태와 운동 추론motor inference을 구축하고 활용하는 점에서 이성은 진화한다. …… 이성은 따라서 우리와 다른 동물을 분리하는 본질이 아니라, 우리를 그들과의 연속체에 둔다. …… 이성은 완전히 의식적이지 않고 거의 대부분 무의식적이다. 이성은 순수하게 문자적이지 않고 대체로 은유적이며 상상적이다. 이성은 열정이 없지 않고 감정적으로 관련되어 있다. …… 이성은 신체에 의해 형성되므로 그것은 근본적으로 자유롭지 않다. 인간의 가능한 개념적 체계와 이성의 가능한 형태는 제한되어 있기 때문이다. 게다가 일단 개념적 체계를 배우고 나면 그것은 우리 두뇌 속에서 신경을 통해 예시되고 그저 아무거나 마음대로 생각할 수 없게 된다.[8]

개념에서든 그런 개념의 조작 면에서든 추상적 사고의 기초는 신체에서 도출된 은유에 있다. "이성은 신체적 추론 형태가 은유에 의한 추론의 추상적 양상 위에 표시되어 있다는 점에서 상상력을 갖고 있다."[9]

데카르트는 계몽주의 철학에서 두드러진 좌반구적 성향을 보인 최초이자 가장 중요한 본보기이다. 시간에 대한 이해는 좌반구와 우반구 간의 차이에 대한 분석의 중요한 부분을 형성했으며, 고대 그리스의 패러독스에서 이성이 다루어지는 방식을 밝혀 준다고 생각된다. 이와 관련하여 데카르트가 제시한 시간관은 우리를 놀라게 한다. 찰스 서로버Charles Sherover에 따르면, 데카르트는 "시간적 지속성이라는 생각 자체에, 특히 각 순간들이 어떤 이유에서든 우주 구조 속의 다른 순간과도 지속적인 연속성을 갖지 않은 진정으로 자체 폐쇄적이며 환원 불가능한 원자적 점이라는 확신에 요약되어 있는 생각에 문제가 있다고 느꼈다".[10]

데카르트의 철학적 자세가 지닌 수많은 특징은 다음과 같이 요약될 수 있다. 그는 신체와 그 짜증 나는 감정이나 임박한 죽음에서 거리를 두고 세계가 보여 주는 모든 희극에서 배우보다는 관객이 되고 싶어 했다. 모든 것을 보면서도 신체적으로나 정서적으로 세계에 관여하지 않는 데카르트는 세계를 표상으로 경험한다. 데카르트에게는 그런 태도가 나름대로 보상이 있었지만, 그것은 비단 우리만이 아니라 그 자신에게도 부정적인 결과를 가져왔다. 그것이 그로 하여금 확실성과 고정성이라는 귀중한 목표를 달성하게 한 것은 사실이지만, 그 대가로 내용을 희생해야 했다. 그리고 대상화objectification는 물론 지배와 통제의 수단이지만 그것의 성공은 어떤 전략에 의거하며, 자아ego 자체도 그것에서 달아날 수 없다.

데카르트의 곤경에서 보이는 이런 면모는 정신분열증의 현상학을 재현한다. 삶의 연기자가 아니라 수동적 관찰자가 된다는 것은 정신분열증의 여건의 1차적 특징인 수동성 현상에 관련된다. 정신분열증 환자들이 그린 그림에는 모든 것을 지켜보는 눈, 그것이 관찰하는 장면에서 분리되어 그림 속에서 유동하는 눈이 그려진 경우가 많다.

정서적인 비非참여는 정신분열증의 등록상표라 할 만하다. 세계가 그저 표상에 불과하다는 생각은 비참여가 수반하는 비실재성의 느낌으로 고조되는, 자신의 감각을 믿지 못하는 성향의 일부로서 매우 흔한 증상이다. 외관 그대로인 것은 아무것도 없다는 것이다. 그런 식으로 감각 경험의 자명한 본성을 받아들이지 못하는 성향은 의미를 비워버리는 것으로 이어진다. 그것은 또다시 존재하는 것과의 관계, 공통 경험의 공유된 세계와의 사이betweenness의 결여에 수반되는 전능성과 무능성, 존재하는 모든 것이면서 아무것도 아님의 특징적인 복합이다.

여기서 나는 데카르트를 격하하려는 것이 아니라, 그의 철학적 업적과 정신분열증 경험 간의 유사성을 밝히려 한다. 정신분열증은 존 커팅이 보여 주었듯이, 환자가 좌반구에 과도하게 의존하는 상태로 보인다. 그것의 온갖 주요한 성향을 볼 때, 데카르트의 철학은 좌반구가 해석한 세계에 속한다.

■ 탈생명화와 확실성에 대한 요구

초기에 계몽주의를 비판한 인물에 속하는 독일 철학자 요한 게오르크 하만Johann Georg Hamann이 보았듯이, 이 같은 데카르트적 세계관은 탈생명화devitalisation로, 사회적인 용어로는 관료화로 이어진다. 비자연적 분리가 얼마나 순식간에 지루함을 초래하는지는 소설가 알베르토 모라비아Alberto Moravia가 같은 제목의 소설에서 묘사한 지루함에서도 목격된다.

> 내게 지루함은 일종의 불충분성, 부적절성, 실재감의 결여로 이루어진다. …… 그렇기는 한데 지루함은 외적 사물에 영향을 미쳐 시들게 만드는 과정으로, 거의 순식간에 생명을 잃게 만드는 과정으로 이루어진 질병이라고 말할 수도 있겠다. …… 지루함의 느낌은 내게는 불충분하

거나 어떤 식으로든 그 자체의 효과적인 존재를 설득시키지 못하는 실재의 부조리함의 느낌에서 연유한다.[11]

'지루함'이라는 개념은 18세기에 생겼다. 패트리셔 스팩스Patricia Spacks는 이 주제를 다룬 유익한 연구에서, 지루함을 "참여하지 않는 데서 오는 우중충함"에 결부시킨다.[12] 나는 지루함이라는 개념이 경험을 본질적으로 수동적으로 보는 견해에서 생겼다고 본다. 즉, 경험이란 것을 컴퓨터에게 오는 전력 공급이라기보다는 바깥세상에서 오는 자극적 힘, 새로움으로 중재되는 활력으로 보는 견해, 또 우리가 수동적 수용자라고 보는 견해와 관련된다고 이해한다. 이런 견해는 낭만주의자들이 생각한 경험, 즉 그것을 우리 자신과 바깥세상에 존재하는 것들과의 사이에 뭔가를 존재하게 만드는 상상력의 결과로 보는 견해와 대비된다.

지루함과 좌반구 간의 연관은 지루함과 시간 경험 사이의 관계에서 또다시 현저해진다. 그것은 살아진 데서 나오는 서술이 아니라 정지되고 변하지 않고 영원하다. 지루함은 "주관적 시간 체험의 전형적으로 근대적인 특징"이라고 안톤 지더벨트Anton Zijderveld는 썼다.[13] 이런 생각은 마틴 워Martin Waugh에게서 더 확장된다. "지루해지면 시간에 대한 태도가 변한다. 꿈꾸는 것 같은 상태에서 가끔 그렇듯이. 시간은 끝이 없는 것 같고, 과거와 현재와 미래 사이의 구분도 없다. 오직 끝없는 현재만 있는 것 같다."[14] 이는 플라톤의 이상적 형상의 영역과 기묘하게 비슷하게 들린다.

아이자이어 벌린은 저서 『낭만주의의 근원The Roots of Romanticism』에서, 나중에 낭만주의가 계몽주의에 던지게 될 질문들을 정리하여 제시한다. 그는 "서구 전통 전체가 의거하는 전제 세 가지"를 언급한다. 그것은 "모든 진정한 질문은 대답될 수 있다는 것, 즉 대답될 수 없다면 그것은 질문이 아니라는 것", "이런 모든 대답은 우리가 알 수 있고, 학습될 수 있고 다른 사람에게 가르칠 수 있는 수단으로 발견될 수 있다는 것", 마지막으로 "모든 대답은 다른 대답과 양립 가능해야 한다는 것"이다.[15] 이런 교조敎條는 계몽주의적 사고의 토대라고 할 수 있다.

벌린이 서구의 전통이라고 한 것은 서구의 철학 전통, 즉 질문과 대답이라는 해결책을 가지고 명백한 방식으로 다룰 수 있는 서구 문화를 뜻한다. 비록 플라톤 이후 서구의 철학자들은 이런 교조가, 벌린이 말한 세 가지 전제가 마치 참인 양 행동하기는 했지만, 계몽주의 시대가 되기 전에는 시와 희곡과 회화와 무엇보다도 종교적 제의를 통한 문화적 지혜의 묵시적 표현이 충분했고, 이런 교조들은 철학에서는 중요했더라도 문화 자체가 되지는 못했다. 시나 희곡, 종교 제의 등을 보면 모든 질문이 대답 가능하며, 모든 대답을 배울 수 있고, 모든 대답이 상호 양립할 수 있는 것이 아님을 쉽게 깨달을 수 있었으니까. 그러나 계몽주의에서 자기 인식의 수준이 높아지면서 명백히 거짓인 이 세 가지 전제가 학술적 철학만이 아니라 살아가는 일 자체까지 지배하게 되었다. 다른 식으로 보면, 철학자들의 시대라 일컬어지게 된 시대에 모든 사람이 자신들의 본성에 반하여 철학자가 된 것이다.

확실성과 전달 가능성을 필요로 하는 계몽주의의 특성은 본래 애매모호하고 불확실한 것이 본질인, 또 "전달될 수 있는 것"이 아닌 창조적 천재성을 요구하는 예술로서는 문제가 아닐 수 없었다. 그 결과, 환상을 선호하는 대신에 상상력을 폄하하게 되고, 앞에서 지적했듯이 은유를 불신하여 이를 거짓과 동일시하게 되었다. 종교개혁과 계몽주의 사이에는 명백한 연속성이 있다. 그것들은 똑같이 좌반구의 지배를 받는다는 표시가 있다. 그것은 경이의 추방, 명시적인 것의 승리, 은유의 불신, 신체화된 세계에서 육신의 소외, 그로 인한 생명과 경험의 두뇌화이다. 반대자들이 균형을 이루며 존재할 수 있는 우반구의 이성에 대한 지지는, 좌반구적인 합리성을 향한 움직임으로 신속하게 변형되며, 그곳에서는 둘 중의 하나가 반드시 배척되어야 하고 다른 것에 의해 파괴되기도 한다. 조화를 향한 충동은 단일성과 순수성을 향한 충동으로 대체된다.

계몽주의에서 빛을 강조하는 것은, 그저 명료함과 정밀함만이 아니라 어둡고 부정적인 감정의 추방을 시사한다. 계몽주의가 보이는 낙관주의는 인간이 운명을 통제할 수 있다는 믿음에 근거한다. 그에 따라 죽음에 대한 강조는 줄어들었다. 믿기 어렵겠지만, 네이험 테이트Nahum Tate가 개정한 『리어왕King Lear』은 1681년 이후로 150년간 해피엔딩으로 끝났고, 셰익스피어의 다른 비극들도 희극적으로 해결되는 판본으로 상연되었다. 여기서 비관悲觀에 대한 부인否認을 보기는 어렵지 않다. 이는 좌반구가 문자 그대로 사물을 더 밝게 보려 하며, 더 긍정적 감정을 가지기 쉽다는 사실과 일치한다.

▓ 기만적 명료성

계몽주의 시대에 시각vision은 카메라 모델과 더 비슷해졌고 원근법은 더 초연한 과정이 되었는데, 이는 원래 르네상스 때는 기피했던 입장이었다. 시각은 서구에서 자기 의식이 더 발전함에 따라 의식을 더 소외시키는 과정이 되었다. 이것은 르네상스 시기에 이미 예견된 일일 수도 있다. 1317년에 사망하여 로마의 산타마리아 마지오레에 묻힌 최초의 안경 제작자의 무덤에는 다음과 같은 글이 있다. "신은 그의 죄를 용서하신다." [16) 광학의 발견이 낳은 도덕적 결과는 과소평가되지 않았다. 이해에 대한 우리의 이해에서 '반사reflection'의 은유가 가진 교활한 효과에 대해 글을 쓴 어떤 현대 철학자는 이렇게 말한다. "근대 철학에서 반사라는 생각으로의 전환이 일어난 연원은 근대 광학에 있다. 근대 광학은 지성을 '반성적reflective' 지식의 근원으로 보는 개념의 상사형相似型이다." [17] 사실 광학은 그리스인들에게서 처음 발견되어 나중에는 대부분 잊혔지만, 계몽주의가 시작되면서 우리가 세계를 보는 방식을 바꾸는 광학의 힘이 크게 도약했다. '반성reflection'이라는 단어는 17세기에 처음으로 생각의 과정을 가리키는 데 사용되기 시작했다. 1690년에 이미 존 로크는 반성을 자기 반사의 과정으로 보면서 이를 "마음이 그 자체의 작업을 수행한다는 알림장, 그리고 그 태도"라고 정의했다. [18] 그리하여 1725년이면 이미 비코Giambattista Vico가 "성찰의 야만성"을 언급한다. [19]

우리는 이제 시각이 카메라가 추구하고 "포착하는" 사냥감 같다고 생각하는 데 익숙해졌지만, 18세기에도 이미 이런 식으로 이야기되었다는 사실을 알면 다들 놀랄 것이다. 토머스 그레이Thomas Gray에 따르면, 당시의 관광객들은 이미 "열 걸음마다 풍경을 포착"하거나 "다양한 전망을 포착"했다고 한다. [20] 픽처레스크picturesque(그림 같은 자연)에 관하여 윌리엄 길핀William Gilpin이 쓴 유명한 에세이는, 픽처레스크를 추구하는 여행자가 맛보는 즐거움의 첫 번째 원인은 대상물의 '추적'이라고 조언한다. 새로운 장면의 기대가 계속 열리고, 그의 시야에 등장한다. [21]

픽처레스크라는 생각의 존재 자체가 자연은 인간의 손과 눈에 의해 개선될 필요가 있다고 여기는 입장을 드러낸다. 이제 자연은 계몽주의 아래서 은유가 당했던 것과 같은 방식으로 시달린다. 인위적인 영역을 벗어나 더 심오한 실재로 나아가는 길을 열어 준다는 이유로 존중받던 것이, 이제는 그림 같은 자연에서처럼 로크가 말한 완벽한 사기, 그저 소소한 기만이 되어 버린 것이다. 이런 상황에서 계몽주의적 마음이 보이는 분별 있는 반응은 그 너머에 있는 것을 추구하지 않기, 그림 같은 차원을 초월하는 자연을 찾으려 하지 않는 것이고, 다만 그 반대의 행동, 문명한 행동의 기준에서 본 자연 속으로 물러나서 그것을 재규정하는 일이었다. 자연은 의혹의 대상으로 취급된다. 부모가 말 안 듣는 아이를 참을성 있게 지켜보는 것처럼 관찰하되, 버릇을 제대로 가르치려면 훈육이 필요한 그런 대상 말이다. 자연이 인공물에 굴복한다. 인공물이 자연에 굴복하는 것이 아니다.

모든 것을 조사하고 포착하는 강력한 눈은, 제러미 벤담Jeremy Bentham의 팬옵티콘panopticon〔원형 교도소〕에서 신처럼 숭배되는 지위로 올라선다. 팬옵티콘은 사실상 죄수들을 그들이 의식하지 못하는 사이에 전면적으로 감시할 수 있도록 설계된 감옥이다. 벤담이 이 기획에 어찌나 열성적이었는지, 상당한 개인 재산과 시간을 여기에 쏟아 부었다. 미셸 푸코Michel Foucault가 현대사회에 관해 쓴 글을 통해 널리 알려진 이것은, 기술의 감시가 이루어지는 현대 세계와 명백하게 상관이 있으며, 이런 식으로 본다면 벤담의 꿈 혹은 악몽이 어떤 의미에서는 예지적이었다고도 말할 수 있다.

예술은 본성상 묵시적이고 애매모호하다. 그것은 또 신체를 갖고 있다. 예술은 신체를 가진 창조물을 만들어 내고 감각을 통해 우리에게 발언한다. 이는 그 매체가 언어인 경우에도 마찬가지로, 예술은 살아지는 세계 속의 신체를 가진 존재로서 물리적으로 우리에게 영향을 미친다. 반면에 계몽주의는 일차적으로 지성, 우연성과 물리적인 것, 육화되고 고유한 것의 한계를 초월하는 모든 것에 관심을 가진다. 따라서 계몽주의 예술이란 어딘가 모순어법이다. 명시성에 대한 방어력이 가장 강한 두 가지 예술 형태는 음악과 건축이다. 이 두 가지가 명시성에 동질적이기 때문이 아니라 그와 정반대 이유로, 즉 음악과 건축은 워낙 내재적으로 묵시적이기 때문이다.

음악과 건축이 이 시기에 가장 잘 살아남은 예술인 것은 아마 이런 이유에서일 것이다. 명시성의 세계로 납치당할 위험이 가장 적기 때문이다. 흔히 하이든의 음악은 계몽주의 정신이 가장 완벽하게 표현된 예술로 알려져 있다. 그의 음악에는 반대자들 간의 긴장감이 아름답게 균형 잡혀 있고, 가벼움과 즐거움이 대칭을 이루고, 장식성이 있으며 모든 것이 제자리에 놓여 있다. 하지만 거기에는 그처럼 안락한 살롱식 질서를 한참 넘어서는 세계를 가리키는 불편할 정도로 신비스러운 요소도 들어 있다. 모차르트Wolfgang Amadeus Mozart는 그가 정말 계몽주의 시대의 작곡가인지 의심이 들 만큼 어둠과 격동의 요소들을 분명하게 갖고 있다. 특히 후기 작품들에서는 그런 요소가 워낙 많아서 낭만주의의 선구자로 보이기까지 한다. 이것 역시 그의 음악에 절제와 달콤 쌉쌀한 감정의 음미가 있기 때문에, 또 특히 오페라에서는 아이러니와 연민이 복합되기 때문에 그만큼 더 강력해졌다. 그렇기 때문에 그는 절대로 자신의 캐릭터보다 우월하지 않고 공유된 취약성을 인정한다. 이 시기는 유럽 주택 건축의 가장 위대한 시대이기도 했다. 하지만 건축학은 이탈리아 르네상스 건축가들, 그중에서도 팔라디오Andrea Palladio의 원리에서 많은 부분을 끌어왔다. 그렇다면 이것이 계몽주의 예술의 최고 측면이다.

시는 이 산문이 절정을 이룬 시대에 더 쉽게 파괴되었다. 이 시대가 볼 때 시는 일종의 아부하는 거짓말이었다. 체스터필드 경Lord Chesterfield은 아들에게 라틴어 시집에서 두어 장을 찢어 화장실 갈 때 갖고 가라고 권했다. 그것을 읽고 난 뒤 클로아치나Cloacina 여신(하수구의 여신)에게 바치는 제물로 내버릴 수 있으니까. 계몽주의자들은 있을 수 있는 참된 생각이나 관념의 집합은 유한하며, 그것들은 추상 형태로 존재하고 그에 따라 언어로 구현된다고 믿었다. 그런 관념은 이런 식으로 알려지고 확실해지지만, 새 의상을 걸침으로써 새로운 것처럼 보일 수 있다. 시는 관념을 장식적인 의상으로 꾸며 익숙한 것에서 즐거움을 누리게 할 수 있을지는 몰라도 새로운 경험을 가져다주지는 않는다. 지적인 시를 찬양하는 포우프Alexander Pope의 유명한 구절, "흔히 생각되지만 결코 잘 표현되지 않는 것"이라는 구절의 배후에 놓여 있는 의미가 바로 이것이다. "표현은 생각의 의상이다."[22] 이런 것이 나중에 워즈워스와 콜리지가 『서정가요집Lyrical Ballads』의 서문에서 아우구스투스 시대Augustan Age[영국 문학사의 신고전주의 시대 중 1700~1745년의 기간]를 공격하는 근거가 되었다. 그들은 시를 이미 친숙한 것을 새로운 방식으로 재조합하는 데 불과한 환상의 작업이 아니라 상상의 작업으로, 새로운 경험을 존재하게 한다는 의미에서 진정으로 창조적인 작업으로 보았기 때문이다. 이 견해는 셸러가 인식한 시의 본성과 같은 노선에 선다. 이 중요한 요점을 그보다 더 잘 풀이한 사례를 보지 못했으므로 여기서 셸러의 글을 길게 인용해 보겠다.

이런 이유에서 시인들은, 또 모든 언어 제작자들은 자신들이 겪고 있는 것에 대해 이야기할 신이 주신 힘을 갖고 있으므로, 이런 종류와 관련된 자신의 과거 경험을 참조함으로써 자기들의 경험에게 고귀하고 아름다운 표현 이상의 훨씬 더 높은 기능을 부여하며, 그럼으로써 그것들을 독자들이 인식할 수 있는 것으로 만든다. 시인들은 새로운 표현 형태를 창조함으로써 일상 언어로 우리의 경험이 가두어진 관념의 지배적 네트워크 위로 솟아오르며, 우리 같은 나머지 사람들이 생전 처음으로 각자의 경험 속에서 이런 새롭고도 더 풍부한 표현 형태들에 대답할 수 있는 어띤 것을 볼 수 있게 해 준다. 그렇게 함으로써 그들은 우리의 자기 인식 범위를 실제로 확장한다. 그들은 마음의 왕국을 실제로 확장하고 그 왕국 내에서 새로운 발견을 이루어 낸다. 그 흐름에 대한 우리의 이해에서 새로운 지류와 물길을 열고 그럼으로써 최초로 우리가 무엇을 경험하는지를 보여 준다. 정말로 그것이 모든 참된 예술의 임무이다. 이미 주어진 것을 복제하는 것도, 순수하게 주관적인 환상의 놀이로 뭔가를 창조하는 것도 아닌, 외부 세계 전체와 영혼에게, 규칙과 관습들이 지금까지 은폐해 온 그 속의 객관적 실재를 보고 소통하고 각인시켜 주는 것이다. 따라서 예술의 역사는 직관 가능한 세계의 안팎에 도전하여, 우리의 이해를 위해 그것을 정복하는 일련의 탐험으로 간주될 수 있다. 이는 어떤 과학도 지금껏 제공하지 못한 종류의 이해를 얻기 위함이다. 일례로, 이제 누구나 자기 속에서 감지할 수 있는 하나의 감정은, 그에 대한 이 명료한 지각이 가능하기 위해서는, 우리 내면생활의 두려운 비작위성으로부터 분명 한 번은 어떤 시인이 강탈한 것이다. 한때는 사치품이던 상품들(차, 커피, 후추, 소금 등등)이 오늘날에는 일반적으로 공급되는 일상생활 용품이 된 것처럼 말이다.[23]

드라이든John Dryden과 포우프의 시는 계몽주의에서 가장 괜찮은 부분에 속한다. 그 시들은 너그럽고 비교조적이고 재치 있는 정신을 가졌다. 아우구스투스 시대의 시들은 마음의 왕국을 확장하여 새로운 발견을 이루는 것이 아니라, 그 정원과 생나무 울타리를 최대한 단정하고 우아하게 다듬고 보살피는 것이었다. 물론 위대한 예술가들은 항상 매체의 한계에 저항하는데, 괴테는 그럼에도 불구하고 그런 매체가 그들의 장인기匠人機의 조건이라는 유명한 말을 남겼다.[24] 하지만 이것들은 예외다. 조슈아 레이놀즈가 미켈란젤로의 다듬어지지 않은 천재성

앞에 섰을 때, 혹은 새뮤얼 존슨이 더욱더 투박한 셰익스피어의 천재성(혹은 스코틀랜드 하일랜드의 숭고함)을 만났을 때, 그들이 그것을 인식할 수 있었던 것은 오로지 엄청난 경험 앞에 계몽주의의 모든 이론적 짐 꾸러미를 기꺼이 내던질 수 있었기 때문이었다.

■ 대칭성과 정지 상태

신랄한 중간 휴지부가 붙은 고전적인 서사시적 2행 연구聯句(heroic couplet)는 평등한 대칭성을 만들어 낸다. 사실 평등성은 대칭성에 필수적이다. 중간 중간에 구두점을 찍는, 이 대칭적인 자기 참조 운동은 가끔 일부러 **구멍을 내는** 효과에 쓰인다.

그 자신으로 끊임없이 돌아가서 멈추는 이 운동은, 그전의 밀턴John Milton의 구문처럼 개방되고 격동적이고 강처럼 흐르는 운동과 대조되며, 항상 뭔가 멀리 그 너머에 있는 어떤 것을 겁박하는데, 나중에는 워즈워스에 의해 다시 포착되고 변형된다. 항상 변화하고 성장하고 흘러가는 바흐 음악의 형태가 하이든의 고전적 형식의 자족적인 완벽성과 대조되는 것과 똑같다. 하지만 한 줄 건너 나오는 운동과 의미를 이처럼 한결같이 제어하는 것, 압운과 익살이 정신의 일탈을 규제하는 그 폐쇄적이고 정태적이고 자기 몰입적인 구조, 모든 것을 깔끔하게 대칭성으로 돌려놓는 것, 이런 것들이 드라이든이 쓴 최고의 구절에는 없을 때가 많다.

대칭성은 곤혹스러운 개념이다. 그것은 추상적 단계에서 말할 것도 없이 매우 깊은 층위에서 호소력을 가진다. 이 단어 자체는 동등한 척도를 의미하며, 그리스인들이 사랑한 모든 '정다면체regular solids'의 전형적 형태상 특징이다. 수학에서는 이 단어가 축 하나를 중심으로 하는 대칭성만이 아니라, 대상을 처리하고도 변하지 않은 채 둘 수 있는 모든 작업 과정을 가리킨다. 그것은 또한 우연성의 지배를 받지 않는 것, 다른 말로 하면 보편성을 상징한다. 어떤 법칙이 대칭성을 따른다면 그것은 보편적으로 적용 가능하다는 뜻이다. 뉴턴역학은 대칭성을 따른다. 이런 모든 의미는 대칭성을 정지 상태, 보편자, 단순자, 이상형들의 영역에 집어넣는다. 하지만 이상하게도 현상세계에는 대칭성이 나타나지 않는다. 물론 생물 가운데 대칭에 근접한 것들이 있기는 하지만 그런 것도 자세히 들여다보면 두뇌처럼 진정으로 대칭적이 아니며, 끊임없이 움직이고 변하고 있다. 흔히 동물이 대칭성을 지닌 배우자를 매력적으로 여긴다는 주장이 있지만, 인간은 그런 성향을 공유하는 것 같지 않다. 대칭성이 더 건강한 것으로 기록되는 경우에도 그것은 덜 매력적인 것으로 경험된다. 사실 살아 있는 얼굴에 나타난 대칭성은 뭔가 기계적이고 비현실적인 것을 시사하기 때문에 섬뜩한 느낌까지 준다. 또 예상할 수 있듯이, 계몽주의 시대의 초상화에서는 "다른 어느 시대의 서구적 양식보다도 대체로 얼굴이 더 대칭적으로 그려졌다"고 마틴F. D. Martin은 지적한다. "와일드가 말했듯이, 그림을 보고 난 뒤에도 그 초상화를 도무지 기억하기 힘든 이유는 그 때문이기도 하다."[25]

대칭성(시, 음악, 건축, 산문, 사상에서의)은 아마 계몽주의의 최종적인 미학적 지침이었을 것이다. 중요한 계몽주의적 속성 두 가지와 대칭성은 서로 관련돼 있는데, 그 두 가지, 즉 정지 상태stasis와 평등성equality은 모두 좌반구의 선호에 연결되어 있다.

좌반구와 평등성 간의 관계는 그 분류 방법이 가져온 결과이다. 사실 개별 인물이나 사물을 상대하면서 그들이 처해 있고 그에 따라 변해 가야 하는 상황의 우연성을 존중한다면, 사물이나 인물과 맥락이 지속적으로 변화하지 않을 수 없음을 인정한다면, 그런 상황에서는 어떤 두 실체도 절대로 평등할 수 없다. 그러나 일단 그 항목이 분류되고 범주화되고 나면 그것들은 평등해진다. 적어도 범주 분류자의 관점에서 볼 때 그 범주의 모든 구성원은 다른 구성원으로 대체될 수 있다. 하지만 범주 자체는 또 위계적 분류학 속에 배치되는데, 이는 생물의 개별적 변수들은 똑같아졌더라도 범주들 간에는 여전히 불평등성이 있음을 뜻한다.

그러므로 이는 좌반구와 정지 상태의 문제이다. 좌반구는 알려진 것들을 다루기 때문에 어느 정도 고정성을 가져야 한다. 끊임없이 변하는 본성을 존중한다면, 그것들은 앎의 대상이 될 수 없다. 좌반구에게 일단 알려진 사물은 변할 수 없고, 원자론적으로는 그것들이 의지에 따라 움직이거나 움직여진다 하더라도 좌반구의 의지의 범주화에 맞게 움직이게 되어야 한다. 그러므로 좌반구의 세계가 지배하는 곳에서는 실제 생물들의 끊임없는 변화와 개별적 차이가 정지 상태와 평등성으로 바뀌게 된다. 이는 나비가 움직이지 못하게 핀에 꽂혀 수집가의 진열장 속 표본이 되는 것과 같다. 하지만 그렇기는 해도 좌반구는 이 과정을 통해 사물에 대한 제어력을 획득하는데, 바로 이것이 좌반구의 변함없는 추진력이었다. 힘은 불평등성으로 이어질 수밖에 없다. 사물의 어떤 범주는 다른 범주보다 더 유용하므로 더 가치가 있다. 따라서 좌반구에서는 실제 개별 사물이나 존재 속에 내재하는 차이는 잊히고, 이는 체계에서 도출된 차이로 대체된다. 이와 비슷하게, 사물 자체는 더 이상 변하지 않더라도 조작을 통해 변화하지 않을 수 없게 된다. 고분고분하지 않은 개별자는 좌반구가 대표하는 범주의 프로크루스테스Procrustes[사람을 붙잡아 침대 길이에 맞춰 자르고 늘였다는 그리스 신화 속의 강도]의 침대에 묶이게 된다. 그리하여 개별적 사물이나 존재의 변화하고 진화하는 본성은 사라지고 시스템이 요구하는 변화가 그 자리에 들어선다.

개별자의 층위에서 불법화된 변화와 차이가 뒷문으로 복귀한다.

■ 평등성의 추구

　프랑스혁명과 미국혁명은 계몽주의의 가장 중요하고 지속적인 두 가지 유산이다. 아이자이어 벌린이 말하듯이, 이 혁명들은 낭만주의와는 거의 상관이 없다.

> 프랑스혁명이 내세운 원리들은 보편적 이성의 원리, 질서, 정의의 원리였다. 이것들은 대개 낭만주의 운동과 관련된 고유함의 의미, 심오한 감정적 내성의 의미, 사물들의 차이의 의미, 유사성이 아닌 비유사성의 의미와 전혀 관련이 없다.[26]

　행복을 추구할 개인적인 권리를 주장한 것으로 유명한 미국혁명은 행복 등의 '선한 것the Good'이 이성의 도움을 받은 의지의 추구와 일치할 수 있어야 한다는 좌반구의 신념을 표현한다. 그렇게 하는 과정에서 이 혁명은 합리성의 모순된 본성을 밝히게 되었다. 즉, 이성적 마음이 '선한 것(좋은 것)'을 추구해야 하지만 가장 귀중한 것들은 추구될 수 없다는 것이다. 그런 귀중한 것들은 다른 어떤 것의 부산물로서만 얻어질 수 있다.

　좌반구는 묵시성의 중요성을 오해한다. 따라서 논리적으로 바람직한 어떤 목표는 단순하게 정면으로 추구할 수 있는 것이 아니라는 문제가 생긴다. 정면 추구는 목표의 본성을 변화시키고, 그렇게 접근하면 목표가 달아나기 때문이다. 자유, 평등, 박애가 훌륭한 이상이기는 하지만 그것들을 정면으로 추구하는 것은 문제가 있다. 프랑스혁명은 자유, 평등, 박애를 옹호한 것으로 유명하다. 이 개념들을 전면에 내세우고, 그것을 우반구적인 방식으로 세계를 향한 어떤 관용적인 성향에 따른 필수적인 부산물로서 자연스럽게 드러내기보다는 드러내 놓고 좌반구식으로 추구했다. 그 결과, 이 개념들이 일단 좌반구에 속하게 된 뒤에는 부정적인 실체에 그치게 되었다. 이는 좌반구는 자기가 사물들을 존재하게 만든다고 여기지만, 실제로 그것이 하는 일은 우반구가 건네준 것들에 대해 '아니'라고 말하거나 말하지 않는 것뿐이기 때문이다.

우반구에게는 실제로 보이는 형태로서 실존하는 사물이 평등하지 않기 때문에, 좌반구에게 평등성이란 곧 두드러지는 것들을, '평등성'을 평등화하지 않겠다고 앞에 나서는 것을 끌어내릴 필요성과 충동이다. 프랑스혁명이 난장판과 유혈 사태로 평등을 추구했을 때 그것이 내포한 본질적으로 부정적인 의미가 바로 이것이다. 반응을 요구하고 책임감을 수반하는 상호 의존성의 살아 있는 그물망으로서의 세계를 전달하는 우반구가 제시한 것들에는 자유가 없다. 모든 속박을 벗어던진다는 의미에서, 신나는 니힐리즘 같은 것은 없다는 것이다. 좌반구가 보는 자유란, 그럴 수밖에 없겠지만, 경험이 삶을 통해 우리에게 가르친 것이 아니라 추상적인 개념이다. 에드먼드 버크Edmund Burke가 미국과의 화해를 역설한 1775년의 연설에서 "추상적 자유는 다른 추상에 불과한 것들이 그렇듯이 발견될 수 없다"고 말한 의미가 바로 이것이다.[27]

좌반구적인 자유의 버전은 단지 개념에 지나지 않는 것으로, 어딘가에 소속됨으로써, 여러 가지 규제를 겪으면서 그 속에서 경험될 수 있는 자유가 아니다. 대신에 그것은 뭔가를 적극적으로 행해야 하기 때문에, 부정을 통해 전진하지 않을 수 없다. 좌반구는 그 속에서 자유의 경험이 성취될 수 있는 자연적으로 진화한 전통적 공동체의 구조를 자신이 구상하는 제약 없이 자유로운 사회 형태를 가로막는 장애물로 보고, 그것을 파괴하고 해체하기 시작한다. 박애 역시 오른쪽 전두엽의 진화로 가능해진 친족과 사회의 공동체 속에서 형성된 관계 속에서 살아간다. 이것에 대한 좌반구적 버전은 일종의 노동 연대이며, '보호'라 불리는 관료제적 보급인데, 이것들이 실행되는 순간, 공동체에서 박애적 감정과 실제의 보호 경험을 가능하게 하는 공동체 내에 존재하는 사적이고 개인적인 연대와 책임감의 네트워크는 침식된다.

미국혁명은 이와 좀 다른 문제다. 우선 거기에는 과격파인 자코뱅이 확실히 없었다. 그들의 접근법은 의지의 노력으로 최대한의 자유를 도입하려는 것이 아니라, 최소한의 자유를 가져오려는 것이었다. 이는 최소한의 규제라는 것으로 규정되는, 벌린이 보는 부정적 자유 개념과 유사한 자유방임식 접근법이다. 에드먼드 버크도 프랑스혁명 때와 달리 이런 형태의 혁명에는 지지를 보냈다. 말이야 어떻든지 간에, 미국혁명의 목표는 사회에 대한 형식적 제약을 축소하면서 주로 경제적 복지에 필요한 연대감을 최대한 늘리는 데 있었다. 제퍼슨Thomas Jefferson이 본 민주주의란 본질적으로 지역적이고 농업적이며 공동체적이고 유기적인 구조를 가진, 우반구의 이상과 조화를 이루는 것이었다. 하지만 시간이 흐르면서 그것은 계몽주의의 좌반구적 산물인 뿌리 없고 기계적인 자본주의의 압도적 힘에 휩쓸리게 되었다. 알렉시스 드 토크빌Alexis de Tocqueville이 예지적 혜안으로 본 것은, 내가 우반구적인 것이라고 본 가치가 사회의 바탕에 융화되지 못하여 시간이 흐르면서 우리의 본성을 거스르게 되고 현재처럼 관료제에 종속되고 국가에 예속되는 사태였다. "그 사회는 시민을 영원한 유년 시절에 묶어 두는 사회가 될 것이다. 그 사회는 시민들의 행복을 보존하려고 노력하겠지만, 그 행복의 유일한 대리자이자 조정자가 되려고 할 것이다." 그리고 그 사회는 새로운 종류의 노예제를 개발할 것이다.

그 노예제는 촘촘하고 복잡한 규칙망으로 사회의 표면을 뒤덮고 있어서, 매우 독창적인 마음과 활력적인 개성도 그 망을 통과할 수 없다. …… 그것은 독재는 하지 않지만 사람들을 억압하고 기력을 약화시키고 절멸시키고 마비시켜, 끝내 모든 국가를 그저 멍청하고 근면한 동물 무리쯤으로 축소시킨다. 정부는 그런 무리를 지키는 목동이다.[28]

이상과 현실 간의 이런 어긋남이 자신들을 계몽주의적 개념('인민의 민주주의' 등)과 심히 불쾌할 정도로 동일시하는 사회에서 어김없이 벌어지는 경향이 있다는 사실은, 어떤 층위에서는 '엘스터의 역설Elster's paradox'로 설명될 수 있을 것이다. 즉, 합리성은 그 자체에 파괴의 씨앗을 품고 있다는 것이다. 또 다른 층위에서 그것은 좌반구가 어떤 것을 살릴 수는 없다는 현실의 표현이다. 좌반구는 우반구에 의해 주어진 것에 대해 아니라고 하거나 하지 않을 수만 있을 뿐이다. 다시 한 번 이것은 블레이크가 인식한 것과 일치한다. "에너지는 유일한 생명이며, 그것은 신체에서 나온다. 이성은 에너지의 굴레 혹은 외곽 울타리다."

좌반구가 세운 기획이 지닌 필연적으로 부정적인 힘이 가장 명백하게 표현된 것은, 자유·정의·박애의 이상이 부자유스럽고 공정하지도 박애적이지도 않은 기요틴guillotine(단두대)으로 이어진 방식이다. 본질적으로 성찬식에 관련된 모든 것, 합리성이 아니라 존경심이나 경외감에 근거하는 것은 모두 좌반구의 적이 되며 좌반구의 우위를 가로막는 것이다. 따라서 좌반구는 그것을 파괴하는 데 매진한다. 종교개혁 때 그랬듯이 여기에 권력의 남용이 있었다는 데는 의심의 여지가 없으며, 사제와 군주 모두에 권력의 남용은 신적 권위에 대한 존경, 불관용의 상황으로 정당화되었다. 하지만 종교개혁에서와 마찬가지로, 과녁이 된 것은 남용 자체가 아니라 남용된 것, 우상숭배가 아니라 그 형상들, 부패한 사제가 아니라 성직과 신성한 것이었다. 프랑스혁명 기간에 사제와 왕에게 가해진 공격이 얼마나 격렬했는지를 보면 은유로서의 그들의 지위 및 그들이 은유적으로 행동한 목표였던 우반구의 비공리주의적 가치에 대한 오해와 공포감이 얼마나 컸는지를 짐작할 수 있다.

성직으로서의 교회 권력의 파괴는 종교개혁에서 그랬듯이 프랑스혁명의 목표였다. 그러나 종교개혁은 노골적으로 또 명시적으로 세속적이지는 않았다. 그것은 부패한 종교를 정화된 종교로 대체한다는 명분을 내세웠다. 그런데도 종교개혁은 가톨릭교회의 성직적 근거에서 국가로 권력을 이동시키는 효과를 가져왔다. 이것은 가장 광범위한 의미에서 가차 없는 세속화 과정의 본질적인 부분으로, 여기서 세속화란 인간의 경험을 순수하게 합리적인 용어로 표현하며 타자를 반드시 배제하고 도덕성과 인간 복지에 관한 모든 질문이 그런 용어의 범위 안에서 처리될 수 있고 처리되어야 한다는 의미다. 이것이 곧 좌반구의 의제이다. 그런데 프랑스혁명은 이와 대조적으로 교회에 공공연히 반대했지만, 그 가장 과감한 공격 대상은 왕족(또 군주의 권위에 상호적으로 연결된 권위를 지녔던 귀족계급으로까지 확대되는)의 성직과 비슷한 성격으로, 그것은 은유적일 수밖에 없었다. 물론 종교개혁 시기에도 성자들의 조각상이 광장으로 끌려나와 그 도시의 집행자에게 참수되는 일이 가끔 있었다. 이는 프랑스혁명의 선구적 형태로서 군주 살해와 성직 철폐 간의 연속성을 강조할 뿐만 아니라, 이제 우리가 살펴보게 될 종교개혁과 계몽주의를 규정하는 좌반구의 두 가지 다른 경향을 강력하게 활성화한다.

빌뇌브Villeneuve〔1793년 9월에서 1794년 9월까지 나온 삽화잡지 《Le Contre Revolution》에 기고한 동판화가의 필명. 정체는 밝혀지지 않음〕가 그린 충격적인 〈그림 10.1〉을 보라. 린다 노클린Linda Nochlin은 『절단된 신체 : 모더니티의 은유로서의 파편The Body in Pieces: The Fragment as a Metaphor of Modernity』에서 "파괴, 해체, 파편화의 심상心像 및 그 실현은 적어도 1794년 가을까지는, 또 그 이후에도 여전히 혁명적 이데올로기에서 강력한 요소였다"고 말한다.[29]

이 책의 첫 출발점에서 파편화는 좌반구적 지각의 일차적 특징이라고 한 말을 기억할 것이다. 노클린은 군주의 참수를 그린 이런 그림들이 "전례 없는 권력과 암시성에 대한 거세 이미지"를 나타낸다고 논평한다. 그 말이 사실이든 아니든, 이 판화는 좌반구가 거둔 승리의 가장 중요한 측면을 완벽하게 구현하고 있다. 이 그림을 보는 사람은 가장 명백한 사실에 눈을 돌리게 된다. 즉, 그림에서 좌반구의 도구로 쓰이는 오른손이 성직의 궁극적 권력을 장악하는 오른손을 나타낸다는 것이다. 이 그림이 입증하는 것은 그저 좌반구가 선호하는 것과 동질적인 파편의 생산만이 아니라, 특히 나머지 신체로부터 머리를 분리시키는 것인데, 이는 신체를 거부하고 신체의 요구로부터 최대한 멀리 단절된 추상화되고 두뇌화된 세계로 물러나려는 경향을 가진 좌반구적 세계의 기초에 해당된다고 할 수 있는 은유이다.

나아가서 이 특정한 머리는 너무나 명백하게 생명 없는 대상으로, 사형집행자의 손에 들린 물건으로 환원되는 것과 동시에 그럼에도 불구하고 섬뜩할 정도로 살아 있는 것처럼, 고문자에게 보내는 경멸의 미소를 머금고 있는 것처럼 보인다. 생명 없는 대상이 좌반구의 특별 영역이며, 생명이 있는 모든 것은 우반구에 속한다는 것을 다들 기억할 것이다. 거의 살아 있는 듯이 보이는 머리의 본성은 그럼에도 불구하고 너무나 명백한 죽음의 승리를 담은 이미지이며, 좌반구의 승리를

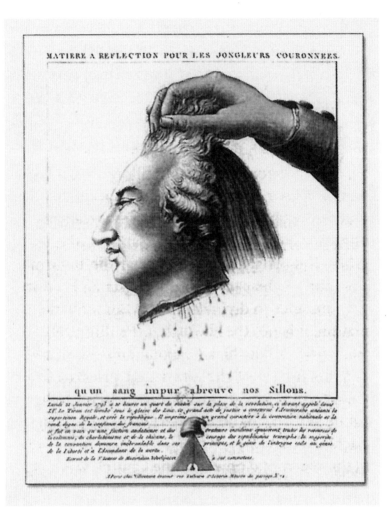

〈그림 10.1〉
〈음유시인을 위한 성찰의 재료Matiere a reflection pour les jongleurs couronnees〉, 빌뇌브, 1793.

충격적인 힘으로 나타낸다.

다시 말해, 이 그림은 세계의 중심이던 성찬식, 빵과 포도주가 그리스도의 살아 있는 육신과 피로 변형되는 형식의 철폐에 보내는 축하를 패러디한다. 왕은 그가 다스리는 권위에 의해 신적 존재의 은유가 된다. 왕족 두상의 오스텐시오ostensio〔실물 지시적 정의〕는 여기서 성찬식의 오스텐시오, 살아 있는 신체의 오스텐시오를 패러디한다. 여기에는 "이것은 나의 몸이니라hoc est enim corpus meum"라는 말이 붙어 있는데, 그 일부를 변형한 형태인 호커스포커스hocus pocus〔속임수, 야바위, 요술, 요란한 선전〕라는 말이 성사聖事 중심적 세계(계몽주의적인 마음에서 본다면 음유시인의 세계에 못지않게 어울리지 않는 세계)에서 거부된 모든 것을 가리키는 약어略語가 되었다. 마치 패러디를 확증하는 듯 잘린 머리에서 떨어지는 핏방울도 보라. 그것은 신의 백성을 위한 성찬식이 아니라 잔인한 공리주의에 입각하여 수많은 사람들이 가져가고 들이마실 피다. 그 피는 백성들의 식량이 되어 땅을 비옥하게 만드는 데 기여할 것이다. 그림 밑에 붙은 설명문은 이 불순한 피가 논밭을 비옥하게 만들기를 바라는 내용이다. 다시 한 번 우반구의 신성한 영역은 좌반구의 기능주의와 효용성에 정복된다.

데이비드 프리드버그David Freedberg가 『이미지의 힘The Power of Images』에서 주장했듯이, 그림이나 조각상을 잘라버릴 필요는 그 힘에 대한 믿음을 전제한다. 쾨르너는 우상파괴주의는 이미지에 그토록 많은 섬뜩한 힘을 허용함으로써 그것이 비난한 우상숭배에 가까워졌다고 지적한다. 또 마을 광장 앞에서 조각상을 살아 있는 죄수처럼 처리한 방식에 대해 언급하면서, "우상을 그와 비슷하게 처벌하고 보존하는 데서 뮌스터의 우상파괴자들은 그들이 혐오하는 인신숭배를 스스로 받아들이지 않았던가? 성인의 조각상이 그 마을의 집행자 손에 참수될 때 물질성이 어떻게 물질적이 되었는가?"라고 묻는다. 그러면서 그들이 표현 그 자체를 공격하고, 성인을 형상화한 나무가 표현 그 자체를 표현한 것이냐고 묻는다. 나는 그렇지 않다고 말하겠다. 성인의 목조 형상은 표상으로서가 아니라 은유적 이해로 존재하며, 그것이 재판정에 나오고 구속되고 처형된 것도 그런 의미에서다.

이는 계몽주의 시대에도, 참수된 것이 목조 성인들이 아니라 실제 왕과 공작들이던 시대에도 역시 그러했다. 조각상이 나무일 필요도 신일 필요도 없듯이, 왕도 다른 사람들과 마찬가지로 일개 개인일 필요도 초인일 필요도 없었다. 그렇다고 해서 모든 가능성이 다 사라지지는 않는다. 그는 우리가 존경하는 것에, 우리 속의 신성한 것에 대한 은유로 행동한다. 이 같은 왕족의 은유적 본질은 마치 배우의 고유성이 그가 맡은 배역 속으로 사라질 것이라 기대하듯이, 그 역할의 고유성에 개인적 존재의 우연적 속성이 잠겨 버리는 데 의존한다. 다만 배우는 그저 왕을 **나타내는** 데 비해, 왕족은 왕**이라는** 사실이 다를 뿐이다. 공리주의의 이름으로 왕족에게 가한 공격은 왕이 은유적으로 보유하는 속성 없이 왕을 "일개 개인"으로 드러내는 데 의거한다. 그렇게 하면 왕에게서 왕이라는 본성이 무효화되기 때문이다.

이처럼 계몽주의는 우리의 어둠을 밝히는 한편으로, 그것 자체에도 어두운 측면이 있다. 데카르트는 "빛보다 어둠을 더 높이 평가하는 것은 정신적 무질서"라고 썼다. 데카르트는 사물을 자신과 다르게 보는 사람들을 미쳤다고 규정하는 데 상당히 열심이었다. 좌반구에 의해 지배된 그의 세계는 희극喜劇과 빛의 세계였다. 어쨌든 그는 세계가 보여주는 코미디의 관객이었으니까. 하지만 여기에도 광기가 있다. 그것은 정신분열증의 광기와 닮았다. 계몽주의의 계승자인 낭만주의자들은 희극과 빛이 아니라 비극과 어둠을 보았으며, 그들의 광기는 우울증 및 멜랑콜리아와 비슷하다. 하지만 어둠은 밝음의 명령으로도 추방되지 않는다.

지난 100년간 역사가와 사회이론가들에게는 계몽주의가 그 자체에 대한 낙관주의에도 불구하고 인간의 이해에서, 또 광범위한 사회와 정치에서 단순 명백한 진보의 시기만은 아니었음이 갈수록 분명해졌다. 이성에 대한 호소는 달콤함과 빛으로 이어질 수도 있지만, 감독하고 통제하고 규제하며 억압하는 데도 사용될 수 있다. 이는 좌반구의 목표가 권력이라는 이 책의 내 주장과도 일치한다. 시간이 흐르면서 계몽주의의 어두운 측면은 너무 명백해져서 숨길 수 없게 되었다.

▌섬뜩함

프로이트는 '섬뜩함'을 보이면 안 되는, 밝혀지면 안 되는 어떤 것의 억압으로 보았다. 앞 장에서 우리는 근대 서구 인간의 등장이 반구들 간의 차이의 강세, 다른 말로 하면 축소된 것이 아니라 더 강화된 양원적兩院的 마음의 진화와 관련되어 있음을 살펴보았다. 계몽주의에서 객관적이고 과학적인 거리 두기에 힘을 쏟아 이 차이를 더욱 강조한 것은 좌우반구 간의 분리를 보강하는 데로 이어진다. 거리 두기란 개인적이든 직관적이든 혼란스럽게 만드는 모든 것으로부터, 명시적으로 만들거나 합리적으로 방어할 수 없는 것으로부터 최대한 독립적이 되는 것이다. 신들의 음성이 고대 그리스인들에게는 경험된 세계에 자연적으로 통합된 일부분이 되는 것이 아니라 외부적인 것으로 보이게 된 것과 마찬가지로, 계몽주의 시대에는 좌반구에서 벌어지는 합리화 논쟁의 세계에서 배제된 우반구의 촉발이 생소해 보이게 되었다. 나는 계몽주의의 어두운 측면인 섬뜩함의 경험이 등장하게 된 근원이 이 지점이라고 본다.

고전적으로 섬뜩함이 나타나는 장소에는 중요한 공통점이 있다. 프로이트가 1919년에 쓴 유명한 논문인 「섬뜩함Uncanny」을 인용하면서 캐슬은 다음과 같이 지적한다.

> 대역, 춤추는 인형과 자동인형, 밀랍 인형, 분신分身·alter ego, 거울의 자아, 유령 같은 발산, 분리된 신체 부위(잘린 머리, 팔목에서 잘린 손, 저 혼자 춤추는 발, 생매장되는 무시무시한 환상, 조짐, 예지, 기시감旣視感······.)[30]

나는 이런 현상이 정신분열증 환자들의 경험과 관련이 있다고 주장한다. 생명체가 기계 또는 생명체의 복제물로 체험되는 것, 생명체가 외관상 독립적으로 움직이는 파편들의 조합이 되는 것, 자아가 직관적인 자기자신임ipseity을 상실하는 것, 더 이상 자명하게 고유하지 않고 복사되거나 재생된 것, 혹은 미묘하게 변경된 것으로 변하는 것이 그런 것이다. 이에 따라 섬뜩함의 현상은 유리된 채 행해지는, 자신을 소외시킨 우반구에서 오는 것을 자기 기준으로 해석하려고 시도하는 좌반구의 작업을 보여준다. 사실 섬뜩함의 경험은 크레펠린Emil Kraepelin과 브로일러Eugen Bleuler가 최초로 묘사한 것 같은 정신분열증을 규정하는 경험이라 할 수 있다. 현재의 정신의학 용어로는 이를 "망상적 기분delusional mood"이라 부르는데, 그런 기분에서 경험된 세계는 뭐라고 설명할 수 없이 기괴하게 변형되어 있으며 막연하게 불길하고 위협적으로 보인다.

섬뜩함은 숨겨져 있어야 했지만 노출된 것이라고 주장한 프로이트의 말은, 사실 셸링 Friedrich Schelling의 공식을 인용한 것이다. 억압된 과거 경험의 증거, 의식의 밝음 속으로 끌려나온 어두운 비밀을 섬뜩함에서 목격한 프로이트는, 섬뜩함이 초자연적인 것의 관념 자체에서 저절로 나오는 것이 아님을 강조했다. 예를 들면 아이들은 인형이 살아 있다고 상상하며 동화 속에서도 가끔 환상 같은 일이 일어나지만, 이런 것들은 어떤 의미에서든 섬뜩하지 않다. 『햄릿*Hamlet*』에서도 유령이 등장하는데, 음울하고 끔찍한 모습이기는 하지만 섬뜩한 성질은 갖고 있지 않다. 이런 사례에는 일상적 현실의 맥락에서 격리된 것으로 인정되는 맥락이 있다. 프로이트의 말처럼 섬뜩함이 발생하는 것은 화자가 초자연적 사건이 일어날 수 있다는 가능성을 부정하고 "상식적 현실의 세계에서 움직이는 척" 할 때이다. 그것은 우리가 이해하고 통제할 수 있는 것을 넘어서는 현상이 정말로 존재할지도 모른다는 가능성을 가리키는데, 이는 합리적인 좌반구식 마음에는 끔찍하게 여겨질 가능성이다.

섬뜩함은 그것이 출현하는 맥락에서 힘을 얻는다. 우반구의 현상이 합리적이고 기계적이고 확실하고 인간적으로 통제되는 좌반구적 세계의 맥락에 출현하면 섬뜩하게 보인다. 섬뜩함을 다룬 일부 이야기들이 섬뜩함의 스릴을 체험한 뒤, 끝에 가서는 그 현상에 대한 합리적이고 과학적인 설명이 있음을 드러내는 식으로 좌반구를 재확인하려고 시도한다는 것은 주목할 만하다. 섬뜩한 이야기의 초기 형태 가운데 가장 유명한 작품으로 꼽히는 앤 래드클리프Ann Radcliffe의 『우돌포의 비밀*The Mysteries of Udolpho*』의 결말도 그런 식이다. 이 점에서 이 같은 작품들은 환타스마고리아를 소개하는 당대의 인기 있는 사회자와도 같다. 그들은 쇼가 끝날 때쯤 그들이 거둔 효과의 토대가 된 자신의 손씨와 조명, 화면, '마술 등불' 등등에 감탄의 탄성을 내지른다.

'현대적 프로메테우스The Modern Prometheus' 라는 부제가 붙은, 죽어 있는 부분들을 가져다가 그것들에 생명을 불어넣어 살아 있는 전체, 한

명의 인간을 조합하는 좌반구를 다룬 메리 셸리Mary Shelley의 『프랑켄슈타인Frankenstein』의 결말은 사실 필연성이 좀 떨어진다. 하지만 그것은 계몽주의가 아니라 낭만주의의 메시지였다. 계몽주의에서는 생명체가 그 부분들의 총합으로 간주되고, 그렇기 때문에 부분들은 조합되어 다시 생명체가 될 수 있다. 그러나 낭만주의에서는 생명체가 기계적인 것으로 환원될 수 없을뿐더러 무생물체의 세계도 살아 있는 것으로 간주된다. 좌반구 영역이 재통합되어 우반구의 영역으로 넘어온 것이다.

11

낭만주의와 산업혁명

낭만주의romanticism란 무엇인가? 지금껏 이를 규정하려 한 수많은 시도로 판단하건대, 이는 쉽지 않은 수수께끼다. 사실 아이자이어 벌린은 이 주제를 탐구한 최고의 저술 가운데 하나인 『낭만주의의 근원』의 1장 전체를 그 핵심적 본성을 구성한다고 주장된 양립 불가능한 전제들을 탐구하는 데 할애했다. 그렇게 해서 그가 도달한 결론이라는 것이 있다면, 그것은 계몽주의는 비교적 몇 개 안 되는 신념들의 인지 내용으로 요약될 수 있는 반면에 낭만주의는 절대로 그렇게 할 수 없다는 것이다. 왜냐하면 낭만주의의 관심은 세계에 대한 성향 전체를 다루며, 이떤 주체가 그런 성향을 가지는지, 어떤 신념이 주장되는지에 관심을 갖기 때문이다. 다른 말로 하면, 낭만주의는 무엇what이 아니라 어떻게how와 관련이 있다.

계몽주의가 어떻게 하여 낭만주의에 밀려나게 되었는지의 문제도,

벌린이 계속 입증해 보이듯이 관념사가들에게는 수수께끼다. 진부한 표현인 '낭만적 혁명'이란 뭔가 그 시대에 있었던 프랑스혁명 같은 정치적 격동을 연상시킨다. 그래서 기득권층 나리와 귀족 다음 가는 신사 계층인 지적인 젠트리gentry들이 자기 집에 몰려든 군중을 혐오스러운 눈길로 바라보는 장면 따위가 저절로 떠오른다. 마치 혁명분자들이 완전무장한 채 제우스의 머리에서 튀어나온 것처럼 말이다. 하지만 실제로는 거의 눈에 띄지 않고 균열도 없이 계몽주의에서 낭만주의로 이행되었으며, 그것은 사람들이 생각하는 것 같은 혁명이 아니었다. 오히려 그것은 혁명이라기보다는 낭만주의적 진화에 더 가까웠다. 낭만주의의 씨앗이 계몽주의의 재료 속에 이미 심어져 있었다는 것이다. 어떻게 하여 이런 일이 일어났을까?

내가 보기에 그 대답은 낭만주의가 더 포괄적이라는 데 있다. 사실 계몽주의적 최고 가치는 낭만주의에 의해 부정된 것이 아니라 보존되어 aufgehoben, 더 해로운 방향으로 단순화된 몇 가지 계몽주의적 개념들과 함께 그 다음 시대로 계속 이어져 지금까지도 존속하고 있다. 단순성은 칭찬받을 만한 목표이지만, 상황을 실제 이상으로 단순화시키면 안 된다. 항상 그렇듯이 합리주의의 구조물에 생긴 균열이 드러난 것은 경험과 이론의 충돌 때문이었다. 우반구가 다루는 경험이란 것은 본성상 다중적이고, 원리상 그 전체를 알 수 없으며, 계속 변화하고 무한하고 개별적 차이로 가득 차 있다. 반면에 좌반구는 그런 경험의 한 가지 버전이나 표현만 보며, 그 경험 속 세계는 단일하고 알 수 있는 것이고, 일관되고 확실하고 고정되어 있고, 따라서 궁극적으로 유한하고 일반화된 것이며, 우리가 통달할 수 있는 것이다. 다른 말로, 계몽주의적인 세계이다. 이렇게 보면 좌반구는 폐쇄적 체계라는, 그 자체가 하나의 부비트랩이라는 결론이 나온다. 그러나 그것을 우리의 경험에서 완벽하게 차단하는 것은 불가능하다. 적어도 최근까지는 그렇게 하지 못했다. 따라서 그 체계 안에 있으면서 그 너머에 있는 어떤 것을 가리키는 요소들을 살펴보면 좌반구적, 계몽주의적 세계관의 약점이 드러날 것이다.

계몽주의적 사고의 기초는 모든 진리란 결속한다는 것, 서로 양립 가능하며 모순되지 않고 궁극적으로 화해 가능하다는 것이므로, 양립 불가능성이 발견되는 지점이 그 약점이 된다. 사실 우리는 화해 불가능한 지점들이 관심의 초점이 될 때마다 이전 세계관에서 해방되어 그곳에서 다른 방식의 세계관으로 넘어가며, 지금까지 계속 그래 왔다. 일반화하여 말하면, 이 약점은 차이점이 일반성만큼이나 중요하다는 사실을 깨닫기 시작했을 때 생겼다. 몽테스키외Montesquieu는 "인간은 모든 점에서 다르다"는 신조가 "인간은 모든 점에서 동일하다"는 단언만큼이나 중요하고 참이라는 사실을 알았다. 이 인식은 계몽주의 체계의 전제, 즉 일반화는 진리로 가는 길이며 모든 일반화는 양립 가능해야 한다는 전제를 그대로 모순으로 이끌고 간다. 비록 '개별자들의 차이'라는 생각이 낭만주의의 중심이긴 하지만, 몽테스키외의 요점을 낭만주의 쪽으로 기울어지게 만든 것은 이것만이 아니다. 어떤 사물과 그 반대자가 모두 참일 수 있다는 사실을 받아들이는 것 자체가 낭만주의적인 수용 태도이다. 따라서 계몽주의에서 낭만주의로 나아가는 움직임은 A에서 A가 아닌 것으로 가는 것이 아니라, "A와 A가 아닌 것이 둘 다 참일 수 없다"는 것이 필연적 진리인 세계에서 "A와 A가 아닌 것이 둘 다 참일 수 있음"이 인정되는 세계로 나아가는 움직임이다. 이런 식으로 계몽주의와 낭만주의에 공통되는 몇 가지 요소가 발견될 수 있으며, 그 결과 둘 사이에 연속성이 생긴다. 예를 들면, 프랑스혁명은 낭만주의 정신의 표현으로 보일 수도 있지만, 벌린의 말처럼 그것이 투쟁의 명분으로 내세운 것은 계몽주의 원리였고, 그 원리는 낭만주의의 물결과 어긋나는 것이었다. 계몽주의에서 낭만주의로 나아가는 진행은 어느 쪽을 강조하느냐에 따라 균열이 없는 과정으로도, 반정립적인 것으로도 보일 수 있다.

이 장에서 궁극적으로 주장하려는 바는, 낭만주의는 우반구가 우리의 세계관을 지배하는 방식의 표명이라는 것이다. 여기서 우리는 우반구가 더 포괄적이고 좌반구가 선호하는 것도 자기가 선호하는 접근법과 똑같이 잘 사용할 수 있는 데 비해, 좌반구는 그러한 상호성과 유연성을 갖추지 못했다는 사실을 떠올리게 된다.

계몽주의에서, 또 논리적인 좌반구가 작동할 때는 양편 반대자들은 투쟁을 벌이고 거기서 승리하는 쪽이 '진리'가 되지만, 낭만주의자나 우반구에는 반대자들이 공존하여 유익한 통일을 이루며, 이 통일이 아름답게 보이는 것뿐만 아니라 진리 자체의 기초까지 형성한다. 이것은 독일 시인 횔덜린이 완벽하게 표현한 바 있다. 그는 아름다움의 정수와 모든 철학의 기초가 "그 자체에서 차별화된 일자─者(das Eine in sich selber untershiedne)"에 있음을 보았다. 횔덜린의 말에 따르면, "헤라클레이토스의 이 위대한 통찰력은 그리스인에게만 생길 수 있었다. 그것이 미美의 정수이며, 그것이 발견되기 전에는 철학이 없었으므로."[1]

계속 움직여야 할 필요가 있을 때 방아쇠는 무엇을 겨냥하는가? 좌반구 체계의 약점이 이것일까?

이로써 어떤 사물과 그 반대가 모두 가능하다는 문제가 생긴 것은 사실이다. 하지만 다른 문제도 많다. 우선 이성 자체가 이성만으로는 불충분하다고 선언했다. 몽테스키외의 인식은 "일반화한다는 것은 곧 바보가 되겠다는 말"이라는, 그 자체도 하나의 일반화인 윌리엄 블레이크의 말을 예고한다. 이 말은 괴델 식으로, 모든 논리적 체계는 그 자체 내에서 수용될 수 없는 결론으로 이어진다는 진리에 눈을 돌리게 한다. 과거에 수학자 블레즈 파스칼도 이와 비슷한 결론에 도달했는데, 이는 계몽주의 철학과 그 성질이 좀 다르다. "이성의 궁극적 업적은 그것을 넘어서는 것이 무한히 많다는 것을 깨달은 점이다. 그 사실도 이해하지 못한다면 그것은 정말 빈약한 이성이다."[2] 이것은 계몽주의 이전의 섬세한 마음, 파스칼이 "최종적 에스프리esprits fins"라 부른 것에게는 상식이었다. "내가 볼 때 철학은 우리 자신의 추측과 허영을 상대로 싸울 때 그 어느 때보다 나은 실력을 발휘하는 것 같다. 철학은 그것이 제 약점과 무지, 결론에 도달하지 못하는 무능력을 진심으로 인정할 때 가장 유능해 보인다."[3]

그렇다면 이론이 경험과 양립할 수 없다는 것은? 루소나 화가 다비드Jacques Louis David 같은 사람들에게서 계몽주의의 이상에서 낭만주의의 이상으로 유연하게 진화해 가는 과정을 찾아볼 수 있다. 하지만 그 이행기의 다른 인물에게서는 그들이 참이라고 명시적으로 내세웠던 것과 묵시적으로 그들의 행동과 판단에 따른 믿음으로 짐작되는 것이 어긋난다. 조슈아 레이놀즈가 미켈란젤로의 길들여지지 않은 천재성을 만났을 때 자신이 오랫동안 강연에서 제시해 온 가르침을 모두 내다버렸고, 셰익스피어의 위대함이라는 현실에 직면한 벤 존슨이 계몽주의적 선입견을 모두 폐기하면서 그런 것을 "쩨쩨한 마음의 쩨쩨한 트집잡기"라 부른 것과 같다. 그렇다면 고전적 통일성에 대한 셰익스피어의 악명 높은 무시를, 인생 그 자체처럼 희극과 비극을 뒤섞는 그의 성향을, 표상적 유형을 만들어 내지 않고 대신에 살과 피를 가진 개별자를 만들겠다는 그의 거부를 어떻게 수용할 것인가?

사실 알렉산더 포프는 진작부터 "등장인물은 워낙 자연 그 자체여서, 자연의 복제품이라는 동떨어진 이름으로 부르게 되면 그것은 일종의 상처가 된다"는 결론에 도달해 있었다. 그것들은 현전해야지 표상되는 것이 아니라는 말이다. "셰익스피어에 나오는 모든 인물은 삶 속에서 그런 것만큼 개별자이다."[4]

르네상스가 고대 그리스와 로마 세계의 재현으로 다시 활력을 얻었듯이, 계몽주의 이후 세계는 르네상스로 다시 회귀함으로써, 특히 영국만이 아니라 독일과 프랑스에서도 셰익스피어가 재발견됨으로써, 낭만주의 혁명의 결정적인 요소에서 활력을 얻었다. 그것은 매우 강력한 것의 증거를 제시하여 그전에 있었던 계몽주의 원리를 경험 앞에서는 유지될 수 없고 진정하지 않은 것으로 간주하고 그냥 소탕해 버렸다. 셰익스피어가 권장된 것은 그의 장대함이나 예측 불가능성, 자연에 대한 충성만은 아니었다. 셰익스피어에게는 비극이 더 이상 운명의 결함이나 오류의 결과가 아니었다. 몇 번을 거듭하더라도 비극은 세계를 보는, 또는 세계 속에 존재하는 두 가지 방식 간의 충돌 속에 자리하고 있다. 이 둘 중 어느 쪽도 틀린 것은 아니다. 오히려 셰익스피어에게 비극은 반대자들이 공존하는 데서 나온 결과이다. 모리스 모건이 1777년에 쓴 탁월한 논문은 개별성에서 개인적 성격의 맥락 의존성이 차지하는 중요성을 강조하며, 게슈탈트라는 말이 만들어지기 거의 200년 전에 그 개념을 표현하려고 분투했다.[5]

■ 신체와 영혼

이제는 예술이 아닌 행동하는 삶을 예로 들어 보자. 위대한 계몽주의 철학자인 현자賢者 니콜라 샹포르Sebastien-Roch Nicolas Chamfort(1741~1794)는 신체를 가진 존재에 대해 계몽주의자 특유의 우월한 태도를 보이며 사랑은 "두 덧없는 존재de deux epidermes 간의 환상과 접촉의 교환에 불과하다"고 선언했다.[6] 사실 그는 당시 아름다운 유부녀 무희와 불행한 연애를 한 뒤 궁정 생활을 포기해야 하는 처지가 되었다. 더 슬픈 일은, 이론적으로는 혁명을 열렬하게 지지한 그가 현실에서 혁명을 마주한 뒤에는 신속하게 환멸을 느낀 것이다. 그는 자코뱅파에게 박해받고 다른 곳에서는 열렬한 지지를 받았지만, 결국 자기 얼굴에 총을 쏘고 목을 찔렀는데도 죽지 못하여 말년을 고통 속에서 보내야 했다.

이와 대조적으로, 낭만주의적 마음에게는 이론은 경험에서 추상되고 그것과 분리된(표상을 토대로 하여) 어떤 것이 아니라 지각의 행위 속에 존재하는 것이다. 따라서 이론을 삶에 '적용'시킨다는 문제가 없다. 현상 자체가 '이론'의 연원이기 때문이다. 사실과 이론은 특수자와 보편자처럼 반대 관계가 아니다. 괴테에 따르면, 두 가지는 "밀접하게 연결되어 있을 뿐만 아니라…… 상호침투 관계에 있다." 특수자는 "꿈이나 그림자와는 다르게, 불가해한 것의 순간적으로 살아 있는 표상으로서 보편자를 나타낸다."[7] 특수자는 보편자를 은유한다. 괴테는 거울 속에 무엇이 있는지를 보려고 거울 뒤로 돌아가 보는 어린아이처럼, 우리가 원형적 현상의 특수성 뒤로 돌아가 실재를 찾으려는 경향을 비난한다.

샹포르가 묘사한 사랑은 계몽주의적 사유의 또 다른 취약점, 즉 계몽주의가 낭만주의로 가는 길을 닦아 준 지점을 보여 준다. 그것은 명시적인 것, 그리고 목숨을 걸고 그것에서 달아날 수밖에 없는 것들의 문제이다. 자기 인식은 고대 이후 인간들이 지혜를 구하는 목표였다. 그러나 괴테는 현명하게 다음과 같이 말한다. "우리는 우리 자신에게 불분명하며 또 그래야 한다. 우리는 외부로 관심을 돌리며 우리를 둘러싸고 있는 세계 위에서 작업한다."[8] 우리는 세계 전체에 참여함으로써, 그렇게 **간접적으로만** 우리 자신을 보고, 또 그럼으로써 알게 된다. 괴테의 관찰은 계몽주의 기획의 결과를 시사한다. 그 기획도 괴델 식으로 그것 자체에서 발생했지만 그것 속에 담겨 있을 수 없는 것이다.

확실성과 명료성에 대한 계몽주의적 추구는 자아의 경계에서 멈춰지지 않는다. 그런데 합리적이고 지적인 행동을 보증해 주는 것이 자아의 인식이 아니던가? 포프가 말했듯이, "인류의 적절한 주제subject는 인간Man이다." 위대한 시인이었던 포프는 이 주제를 감탄스럽게 잘 표현해 냈다. 하지만 객관적 관심의 조명이 인간 자신을 비출 수는 없다. 그것은 자기 인식을 낳지 못한다. 왜냐하면 그에 관련하여 고조된 자기의식은 그 관심 대상의 본성을 결정적으로 변화시키고, 그럼으로써 지식 수단으로서 그것이 갖고 있던 목적 자체를 전환시켜서 경험의 많은 부분에서 그것을 차단하기 때문이다. 자신의 본성에 진실하지 않도록 강요당하지 않으려면 모호한 채 남아 있어야 하는 것들이 있다. 그것들은 간접적으로만 알려지고 표현될 수 있다.

이런 것 중 하나가 신체를 가진 존재이다. 물론 이런 생각을 한 사람이 상포르만은 아니다. 철학자들은 대개의 경우 신체에 적대적이고 동조하지 않는 태도를 보였다. 칸트는 결혼을 두 인간 사이의 동의, "상대방의 성적 기관의 호혜적 사용에 관한 동의"로 묘사했다.[9] 그는 평생 독신으로 살았으며, 아마 죽을 때까지 총각이었을 것이다. 데카르트는 웃음을 다음과 같이 묘사했다.

> 웃음은 피가 오른편 심장 동맥에서 나와서 중앙 경동맥을 통과하여 폐가 갑자기 또 반복적으로 부풀어 올라 그 속에 담겨 있던 공기가 기관지를 통해 몰려 나가게 되고, 그럼으로써 불분명하고 폭발적인 음향을 만드는 결과로 생긴다. 공기가 몰려 나가면서 폐는 크게 부풀어 올라 횡격실橫隔室, 가슴, 목의 모든 근육을 밀어붙이고, 그럼으로써 그런 기관에 연결되어 있는 얼굴 근육도 움직이게 된다. 바로 이 얼굴 표정과 불분명하고 폭발적인 음향이 우리가 웃음이라 부르는 것이다.[10]

이 글을 읽고 웃지 않기는 힘들다. 우리는 이런 것을 웃음이라 부르지 않는다. 하지만 이 웃음의 해부학에서 놀라운 점은, 데카르트가 취한 고의적으로 초연하고 기계적인 태도와 혐오감만이 아니다. 자기가 무엇에 대해 말하고 있는지 실제로 잘 알지도 못하면서 권위적인 태도를 견지한다는 점이 정말로 놀라운 점이다. 그의 해부학은 순전히 환상의 작품이다. 웃음이 이 환상 속에 자리잡아야 했던 까닭은? 그것은 자발적이고 직관적이며 비의지적인, 신체의 승리를 표현하는 것이기 때문이다. 비슷한 시기의 계몽주의 사상가인 볼테르Voltaire는 한 번이라도 웃어 본 적이 있느냐는 질문을 받자, "난 한 번도 하!하!라고 한 적은 없소."라고 대답했다.

여기서 문제는, 이들은 몽테뉴와 에라스무스가 대단한 재치와 애정과 유머를 발휘하며 그랬듯이 살이 우리 삶에서 차지하는 역할을 인정하지 않고, 거기서 멈추겠다는 고집, 그것을 꿰뚫어 보기를 거부했다는 데 있다. "신체가 여러 가지 방식으로 영향을 더 많이 받을수록, 또 외부의 신체들에 여러 가지 방식으로 더 많은 영향을 줄수록, 마음의 생각하는 힘은 더 커진다"[11]고 한 스피노자의 생각이 우리의 "더 높은 부분들"과의 관계에서 신체의 자리를 더 올바르게 위치지어 준다는 것이다. 나중에 비트겐슈타인이 "인간의 신체는 인간 영혼의 최선의 그림"이라고[12] 한 것도 같은 의미다. 철학 자체는 결국 신체에 뿌리박고 있다. 『육신 속의 철학Philosophy in the Flesh』의 저자들[George Lakoff · Mark Johnson]에 따르면, "실제 인간은 신체화된 마음을 갖고 있다. 그 마음의 개념 체계는 살아 있는 인간 신체에 의해 생성되고 형태를 얻으며, 그것을 통해 의미를 얻는다. 우리 두뇌의 신경 구조는 상징만 조작하는 형식적 체계로는 적절하게 설명되지 못하는 개념 체계와 언어 구조를 생산한다."[13] 여기에 환원주의적인 점은 없다. 드니 디드로가 무척 솔직한 태도로 "제아무리 숭고한 감정이나 순수한 애정도 밑바닥에는 그 것을 분비하는 일종의 정소精巢 같은 것이 있다"고[14] 말한 것과 조금도 다를 바 없다. 이는 추상화의 장점에 너무 휩쓸리지 말라는 경고이다.

신체와 마음의 융합, 더 적절하게 말해서 정신이나 영혼과의 융합을 가장 첨예하게 느낀 이들이 낭만주의자들이었다. "오 인간의 상상이여, 오 신적인 신체여"라고 블레이크는 말했다.[15] "우리의 정서에 녹아들 충분한 힘이 있고 우리 마음의 피와 생명의 즙액과 섞여들 수 있게 쓰인 책도, 도덕철학의 체계도 나는 아는 바 없다." 그는 시에 비해 철학이 상대적으로 약한 점을 이야기한다. "이런 노골적이고 훤히 드러난 추론은 우리의 습관에 아무런 힘도 미치지 못한다. 그것들은 습관을 형성하지 못한다. 같은 이유에서 그것들은 인간이나 사물의 가치에 관한 판단을 규제할 힘도 없다."[16] 블레이크 이전의 어느 누가 "마음의 피와 생명의 즙액"을 생각이나 했을까? 시적인 선언문이라 할 『서정가요집』 서문에서, 워즈워스는 이 '아우구스투스 시대'의 시에서 흔히 보이는 추상적 관념의 인격화는 "스타일의 기계장치", "운율의 작가들이 처방전에 따라 적어 놓은 것 같은" 기계주의라고 말했다. 그는 이와 반대로 독자들을 "피와 살 곁에 두기"를 바랐다.

> 시는 "천사들이 우는 것 같은" 눈물이 아니라, 자연적이고 인간적인 눈물을 흘린다. 시는 제 생명의 즙액은 산문의 그것과는 다른, 천상의 신들의 혈액인 이코르ichor라고 뽐내지 못한다. 산문과 운문의 혈관에는 똑같은 인간적 피가 흐르고 있으니까.[17]

워즈워스가 평생의 동지이자 동료 시인인 콜리지와 대비되는 지점이 바로 여기다. 토머스 칼라일은 콜리지가 식탁에서 숨무젝트sum-m-mject〔즉, 주체subject〕와 옴므젝트om-m-mject〔즉, 객체object〕 간의 무한히 매혹적인 관계에 대한 이론을 장황하게 늘어놓는 동안 손님들이 잠들어 버리는 광경을 재미있게 묘사한다. 아마도 이 추상적 접근법 때문이겠지만, 콜리지는 이 양극성을 뛰어넘을 방법을 끝내 찾아내지 못했다.[18] 이와 반대로, 워즈워스는 양극성에 대해 이야기할 필요가 없었다. 그는 주제와 객체의 결합을 시의 옷감 속에서, 살아 있는 신체 속의 이미지 세계를 바로 표현했기 때문이다. 그것은 그가 쓴 시구절의 움직임 그 자체, 또 그것이 우리의 신체적 틀에, 우리의 숨쉬기와 맥박에 미치는 영향과 관계가 있다. 실제로 그는 시 속에서 이 종합을 언급하기도 한다. "피 속에서 느껴지고 심장과 함께 느껴진다", "내 심장의 박동에 걸려 있었다", "그 전능한 심장이 고요히 누워 있다". 자연은 피와 살을 가진 살아 있는 존재라는 견해를 가장 놀랍게 표현한 시에서, 그는 그다운 솔직한 태도로 자연의 호흡이 자신에게 너무나 생생하게 느껴지며, 그 숨이 자신의 존재 틀에 너무나 가깝게 느껴져서 가끔은 그것이 자기가 기르는 개의 호흡인 양 착각할 때도 있다고 말한다.[19]

모순되지만, 낭만주의가 강조하는 우리 경험의 신체화된 본성과 세계에 대한 이해는 계몽주의에서 발생하여 균열의 흔적 없이 이어진 것이라고 할 수도 있다. 이는 계몽주의가 그 이성과 질서와 정의의 모델을 고전古典 세계에서 찾아왔기 때문인데, 신고전주의의 특징이자 그 표현 형태 가운데 하나인 대大여행Grand Tour을 특징짓는 고전으로의 복귀가 낳은 부수적 효과는 손에 잡힐 듯 아름다운 고전 조각이 주는 계시만이 아니라 유혹적으로 따뜻한 남부의 재발견이었다.

아이헨도르프Joseph Freiherr von Eichendorff는, 낭만주의는 신교도들이 가톨릭 전통에 품은 향수라고 말했다. 이 말은 여러 층위에서 독해될 수 있다. 한 층위에서는 전통 문화에서 자기의식적으로 소외된 한 종족이, 그 자체에 대한 성찰 없이 전통 문화가 여전히 존속하는 세계에 대해 품는 향수를 가리킬 수 있다. 지적인 영역으로 간주되는 역사와 달리, 전통은 사회문화적 쟁점과 관련한 관념의 저장고이자 문화의 구현물이다. 과거의 관념이 아니라 과거 그 자체의 화신이다. 그런데 이것은 전통을 포기한 이들에게는 더 이상 소용이 없다. 다른 층위에서는, 추운 북쪽이 남쪽의 신체적 관능성에 품는 사랑의 표현으로 보일 수도 있다. 실제로 과거 낭만주의에서 남쪽과 신체는 뗄 수 없이 연결되어 있었다. 괴테의 유명한 시, 원래 제목이 '에로티카 로마나Erotica Romana'인 「로마의 비가Römische Elegien」는 그 한 예이다.

그러나 여기서 중요한 것은, 아이헨도르프가 가톨릭 전통에 대한 신교도들의 향수에 대해 한 말이 반구 간의 불균형, 즉 좌반구의 지배를 교정하려는 움직임을 인정하는 발언으로 보일 수 있다는 점이다. 나는 낭만주의의 등장이 바로 그런 의미라고 생각한다. 좌반구는 의식적인 의지와 더 긴밀하게 결합되어 있으며, 자기 인식의 성취 면에서 전두엽의 행정적 무기라고 할 수 있다. 따라서 좌반구의 지배를 교정하려는 움직임은 애초부터 모순에 부딪힌다. 자기 의식적이지 않은(상대적으로) 상태를 달성하려는 자의식적인 시도가 어떻게 성공할 수 있는가?

역사적·개인적 과거의 순진한 "자기를 의식하지 않음unself-consciousness"에 대한 갈망은 낭만주의의 중심 주제인데, 이것은 또다시 좌반구의 세계를 떠나 우반구 세계를 가리킨다. 좌반구가 과도한 자의식과 결합했기 때문만이 아니다. 개인적·감정적 기억은 우반구에 저장되는 성향이 더 강한데, 이는 유년 시절이 우반구에 더 큰 의존성을 보인다는 사실과 관계가 있다. 우반구는 유년 시절의 경험에 특히 중요하며, 아주 어렸을 때 언어가 발전하는 과정에서도 우세하게 작용한다. 대부분의 손동작은 우반구의 언어 영역에서 만들어지는데, 언어가 좌반구로 이동하면서 아주 어렸을 때 포기된다. 유년 시절의 기억을 회상하는 것이나 자전적인 기억은 모두 우반구의 작용이다. 2장에서 말했듯이, 생후 2년까지는 우반구가 더 빨리 발달한다. 아동의 두뇌가 어른과 비교할 때 상대적으로 분할된 성격을 보인다는 점을 감안할 때 이것 역시 특이하게 순수한 우반구, 살면서 나중에는 그렇게 되지만 좌반구에 압도당하지 않도록 보호된 우반구의 모습을 보여 준다. 네 살까지의 아동에게서는 우반구가 더 활동적이며, 아동에게서 인지 능력의 전 범위에 걸친 지성은 주로 우반구 기능과 관련되어 있다. 유년 시절은 경험이 표상과 상대적으로 덜 섞인 상태이다. 그래서 경험은 워즈워스의 표현대로 "꿈과 같은 빛남과 신선함을 갖고 있다".[20]

이는 단지 낭만주의적인 통찰력이 아니라, 낭만주의자들이 자신의 유년 시절에서 환기한 내용의 배후에 놓인 것들이다. 헨리 본의 시「은둔」과 토머스 트러헌의 시「세기」는 이를 직접적으로 보여 준다. 유년 시절은 도덕적인 의미가 아니라 현상학자들이 말한 '경험의 전前의식적 즉각성' (좌반구 앞에 펼쳐진 세계가 본래의 특성을 잃고 익숙한 것으로 바뀌는 것)을 제공한다는 점에서 순진함을 대표한다. 낭만주의 시가 다시 포착하려한 것이 바로 이 같은 진정한 세계의 '현전presencing'이다.

낭만주의가 단순한 "질료의 사실fact of matter" (우리 자신이나 그것에 대한 우리의 태도와 상관없이 독립적으로 존재하는 실재)이란 없다는 사실을 받아들임으로써, 사실에 대한 각자의 성향과 자신이 그것에 대해 취하는 관계가 중대한 문제로 전면에 떠올랐다. 이처럼 고립된 혹은 추상적인 물자체物自體의 우선성보다 존재하는 것에 대한 각자의 성향을 강조하는 특성은, 낭만주의가 무엇을 "지지하는가" 하는 것과 관련하여 모순된 설명이 그토록 많이 쏟아지는 사태를 해명해 준다. 이것이 벌린이 말한 요점, 즉 말해지거나 행해진 것에서 그 속에서 그것이 말해지거나 행해지는 정신으로의 이동이다. 이성·질서·정의·박애·자유의 이름으로 집행된 프랑스혁명이 어찌하여 그토록 비이성적이고 무질서하고 불공정하며 무자비하고 부자유스럽게 됐을까? 그것은 좌반구의 합리화에서 시작된 거창한 기획들이 결국엔 본래의 이상을 배신하게 되는 것과 같은 이유이다. 사물의 태도보다는 그것이 무엇인지에 대한 좌반구의 몰입으로, 이상과 개념과 행위는 깔끔하게 물화되고, 뒤죽박죽 상태인 살아진 세계의 인간적 맥락에서 그것들이 실행되는 방식은 무시된다. 목적이 수단을 정당화하는 것이다. 이와 관련하여 괴테는 "내 생각은 객체와 분리되어 있지 않다"고 썼다.

> 객체의 요소들, 객체의 지각이 내 생각 속으로 흘러들어오고 그것에 완전히 침투되었다. …… 내 지각 자체가 생각이고 내 생각이 지각이다. 인간은 세계를 아는 한도 내에서만 자신을 안다. 인간은 세계 속에서만 자신을 인식하게 되고, 자기 내에서만 세계를 인식한다. 명확하게 보이는 모든 새 객체는 우리 속의 새로운 지각 기관을 열어 준다.[21]

이 마지막 문장, 어딘가 암호처럼 보이는 문장은 우리에게 들어와 우리를 변화시킬 어떤 것을 진정으로 경험하도록, 우리 속에는 그것에 고유하게 반응할 어떤 것이 분명히 있다고 제안한다. 토머스 쿤Thomas Kuhn이 지적했듯이, 이것의 결과는 우리가 전혀 친숙하지 않으며 어떤 의미에서는 볼 준비가 되어 있지 않은 그런 현상은 아예 보이지 않게 되는 것이다. 이처럼 관습적 의미의 이론은 사물을 보는 능력을 제약할 수 있고, 이를 막을 유일한 방법은 그 사실을 알아차리는 것이다.

그렇다면 이해는 논의적인 설명 과정이 아니라, 우리의 체험을 꿰뚫어 볼 수 있는 '통찰력apercu'를 얻게 되는 연결의 순간이다. 모든 "봄

seeing"은 "무엇으로서 봄as seeing"이다. 인지가 지각에 추가되는 것이 아니라, 뭔가가 우리에게 '현전'하도록 허용한다는 의미에서 각각의 보는 행위는 그 자체로 필연적으로 이해의 행위라는 뜻이다.

괴테와 낭만주의자들이 알게 된 것처럼, 실재는 좌반구가 추정하는 고정되고 불변적인 사태가 아니다. "현상은 절대로 완료되거나 완성된 것이 아니라, 진화하고 성장하고 여러 가지 면에서 아직 결정되지 않은 것으로 여겨져야 한다"고 괴테는 썼다.[22] 흥미롭게도 그는 이렇게 지적했다. "이성Vernunft은 생성되는 것에 관련되며…… 합리성 Verstand은 이미 생성된 것에 관심이 있다. …… 이성은 진화하는 것을 좋아하며, 합리성은 모든 것을 정지 상태로 두고 싶어 한다. 그래야 그것을 활용할 수 있기 때문이다."[23] 우리가 변화하는 세계에 참여하며 세계의 여러 측면들을 존재하게 만드는 것처럼, 세계는 우리 속의 재능과 차원, 특징들을 불러일으킨다는 것이 아마 낭만주의의 가장 심오한 인식일 것이다.

낭만주의자들에게 이것은 아이디어나 이론이 아니라 구체적인 현실이었다. 우리는 그것을 당시의 그림 속에서 볼 수 있고 시에서 느낄 수 있다. 그것은 그 예술에서 전달되는 깊이감과 관련되어 있다.

▮깊이

낭만주의의 위대한 예술은 풍경화로, 이 시기의 풍경화에 주된 영향을 미친 사람은 의심의 여지없이 클로드 로랭이다. 낭만주의가 시작되기 오래전에 죽은 사람이지만, 로랭은 낭만주의자의 비전을 예고한 인물로 여겨진다. 같은 시대에 속했으나 데카르트 쪽에 더 가까웠던 친구 니콜라스 푸생Nicolas Poussin과 대조적으로, 로랭의 그림에서는 르네상스에서 낭만주의로 곧바로 오는 직선도로가 보인다. 그 길은 우반구에 난 고속도로로서 계몽주의는 그 길을 건드리지 않았다.

지성인이라기보다는 고도로 숙련된 직관적 장인이었지만 상상의 천재였던 그는, 그 누구보다도 르네상스를 규정짓는 두 가지 몰입 간의 관계가 지닌 중요성을 잘 알아보았던 것 같다. 고전적 과거를 향한 회고와 자연의 관찰에 대한 집착이 그것이다. 그의 그림에서 우리는 세계에 깊이 관여하는 마음을, 시공간의 엄청나게 장대한 범위에 의해 거의 무한하게 연장된 인간 정신을 경험한다. 19세기 영국의 낭만주의 풍경화가 컨스터블John Constable은 로랭이 "지금까지 세계의 그 누구보다도 더 완벽한 풍경화가"라고 말했다.[24] 터너Joseph Mallord William Turner는 로랭을 숭배했고, 그의 특징적 기법을 끈질기게 재창조했다. 로랭의 〈시바 여왕이 상륙하는 항구〉에 비견할 만한 그림을 그리겠다는 것이 그의 야심이었다. 그래서 자신의 그림이 런던의 국립미술관에서 로랭의 그림 곁에 걸리도록 말이다. 결국 터너는 이 야심을 실현했다. 존 키츠는 로랭이 그린 〈마법에 걸린 성The Enchanted Castle〉을 보고 자신의 최고의 시를 쓸 영감을 얻었다.

로랭의 그림 주제는 역사를 평계로 등장하는 소소한 인물들이 아니라, 세계와 우리가 맺는 관계의 시간적·공간적인 깊이였다. 여기서 색채와 빛, 질감은 시각적 은유로 작용한다. 로랭의 그림에는 깊은 원근법이 있고, 그것은 흔히 그림의 전경부를 이루는 가파른 각도로 그려진 건물로 고조된다. 이는 항구 장면에서 두드러진다. 그는 빛과 색채를 다양하게 구사하여 그저 거리만이 아니라 거리들의 연속, 혹은 진행을 시사하는 아주 비상한 능력을 발휘했다. 그래서 각각의 거리는 다음 거리로 밀려나고, 감상자는 상상의 장면 속으로 저항할 길 없이 끌려들게 된다.

빛은 대개 스치고 지나가는 듯하며, 모든 것을 드러내는 계몽주의 시대의 전면적 빛이 아니라 새벽이나 황혼녘의 어둠침침한 빛이다. 낭만주의의 최초의 시도 이와 비슷한 설정으로 드러난다. 윌리엄 콜린스 William Collins의 「저녁의 송가Ode to Evening」는 갈색의 주거지와 어둠이 덮인 첨탑으로, 토머스 그레이의 「비가Elegy」와 보울스William Lisle Bowles의 소네트들, 영Edward Young의 「밤의 생각Night Thoughts」은 황혼녘에 시작된다. 그리고 키츠의 「가을에 바치는 송가Ode to Autumn」나 셸리Percy Bysshe Shelley의 "서풍, 가을이 오는 그대의 숨결West Wind, thou breath of Autumn's being" 등에서처럼 간절기가 등장한다. 반구의 시각에서 말하자면, 어둠침침하고 이행적인 상태는 밝고 단순하고 고정적이고 초연하고 명시적이고 완전한 의식이 있는 상태보다 복잡하고 스쳐 지나가는, 감정적 무게가 있고 꿈 같은 상태, 묵시적이고 무의식적인 상태에 가깝다. 시간적 원근법 역시 방대하다.

깊이의 환기는 멀리 있는 것에 우리가 끌려드는 수단이자, 그와 동시에 그것으로부터 분리되었다는 논박 불가능한 증거이기도 하다. 시공간상의 거리는 영혼을 확장할 뿐만 아니라, 분리와 상실을 인식하는 상태로 영혼을 들여보낸다. 이것이 낭만주의자의 제1조건이다.

이 과정에서 공간은 흔히 시간의 은유로 작용한다. 낭만주의의 가장 초기 작품들은 이 사실을 보여 주는데, 토머스 그레이의 작품이 그 예이다. 그가 학창 시절을 보낸 「이튼 칼리지를 멀리서 본 전망에 부치는 송가Ode on a Distant Prospect of Eton College」는 공간상의 원근법이라기보다는 공간이 일종의 은유로 작용하는 작품이다. 그것은 시간적으로 과거를 들여다보는 전망이다. 앞으로 다가올 일에 대한 고통스러운 인식과 대비되는 학생들의 자기 인식의 결여를 보면서, 그의 고양된 시점은 자신의 과거의 자아를 내려다보게 해준다. 고양된 위치는 거리만이 아니라 더 높은 자의식 수준을 나타낸다. 이와 비슷하게 워즈워스의 「틴턴 수도원Tintern Abbey」의 유명한 회고적 구절("5년이 흘렀다. 다섯 번의 여름과 다섯 번의 긴 겨울이 지났다")은 틴턴 수도원을 내려다볼 수 있는 골짜기 위 높은 지점에서 씌어졌다.

이는 순진한, 자기를 의식하지 않는 상태의 기억, 그저 개인적인 것만이 아니라 문화적인 기억, 자기 인식이 지나친 세계의 일부가 되는 데 따르는 문화적 순진무구성의 상실을 나타낸다. 그것은 토머스 그레이가 「시골 교회 마당에서의 비가Elegy in a Country Churchyard」에서 불러냈던 상실이기도 하다.

자전적인 장시長詩 『서곡Prelude』의 제8권 첫머리에서, 워즈워스는 아래쪽 골짜기에서 열린 시골 축제를 묘사한다. 그가 앉아 있는 헬벨린 쪽에서 시골 사람들이 웃고 떠드는 소리가 잠깐씩 들려온다. 여기서도 화자가 위치한 높은 시점은 자의식의 이미지이며, 이제 그가 잃을 수 없는 자기 인식의 수준을 나타낸다. 진정한 즐거움은 자신을 의식하지 않는 자들만의 것임을 깨달음으로써 그는 시골풍의 단순한 즐거움에서 영영 격리된다. 그들의 음성이 위쪽, 그가 있는 자리로 메아리처럼 전해지는 장면을 환기하면 가깝고 먼 것이 뒤섞인 상황이 완벽하게 전달된다. 그것은 뭔가 다시 포착되지만 또 영영 사라진 것에 대한 환기이기도 하다. 어찌 하면 자기 성찰이 없는 단순하고, 그러면서도 그 단순성을 평가하는 위치에 있을 수 있을까?

애매모호한 일이 아닐 수 없다. 우리는 로랭의 그림에 나오는 인물들이 그렇듯이 다른 세계로 인도되면서도 그곳에서 배제된다. 그것들을 연결해 주는 거리가 차단하기도 한다. 그 쓰라림과 달콤함은 동일한 경험의 다른 측면들로, 동일한 기준에서 동일한 시간에 동일한 정도로 존재하게 된다. 뒤섞인 감정, 흔히 짐작하듯이 고통 그 자체에 탐닉하는 쾌락은 아닌 낭만주의자들의 즐거운 멜랑콜리를 발생시키는 것은 이 애매모호한 조건이다. 그 잘못은 순차적 분석(둘 다 존재한다면 어느 한쪽이 다른 쪽을 발생시킨 원인이라고 보아야 하며, 아마 고통이 쾌감을 발생시켰을 것이라고 보는 사고방식)과 짝을 이룬 양자택일(쾌락 아니면 고통일 수밖에 없다는 것)에서 생겨난다. 사실은 똑같은 현상 하나로 같은 순간에 동시에 두 가지 감정이 일어날 수도 있다는 선택지는 배제된다.

이와 비슷한 뭔가가 또 다른 핵심적인 낭만주의적 현상인 숭고함에 대한 오해의 배후에 있는 것 같다. 시각적 깊이, 거대한 대상물과 원근법이 환기시키는 광대한 거리는 매우 중요해진다. 개념적인 것만큼 물리적이고, 감정적으로 체험되는 말로써 표현하기 어렵다는 느낌을 그것이 표현하는 은유적 힘 때문이다. 에드먼드 버크가 유명한 저서 『숭고와 미 관념의 기원에 관한 철학적 탐구 *Philosophical Enquiry into the Origin of Our Ideas of the Sublime and Beautiful*』를 쓰기 10년 전, 그보다 덜 유명한 동시대인인 존 베일리John Baillie는 이렇게 썼다. "모든 사람은 거대한 객체를 볼 때 마치 그것이 자신의 존재 자체를 연장하고 확장하여 일종의 어마어마함으로 만드는 것처럼 그것에서 어떤 영향을 받는다."[25] 여기서 강조할 대목은, 올바르게 본다면 숭고는 보는 사람을 주눅 들게 만드는 것이 아니라 확대하고 연장시킨다는 것이다. 하지만 그것과 나를 통일시켜 주는 깊이는, 또한 그것과 나를 분리시키는 증거이기도 하다. 우리는 베일리가 말한 영혼의 확장을, 나보다 더 거대한 어떤 것과 통일되어 있는 정도만큼 느낀다. 이 분리를 인식하는 한, 우리는 스스로 자신이 작다고 느낀다. 이는 경외감의 경험에서 본질적인 부분이다.

낭만주의적 사고의 본질이라 할 연결됨connectedness으로 나아가는 돌파구 덕분에, 거대한 대상에 경외감을 느끼는 사람들이 자신을 그것과 분리하여 보지 않을 수 있었다. 사람들은 그것이 분명히 타자이기는 하지만 자신이 참여하는 어떤 것이기도 하다고 느낀다. 사이 혹은 공감적 연결 덕분에 사람들은 모두 타자의 성격을 공유하며 그것으로부터의 분리를 느낀다. 존경은 비하가 아니라 고양高揚이라는 말도 그만큼 참이라는 것을 사람들은 이해했다. 존경은 자신보다 거대한 어떤 것에, 낭만주의자들에게는 현상적 세계인 어떤 것에, 또 그것을 꿰뚫어 볼 수 있는 어떤 것에 소속되는 느낌이다.

깊이와 높이는 심오함의 상징이 되었다. 숭고를 이루는 본질은, 그냥 크기만 한 어떤 것이 아니라 그 한계가 마치 구름 속에 숨은 산봉우리처럼 알려지지 않은 어떤 요소이다.

르네상스를 다룬 장에서 나는 그 시대를 규정짓는 특징으로 시간과 공간에 관한 더 넓고 깊은 원근법을 강조했다. 16세기 중반에 로마에서 작업한 프랑스 판화가 안토니오 라프레리Antonio Lafreri가 제작한 유명한 판화 〈로마의 장엄함의 거울Speculum Romanae Magnificentiae〉에 새겨진 고대 로마 건축물에서, 우리는 정신 면에서 그 다음 세기에 활동한 클로드의 건축학 연구뿐만 아니라 그 200년 뒤 낭만주의 초기의 대표작이라 할 작품들로 곧바로 이어지는 연장선을 보게 된다.

모순되어 보이지만, 빛의 아름다움과 힘을 밝혀낸 것은 계몽주의가 아니라 낭만주의였다. 낭만주의자들은 로랭에게서 어떤 본보기를 발견했다. 인상파 화가들이 열심히 연구했던 콘스터블John Constable의 구름 연구, 터너의 어룽거리는 듯 녹아 버리는 듯한 풍경화는 본질적으로 빛과 색채에 대한 찬사였다. 그런데도 그들을 추상파의 원형으로, 이름만 그렇지 않을 뿐 실제로는 추상파라고 여기는 것은 크게 잘못이다. 그 정의에서부터 '추상파'는 세계에서 발을 빼고, 추상된 존재이다. 그들은 빛을 담지 않는다. 빛은 깊이와 질감처럼 생각의 영역이 아니라 경

험에서만 존재한다. 알베르트 비엘슈타트Albert Bierstadt의 〈대大화재〉는
이 점을 훌륭하게 밝혀 준다. 한 가지 의미에서는 추상과 가깝지만, 그
것은 상상할 수도 없을 만큼 추상과 거리가 멀다. 또 더 관습적으로 그
려진 그의 풍경화들은 너무 뻔해 보이는 구도 때문에 그 사실을 놓치기
쉽지만, 빛과 깊이와 색채로써 숭고를 달성한다.

삶에 대한 장기적인 시점이나 높은 시점에 대해, 거리를 보장해 주
는 시점에 관심이 생긴 것이, 우반구가 "풀려났던" 시기(르네상스와 낭만주
의 시대)였다는 사실은 주목할 만하다. 이는 우반구가 일반적으로 더 넓
은 시야를 가진 것과 관계가 있을 것이고, 실제로 그렇다는 걸 우리는
알지만 그 이상의 사정이 있을지도 모른다. 개별 인간이나 사물의 고
유성을 알고 있으면서 동시에 정서적으로 그것들에 개입하고 있다면,
분리와 상실에 직면하지 않을 수 없다. 이것은 공간과 시간상 존재하
는 거리의 환기로, 따라서 회화와 시에서 위쪽에서 바라보거나 멀리서
바라본 풍경으로 은유적으로 표현된다. 시간과 공간적인 거리를 뛰어
넘는 '타자'와의 정서적 관계는 3차원적 세계의 일부로 존재하는 우
리 자신을 이해할 수단을 준다. 공간적인 의미에서만 3차원이 아니라
시간적·정서적 깊이를 가진, 죽음을 향해 부단히 나아가고 있는 세계
속에 우리가 존재하는 것이다. 다른 장소와 시간 속에 있는 자신을 보
는 것, 그러면서도 그 사이에 입을 벌리고 있는 균열로부터 몸을 돌려
달아나지 않는 것, 연결과 분리를 융합하는 능력, 낭만주의자들의 세
계가 지닌 이 중요한 특징은 존 던이 사용한 유명한 나침반 이미지, 또
보석 장인이 금박판을 최대한 얇게 펴서 늘리는 것처럼 연인들의 영혼
이 넓게 퍼져 그들 사이를 연결하고 있는 이미지에서 이미 예견되었
다. 존 던의 시 역시 그저 사랑과 연인들의 이별이 아니라, 죽음으로
인한 최종적 분리를 다룬다.

■ 멜랑콜리와 갈망

르네상스와 낭만주의에는 계몽주의가 미래를 강조한 것과 반대로, 과거, 그중에서도 고전적 과거를 포함한 과거에 대한 매혹이 있다. 잃어버린 젊음을 슬퍼하는 비가悲歌는 정말 그 골수까지 낭만주의적으로 보이지만, 그 속에도 르네상스 시대가 거듭 등장한다. 월터 롤리 경Sir Walter Ralegh의 다음 시를 보라.

> 진실 없는 꿈처럼 내 기쁨은 수명이 다했다네.
> 돌아오는 과거는 모두 귀염 받던 시절뿐;
> 길을 잘못 든 내 사랑, 이제는 끝나 버린 환상,
> 그 모든 것이 사라졌고 남은 것은 슬픔뿐……

혹은 치디오크 티크번Chidiock Tichborne의 〈비가Elegy〉를 보라.

> 봄은 지나갔지만, 아직 솟아오르지 않았네.
> 과일은 죽었는데, 잎사귀는 푸르네,
> 내 젊음은 사라졌지만 나는 아직도 젊어.
> 나는 세계를 보지만 나는 아직 보이지 않았네.
> 나의 실은 끊어졌지만, 아직 자아지지 않았다네,
> 그리고 이제 나는 살아 있고, 내 삶은 끝났네.

이처럼 낭만주의에서는 일반형보다는 개별자 혹은 고유함이, 고정되고 불변적인 것보다는 덧없는 것이 강조된다. 낭만주의 이후의 감수성에는 이것이 문화에 구속된, 자기만족적인 것으로 보일 수도 있다.

그러나 다른 견해를 가질 수 있는 것은 사실 사물이 상호교환적으로 대체 가능하거나 불변적으로 존재하는 세계에서뿐이다.

르네상스 시대에는 특정 상황에 대한 반응과 혼동되거나 그런 반응으로 환원될 위험 없이 멜랑콜리의 이유 없음이 강조됐는데, 이런 강조가 낭만주의에 다시 나타난다. "내가 이리도 슬픈 것이 무슨 의미인지 나는 모른다네." 하이네Heinrich Heine의 시 「로렐라이Dei Lorelei」는 이렇게 시작하며, 레르몬톱Mikhail Lermontov 역시 한탄한다. "날 고통스럽고 힘들게 만드는 게 무엇인가? 내가 뭔가를 고대하는가, 아니면 슬퍼하는가?" 각각의 경우에 시인 주위로 보이는 광대한 자연의 아름다움이 시인들의 헤아릴 길 없는 슬픔과 대조된다. 나중에 테니슨Alfred Tennyson은 "눈물, 한가한 눈물,/그것이 무슨 뜻인지 난 모른다./신적인 절망의 심연에서 흐르는 눈물⋯⋯"이라고 한다. 이 시에 대한 테니슨의 해설이 분명히 말해 주듯이, 그것은 불행한 느낌이 아니라 갈망의 표현이다. 그리고 그 갈망은 시간과 공간에서 느껴지는 거리와 결부되어 있다. "내게는 항상 그랬다. 풍경, 그림, 과거에서 날 매혹시키는 것은 거리였다. 내가 움직이는 지금의 이 상황이 아니었다."[26] 주체도 객체도 아닌 그 사이에서 발생하는 어떤 것을 만들어 내는 이 거리는, 원천적으로 멜랑콜리하다.

여기서 우리가 집중해서 살펴봐야 하는 것은, 낭만적 멜랑콜리라는 철저하게 명약관화한 사실이 아니라 반구적인 기준에서 본 그 여건의 의미다. 원함wanting과 갈망longing 간의 차이는 르네상스에 관한 장에서 이미 다루었다.

갈망의 전형적인 대상인 집, 가끔은 죽음과 뒤섞여버리는 집을 생각해보라. 슈만이 너무나 훌륭한 음악을 붙인 아이헨도르프의 시 「머나먼 고향 하늘에서der Heimat hinter den Blitzen rot」는 그 고통스러운 양면을 모두 겪으면서 갈망이 얼마나 씁쓸하고 달콤한지를 보여 준다. 연인에 대한 갈망은 하이네의 거의 모든 시에서 보인다. 또는 이런 것은 초기 르네상스의 그림자라고 해야겠지만, 괴테가 묘사했듯이, "여성성의 영원한 이상형"에 대한 갈망도 있다. 괴테의 「당신은 아시나요, 저 레몬꽃 피는 나라를?*Kennst du das Land, wo die Zitronen bluhn?*」에서 보이는 따뜻한 남쪽에 대한 갈망은 어떤가? 유년 시절과 과거에 대한 갈망은 워즈워스에서 하디Thomas Hardy에 이르는, 또 그 이후의 사실상 모든 시인에게서 나타난다. 궁극적으로 그것은 이름 없는 어떤 것에 대한 갈망이다. 그것은 불확실성 상태에 대한 믿음의 움직임이다. 셸리의 말처럼, "우리 슬픔의 영역으로부터/뭔가 멀리 있는 것에 대한 헌신"이다.

'향수鄕愁·nostalgia'라는 말의 의미가 형성된 것은 18세기이지만, 처음 발명된 것은 훨씬 더 오래전이다. 플라톤의 『향연』에서는, 아리스토파네스가 사랑의 기원을 논하며 언급하는 우화의 기초를 이룬다. 즉, 존재의 분할된 양쪽이 다른 반쪽과 재결합하기를 갈망한다는 것이다. "과거에 대한 향수는 일본 시를 이해하는 열쇠이다."[27] 도널드 킨Donald Keene은 1천 년이 넘도록 일본의 거의 모든 단시短詩는 계절을 환기하는 표현으로 씌어졌다고 지적한다.

자연과의 공감이 발달한 곳은 18세기 독일과 영국만이 아니었다. 이는 르네상스 시대의 시만 보아도 알 수 있다. 당시 시인들의 시선집인 『코킨슈古今詩』 같은 데 나오는 10세기 일본의 감수성에서도 그것은 이미 중요한 요소였다. 다른 말로 하면, 낭만주의의 수많은 특징은 문화에 결부된 어떤 증후군이라는 측면을 넘어 보편적인, 인간의 마음과 두뇌 구조의 일부일 가능성이 있다. 우리가 낭만주의적이라 분류한 것이 다른 문화에서는 "자연적인" 견해로 여겨진다. 거기서는 합리주의적 기계론과 유물론의 좌반구식 세계가 문화에 결부된 증후로 간주된다.

도널드 킨은 일본 시에서 안개, 연기, 연무, 달빛이 차지하는 위치에 관심을 쏟는다. 낭만주의자들 역시 미완성 스케치, 새벽의 어슴푸레함, 황혼이나 달빛 아래 보이는 광경, 멀리서 들리는 음악, 오락가락하는 안개로 은폐된 산꼭대기 등 부분적으로만 식별될 수 있는 것이면 무엇이든 좋아하는 성향이 있다. 그런데 이 책 2장에서 어떤 이미지가 잠시 스쳐 지나가거나 불분명한 형태로 소개되면, 그래서 부분적인 정보만 얻게 되면, 우반구의 우위가 등장한다는 점을 언급한 바 있다. 낭만주의를 보는 한 가지 방식은, 어떤 수단으로든 우반구가 전달한 세계에 애정을 호소하는 것이라고 보는 견해이다.

낭만주의를 보는 또 다른 방식은, 상상을 통해 파편적 인상을 완성하는 것 혹은 완성하려고 시도하는 과정에서 각자가 부분적으로 자신이 지각하는 것의 창조자가 되는 것이다. 중요한 것은 부분적인 창조자라는 점이다. 사물의 전부가 주어져서 우리가 담당할 부분이 전혀 없거나 그 전부를 우리가 전적으로 만들어 낸다면, 사이도 없고 공유할 것도 없을 것이다. 워즈워스가 주장했듯이, 우리는 우리가 살고 있는 세계를 "반쯤은 창조하고" 반쯤은 지각한다. 우리 마음과 세계 간의 이런 상호적이고 변화해 가는 과정은 또다시 여기서 우반구가 담당하는 역할을 시사한다. "항상 조금씩 더 생성되려는 어떤 것이다."

나아가, 숭고는 그것이 명시적으로 의식의 완전한 눈길 앞에 드러날 때보다 부분적으로 보일 때 더 진정하게 존재한다고 말할 수 있다. 제약하는 것은, 그리하여 또 하나의 역설로써 제한적인 정보가 덜 제한적이 되고 그것들을 우리 앞에 존재하도록 더 잘 허용할 수 있게 되는 것은, 자연의 아름다움에 대한 우리의 표상이다.

그러나 이런 것들은 그저 우연히 함께 발생하여 그렇게 반쯤 지각된 이미지들이 우반구를 징집할 가능성이 있음을 뜻하는 뚜렷한 '이유들'

이 아니다. 그것들은 모두 하나의 세계, 우반구의 일관된 세계의 분리 불가능한 측면들이다. 그 반대, 즉 정보의 명료성, 관찰자와 관찰된 것의 분리, 현전에 대한 표상의 승리는 좌반구 세계의 일관된 측면들이다.

▌명료성과 명시성의 문제

낮의 빛은 전면적 의식과 결부되고, 좌반구의 더 의식적인 명시적 과정과 친밀하다. 드니 디드로는 심리적으로 미묘한 내용을 다루는 소설에서 "횃불을 들어 깊은 동굴 속을 비추고,"[28] 정서적이고 무의식적인 마음의 덜 명시적인 오지까지 기꺼이 탐험하려 한 리처드슨Samuel Richardson의 열성을 칭찬했다. 낭만주의자들은 밝은 빛보다 어둠침침한 빛에서 더 많은 것을 배울 수도 있음을 알아차렸다. 지혜는 간접적이고 숨은 길을 통해서만 접근될 수 있다는 말이 사실이라면, 이것이 낭만주의에만 해당되지는 않을 것이다. 호메로스는 창조 과정 전체가 밤에 이루어졌다고 했고, 헤겔은 지혜의 여신인 미네르바의 올빼미는 황혼녘에야 난다고 믿었다. 하이데거는 불빛도 없는 장소를 지칠 줄 모르고 걸어 다녔다. 매일같이 시간을 맞출 정도로 정확하게 산책을 하던 칸트와 벤담이나, 그럴 수만 있다면 절대로 걷지 않으려 했던 퐁트넬은 런던 퀸시 가와 에든버러의 가스등이 켜진 거리를, 아니면 다트무어와 레이크 지구의 달빛 비친 오솔길을 밤중에 한참씩 걸어 다니는 사람이 있다면 대단히 이상한 사람이라고 여겼을 것이다. 실제로 워즈워스와 콜리지는 퀀토크 언덕을 밤중에 걸어 다니는 습관 때문에 1797년 피트 내각의 내무부 장관인 포틀랜드 공작에게 감시를 받기도 했다.

신경생물학자 세미르 제키Semir Zeki는 이렇게 말한다. "시각視覺은 어쩌다 보니 지식을 얻는 가장 효율적인 메커니즘이 되었고, 그렇게 하는 인간의 능력을 무한히 확장한다."²⁹⁾ 정말 그렇다. 하지만 그 효율적 메커니즘을 계몽주의의 도구로 만든 바로 그 성질 때문에 낭만주의는 시각의 사용에 소극적인 태도를 보였다. 요한 고트프리트 헤르더는 낭만주의의 입장에서 처음으로 쓰인 예술에 관한 중요한 논문인 『조각Sculpture』에서 이렇게 썼다. "살아 있는, 3차원적인 각과 형태와 부피 공간의 신체를 지닌 진리는 우리가 시각으로써 배울 수 있는 것이 아니다."

> 왜냐하면 위대한 조각이란 물리적으로 현존하며 구체적인 진리이기 때문이다. 그 경로를 끊임없이 변경하는 아름다운 선은 절대로 억지로 부러지거나 뒤틀리지 않고, 아름답고 장려하게 신체 위를 굴러간다. 그것은 절대로 멈추는 법이 없고 항상 앞으로 움직인다. …… 시각은 아름다운 조각을 창조하기보다는 파괴한다. 그것은 조각을 평면과 표면으로 변형시키며, 거의 예외 없이 아름다운 충만함, 깊이, 부피를 단순한 거울의 연극으로 바꾸어 놓는다. …… 예술 애호가가 조각 주위를 끊임없이 빙빙 돌며 깊이 사색에 잠긴 것을 보라. 자신의 시각을 촉각으로, 자신의 봄seeing을 어둠 속에서 느껴지는 촉각 형태로 바꿀 수 있다면 그가 무슨 일인들 못하겠는가?³⁰⁾

다른 감각의 도움을 받지 않을 때 살아 있는 형체가 시각에 의해 2차원적 도표로, 헤르더가 "한심한 다각형"이라 부르는 것으로 환원되지 않도록 막으려면 "1천 개의 관점이 있어도 부족하다." 이 운명을 피하려면 감상자의 "눈이 손 역할을 하는" 수밖에 없다.³¹⁾ 이런 공감각, 눈이 더 이상 고립된 지성의 도구가 아니게 되는 상황은 감상자의 신체 전체가 감상된 신체 전체와 접하게 만들며, 흔히 낭만주의적 감수성이 발달함에 따라 언어의 한계에 도전하여 출현하는 수가 많다.

　최초의 가장 위대한 예술사가인 빙켈만Johann J. Winckelmann은 그가 신고전주의적 취향이 확립되는 과정에서 행한 역할로 유명한데, 그럼에도 불구하고 그리스 조각과 만나게 되자, 레이놀즈가 미켈란젤로와 만났을 때 그랬던 것처럼 무릎을 꿇었다. 그리스 조각의 천재성 앞에 서자, 그는 큰 충격을 받고 에로틱함과 신성함 사이의 어딘가에서 벌어진 황홀경에 빠졌다. 벨데베레의 아폴론은 그에게 "부드러움과 사랑에 눈을 뜬 신의 아름다움과 젊음의 화신이었고, 영혼을 아름다운 신의 달콤한 꿈속으로 가져갈 수 있는 것"이었다.[32] 빙켈만은 "이 아름다운 신의 형상에서 …… 근육은 녹은 유리를 불어 만든 형체처럼 섬세하게 거의 알아볼 수도 없는 기복을 이루고, 눈보다는 촉각으로 더 잘 보인다"고 썼다.[33]

　황홀경에 빠진 그의 묘사가 절정에 달하면서, 빙켈만의 상상은 피그말리온 신화로 향한다. 인간의 지극한 사랑으로 실제로 생명을 얻게 된 조각상의 이야기 말이다. 살아 있는 것을 무생물로 환원하려는 계몽주의적 경향과는 정반대로, 여기서는 무생물체에게 생명을 가져다준다. 그리고 중요한 점은, 그 과정이 일방향적인 것이 아니라 상호적이라는 점이다. 빙켈만은 조각상에게 생명을 주지만, 그 조각상은 빙켈만에게 새로운 생명 감각을 가져다준다. "내 앞에 있는 조각상"이라는 것이 아폴론의 것인가 아니면 빙켈만의 것인가? 그는 "질료의 단단한 객체성을 뛰어넘고자 하는, 또 혹시라도 가능하다면 그것을 살아나게 만들려는 위대한 그리스 예술가들의 노력"과[34] 관련하여, 피그말리온의 조각상을 거듭 언급한다.

　헤겔은 당대 예술 세계의 편협한 관심 범위를 뛰어넘어, "인간 정신을 위해 예술의 무대에서 새로운 매체 및 사물을 바라보는 완전히 새로운 방식을 열어준 데 대해" 빙켈만을 칭찬했다. 헤르더 역시 빙켈만이 아폴론을 묘사한 방식을 연인이 그 사랑하는 이와 맺는 관계처럼, 시각視覺의 지배를 극복하고 조각 형태와 더 심오한 관계를 맺으려는 영웅적 시도로 보았다. 그는 빙켈만이 그 윤곽의 모든 부분에 함축되어 있는 움직임에 민감하게 감응하여 찬양 대상을 하나의 살아 있는 현존으로 만든 점에 찬사를 보냈다. 조각상의 본질은 전체 형태를 둘러싸는 "아름답고 간결한 선" 속에 존재한다. 그 선은 호가스William Hogarth가 그린 아름다운 선처럼 평면에 새겨질 수 없으며, 하나의 객체 둘레에서 비틀리고 3차원적 공간 속으로 새겨져서, 객체를 하나의 종합적 전체로 구성되게 하는 섬세한 선과 더 비슷한 어떤 것이다.

계몽주의적 사고가 쇠퇴하기 시작하면서, 제임스 홀이 지적하듯이 왼쪽의 특별한 지위가 새롭게 인식되었다. 두 아들과 함께 신들의 보복을 받아 바다뱀에 물려 죽는 트로이의 사제 라오콘의 조각상을 묘사하는 유명한 문장에서 빙켈만은 이렇게 말했다. "뱀이 격렬하게 독액을 쏟아내는 왼쪽은 심장과 가까운 위치이므로 라오콘이 가장 심하게 고통받는 부위인 것 같다. 신체의 이 부분은 예술의 경이라 불릴 수 있다."[35]

헤르더와 빙켈만이 조각상 묘사에서 환기시킨 모든 성질과 가치들은, 물론 그들은 그 점을 몰랐겠지만, 우반구의 현상학적 세계에 의존한다. 헤르더는 깨지지 않은 연속성의 중요성을 지적하며 부분에만 집중하는 것은 부적절하다고 본다. 그는 정지 상태에 대한 도전인 진화의 부난한 신행, 깊이, 부피, 충만함, 복잡성, 시야의 사각형의 평평함을 뛰어넘는 것, 눈에만 의존하는 초연한 냉정함보다는 손의 중재를 통한 감정이입을 절박하게 채택하는 데서 상상되는 예술 작품에 대한 해설 등을 중요시한다. 헤르더와 빙켈만은 둘 다 고전주의를 지지했음에도 불구하고, 이런 가치들이 고대 예술에 우리가 보이는 반응의 핵심에 놓여 있음을 강력하게 꿰뚫어 보았다. 그것은 비단 조각에만 국한되지 않는다. 손과 눈이라는 쟁점을 예외로 한다면, 똑같은 가치들이 호메로스의 시에도 모두 적용될 수 있다. 또 고대만의 문제도 아니다. 존 밀턴의 시나 J. S. 바흐의 음악에도 같은 말을 할 수 있다. 이 가치들은 낭만주의적 반응의 맥락에서 발생하지만, 그것들이 드러난 것은 순수하게 조각에 관한 것도 낭만주의적인 것만도 아닌, 예술이 살아서 현존하는 모든 곳에 해당된다. 이 점을 입증이라도 하듯이 괴테는 나중에 『로마의 비가』에서, 품 안에서 잠든 애인의 등을 손가락으로 짚으면서 6각운의 박동을 부드럽게 세어 나가는 이야기를 할 때, 시를 짓는 것이 조각의 에로스 작업과 공감각적으로 최대한 밀접한 것이라고 주장한다.[36]

시각에 있는 문제는 헤르더가 지적하듯이 물자체物自體가 우리에게 소개되는 그대로의 구체적인 즉각성보다는, "물리적으로 현존하는 구체적인 진리"보다는, 평평한 표면의 냉정한 반사로서 이미지로서 표상으로서 우리에게 접근하려는 경향이다. 이렇게 신체를 가진 원본에서 생명을 흡수하고 그것을 마음의 산물로 대체하려는 성향 때문에 워즈워스는 "눈의 독재"를 이렇게 말한다.

> 생명의 모든 단계에서
> 우리 감각 가운데 가장 전제적인 것이
> 내 속에서 그 같은 힘을 얻고 내 마음을
> 절대적으로 지배하게 될 때……[37]

여기서 그는 하이데거가 '진정성'이라 부른 것의 상실에 대해 말하고 있다. 한때는 경이의 원천이던 것이 일상의 일부가 되어 버렸다. 이것은 블레이크가 다음의 구절을 쓸 때 염두에 두었던 생각이기도 하다.

이 삶은 영혼의 흐린 창문
하늘을 극단적으로 왜곡하지.
그리고 당신이 거짓말을 믿게 내버려 둬.
눈으로 통찰하지 않고 그것으로만 볼 때.[38]

우리는 눈을 통해, 이미지를 넘어, 표면을 넘어 볼 필요가 있다. 눈에는 실재의 깊이를 평평한 표상으로, 즉 그림으로 대체하려는 치명적인 경향이 있다. 그런데 실재의 깊이는 세계의 생명력과 구체성과 공감적 메아리를 함축하고 있다. 따라서 그렇게 대체해 버리면 숭고는 일개 픽처레스크picturesque〔그림 같은 것〕가 되어 버린다.

예술에서는 매체의 사실성과 그 매체를 통해 본 어떤 것 사이에 일정한 균형이 있어야 한다. 그것은 간단하게 말해 '반투명함'이다. 사물로서 단어가 지닌 음향과 느낌이 너무 많이 강조되면 그 단어는 의미에서 분리된다. 혹은 의미라는 것을 그 의미를 담고 있는 단어의 음향과 느낌에서 분리된 어떤 것으로 간주하여 시를 파괴해 버린다. 그림에서도 사정은 비슷하다. 하지만 표상하려는 경향, 눈에 의존하는 성향의 정도는 그림이 가장 클 수밖에 없다. 우리는 그림의 화제畵題로 몰려가 의미를 찾아내려고 너무 서두른다. 여기서 또다시 불분명하게 보는 데서 거리가 발생한다. 이 거리는 그림의 다른 측면들이 앞으로 나서게 허용한다. "색채, 빛의 효과, 그림자 등이 특정하게 배열되는 데서 오는 어떤 인상이 있다. 그것은 그림의 음악이라 부를 수 있는 것이다. 당신이 성당에 들어갔을 때, 그 그림이 무엇을 나타내는지 알기도 전에, 그것이 무엇을 표현하는지 알기 힘들 만큼 멀리 떨어져 있는 데도 흔히 이런 마술적 조화로 황홀해지게 된다. ……"[39]

낭만주의자들은 표상을 대체하는 것보다 현전과 함께 머무는 데 내재하는 어려움을 항상 잊지 않았다. 예술에서는 누구나 알 수 있는 이런 지각은 실재reality 일반에 대한 이해에도 적용되어야 하며, 과학의 영역에도 똑같이 적용되어야 한다. 괴테의 과학적 글은 매우 흥미롭지만 오늘날 거의 알려져 있지 않은데, 그는 관찰을 개념으로 즉시 환원시키려는, 그럼으로써 객체가 우리의 개념 체계라는 불굴의 방어막을 뚫고 나오도록 도와주는 힘을 잃게 되는 경향을 경고했다. 괴테에 따르면, 자연을 배우려는 사람은 "스스로 관찰과 일치하는 방법을 형성해야 하지만 관찰 내용을 일개 개념으로 축소시키지 않도록, 이 개념을 단어로 대체하지 않도록, 또 이 단어들이 마치 사물인 것처럼 다루지 않도록 주의해야 한다".[40] 일반적으로 언어는 이 개념화가 발생하는 경로이다. "사물을 그 기호로 대체하지 않는 일은 얼마나 어려운가, 존재를 죽여 단어로 만들어 버리지 않고 우리 앞에 살려 두기란 얼마나 어려운가."[41]

원칙적으로 좌반구의 기능인 언어는, 니체가 말했듯이 "평범하지 않은 것을 평범하게 만드는" 경향이 있다. 어휘라는 일반 통화는 경험의 약동하는 다양성을 닳아빠진 똑같은 동전 몇 개로 환원시킨다. 그러나 시는 그 비언어적 언어와 함의를 활용하여 우반구의 은유와 어감 능력과 폭넓고 복합적인 연상의 장場을 활용하여 이런 추세를 뒤집는다. 셸리의 유명한 공식에 따르면, "시는 세계의 숨겨진 아름다움에서 베일을 걷어 올리고, 익숙한 대상을 익숙하지 않게 만든다. …… 그것은 반복으로 둔중해진 인상이 되풀이되는 바람에 우리 마음속에서 파괴되었던 우주를 새로 창조한다".[42]

상상력의 다른 표현 형태가 그렇듯이, 시는 명시적인 접근에 대해서는 전형적인 우반구적 저항을 보인다. 워즈워스는 자신의 어린 시절에 영감이 다가오던 순간들을 회상하면서 감동적으로 말한다. 그래서 우반구는 그 목표를 달성하고자 간접적이고 미묘한 수법을 써야 한다. 다음 글에서 벌린은 낭만주의가 왜 '상징'(나는 '은유'라 부르는)에 의존하는지를 설명하며, 우반구와 소통하는 수단에 대해 좌반구가 지니는 지배력을 완벽하게 말해 준다.

> 나는 비물질적인 어떤 것을 전달하고 싶은데 그러려면 물질적 수단을 사용해야 한다. 표현 불가능한 어떤 것을 전달해야 하지만 표현을 사용해야 한다. 무의식적인 어떤 것을 전달해야 하지만 의식적인 수단을 쓸 수밖에 없다. 내가 성공하지 못하리라는 것은 진작 알고 있었고, 그러므로 내가 할 수 있는 일이란 오로지 점근선을 따라 계속 더 가까이 다가가는 것밖에 없다. 나는 최선을 다하지만 그것은 고통스러운 투쟁이다. 내가 예술가라면, 혹은 독일 낭만주의자의 기준에서 볼 때 자의식적인 사상가라면, 평생 동안 그 투쟁에 사로잡히게 될 것이다. [43]

우리는 그렇게 함으로써 익숙함의 비진정성을 다시 구원할 수 있다. 익숙함(현상학적 용어로는 '비진정성the inauthentic')의 생명을 죽이는 효과는 좌반구가 걸리는 덫이다. 그 덫에서 빠져나오려면 상상력의 작업이 필요하다. 사물을 진기하게novel 만드는 환상이 아니라 실제로 새롭게new, 다시 한 번 살아나게 만드는 상상력 말이다. 예술적 과정을 규정하는 성질, 예술의 존재 이유는 화해 불가능하게 비진정성을 반대하는 데 있다.

그런데 여기서 비진정성의 경험에 대한 두 가지 반응 방식 사이에 절대적인 구분, 반정립反定立이 하나 생긴다. 한쪽 방식은 비진정성이 좌반구적인 의미에서 너무 익숙한 것이 되어 버리는 것, 즉 너무 자주 현전하여 결과적으로 실제로는 표상에 지나지 않는 것(다른 말로 하면 닳아 빠진 출처)이 되어 버리는 것이다. 다른 방식에서는 비진정성이 우반구적인 의미에서 익숙함의 상실에서 발생하는 결과로 간주되며, 이는 전에는 절대로 소개되지 않은 것이라고 말하는 것이다. 우리는 더 이상 그것과 편안한 관계가 아니고, 사실상 그것에서 소외된 관계에 있다. 한 가지 방식에서는 사물 자체가 고갈된 것으로, 대체되어야 하는 것으로 지각되며, 다른 방식에서는 문제가 이제 막 탐구되기 시작한 사물 자체가 아니라 우리에게, 그것을 있는 그대로 보는 우리의 능력에 달려 있다. 그 결과, 모든 층위에서 그 반응이 달라진다. 첫 번째 경우에는 그 해결책이 진기함, 예전에는 한 번도 보지 못한 것을 만들어 내고 발명하고 독창적이 되려는 의식적인 시도에 있다고 간주된다. 두 번째 경우에는 이와 반대로 하루하루가 우리에게 새롭게 보이게 만드는 것, 그 자체로 있는 대로 다시 보이게 만드는 것, 그러므로 발명보다는 발견하는 것, 뭔가 진기한 것을 가져다 놓기보다는 항상 그곳에 있었던 것을 보는 것, 존재의 기초인 원본으로 우리를 다시 데려간다는 의미에서 독창적으로 되는 것이 해결책이다. 이것은 너무 익숙한 것 대신에 뭔가 진기한 것을 제시하는 환상과, 우리와 익숙하지 않은 것 사이에 놓인 것들을 전부 치워 버리고 우리가 그것을 있는 그대로, 새롭게, 그 자체로 보게 만드는 상상의 차이다.

가장 독창적인 시인인 워즈워스는 1천 번도 더 보아온 것을 처음으로 다시 보고자 그곳으로 끈질기게 눈길을 돌린다고 조롱받았다. "독창성은 진기함에 반정립적"이라는 스타이너의 경구는 이런 맥락에서 인정될 수 있다.[44]

■ 워즈워스와 자연이 지닌 구원의 힘

언어의 특별한 용법을 통해, 특히 언어의 연결사와 전치사와 접속어를 통해 '사이betweenness'의 경험을 전달하는, 이중부정을 써서 어떤 사물과 그 반대자를 동시에 마음에 소개하는 기법, 무엇보다도 공허함 또는 거의 빛이 날 정도인 부재로부터 어떤 것을 존재하게 고통스럽게 허용하는 능력으로, 워즈워스는 내가 보기에 하이데거가 추론적 산문으로 표현하려고 노력했던 입장에 상응하는 시적 공식을 만들어 낸다.

워즈워스 시의 중심에 있는 것은 잃어버린 영역을 향한 회고이지만, 그의 많은 작품들은 그 손실이 어떻게 치유될 수 있는지를 다룬다. 그의 가장 위대한 작품들이 여러 편 담겨 있는 자전적 걸작 『서곡the Prelude』은, 어떤 의미에서는 시 전체가 회고의 연습이다. 그보다 뒤에 나온 테니슨처럼, 워즈워스는 과거의 느낌에 자연스럽게 이끌렸던 것으로 보인다. 그가 젊었을 때 처음 쓴 시 몇 편은 모두 기억에 관한 내용이다. "내 영혼은 뒤를 돌아볼 것이다." 또 다른 시는 사라진 즐거움의 기억에 관한 내용이며, 또 다른 시에서는 "그때에야, 기억이 사라질 때에야 나는 평온해질 것이다"라고 말한다.[45] 이런 주제는 나이가 든 사람에게 어울리는 것이지만, 이 시들은 모두 그가 열여덟 살이 되기 전에 쓴 것들이다.

그러나 성숙해 가면서, 1805년 『서곡』을 쓸 무렵에는 확실히 기억을 더 이상 무력하고 일방향적인 것으로만 보지 않고 살아가는 어떤 것, 가끔은 지금의 우리를 되살려 내는 힘을 지닌 것으로 보기 시작했다. 『서곡』에서 워즈워스는 그런 순간들을 "되살려 내는 힘을/분명하고 현저하게 보유하는…… 시간의 점들"이며, 그것으로 "우리 마음이/영양을 얻고 눈에 보이지 않게 치유된다"고 말한다.[46]

워즈워스와 자연의 관계가 지니는 비상한 회복력은 어떤 면에서는 드러나지 않게, 또 가끔은 드러내 놓고 서로 지탱해 주고 위안을 주는 어머니와 자식의 관계와 비슷하다. 이것이 모성이 지닌 "위안해 주는 기질基質·substrate"이라는[47] 심리분석 용어로 알려진 것의 작동을 통해 우반구에 의존한다는 것은, 워즈워스가 이룬 업적의 다른 측면들이 그렇듯이 그저 일시적인 관심에 그치는 문제가 아니다. 그는 말고삐도 제대로 잡기 힘들었을 다섯 살 때 외딴 고원지대에서 말을 탔다. 그런데 함께 갔던 사람들과 떨어져 길을 잃고 돌아다니다가 교수대가 있는 곳에 가게 되었다. 다섯 살의 워즈워스는 짚단에 새겨진 살인자의 이름이 여전히 남아 있는 것을 보았다.

> 즉시 나는 자리를 떠났지,
> 황량한 공유지를 다시 올라가면서
> 언덕 아래 드러나 있는 웅덩이를 보았네.
> 꼭대기에는 횃불이 있었고 가까이에도 더 있었어.
> 머리에 양동이를 인 소녀가
> 불어오는 바람을 뚫고
> 앞으로 나가려고 애쓰는 것 같았지, 정말
> 일상적인 광경이었지만,
> 그 시각적인 황량함을 그리려면
> 인간에게는 알려지지 않은 색채와 단어가 필요했을 거야.
> 사라진 길잡이를 찾으려고 돌아보는데
> 그때 드러난 웅덩이,
> 홀로 눈에 띄게 서 있는 횃불,
> 그 여자, 바람에 날려

이리저리 헝클어진 그녀의 옷……[48]

그는 계속해서 이 장면의 기억이 어떻게 변하여 이 외딴 고원지대에서 그 뒤에 겪은 경험에 빛을 주었는지를 묘사한다.

오! 인간의 신비여, 얼마나 깊은 심연에서
그대의 영광이 전진하는가! 나는 길을 잃었지만
단순한 어린 시절에
그대의 위대함이 어떤 기초 위에 세워졌는지 보았네, 이제 나는 이것을
느낀다네,
그대가 주어야 하는 것은 자신으로부터 나온다고.
그 외에는 받을 것이 아무것도 없네. 흘러간 나날들이
생의 새벽으로부터 내게 다시 돌아오네,
내 힘의 숨은 장소가
열린 듯 보이네. 다가가면 다시 닫히지.
이제 흘낏 본다네, 노년이 다가오면
거의 보지 못할지도 모르지. 그리고 나는
내가 아직 할 수 있을 때, 말이 줄 수 있는 한 주겠네.
내가 느끼는 것의 실질과 생명을.
과거의 정신을
미래의 복권을 위해 사당에 모시고……[49]

회복력이 매우 큰 시각의 힘은 그가 통제할 수 없고, 예측도 할 수 없는 어떤 것이다. 워즈워스는 그런 힘을 가져오는 장면이 얼마나 일상적이고 황량하기까지 한지를 힘들여 지적한다. 나이가 들면서 그런

일은 덜 일어난다.

토머스 드 퀸시는 워즈워스에 관한 일화 하나를 전해 준다. 반도전쟁〔1808~1814년에 나폴레옹 치하의 프랑스군에게 맞서 영국·스페인·포르투갈이 연합하여 벌인 전쟁〕이 벌어지는 동안, 워즈워스는 간절히 기다리는 소식을 싣고 케스윅에서 오는 우편마차를 만나려고 밤중에 집을 나섰다. 우편마차가 온다는 것을 알려 줄 멀리서 구르릉 대는 소리를 포착하기 쉽도록 길 위에 큰 대자로 드러누운 그의 눈은 시트샌들과 헬벌린의 산봉우리 사이에서 반짝이는 밝은 별 하나를 보게 되었다. 그 별은 갑작스럽게 "다른 어떤 상황에서는 그를 사로잡지 않았을 그런 파토스pathos와 무한성의 느낌으로" 그를 강타했다.[50] 전망은 한껏 노력한 다음 긴장을 풀고 이완되는 과정에서 발생한다. 그러므로 워즈워스는 『서곡』 제12권 첫 부분에서, '영감'이란 마음이 "열망하고 포착하고 분투하고 소원하고 갈망하는" 노력과, "추구하지 않을 때 그가 받아들이기에 알맞은" 마음의 고요함 두 가지를 모두 필요로 한다고 말한다. 그것은 노력하지 않는 것은 아니지만 추구하지는 않을 때 온다.[51] 이는 기억 그 자체의 과정과도 유사하다. 어떤 이름을 기억해 내려고 애를 쓰다가 관심을 다른 데에 돌리고 난 뒤에야, 기억은 떠오른다. 마치 노력이 영혼의 창문을 열기는 하지만, 명시적인 의도 때문에 워즈워스의 시각이 흐려져서 시야 중심부의 맹점에 걸린 것처럼. 우리의 의도가 다른 것으로 옮겨 가야만 그것들을 실제 모습 그대로 볼 수 있게 된다.

워즈워스가 여기서 하는 일은, 두 반구 사이의 관계에 대한 이야기다. 좁게 집중된 관심은 좌반구에 속한 영역이며, 스트레스·공포·흥분은 좌반구 내에 이렇게 근접 겨냥된 종류의 관심을 선호하는 태도로 신경이 넓게 채용되지 못하게 막는다. 하지만 좌반구가 도둑이 던진 고기를 받아먹는 '엘리엇의 개'처럼〔T. S. 엘리엇은 시의 분석적 의미를 도둑이 남의 집에 침입하면서 개에게 던져 주는 고기와 같다고 비유했다.) 그 관심을 추적하는 데 몰두하는 동안 우반구는 해방되며, 좌반구가 보통 상황에 부여할 만한 익숙함에 압도되지 않고 상황을 다시 한 번 새롭게 진정으로 보고자 경계심을 고조시킨다. 좌반구 같으면 그것을 미리 소화하여 산, 호수, 별이 총총한 하늘이 등장하는 또 하나의 그림 같은 장면으로 만들었을 것이다. 처음에는 면밀한 관심을 쏟는 노력이 필요하지만, 그런 노력을 쏟은 다음에는 열린 수용성, 일종의 '능동적 수동성active passivity' 에 자리를 내주어야 한다.

의지에 따른 것이 아닌 경험의 본성이나 그 상호적 본성, 또 그 외견상의 모순적인 공허함과는 별개로, 워즈워스가 말하는 재생시키는 힘의 중개자가 우반구임을 말해 주는 여러 가지 요소들이 작동한다. 여러 "시간의 지점" 위로 드리워지는 죄책감과 경외감에서 우리는 우반구와의 관련성을 짐작할 수 있는데, 우리의 종교적 감각도 우반구에 의존하는 것 같다. 이와 비슷하게 "시간의 지점들"에 감도는 궁극적 의미라는 감각은 특히 우측 전두엽에 일어난 모종의 발작으로 발생한다고 알려져 있으며, 그렇기 때문에 두뇌의 이 구역에 그 감각의 연원이 있을지도 모른다. 워즈워스가 묘사한 내용과 우반구의 관련성을 짐작케 하는 다른 요소로는 시각적인 큰 부피와 형태의 중요성이 들어 있다. 그런데 이런 경험들은 어린 시절과 밀접하게 관련되어 있는 것으로 보아, 앞에서도 언급했듯이 우반구는 모든 형태의 이해에 특히 중요한 역할을 담당한다고 말할 수 있다.

그렇다면 어른이 된 뒤에는 이 요소를 어떻게 다시 포착하는가? 워즈워스의 대답은 그가 평생 동안 쓴 작품에 담겨 있다. 시에서, 시를 통해 포착한다는 것이다. 우리를 익숙함으로 복귀시키며 신성성을 일상성으로 축소시키는 일상 언어의 통상적 과정을, 우반구는 은유와 묵시적 의미에 대한 의존으로써 우회하게 해 준다. 여기에는 항상 모순이 개입되어 있다. 워즈워스는 신성성을 경험하게 해 주는 "자기를 의식하지 않음unself-consciousness"을 재생산하려고 애쓰지만, 비非자기의식이란 것은 애당초 의식적으로 재생산할 수 없는 것이다. 유년 시절의 자아를 다시 찾아가고, 그것을 되살리려고 애쓰는 과정에서 워즈워스는 어떤 존재에 의도적으로 집중하는데, 그 존재가 시인에게 갖는 본질적 의미는 그가 완전히 자신을 의식하지 않았다는 데 있다.

복귀의 주제를 끊임없이 거론하는 「틴턴 수도원」의 송가에 신중하게 배치된 반복구, 그것이 그려 내는 방랑하고 복귀하는 구절 자체의 움직임은 불변성 내에서의 변화라는 느낌을 환기시킨다.

> 얼마나 자주, 마음속에서, 나는 그대에게 돌아갔던가,
>
> 오 숲 속의 와이 강이여! 그대 숲속의 방랑자여,
>
> 얼마나 자주 내 정신이 그대에게 돌아갔던가!⁵²⁾

그것은 항상 움직이지만 언제나 같은 강물과도 같고, 항상 같은 장소를 회전하고 돌아오는 존 던의 컴퍼스와도 같다.

▌자기의식과 표상

워즈워스에게는 자기의식이 없는데, 이것이 그의 천재성의 본질이며 가장 뛰어난 것부터 못한 것에 이르는 그의 모든 시를 쓸 수 있게 했다. 이것은 블레이크와 키츠 두 사람과 공유되는 특징이다. 낭만주의의 이 세 명의 천재는 서로 매우 다르고 개성적이었지만, 존 베일리John Bayley가 키츠를 설명하면서 "불안해 하지 않는" 성질이라 부른 것,

나중에 크리스토퍼 릭스Christopher Ricks가 『키츠와 부끄러움Keats and Embarrassment』에서 지적한 성질을 모두 갖고 있다. 불안의 결여가 이런 위대함과 그들에게서 가끔 보이는 무사태평한 어리석음의 복합을 설명한다. 그들은 자신보다 더 큰 어떤 것의 통로가 되고자 스스로를 약하게 만든다. 명시적이고 자기의식적인 좌반구의 작업은 이 조건에 항상 반대하므로 조용해질 필요가 있다.

블레이크의 주요 작품들의 제목 자체('순진함과 경험의 노래Songs of Innocence and Experience', '천국과 지옥의 결혼The Marriage of Heaven and Hell')가 우반구의 살아진 세계에서 반대자들이 "서로 반대되지" 않는 실재를 넌지시 암시한다. 그럼에도 블레이크의 예언 같은 시는 서로 다르게 위장한 강력한 두 힘 사이의 전투를 여러 형태로 극화한다. 블레이크가 '라티오ratio'라 부르는 것, 뉴턴이 믿는 신이 지닌 단일한 마음, 제한적·측정적·기계적 힘과, 밀턴이 믿는 신의 여러 개의 마음, 창조적 상상력의 해방적 힘이 그것이다. 이 대립은 우반구에서 이루어진 반대자들 간의 통일에도 불구하고 존속하는데, 관용적 사회에서도 통일을 훼손하는 불관용이 반드시 협동하리라는 보장은 할 수 없다는 똑같은 이유 때문이다. 그래서 궁극적으로는 관용적 사회가 불관용을 관용하지 않는다는 모순적 상황이 벌어진다. 앞에서 나는 아이스킬로스의 희곡 『포박된 프로메테우스』에 나오는 프로메테우스가 알지 못하면서 옳은 일을 하며, 부지불식간에 자신을 인식하는 마음을 제시한다고 말한 바 있다. 무의식적으로 그것은 좌반구의 반란이 어디로 귀결될지에 대한 우반구의 예언에 음성을 부여한다. 블레이크 역시, 알지 못하는 사이에 좌반구에 의한 지배를 떨쳐 버리려는 두뇌의 노력에 음성을 부여한다. 「자연종교란 없다There is No Natural Religion」에서 그는 이렇게 쓴다.

결론:시적이거나 예언적인 캐릭터가 아니었다면 철학적이거나 실험적인 캐릭터는 곧 만물의 라티오ratio에 있을 것이고, 꼼짝 않고 있으면서 똑같은 지루한 회전round를 반복하는 것 이외에 아무 일도 못할 것이다.(알려진 것 밖으로 나가려면 우반구가 필요하다. 좌반구는 알려진 것을 되풀이할 수만 있다.)

응용:무한성을 보는 (우반구와 함께 영원한 생성에게 향하는) 자는 만물에서 신을 본다. 라티오만 보는(좌반구에 의해 존재하게 된 자기 규정된 세계를 바라보는) 사람은 자기 자신만 본다.(좌반구는 재귀적이므로)

따라서 신은 우리와 같은 존재가 되고, 우리는 또 그와 같은 존재가 된다.(우반구를 통해 신은 상상/은유에 접근할 길을 보여 주는데, 은유는 신적인 것이 우리에게 도달하여 우리 자신으로부터 해방시키는 다리다.)

블레이크 역시 자신이 '아우구스투스 시대' 이전의 위대한 인물들로 복귀함으로써 영감을 받은 것으로 보았다. 그에게는 셰익스피어나 미켈란젤로보다는 밀턴의 정신으로 복귀한 것이 더 비중이 컸는데, 그는 그 답게 구체적으로, 또 당황하기를 거부하는 태도로 밀턴의 정신이 왼쪽 발뒤꿈치로 자기 몸속에 들어왔다고 믿었다.

그럼으로써 문자 그대로 우반구에 직접 통하는 길을 얻었다. 그는 자신이 그 경험으로 얼마나 벼락같은 충격을 겪었는지, 그 사건을 그림으로 그려 두었다.

낭만주의는 사실 수많은 방식으로 신경심리학적 저술에 담긴 우반구의 작동과 관련한 내용에 대한 친밀감을 입증한다. 이는 그것이 일반칭보다 개별자를, 전형적인 것보다 특유한 것을 선호하는 데서도 알 수 있다. 다음과 같은 것들 역시 마찬가지다. 사물의 '무엇whatness' 보다 사물의 '이것임thisness' 에 대한 강조, 즉 각자의 특유한 존재 방식을 존재의 최종 형태ultima realitas entis로서, 있는 그대로, 바로 그대로, 바로 그럴 수 있는 그대로의 사물의 최종적 형태를 더 좋아하는 데서;자의식적 인식 속에 그것이 등장할 때쯤 좌반구가 분석해 놓은 부분들의 총합과 다른 어떤 것으로서의 전체를 이해하는 데서; 직유보다 은유를, 그리고 문자 그대로의 의미보다는 간접적으로 표현된 것을 선호하는 데서;신체와 그 감각을 강조하는 데서;비개인적인 것보다 개인적인 것을 선호하는 데서;살아 있는 것으로 보이는 것에 대한 열정에서, 또 워즈워스가 '마음의 생명'이라 부른 것과 신적인 영역 간의 관계에 대한 지각에서;무관심한 공정성보다는 개입을 강조하는 데서;멀리 있는 것을 다른 차원에 놓여 있는 생소한 것으로 보기보다는 3차원적으로 느껴지는 사이betweenness를 선호하는 데서; 확정적이고 확실하고 고정되어 있고 진화가 완료되었고 자명하고 명료하고 밝고 알려진 것들보다 일시적이고 불확실하고 변화하고 진화하고 부분적으로 숨겨져 있고, 희미하고, 어둡고, 묵시적이고, 본질적으로 알 수 없는 모든 것에 이끌리는 데서도 우반구에 대한 낭만주의의 친밀감을 알 수 있다.

19세기는 혼합된 상황, 즉 이행기적 단계였다. 다음의 시에서 보듯, 영감을 받은 테니슨과 동화 속 세계의 테니슨은 둘로 나뉜다.

> 내가 서 있는 곳에서 아무 소리도 듣지 못했다.
> 하지만 풀밭 위의 개울은
> 내 어두운 숲으로 굴러 내려오고;
> 혹은 무르풀어 올랐다가 길게 밀려오는 바다 파도의 소리
> 이따금씩 어둠침침한 새벽빛 속에서
> 그러나 나는 눈앞의 집을 보았고, 집 주위를 둘러보았다.
> 시체처럼 창백한 커튼이 처져 있었고;

공포감이 밀려와서는

피부를 따끔거리게 하고 숨을 멎게 했다,

시체처럼 창백한 커튼은 그저 잠들었다는 뜻임을 아는데도,

나는 오싹 몸을 떨고, 마치 죽음의 잠이 든 바보처럼 생각했다……[53]

일부 예외는 있지만, 환상이나 아카데미즘에 굴복하는 데서는 화가들이 시인보다 더 빨랐다. 제라드 홉킨스Gerard Manley Hopkins는 특히 흥미로운 사례이다. 그에 관한 거의 모든 것이 우반구의 우세를 시사한다. 그는 사제였고, 우울증에 시달렸다. 그는 사물의 이것임thisness에 매혹되었는데, 스콜라 철학자 존 둔스 스코투스를 따라 그것을 '개별성haeccitas'이라 불렀다. 「성 이그나티우스 로욜라의 영적 훈련에 관한 해설Comments on the Spiritual Exercises of St. Ignatius Loyola」에서 홉킨스는 다음과 같이 언급한다.

다른 어느 것보다도 나 자신, 나의 취향이 에일ale이나 앨럼alum의 맛보다 더 분명하고, 호둣잎이나 장뇌 냄새보다 더 확연하고, 어떤 방법으로도 다른 사람과 소통 불가능하다.(어렸을 때 나는 혼자 묻곤 했다. 다른 사람이 된다는 것은 어떤 일일까?) …… 자연을 조사하면서 나는 맥주 한 잔에서 자아를, 나 자신의 존재를 맛본다.[54]

이는 냄새를 통해 사물의 본질 그 자체를 포착하는 하이데거를 떠올리게 한다. 홉킨스는 한 가지 사물, 장소, 인물, 사건의 이 고유한 특질을 나타내고자 'inscape'라는 단어를, 또 그것을 유지하는 에너지를 나타내기 위해 'instress'라는 단어를 고안했는데, 이 역시 하이데거의 진정한 현존재Dasein와 비슷한 점이 있다. 그는 있는 그대로의 사물 자

체에 대한 열정적인 관찰자였다. 그는 단어의 음향과 느낌, "물성物性·thingness〔객관적 실재성〕", 접촉과 감촉에 너무나 매혹된 나머지, 끝까지 감각을 잃지는 않지만 가끔은 거의 그렇게 될 뻔한 지경에까지 간다. 그는 하이데거와 비슷하게 단어 의미의 어원에 과도하게 민감하며, 그 어원으로 중요한 연관을 밝혀낸다.

홉킨스는 야성적이고 인간의 손이 닿지 않은 것들은 모두 사랑한다. "그냥 방치되고 나면 세계는 무엇이 될까/습지와 황야?"[55] 그는 고도의 경외감과 죄책감을 갖고 있다. 그는 단절 없이 이어지는 합리성과 대비되는 직관의 도약의 중요성을 알았다. 그는 미의 토대가 차이 속의 동일성 및 동일성 속의 차이임을 알았고, 사물 자체에 사물이 맺는 관계의 중요성을 강조했다. 또 갑작스러운 영감을 자주 느꼈으며, 그런 영감 속에서 수많은 위대한 시를 썼다. "당신에게 곧 소네트 몇 편을 보내겠습니다. 다섯 편 정도. 그중 네 편은 내 뜻과 아무 상관없이, 저 혼자서 영감처럼 떠올랐습니다."[56]

영감靈感은 우리가 통제할 수 없는 어떤 것이다. 그것에 대해 우리는 워즈워스가 "현명한 수동성"이라 부른 것을 보여야 한다. 그런데 19세기가 진행되면서, 이 같은 통제의 결여가 산업혁명이 가져온 위협에 맞서는 데 필요한 확신 있는 정신과 잘 맞지 않게 되었고, 프로테스탄트적 윤리에 따라 노력에 대한 보상으로서 결과물을 내야 하는 필요성과도 부합하지 않게 되었다. 상상력은 신뢰하기 힘든 것이었다. 그것은 일시적이고, 그것이 의식에 드러나는 순간 사라져 버리고 변덕스러웠다. 이에 따라 수동적인 상상력보다는 능동적인 환상의 산물인 "상상적인 것the Imaginative"이 상상력의 영역에 침투하기 시작했다. 이것은 빅토리아 시대의 자의식적인 중세화 현상과도 관련이 있다. 이처럼 과거에 현전했던 어떤 것의 표상은, 우반구 영역이 다시 한 번 좌반구에 종속된다는 것을 시사한다. 그것은 시각적 기준에서 보면, 전체 구성을 보지 않고 세부 사항에만 유달리 신경을 쓰는 것, 라파엘 전파Pre-Raphaelite Brotherhood(1848년 영국에서 일어난 예술운동으로, 라파엘로 이전처럼 자연에서 겸허하게 배우는 예술을 표방)와 어떤 면에서는 빅토리아 회화 전반에서 보이는 전체적 감각의 상실(좌반구의 비전이 우반구의 비전을 압도하는 것)에서 나타나며, 정신분열증을 겪던 리처드 대드Richard Dadd의 강박적으로 세밀한 그림에서 일종의 신격화에 도달한다. 피터 콘래드Peter Conrad가 지적했듯이, 헨리 제임스Henry James가 조지 엘리엇의 『미들마치Middlemarch』에 대해 "세부 묘사의 보물창고, 하지만 …… 무관심한 전체"라고 한 것은 그것이 공정한 평가이든 아니든지 간에 빅토리아 미술과 문학의 중심 특징을 지목한 것이었다.

■ 제2의 종교개혁

이 책의 1부에서 우리는 18세기 후반부터 19세기 초반에 걸치는 낭만주의 시대의 소위 독일 '관념론' 철학자들과, 이성과 상상력을 뒤섞고, 체계 구축과 개별성의 지각을, 일관성과 모순을, 분석을 전체의 감각과 뒤섞는 그들의 견해를 살펴보았다. 놀라운 것은 그들이 보여 준 과학에 대한 열정과 적극적인 참여였다. 괴테는 그 두드러진 본보기다. 사실 그는 과학 연구가 시보다 더 중요하다고 믿었다. 1784년 인간 태아의 두개골에서 위턱사이뼈intermaxillary가 발견됐는데, 이는 원숭이 두개골에는 있지만 인간 두개골에는 없는 것으로 알려져 있던 퇴화한 뼈의 흔적이었다. 이 발견으로 괴테는 다윈보다 훨씬 이전에 모든 생물이 서로 연결되어 있고 그들의 형태가 동일한 줄기에서 진화해 나왔음을 만족스럽게 증명할 수 있었다.

일차적으로는 철학자이자 시인이었던 독일 관념론 철학자들은, 세계를 살아 있는 하나의 통일체로, 그 속에서 형이상학적 측면과 물질적 측면이 분리되지 않으면서도 서로 다른 맥락에서 각기 적절하게 상이한 접근법을 요구하는 통일체로 보았다. 괴테 시대의 정신을 탐구한 어느 역사가는 아폴론과 디오니소스에 대한 니체의 글을 연상시키는 말투로 다음과 같이 말했다.

> 합리성도 상상력 없이는 있을 수 없지만 상상력도 합리성 없이 있을 수 없다. 그러나 양자의 결합은 워낙 특이한 종류이기 때문에 생사를 건 투쟁을 계속 벌일 것이며, 그럼에도 그것들이 한데 합쳐져야만 최고의 업적을 달성할 수 있다. 예를 들면, 우리가 이성이라 부르는 데 익숙해져 있는 높은 수준의 개념화 형태 같은 것이다.[57]

하지만 이 결합은 오래 지속되지 않는다. 일종의 제2의 종교개혁이 진행되고 있었다. 16세기의 종교개혁은 은유, 육화肉化, 현세와 내세를, 물질과 정신을 연결하여 문학적 사고방식으로 나아가는 영역으로부터 멀어지는 이동을 포함하는 것으로 보일 수 있다. 상상력에서 멀어져 합리주의로 나아가는 지금의 시각으로는 이 이동이 배신으로 보일 것이다. 19세기 중반 무렵, 독일에서는 새로운 지적 운동이 발생했다. 이 운동의 주동자 가운데 한 명인 루트비히 포이어바흐Ludwig Feuerbach는 이것의 연원이 종교개혁에 있음을 인정했다. 그러나 이 운동 역시 물질과 정신의 영역들이 상호 침투해 있다는 생각을 받아들이기 힘들어 했다. 어떤 사물이 신체를 전적으로 갖지 않은 것이 아니려면, 그것이 그냥 생각이기만 한 것이 아니려면, 그것은 전적으로 물질적인 것이어야 한다. 복잡하고 걸핏하면 모순적인 실재의 본성에 대한 이해 노력, 반대자들의 공존conjunctio oppositorum은 사라졌다. 우리는 양자택일의 영역으로 돌아왔다. 그러면서 일종의 직해주의直解主義·literalism를 끌어안았고, 상상을 불신하게 되었다. '유물론唯物論'이라 알려진 이 철학은 과학이 세계를 알고 이해하는 유일한 기초라는 견해에 공공연하게 뿌리내리고 있었다.

이런 과학적 유물론, 혹은 실증주의實證主義의 기원은 프랑스 계몽주의에 있었다. 오귀스트 콩트August Comte는 과학은 세계에 대한 지식의 유일한 출처일 뿐만 아니라 세계 속에서 인류가 있는 곳에 닿을 유일한 길이며, 전체로서의 세계를 보는 유일하게 믿을 만한 견해라고 말했다. 그는 사회와 문화가 세 단계를 거친다고 보았다. 종교적 관점이 지배하는 신학적 단계, 형이상학적 가정으로 형성되는 철학적 분석의 단계, 마지막으로 앞의 단계들이 폐기되고 객관적 지식에 도달하게 되는 실증적 과학적 단계가 그것이다. 리처드 올슨Richard Olson에 따르면, 19세기 전반 내내 자연과학의 주요 전통들은 모두 당대에 관심을 받은 사회적·정치적 쟁점에 대한 생각, 방법, 실무, 태도를 확대하고자 애썼다. 아리스토텔레스가 경고했듯이, 지식의 각 종류에는 각기 적절한 맥락이 있다. 기하학에서 합리적인 것이 의사나 정치가에게도 합리적일 것이라고 추정할 수는 없다. 하지만 좌반구는 맥락을 존중하지 않는다. 그리하여 콩트의 희망은 실현되었으니, 역학과 결합된 분석적 전략이 사회복지가 개별 성원들의 쾌락과 고통의 총합으로 환원되고 사회가 개별 단위의 총합으로, 현실 사회가 아니라 '대중'의 원형原型으로 취급될 수 있다는 추정으로 이어졌다.

포이어바흐는 '청년헤겔학파'로 알려진 배교자背敎者 집단 가운데 으뜸 인물이었다. 헤겔은 정신과 질료가 한쪽에 단순히 흡수되지 않고 상호 간의 최종 통일을 보존하게 하려고 애썼지만, 포이어바흐와 동료 유물론자들은 그저 좌반구의 대안, 즉 질료냐 이념이냐 하는 양자택일만 보았다. 이념을 공허한 표상으로 보고 거부하는 그들이 받아들일 수 있는 것은 질료밖에 없었다. 그러나 종교개혁과 놀랍도록 비슷하게, 최초의 충격은 진정성을 향한 것이었다. 청년헤겔학파는 개념과 이념의 영역에 종속되는 것에서 보고 만질 수 있는 감각 경험을 구원하고, 더 일반적으로는 경험을 경험의 표상에서 구원하고, 종교를 단순한 신학에서 구원하려고 했다. 경험은 물론 경험에 대한 관념과 다르다. 하지만 종교개혁의 이론적 지도자들이 그랬듯이, 그들은 두 영역 사이의 다리를 결국은 끊어 버리고, 존재의 복잡성을 더 단순하고 명료한 것으로 환원시켰다. 종교개혁 때는 언어와 그런 관계였지만, 두 번째 종교개혁 때는 질료와의 관계가 그러했다.

실재는 과학이 다루는 대상이며, 그것만이 실재한다. 카를 포크트 Karl Vogt는 사유, 두뇌의 분리는 다른 신체의 분리처럼 식사 조절로 변할 수 있다고 선언했다. "믿음은 신체 원자의 자산에 불과한 것이므로 신념의 변화는 신체의 원자들이 대체되는 방식에 의존한다."[58] 그는 이것이 유물론 자체에 대한 믿음에도 적용된다는 사실을 몰랐던 것 같다. 우리가 어떤 원자 배치를 수용해야 하는지를 어떻게 판단할 것인가? 각 경험과 이념의 영역 사이에 쐐기를 박아 넣음으로써 이념의 영역 전체가 의혹의 대상이 되었다. 눈으로 보지 못하고 손으로 만질 수 없는 것들이 신처럼 실재한다고 믿게 만드는 것이 이념이다. 하지만 그 이념들은 우리의 발명품이라는 것이 유물론의 논리다. 그런데 그처럼 독립적 존재의 지위에 오른 그 이념들은 우리를 계속 분노하고 굴욕스럽게 만들었다.

여기서 신성함을 부정하는 것은 질료를 고양시키는 것만큼이나 중요했다. 물론 이것 자체가 하나의 이념이다. 또 그것이 참이라고 말할 수 있다면, 그 진실의 관념 또한 그러하다. 하지만 유물론자들에게는 프로메테우스적인 요소가 적지 않다. 그중 한 명인 루트비히 뷔흐너 Luwig Buchner는 개인적 위기를 한동안 겪고 난 뒤 이렇게 선언했다. "나는 더 이상 내게 부과되는 그 어떤 인간적 권위도 인정하지 않는다."[59] 여기서 그 어떤 인간적 권위도 아니라는 대목에 주목하자. 어떤 권위도 인정하기 싫어한 것은 유물론의 심장부를 차지하는 것으로, 종교개혁과 닮은 점이다. 하지만 그전의 개혁가들도 그랬듯이 이런 개혁가들도 어떤 종류든, 설사 그것이 이성의 권위라 하더라도, 뭔가 권위를 인정해야 했다. 따라서 유물론자들도 초인적인 권위를 가져야 했다. 그 새로운 신성함은 학문이었다. 과학적 유물론과 엥겔스Friedrich Engels와 마르크스Karl Marx의 변증법적 유물론은 과학이 유일한 권위라는 견해에서 생겨났다.

1848년 혁명은 유럽 전역으로 확산되었는데, 그 반향이 가장 강하게 느껴진 곳이 프랑스와 독일이었다. "과학적 유물론자들에게, 또 어느 정도는 마르크스에게도, 근거 없는 권위에 대한 반대는 과제였고, 자연과학은 그 정당화였다."[60] 19세기 영국에서 가장 열성적인 과학적 유물론 전도사였던 리온 플레이페어Lyon Playfair는 1853년에 "과학은 종교이고 과학의 철학자들은 자연의 사제들이다"라고 선언했다. '다윈의 불독'이라 불리는 헉슬리T. H. Huxley는 일상의 설교에서 그 이야기를 설명했다. 가우크로거Stephen Gaukroger에 따르면, 이것은 더 폭넓은 변이의 일부로서 그 변이 과정에서 서구인들이 우세하다고 느끼는 영역이 별 동요 없이 종교에서 과학으로 이동했다. 그리고 그 과정은 하나의 종교를 다른 종교로 바꾸었다. 하지만 이런 '자연의 사제들'은 자연을 통제하는 인간의 능력이나 오로지 합리주의적으로 자연을 포착하는 능력을 찬양하는 것만큼 자연 그 자체를 찬양하지는 않았다. 이는 자신을 반사하는 좌반구의 작업이다. 마르크스는 "인간의 자기의식을 최고의 신성으로 인정하지 않는 모든 신적이거나 지상적인 신"에는 반대하면서도, 프로메테우스를 "철학의 달력에서 가장 저명한 현인이자 순교자"라 불렀다.[61] 히틀러 역시 나중에 아리안족이 "그 환한 이마로부터 천재성의 신성한 불꽃이 항상 발산되어 침묵의 신비의 밤을 밝혀 주는 지식의 불꽃을 영원히 피워 올리며, 그럼으로써 인간이 지상의 다른 존재 위에서 지휘자가 되는 길을 올라가게 만든 인류의 프로메테우스"라는 글을 쓴다.[62] 과거를 쓸어 내버리는 과정에서, 그리스인들이 모든 비극의 심장부에 있는 것으로 이해했던 오만함의 개념이 함께 사라진 것 같다.

케레니에 따르면, 고대에는 이와 대조적으로 "상처받기 쉬움은 신들의 속성이자 인간 존재의 특징이기도 했다".[63] 하지만 프로메테우스적인 좌반구는 이 점을 인정할 수가 없다. 케레니는 말한다. "프로메테우스, 희생제의의 창시자는 사기꾼이자 도둑이었다. 이런 특질들이 그가 나오는 모든 이야기의 기저에 놓여 있다." 그의 비호를 받아 인간은 주위에 널려 있는 신성을 훔칠 수 있었고, "그의 만용은 인간들에게 무한한, 또 예측할 수 없는 불행을 초래했다".[64]

맥락에 대한 좌반구의 무관심은 두 가지 중요한 결과를 낳는데, 어떤 결과가 나오더라도 실재의 버전은 더 위험하면서도 저항하기는 더 힘들다. 과학주의를 다른 어떤 분야보다도 적절하게 적용할 수 있는 인간의 특정 경험 분야가 있다는 사실은 무시된다. 그것을 이해하려면 맥락에 대해, 그리고 무엇이 타당한지에 대해서도 알고 있어야 하다. 그런데 이 두 가지 모두 좌반구적인 관점에서 볼 때는 우반구가 불필요하게 그 절대적이고 비우연적인 본성에, 절대적 권력의 연원에 개입하는 것으로 간주된다. 그와 동시에 과학은 과학 자체는 역사화 혹은 맥락화에서 면제된다고 설파하는데, 그런 역사화와 맥락화는 19세기에 기독교의 기반을 흔드는 데 사용된 방법이었다. 그것은 과학이 자신은 비판을 면제받으면서도 세계에 대한, 또 인간의 경험에 대한 온갖 설명들을 비판할 수 있게 해 주는 방법이기도 했다. 이 '과학의 무오류성'이라는 교리는 계몽주의가 모든 사유의 맥락 의존적 본성을 이해하지 못한 탓이기도 하다. 존 듀이는 이것을 "오류 없는 개념이라는 철학 체계의 도그마dogma"라 불렀다. 과학 그 자체의 미토스mythos[신앙 체계·가치관]가 발달하지 않은 상태였다면 이 중 어느 것도 가능하지 않았을 것이다. 그리고 이는 20세기에 우리 문화의 지배적 미토스가 되었고, 그 핵심적 특징은 19세기에 이미 마련되어 있었다.

먼저 과학의 통일이라는 미토스가 있다. 이는 지식으로 가는 맥락과 상관없는 하나의 논리적인 통로가 있다는 좌반구의 견해이다. 그러나 스티븐 가우크로거의 말을 인용하면, 실제 과학은 "상이한 주제와 상이한 방법을 가진 원리들이 각기 특정한 목적을 위해 작동하는, 다양한 방식으로 느슨하게 묶인 무리 짓기"다.[65]

그 다음으로 과학적 방법의 지배라는 신화가 있다. 이는 곧 순차적 통로를 따라 지식으로 나아가는 좌반구의 계획적이고 가차 없는 전진이라는 신화이기도 하다. 사실 우리는 과학적 방법이 나름의 역할을 하기는 하지만 과학에서의 가장 큰 진보는 흔히 우연한 관찰이나 특정한 인물들이 가졌던 집착의 산물, 그리고 너무 엄격한 구조와 방법과 세계관 때문에 적극적으로 금지될 수도 있었던 직관의 결과였음을 안다. 기술적 진보 역시 체계적 방법으로 예견된 결과라기보다는 국지적인 열성분자나 숙련된 장인들이 국소적인 문제를 해결하고자 경험적인 시도를 한 결과인 경우가 더 많고, 많은 경우는 솔직하게 말해서 전혀 다른 것을 만들어 내려고 시도하다가 운명의 손길이 인도해 낸 부산물이다. 또 그저 과학적 지식의 한계 밖에 있는 것들이 있는데, 이런 방식으로 그것들이 이해될 수 있으리라고 가정하는 것은 범주의 오류에 해당한다. 이런 생각은 좌반구의 오만을 무시하는 처사다. 신경세포의 행동 잠재력을 발견한 위대한 독일 생리학자 에밀 뒤부아 레몽Emil DuBois-Reymond이 '이그노라비무스ignorabimus' ("우리가 절대로 알지 못할 일들이 있다")라는 선언으로 과학적 이해에 적정 한계를 설정했을 때, 좌반구가 보인 반응은 분노였고, 이는 지금도 마찬가지다. 그 다음에는 도덕보다 우월한 과학이라는 신화가 있는데, 이는 과학이 건전함과 도덕성을 위한 유일하게 확고한 기초라는 생각을 무비판적으로 받아들이는 태도, 전형적으로 부정하는 좌반구와 기묘하게 짝을 이룬다. 인간의 고통을 경감시킬 수 있었던 수많은 성공에도 불구하고, 이 분야에서 과학이 달성한 기록도 깨끗함과는 거리가 멀다는 것을 우리는 알고있다. 또 그 연구 방법들과, 아마 의도는 없었겠지만 그럼에도 예견 가능했던 그 행동의 결과들, 그리고 가끔은 그 목적 자체가 명백하게 해롭기도 한 그런 결과들의 경우도 이와 마찬가지다. 더 심하게 부정하면, 대개 교회라는 형태의 도그마에 저항하는 용감한 자세라는 신화가 나오는데, 이 신화는 과학만이 선입견이 없다는 메시지를 전달하도록 고안된, 심하게 단순화된 이야기로 포장된다.

■ 산업혁명

하지만 좌반구가 우반구 세계에 가장 뻔뻔한 공격을 가할 수 있게 해 준 것은 산업혁명이었다. 아니면 좌반구의 가장 과감한 공격이 산업혁명이었다고도 할 수 있다. 이 움직임이 이 책에 실린 이야기의 가장 심오한 결과이며, 현대 세계를 규정하는 특징을 승인한다는 것은 두말할 나위 없다. 다음 장과 마지막 장의 주제가 바로 이것이다.

좌반구가 한 걸음 전진할 때마다 절대적이고 불관용하는 태도로, 그 경쟁적이고 자신감 있는 태도로 공격을 허용하지 않는 옳음이라는 믿음과 보조를 맞추어 전진하며, 반대를 휩쓸어 버린다는 것은 주목할 만하다. 종교개혁, 청교도혁명, 프랑스혁명, 과학적 유물론의 등장이 그것이다. 여기에 문화사의 지형을 절단하고 휩쓸어 버린 산업혁명도 예외가 아니다. 그러나 좌반구 운동의 대담함은 그런 것도 넘어선다.

우반구가 '타자'를, 우리 자신과는 별개로 존재하는 모든 것을 가져다준다면, 좌반구 운동은 '저 밖'에 있는 구체적 실체의 세계와는 같지 않지만 적어도 우리가 그것들을 생각하기 전에는, 의식적인 성찰 속에서 그것들의 개념, 그것들을 가지고 불가피하게 만들게 되는 추상 및 구성과, 좌반구의 기여물들과 대립되는 것으로 실제로 존재하는 것들이라 생각하게 되는 모든 것을 포괄한다. 그렇다면 좌반구가 외화外化하여 직접 구체성을 갖게 된다면, 그래서 마음과 별개로 실제로 존재하는 사물의 영역이 다분히 좌반구의 투사로 구성된다면 어떻게 될까? 그러면 우반구 경험의 존재론적 우위는 허를 찔리게 될 것이다. 왜냐하면 우반구의 경험이 '타자'가 아니라 이미 좌반구가 처리한 세계를 가져다줄 것이기 때문이다. 그렇게 되면 우반구가 거울의 방에서 탈출하여 인간의 마음 밖에 있는 진정으로 '타자'인 어떤 것에 도달하기는 까다로워지고, 결국엔 불가능해질 것이다.

본질적으로 산업혁명이 이룬 성취는 이것이다. 이 운동은 노골적이고 거대하고, 인간이 자연 세계에 대한 권력을 요구하는 가장 대담한 주문이다. 산업혁명은 좌반구의 장기적 의제를 포착하는 차원을 넘어, 좌반구를 본떠서 세계를 창조하는 일이었다. 기계에 의한 상품 생산은 한 계급의 구성원들이 개별자로서 갖는 짜증스러운 진정성을 유지하면서 그저 엇비슷하게만 닮는 정도를 넘어서서 진정으로 동일해지는 세계를 보장한다. 그들은 그들이 속한 범주의 동일하고 교환 가능한 구성원이다. 그들은 살아 있는 손으로 만들 때 생기는 불완전성을 겪을 위험이 없다. 자연 과정에서 생기는 미묘한 변주는 완벽한 원, 직선 따위의 선형, 사각형, 정육면체, 원통형 등의 변화 없고 전형적인 형태로, 다른 표현으로 하면 좌반구가 인식하는 형태로 대체된다.

그런 일정한 형태는 자연적 과정으로 만들어지지 않으며, 신체에 비우호적이다. 신체는 어쨌든 그것 자체와 그것이 창조하는 모든 것에서 끊임없는 변주와 변화, 형태 진화의 근원이다. 그러므로 신체의 증거는 만들어진 것들에서 최대한 제거될 것이다. 그것은 무엇보다도 도구와 메커니즘, 즉 좌반구에게서 우선적으로 다루어지는 종류의 생명 없는 대상인 도구와 메커니즘이 되고, 기계를 만드는 기계가 되고, 생명의 모든 성질을 결여하는 생명의 자기 증식적 패러디가 될 것이다. 그것의 산물은 확실하고 그 방식에서는 완벽하며, 내게 가치가 띠는 특별한 것이라는 의미(우반구의 선호)가 아니라, 아이콘적인 의미(좌반구의 선호)에서 **익숙하다.** 동일한 실체, 선형이며, 끝없이 증식 가능하며, 본성상 기계적이고, 확실하고 확고한 인공물 말이다.

이런 상황에서 전前반성적으로 경험된 세계, 우반구가 전달하려는 세계도 결국 "좌반구에 의해 처리된 세계"가 되는 상황이 올 거라고 하면 지나친 말일까? 그렇게는 생각하지 않는다. 나는 그것이 기계가 만든 표면과 형태들의 격자무늬, 직선적 성질이 점점 더 강해지는 도시 환경들의 복합물 정도로 정리하겠다. 그 속에서 자연 세계를 입에 올리는 사람은 거의 없다. 세계적으로 인구의 많은 수가 그런 환경 속에 살고 있고, 점점 더 심하게 고립되어 살아간다. 그러면서 자연 세계에는 전례 없는 공격이 가해지고 있다. 수탈과 파괴와 오염에 의한 것만이 아니라, 더 섬세하게 살피자면 이런저런 과잉 관리가 낳은 것도 있다. 또 그와 함께 수행되는 작업의 성격과 TV 및 인터넷으로 행하는 여가 시간의 항상 존재라는 점에서 생명의 가상성도 함께 증가한다. 그런 것들은 대체로 좌반구에 의해 처리되는, 비실질적인 생명의 복제를 창출했다. 이것이 이 운동의 목표라면, 그 목표는 놀랄 만큼 짧은 기간 안에 실현되었다. 1950년대에 베르너 하이젠베르크는 다음과 같이 말했다.

> 기술은 더 이상 물질적 힘을 증대시키려는 인간의 의식적 노력의 산물로 보이지 않는다. 그보다는 인간 유기체의 내재적 구조가 인간의 환경 속으로 갈수록 더 많이 이식되는 인류의 생물학적 발달과 더 비슷해 보인다.[66]

이 구절을 읽었을 때 나는 내 눈을 의심했다. 왜냐하면 그것은 좌반구의 내재적 구조가 기술을 통해 그것이 지배하게 된 세계 속에 육화되어 있다는 내 주장을 정확하게 똑같이 표현하고 있기 때문이다.

하지만 좌반구는 여기에 만족하지 않을 것이다. 왜냐하면 우리의 두뇌는 생울타리 미로에서, 거울의 방에서 나갈 수 있는 출구를 계속 방해물 없이 열어 두기 때문이다. 본성이 신체를 갖고 있다는 사실을 통해 우반구는 여전히 복귀할 수 있다. 좌반구가 이 탈출구를 어떻게 폐쇄했는지를 보려면, 사물 세계의 진화만이 아니라 20세기의 관념 세계를 살펴보아야 한다. 내가 1부의 끝 부분에서 넌지시 암시한 "상호 작용의 비대칭성"이 활동하게 되는 것이 이 지점이다. 또 지금까지는 반구들 사이에 흔들림이 더 격렬해지고 있었음을 입증한 상황이 혼란에 빠지고, 그 결과 좌반구 세계가 최종적일지도 모르는 승리를 얻게 되는 것도 이 지점에서다.

The Divided Brain and
the Making of the Western World

12

현대와 포스트모던 세계

■ 세계의 비세계화

"1910년 12월경 인간의 성격이 변했다."는 버지니아 울프Virginia Woolf
의 말은 그 장난스러운 특정성 때문에 기억해 둘 만하다. 그 날짜가
1910년 11월 런던의 그라프턴 갤러리에서 열린 로저 프라이Roger Fry의
〈마네와 포스트 인상주의자들Manet and the Post-Impressionists〉이라는 논쟁적
인 전시회를 가리키는 것이라고 말하는 사람이 많기 때문이다. 그러나
울프가 뜻했던 변화는 특정성과는 거리가 멀고, 완전히 포괄적이었다.
로저 프라이조차 자신이 그런 변화의 주동자로 꼽힐 것이라고는 예상
하지 못했을 것이다.

울프가 현대의 시작으로 특정한 날짜를 지목하여 규정한 것은, 변화
의 신속함보다는 그전과 그 이후의 사태 사이에 생긴 균열의 갑작스러
움을 시사하기 위함이었다. 나중에 보여 주겠지만, 그 균열은 겉으로

보이는 것만큼 크지는 않았다. 그 변화는 이미 오래전부터 진행되는 중이었다. 갑작스러운 점은 그 결과가 드러난 양태였다. 그것은 예상치 못했던 폭설로 인한 눈사태라기보다는, 오랫동안 침식된 끝에 일어난 산사태에 더 가까웠다.

하지만 그 변화는 당연히 삶의 모든 측면에 영향을 미쳤다. 울프의 말처럼 예술만이 아니라 우리가 살고 있는 세계를 이해하고, 서로 관계를 맺고, 심지어는 전체 우주 속에서 자신을 보는 방식에까지 영향을 미치는 변화였다. 현대성의 표시는 명백히 산업혁명의 효과에서 도출된 사회적 해체의 과정이지만, 그것은 사회를 본질적으로 원자적인 개인들의 총합으로 보는 콩트의 사회관에 뿌리를 두고 있었다. 농촌에서 도시 생활로의 이동 역시 산업적 팽창 및 과거의 족쇄에서 자유로운 이상적 사회를 원하는 계몽주의적 추구의 산물이었는데, 결과적으로는 친숙한 사회질서의 붕괴와 소속감의 상실을 낳았고, 그것이 마음의 생활에 미친 영향은 매우 컸다. 한편으로 과학적 유물론 및 관료주의의 등장은 막스 베버가 '환멸을 느낀 세계'라 부른 것을 만들어 내는 데 기여했다. 인간관계를 고작 효용, 탐욕, 경쟁에 기초한 것으로 이해하는 방식인 자본주의와 소비자주의가 문화적 연속성과 연대감을 기초로 하는 관계를 대체했다. 체계적 순응성을 조직하고 범주화하고 복종시키는 대표자인 국가는 민주주의 국가에서조차 그 교만성을 드러내기 시작했다. 권력과 물질적 힘의 아첨이 정복의 욕망 및 힘(기술적 진보를 통해)과 합쳐져 모든 형태의 민주주의의 포기와 전체주의의 등장으로 이어진다는 걱정스러운 신호가 나타났다.

추상화, 관료주의, 사회적 해체가 개인적 정체성에 미치는 영향은 막스 베버와 에밀 뒤르켐Emile Durkheim 이후 사회학의 주제가 되었으며, 그것이 현대 의식에 미치는 영향은 피터 버거Peter Berger와 그 동료들이 집필한 『집을 잃은 마음The Homeless Mind』 같은 연구서에서 탐구되었다.[1] 전면적인 합리주의적·기술적·관료주의적 사고방식은 버거가 삶과 죽음과 우리가 사는 세계에 대한 집단적 믿음을 반영한다는 의미의 '신성한 천장sacred canopy'이라 부른 것을 파괴함으로써 삶에서 의미를 제거했다. 그 결과로 나타난 아노미anomie 현상, 모든 내용의 상실, 공유된 가치 구조의 파괴는 일종의 실존적 불안 상태로 이어졌다.

이 주제를 다룬 저서 『현대성과 자아정체성Modernity and Self-identity』에서 앤서니 기든스Anthony Giddens는 세계화globalisation가 요구하는 공간과 시간의 특징적인 붕괴를 묘사한다. 세계화 자체는 소속감과, 궁극적으로는 개인적 정체성을 파괴하는 산업자본주의의 필연적 결과였다. 기든스가 언급한 '분리 기재disembedding mechanism'가 가져오는 결과는 사물들을 맥락에서 분리시키며, '현장locale'이라는 장소의 고유성에서 우리를 떼어 낸다. 실제 사물과 경험은 상징적 표시물로 대체된다. '전문가' 시스템이 지방적local 노하우와 기술을 대체하여 규칙 의존적인 중앙 집중화된 과정으로 바꿔 놓는다. 그 결과는 삶의 추상화와 가상화假想化이다. 기든스는 순順 피드백의 위험한 형태를 본다. 그 피드백에서 이론적 입장들은 그것이 일단 발표되고 난 뒤에 발생하는 현실을 지시한다. 그 다음에는 현실을 형성하고 반영하는 미디어를 통해 그것들이 우리에게 피드백된다. 미디어는 정보 항목을 마음대로 병치함으로써 파편화를 조장하고, 또 멀리 있는 사건들이 일상의 의식 속으로 개입하도록 허용하는데, 이는 현대 생활에서 일어나는 탈맥락화의 또 다른 면모이며, 경험된 세계에서 의미가 사라지는 데 힘을 보탠다.

'집을 잃은' 마음·장소에 대한 애착은 우리 속 깊은 곳에 존재한다. 신경학적으로 말하면, 사회적 애착이 형성되는 과정과 관련된 통합된 감정 체계의 진화적 뿌리는 장소에 대한 더 오래되고 원초적인 동물적 애착에 있을 것이라고 한다. 어떤 동물은 어미에게 보이는 것만큼 둥지가 있는 장소에도 큰 애착감을 보인다. '소속감belonging'이란 단어는 고古영어에서 갈망longing과 같은 어근인 'langian'에서 나왔다. 그것은 "내 장소", 내가 "편안하게 여기는" 곳에 대한 강력한 감정적 애착을 뜻하며, 영속성을 함축한다. 지난 100년 동안 이것은 현대성을 규정하는 적어도 세 가지 이상의 특징이 가하는 공격을 점점 더 많이 받고 있다. 그 세 가지 특징이란 이동성, 극단적인 변화 속도, 파편화이다. 이동성은 주민들이 자기들이 살고 있는 장소에 어떤 우선적인 애착도 필연적으로 갖지 않고 끝없이 움직인다는 뜻이다. 물리적 환경 변화의 극단적인 속도는 소비와 이동상의 편의 요구, 자연 세계에 대한 수탈, 고대 문화적인 농업에서 다른 산업으로의 변형, 증가하는 도시화로 부채질되는데, 이것들은 모두 빠른 속도로 소외가 진행되는 익히 본 광경을 낳았다.

그리하여 우리의 애착, 삶에 의미를 주는 관계들의 그물망은 모두 와해되고 있다. 그런데 공간과 시간의 연속성은 서로 연결되어 있다. 장소 감각이 상실되면 시간의 흐름에 따르는 개인적·문화적 정체성 역시 위협받는다. 우리가 어디서 태어나고 죽을 것인지만이 아니라, 우리의 선조들이, 또 자손들이 어디서 태어나고 죽을 것인가 하는 장소 감각이 위협받는 것이다. 시간의 연속성은 그것을 구현하는 전통이 붕괴되고 폐기되면서 함께 붕괴된다. 생각하고 행동하는 방식은 더 이상 점진적으로, 또 문화가 소화할 수 있는 속도로 변하지 않고, 급격하고 신속하게, 묵시적이고 가끔은 명시적으로 과거를 지워 버리려는 목표를 갖고 변한다. 그러면서, 공동체 감각 역시 급격하게 약해진다.

이처럼 모더니즘modernism, 현대 문화의 특징을 이루는 변화는 예술에 표현된 것보다 훨씬 더 깊고 넓다. 이 변화가 점점 더 좌반구에 지배되는 세계를, 우반구가 허용하는 것에 점점 더 적대적인 세계를 나타낸다고 나는 믿는다.

17세기의 과학혁명에 대한 설명에서 스티븐 툴민은 한편으로는 사회적·종교적·정치적 갈등과, 다른 한편으로는 당대의 과학과 철학에 전시된 확실성에 대한 굶주림 사이의 관계를 밝힌다. 툴민은 전자가 후자의 원인이라고 보는, 이해할 만한 가정을 설정하기는 하지만, 후자를 전자의 원인이라고 볼 만한 점이 훨씬 더 많다는 것을 말해 주는 증거에도 눈을 감지 못한다. 지난 시대의 인문주의자들은 종교와 정치에서 그랬듯이 사회적 공간에서의 불확실성 때문에 파멸하다시피 했지만, 그 사상가와 작가들을 지배하는 것은 확실성에 대한 이와는 다른 태도였다. 내가 보기에 모든 진영의 입장이 더욱 완고해지고, 과학주의와 반동 종교개혁이 상대적으로 타협하지 못하게, 또 갈등으로 이어지게 만든 것은, 좌반구적 가치와 우선적 기준 및 존재 양식을 향한 이동이라는 현상을 나타내는 그 이후 시대에 등장한 확실성에 대한 굶주림이었다.

20세기가 되면 확실성에 대한 요구가 더 커진다고 툴민은 말한다. 그의 생각은 옳다.

> 형식논리를 모델로 하는 "엄격한 합리성" 및 자연과학의 모든 분야에서 새로운 생각을 개발하는 보편적 방법이라는 생각은 1920년대와 30년대에, 17세기 중반에 그랬던 것보다 더욱 열광적으로, 또 더욱 극단적인 형태로 받아들여졌다. …… 분석철학에서 빈 학파의 프로그램은 …… 데카르트와 라이프니츠의 것보다 더욱 형식적이고 엄밀하고 엄격했다. 모든 부적절한 표상과 내용과 감정에서 해방된 20세기 중반의 아방가르드는 17세기의 합리주의자들을 한참씩 앞서 갔다.[2]

그리고 여기서 다시 그는 필요한 변경만 가하여mutatis mutandis 동일한 가정을 설정한다. 즉, 확실성에 대한 요구는 파시즘과 스탈린주의의 대두로 초래된 유럽에서의 불안정에 대한 반응이었다는 것이다. 이 말은 좀 의심스럽다. 무엇보다도 지적인 변화는 전체주의가 등장하기 훨씬 전에도 보였다. 파시즘과 스탈린주의가 모더니즘의 원인이 아니라 그것과 동일한 정신세계의 면모라면 어떻게 할 것인가? 둘 다 좌반구적 세계의 심층 구조의 표현이라면?

■ 모더니즘과 좌반구

때가 되면 이 물음으로 돌아올 것이다. 먼저 좌반구적인 세계 인식 방식이 우리의 문화를 점점 더 많이 지배하고 있다는 더 직접적인 증거가 있는지 보자.

간략하게 재현해 보자. 우반구가 손상을 입으면, 정신분열증과 의학적으로 비슷한 문제들이 광범위하게 발생한다. 두 집단의 환자들은 모두 맥락을 이해하는 데서 어려움을 겪으며, 그렇기 때문에 화용론話用論에서 문제가 생기고, 소통의 토론적 요소를 잘 감식하지 못한다. 어조를 이해하고, 얼굴 표정을 해석하고, 감정을 표현하고 해석하며, 상대방의 관점 배후에 있는 가정을 이해하는 데서도 비슷한 문제가 생긴다. 그들은 게슈탈트 지각과 전체를 포착하고 이해하는 데도 어려움을 겪는다. 직관적인 처리와 은유를 이해하는 문제도 마찬가지다. 두 집단 모두 서술 구조를 잘 인식하지 못하고, 시간의 자연적 흐름의 감각을 상실하는 경향이 있다. 마치 시간이 정지된 순간들의 연속으로 대체되는 듯 보인다. 둘 다 시각적으로 간헐운동zeitraffer 현상을 경험한다고 보고된다. 둘 다 경험 내용의 현실성이나 실질성을 지각하지 못하는 결함이 있는 듯 보인다. 또 어떤 사건이나 사물, 사람의 고유성도 지각하지 못한다.

　아마 가장 중요한 것은, 그 두 집단 모두에게 상식이라 할 만한 것이 결여되는 현상일 것이다. 둘 다 안정화시키고 일관성을 부여하며 뼈대를 구축하는 역할을 해내지 못하는데, 이는 정상인의 경우에 우반구가 수행하는 부분이다. 그리고 둘 다 전주의前注意 처리 과정이 줄어들고, 좁게 집중된 관심이 증가하는 현상을 보이는데, 이는 특정적이고 과도한 지성화이며 부적절하게 고의적인 접근 태도이다. 둘 다 직관적이고 자발적이고 전체적인 파악 양식보다는 단편적이고 탈맥락화된 분석에 의존하고, 자기 행동을 설명하는 규칙을 조직적으로 배열하는 경향이 있다. 가령 타인들의 행동을 비판하고자 마치 다른 문화권에서 온 손님처럼 처신하는 것이다. 생명체가 기계 같은 존재가 된다. 루이스 사스의 기록에 의하면, 한 정신분열증 환자는 마치 좌반구적 세계관의 우선성을 확증하듯이 "세계는 도구로 구성되어 있으며…… 우리가 보는 것은 모두 나름대로 효용이 있다"고 말했다.[3] 뇌영상에서도 정신분열증 환자들의 두뇌에서 비정상적 활동 유형이 발견된다. 흔히 우반구 활동이 더 많이 활성화되어야 할 상황인데도 좌반구의 활동이 과도해지는 것이다. 이런 활동에는 온갖 종류의 활동이 모두 포함된다. 가령 후각이 비정상적으로 편중화되는 현상이 나타난다. 후각 활동을 할 때 따르는 현상인 후(각)뇌嗅腦·rhinencephalon 및 우측 안와 전두 피질에 연결된 변연계에서의 우반구 활성화 정도가 줄어들고, 좌반구의 활동이 증가한다. 후각이 갓난아기와 엄마에게, 그리고 모든 종류의 사회적 연대에 얼마나 중요한지를 생각한다면, 또 우리 세계를 직관과 신체 속에 기초 지우는 데서 후각이 차지하는 역할을 생각한다면, 지그재그 퍼즐의 한 조각인 이 부위가 크기는 작아도 결코 하찮은 조각이 아님을 알 수 있다. 이것이 제 역할을 못하면, 우반구는 정상적으로 작동하지 않고 좌반구가 그 자리를 차지한다. 그리고 정신분열증을 안정시키는 데 쓰이는 약물은 도파민 에너지 활동을 줄여 주는 역할을 하는데, 도파민 에너지 활동이란 좌반구가 훨씬 더 크게 의존하고 있는 신경전달 작용의 한 형태이다.

이렇게 보면 정신분열증 환자와 우반구가 정상적으로 작동하지 않는 사람 사이에는 놀랄 만큼 닮은 점이 있다. 바로 그 증거, 좌반구를 선호하는 불균형이 정신분열증에서 발생한다는 것을 시사하는 수많은 증거들을 생각하면, 이는 그다지 놀랄 일도 아니다. 그리고 우리 개인들에게 이런 일이 일어나고 있다면, 좌반구식 이해 양식에 지배되는 문화가 그런 특징을 보일 수 있을까?

바로 이런 현상을 보여 주는 놀랍고도 실질적인 증거가 있다.

■ 모더니즘과 정신분열증 : 핵심적 현상학

영향력이 큰 심리학자 루이스 사스는 모더니즘 문화와 미술, 문학, 철학을 정신분열증 현상과 관련지어 분석하는 글을 다양하게 써 왔다. 『환각의 패러독스 : 비트겐슈타인과 슈레버, 정신분열증에 걸린 마음*The Paradoxes of Delusion : Wittgenstein, Schreber, and the Schizophenic Mind*』에서, 사스는 철학에서 비트겐슈타인이 거론하는 초연하고 내성적인 관찰과 독일의 시골 판사인 다니엘 파울 슈레버가 중년에 발병한 자신의 정신 질환 증세를 기록한 『내 신경 질환의 회고록*Denkwurdigkeiten eines Nervenkranken*』의 내용 사이에서 보이는 유사점을 검토한다.

사스의 연구가 갖는 중요성은 관심의 본성이 그것이 발견하는 대상을 어떻게 변경시키는지를 보여 주는 데 있다. 특히 행동을 멈추고, 자발적이고 직관적이 되기를, 관련되기를 멈추고, 그 대신에 수동적이고 초연하고 자의식적이 되고, 주위 세계를 객관적 태도로 응시하게 될 때, 기괴하고 소원하고 무서운 상황이 벌어진다는 점을 밝힌 점이 중요하다. 이런 상황은 정신분열증 환자들의 정신세계와 이상할 정도로 비슷하다. 사스는 "광기……는 의식이 신체 및 그 열정에서, 사회적·실용적 세계에서 분리되어 자기 자신으로 돌아갈 때 의식이 따르는 궤적의 종점이다."[4] 사스에게나 비트겐슈타인에게나, 철학과 광기 사이에는 밀접한 관계가 있다. 철학자의 "추상화와 소외를 향한 편향, 신체로부터, 세계와 공동체로부터의 분리"[5]는 문자 그대로의 의미에서 병적인 것을 보고 경험하는 유형을 창안할 수 있다.

비트겐슈타인 본인의 말을 빌리자면, "응시는 유아론唯我論의 퍼즐 전체와 밀접하게 묶여 있다."[6] 자기 자신에 대한 과잉 인식은 세계로부터 우리를 소외시키고 우리만이, 혹은 우리의 사유 과정만이 실재한다는 믿음으로 인도한다. 이것이 데카르트가 발견한, 자기 생각 과정만이 믿을 수 있는 유일한 진리라는 사실이 최소한 그의 존재 사실을 보장해 준다는 내용을 기묘하게 연상시키더라도, 우연의 일치는 아닐 것이다. 초연하고 움직이지 않고 움직여지지 않는 관찰자는 세계가 실재성을 잃고 그저 "보이는 것"이 된다고 느낀다. 관심은 의식을 넘어선 세계가 아니라 의식의 무대 자체에 집중하며, 그 결과 경험을 경험하는 것처럼 보이게 된다. 실제로 비트겐슈타인은 『철학적 탐구』에서 이런 종류의 응시하는 관심이 압도적이 되면 마치 다른 것들은 의식을 갖지 않은 것처럼, 마음이라기보다는 자동기계처럼 보이게 된다고 적었다. 이것은 정신분열증을 겪을 때 공통적으로 경험하는 것으로, 슈레버의 경험에서도 핵심을 차지한다. 그 너머에 무엇이 있든지 간에, 그것을 꿰뚫어보는, 그것 너머를 보는 행동이 없다.

참여는 이 과정을 뒤집는다. 비트겐슈타인 본인의 '반反철학'은 형이상학적 사유의 의식 과잉에 사로잡힌 철학적 마음에 정상성을 회복시키려는 시도로 보인다. 그는 우리가 행동하거나 상호 작용할 때, 심지어 그냥 앉아서 주위 물건들을 노려보는 대신에 주위를 걸어 다니기만 해도 사물의 '타자성'을 감안하지 않을 수 없다고 지적한다. 사스의 말을 따르자면, "대상의 무게 자체, 그것이 손에 가하는 저항이 의지나 의식으로부터 독립한 어떤 것으로서 그것의 존재를 증명한다." 하나의 물체를 움직이는 것은 "우리 자신의 행동과 효능성의 경험을 확증한다."[7] 여기서 우리는 버클리George Berkeley의 관념론에 대해, 돌부리를 걷어차면서 "나는 그의 말을 이렇게 반박한다"고 대응한 존슨Samuel Johnson을 상기하게 된다.

돌파구적인 저서인 『광기와 모더니즘』에서 사스는 계속하여 면밀한 논의를 통해 정신분열중 환자들의 경험과 모더니즘 및 포스트모더니즘 세계관 사이의 수많은 유사점을 제시한다. 그의 목적은 가치판단을 내리자는 것이 아니라 이 시대의 문학, 시각예술, 미술과 정신분열중의 핵심 현상 사이의 유사점을 지적하는 데 있다. 그의 논의는 강력하고 시사적이지만, 아주 흥미로우며 그 의미가 미치는 파장은 넓다. 사스가 현대 문화에서 지적한, 정신분열중과의 유사성은 한 마디로 서구에서의 좌반구 과잉 의존이다. 이것은 적어도 지난 100년간 가속화된 현상이다. 사스도 "신경생물학적 고려"라는 제목의 부록에서 이 가능성에 대해 논의한다.

정신분열중에는 수없이 다양한 징후와 경험이 포함되지만, 그 핵심은 자아와 세계의 관계에서 빚어지는 교란 현상이라고 정리할 수 있다. 이런 교란 가운데 가장 중요한 것은, 사스가 '의식 과잉'이라 부른 현상이다. 정상적인 경우라면 직관적이고 무의식적이며, 또 그래야 하는 자아와 경험의 요소들이 초연하고 소외시키는 관심 대상이 되고, 의식의 층위가 증식되어 자신의 인식 자체에 대한 인식이, 또 그에 대한 인식이 자꾸 생기는 것이다. 이로 인해 일종의 마비 상태가 빚어진다. 그래서 길을 걸을 때 한쪽 다리를 다른 쪽 다리보다 먼저 내딛는 것 같은 일상의 '자동적' 행동을 할 때도 문제가 생긴다. "나는 나 자신의 움직임에도 자신이 없어진다. 설명하기가 정말 힘들지만, 가끔 자리에 앉는 것 같은 간단한 행동에도 확신이 없어지는 것이다. 무얼해야 하는지 생각하는 그런 문제가 아니라, 나를 묶어 두는 것은 그것을 실행하는 부분이다." 또 다른 환자는 이렇게 말한다. "나는 모든 일을 한 단계씩 한 단계씩 해내야 한다. 이제 자동적으로 할 수 있는 일은 없다. 모든 일은 검토되어야 한다."[8] 이와 함께 자신의 신체나 직관을 신뢰하는 능력이 사라진다. 모든 것은 의식의 완전한 응시 속으로 끌려들어온다. 로베르트 무질Robert Musil의 소설 『특성 없는 남자Der Mann ohne Eigenschaften』의 주인공답지 않은 주인공인 울리히는 "관심이 취하는 도약, 눈 근육의 움직임, 프시케의 진자 움직임"을 매 순간 인식한다. 몸뚱이를 길거리에서 꼿꼿하게 유지하는 데도 엄청난 노력이 필요하다. 이는 심리학자 크리스 프리트Chris Frith가 밝힌 정신분열증의 핵심적 비정상성, "보통 같으면 의식 아래 층위에서 수행되는 자동적 과정을 인식하는 상태"와 동일하다.[9]

이와 관련된 것이 사스가 "각기 자기자신임ipseity"이라 부른 것이다. 이것은 다른 말로 하면 전前반성적인 것, 자아 감각의 기초가 되는 것의 상실을 가리킨다. 자아는 관찰의 산물을 토대로 "사실이 일어난 이후"에 구축되어야 하며, 그 존재 자체가 의혹의 대상이 된다. 여기서 반사성reflexivity이 발생하며, 그럼으로써 관심이 자아와 그 신체에 집중되어 자아의 부분들이 생소해 보이게 된다. 살아지고 살아가는 어떤 것으로서 전반성적 신체 감각의 상실, 세계 속에서 우리의 기초가 되어 주는 즉각적인 신체적·감정적 경험이 상실된다. 신체 상태와 감정이 인식의 조명을 받게 되며, 그것들이 정상적으로 느끼는 절박한 즉각성과 친밀성이 박탈되기 때문이다. 감정은 행동을 향한, 다른 존재들에게 나아가는 정상적인 방향성을 잃는다. 그 방향성은 타자들과의 결속력 있는 세계 속에서, 개인적 과거에서 발생하여 개인적인 장래로 나아가는 것이다.

외견상 상반되어 보이지만 실제로는 똑같은 견해의 두 측면 사이에는 갑작스러운 방향 전환이 있다. 전능성과 무능성이 그것이다. 자아가 없거나 관찰하는 눈이 보는 것이 사실은 자아의 일부이므로 자아와 분리된 세계란 존재하지 않는다는 결론에 도달하거나, 모든 것이 자아에 포용되거나 그 결과는 똑같다. 우리가 갖고 있는, 무언가가 나와 별개로 존재한다는 인식으로 규정되는 자신에 대한 정상적 감각이 이 두 조건에는 모두 없기 때문이다. 정신분열증에서는 이 입장이 경험의 주관화와 관련된다. 외부 세계로부터의 물러남, 내부의 환상 영역으로 관심을 전환하는 것이 그런 사례이다. 그렇게 되면 세계는 우리 의지와 별개로 존재하는 실재가 있음을 시사하는 특징들을 잃어버리게 된다. 우리의 손이 닿지 않는 곳에 있는 세계가 지닌 측면들의 궁극적인 불가지성, 우리의 환상과 분리된 영역의 변덕스러움을 말해 주는 특징들이 없어지는 것이다. 이와 동시에, 세계와 그 속에 사는 타인들은 객관화되어 객체가 된다. 사스는 이를 세계의 '비세계화'로 규정하는데, 이는 하이데거에게서 빌려 온 표현이다. 이는 점점 파편화되고 의미가 사라지는 세계를 결속시키는 포괄적인 맥락이라는 의미가 사라지고 있음을 말해 준다.

각자 사용하는 용어는 다르지만 루이스 사스, 조반니 스탄겔리니, 요제프 파르나스Josef Parnas, 단 자하비Dan Zahavi 등의 연구가 나온 이후로, 의식 과잉과 '자기자신임'의 상실, 비세계화처럼 분명히 상호 관련된 현상들이 정신분열증 환자들의 경험에도 근본적인 것임이 드러났다.

■ 정신분열증과 모더니즘 미술 간의 관계

이런 경험과 내향적 철학자가 되는 조건 간의 관계는 앞에서 언급한 바 있다. 하지만 자아 의식의 증가로 인해 직관적이어야 할 것이 이성의 응시 속으로 옮겨지고 우리가 우리 자신의 본성과 달리 철학자가 되어 버린 계몽주의에서도 그랬듯이, 정신분열증과 현대 사유의 관계도 본격 철학을 훨씬 넘어 문화 전반의 영역으로 확장된다. 사스는 정신분열증의 특징인 바로 그런 현상들을 문화 전반에서 확인한다. 한 정신분열증 환자는 "이 모든 것에 내적으로 적응해왔지만, 이제 나의 지적인 부분들이 나의 전부가 되었다"고 말한다. 이것과 카프카Franz Kafka의 경우를 비교해 보자. 소외된 현대인의 의식을 대변한 작가로 알려진 카프카는, 일기에다 내적 성찰이 "나의 어떤 생각도 평온하게 가라앉도록 내버려 두지 않는다. 그것은 모든 생각을 의식 속으로 몰아넣고, 그것 자체가 하나의 생각이 되었다가 그것 자체가 다시 새로워진 내성內省의 추적을 당한다"고 썼다.[10] 그 과정으로 인해 모든 내성의 노력이 그 자체로 객체화되는 '거울의 방' 효과가 생긴다. 자발성은 사라져 버린다. 자기 인식의 과잉이 경험의 응집성을 파괴하면서 방향 상실과 파편화가 발생한다. 현대의 지성적 삶의 자기의식과 자기 반사적 숙고가 광범위하게 인식 가능한 소외된 무기력 상태를 유발하는 것이다. 그 결과, 실재라 불리던 것이 소외되고 무서운 것이 된다.

비트겐슈타인이 간파했던 해체적 응시는 정신분열증의 특징이다.

사스는 한 연구에서 "정신분열증의 범위에 속하는 사람들은 흔히 어떤 자극장 안에서 움직이는 것처럼 보일 때가 많은데, 그것은 일종의 고정되어 있고 꿰뚫어 보고 집중력 과잉인 응시에 몰두한다는 의미다. 그런 응시는 상식적으로 인정되는 게슈탈트를 구성 부분들로 해체해 버린다"고 썼다. 모더니즘의 특징이기도 한 이런 현상은, 우리에게 고의적으로 파편화된 좌반구의 세계를 가져다주었다. 수전 손택Susan Sontag에 따르면, 이는 모더니즘 미술이 감상자에게 적극적으로 권장하는 양식이다. "전통 미술은 작품을 보도록 초대한다. 모더니즘 미술은 작품에 대한 응시를 낳는다." 응시는 타인과의 다리를 만드는 데서는, 세계 전반에서도 미지未知의 것이다. 그것은 소외를, 통제할 필요를, 아니면 공포에 빠진 절망감을 시사한다.

의식 과잉은 신체 및 그에 부수적인 감정에서의 탈출이라는 효과를 발생시킨다. 정신분열증 환자들은 종종 "의미 비우기"에 대해 묘사하는데, 한 환자는 모든 단어가 "내용이 비워진 봉투" 같다고 말했다. 생각이 너무 추상적이 되어서, 지워질 수 없는 일종의 공허성이 생겨난다. 심지어 감정마저 완전히 비워진 것처럼 느낄지도 모른다. 다만 사물의 존재 사실에 직면했을 때 느껴지는 전반적인 불안감, 혹은 구토감이 있을 뿐이다. 기괴하고 충격적이며 고통스러운 생각이나 행동이 이런 마비된 고립감의 상태를 누그러뜨리려는 노력의 일환으로 환영받을 수도 있다. 모더니즘에서도 그렇다. 사스는 "나는 감정에 상응하는 것을 전혀 찾을 수 없다"고 말한 앙토냉 아르토Antonin Artaud의 말을 예로 들면서, 그가 창안한 '잔혹극'은 이렇게 생명이 없어진 여건에 대한 반응이라고 주장했다. 아르토는 아나이스 닌Anais Nin에게 "나는 충격요법과 같은, 사람들에게 자극을 주고 충격을 가하여 감정을 느끼게 만드는 연극을 원했다"고 말했다.[11] 이런 감정은 무감각의 마비 상태에서 벗어나려고 자해 행위를 하는 환자들이 곧잘 하는 얘기다. T. S. 엘리엇의 『프루프록의 연가The Love Song of J. Alfred Prufrock』의 시작 부분에 등장하는 마취당해 탁자 위에 누워 있는 환자들은 마취된 모더니즘의 예언자들처럼 보인다. 이처럼 모더니즘에서는 신체적이고 감정적인 것들이 모두 차단된다.

루이스 사스는 모더니즘에서 능동적 자아가 사라지고 비인간화가 나타났다고 지적한다. 그것이 있던 자리에는 일정한 파편화와 수동화가 들어섰고, 자아의 통일성과 효과적인 행동을 할 능력은 사라졌다. 남아 있는 것이라곤 버지니아 울프의 『파도The Waves』에서 보이는 것 같은 "주체 없는 주관성"이라는 비개인적 주관주의나, 아니면 로브그리예Alain Robbe-Grillet의 단편 「비밀의 방La Chambre secrete」에서 나타나는 모든 공감을 거부하고 세계에서 가치를 박탈하는 극단적 종류의 객관주의나 둘 중의 하나이다. 로브그리예의 '이야기'는 한 여자 시체에 대한 일련의 정태적 묘사로 이루어진다. 그 차갑고 의학적인 초연함은 자연스러운 인간적 감정에 대한, 신체 및 신체가 함축하는 모든 것에 대한 소외의 승리를 그 어떤 추상미술보다도 더 잘 표현한다. 여기서는 칼에 찔린 시체가 신체 일반을 대표하며, 모더니즘의 손에 죽임당한 신체의 운명을 나타낸다고도 말할 수 있다. 여성의 살과 피투성이 상처를 기하학적으로, 파편화된 태도로 시간 순서에 상관없이 묘사하는 방식은, "단순히 존재하는" 것만 묘사하는 로브그리예의 단순 명백한 방식에도 불구하고 비현실적이라는 느낌을 더해 준다. 존재는 그렇게 단순하지 않기 때문이나.

사스는 그의 특기라 할 정신분열증 논의에서 로브그리예나 다른 사람들의 이야기를 신중하게 비교한다. 그렇게 하여 일관된 서술 노선의 결여, 캐릭터의 해체, 관습적인 시공간 구조의 무시, 이해 가능한 인과 관계의 상실, 상징 혹은 참조적 관계의, 또는 무엇보다 중요한 은유 의미의 파괴 등의 유사점이 도출된다. 가장 흥미로운 점은, 정신분열증 환자들은 세계의 정태적인 측면을 강조하고 감정적이고 동적인 측면을 폄하하여, 과정이나 행동보다는 객체에 지배되는 우주를 존재하게 한다는 것이다. 이는 살아 있고 진화하는 것보다 무생물을, 정태적인 것을 선호하는 좌반구의 성향과 비슷하다.

이처럼 줄거리가 붕괴되고 형식적 수단이 언어의 내재적 시간성에 대해 관심을 끊는 모더니즘에서는, 인간의 행동과 의도에서 그것들이 우리가 반응하고 우리에게 반응하는 세계 속에서 갖고 있던 의미가 사라지게 된다. 하이데거에 따르면, '보살핌'은 우리 자신의 장래 및 우리와 죽음을 공유하는 타인들의 미래를 지시하는 시간성 안에서만 가능하다. 이 보살핌은 일관성 있는 과거를 기초로 해야 한다. 그런데 모더니즘의 이 모든 특성은 숨어 있어야 하는 것을 인식시킴으로써 초래된 강력한 소외와 짝을 이루어, 파토스에 무감각한 초연함과 아이러니를, 삶과 예술에 대한 파괴적인 비참여와 조롱의 정신을 낳았다. 다음은 발터 벤야민의 말이다.

이야기하기storytelling의 예술은 종말을 맞고 있다. …… 이는 마치 소외 불가능하게 보인 어떤 것을, 우리가 가진 것 중에서 가장 안전한 것으로 보이던 것을 탈취당한 것과 같다. 경험을 교환하는 능력이 탈취당한 것이다. 이 현상의 이유 가운데 하나는 명백하다. 경험이 가치를 잃었기 때문이다. 그것은 바닥없는 심연으로 계속 추락하는 것 같다.[12]

모더니즘의 이런 특징들을 종합해 보면, 아마 다음과 같은 내용으로 축약될 수 있을 것이다. 직관적이고 묵시적이어야 하는 것들이 과도하게 의식되고 명시적이 되는 추세, 비개인화와 신체 및 공감적 감정으로부터의 소외, 맥락의 붕괴, 경험의 파편화, '사이betweenness'의 상실. 이 특징들은 사실 각각의 특징에 어느 정도씩 함축되어 있다. 그 이유는 단순하다. 모두 단일한 세계의 측면들이기 때문이다. 이 세계가 정신분열증 환자들의 세계가 아니라 좌반구에 입각하는 세계라는 것이 지금쯤은 분명해졌을 것이다.

사스가 모더니즘에서 확인한 주관주의와 객관주의간의 불안정한 소외의 문제는 정신분열증에서 그렇듯이 현실감의 상실derealisation과 세계의 비세계화와 관련되어 있다. 세계는 지각하는 주체로부터 독립적인 하나의 실체로서의 실질성, 타자성, 존재론적 지위를 박탈당하든가, 아니면 소외되고 인간적 공명이나 의미가 없든가 둘 중의 하나이다. 어느 경우이든 자아ego는 수동화된다. 내적 경험과 감각, 이미지 등에 무능력한 관찰자에 불과해지거나(현실감 상실), 정태적이고 중립적인 대상들의 세계에서 기계 같은 실체로 변형되거나(비세계화unworlding). 그러면서 일관된 하나의 관점 대신에 명백한 관점주의, 상대주의, 관점의 불확실성과 다수성이 등장한다. 한편으로 이것은 특정한 관점의 존재로 관심을 끌어당기고 그럼으로써 그 유한성을 인식함을 보여 주거나, 아니면 여러 다양한 관점을 채택함으로써 그 한계를 뛰어넘으려고 시도하거나 둘 중의 하나이다. 이는 니체가 남긴 유명한 말처럼 모든 것은 "그저 우리 속에서 유래하는 관점에 따른 외양"에 불과하기 때문에 진정한 세계란 존재하지 않는다는 믿음과 일치한다. 비록 니체는 현대인의 마음에서 이 점을 인식했지만, 그것을 환영하지는 않았다. 오히려 그는 이런 결과를 두려워했고, 그것을 거대한 흡혈귀, 거미 회의론자라 부르면서 우리의 자의식 과잉이 우리에게 복수할 것이라고 경고했다. 우리의 무지가 중세 시대에 복수를 실행한 것과 마찬가지라는 것이다. "우리는 인지의 돈 후안Don Juan이다. 지식이 우리에게 복수할 것이다. 마치 무지가 중세 때 그 복수를 실행한 것처럼."

사스는 모더니즘에서 이른바 '미학적 자기참조성'이라는 것을 발견한다. 예술 작품이 "행동하는 그 자신을 의식이 지켜보는 연극 형태"(폴 발레리)가 되었다는 것이다.[13] 이는 외적인 부착물이나 표상적 내용을 자신에게서 비워 버리고 형식적 요소 자체를 내용으로 삼거나, 표상적 내용이나 서술 관례를 자의식적이고 맥락 없이 활용하여 그것 자체가 작업의 초점이 되게 만들거나 둘 중의 하나이다. 다른 말로 하면, 관심 평면이 표면, 즉 캔버스(모더니즘 회화의 '납작함'이라는 그린버그Joseph Greenberg의 유명한 말)의 표면이든 문자화된 매체의 표면으로든 옮겨지는 것이다. 또는 소격효과疏隔效果 · Verfremdungseffekt〔관객이 연극에 몰입되지 않고 심미적 거리를 갖게 하는 브레히트의 연출 개념〕에서처럼 더 이상 우리의 불신을 유보하지 못하고 우리에게 불신이 가해지는 창조 과정의 역학으로 옮겨지는 것이다. 관심은 매체에 집중되며, 매체를 넘어서 있는 세계는 사실상 부정된다. 포스트모더니즘 문학과 평론의 자기참조적 운율은 언어에 관심을 집중시키며, 언어를 넘어선 존재의 가능성을 미리 차단한다. 에리히 헬러Erich Heller가 니체의 "최후의 철학자"에 대한 초상에 대해 말했듯이, "이제는 그에게 아무것도 말을 걸지 않는다. 다만 그 자신만 말한다. 신성한 질서가 있는 우주가 부여하는 어떤 권위도 박탈당했으므로, 그의 말이 어느 정도의 철학적 확신을 가지고 발언할 수 있는 것은 말에 대해서뿐이다."[14]

■ 자기참조성과 의미의 상실

이는 궁극적으로 의미를 비우는 것과 다름이 없다. 현대의 영향력 있는 신경학자인 마이클 가차니가는 좌반구를 '해석자'로, 자기의식, 의식적 의지행위, 또 계몽주의 이후 우리가 인간 존재를 규정하는 특징으로 여겨 온 합리성이 이루어지는 장소로 언급했다. 그러나 해석자는 창시자가 아니라 도움을 주는 자이며, 양 진영 사이에서 중재하는 일을 해야 한다. 우리가 좌반구에만 의존하는 정도가 커질수록 우리는 더욱 자의식적이 되며, 직관적이고 무의식적인 발언되지 않은 경험 요소들을 무시하게 되며, 결국엔 해석자 자신이 그 자신을 해석하게 된다. 그것이 우리에게 말로써 표현해 주는 세계는, 말 자체(좌반구의 건축 벽돌)가 창조한 세계이다. "말에 대한 말"이라는 니체의 말도 그래서 나온 것이다. 이는 외롭고 자기에게만 둘러싸여 있는 형국이다. "그에게 아무것도 말을 걸지 않는다." 좌반구는 자신을 우반구의 방식으로부터 고립시킴으로써 말을 넘어서서 존재하는 세계, 자아 "너머에" 있는 세계와 접할 통로를 잃었다. 이는 단순히 화폭의 2차원적 표면을 관통하여 그 배후에 있는 세계를, 창문을 통해 창문 유리 너머에 있는 세계를 더 이상 보지 않는 차원을 넘어, 눈앞에 있는 평면에만 집중하는 것이다. 좌반구는 더 이상 자신의 경험 전부인 세계의 표상을 관통하여 자신 이외의 '타자', 즉 세계를 보지 않는다. 하이데거가 현대의 인간에 대해 말했듯이, 인간 자신이 그림 속에 계속 들어간다.

해석자의 과제는 의미를 찾아내는 일이지만, 그 의미가 표상적 세계로 올 수 있으려면 그것이 나타내는 세계와의 사이를 허용해야만 한다. 말이 의미를 가지려면 실제 세계의 참조물을 가져야 하는 것과 마찬가지다. 그런데 끊임없이 의미를 탐색하지만 아무것도 찾지 못하는 해석자는, 정신분열증 환자들이 겪는 억압처럼 초점 없는 의미라는 해결되지도 않고 해결될 수도 없는 감각에, "뭔가가 일어나고 있다"는 느낌에 억압된다. 모든 것은 실제로 의미를 갖는 것처럼 보이지만, 그게 어떤 의미인지는 결코 명료하지 않다. 사물을 응시하면 할수록 그것에 더 많은 의미의 짐을 지우게 된다. 저 남자는 다리를 꼬고 앉아 있고, 저 여성은 블라우스를 입고 있다. 이것은 그냥 우연일 수 없다. 거기에는 특정한 의미가 있고, 어떤 의미를 전달하고자 의도된 것이다. 하지만 나는 그 비밀을 알지 못한다. 다른 사람은 전부 알고 있는 것 같은데 말이다. 편집증의 초점이 정상적인 사이 감각의 상실에 있다는 점에 주목하라. 타인들에게서 내게 전달되어야 하는 어떤 것이 내게 오지 않고 막혀 있다는 느낌이 그것이다. 세계는 위협적이고, 짜증나고 불길한 것으로 보이게 된다. 비트겐슈타인이 요약했듯이, 묵시적인 의미가 이해되지 않을 때, 그 결과는 편집증으로 나타난다. "음악을 한 번도 접해 보지 못한 사람이 있다고 하자. 그가 쇼팽의 사색적 작품이 연주되는 것을 듣고는 그것이 어떤 언어인데 모든 사람이 그 의미를 자기에게서 숨기려 한다고 확신하게 되었다고 상상할 수 있지 않을까?"

우리가 주위 환경의 어떤 측면에 고착되어 그것을 응시하고 있을 때, 그와 정반대인 다른 일이 발생하여 과도한 의미의 짐을 지우는 일이 생긴다면, 이는 모순으로 보일 수 있다. 그러면 그것들은 의미를 완전히 잃어버린다. 그것들이 사물의 질서 속에서 차지하고 있던, 그것들에 의미를 부여해 주던 각자의 자리를 잃고, 소외된다. 응시는 대상에게 의미의 짐을 떠안길 수도 있고 의미를 완전히 비워 버릴 수도 있지만, 이 양자가 겉보기만큼 상반되지는 않는다. 그것들이 통상 그것들에게 묵시적으로 의미를 부여하던 맥락에서 이탈되어 더 이상 우리에게 공명해 오지 않는 상태가 되면, 그것들은 우리가 그것들에게 부여하려는 것에 따라 전능하거나 무능해야 하는 주체로서, 모든 것일 수도 있고 아무 의미도 없을 수 있다. 소설 『권태*La Noia*』(영어로는 '지루함

Boredom' 이라 번역되었다.)의 초반부에서 알베르토 모라비아는 술잔 하나를 아무 목적이나 맥락이 느껴지지 않을 때까지 쳐다보는 장면을 묘사한다. 그것이 더 이상 "뭔가 관계가 있다고 느끼는" 어떤 것이 아니라고 느껴지고, 부조리한 대상이 될 때까지 쳐다본 것이다.

> 그것은 부조리한 대상이 된다. 그때 바로 그 부조리함에서 지루함이 발생한다. …… 내게 지루함은 일종의 불충분성, 부적절성, 현실성의 결여로 이루어진다. …… 그러면서도 지루함은 외적 객체에 영향을 미치고, 시들어 가는 과정으로 이루어진 어떤 질병 같은 것으로 묘사될 수도 있다. 거의 순식간에 생명력이 사라지는 것이다. …… 지루함의 느낌은 내게는 그 자체의 효율적인 존재를 확신하게 만들기에 불충분한, 아니면 어떤 식으로든 무능력한 실재의 부조리한 감각에서 비롯된다.[15]

탈생명화가 지루함으로 이어지고, 지루함은 선정주의煽情主義로 이어진다. 우리가 사는 자극적인 사회는 광고 속에서 활력이 넘치고 약동하는 것처럼 그려지지만, 광고업자들이 너무나 잘 알고 있듯이 그것이 생기는 여건은 지루함, 그리고 지루함에 대한 반응이다. 패트리셔 스팩스에 따르면, 18세기에 자본주의가 등장하면서 지루함도 함께 시작되었고, "새롭고 색다른 것에 대한 식욕, 참신한 경험과 새로운 흥분에 대한 취향"이 성공적인 부르주아 사회, 무엇보다도 돈을 더 벌고 더 쓰고자 하는 욕구를 가진 사회의 심장부에 놓여 있다.

실제로 '지루함'이라는 난어를 사용하거나 그런 경험을 기록한 보고는 20세기 들어 대폭 증가했다. 지루함은 욕망이 있는 장소에 창궐하며 생명력을 계속 빨아들였다. 1990년경 프랑스에서는 23퍼센트의 남자와 31퍼센트의 여자가 섹스를 할 때 지루했다고 보고했다. 바로

"욕망의 아트로피l' atrophie du desir"다. 지루함·공허함·불안정함과, 과다한 자극 및 선정주의는 악순환된다. 워즈워스는 이미 『서정가요집』 서문에서 이 점을 지적했다. 안톤 반 지더벨트는 클리셰cliche(진부한 문구)에 대한 탁월한 연구에서, "지루함이 지배할 때마다 발언이 더 많아지고 과잉이 되어 가며 음악 소리는 커지고 불안해지고, 관념은 아찔해지고 환상적이 되고, 감정은 한계와 수치가 없어지며, 행동은 괴상하고 멍청해지는 모습이 관찰된다"고 지적한다. 다다이즘dadaism에서 현재에 이르는 모더니즘 미술을 보면 지더벨트의 이 같은 주장을 입증하는 사례들이 많이 있다. 셸러는 "우리 문화의 오락은 그걸 가지고도 무얼 할지 모르는 극단적으로 슬픈 사람들이 보는 극단적으로 즐거운 것들의 모음"이라고 했다. 지더벨트는 이런 현상을 대형 시장의 선전과 시급한 요구라는 것과 결부시킨다. 물론 그는 옳다. 하지만 셸러를 살펴볼 때 그랬듯이, 사회경제적 용어로 된 공식을 넘어 조금 더 가 보자.

나는 지루함과 탈생명화 감각을, 또 그로 인한 자극을 원하는 요구를 "코드가 뽑힌" 좌반구의 필요에 결부시키려고 한다. 스스로 밖으로 나갔다가 '타자他者'라 부른 것으로 돌아갈 수 있는 우반구의 기본적 효능으로부터 차단된 좌반구는, 그것이 이미 알고 있는 것 이상은 발견할 수 없다. 새로움은 상상에서 오는데, 상상은 우리 자신과 별개로 존재하는 모든 것에 우리를 연결해 주는 것이다. 좌반구의 행동에 열려 있는 것 가운데 새로운 것은 행동뿐이다. 조잡한 선정주의는 그것이 거래하는 자본이다. 생명 없고 기계적인 것에 대한 지향을 가진 좌반구는, 마치 프랑켄슈타인의 송장을 되살리려 하는 것처럼 우리에게 충격을 가하여 다시 생명을 집어넣으려고 필사적으로 애쓰는 것처럼 보인다. 오스트리아의 실험예술가인 헤르만 니치Hermann Nitsch가 죽은 양을 십자가에 매단 것은, 죽은 말에게 채찍질하는 모습을 상기시킨다.

에리히 프롬Erich Fromm은 저서 『불복종에 관하여On Disobedience』에서 현대인을 '호모 콘수멘스homo consumens' 〔소비적 인간〕라 부른다. 인간보다 물건에 더 관심이 있고, 삶보다 재산에, 일보다 자본에 더 관심이 있는 것이 현대인이다. 프롬은 또 인간이 사물의 구조에 집착한다고 보고 '조직인간'이라 부른다. 이 규정이 옳다면 그런 사람은 자본주의에서 그렇듯이 공산주의의 관료제에서도 얼마든지 잘살 수 있다. 관료주의적 조직을 낳는 정신 상태와 자본주의의 정신 상태는 밀접하게 연관돼 있기 때문이다. 사회주의와 자본주의는 둘 다 본질적으로 유물론적이며, 둘의 차이는 물질의 무생물 세계에 접근하여 수확을 어떻게 나눌지를 결정하는 방식상의 차이뿐이다. 이런 면에서 둘의 적대감은 고작해야 들판에서 개 두 마리가 뼈다귀 하나를 놓고 싸우는 것에 불과하다고 할 수 있다. 이런 선호성, 사람보다 사물을, 삶보다 지위나 재산을 더 선호하는 성향은 좌반구의 선호와 같은 대열에 있다. 내가 여기서 캐고 싶은 것은 물질성에 대한 관심과, 그와 동시에 추상화를 향하는 충동 사이의 관련성이다.

■ 표상 : 사물이 개념으로 대체되고 개념이 사물이 될 때

좌반구가 정신과 물질이라 부르는 것들을 우리 힘으로는 더 이상 한데 묶어 둘 수 없게 되면, 사태는 더 추상적인 것이 되는 동시에 더 순수하게 물건처럼 변한다. 데카르트식 결별이 이루어진다. 마르셀 뒤샹Marcel Duchamps의 소변기나 카를 앙느레Carl Andre의 벽돌 더미 같은 모더니즘 미술의 전형적인 작품을 생각해 보면, 미술 작품으로서 그 각각이 비상하게 구체적인 동시에 비상하게 추상적이라는 사실에 충격을 받게 된다. 영역들은 그저 한데 뭉쳐지지 않는다. 혹은 내가 진정한 미술 작품이라 부르는 것들처럼 상호 관통하지 못한다. 여기서도 정신분열증의 그림자가 보인다. '로르샤흐의 점'이 무엇을 닮았는지 설명해 보라고 하면, 정신분열증 환자는 점의 문자 그대로의 성질을 묘사하거나, 그것이 모성이나 민주주의 따위의 모호한 개념을 나타낸다고 단언한다.

좌반구가 추상에 관심이 있다는 것이 이 책 1부의 주제였지만, 생명 없는 사물도 좌반구가 선호하는 대상이다. 특히 그것이 우리에게 쓸모가 있을 때 그러하다. 여기에는 모순이 없다. 앞에서 언급했다시피, 유물론자들은 물질을 과대평가하는 것이 아니라 과소평가하는 사람들이다. 그들은 그것을 막스 셸러가 설정한 '가치 피라미드'의 맨 아래칸에 있는 것으로만 본다. 즉, 효용과 감각의 영역에 속하는 것으로만 본다. 추상은 물화物化되고, 개념이 "저기 바깥에" 있는 사물이 된다. 하이데거에 따르면, 우리 시대의 세계는 '세계 그림world picture'이 **되었다.** 새로운 세계 그림이 아니라 세계가 그림이 된다는 사실 자체가 현대의 본질을 구별해 주는 점이라는 것이다.

저서 『철학자의 응시: 계몽주의의 그늘 속에 있는 근대성The Philosopher's Gaze: Modernity in the Shadows of the Enlightenment』에서 철학자 데이비드 레빈은 좌반구의 역할인 표상이 근대성의 특징적 상태라고 쓴다. 사물을 표상하는 과정은 우리를 그것과 거리를 두게 하며, 사물 자체를 추상, 표시로 대체한다. 또 그것을 통제하고자 객관화하고 물화하기도 하다. "현전하는" 것은 그것이 현전하는 모습 그대로 받아들여지지 않는다.

그것은 특정한 지체, 특정한 연기, 특정한 집행 연기에 종속되므로, 자아와 논리적 주체는 자신에게 현전하는 것을 줄 수 있다. 다른 말로 하면, 그 자신을 그것이 받아들이는 것의 증여자로 만들 수 있다. 이런 식으로 하여 주체는 인식적 통제를 최대한 행사할 수 있다. 응시란 그런

태도의 표장標章이라고 말할 수 있다.[16]

상황은 그가 지적한 대로거나, 혹은 그보다 더 심하다.

이 같은 객관화 과정의 논리에서 최후의 아이러니컬한 굴절은 그것이 우리의 통제권을 벗어나며, 우리가 그것의 제물이 되고, 또 동시에 단순한 객체의 사용 가능성으로 축소되며, 더 이상 어떤 진실이나 어떤 실재로서 인식되지 않는 순수하게 내적 주관성의 존재로 축소된다는 데 있다.[17]

이것이 마음으로 하여금 그것이 세계를 창조하고 그 다음에는 세계를 자신에게 준다고 믿게 만들 수 있다는 레빈의 지적은, 실재와 우리 의식 사이에 복제물simulacrum을 끼워 넣고, 그런 다음 자신의 창조물을 실재로써 해석하는 좌반구의 완벽한 처리 과정 공식이다. 마그리트 Rene Magritte는 이 폐쇄공포증의 악몽을 주제로, 표상과 표현된 사물 간의 관계에 대한 우리의 직관적 감각을 어긋나게 하려는 그림을 많이 그렸다. 마그리트가 1963년에 그린 〈망원경La Lunette d'approche〉을 보면, 약간 열린 창문으로 보이는 하늘과 바다와 구름의 전망은 유리 표면에 놓인 것처럼 보이며, 열린 창문 밖에는 그저 텅 빈 어둠뿐이다.

그 전체 과정은 보르헤스Jorge Luis Borges와 카사레스Adolfo Bioy Casares가 단편소설 「과학의 정밀성에 대해On Exactitude in Science」에서 말한 1대 1 축척으로 만들어진 거대한 지도의 이미지, 은유적으로든 문자 그대로의 의미로든 그 지도가 취급하는 지형과 정확하게 공존하는 지도를 상기시킨다. 이 단편은 루이스 캐럴Lewis Carroll의 『실비와 브루노 완결편 Sylvie and Bruno Concluded』에 실린 한 가지 생각을 기초로 구축되었다. 캐럴의 아이디어 가운데 "1마일을 1마일로 그리는 축척"을 썼다고 하는 지도가 있다. 캐럴의 등장인물은 이 지도를 만드는 데는 실질적인 어려움이 있다고 지적하며 이렇게 말한다. "이제 우리는 나라 자체를 사용할 수 있소. 그 지도를 사용하듯이 말이오. 당신이 그 일을 누구 못지않게 잘할 것이라고 확신합니다."

실재와 표상 간의 관계가 뒤집힌 것이다. 이 책 첫 부분에서, 나는 좌반구의 역할을 세계의 지도를 만들어 내는 것이라고 요약했다. 그 지도가 이제 실재를 대체하겠다고 위협하고 있다.

나의 주장은 현대 세계는 좌반구가 자신이 아는 모든 것을 통제하려 드는, 그래서 자신이 보는 것들 자체를 제공하는 자가 되겠다는 시도라는 것이다. 좌반구가 가차니가가 말하는 해석자라면, 그것은 최종적으로 또 재귀적으로 그 자신의 해석자이다. (윌리엄 카우퍼William Cowper에 따르면, 지금까지는 신의 것으로 남아 있던 역할)

궁극적으로 이런 표상의 과정은 우리 자신의 정체성 감각에 영향을 준다. 지루함과 불안은 동일한 기저基底 여건이 다르게 표출된 형태이다. 카프카는 타인들에 대한 자신의 가장 깊은 감정은 무관심과 공포라고 말했다. 엘리아스 카네티Elias Canetti에 따르면, 자신을 표상적인 현대인으로 만든 것이 이 무관심과 공포라고 한다. 이것이 카프카의 특이한 성격과 관계가 크다고 생각할 수 있는데, 카프카의 성격에 어딘가 분열된 면이 있다는 데는 의심의 여지가 없다. 그런 성품은 따뜻함이 부족하고, 세계나 타인들과 관계를 맺기 힘들며, 무관심을 만성적 불안 상태와 뒤섞는 경향이 있다. 사실 모더니즘의 대표적 인물들도 이러한 분열이나 분열적 특징을 드러냈다. 금방 머릿속에 떠오르는 사람들만 열거해 보아도 니체, 드 네르발Gerard de Nerval, 자리Alfred Jarry, 스트린드베리Johan August Strindberg, 데 키리코Giorgio de Chirico, 달리Salvador Dali, 비트겐슈타인, 카프카, 바르톡Bela Bartok, 스트라빈스키Igor Fedorovich Stravinsky, 베베른Anton von Webern, 슈톡하우젠Karlheinz Stockhausen, 베케트Samuel Beckett가 있다. 그런데 카네티는 카프카의 무관심과 공포는 현대인의 존재 여건의 일부라고 설명한다. 프롬 역시 현대인을 외롭고 지루하고 불안하고 수동적인 존재로 묘사한다. 불안이나 공포감 혹은 지루함과 무관심의 혼합은 역시 정신분열증 환자의 감정적 범위와 놀랄 만큼 비슷하다. 주로 편집증 탓일 텐데, 그들의 정신에서는 무감정apathy과 무관심이 다양하게 나타난다. 정신분열증과 현대의 존재 여건은 이 동일한 문제를 다룬다. 즉, 제멋대로 설치는 좌반구라는 문제이다.

■ 우반구 결함으로 특징지어지는 질병의 출현

일부 학자들은 만약 우리가 세계를 하나의 문화로서 보는 방식에 변이가 생긴다면, 즉 지적 환경이든 사회적·물질적 환경이든, 환경에서 끊임없이 들어오는 암시로 보강되는 우리가 공유하는 정신적 세계에 변이가 생기면, 그런 변이와 관련된 정신병적 증후가 더 흔해질 것이라고 주장한다. 단순하게 말해서, 하나의 문화가 우반구의 결손으로 생기는 면모들을 모방하기 시작한다면, 기본적으로 좌반구에 과도하게 의존하는 사람들은 그런 추세를 굳이 바로잡으려 하지 않을 것이며, 또 그렇게 하기도 더 힘들어질 것이다. 따라서 그런 경향은 더 강화될 것이다. 증거를 해석할 때는 신중해야 하지만, 그럼에도 정신분열증이 산업화 및 근대화와 함께 확대되었다는 사실은 흥미로운 사실이 아닐 수 없다.

18세기 이전까지만 해도 영국에서는 정신분열증이 정말 드물었는데, 산업화가 진행되면서 정신분열증 환자도 크게 증가했다. 아일랜드와 이탈리아, 미국 및 다른 곳에서도 이와 유사한 현상이 관찰된다. 그러나 20세기 전반기의 가파른 상승에 비하면 19세기 말엽까지의 증가 추세는 크다고 말하기 어렵다. 그러나 정신분열증의 확산 현상에 대한 연구에는 여러 가지 문제들이 걸려 있다. 또 방법론적으로 정신분열증의 비율이 현재 계속 높아 가는지 높은 비율이 그대로 유지되고 있는지, 아니면 낮아질 수도 있는 것인지는 분명치 않다. 이 점에 관해 현재의 연구 방향은 어떤 결론으로도 이어질 수 있다. 그러나 적어도 지난 반세기 동안 반복된 연구로 확정되고 합리적으로 더 이상 의심의 여지가 없어진 사실은, 정신분열증이 산업화와 같은 보조로 증가했다는 것이다. 정신분열증 증세도 서구 국가들에서 더 중증으로 나타나며, 그로 인한 결과도 확실히 더 심각하다. 또 최근의 연구가 확인해 주듯이, 국가별 확산 정도는 그 나라의 발전 정도, 구체적으로는 서구화 정도에 비례한다. 고대 이집트, 그리스, 로마의 자료에서도 우울증이나 조울증에 대한 설명은 금방 알아볼 수 있지만, 정신분열증에 대한 설명은 없다.

정신분열증이 가장 넓은 의미에서의 환경의 성격 때문에 강화되거나 촉진되었을 수 있다는 것은 관련 연구로도 확인된다. 다른 관련 요소들을 제한하고 봤을 때, 비농촌 주민보다는 농촌 주민들의 정신 건강이 더 나으며, 증세는 인구밀도에 비례하여 악화된다. 확실히 도시 거주는 심각한 우울증과도 관련이 있지만, 정신분열증의 경우에는 이 질병을 발생시키거나 표면화시키는 가장 강력한 환경적 요인이 된다. 도시에서 정신분열증이 발생할 위험은 농촌에서보다 거의 두 배에 달하며, 위험도가 높은 개인이 도시 지역으로 이사하면 도시 환경이 정신병을 유발할 위험성이 더욱 커진다는 증거들이 있다. 이주민 가운데, 특히 서인도제도에서 영국으로 이주한 사람들의 정신분열증 발생

비율이 높은 현상을 설명하고자 "사회적 패배social defeat"라는 개념이 고안되었다. 도시 환경은 확실히 더 경쟁적이다. 이것은 부분적으로는 자본주의 문화에 대한 성찰이기도 한데, 자본주의 문화는 항상 도시에서 가장 강하게 표현되며, 그럴 만한 이유는 수없이 많다. 무엇보다 돈을 버는 능력 이외에 개인을 평가하는 가치들이 사라진 이유가 크다. 문화라는 말을 여기에 쓰는 것이 옳을지는 모르겠지만, 이것은 승자와 패자의 문화이다.

우반구 세계가 지닌 중요성이 줄어들고 좌반구 세계가 지배하게 되었다는 추정이 옳다면, 이런 불균형을 반영하는 다른 질병들도 더 현저해져야 할 것이다. 정말 그런지 살펴보자.

'신경성 식욕부진증anorexia nervosa'은 본질적으로 살에 대한, 신체를 가진 존재에 대한 공격인데, 이 증세는 20세기 들어서 크게 확산되었다. 이를 사회적 환경 변화에 입각하여 설명하다 보면, 여윈 체형의 매력을 강조하는 대중 언론에 그 책임이 돌아가게 된다. 물론 일부 경우에는 이 설명이 맞지만, 이를 일반화하는 것은 이 질병의 본성을 잘못 해석한 것이다. 오늘날처럼 잦지는 않아도 "신성한 거식증holy anorexia"이란 증상은 여러 세기에 걸쳐 발견된다. '시에나의 성 카테리나'는 그 고전적인 본보기이다. 물론 이 경우에는 식사를 거부한 동기가 정화 및 육신의 고행에 있었다고 볼 수 있다. 거식증은 남아프리카에서 급속히 증가하고 있지만, 서아프리카에서는 여전히 드문 현상이다. 이 환자들에게 식사를 거부하는 동기를 설명해 달라고 하면, 그들은 징화나 속죄를 위한 정신적 욕구 때문이라고 대답한다. 즉, 육신의 포기 선언이다.

현대 서구에서 이 질병에 걸린 사람들도 흔히 비슷한 이야기를 하지만, 종교적인 화법은 대개 쓰지 않는다. 그들이 언급하는 것은 정화,

신체에 대한 적대감, 궁극적으로 사라지고 싶은 욕구 등이다. 그들의 경우에 오른쪽 두정엽에 의거하는 신체 이미지가 정신병이라 할 정도로 심하게 왜곡되어 있어서, 어떤 환자들은 금식으로 거의 죽을 지경인데도 여전히 자신이 뚱뚱하다고 여긴다. 그들에게는 자아 감각, 자신이 누구인가 하는 생각이 상실되어 있는 경우가 많다. 섭식장애는 또 고의적인 자해와 결합되는 경우가 많은데, 예를 들면 베기와 태우기처럼 신체에 대한 가장 노골적인 공격 형태가 서구에서는 증가 추세이다. 섭식장애와 자해는 주로 감각을 마비시키려고 행해지지만, 때로는 살아 있다는 존재 감각을 환기시키려고 자해를 저지르는 경우도 있다. 즉, 감각이나 신체적 존재로부터 완전히 해리解離된 상태에서 몸에서 무언가를 경험하려는 시도인 것이다.

정신의학의 토대에서 보면, 신체 이미지의 왜곡이나 금식, 기타 다른 방법을 통한 고의적인 신체 공격, 자기 정체성의 상실, 감각의 마비, 완벽함에 대한 욕구, 신체를 가진 존재의 모순과 애매모호성에서 해방될 필요 등의 증상이 우반구를 희생시키고 좌반구에 과도하게 의존하는 태도와 결부될 가능성은 더 커진다. 뇌영상이나 뇌파 연구만이 아니라 병변 연구나 인지 기능 실험 등의 연구 결과가 보여 주는 것이 바로 이것이다. 특히 놀라운 사례는, 오랫동안 섭식장애에 시달려 온 환자가 좌반구 발작이 일어나 신체의 오른쪽 운동과 감각 기능에 이상이 생긴 뒤 거의 순식간에 이 장애에서 벗어난 경우이다. 발작이 일어나기 전에는 "섭식장애가 내 인생을 좌지우지했고 내가 하거나 하지 않는 일들에 …… 또 관계들에 영향을 주었고, 나는 그것들에 흥미가 없었다. 내가 관심을 갖는 것은 오직 섭식장애뿐이었"던 사람이, 발작을 겪은 뒤 "죄책감이 없어졌다. 나는 더 이상 칼로리를 계산하지 않는다. 먹는 일과 음식에 대해 편안해졌다. 이제는 레스토랑에서 외식도

할 수 있다"고 말하게 된 것이다.[18]

'다중인격장애multiple personality disorder'는 또 다른 해리성 정체장애인데, 이것은 최면적 암시 감응성을 특징으로 한다. 이것 역시 현대의 특징이라 할 만한데, 1950년대에 대중들에게 널리 알려져서 1980년에 처음으로 DSM[Diagnostic and Statistical Manual of Mental Disorders, 정신질환 진단에 널리 쓰이는 미국정신의학협회 발행 서적]에 포함된 이 '이중성격' 현상은, 19세기 후반에 이미 그 소수의 사례가 흥미를 끌고 있었다. 여기에는 무의식적이기는 하지만 가장 대담한 책임감의 방기 사례가 분명히 포함된다. 이것 역시 우반구 결손이 유발하는 증후군일 가능성이 크다. 라마찬드란은 우반구에 발작을 겪은 환자가 두 군데에 병변이 생긴 결과로 인지불감증과 다중인격장애의 중간쯤에 해당하는 증상이 생긴 사례를 서술한다. 한 병변은 오른쪽 전두엽에, 다른 병변은 오른쪽 대상피질에 있었다. 뇌파검사(EEG) 연구는 다중인격장애가 상대적인 좌반구의 과잉 행동과 합쳐진 우반구의 기능장애라는 추정을 뒷받침한다. 좌반구의 과잉 활성화는 다중인격장애 환자들이 1급 정신분열증 증세를 보이며, 자신들은 어떤 압도적인 힘의 수동적인 제물일 뿐이라고 말하는 사실과도 들어맞는다. 정신분열증은 좌반구와 우반구의 처리 과정을 통합하지 못하고, 우반구의 기능에 장애가 생기고 좌반구가 과도하게 활성화된 상태에서 나타나는 현상으로, 자신을 통제하는 외부 존재가 있다는 느낌을 유발하기 때문이다. 서로 다른 두 가지 성격을 가진 간질 환자들을 살펴본 결과를 토대로 다중인격이 두 반구의 상이한 성격을 나타낸다는 주장이 제시되기는 했지만, 이 모델이 두 가지만이 아니라 말 그대로 여러 개의 성격을 가진 대다수 환자들의 증상은 설명하지 못한다는 것은 분명하다. 어떤 경우에는 100개가 넘는 성격을 가진 사람도 있다. 그들은 파편화된 전체 자아에서 다른 자아를 해리시킬 수 있다. 이는 좌반구가 중요한 역할을 한다고 짐작케 하는 대목이다.

신경성 섭식장애, 다중인격장애, 고의적인 자해 성향은 '해리'로 연결되어 있다. 이 성질은 감정과 신체를 가진 존재로부터 차단되었다는 느낌, 감정의 깊이나 공감 능력이 상실되고 자아감이 파편화되는 경향을 가져온다. 이는 감정 기복이 심한 '경계성인격장애borderline personality disorder'의 특징이기도 하다. 다시 한 번 말하지만 이런 상황은 점점 더 넓게 확산되고 있다. 고대 그리스의 기록에서도 굳이 의학적이라 할 만한 서술을 찾아볼 수도 있겠지만, 이런 증상이 처음 서술된 것은 기껏해야 1938년이다. 그런데 겨우 70년 만에 가장 흔한 정신질환으로 꼽힐 만큼 증가했다. 여기서도 우반구 기능장애와 우반구의 여러 구역의 활동이 줄어들었다는 증거가 있다. 경계성인격장애의 경우에 두뇌의 구조적인 비대칭성이 변했다는 증거도 있다. 확연한 해리 증상을 보이는 사람들에게서 특히 눈에 띄는 현상인데, 두정엽 구역이 왼쪽으로 심하게 치우쳐 있다.

그 다음에는 '자폐증autism'이 있다. 이 장애는 지난 50년 사이에 엄청나게 확산되었다. 그 이유 중에는 그 증상에 대한 인식 수준이 높아진 탓도 있지만, 이것만으로는 이 장애의 폭발적 증가세를 설명하기 어렵다. 흔히 고기능성 자폐증의 한 유형으로 여겨지는 아스퍼거장애와 자폐증이 처음 기록된 것은 각각 1943년과 1944년이다. 각각에 대한 연구는 시기상 거의 비슷했지만, 따로따로 진행되었다. 아스퍼거Hans Asperger는 이 논문을 쓸 때 고전적 자폐증의 첫 번째 사례사를 기술한 코너Leo Kanner의 논문을 알지 못했다. 그 이후로 이 두 가지 장애의 비율은 꾸준히 상승했고, 계속 상승하고 있다. 이 두 가지 장애 역시 우반구의 기능 저하와 좌반구의 지배를 강력하게 시사하는 의학적 특징들을 보인다. 자폐증은 다른 사람이 무슨 생각을 하는지 아는 능력을 결여한 상황이다. 또 이런 환자들은 사회적 지성도 결여되어 있어서 어조나 유머나 역설 같은 소통의 비언어적 특징을 판단하지 못하고, 암시적인 의미를 이해하기 어려워한다. 공감 능력도 부족하고 상상력도 없다. 기계적인 것에 이끌리며, 사람과 신체 부위들을 생명 없는 대상물로 취급하는 경향이 있다. 이는 자아로부터의 소외로(자폐증을 앓는 아이들은 흔히 1인칭 시각을 개발하지 못해 자신을 '그'나 '그녀'로 지칭한다.), 눈길을 맞추거나 상대를 바라보지 못하는 것, 세부 사항에 대한 강박적 집착도 그런 것이다. 이 모든 특징이 좌반구의 우위를 말해 주는 신호로 인정된다.

물론 정신분열증을 포함한 이 모든 경우에, 신경학적 수준에서 일어난 결손이 우반구에만 국한된다거나 각 조건에서 나타나는 우반구 결함 양상이 모두 똑같다고는 말할 수 없다. 결단코 그렇지 않다. 이 의학적 상황을 조정할 수 있는 한 가지 방법은, 우반구의 어느 구역이 비정상적으로 작동하고 있으며 어떤 식으로 작동하는지, 또 같은 시간에 좌반구에서는 무슨 일이 일어나고 있는지를 파악하는 것이다. 두뇌는 어느 한 장소에서 일어나는 변화가 다른 곳에서의 변화를 가져오는 역동적인 체계이다. 하지만 이런 각각의 의학적 상황을 살펴보고, 고통 받는 이들이 처한 현상학적 세계의 어떤 측면들이 어떤 방식으로 왜곡되고 부재하는지를 탐구해 보면, 그래서 그것을 신경학적 층위에서 발견한 내용과 연결해 보면, 그런 결함에서 정상적인 우반구의 기능 저하가 반복되는 양식과 좌반구의 보급물에 대한 과잉 의존이 드러날 것이다.

▐ 좌반구 세계의 자기영속적인 본성

대량 기술적 문화의 발달, 도시화, 기계화, 자연 세계로부터의 소외, 더 작은 사회 단위의 붕괴와 짝을 이룬 문화의 발달은 정신질환을 증가시켰고, 그와 동시에 현대의 외톨이, 또는 외부자를 모더니즘 시대의 대표자로 만들었다. 정신질환 환자가 애초에 이해하던 삶은 산산조각이 났고, 그가 허우적대는 맥락에서 이탈한 상이한 정보들과 경험의 대체물들이 뒤죽박죽된 상태는 파편화의 느낌을 강화한다. 가상성과 다른 인간의 삶으로부터의 거리가 점점 커져 낯설고 적대적인 환경의 느낌이 생겨난다. 사회적 고립은 과장된 공포 반응과 폭력과 공격성으로 이어지며, 폭력과 공격성은 흔히 고립으로 이어진다. 삶이 그 의미를 얻어 오던 맥락을 제공하던 구조는 크게 침식되었고, 한쪽 맥락에서 다른 맥락으로의 '누출'은 기괴하고 초현실적이기도 한 병치를 만들어 내어 그것에 보내는 우리의 관심의 본성을 변질시키고, 공감을 없애고 역설과 거리와 냉소를 키운다. 이런 방식으로 20, 21세기의 삶의 경험은 지금까지 정신분열증에 국한되어 있던 수많은 경험을 재생산했다. 동시에 정신분열증을 앓거나 그런 성격적 특징이 있던 사람들은 과학과 기술과 행정 분야에 매력을 느끼고, 그 분야에 채용되기에 특히 좋은 적성을 보이는데, 그런 분야는 우리가 살고 있고 오늘날 더욱 중요해지는 세계를 형성하는 데 엄청난 영향력을 발휘한다.

그리하여 정신분열증의 특징이 현저한 문화는 같은 길을 계속 추구하는 데 기여할 만한 사람들을 영향력 있는 지위로 끌어온다. 삶이 기술과 관료주의에 지배되는 정도가 커지면, 기술과 관료주의의 전진에 저항하도록 우리를 도와줄 사람과 사물에게 보내는 통합적인 관심 양식이 허물어지게 된다. 그것은 다른 존재 방식을 채택하기 쉽게 해주었을 문화적·사회적 구조를 붕괴시키고, 그런 식으로 하여 그들만의 복제를 생산하는 데 기여한다.

▌현대에서의 예술의 문제

이 장 첫머리에서 나는 모더니즘과 그 앞 문화 사이의 균열이 겉보기만큼 크지 않다고 말했다. 19세기 말경 등장한 탐미주의로 알려진 운동은 낭만주의의 마지막 개화로 보일 수 있다. 그 무렵 맥이 빠지고 시들어 버린 낭만주의는 부조리주의와 다다이즘 운동의 반낭만주의적 거리 두기의 역설로, 그리고 마침내 프랑스와 러시아에서 발흥한 모더니즘으로 대체되는 걸로 보였다. 이런 생각은 혁명을 시사한다. 어떤 문화에 구현되어 있는 케케묵은 사유는 더 활력적으로 성장하는 반대쪽 운동으로써 전복된다. 하지만 나는 종교개혁이나 계몽주의, 낭만주의 '혁명'에서는 이런 일이 일어나지 않았다고 본다. 그런 운동에는 불연속성이 아니라 연속성이 존재했으며, 그 때문에 반구들 간의 균형이 어긋나게 되었다.

빅토리아조 미술에 나타난 탐미주의耽美主義는 자의식의 연장이었고, 모더니즘적 자의식의 선구였다. 계몽주의가 상상력 대신에 '환상'을 육성한다면, 탐미주의는 "상상적인 것"을 개념화했다. 좌반구는 상상력의 방식과 달리, 우리가 알고 있다고 생각하는 어떤 것이 처음으로 진정으로 드러나도록 허용하는 방법으로 이미 알려진 것을 진기한 방식으로 재조합함으로써 새로움을 창조한다. 한 페이지를 셋으로 나누어 낙타 머리, 물개 몸뚱이, 염소 다리 그림을 마음대로 짜 맞추면 새로운 동물을 만들어 낼 수 있게 되어 있는 어린이 책처럼 말이다. 그것은 노치倒置나 사의적인 병치를 믿을 만하게 해 주는 장치에 따라 인공물, 기괴한 것, 비자연적인 것, 은밀하게 위협적인 것들이 주는 진기함의 느낌을 만들어 낸다. 프랑스 시인 제라르 드 네르발Gerard de Nerval은 머리칼을 초록으로 염색하고 가재를 끈으로 묶어 산책에 데리고 다녔다.

위스망Joris-Karl Huysmans의 소설 『자연에 반하여A Rebours』속에 그려진 도착적인 자족적 세계, 로트레아몽Le Comte de Lautreamont의 『나쁜 새벽의 노래Les Chants de Maldoror』에 나오는 "해부대 위에서 재봉틀과 우산의 우연한 만남의 이야기"도 그러하다.

"예술을 위한 예술"이라는 탐미주의자들의 신조는 예술의 가치를 드높이는 것처럼 들리지만, 실제로는 그것이 그 자체를 넘어선 어떤 배후의 목표가 있어야 한다는 것을 부정하기 때문에 예술을 평가절하하게 되며, 예술과 삶의 관계를 한계로 내몬다. 다른 말로 하면, 탐미주의는 예술과 삶과의 사이를 희생하여, 그 대신에 예술이 재귀적으로 충족되도록 만든다. 예술을 위한 예술을 창조하는 업무와, 그럼에도 불구하고 그것이 다른 목적을 위한 수단이 아닌 "예술로서" 판단되어야 한다는 것은 다른 문제이다. 창조 과정에서 예술가는 단순히 예술이 되는 것만이 아니라, 예술 작품을 넘어서 그것을 관통하는 어떤 층위에 초점을 맞추어야 한다. 그렇지 않으면 그것은 예술 이하의 것이 된다. 예술 작품을 감상할 때에도 우리는 그 예술 작품을 넘어서게 되는데, 이는 그 예술가가 예술에만 집중하지 않고 그 너머의 어떤 것에 집중했기 때문이다. 모순적으로 들릴지는 몰라도, 그것이 바로 우리가 그 작품을 다른 목적 없이 순전히 예술 작품으로서의 장점에 의거해서만 판단하게 하는 그 예술 작품이 지닌 위대함의 일부이다. 우리는 메를로 퐁티가 말했듯이, 예술 작품이 아니라 **예술 작품에 입각하여** 세계를 보며, 그렇기 때문에 그것은 불투명하지도 완전히 투명하지도 않고 반투명해야 하는 것이다. 예를 들어 보자.

두초Duccio di Buoninsegna는 마돈나와 아기 예수를 그릴 때 예술을 위한 예술을 만든 것이 아니었다. 파리의 한 카페에서 압생트를 마시고 있는 사람들을 묘사한 유명한 〈압생트L' Absinthe〉를 그린 드가Edgar Degas 역시 그랬다. 두 사람이 목제 패널이나 캔버스 자체에, 그리고 미학의 순수한 작업에만 집중했다면, 그들은 이러한 위대한 작품들을 만들지 못했을 것이다. 두초는 신성한 주제 대상에 대한 숭배의 정신에, 드가는 눈앞에 펼쳐진 인간 군상들의 모습에 대한 연민에 몰두했다. 하지만 우리는 두초의 종교적 신념을 공유해야만 그의 예술 작품을 감상할 수 있는 것은 아니다. 숭배의 대상이 아닌 예술 작품에서는 그 속에 담긴 신념은 부차적인 것이 되기 때문이다. 진지한 경건성이나 순수한 미학적 계획의 산물인 작품이 예술로서는 수준이 낮은 것일 수도 있다. 이와 비슷하게, 〈압생트〉에 담긴 드가의 사회적 입장은 그것 자체가 그림의 예술적 가치에 대한 판단 근거는 될 수 없다. 예술 작품이 예술만을 위해 창조될 수는 없지만, 그에 대한 판단은 예술 자체에 대한 것이어야 하는 것이다. 창조자와 감상자의 관심이 향하는 평면은 다르다. 우리는 예술가와 그들의 작업을 그들이 보는 것과는 다른 방식으로 볼 자유가 있다. 그런 식으로 볼 때 예술 작품은 인간관계와도 별반 다르지 않다. 내가 테레사 수녀를 보는 방식은 만약 테레사 수녀도 그런 식으로 자신을 본다고 생각했더라면 걱정이 되었을 법한 방식일지도 모른다.

모더니즘이 대두되면서 예술의 자의식은 커졌고, 문제가 계속 생겼다. 소외, 파편화, 탈맥락화 등 현대 세계를 규정하는 이런 특징들은 연결, 결속, 맥락에서 힘과 의미를 끌어낸다. 현대 예술이 당면한 곤경은, 이런 도전에 어떻게 응할 것인가 하는 문제로 요약될 수 있다. 그런데 이 문제는 다른 종류의 고립 때문에 더 처리하기가 힘들어진다. 이 소외와 탈맥락화는 단순히 상소나 역사로부터의 단절이 아니라, 우리의 공유된 가치와 경험에 있는 모든 의미의 뿌리, 상상력이 힘을 얻는 광대한 묵시적 영역으로부터의 단절이기 때문이다. 이런 균열이 일단 발생하면 의식적인 노력으로는 그것을 절대로 치유할 수 없다. 한번 꺾은 꽃은 그 줄기를 다시 붙인다고 해서 다시 자라지 않는 것과 마찬가지다.

실제로 많은 현대미술가들이 현대 세계를 파편화되고 일관성이 없고, 맥락에서 이탈해 있으며 생소한 것으로, 묵시적이고 직관적인 것이 상실된 세계로 보는데, 이처럼 세계가 너무 파편화되고 일관성이 없고 탈맥락화가 심하고 소원해져도 예술이 성공하기 어렵다. 거꾸로 이 곤경을 너무 명시적·추론적으로 처리하더라도 그 예술은 성공할 수 없다. 앞에서 지적했듯이 예술 작품은 사물이기보다 하나의 생명체 같은 것이기 때문이다. 예술 작품이 우리에게 뭔가 중요한 의미를 띠게 되는 것은, 모든 생명체가 그 자체로서 전체적이고 일관되고 우리도 개입되어 있는 더 큰 맥락의 일부를 형성한다는 사실에서 나온다. 따라서 만약 그것이 그 자체로 파편화되고 일관성 없고 탈맥락화되고 소외된 것으로서 경험된다면, 그 예술 작품은 더 이상 생명력을 갖기 어렵다. 그것은 다만 불투명해질 뿐이다. 우리의 눈은 잘못된 평면에 머문다. 즉, 작품을 관통하기보다는 작품 자체의 평면에 머무는 것이다. 그럴 때 예술 작품은 더 이상 우리에게 세계를 새롭게 제시하지 않고, 메를로 퐁티가 주장했듯이 그 자체를 우리의 관심 초점으로 불쑥 개입시키게 된다.

이 딜레마에 대한 반응으로 모더니즘 예술은 다양하게 분기하는 경향을 띠게 되었다. 좌반구가 본 세계 경험에 대해 모더니즘이 보인 반응은, 세계의 특징들을 작품 자체 속에 채택하는 것이었다. 그럼으로써 모더니즘 예술은 끊임없이 사소한 것이 되어 버릴 위험을 지게 되었다. 그런 위험을 벗어나는 일은 우연에 맡길 수밖에 없다. 그것 자체가 좌반구의 작전에 활용된 것이다. 에곤 실레Egon Schiele, 마르크 샤갈Marc Chagall, 스탠리 스펜서Stanley Spencer 등 다양한 화가들과 다른 분야의 사람들이 이 수수께끼를 붙들고 씨름했고, 그 결과 진정으로 상상력 있고 직관적인 해결책, 즉 위대한 힘을 지닌 특이한 작품을 만들어 냈다. 피카소Pablo Picasso나 마티스Henri Matisse, 스트라빈스키, 쇤베르크 Arnold Schonberg 같은 위대한 예술가들은 이런 입장 사이에서 불편하게 움직이면서도, 이따금씩 자신의 직관에 이끌려 모더니즘 자체의 교훈을 찬란하게 소탕해 버리곤 했다.

이 문제를 완전히 피할 수 있었던 예술가는 거의 없다. 전혀 피하지 못한 사람들이 많다. 하지만 이 사실은 모더니즘에 대한 비판에 나타난 두 가지 경향으로 주의 깊게 은폐되었다. 첫 번째 경향은, 명시적인 선언이나 메시지를 상상적인 경험의 대체물로 기꺼이 받아들이려는 태도이다. 그것은 흔히 암호화된 메시지인데, 그 덕분에 그 해독자는 우쭐해진다. 우리는 예술을 보고 있는 것 같지만, 실제로 그것은 텍스트이다. 두 번째 경향은 이런 점을 보완해 준다. 메시지가 없다면, 마침내 그것에 의미가 잔뜩 실릴 때까지 계속 '응시'하는 것이다. 이는 우리가 '로르샤흐의 점'에 의미를 투사해 넣는 것과 비슷하다. 우리는 나 혼자만의 외로운 독백을 대화로 착각한다. 다다이즘의 창시자 중 한 명인 트리스탕 차라Tristan Tzara는 모더니즘이 처음 시작할 때 예술은 "사적인 사건이 되었고 예술가는 자신을 위해 작품을 만든다"고 선언하고서 아예 경기를 포기해 버렸다.[19] 판단이 완전히 주관적이 되었다는 것이다.

모더니즘의 무대는 방대하다. 그 용어는 시와 소설과 드라마, 영화, 시각예술, 건축, 음악 안에 어지럽게 배열된 상이한 집단과 도당과 운동들에 적용됐으며, 정치와 사회학에도 적용되었다. 그러나 공동된 득징도 있다. 우선 그것 자체의 자의식적 비전을 현대적인 것으로 볼 수 있다. 그것을 새 방향으로 가져가면서 과거 위에 집을 짓지 않고 기존의 것을 다 쓸어 없앤다는 의미에서 현대적이다. 따라서 모더니즘의 발단을 특징적으로 보여 주는 것은, 예전에 있었던 것의 파괴를 포함하는 거대하고 새로운 시작을 요구하는, 또 그 목적 자체로서 기존의 틀을 깨뜨릴 것을 요구하는 일련의 명시적인 선언문들이다. 여기에는 인간이 새로운 이미지로 재형성된 어떤 이론적 이념에 입각한 사회와 예술의 변형으로 재형성될 수 있다는 의미도 있다. 과학과 기술의 힘에 대한 찬양, 자연에 대한 인간의 승리에 대한 칭송이 행해지며, 이는 산업의 힘으로 보장된다. 미래에 대한 흔들림 없는 믿음은 과거에 대한 비타협적인 경멸이 보완해 주었다. 무엇보다도 인간 의지의 순전한 힘에 대한 믿음, 운명을 만들어 나가는 우리의 힘에 대한 믿음이 있었다. 모더니즘 시대에 러시아와 독일과 이탈리아에서 전체주의 이데올로기가 출현한 것은 우연이 아니다.

"나치즘은 다름 아닌 현대의 축도縮圖"라고 모더니즘 역사가 모드리스 에크스타인스Modris Eksteins는 말한다. "나치즘의 모더니즘은 명약관화한 사실이다. …… 현대에 와서 정치적 극단주의는 문화적 모험주의와 함께 밀집대형을 이루었다." 그는 마리네티Filippo Tommaso Emilio Marinetti의 미래파〔이탈리아 소설가이자 시인인 마리네티는 1909년 '미래파 선언'을 발표하고 모든 과거 전통에서 벗어나는 해방을 목표로 하는 미래주의운동을 창시했다.〕와 무솔리니Benito Mussolini의 파시즘이 밀접하게 연결되어 있다는 사실을 한 번도 의심해 본 적이 없다고 말한다. 에크스타인스에 따르면, 거기에는 악마적인 힘을 발휘하는 데 대한 "과거를 비타협적으로 떨쳐 버리는 데 대한" 매혹이 있었다.[20] 문화혁명과 전체주의는 정신적 동지다.

로저 그리핀Roger Griffin은 『모더니즘과 파시즘Modernism and Fascism』에서 모더니즘과 파시즘 간의 심오한 친족 관계를 섬세하게 탐구한다.[21] "전쟁은 세계의 유일한 위생이다."[22] 미래파는 이렇게 선언했다. 이것이 일으킨 반향은 불행했고, 결코 사소하지 않았다. 아름다운 것이 아니라 강한 것에 대한 찬탄, 참여나 공감보다는 소외된 객관성의 감각, 모든 금기에 대한 교조적인 탄압이 모더니즘 기획의 심장부에 놓여 있다. 미래파는 젊음과 폭력의 문화를 신봉했다. "우리는 그것을, 과거를 원하지 않는다." 그들은 외쳤다. "아무리 과감하고 폭력적이더라도 좋은" [23] 진기함에 대한 요구는 모더니즘이 처음 구상되었을 때부터 지금까지 내내, 거의 도착적이라 할 정도로 낯선 모더니즘(포스트모더니즘도 포함)의 관심사와 현대의 도시 생활이 주는 비도덕적 불안정함에 대한 매혹에 불편할 정도로 가까이 있다. 그렇더라도 폴 비릴리오Paul Virilio만큼 극단적으로 나아가기란 쉽지 않다.

물론 모더니즘 미술이 모두 헤르만 니치Hermann Nitsch의 피비린내 나는 미술이나 루돌프 슈바르츠코글러Rudolf Schwarzkogler의 사지절단인 것은 분명히 아니다. [니치와 슈바르츠코글러는 1960년대 '행동파'의 대표 작가들이다.] 하지만 모더니즘에서의 유행인 실재의 뿌리 뽑힌 표상을 예술로 보는 태도가 훨씬 더 깊은 자비의 실패와 훼손된 연민의 일부분이라는 비릴리오의 지적은 타당하다. '예술을 위한 예술'이라는 미학적 신조의 연장선에서, 제아무리 비틀리고 불쾌한 것이라 할지라도 그런 표상을 예술로 간주하는 태도 말이다. 실재를 예술로서 '그 표상은 훨씬 더 깊이 실패한 자비와 잠식된 연민의 일부'였다는 것이다. [24] 연민은 오르테가Jose Ortega y Gasset가 현대미술에서 "모든 파토스에 대한 금지" [25]라고 말한 모더니즘에 남은 유일한 금기였는지도 모른다.

사실, 전체주의 운동은 그것을 훌륭한 예술로 볼 만한 특징이 하나도 없었다. 모더니즘 미술이 레닌주의나 파시즘, 스탈린주의와 그 본성상 동일하다고 하는 것도 무리가 아니다. 레닌Vladimir Il'ich Lenin은 이렇게 말했다. "나는 예술을 잘 모른다. 내게 예술은 지적 부록 같은 것이다. 그것이 프로파간다propaganda로서 유용할 때, 우리에게 당장 그것이 필요한 시기가 지나고 나면, 예술은 무용지물로 조금씩 잘라 없애야 한다."[26] 그것은 나데즈다 만델슈탐Nadezhda Mandelstam이 목소리를 가진 자는 "혀가 …… 잘리고, 뒤에 남은 몸체는 독재자를 찬양하도록 강요당한다"고 쓰던 시대였다.[27] 나중에 나치와 스탈린주의자들은 상상력은 퇴폐적이고 쓸모없는 것이라 선언했으며, 레닌이 그랬듯이 그것이 예술을 넘어 정치적 목적을 가질 때에만 찬양했다.

모더니즘이 발전하면서 소외는 충격과 진기함으로 현대성의 지루함과 비진정성을 막는 방어막이 되었다. 모더니즘이 반응한 대상인 비진정성은 의혹의 대상이 아니었다. 앞서 살펴보았듯이, 이 지점이 되면 갈 길은 두 가지다. 하나는 우반구적 세계의 진정성 상실을 문제로 보고 이를 뒤덮고 있는 익숙함의 부가물들을 끈기 있게 치워 버려서 우반구를 다시 개입시키는 것이다. 다른 길은, 우반구의 세계를 원천적으로 진정하지 않은 것으로 보고 그것을 완전히 치워 없애는 것이다. 새로움은 상반된 개념이다. 러시아의 문예학자인 빅토르 시클롭스키Viktor Shklovsky가 에세이 「기술로서의 예술Art as Technique」에서 말한, "그것을 낯설게 만들기" 위한 외침은 두 가지 모두의 표현일 수 있다. 이 시기에 대개 그것은 두 번째 것이었지만, 시클롭스키가 톨스토이Lev Tolstoi를, 그리고 스턴Laurence Sterne의 소설을 좋아할 때 생각한 것은 이것이 아니었을 것이다. 그는 톨스토이가 "사물을 마치 생전 처음 보는 것처럼 묘사하고, 세상에서 처음으로 일어나는 것처럼 사건을 묘사한다"면서, 그 진정성을 다시 포착하고 싶다고 했다. 비록 형식주의자들은 시클롭스키의 에세이를 선언문으로 채택했지만, 그가 여기서 말하는 것은 절대 선정주의나 충격 전략 혹은 기괴한 왜곡이 아니다. 오히려 그와 정반대이다.

그가 이 에세이에 담은 교묘한 에두름, 은유, 미묘하게 전도된 관점

등은 그가 진짜 어떤 생각을 품고 있었는지를 보여 준다. 명시적인 것이 전면적 비진정성이 되도록 죽여 버린 것을 되살려 낼 수 있는 것은 묵시성, 또는 방향이 없는 것처럼 보일 정도의 간접성이라는 것이다. "지각되는 것이지 …… 알려지는 것으로서가 아니다." 따라서 시클롭스키와 "그것을 새롭게 하라"는 표어를 지지했던 이들 사이에는 중요한 구분선이 존재한다. 하지만 시클롭스키의 좀 더 미묘한 이해, 과도한 익숙함으로 고갈된 것을 진정성으로 되돌려 놓으라는 우반구의 요구를 대변하는 이해는 힘을 얻지 못했다.

"독창성은 진기함에 반정립적"이라는 스타이너의 금언은 모더니즘 미술 및 모더니즘 이후의 미술이 가진 의지적이고 자의식적인 본성이라는 거대한 문제를 건드린다. 전통과 독창성 사이에는 극단적인 대립이 없기 때문이다. 사실 예술가로서의 독창성은 전통 속에서만 존재할 수 있다. 이는 내가 독창적으로 보이려면 '대비' 될 어떤 것이 반드시 있어야 한다는 뻔한 이유 때문만이 아니라, 모든 예술 작품의 뿌리는 개인주의적인 두뇌의 추구에서 시작되는 것이 아니라 신체와 상상력에서 나오는 직관적이고 묵시적인 것이어야 하기 때문이다. 전통은 예술가의 전체 인격 속으로 받아들여지고 지양되며, 바로 그 이유로 새로워진다. 의지적인 노력으로 얻어지는 진기함이 아니다.

사람들은 곧잘 진기함이 없으면 천박함만 남지 않을까 두려워하지만, 그로 인해 감당해야 할 결과는 진기함에 대한 추구 바로 그것이 천박함으로 이어진다는 것이다. 우리는 진기함을 새로움과 혼동한다. 예전에 한 적이 있기 때문에, 이니면 그 표현이 천박하다는 이유로 사랑에 빠지지 않겠다고 결심하는 사람은 아무도 없다. 모든 진정한 사랑에서 사랑하는 이유는 모두 산과 언덕만큼이나 오래되었지만 완벽하게 새롭다. 영적인 문헌도 똑같은 문제를 제시한다. 즉, 쓸 수 있는 것은 진부한 말뿐이다. 하지만 이는 경험의 내부에서 볼 때 뭔가 완전히 다른 것을 뜻한다. 언어는 흔하지 않은 것을 흔한 것으로 만든다. 그것은 경험을 창조하거나 우리가 모르는 일을 만들어 내지는 못한다. 오직 이미 그곳에 있던 어떤 것을 우리 속에 풀어 놓을 뿐이다.

1913년 러시아의 입체파 화가인 카지미르 말레비치Kazimir Malevich가 검은 사각형 그림을 전시했을 때, 이어서 1915년에는 검은 원, 1917년에는 백색 사각형("백색 위에 백색") 그림을 전시했을 때 그는 어떤 선언을 한 것이다. 비록 예술을 사용하여 선언을 한다는 것 자체가 좌반구적 지배의 또 다른 모습이기는 하지만 말이다. 어쨌거나 그는 그런 간단한 기하학적 형체를 채택하여, 특히 검고 흰 형체로써 지금 우리가 좌반구적 선호라고 알고 있는 것을 받아들였다. 이렇듯 큐비즘Cubism은 질감을 가진 살아 있는 표면의 섬세한 부드러움을 서로 어긋나고 추상화된, 여러 개의 관점에서 표상되어(따라서 거주될 수 없는) 제멋대로 끼어들고 깊이 감각을 파괴해 버리는 직선적인 표면으로 바꾸어 놓았다. 그런데 한 사물의 모든 표면을 단일한 평면으로 나타내라는 요구는 좌반구의 도식적인 표현 성향에 곧바로 귀속된다. 파편화에 대한 고의적인 강조와 원통형, 정육면체, 구체球體 같은 규칙적이고 단순한 형태가 좌반구가 선호하는 것들이다. 신경심리학적 관점에서 볼 때 모더니즘 미술은 우반구가 작동을 중단한 사람의 눈에 보이는 세계를 모방하는 것처럼 보인다. 다른 말로, 그것은 좌반구 세계를 존재하게 만든다.

2장에서 논의했던 '간헐운동Zeitraffer' 현상도 우반구에 의해 출현한 시공간에서의 통합된 움직임의 흐름이 붕괴한 뒤 등장한 것으로, 처음부터 모더니즘에 속했다. 1910년에 발표된 「미래파 회화의 기술적 선언문Technical Manifesto of Futurist Painting」에는 이렇게 되어 있다. "망막에 상하나가 지속되는 동안 움직이는 객체는 항상 자신을 증식한다."[28] 이 말이 아주 거짓이라는 사실도 이 주장이 명백한 진리처럼 받아들여지는 것을 막지 못했다. 이 결함을 재생산하는 것이 그림의 업무가 되었다. 이와 비슷하게, 진기함에서는 이야기 줄거리의 흐름, 우반구의 연속적인 시간 이해와 인간 행동의 의미에 대한 이해를 그리는 이야기의 흐름이 방해받게 된다. 시간의 흐름은 정지된 장면과 어긋난 연속 장면으로 대체되어 인물과 의미 있는 행동에 균열을 일으키고, 우반구 결손을 가진 이들이 경험하는 것과 같은 세계를 재생산한다. 맥락으로부터의 '자유'는 모더니즘 미학의 본질인데, 우반구만이 그것을 줄 수 있다. 하지만 모더니즘 시대의 미술은 이론적이고 개념적이 되었다. 일부 경우에 그 이론이나 개념이 말로나마 직관적이 되어야 한다고 밝히더라도 말이다.

따라서 모더니즘 미술에서는 우반구에 고도로 의존하는 인간의 얼굴과 신체가 제대로 대접받기가 어렵다. 우반구에 손상을 입은 환자들은 신체 부위들 간의 관계를 올바로 이해하지 못한다는 사실을 기억하라. 자신의 신체 부위들이 어디에 있는지를 무조건 반사적으로 인식하는 자기수용 감각에 장애가 생기기 때문이다. 또한 직관적인 소유권 감각을 잃어버린다. 그래서 자신의 신체가 마치 외부의 힘이나 무생물에 의해 움직이는 것처럼 느낀다. 특히 왼손은 자기 것이 아니라고 부정된다. '신체에 대한 간단한 몇 가지 성찰'이라는 제목의 에세이에서 폴 발레리는 이렇게 썼다.

신체는 가끔 갑작스러운 충동적 에너지를 발휘하여 어떤 내적인 신비에 반응하여 행동하게 되고, 또 가끔씩은 매우 무거운 것으로, 파괴적이고 움직일 수 없는 무게로 변하는 것처럼 보인다. …… 물자체物自體는 형체가 없다. 우리가 시각적으로 그것에 대해 아는 것이라고는 오로지 이 내 신체를 구성하는 공간의 눈에 띄는 어떤 구역 속에 들어올 수 있는, 움직이는 부분 몇 개뿐이다. 그것은 이상한 비대칭적인 공간으로, 그 속에서는 거리가 거의 없다. 내 이마와 내 발, 내 무릎과 내 등 사이의 공간적 관계가 어떤지 나는 알지 못한다. …… 이것들에서 이상한 사실이 발견된다. 오른손은 일반적으로 왼손을 모르고 있다. 한 손으로 다른 손을 잡는 것은 내가 아닌 객체를 쥐는 것이다. 이런 이상한 현상은 잠을 자는 데서 분명히 뭔가의 역할을 할 것이고, 또 꿈이라는 것이 있다면 무한히 다양한 형태를 띠게 만들 것이 분명하다. …… 신체에는 과거가 없다.

여기서 신체 부위들 간의 관계 감각의 실패와, 자기수용 감각의 손상(자기 눈에 보여야만 자신의 신체 부위가 어디 있는지를 알게 되는 증상), 자신의 신체 부위가 생소한 방식으로 행동한다는 느낌, 왼손이 자기 것이 아니라는 느낌에 더하여, 발레리는 신체에는 과거가 없다고 주장함으로써 좌반구식의 견해를 확증한다. 이는 아주 괴상하게 반反직관적이면서도, 좌반구는 살아진 시간이라는 감각이 없다는 사실을 시사한다. 또 꿈이라는 무의식적 삶이 전혀 존재하지 않을 수도 있다고 주장함으로써, 신체가 비대칭적이라고 보고함으로써(이는 좌반구라는 유리한 입지에서 볼 때는 참이겠지만, 우반구의 입지에서 본다면 전적인 거짓은 아니더라도 그다지 참이 아니다.), 그 견해를 확증한다. 이것은 발레리가 우리에게 있다고 말한 세 가지 신체 가운데 가장 덜 객관화된 것이다. 다른 두 신체는 타인들이 보는 신체와 과학에 알려진 신체이다. 이 시기의 미술에 나타난 신체의 시각적 표상에서도 이와 같은 것이 보인다. 형체들은 뒤틀리고 탈구되어 있다. 얼굴은 거의 알아보기 힘들 정도이고, 섬세한 표현 능력은 고의적으로 파열되어 있다. 신체의 비非생명화는 기괴하게 뒤틀리고 해체된 한스 벨머Hans Bellmer의 관절인형들에서 가장 불쾌하게 신격화되지만, 피카소 같은 주류 화가들에게서도 분명히 나타난다.

모더니즘 운동에서 주류에 속하는 것들의 목록은, 신경심리학적 관점에서 볼 때는 좌반구식 파악 양상의 카탈로그처럼 보일 수 있다. 그러나 이것은 만들어진 개별 예술 작품에 대한 가치판단이 아니라, 그저 현대 세계를 보는 우리의 견해에 영향을 미친 과정에 대한 성찰일 뿐이다. 이런 작품 가운데 일부는 극도로 강력하고 아름답기까지 하다. 큐비즘 같은 몇몇 사례는 앞에서 이미 언급한 바 있다. 이 시기에 유행한 점묘법은 게슈탈트 형체를 불연속적인 입자 더미로, 선과 표면의 연속성을 일련의 불연속적 점들의 무더기로 축소시킨다. 테크놀로지는 그런 것을 은폐하려고 애쓰는 반면, 점묘법은 분열에 관심을 유도한다. 기계적 디지털 재생을 예고하는 이것은 좌반구가 연속적 흐름을 나타내는 방식이다. 다다이즘과 그 산물인 부조리주의와 초현실주의는 완전한 분열, 자의적인 병치, 의미를 공허하게 하기 등의 가치를 표현한다. 기억하겠지만 좌반구는 그런 비非게슈탈트적이고 무의미한 현상을 처리하는 데 유리하다. 추상화도 이와 비슷하게 좌반구식 처리법을 선호한다. 콜라주에서는 전체 개념이 독립된 조각으로 구성된 것으로 표현된다. 미니멀리즘minimalism은 좌반구가 선호하는 단순한 형태들을 강조한다. 기능주의는 효용이 형태에서 지배적인 고려 사항이었다고 설교한다. 이 조류의 가장 유명한 지지자인 르 코르뷔지에Le Corbusier는 풍부한 의미가 있는 '집'이라는 개념을 '거주 기계une machine a habiter'라는 것으로 축소시긴 것으로 유명하다. 또 다른 지지자인 미스 반 데어 로에Ludwig Mies van der Rohe는 모든 지방색을 정면으로 부정했다. 오직 추상과 보편자만 인정되었다. 모더니즘 일반은 시간과 장소의, 그리고 상이한 목표를 가진 고유한 특수성을 노골적으로 거부하고, 상이한 목표를 가지고 상이한 시간대에서 살아가는 상이한 사람들의 맥락에 대한 관심을 거부하고 무시간적 보편성을 선호했다. 모더니즘 미술과 조각의 추상적 형체 역시 일체의 맥락화 시도에 저항한다. 미래파는 과거보다 미래를 선호하는 좌반구적 성향을 선언한다. 그리고 원칙을 다루는 일체의 권위에 대한 반대와 혁명적 열성이 우리가 좌반구 세계에 살고 있음을 확인해 줄 것이다.

■ 모더니즘 음악

"모든 예술은 음악의 상태를 열망한다"는 월터 페이터의 경구는, 음악이 모든 예술 가운데 명시적인 정도가 가장 낮다는 사실을 암시한다. 이와 대조적으로 20세기 예술은 우리가 쓸 수 있는 것 가운데 가장 명시적이고 추상화된 매체인 언어의 상태를 열망했다. 화가이든 조각가든 설치미술가든지 간에, 예술가가 자신의 창작물에 대해 말하는 내용은 작품 자체만큼이나 중요해졌고, 흔히 예술 작품 바로 곁에서 마치 감상자의 이해를 안내하는 것처럼, 마치 예술 작품이 스스로는 말을 하지 못하는 것처럼 전시되었다. 문자화된 재료는 흔히 예술 작품 자체의 틀 안에서도 불쑥 튀어나와 발에 걸린다. 종교개혁 시기를 제외하고는 유례가 없는 현상이다. 이와 비슷하게 현대음악 공연에도 작곡가가 자신의 의도와 희망과 작곡 도중에 겪은 경험을 설명하는 문자 텍스트가 서문으로 붙어 있다.

음악은 물리적인 강제가 가장 많은 예술이다. 연속된 음조 사이의 간격(선율)에서 발생하는 긴장, 동시에 울리는 음조(화성), 강세들 사이의 간격에서 발생하는 긴장은 그 즉시, 또 감상자의 의사와는 상관없이 감상자의 신체 근육에 탄력의 긴장과 이완이라는 형태로 전달되고, 호흡과 심장 박동에 현저한 영향을 준다. 음악의 원조는 춤과 노래이다. 음악은 정신적인 행복만이 아니라 신체적인 행복에도 직접적인 영향을 미친다. 가령 음악은 신체 질환이 있는 환자들의 불안감과 우울감, 통증을 완화시킨다. 특정한 상황에서는 음악이 건강을 유지하는 데 필수적일 수도 있다.

하지만 20세기 이후 음악은 고도의 추상화를 열망했고, 그곳에 도달했다. 그 호소력은 대단히 사색적이고 고도로 자의식적인 것이 되었으며, 너무나 복잡하여 작품만을 경험해서는 이해될 수 없거나 혼란스럽고, 그렇게 이해를 바라는 것이 요행을 바라는 것이 될 정도였다. 쇤베르크가 말했듯이, "음악이 어떻게 들리는지는 요점이 아니다."[29] 여기서 쇤베르크 본인이 처음에는 매우 명백하게 음향이 주 요소인 음악을 작곡했다는 사실도 주목할 만하다. 아방가르드 음악은 선율을 포기했으며, 개념적으로는 그 화성적 구조를 이해하더라도 직관적으로는 감식하기가 힘들어졌다. 비록 분석적인 좌반구가 음악의 경험에 기여하는 바가 있다 할지라도, 좌우반구의 원리는 어디에나 적용된다. 좌반구의 산물은 그것들이 살아날 수 있는 우반구로 반드시 복귀해야 한다. 이 점에서 음악을 실제로 만드는 과정도 이와 다르지 않다. 오랜 시간 노력하여 분석하고 배후에서 조각조각 쪼개어 작업한 뒤에는, 그것을 살아 있는 작품으로 다시 한 번 변신시킬 때에는 과거의 모든 노력을 잊어야 하는 것이다. J. S. 바흐의 음악에서 볼 수 있듯이, 수학이 음악 속에서 작동하려면 살아 있는 틀 속으로 채택되어야 한다. 한 마디로, 신체를 얻어야 하는 것이다. 다른 어떤 예술 형태보다도 음악은 우반구에 대한 의존도가 높은 예술 분야이다. 음악의 모든 측면 중에서 좌반구에게도 똑같이 파악되는 것은 오직 리듬뿐인데, 현대의 예술음악이 소수의 열성분자들 몫이 되어 버린 반면에 거의 리듬만으로 축소된 현대의 대중음악이 대세를 이루었다는 사실은 우연의 소치가 아니다.

1878년에 니체는 이 과정이 시작되는 것을 알아채고, 다음과 같은 예언적인 말을 남겼다.

> 우리의 귀는 점점 더 지적으로 되어 간다. 그리하여 우리는 훨씬 더 큰 음량을, 훨씬 더 큰 소음을 견딜 수 있게 되었다. 선조들에 비해 그 속에서 어떤 이유를 들어 내는 데 훨씬 더 잘 훈련되었기 때문이다. 우리가 항상 뭔가의 이유를, 그것이 무엇을 뜻하는지를 물을 뿐 그게 무엇인지는 묻지 않다 보니 우리의 모든 감각은 둔해졌다. …… 귀는 조야해졌다. 뿐만 아니라 세계의 추한 면모, 원래는 감각에 적대적이던 면모가 음악을 정복해 버렸다. …… 이와 비슷하게 일부 화가도 눈을 더 지적으로 만들었고, 예전에는 형태와 색채상의 기쁨이라 불리던 것을 넘어 멀리 가 버렸다. 여기서도 원래는 추하다고 여겨져 오던 세계의 면모가 예술적 이해에 정복되었다. 이는 어떤 결과를 낳는가? 눈과 귀가 생각을 더 하게 될수록, 그것들은 무감각해지는 경계선에 더 많이 도달한다. 기쁨은 두뇌로 자리를 옮겼으며, 감각기관 자체는 둔하고 허약해졌다. 점점 갈수록 상징이 존재하는 것을 대체한다.[30]

"상징이 존재하는 것을 대체한다." 분명히 이는 이론과 추상이 경험과 육화肉化에 거둔 승리의, 표상이 '현전'에 대해 거둔 승리, 다른 말로 하면 음악 및 다른 예술의 심장부에서 좌반구가 거둔 승리의 완벽한 표현이다. 니체는 말한다. "엄청난 다수多數, 매년 점점 더 추해지는 것이 감각적 형태로서 갖는 의미조차 이해하지 못하게 된 다수가 …… 따라서 점점 더 큰 기쁨을 느끼면서 선천적으로 추하고 역겨운 것에,

즉 저열하게 감각적인 것에 손을 뻗고 있다."

루이스 사스가 지적하는 모더니즘의 문제는 과도한 자의식의 문제이다. 어떤 방식을 지지할 것인가 하는 문제, 또 예전에는 한 번도 본 적도 들은 적도 없는 것이 되고자 어떤 의식적인 결정을 내려야 하는 필요는 후기 낭만주의를 넘어서며 갈수록 더 강박적인 형태를 띠기 시작했다. 작곡가들은 그저 자신들이 과거에 어디선가 들은 것을 모방하려는 직관적인 생각을 하는 것이 아니라, 의도적으로 자신과 자기 예술을 발명하려 한다. 이로 인해, 아마 불가피한 일이었겠지만, 우리의 직관적인 화성과 선율과 조성 감각을 포기하겠다는 결정이 내려졌다.

직관적인 화성이나 선율 및 조성 감각이라는 말은 부당하게 보일 수도 있다. 이제 그런 것은 순수하게 문화적으로 결정되며, 의지에 따라 재형성될 수 있다고 믿어지기 때문이다. 하지만 이는 전혀 사실이 아니다. 물론 음악은 진화하며, 가령 화성을 구성하던 것도 시간의 흐름에 따라 서서히 변화했다. 으뜸7도 화음은 19세기 이전까지는 불협화음으로 간주되었고, 장3도도 한때는 불협화음이었다. 그렇다면 이것이 문화적 차이에서 비롯되는 것은 아닐까? 그러나 몽골 음악이라고 해서 서구인들의 귀에 화성적으로 이해 불가능하고 불쾌한 것으로 들리지는 않는다. 음악의 수용 가능성과 감정적 의미는 순수하게 문화에 구속되지 않는다. 사실 그것은 거의 보편적이다. 예를 들어, 노르웨이인들은 서구 음악 전통에 의한 문화적 변용을 겪었지만, 그와 전혀 다른 음악 전통인 고대 인도 음악이 만들어 내는 특정한 감정과 음정들의 관계에 대해서도 똑같은 연상을 한다. 이는 서구의 깃과는 다르고 복잡한 음악 원리를 토대로 한다고 간주되는 인디언 음악을 들은 서구인 대부분의 경험과 일치할 것이다.

상이한 문화와 상이한 세대에서 성장한 어른들에 대한 연구와 말을 배우기 전 아동에 대한 연구, 심지어 새와 동물에 대한 연구도 협화음과 유쾌함, 불협화음과 불유쾌함으로 감지되는 것에 놀랄 정도로 일치하는 결과를 보인다. 특히 생리학적 층위에서는 불협화음보다 화성에 대한 보편적인 자연적 선호가 있다. 화성은 심장박동이 느려지게 만드는 자율신경계상의 변화를 유발한다. 불협화음은 유해한 자극과 관련된 두뇌 구역을 활성화시키고, 화성은 즐거운 경험과 관련된 구역을 활성화시킨다. 생후 4개월밖에 안 된 아기들도 협화음을 불협화음보다 선호하며, 아기 때부터 이미 단조를 슬픔과 결부시킨다. 반구 차원에서 볼 때 우반구는 화성에 더 민감하며 그것을 처리하는 데 더 많이 개입되어 있고, 협화음과 불협화음의 구별에도 더 민감하다. 협화음을 처리하는 데는 우반구가 특정적으로 연결되며, 불협화음의 처리에는 좌반구가 연결된다.

바흐의 음악은 불협화음으로 가득한데, 음치가 아닌 다음에야 그것들을 알아듣지 못할 수는 없다. 알아듣는다는 것의 두 가지 의미에서 모두 그렇다. 르네상스 시대의 버드William Byrd나 그 동시대인들의 음악에서 얼핏 들리는 '가짜 관계'와 근사한 불협화음이 그렇듯이, 그런 순간은 특히 감미롭기 때문이다. 이는 요리에 풍미를 더하는 요소라도 그것이 음식을 지배하게 되면 먹을 수 없는 요리가 되어 버리는 것과 마찬가지다. 바흐 음악에서 자주 등장하는 얼핏 들리는 불협화음은, 그것들이 진행하면서 해결됨에 따라 더 넓은 협화음으로 지향된다. 다시 한 번 맥락이 절대적으로 중요해지는 대목이다. 사실 음악만큼 맥락이 중요한 분야도 없다. 설사 그 맥락이 침묵일지라도 음악은 순수한 맥락이기 때문이다. 그러므로 다른 분야에서처럼 화성에서도, 어떤 일을 완수하는 데 존재하는 기대와 연기延期의 관계는 위대한 예술의 핵심이다. 예술은 균형을 올바르게 맞추는 데 있으며, 이 점을 최고 수준으로 보여 주는 것이 바흐의 음악이다.

화성의 전체 영역에 걸쳐 감정적 표현은 엄청나게 미묘하고 다양하다. 지극히 미묘한 변화가 의미상 거대한 차이를 만드는 것이다. 하지만 불협화음들에서는 이런 식의 미묘한 감정적 음영으로 그것을 구별하는 것이 불가능하다. 인간의 신경 체계와 그것이 진화해 나온 포유류의 신경 체계는 불협화음을 피곤함으로 인식하기 때문에 불협화음은 순식간에 불안에 찌든 것으로 변질될 위험이 있고, 그렇게 되면 그 감정적 범위가 축소되지 않을 수 없기 때문이다. 모더니즘 음악의 음향은 원천적으로 생소하고 위협적인 음향을 만드는 경향이 있기 때문에, 영화에서도 무시무시한 '외계'의 의미를 전달하는 데 이런 음악이 쓰인다.

좌반구는 리듬을 지각하는 데서 중요한 역할을 하지만, 더 복잡한 리듬은 우반구에 의존하며, 리듬을 인식하는 능력은 좌반구를 완전히 절제하더라도 살아남는다. 플라톤은 리듬이 주로 마음에서 나온다고 했는데, 그럼에도 인간이라는 프레임이 경험할 수 있고 인간의 두뇌가 알아들을 수 있는 리듬에는 한계가 있다. 대표적인 현대음악 작곡가인 오네게르Arthur Honegger는 다음과 같이 말했다.

> 나 자신은 이런 리듬적 기교에 매우 회의적이다. 그것들은 종이 위에서만 중요하다. 청중에게는 느껴지지 않는다. …… 스트라빈스키의 〈3악장으로 된 교향곡〉을 연주하고 나면 모든 연주자는 이렇게 말한다. "우리는 듣거나 감상할 시간이 없다. 8분 음표를 세느라 너무 바빠서."[31]

예상할 수 있는 일이지만, 많은 작곡가들은 이런 과정에 대해 양면적인 태도를 보였다. 하이든Franz Joseph Haydn은 "가장 만들어내기 어려운 것이 선율이다. 천재가 아니면 훌륭한 선율을 만들 수 없다."고 말했다. 티펫Michael Tippett(1905~1998)은 그런 "선율"의 상실을 슬퍼했다. 모차르트는 선율이 "음악의 정수이다. 나는 선율을 발명하는 사람을 고귀한 경주마에 비교하겠다. 일개 대위법 작곡가는 그저 우편마차에 묶인 삯말일 뿐"이라고 말했다. [32]음정의 중심이 없으면, 청중이 음정의 위계를 세울 기준점도 없어진다. 작곡가는 자신이 어디로 가고 있는지 알겠지만, 청중들은 그럴 수 없다. 그 정도로 형체 없는 것을 따라잡을 만한 단기적 기억력이 뛰어난 사람은 많지 않기 때문이다.

하지만 벤저민 브리튼이나 아보 패르트, 필립 글라스, 또는 더 최근의 모텐 로리드젠, 존 태브너, 제임스 맥밀런 같은 작곡가들은 순수하게 이론적이기보다는 직관적인 토대를 갖고 있으며 합리주의적이기보다는 표현적이면서도 나름대로 홀릴 만큼 아름다운 음악을 만들어내는 길을 찾아냈다. 그들에게 모더니즘은 별 마땅한 용어가 없기 때문에 그저 낭만주의라 부를 수밖에 없었던 것의 가능성을 확대하고 연장하면서도 지속하는 방법이었다. 그리고 자기 발명에 대해 자의식이 덜하고, 선율과 화성과 리듬의 이디엄을 벗어나려는 고집이 덜한 재즈는 모더니즘 시대가 만들어낸 최고의 창작물 가운데 하나라고 나는 생각한다.

■ 모더니즘의 성공

플라톤에서 니체, 또 그 이후까지도 미에 대한 이론은 대부분 미의 개념에 공통점이 있다. 미美란 부분들 간의 조화를 보여 주는 유기적인 전체라는 것이다. 서양과 동양의 미 개념은 각각 독자적으로 발전했음에도 불구하고 놀랄 만큼 일치한다. 이는 동양 미술, 혹은 어떤 것이든 동양의 형식을 익히 보아 온 서양인들에게는 별로 놀랄 일이 아니다. 개별적 예외는 있겠지만, 일반적으로는 여러 문화에 걸치는 공통점들이 많다. 시와 소설의 번역이 여러 국어로 널리 퍼지는 까닭, 일본 미술 전시회나 인도 음악, 인도네시아 음악, 일본 음악 연주회가, 심지어는 동양 연극 공연이 서양에서 그토록 성공을 거두는 까닭이 여기에 있다. 또 서양의 미술관들이 동양에서 온 수많은 방문자들을 끌어들이는 이유, 셰익스피어의 공연과 서양 음악이나 발레 공연이 중국과 일본에서 인기를 끌고, 최고 수준의 유럽 고전음악 연주가 가운데 동양인이 여럿 있는 것도 같은 이유다. 심지어 파푸아뉴기니 같은 지역에 살면서 서양의 고전음악은 전혀 들어 보지도 못한 원주민들도 모차르트의 음악이 주는 감정적 내용을 직관적으로 이해하고 감상할 수 있다. 모두 예술을 통한 미의 감상과 그 표현에 대한 이해를 가능하게 하는 비사회적으로 구축된 가치의 존재를 인정하지 않고서는 성립될 수 없는 일들이다. 심리학과 사회과학에서도 인간적인 보편자가 분명히 존재한다는 사실이 점점 더 힘을 얻고 있다.

음악에는 직관적 언어가 있으며, 그 방언들은 문자 그대로 인류만큼이나 널리 퍼져 있고 그보다도 더 오래되었다. 이는 관련 연구로도 입증된다. 모더니즘은 비록 성공을 거두었다고 보기는 어렵지만, 그 직관적 언어를 포기해 보는 실험을 했다. 인류가 시각미술에서 색채와 형체를 사용한 방식은 음악만큼 일관되지 않지만, 그 표상 기술은 아니더라도 미학적 선호만큼은 일반적으로 공유된다. 이런 사실을 뒤집거나 포기하려는 고의적인 시도는 그 자체의 가치보나는 실험으로서 의미가 있다. 하지만 음악이나 시각미술의 언어가 아닌, 언어 그 자체의 관습은 언어가 우리의 매체인 한 단순히 뒤집기 어렵다. 적어도 오랫동안은 그렇게 할 수 없다. 이것은 모더니즘 안에서 시를 보호하는 작용을 했다. 물론 언어 관습을 포기하려는 시도가 없지는 않았다. 주로 콜라주 작품으로 알려진 쿠르트 슈비터스Kurt Schwitters 같은 인물은 무의미한 음절과 음향만으로 된 다다이즘 시를 썼지만, 여기서 이런 시도를 처음 했다는 것 이외의 의미를 찾기는 어렵다. 엘리엇의 「황무지The Waste Land」 같은 시도, 시 전체가 파편들의 모음으로 이루어지고 가끔은 되는 대로 짜 맞춰지고 정교한 속임수로 조작된 각주가 달려 있어, 의미란 단어 자체에 있는 것이 아니라 그 의미를 풀자면 계속 더 해독될 필요가 있음을 시사하는 작품도 모더니즘이 처한 일종의 막다른 골목이며, 조이스James Joyce의 『피네건의 경야Finnegan's Wake』도 매력적인 문학작품이라기보다는 흥미로운 문화역사적 자료이다. 물론 그런 빌려 온 재료들이 까치 둥지 같은 장소에서 작품을 빛나게 만들기는 하지만 말이다.

음악과 시각예술에서 형식적 관례는 의미의 손실 없이 폐기될 수 없는 직관적 지혜를 구현한다. 그러나 언어라는 재료 자체는 음표나 색채와는 달리 관례를 포기하는 데 비교적 저항적인 의미와 직관적 힘을 갖고 있다. 이 때문에 언어는 특별한 범주에 속하게 된다. 그 결과, 모더니즘의 시대는 19세기 중반 프랑스에서 보들레르Charles Baudelaire · 베를렌Paul-Marie Verlaine · 말라르메Stephane Mallarme · 랭보Jean Rimbaud 같은 인물에서 시작되어 그 뒤 퐁지Francis Ponge 같은 인물에게로 이어졌고, 영어권에서는 하디Thomas Hardy · 프로스트Robert Frost · 예이츠William Butler Yeats · 엘리엇 · 오든Wystan Hugh Auden · 스티븐스Wallace Stevens 같은 인물과, 최근에는 라킨Philip Arthur Larkin 같은 사람들이 어떤 시대에도 뒤지지 않는 비상하게 풍부하고 강력하고 독창적인 시를 양산했다. 이런 시는 비단 거물들만이 아니라, 대단한 명성은 얻지 못했더라도 한두 편의 진정으로 위대한 시를 쓴 사람들에 의해서도 씌어졌다.

이는 문학사에서 다른 어떤 시대보다도 현대에 더 사실인 것으로 보인다. 필립 라킨이 지금껏 편집된 가장 훌륭한 선집選集 가운데 하나인 『옥스퍼드 20세기 시_Oxford Book of Twentieth Century Verse_』의 서문에서 썼듯이, "내가 선별한 것들을 보면서 나는 그것들이 19세기와 18세기의 시 선집에서 볼 수 있는 것보다 훨씬 더 많은 수의 시인들을 대표한다는 것을 알았다." 이 말은 모더니즘의 상대적 자유가 낳은 직접적 결과로 보인다. 기존의 스타일로 시를 쓰는 군소 시인들은 그저 읽어 줄 만한 정도의 관습적인 시 이상의 것을 만들어 내는 경우가 많지 않다. 그러나 직관이 그런 관례에 상대적으로 덜 억눌리는 곳에서는, 찌꺼기도 많겠지만 진흙 속에서 사파이어가 발견될 가능성이 높다.

마지막으로, 모더니즘이 이룬 위대한 성취물을 목격할 수 있는 분야가 영화이다. 시 분야에 적용되었던 고려 가운데 몇 가지가 영화에도 적용된다. 시각적 심상의 재료인 영화의 '어휘'는 의미와 직관적 힘을 가지며, 추상미술과 달리 추상영화란 추상시만큼이나 창조될 가망이 없는 장르이다. 모더니즘 미술과 음악에서처럼, 모더니즘의 공헌은 여기서도 굴레를 벗어난 직관적 표현의 의미를 선언함으로써 직관을 해방시키고 풀어 준 데 있다. 영화 분야에서도 영화의 위대한 시인인 타르콥스키 Andrei Tarkovsky, 폴란스키Roman Polanski, 파라자노프Sergei Iosifovich Paradzhanov 같은 인물들과 나란히 이름을 올릴 만한 군소 인물이 많이 있다.

■ 포스트모더니즘

포스트모더니즘에서 의미는 새어 나가 버린다. 예술은 완전히 비실질적인 세계의 공허함이, 우리가 헛되이 의미를 구축하려고 애써 온 용어들 이상으로 아무것도 없는 세계가 그 자체의 공허성을 발언하도록 허용되는 게임이 되었다. 그 용어들이란 이제 단지 그 자체를 언급하는 것으로만 보인다. 그것들은 투명성을 잃었고, 의미를 제공할 만한 모든 조건은 역설적인 것이 되어 사라져 버렸다.

정신분열증 환자들이 보여 주는 모습은 루이스 사스가 우월성과 무기력의 현저한 조합이라 묘사한 것에 해당한다. 사스는 이것 역시 모더니즘 견해의 특징이라고 보지만, 그것이 가장 현저하게 나타나는 것은 포스트모더니즘이다. 포스트모더니즘 문학비평에서는 무기력이 눈에 뻔히 보인다. 실재가 일체의 객관적 존재 없는 구조물이라면, 단어들이 외연을 갖지 않는다면, 우리는 절대로 의미를 가진 어떤 것도 말하거나 행동할 능력을 가질 수 없다. 따라서 '비평가들은 왜 애당초 글을 썼는가?' 라는 물음이 제기된다. 유아론자가 왜 글을 쓰겠는가? 자신의 입장을 다른 사람에게 설득하려는 시도는 유아론자의 입장을 파괴해버린다. 그럼에도 불구하고 비평가가 비평 대상인 작가에게 취하는 원천적으로 우월한 태도는 자명하다. 작가가 자신이 뭔가 중요한 일, 심오하기까지 한 일, 워즈워스의 말을 빌리자면 "한 인간이 다른 인간에게 말을 거는 일" 을 하고 있다고 생각하는 곳에서, 비평가는 작가가 실제로 하고 있는 일이 언어 게임, 작가가 알지 못하는 사회적으로 구축된 규범을 그 규칙들이 반영하는 게임이라고 선언한다. 그러므로 작가는 일종의 꼭두각시가 되며, 작가를 얽어맨 끈은 무대 뒤에 있는 사회적 힘으로 움직인다. 작가는 배치된 것이다. 작가는 자기 작품의 가치를 알지 못하지만, 우월한 우리는 밝힐 수 있는 어떤 메시지 속에 그 가치가 놓여 있기라도 한 듯이, 예술 작품의 "암호는 풀린다".

"구조주의structuralism의 거의 모든 버전에서 다분히 공리公理 같은 지위를 차지하는" 33) 이 '암호 메시지 모델' 은 우반구적 언어를 이해하려는 좌반구의 완벽한 표현이다. 눈에 보이는 것 이상으로 더 많은 것이 벌어지고 있음을 알고 있는 좌반구는, 그것들이 무엇인지 발견하고자 그것들을 드러내려는 작업을 펼친다. 하지만 그것은 예술 작품의 '사이'를, 그 진정한 '의미'가 어디 있는지를 제대로 알지 못한다. 좌반구의 암호 해독이라는 것은 그 자신의 영리함을 입증하는 일이다. 하지만 "문학적 가치는 전달되는 견해와 설명되는 사물들로 축소될 수 없다. 그것은 언제나 어떤 사물들이 어떻게 소개되고 표현되는가 하는 문제이다. 이 '어떻게How'는 또 다른 '무엇What'으로 환원될 수 없다." 그 '어떻게', 즉 예술 작품의 고유성은 한 사람의 고유성과도 비슷하며, 우반구에 의해서만 이해될 수 있다.

포스트모더니즘이 하듯이 실제 세계의 참조 대상과 단어를 분리하면, 모든 것은 무無로 바뀌고 삶 자체는 게임으로 변모한다. 하지만 감정적 환기의 힘이 있는 재료를 초연하고 역설적인 입장과 짝 지우는 것은 사실은 파워 게임, 예술가가 감상자와 함께 벌이는 게임이다. 그것은 순진무구한 재능을 발휘할 자리를 잘못 찾은 장난스러움의 문제가 아니라, 음울한 연극의 패러디다. 그것은 사이코패스가 타인을 휘어잡고 그들이 스스로 약하게 느끼도록 감정 없는 모습을 보이는 것, 겉보기엔 농담을 하고 게임을 하는 것 같지만 강력한 인간적 감정을 자발적으로 불러일으키는 대상에게 무관심하고 섬뜩한 태도를 취하는 방식으로서, 정신과 의사들이 익히 보아 온 상황이다.

암호를 읽는 능력에 근거한 우월성을 지향하는 비평 추세는, 아마 정신분석의 분화에서 처음 나타났을 것이다. 사스에 의하면, 그 문화는 우리의 신비적·종교적·심미적인 교육의 지나치게 세속적인 연원을 드러내고, 그것의 전수자들에게 영악한 우월감을 안겨준다. 그것은 온갖 형태의 환원주의와 밀접하게 연대를 맺고 있다. 환원주의는 불참여와 마찬가지로 사람들에게 힘을 느끼게 해 준다. 18세기에 환타스마고리아phantasmagoria[18세기 말엽 벨기에의 E. G. 로버트슨이 종이에 그린 간단한 신화나 이야기의 장면을 한 프레임씩 찍은 뒤 환등기를 써서 차례차례 넘기면서 영상으로 비춘 데서 시작한 영사 방식]를 퍼뜨린 이들이 그런 근사한 효과를 만들게 해 준 장치가 무엇인지 밝혔을 때, 그들은 자신들을 영리한 자, 알고 있는 자로 제시한 것이며, 그로 인해 청중들은 뭔가를 많이 아는 사람들과 함께 있다는 느낌을 잠시나마 맛볼 수 있었다. 청중들은 믿을 준비가 되어 있었으므로 기꺼이 바보가 되었다. 그들은 스스로 감동받도록 허용했다. 실상을 알았다면 전혀 감동받지 않았을 게 뻔하고, 아마 입을 씰룩거리며 "나도 알고 있다"는 식의 웃음만 지었을 텐데 말이다. 이 점에서 마치 입양된 누이동생에게 그 사실을 알려 주는 오빠처럼, 남의 고통을 고소하게 여기는 심리schadenfreude가 어느 정도 있다고 하지 않을 수 없다. 혹은 사람들의 자비심을 조작하는 수법으로 강도짓을 저지르는 사이코패스도 마찬가지다. 물론 뛰어난 정신분석가라면 우월감을 주의 깊게 숨기겠지만, 그런 감정이 구조 속에 이미 포함되어 있으므로 그것에 굴복하지 않도록 항상 경계해야 한다는 요점은 여전히 타당하다.

환원주의의 영악한 우월감은 현대의 과학 논쟁에서도 명백하게 드러난다. 환원주의는 순수하게 좌반구적인 세계관의 피할 수 없는 결론이다. 근본적으로 좌반구는 모든 것을 벽돌 같은 건축 단위로 만들어진 것으로 보기 때문이다. 그런 단위들의 본성은 너무나 명백해서, 적어도 건물에서 따로 떨어져 나온 상태에서도 그것이 무엇인지 파악될 수 있다고 여겨진다. 이 간단한 모델이 대중문화로 가지를 쳐서 뻗어 나갔다가, 반성 없이 다시 그 분야에 채택되어 우리 시대의 철학이 되었다. 대중문화 안에서 이 모델은 일종의 안일한 냉소주의를 유발하고 인간에 대한 기계적 견해를 권장하여, 더 높은 가치를 잠식하는 결과를 가져왔다.

지적 수준에서는 이것이 의식의 본성에 대한 논쟁에 포함되어 집중 관심을 받았다. 닉 험프리는 『붉은색을 보다*Seeing Red*』에서 대담한 도치법을 써서, 의식을 환원적으로 설명할 수 있다는 생각에 회의를 품는 이들이 정말로 독선적이고 우월감을 느끼는 사람들이라고 주장한다. "그런 회의주의는 자신이 형이상학적으로 중요한 존재라는 의식을 건드리고, 비밀을 알고 있는 내부자로서의 만족감을 갖게 한다."[34] 이런 주장은 반박하기 힘든 것으로, 이 말이 맞을지도 모른다. 이와 똑같이, 의식의 진짜 본성을 밝힐 수 있는 자신의 지성이 지닌 힘을 믿는 신경과학자들에게 똑같은 공격을 퍼부을 수도 있을 것이다. 그런 의식의 진짜 본성에 대해 아는 사람은 그들밖에 없으니 말이다.

　험프리가 제시한 의식에 대한 설명을 보면, 환타스마고리아 뒤에서 그가 밝히려 한 자잘한 사항들이 무엇인지 궁금해진다. 그는 두 가지를 주장한다. 첫 번째는 의식에 대한 다른 여러 설명과 노선을 같이한다. 즉, 의식은 두뇌에 있는 재진입성re-entrant 회로의 결과로서, 자체 공명을 만든다는 것이다. 이로써 감각 반응은 "사유화며 결국은 전체 과정이 바깥 세계와 차단되어 두뇌 속의 내부적 순환 회로 속에 …… 피드백 회로 속에 폐쇄된다".[35] 이는 좌반구의 은둔적 세계의 완벽한 그림이다. 의식은 바깥 세계로부터 폐쇄된 방의 벽에 투영된 것이다.

　험프리가 『붉은색을 보다』로 기여한 특별한 공헌은, 여기서 더 나아가서 "의식적인 자아에 인간 마음을 인도하여 제 본성을 과장되게 거창한 것으로 보게 만든 바로 그 여분의 비틀림을 부여하는 결과를 낳은" 유전적 발전 단계가 발생했다고 한 생각에 있다. 자아와 그 경험은 "주체에게 이 **현세 밖** 성질이라는 인상을 각인시키는 바로 그런 방식으로 재조직되었다". 만약 "그 환상에 속아 넘어간 이들이 더 오래 더 크게 생산적인 삶을 사는 경향이 있다면", 진화는 임무를 완수한 것이다. 그렇다면 의식이라는 것의 근본을 파헤치기 힘들다고 보는 우리의 느낌은, 그저 우리가 더 잘 살아남도록 우리 유전자에 들어 있는 "마술사가 부린 고의적인 속임수"에 불과하다.[36]

이것이 우리 손이 닿지 않는 어떤 것이라는 느낌을 주는 의식이 왜 그런 식으로 존재하는지를 말해 주는 한 가지 설명은 되지만, 그것이 **무엇**인지, **어떤 종류의 것**인지, 어떻게 하여 존재하게 되었는지는 전혀 설명하지 못한다. 그래서 회의주의자의 견해가 더 힘을 얻는 것 같다. 하지만 그것은 기준을 좀 너무 높이 설정한 것이다. 비록 재진입 회로, 정 피드백, 환각이라는 정신적 표상, 유전자 마술사 같은 것들을 언급하기는 했지만, 의식이 무엇인지를 설명하는 데 이만큼 근접한 사람도 없기 때문이다. 유물론이 설명할 수 있는 것을 넘어선 지점에 뭔가가 존재할지도 모른다는 우리의 직관을 폄하하려는 그의 시도는 단연 독창적이다. 기존 패러다임을 실제로는 바꾸지 않으면서 신경 쓰이는 난제難題를 그 속에 수용하는 대단한 전략이 아닐 수 없다. 이 점에서 험프리의 주장은, 빅토리아 시대의 해양생물학의 아버지이자 성서적 근본주의자인 필립 고스Philip Gosse가 성서에서 생명이 창조된 시점이라고 말한 것보다도 수백만 년 전으로 거슬러 올라가는 바위 속 화석의 존재에 대해 제시한 설명을 상기시킨다. 고스는 그 화석들이 실제로는 한 번도 존재하지 않은, 신이 우리의 신앙을 시험하려고 그곳에 놓아둔 생명의 암시라고 말했다. 고스의 설명과 마찬가지로, 험프리의 믿음을 반박하려면 어떤 종류의 증거를 사용해야 할지 알기 힘들다. 물론 고스의 것처럼 험프리의 설명도 더 회의적인 사람들에게는 불신감만 일으킬 수 있겠지만.

다소 회의적이기는 하지만 험프리에 따르면, 의식을 해명하는 데는 많은 설명이 필요하다고 자신을 속인 확신의 사례로 철학자 스튜어트

서덜랜드Stuart Sutherland, 토머스 네이글, 나키타 뉴턴Nakita Newton, 제리 포도Jerry Fodor, 콜린 매킨Colin McGinn 등이 거론된다.

이들의 요점은 외견상 과학적 유물론은 포스트모더니즘의 입장과 반대되는 것처럼 보이지만, 사실은 그와 유사한 좌반구적 연원을 보여 준다는 것이다. 이 두 가지는 어떤 것에 대한 설명은 자신만이 알고 있다고 여기는, 다른 사람들은 착각에 사로잡혀 있다는 확신에서 나오는 우월감을 공유한다. 이 무기력하고 자기폐쇄적인 순환성에서 훌륭하게 드러나는 것은 "두뇌 안의 내부적 순환 고리 안에서 외부 세계와 폐쇄되어 있는 …… 전체 과정이다". 그것은 순 피드백의 본보기로서, 실재에서 차단된 채 거울의 방에서 끝없이 자기반사만을 되풀이하는 좌반구가 예시하는 바로 그것이다. 과학적 사실주의의 구조는 포스트모더니즘과 마찬가지로 좌반구에 있는 이 기원을 반영한다.

이러한 주장을 반박하여, 포스트모던의 몇 가지 특징은 틀림없이 우반구의 작업과 가깝다는 주장이 있을 수도 있다. 우리 시대는 계몽주의와 전혀 다르게, 확신이 결여되어 있고 불분명하고 단호하지 못하고 유동적이며 결단력 없는 것들을 모두 포용한다는 주장도 나올 수 있다. 앞에서 우리는 계몽주의 특유의 낙관주의와 확실성을 통해, 그 명료성과 확정성 및 합목적성을 통해 계몽주의가 좌반구적인 존재 양식에 의존하고 있음을 살펴보았다. 그렇다면 여기서 포스트모더니즘 역시 좌반구식 작동의 표현이라고 주장하는 이유는 무엇인가?

그 차이는 의식의 수위에 달려 있다. 계몽주의에서는 관찰하는 주체가 소외되는 과정이 상당히 진행되있지만 아직 그것이 관찰하는 세계가 존재한다는 데 대한 의심은 없었다. 그것이 구축하는 명료하고 질서 정연하고 확정적이고 확실하고 알 수 있는 세계는, 항상 변화하고 진화하고 절대로 포착되지 않는 경험의 실제성을 대체하는 복제물

simulacrum일 수밖에 없었지만, 그럼에도 그것은 실재로서 받아들여졌다. 마치 18세기에 지어진 식당 벽의 프레스코화가 바깥 풍경으로 착각되었던 것처럼.

그런데 그로부터 100~200년이 지나고 자의식의 또 다른 층위에 도달하게 되자, 관찰하는 주체는 그냥 아는 것만이 아니라 자신의 앎을 알게 되었다. 모든 일이 만장일치의 동의를 얻는 것은 불가능하고, 모든 것이 다 확정되고 확실하고 알려질 수는 없으며, 모든 것이 기필코 인간의 통제로써 구원되지는 않으리라는 사실을 더 이상 무시할 수 없게 되었다. 침묵하고 정지해 있고 궁리되고 생명 없는 세계, 프레스코 벽화가 보여 주는 바깥 세계에 대한 포스트모더니즘의 반란은 그런 세계가 인공물이기 때문이 아니라 그렇게 바깥에 존재하는 세계가 진실하다는 시늉 때문에 일어난 것이다. 대비는 실재의 유연성과 인공물의 딱딱함 사이가 아니라, 두 가지 종류의 인공성이 보이는 딱딱함과 혼란 사이에 있다.

포스트모던적인 불확정성은 우리가 그곳을 향해 신중하고 잠정적으로, 참을성 있게 노력하며 나아가야 하는 실재가 있다는 것을 확인해 주지 않는다. 그런 불확정성은 실재인 진리를 설정하지 않는다. 왜냐하면 그런 진리는 자의식적인 좌반구의 해석자(또 그것이 쓸 수 있는 유일한 구조물)가 그것에 부과한 확정성에 위배되기 때문이다. 도리어 포스트모던적 불확정성은 아무런 실재도 없고, 해석하거나 결정할 진리도 없다고 확인한다. 이 대비는 신앙을 가진 이의 "무지unknowing"와 무신론자의 "무지" 간의 차이와 비슷하다. 신자와 무신론자는 모두 신에 대한 어떤 단언도 참이 아니라는 입장을 매우 일관성 있게 지지할 수 있다. 하지만 두 사람이 각기 내놓는 이유는 극단적으로 반대된다. 두 사람이 서로 다른 것은 말해진 내용이 아니라, 세계에 대해 갖는 성향이다.

우반구의 성향은 잠정적이고 항상 고통스럽게(조심스럽게) 자신의 손이 닿지 않는 곳에 있는 줄 아는 어떤 것으로 손을 뻗는다. 우반구는 언어는 속임수를 통해서만 언급할 수 있는 어떤 것에, 이성이 그 자신을 초월함으로써만 도달할 수 있는 어떤 것에게로 자신을 개방하려('아니'라고 말하지 않으려고) 노력한다. 언어와 이성의 포기가 아니라 그것을 통해, 또 그것을 넘어서 도달하려 한다. 이것이 좌반구가 우반구의 적이 아니라 귀중한 심부름꾼이라고 주장하는 이유이다. 그런데 좌반구는 일단 제 중요성을 확신하고 나면 더 이상 조심하지 않는다. 오히려 규제에서 풀려난 자유에, 로버트 그레이브스가 어떤 시에서 말한 대로, "혼란의 황홀경"에 환호한다. 한쪽은 "나는 모른다"고 말하고, 다른 쪽은 "알아야 할 것이 아무것도 없음을 나는 안다"고 말한다. 전자는 우리가 알 수 없다는 사실을 믿고, 후자는 우리가 믿을 수 없음을 안다.

결론

The Divided Brain and
the Making of the Western World

배신당한 주인

인간의 모든 불행은 인간의 위대함을 증명한다. 그것은 위대한 주인의
불행, 찬탈당한 왕의 불행이다. ―파스칼[1]

지금까지 두 반구 간의 차이를 살펴보았다. 그렇다면 이 차이의 배
후에는 어떤 충동이 자리하고 있는 것일까? 양 반구는 서로 인간적 가
치의 적용과 인간적 이해를 요구하는 관계를 맺고 있는 것으로 보인
다. 유전자들의 경쟁이 이기적으로 보이는 것과 똑같다. 좌우반구가
맺고 있는 관계를 인간적인 용어로 표현해 보면, 인간의 의식 전체와
상상력을 창조하려면 우반구가 반드시 제 자신을 좌반구보다 취약한
위치에 두어야 할 것 같다. 우리가 믿기는 하지만 알지는 못하는 우반
구는, 우리가 알고는 있지만 믿지는 못하는 좌반구에 의존해야 하기
때문이다. 마치 무한하고 원천적으로 불확실하고 잠재적인 힘을 지닌

권력이, 존재하기 위해서는 굴복하고 제약되어야 하며, 정지해야 하고 확고해지고 확실해져야 하는 것과도 같다. 위대한 목표는 굴복을 요구한다. 주인은 심부름꾼에 대한 신뢰가 남용될 수 있음을 알면서도 그를 신뢰하고 믿을 필요가 있다. 심부름꾼은 자신이 약하지 않은 줄 알고 있지만, 이는 착각이다. 관계가 유지되는 한 그들은 무적이다. 하지만 관계가 악용됐을 때 고생하는 것은 주인만이 아니라 둘 다이다. 심부름꾼이 존재하려면 주인이 있어야 하니 말이다.

■ 좌반구의 세계는 어떤 모습일까?

그렇다면 좌반구가 지배권을 장악하여, 현상의 층위에서도 우반구 세계를 전적으로 제압하게 된다면 세계가 어떻게 보일지 상상해 보자. 그것은 어떤 모습일까?

우선 우리는 세계에 대한 더 넓은 그림을 잃어버리고, 더 좁게 집중되고 제한적이지만 더 자세한 그림을 가질 것이다. 그렇기 때문에 전체적으로 일관된 시각을 유지하기는 힘들어질 것이다. 더 넓은 그림은 어쨌든 폐기될 테니까. 왜냐하면 그것은 좌반구가 갈망하는 명료성과 확실성의 외관을 갖고 있지 않기 때문이다. 그리하여 대개 어떤 것들의 조각, 그것이 해체되어 생기는 부분들이 전체보다 더 중요해지고, 지식과 이해로 더 잘 이어지게 될 것이다. 전체는 그저 부분들의 총합쯤으로 여겨질 것이다. 관심이 좁게 집중될수록 지식의 전문화와 기술화의 정도가 더 심해진다. 이는 곧 정보의 대입과 정보 수집이 경험을 통해 얻어지는 지식을 대체하는 사태를 촉진할 것이다. 한편, 지식은 지혜라 불릴 만한 것보다는 더 '실제적인' 것으로 보일 것이다. 지혜는 결코 손에 잡히지 않는, 너무 구름 같은 것으로 보일 것이므로. 좌반구는 실험의 세부 사항을 정교하게 다듬어 나가는 일을 계속 할 것이다. 좌반구는 그런 일에 매우 유능하지만, 명료하지 않거나 확실하지 않은 것에는, 혹은 시야 한복판에서 초점이 맞춰지지 않은 것에는 좌반구답게 눈을 감는다. 아니, 그런 차원이 아닐 것이다. 좌반구는 자신의 제한된 초점 밖에 있는 것에는 그것이 무엇이든지 일종의 무시하는 태도를 보일 것이다. 우반구가 전체 그림을 포착하더라도, 좌반구에게는 그것이 무용지물일 것이기 때문이다.

경험을 통해 얻어지는 지식이나 신체를 가진 기술의 실질적인 획득은 위협이나 단순히 이해 불가능한 것으로 보여 의구심을 살 것이다. 이러한 지식이나 기술은 표시나 표상, 문서 자격증으로 입증되는 형식적 체계로 대체될 것이다. 예전에는 인간이 달성할 수 있는 최고의 업적으로 여겨졌지만, 살아가면서 서서히 또 조용히 얻어질 수밖에 없는 기술과 판단이라는 개념은 수량화가 가능하고 반복 가능한 과정에 대한 선호에 밀려 폐기될 것이다. 전문가를 규정하는 전문성expertise은 이론을 근거로 하는 전문적 지식으로 대체되고, 구체적인 것을 이론적이거나 추상적인 것이 대체하는 경향이 점점 더 커질 것이다. 그런 것이 더 설득력 있어 보일 테니까. 기술 자체는 행정가들이 작성하거나 필요하면 규제할 수 있는 알고리즘적인 과정으로 환원될 것이다. 그런 것이 없으면 매사 잘 믿지 못하는 좌반구의 성향이 이런 구름 같은 기술이 균등하고 올바르게 적용될 것인지를 확신하지 못할 테니 말이다.

추상화와 물화物化 둘 다 증가할 것이고, 그럼으로써 인간의 신체 자체와 우리 자신, 물질적 세계, 우리가 그것을 이해하고자 만든 예술 작품들이 모두 더 개념적이 되고 일개 사물로 간주될 것이다. 전체 세계는 더 가상화되고, 그에 대한 우리의 경험은 갈수록 이런저런 경험의 메타meta 표현을 거치게 될 것이다. 설계도나 전략이나 서류 작업이나 관리 업무나 관료주의적 절차를 다루지 않고 실제 세계, '살아지는' 세계 존재와의 접촉을 유지하는 일을 하는 사람의 수는 갈수록 줄어들 것이다. 살아가는 세계에서의 실제 업무는 하지 않는 채, 실제로 자신이 하고 있거나 하도록 되어 있는 일을 자료화하거나 입증하는 메타 과정에 더욱더 많은 업무량이 소모될 것이다. 제 쾌락을 위해 세계를 조작하고 통제하려는 좌반구의 욕구의 표현으로서 기술은 번성하겠지만, 이로써 추상화와 통제 체계인 관료제 또한 엄청나게 팽창할 것이다. 피터 버거와 그 동료들이 설명하는 관료제의 본질적 요소는, 좌반구가 지배하는 세계에서 관료제가 번영을 누릴 것임을 보여 준다. 『집을 잃은 마음』의 저자들은 이를 다음과 같이 열거한다. 알려진 것들, 또 원칙적으로 알려질 수 있는 과정의 필요성, 익명성, 조직 가능성, 예측 가능성, 단순한 동등성으로 축소된 정의 개념, 명시적인 추상화 등등. 고유함의 감각은 완전히 상실된다. 이런 모든 특징들이 좌반구에 의해 촉진되는 것으로 확인된다.

추상화를 향한 과정에 대한 예측은 이 정도로 그친다. 동시에 물신화를 향한 추세도 있을 것이다. 삶은 갈수록 기계적인 것을 모델로 삼을 테고, 이는 관료제가 인간들의 상황과 사회 전반을 다루는 방식에도 영향을 미칠 것이다. 기계를 다룰 때 우리가 알고자 하는 것은 세 가지다. 얼마나 많은 일을 할 수 있는가? 얼마나 빠른 속도로 해낼 수 있는가? 얼마나 정확하게 해낼 수 있는가? 이런 자질들이 좋은 기계와 나쁜 기계를 구별하는 기준이다. 좋은 기계는 덜 좋은 기계보다 생산성이 높고 더 신속하고 더 정밀하다. 그러나 실제 세계에서 규모와 속도와 정밀도의 변화는 경험의 품질을 바꾸고, 우리가 서로 상호 작용하는 방식을 바꾼다. 생산성을 높인다고 반드시 긍정적인 성과가 나오는 것은 아니다. 오히려 매우 해로운 결과가 나올 수도 있다. 어떤 것의 분량이나 범위, 또는 어떤 것이 발생하는 속도, 혹은 그것이 구상되거나 적용되는 불변적인 엄밀도를 향상시키려다 오히려 그것 자체를 파괴할 수도 있다. 하지만 '무엇'의 반구인 좌반구가 세계를 이해하는 유일한 기준은 분량이다. '어떻게'에 대한 우반구의 인식은 상실될 것이다. 그 결과, 분량에 대한 고려가 품질에 대한 고려를 전적으로 대체해 버리는데도 대다수의 사람들은 무슨 일이 일어나는지조차 모르고 넘어갈 수도 있다.

좌반구가 친숙하게 느끼고 능숙하게 조작할 수 있는 숫자가, 그것이 장소이든 인물이든 사물이든 상황이든지 간에 우반구라면 구별했을 개별자에 대한 반응을 대체할 것이다. 이처럼 정도에 따른 구분을 양자택일 방식이 대체하면서 일정한 완고함이 나타날 것이다.

피터 버거와 그 동료들은, 기술적 생산에 입각하여 조율되어 있는 세계에서는 의식이 그 본성을 바꾼다고 강조한다. 의식은 좌반구에 따른 세계의 표명임이 분명한 여러 가지 성질들을 채택한다. 그런 세계에서는 기술이 번영하며 좌반구의 세계관을 보강해 줄 것이다. 이는 좌반구의 산물인 좌반구가 외부 세계에서 좌반구를 지지해 주는 것과 같다. 버거 등은 기술에 지배되는 사회에서는 다음과 같은 성질들이 나타날 것으로 예상한다. 기계성machanisticity, 측정 가능성measurability, 구성요소성componentiality, 추상적 참조 틀abstract frame of reference 등이 그것이다.

먼저, 기계성이란 사물이 끝없이 재생산되며 개인이 대규모 조직이나 생산 라인에 잠겨 버리도록 허용하는 시스템의 발전을 뜻한다. 측정 가능성이란, 다른 말로 하면 질적 측정이 아닌 수량화를 가리킨다. 구성요소성이란 실재가 자족적인 단위로 환원 가능해져서 모든 것이 분해되어 구성 요소로 분석될 수 있다는 뜻이다. 추상적 참조란, 다른 말로 하면 맥락을 잃는 것이다. 철학자 가브리엘 마르셀은 과학의 오만함과 기술의 돌진이 복합되어 의식을 가진 인간으로 존재한다는 외경스러운 일을 압살하고 해결책이 있다고 주장하는 일련의 기술적 문제로 그것을 대신하려는 세계에서, 고유하고 개별적인 주체로서 통일성을 유지하는 어려움에 대해 이야기한다. 의식을 가진 인간으로 존재하는 일을 "존재의 신비"라 부르는 마르셀은, 그런 상황에서는 우리가 너무나 쉽게 우리에게 떠맡겨진 역할을 받아들이고, 더 이상 주체가 아니라 하나의 객체로서 우리 자신의 파괴를 못 본 체하도록 설득당할 것이라고 경고한다.

철학적으로 말하면 세계는 파편화의 특징을 갖게 되어, 그 주민들이 볼 때 그저 아무렇게나 던져진 조각과 파편들의 무더기처럼 보일 것이다. 그러므로 그 조직이 갖는 의미는 우리가 거기에 무엇을 더하는 방식으로만, 효용을 극대화하도록 설계된 시스템을 통해서만 나타난다. 좌반구의 세계에서는 기계가 우리 자신과 자연 세계를 포함한 모든 것을 이해하는 모델이다. 그런 사회에 사는 사람들은 막스 셸러가 제시한 '가치 피라미드'에서 궁극적인 효용성이 아닌 다른 기준에서 높게 평가되는 가치들을 이해하기 어렵다고 느낄 것이고, 나아가 그런 가치를 조롱하고 냉소할 것이다. 도덕성은 기껏해야 공리주의적 계산의 기반에서, 최악의 경우에는 계몽된 자기 이익을 근거로 판단될 것이다.

좌반구는 개인적인 것보다 비개인적인 것을 선호하고, 어떤 경우에든 기술적인 충동에 의거하며, 관료주의적으로 관리되는 사회의 바탕으로 예시될 것이다. 비개인적인 것이 개인적인 것을 대체하게 된다. 살아 있는 것을 희생시키고, 물질적인 것에 초점이 맞춰질 것이다. 사회적 결속력, 개인들 간의 연대, 그와 똑같이 중요한 개인과 장소 간의 연대, 각 개인이 속하는 맥락은 무시되고, 제멋대로 행동하는 좌반구가 보기엔 불편하고 이해되지 않는 것으로 여겨져 적극적으로 파괴될 것이다. 사회 구성원들 간의, 그리고 사회와 그 구성원들 간의 관계는 비개인화될 것이다. 명시적으로든 아니든 협동보다는 수탈이 자리 잡고, 인간 개인들 간의 그리고 인류와 세계 간의 관계는 사라질 것이다. 타인들과 균형을 이루고 싶기 때문만이 아니라 원망 때문에, 타인을 뛰어넘는 궁극적인 목표로서 통일성과 동등성이 강조될 것이다. 그 결과, 개인성은 모두 편평해지고, 개인의 정체성은 사회경제적 집단·인종·성별 등의 범주 단위로 규정될 것이다. 그런 범주 단위들은 묵시적으로든 명시적으로든 다른 단위들을 서로 원망하는 경쟁 관계에 놓인다. 편집증과 신뢰의 결여가 사회 안에서 개인들 간의, 또 그런 집단들 간의 지배적인 자세가 될 것이고, 국민을 대하는 정부의 자세가 될 것이다.

그런 정부는 전면적 통제를 추구한다. 그것이 세계를 장악하고 통제하려는 좌반구의 본질적 자세이다. 좌반구에게는 추상적인 이념인 자유가 마키아벨리적인 이유에서는 증대되겠지만, 개인적 자유는 제한될 것이다. 특별한 위협과 상황에 대비하여 DNA 자료 같은 수단이 도입될 수 있겠지만, 그 목적이 국가권력을 더 강화하고 개인의 지위를 축소하려는 것이므로 실제로는 효과가 없을 것이다. 개인이라는 개념은 고유성에 의존하는데, 좌반구의 실재관에 따르면 개인은 기계적 시스템에 속하는 단순히 상호 교환 가능한 부품일 뿐이다. 이 시스템은 효율성을 위해 통제될 필요가 있는 시스템이다. 그리하여 국가는 더 큰 권력을 손에 넣는 대신에 개인들의 책임을 축소시켜서, 이에 따라 개인적 책임감이 갖는 의미는 쇠퇴할 것으로 예상된다.

가족 관계 혹은 사제나 교사나 의사처럼 사회 내에서 숙련된 역할을 맡고 있지만 그 숙련도를 수량화하거나 규제하기 어렵고, 어느 정도는 이타주의에 의존해야 하는 관계나 직업은 의혹의 대상이 될 것이다. 좌반구는 이타주의를 이기성의 한 버전으로 오해하고 권력에 대한 위협으로 보기 때문에, 그런 관계의 본성을 잘못 이해한다. 그런 관계가 의거하는 신뢰를 훼손하고, 가능하다면 그것을 불신하려고 할 것이다. 어떤 경우에든 가족과 전문직을 관료제적 통제 아래 복속시키려는 노력이 줄기차게 시도될 텐데, 이는 공포와 불신을 강화해야만 달성할 수 있다.

그런 사회에서는 온갖 종류의 인간들이 통제권을 쥐고자 유달리 노력할 것이다. 사고와 질병은 통제될 수 없는 것이므로 특히 위협적이며, 가능한 한 남의 탓으로 돌려질 것이다. 기억하겠지만 좌반구는 책임을 잘 받아들이지 않으며, 자신을 모든 상황의 수동적 희생자로 본다. 우반구가 상승세를 탄 르네상스 시대에나 19세기에나, 죽음은 삶에서나 문학에서 보편적인 것으로 공공연히 언급되었고 삶의 일부로 간주되었으며, 그것을 인식해야만 삶이 의미를 가질 수 있다고 믿어졌다. 그러나 좌반구는 죽음을 통제에 대한 최고의 도전이자 삶의 의미를 앗아가는 것으로 본다. 따라서 죽음을 언급하는 것은 금기가 되고, 우반구가 실현하는 묵시적인 것을 토대로 하는 섹스의 힘은 좌반구에서 명시적이고 보편적인 것이 될 것이다. 또한 확실함과 안정감에 대한 좌반구의 선호는 강박적 집착 수준이 될 것이다. 좌반구는 불확실성을 도무지 참지 못하기 때문이다. 물론 죽음에 대한 언급은 가장 심하게 금지된다.

타당성은 합리성으로 대체될 텐데, 타당성이라는 개념 자체가 이해 불가능한 개념이 될지도 모른다. 상식은 완전히 파괴될 것이다. 상식이란 직관적인 것으로 두 반구의 공동 작동에 의존하기 때문이다. 그러면서 분노와 공격적 행동이 사회적 상호 작용에서 점점 더 명백한 요소가 될 것이다. 우리의 감정 상태 가운데 좌반구의 특징이 가장 두드러지는 이런 감정들을 그전에는 우반구의 공감적 기술이 완화해 주었는데, 좌반구의 세계에서는 그렇지 못하기 때문이다. 이런 경향은 책임을 떠맡지 않으려는 태도와 짝을 이뤄 통찰력의 상실을 가져올 수 있고, 이는 위험할 정도로 근거 없이 낙관적인 좌반구의 성향을 더욱 강화할 것이다. 불관용과 완고함이 강해지면, 궤도를 수정하거나 마음을 바꾸기 싫어하는 태도도 강화될 것이다.

자율성 감각은 두 반구에 복잡하게 연결되어 있지만, 우반구의 기여가 결정적인 역할을 한다. 그런데 이를 좌반구가 장악하면, "강요된 실용화 행동"이라 할 만한 모습이 나타나고, 이에 따라 개인은 수동화되고 암시감응성suggestibility이 높아지게 된다. 그러면 획득하고자 하는 탐욕과 조작 욕구라는 의미의 의지는 차고도 넘칠 정도가 되겠지만, 자제력과 동기부여라는 의미에서의 의지력은 부족해질 것이다. 문화와의 관계에서 사람들은 갈수록 수동적이 되고, 마치 빛에 노출된 사진 건판처럼 자신을 단지 문화에 "노출되는 존재"로 여길 것이다.

기계적 암기에 따라 일처리를 하겠다는 결심이 중대할 것이며, 그렇게 하면 업무 효율이 더 높아질 수도 있다. 그 일이 무슨 의미인지를 이해하지 못하더라도 업무는 처리할 수 있으니까.

좌반구 세계에서는 경외감이나 놀라움 같은 감정에 대한 원망과 고의적인 폄하가 있을 수 있다. 그런 것이 베버가 말한 "환상을 잃은" 세계이다. 종교는 단순한 환상쯤으로 폄하될 것이다. 우반구는 그것이 귀중하게 여기는 평등의 사례들에 의해 이끌려 나오지만, 좌반구는 권력과 통제의 욕구로써 추진되어 왔다. 따라서 좌반구가 지배하면 삶에서나 예술에서나 모두 그런 본보기에 대한 불관용과, 그것들을 끊임없이 폄하하고 역설화하고 해체하려는 움직임이 있을 것으로 예상할 수 있다. 우반구의 특징적인 양식인 파토스는 존재할 수 없거나 수치스러운 것으로 여겨질 것이다. 그러면서 삶에 존재하는 가치나 의미를 식별하기가 어려워질 것이다. 삶에서 느끼는 구역질과 지루함의 감각은 십중팔구 진기함과 자극에 대한 갈망으로 이어질 것이다.

지금까지 통상 자연스럽고 유기적으로 진화하고 흘러가는 구조로 되어 있다고 여겨진 경험이나 사물이 이제는 프레임의 연속, 무한히 연속된 조각들의 총합처럼 보일 것이다. 여기에는 개인적인 시간만이 아니라 역사적·문화적 시간의 흐름과, 형체나 형태의 유기적인 개화開花 및 궁극적으로는 살아 있는 모든 것의 발전과 성장과 쇠망이 다 포함된다. 이는 '간헐운동Zeitraffer' 현상에 상응한다. 그것은 이 책 2장에서 살펴본 고유성 감각의 상실과 짝을 이룬다. 반복 가능성은 끝없는 재생산을 통한 과도한 익숙함으로 이어진다.

하나의 문화로서 앎이라는 암묵적인 형식 전체가 폐기될 것이다. 명시적이지 않은 의미를 이해하는 것이 무척 어려워질 것이며, 비언어적·비명시적 소통은 평가 절하될 것이다. 이와 함께, 토크빌이 "소소하고 복잡한 규칙들의 그물망"이라 부른 법률이 더 늘어나고 그 지원을 받아 명시성도 커진다. 직관적이고 서로 공유하는 도덕 감정이나 개인들 간의 묵시적인 계약에 의존하기가 더 힘들어지기 때문에, 그런 규칙들은 점점 더 부담스러워진다. 모호성이 관용되지 않고 그 가치가 인식되지 못한다. 예술과 종교에 사용하던 언어는 과도하게 명시적으로 변하는 추세를 따르고, 그와 함께 그 속에 있던 묵시적이고 은유적인 생명력도 사라질 것이다.

우리는 데카르트의 집 앞을 오가는 행인들처럼, 세계가 보여 주는 희극에 나오는 배우가 아니라 관객이 될 것이다. 예술은 은유적 힘을 불러내는 육화된 능력을 잃고 개념이 된다. 시각미술에서는 깊이감이 사라지고, 비틀리거나 괴상한 시각이 규범처럼 자리 잡을 것이다. 음악은 리듬으로 축소될 것이다. 예술음악이 그것을 뛰어넘으려 시도하겠지만, 화성과 선율의 부족으로 뜻을 이루지 못한다. 춤은 공동체적인 것이 아니라 자기만의 것이 된다. 그리고 무엇보다도, 말과 생각이 세계를 지배하게 된다. 우리가 문화의 역사와 전통 및 과거에서 배워 온 것은, 인간의 의지가 조립하는 미래의 체계적 사회를 위해 자신 있게 무시될 것이다. 신체는 기계로 여겨지고, 자연 세계는 수탈해야 할 자원 더미로 간주된다. 야성적이고 표상되지 않은 자연, 과학이나 위락 산업의 이성적인 수탈로 관리되고 복종되지 않은 자연은 위협으로 여겨지고, 최대한 신속하게 관료제의 통제를 받게 될 것이다. 언어는 산만해지고 과잉이 되고, 구체적 참조가 부족해져 추상화의 외피를 걸칠 것이고, 마음의 은유로서 갖는 성질에 대한 전반적인 감각이 사라질 것이다. 그러면서 기술적 언어, 풍부한 의미 없이 기계적 세계를 시사하는 관료제 체계의 언어가 전면적으로 적용될 텐데, 그런 언어로는 아무리 인간 세계와 존재 및 마음을 묘사한다 해도 그저 평범해 보일 뿐이다.

이상은 심부름꾼이 주인을 배신했을 때 우리 세계에 벌어질 모습이다. 그런데 현재는 심부름꾼이 목표 달성을 눈앞에 두고 있다는 결론을 내리지 않기가 힘든 상황이다.

▋ 좌반구는 제 기준으로 성공할 수 있는가?

앞에서 나는 좌반구의 세계와 더 거리를 둔 입장을 채택했을 때 나타날 결과를 알아보고, 이를 우반구적 기준이 아니라 좌반구의 기준에 따라 평가하겠다고 약속한 바 있다. 세계를 하나의 기계로 취급하면서 지금까지 우리 세계에는, 그리고 우리에게는 무슨 일이 일어났는가? 그 일들은 좌반구가 목표로 내세운 행복의 극대화를 실현하는 데 성공했다고 말해 주는가? 사실 좌반구의 길을 간다는 것은 이미 자연 세계의 파괴와 약탈을, 또 기존 문화의 잠식을 명백히 포함하는 것이다. 하지만 지금까지 이런 일들이 인간의 행복을 가져온다는 효용성 면에서 정당화되어 왔다. 과연 우리 이익을 위해 세계를 더 많이 통제하고 조작하면 우리가 더 행복해지는가? 그렇지 않다면 무엇으로 그 파괴와 약탈을 정당화할 수 있을지 알기 어렵다.

좌반구의 시점을 가진 사람에게는 이런 이야기가 받아들이기 어렵겠지만, 그래도 물질적인 복지의 증가가 인간의 행복과 거의 상관이 없다는 말은 여전히 진실이다. 물론 명백한 빈곤은 나쁜 것이고, 누구나 기본적인 물질적 욕구를 충족해야 하며, 우리 모두 그보다는 조금 더 많은 것을 필요로 한다는 것은 사실이다. 하지만 그 수준을 넘어가면 물질적 복지와 행복 사이에 상관관계가 거의 없다는 것은 객관적 자료로도 입증된다. 지난 25년간 물질적 풍요 수준이 엄청나게 높아진 미국에서 삶의 만족도는 오히려 하락했음을 보여 주는 자료는 많다. 경제성장과 행복 사이에는 확실한 반비례 관계가 성립한다는 주장도 있다.

이외에도 대부분의 국가에서 행해진 연구 결과가 행복과 물질적 풍요 간의 반비례 혹은 현상 유지 현상을 보여 준다. 행복 증진과 경제성장 사이에는 아무런 상관관계도 발견되지 않는다. 예상할 수 있듯이, 행복의 결정적인 요소는 경제적인 것이 아니다. 이 문제를 연구한 학자들이 약간 절제하면서 말한 대로, 확고한 자료가 존재하는 지난 반세기 동안 이루어진 엄청난 물질적 번영을 고려할 때 "행복지수 자료에 상향 추세가 당혹스러울 만큼 결여된 점은 경제학자들이 연구해 볼 만한 일이나".[2]

아마 가장 놀라운 보기는 일본일 것이다. 1958년에 일본은 세계에서 가장 빈곤한, 당시 인도나 브라질과 경제 수준이 비슷한 나라였다. 일본의 실질국민소득은 1991년 미국의 8분의 1 정도였다. 그런데 지난

40년 사이에 일본은 전례 없이 놀라운 경제성장을 이루었고, 실질소득이 약 500퍼센트 성장했다. 그런데도 일본인들의 행복지수는 전혀 달라지지 않았다. 최근의 세계 경제위기가 시작되기 전의 자료에서는 오히려 행복도가 약간 낮아졌음을 알 수 있다.[3]

최근 유럽에서 보고된 결과도 이와 같다. 유럽 각국에서 표본을 추출하여 유럽 전체의 동향을 파악하는 이른바 '유로 바로미터Euro-Barometer' 기획에 따라, 지난 1990년부터 2000년까지 10년간 유럽 15개국 국민들의 삶의 만족도를 조사한 결과에 따르면, 어떤 경제적 집단에 속하는지에 상관없이 대부분의 유럽인이 느끼는 행복도는 거의 변함이 없거나 살짝 낮아지는 경향을 보였다.[4] 쾌락의 쳇바퀴는 이런 현상의 한 증후이다. 현대의 전 세계 소비자들은 "영원한 욕구 불충족" 상태에 있다. 늘상 그렇듯이 새뮤얼 존슨은 이런 연구가 있기 200년 전에 이미 이런 결론을 내렸다. "삶은 향유에서 향유가 아니라 소원에서 소원으로 이어지는 길이다."

그렇다면 행복도의 차이를 만드는 것은 무엇인가? 로버트 퍼트넘은 『혼자 볼링하기』에서 이렇게 썼다. "미국만이 아니라 세계 전역에서 반세기에 걸쳐 삶의 만족도에 관한 상관관계를 연구한 결과, 가장 흔히 볼 수 있는 한 가지 요인"은 "행복이란 어떤 것으로 거의 완벽하게 예측될 수 있다는 사실이다." 그게 무엇일까? 부富일까, 건강일까? 그것은 "사회적 관계의 폭과 깊이"다.[5]

오늘날에도 우울증 발생률은 문화마다 편차가 큰데, 그 차이가 12배에 달하기도 한다. 이러한 차이가 나타나는 원인은, 각 문화마다 문화적 안정성 정도가 다르기 때문으로 보인다. 설사 자신의 문화를 떠나왔다 하더라도, 통합성이 더 큰 본래 문화를 특징짓는 사고와 존재 방식을 그대로 지니고 있다면, 상대적으로 파편화된 문화에 속할지라도 그 문화의 특성이 개인의 행복과 복지에 미치는 파괴적 영향이 크지 않다는 것이다.

최근의 도시화와 세계화, 지역 문화의 파괴 등은 세계 각지의 개발 도상국 사람들의 정신 질환 발병률을 증가시켰다. 북미·서유럽·중동·아시아·태평양 주변 지역에 사는 약 4만 명을 대상으로 한 대규모 연구에 따르면, 각 세대마다 더 어린 나이에 출산한 표본집단에서 우울증이 훨씬 더 자주, 또 더 어린 나이에 경험되었을 뿐만 아니라, 그 정도가 더 심하고 빈도도 더 잦은 것으로 나타났다. 미국에서는 제2차 세계대전 이후 발병률이 두 배로 급증했다.[6]

우리의 마음과 몸은 하나로 연결되어 있다. 우리가 사회적으로 통합되지 못했을 때 고통받는 것은 정신적 건강만이 아니다. "사회적 유대감이 돈독한 상태"에서는 감기, 심장 발작, 중풍 발작, 암, 우울증 등 온갖 종류의 질병이 발생하는 비율이 낮은 것으로 알려져 있다.[7]

이탈리아 이민자들이 미 펜실베이니아에 건설한 로세토Roseto 마을의 사례는 공동체가 발휘하는 보호 효과를 잘 보여 준다. 로세토는 주민 간의 유대가 강하고, 전통적인 문화와의 연대가 폭넓게 유지되고 있었다. 교회와 술집 같은 건축물뿐만 아니라, 일상생활의 무형적인 면도 전통 이탈리아 식으로 이루어졌다. 로세토가 학자들의 관심을 끈 것은 1940년대 이 마을에서 나타난 의학적인 특이 현상 때문이었다. 이곳에서는 신체적 위험 요소가 전국 평균보다 높은데도 심장 발작 발생률이 전국 평균의 절반에도 못 미쳤다. 이 현상과 사회적 유대감 수준과의 관련성이 밝혀지자, "유동성이 큰 젊은 세대가 떠나고, 그들이 전통 이탈리아식 유대 관계를 거부하기 시작하면 심장 발작 발생률은 높아질 것"이라는 예측이 나왔다. 1980년대에 이 예측은 사실로 입증되었다.[8]

좌반구에게는 이 모든 것이 여전히 불투명한 채 남아 있겠지만, 우반구라면 모든 상황이 쉽게 이해될 것이다. 행복과 성취는 다른 일이나 대상에 집중할 때 생기는 부수적 결과물이다. 획득과 사용에 대한 좁은 집중이 아니라, 공감적 관심이라는 폭넓은 관심의 결과라는 말이다. 그런데 오늘날 우리는 우리 자신을 기계적 기준에 따라 행복을 극대화하는 기계로, 그러면서도 그 업무도 그리 잘 해내지 못하는 기계로 파악한다. 하지만 우리가 여전히 잘 해낼 수 있는 가치 있는 일은 많다. 이타주의도 부수적으로나마 유용하고 합리적일 수 있다. 사실 내가 '우반구로의 복귀'라 부르는 것은 우리 현실의 일상세계에서 가장 중요한 일이다.

그렇다고 해서 인류가 달성한 모든 업적에, 우리가 도달한 모든 것에 좌반구가 기여한 바를 중요하지 않다고 말하는 것은 아니다. 사실 여기서 좌반구가 제 위치를 찾아서 그것에 부여된 중요한 역할을 완수해야 한다고 말하는 것은 좌반구를 귀중하게 평가하기 때문이다. 좌반구는 아주 훌륭한 하인이다. 그러나 주인으로서는 매우 한심하다. 종교가 틀렸다고 믿는 사람들처럼, 또 그것이 선보다는 해악의 연원이라고 믿는 사람들도 종교가 귀중하고 아름다운 것들을 수없이 만들어 냈음을 인정해야 하듯이, 이 책에서 그 부정적 측면을 강조한 계몽주의도 영속적인 미와 가치를 지닌 것들을 셀 수 없이 많이 배출했다. 같은 논리로 비록 우반구가 좌반구에 의존하는 방식은 좌반구가 우반구에게 의존하는 방식과 다를지라도, 그럼에도 우반구가 그 전면적 잠재력을 실현하려면, 어떤 의미에서는 완전히 그 자신이 되려면 좌반구가 반드시 있어야 한다. 그 과정에서 좌반구는 제 세계의 토대를 밑바닥 끝에 마련하고자, 그 세계를 다시 꼭대기 위에 있는 생명으로 인도하고자 우반구에게 의존하지만, 좌반구는 이 점을 부정하는 것처럼 보인다.

나는 수많은 사상가들이 다소 불편한 기색을 띠면서도 역사적으로 직관이 합리성에 자리를 빼앗겼다고 주장한 사실을 언급한 바 있다. 대체로 그들의 불편함은 그럴 만한 이유가 있었다는 느낌으로 완화되었다. 나는 진화 과정에는 인지적 과정과 감정적 과정의 단절이 포함된다고 한 야크 판크셉의 말도 인용했다. 이는 사실로 보인다. 하지만 그것이 실제 상황처럼 보이는 이유는 우리가 이미 좌반구의 선전에 함락되었기 때문이다. 즉, 좌반구가 하는 일이 우반구보다 더 고도로 진화된 것이라는 선전 말이다. 우반구 우위에서 좌반구 우위로의 이 변이는 진화에 관한 것이 아니며, 감정과 인지의 대립에 관한 것도 아니다. 그것은 두 가지 존재 양식에 관한 것이다. 저마다 고유한 인지적·감정적 측면을 지닌 각 양식은 둘 다 매우 높은 층위에서 작동한다. 그것은 더 진화한 쪽이 더 원시적인 쪽과 경쟁하는 문제가 아니다. 사실 이 투쟁에서 패배한 우반구는 감정 및 신체와 더 밀접하게 연관돼 있을 뿐만 아니라, 가장 복잡하고 포괄적이고 아마 가장 최근에 진화했으며, 두뇌에서 가장 고도로 진화한 표상이 그 전두엽 피질에 있다.

그 자신의 기준에 따르더라도 좌반구는 패배하게 되어 있다. 그러나 그렇다고 해서 좌반구가 현재의 노선을 계속 가지 못하게 막지는 못할 것이다. 좌반구의 전진을 막는 일은 비물질적 가치의 주된 연원, 또 그렇기 때문에 저항을 유발할 수도 있는 두 가지 연원이 모두 좌반구가 애초에 작정하고 겨냥한 목표물이라는 사실로 더 어려워진다. 문화에서 이어지던 일관되고 결속력 있는 전통은 이제 사라졌다. 그런 전통이 있었더라면, 예전 같았으면 공동체적 지혜를 갖고 있던 선조들이 겪은 경험의 결실을 직관적이며 육화된 형태로 후손들에게 넘겨주었을 것이다. 상식도 그런 지혜에 속하는데, 모더니즘과 포스트모더니즘은 화해의 여지없이 상식을 반대한다. 역사적 과거는 박물관에 박제될 위험에 계속 직면해 있다. 과거는 그 박물관에서 좌반구의 전형에 따라 재구축된다. 자연 세계는 자가 구축된 영역 밖에 남아 있는 것들과 접촉할 수 있는 또 다른 연원이지만, 이제 그것은 후퇴하고 있고 사람들은 자연과 전혀 접하지 않은 채 살아가고 있다.

▌거울의 방에서 나가는 출구를 봉쇄하려는 시도

아무리 그래도 좌반구는 결정적으로 편집증에 빠지기 쉽다. 좌반구는 그 세계의 표면처럼 내적으로 성찰적이거나 재귀적이라는 취약점이 있고, 좌반구에는 그 거울의 방에서 탈출할 통로도 있어서, 세계를 완전하게 장악하지 못할까 봐 겁을 낸다. 이 자기폐쇄적인 체계의 취약점은, 상당히 중요하고도 풀 길 없이 서로 연결되어 있는 인간 존재의 세 측면, 즉 신체·영혼·예술이다.(예술은 신체와 영혼의 협동에 의존한다.) 물론 좌반구도 이런 경험 영역 각각을 실현하는 데서 맡은 역할이 있기는 하지만, 그 각각에서 결정적인 역할을 하는 쪽은 우반구이다. "살아진lived" 신체, 영적인 의미, 감정적 공명의 경험, 심미적 평가가 모두 원칙적으로 우반구에 의해 중재되기 때문이다. 더욱이 그것들 각각은 언어의 합리적이고 명시적인 성질을 우회하는 즉각성을 가지므로 잠재적으로 좌반구 밖의 영역으로 곧바로 연결된다. 따라서 이런 영역은 좌반구의 지배권에 대한 심각한 도전이 되며, 실제로 우리 시대 들어 좌반구는 이에 대해 단호하게 반응했다.

▌신체

우리가 신체와 물리적 존재 일반을 과대평가하고 있는 것일까? 하지만 최근 불고 있는 체력 단련, 건강, 식이요법, 생활 습관에 대한 열중 현상에서 내가 도출하는 결론은 그런 것이 아니다. 비록 그것들 역시 신체 및 그 요구와 욕구에 관심을 가진 것이기는 해도 말이다. 또 여기서나 가상공간에서나 신체가 전시되는 일이 애당초 별로 없다는 사실에서도 과대평가라는 결론은 나오지는 않는다. 신체는 우리가 소유하는 사물이 되었고, 근사한 음향 장치를 장착한 스포츠카처럼 재미를 위한 기계가 되었다. 이런 기계론적 견해는 물리학보다는 생물학과 생명과학 분야에서 우리에게 더 오래 흔적을 남기고 있는 19세기의 과학적 세계상에서 유래한다. 신체는 메를로 퐁티가 두려워한 바로 그대로, 다른 사물들처럼 세계 속의 객체가 되었다. 좌반구의 세계는 '저 바깥에' 존재하는 세계를 자신의 반영물 정도로 본다는 의미에서 궁극적으로 자기도취적이다. 여기서 신체는 그저 우리가 저 밖에서 보는 첫 번째 사물이 되며, 그것이 어떤 것 '이어야 한다'고 우리가 생각하는 대로 그것을 형성하도록 강요받는 느낌이다.

『인간의 경험에서의 상징과 은유*Symbol and Metaphor in Human Experience*』에서 철학자 마틴 포스Martin Foss는 이렇게 말한다.

> 신체는 삶을 가로막는 장애물이라기보다는 도구이며, 아리스토텔레스가 올바르게 표현했듯이 영혼의 잠재력이다. …… 하지만 생명과 영혼은 신체와 그 기능 이상의 것이다. 영혼은 신체를 초월하며 심지어는 신체를 잊게 만든다. 그것은 초월되어야 할 신체의 의미이며 그것이 섬기는 삶 속에서 잊힌다. 그것은 그 목적을 더 많이 달성할수록 **녹립석인 사물**이 되어 **사라지는** 신체의 가장 본질적인 특징이며, 우리는 신체에서 뭔가가 잘못될 때에만, 가령 병이 들거나 지쳐서 신체의 어떤 부위가 제대로 작동하지 않아야만 그것을 인식한다.[9]

이 점에서 신체는 예술 작품처럼 작동한다. 메를로 퐁티가 말한 대로, 우리는 예술 작품을 보는 것이 아니라 그것에 **입각하여** 보므로, 그것들은 우리가 보는 것에 대해 필수적이지만 그 과정에서 반드시 투명해져야 한다는 것도 똑같이 중요하다. 이와 마찬가지로 우리는 신체에 입각하여 세계 속에서 살고, 우리가 충분히 살아 있게 하려면 신체 역시 투명해질 필요가 있다. 메를로 퐁티는 이 점을 육신의 '필수적 투명성'이라 불렀다. 가령 노골적인 포르노 영화에서처럼 육신을 불투명한 상태로 두려는 현재의 추세는 섹스가 가진 힘을 다분히 앗아 가는데, 현대적 의미의 포르노그래피가 계몽주의 시대에 행복을 추구하려는 불행한 시도의 일환으로, 또 행복을 쾌락과 너무 쉽게 동일시한 데서 시작되었다는 것은 흥미롭다. 지루함을 해결하려고 내놓는 답안이 대부분 그렇듯이, 포르노그래피가 몰아내려 하는 지루함이 오히려 그것의 특징이 되었다. 모두 세계를 바라보는 특정한 방식의 결과이다.

말할 것도 없이 개방성의 확대에는 분명한 장점이 있다. 기계론적 과학 역시 장점이 분명하다. 이런 점들을 과소평가하면 안 된다. 하지만 기계론은 다른 많은 것들과 함께 신체를 기계로 환원시킴으로써 우리 삶에서 신체가 갖는 힘을 훼손했다. 전체를 참조하지 않고(흔히 결정적으로 중요한 감정적·심리적·정신적 쟁점까지 간과하고) 신체를 부분들의 모음으로 보는, 혹은 질병을 일련의 불건전한 것으로 보는 경향은 서구 의학의 효과를 다분히 제약하며, 그런 이유 때문이 아니었더라면 서구 의학만큼 도움이 되지 않을 대안 치료법을 찾아 나서게 만든다. 신체에 대한 '정상적인' 과학적 유물론적 견해가 정신분열증 환자들의 견해와 비슷하다는 점은 시시하는 바가 크다. 정신분열증 환자들은 어김없이 자신들을 로봇이나 컴퓨터나 카메라 같은 기계로 본다. 또 자기 신체의 부위들이 금속이나 전자 부품으로 대체되었다고 주장하기도 한다. 이는 육신의 투명성의 결여와 함께 일어나는 현상이다. 그곳에서 정신은 보이지 않는다. "신체와 영혼은 한곳에 속하지 않는다. 거기에는 통일성이 없다." 한 환자는 이렇게 말했다. 이로 인해 신체는 '일개' 물질이 되어 버린다. 그 결과, 다른 인간 존재 역시 사물화된다. 그것은 그저 걸어 다니는 몸뚱이가 된다.

역사적으로 볼 때, 신체를 가진 우리 본성의 중요성을 무시하고 주변적인 것으로 치부하려는 경향이 분명히 있어 왔다. 마치 신체가 우리에게 본질적인 것이 아니라 우연히 부여된 어떤 성질인 양 말이다. 하지만 우리 자신의 감정은 물론이고 생각도 신체를 가진 본성에 묶여 있고, 이 사실은 반드시 인정되어야 한다. 거꾸로 물질세계를 여전히 포착하기 힘들다는 점에서도, 신체가 의식과 완전히 구별되지 않는다는 점을 인정해야 한다.

신체에 관한 모든 것은 신경심리학적 기준에서 좌반구보다는 우반구에 더 밀접하게 관련되어 있고 우반구에서 더 많이 중개된다. 반면에 신체화된 사실보다는 이상적인 표상의 반구인 좌반구는 직관보다는 합리주의의 반구로서 묵시적인 것보다는 명시적인 것, 동적인 것보다는 정지한 것, 변화하는 것보다는 확정된 것의 반구이다. 좌반구는 자기가 만든 것을 선호하는데, 그것을 궁극적으로 퇴짜 놓는 것이 신체이다. 이는 실재의 변덕스러움, 신체가 우리의 통제에 복종하지 않는다는 사실의 궁극적인 예증이다. 좌반구의 낙관주의는 신체의 어쩔 수 없는 덧없음에 대한 인식과 충돌하는데, 이 인식은 우리가 반드시 죽는 존재라는 메시지를 전달한다. 신체는 혼란스럽고 부정확하고 유한하다. 따라서 빈틈없이 추상화된, 인간은 전능하다는 환상을 품고 있는 좌반구에게 신체는 조롱의 대상이다. 19세기 역사가 알랭 코르뱅

Alain Corbin이 주장했듯이, 우리는 마치 신체에 거부당한 것처럼 더욱 사색적이 되었고, 감각, 특히 후각·촉각·미각에서 점점 더 멀어졌다. 감각 중에서도 가장 냉철하며 초연함을 가장 잘 실행하는 시각이 모든 감각을 지배하게 되었다.

좌반구가 신체를 가진 우리 본성에 가한 공격은 **우리의** 신체에 대한 공격만이 아니다. 그것은 우리 주위 세계의 신체화된 본성에 대한 공격이다. 의지에 고분고분하지 않는 것이 물질이다. '질료적' 세계가 그저 한 덩어리의 자원 차원을 뛰어넘어 정신적인 가치를 포함하는 가치 영역의 모든 부분에 도달할 수 있으며, 우리는 우리의 신체화된 본성을 통해 그것과 소통할 수 있고, 존중받아야 하는 응답과 책임을 이 세계와 공유한다는 생각은 이제 주류 문화에서 찾아보기 어렵다. 다행히 아직도 많은 사람들이 자연 세계에 관심을 갖고 있지만, 여기서도 너무 많은 논의 내용이 환원주의적 용어로 이루어진다는 사실이 마음에 걸린다. 또 이런 논의가 현실에서도 무게를 지니려면, 일자리나 위락 산업 차원의 경제적 이익에 입각하여 논의를 진행해야 한다는 사실도 걱정이 된다. 예술이 그렇듯이, 자연 세계도 상품화되었다.

▓ 정신

종교에 대한 좌반구의 공격은 종교개혁이 일어날 즈음이면 이미 한참 진행된 상태였고, 계몽주의는 이 공격을 더욱 진척시켰다. 그런데 낭만주의가 등장하면서 균형점이 우반구 쪽으로 이동하며 종교적 감정과 초월적인 감각이 상승했다. 낭만주의는 그 자체로 초월적인 것의 중요성을 재긍정하는 것이었다. 종교라기보다는 신성함의 감각을 긍정하는 것으로, 일종의 만유내재신론萬有內在神論·panentheism으로 보면 가장 적당할 것이다.(신을 만물의 총합과 동일시하는 범신론과 대조되는 만유내재신론은, 신을 모든 것 속에 있는 존재로 본다.)

하지만 20세기 들어 서양에서는 종교의 힘이 약해졌고, 마르크스주의 체제에서 국가가 쇠퇴한다고 선전되었듯이 종교도 발전하는 자본주의 체제에서 쇠퇴하는 중이다. 신을 숭배하지 않기로 결정했다고 해서 숭배를 중단하는 것은 아니다. 우리는 그저 숭배할 가치가 있는 다른 것을 찾을 뿐이다.

서구 교회는 스스로를 적극적으로 훼손해 왔다. 그것은 그 가치를 붙들어 둘 확신이 더 이상 없으며, 모두 한목소리로 정신적 물음에 물질적 대답을 갖다 붙이고 있다. 그와 동시에 전례典禮 개혁 운동은 항상 그렇듯이 종교적 진리가 글자 그대로 선언될 수 있다고 확신하면서, 신비한 영감을 전달하는 은유적 언어와 제례의 힘을 대부분 혹은 완전히 파괴해 버렸다. 한편 종교적 실천을 효용성으로 재복권시키는 움직임이 이와 나란히 일어났다. 그래서 매일 15분간 선禪 명상을 하면 더 효율적인 금융 중개인이 될 수 있다거나, 혈압을 개선시키고 콜레스테롤 수치를 낮출 수 있다는 믿음이 생겨났다.

이 책에서 나는 세계를 이해하는 데는 은유나 미토스mythos〔신화 체계〕가 꼭 필요하다는 점을 전하려고 노력했다. 그런 미토스나 은유는 없어도 좋은 사치품이나 "꼭 필요하지 않은 선택지"가 아니며, 공연히 어려운 말을 쓰려는 수단은 더더욱 아니다. 이것들은 세계를 이해하는 과정의 근본이며 본질을 이룬다. 어느 하나를 고르지 않아도 되는 선택이란 없으며, 여기서 우리가 선택하는 신화는 더없이 중요하다. 더 나은 것이 없다 보니 기계 신화나 은유로 돌아가는 것이다. 하지만 그것으로는, 신체를 마치 차고에 있는 오토바이 같은 것에 비유하는 방법으로는 세계를 이해하거나 세계 속에서 우리가 잘 살아가도록 도와

주는 가치를 얻을 수 없다는 것이 나의 판단이다. 2천 년에 달하는 서구의 기독교 전통은, 우리가 신자이든 아니든지 간에 세계 및 세계와 우리의 관계를 이해하게 해 주는 비상하게 풍부한 미토스를 제공한다. '미토스' 라는 용어를 나는 기계적 의미에서 쓰는데, 그것이 참인지 아닌지는 여기서 판단하지 않는다. 미토스는 신성한 타자他者를 인식한다. 그것은 무관심하거나 외계적인 것이 아니라, 그와 반대로 세계에 참여하고, 그 참여로 인해 약해지며, 좌반구보다는 우반구와 비슷하고, 자신이 만든 피조물이 파우스트처럼 타락하는 것을 원망하지 않고, 그것과 함께 고통을 받는 존재이다. 미토스의 중심에는 육화肉化의 이미지, 물질과 정신의 합일, 부활의 이미지, 그 관계의 구원, 그 과정을 감당하기로 한 신의 이미지가 있다. 하지만 정신적인 타자에 대한 접근을 허용하는, 또 물질적인 가치 이외에 그것을 붙들고 살아갈 만한 다른 어떤 것을 주는 모든 미토스는 그 존재의 가능성을 기각하는 것보다 훨씬 더 귀중한 가치를 전달한다.

관습적인 종교가 많은 사람들에게 별 호소력을 발휘하지 못하는 시대에는 예술이 궁극적인 의미를 전달하는 수단으로 여겨질 수도 있다. 실제로 정신적 의미를 전달하는 데서 예술은 이루 말할 수 없는 귀중한 역할을 한다. 슈만Robert Schumann은 바흐의 코랄프렐류드chorale prelude인 〈주여 당신을 소리쳐 부르나이다Ich ruf'zur dir〉에 대해 이렇게 말한 적이 있다. 사람이 모든 신앙을 잃더라도 그 음악을 듣기만 하면 다시 믿음을 되살릴 수 있다고. 비록 사람들마다 표현은 다르지만, 바흐의 위대한 수난곡에서처럼 뭔가 강력한 것이, 그저 감정적인 것만이 아니라 영적인 본성을 지닌 어떤 것이 소통되고 있다는 것은 누구나 의심하지 않는다. 이스탄불에 있는 오래된 교회인 코라의 성 구세주 교회에 있는 예수와 성모에 대해서도 이와 비슷한 이야기를 할 수 있다.

▇ 예술

　여기서 나는 내 이야기를 해야겠다. 이런 문제는 개인적인 것이 아니면 무의미해지기 때문이다. 현대의 예술 작품을 생각하면, 트레이시 에민Tracy Emin의 흐트러진 침대나 수많은 다른 포스트모더니즘 미술 작품들을 보면, 내가 바흐와 슈톡하우젠을 비교할 때 드는 느낌과 똑같이, 현대의 우리는 그저 플롯만이 아니라 부조리의 감각까지도 상실했다고 느낀다. 우리는 그곳에서, 사실은 그 허세를 폭로해야 하는 상황인데도, 수동적이고 행실 바른 부르주아답게 엄숙하게 앉거나 서서 예술 작품의 천재성을 관조한다. 나는 먼 훗날 돌이켜 보면 우리 시대가 재미있었다고, 그 냉소주의만이 아니라 잘 속아 넘어가는 성질 때문에 재미있는 시대였다고 생각될 것이라고 장담한다. 사실 냉소주의와 잘 속아 넘어가는 성질은 겉모습만큼 그리 많이 다르지 않다.

　신체를 기계화하고 영혼을 비꼬는 좌반구가 현대미술에서는 예술의 힘을 중화하거나 중성화하는 작업을 시작한 것으로 보인다. 앞에서 살펴보았듯이, 예술적 취향이 순수하게 사회적으로 구축되었다는 증거는 없다. 모든 혁신이 보편적이고 무비판적으로 받아들여지기는 어렵지만, 모더니즘이 등장하기 전에는 사람들이 항상 새로운 음악 스타일을 불쾌하거나 이해하기 어려운 것으로 여기지는 않았다. 17세기 청중들은 몬테베르디Claudio Monteverdi의 위대한 합창곡들을 처음 듣고 그 자리에서 열광했다. 헨델Georg Handel은 대관식 송가의 리허설을 듣고 싶어 하는 사람이 너무 많아 공공질서가 무너질 위험이 있어서 리허설 장소를 비밀로 해야 했다. 19세기 리스트Franz Liszt와 쇼팽Fr édéric Chopin은 열광하는 군중을 몰고 다니는, 현대 예술음악에서 그들을 이어받은 후배들과 달리 오늘날의 대중예술 아이돌과 더 비슷한 존재였다. 음악은 정말 중성화되었다.

　과거의 위대한 음악들은 어떠했을까? 그것들은 결코 철폐될 수 없다. 설령 새 음악의 작곡을 짓밟으려는 좌반구의 돌진이 성공했더라도, 좌반구적 세계의 자폐적이고 자가 발명된 공간 너머에 뭔가가 있다고 확신시키는 그런 음악의 순수한 힘으로 그 성공은 훼손될지도 모른다. 하지만 걱정할 필요는 없다. 이 분야에서는 아도르노Theodor Adorno가 예언했던 예술의 상업화가 계속 진행되어, 예술을 길들이고 하찮게 만들고, 휴식이나 자기 개선을 위한 단순한 효용으로 바꾸어 놓았다.

　아름다움에 벌어진 일은 좀 이상하다. 아름다움은 그저 우리가 아름답다고 부르기로 동의한 것도, 무시한다고 사라지는 것도 아니다. 우리는 가치를 제멋대로 다시 만들어 낼 수 없다. 물론 예술 이론에는 변화가 있을 수 있지만, 그것은 아름다움 자체와 다르고, 이론에서 어떤 결정을 내렸다고 해서 아름다움의 가치를 내다 버릴 수 없다. 이 점에서 아름다움은 선善 등의 다른 초월적 이념과 비슷하다. 사회는 무엇이 선한지 논쟁할 수는 있지만, 선이라는 개념을 쓰지 않을 수는 없다. 더욱이 그 개념은 세월이 흘러도 놀랄 만큼 안정적이었다. 무엇이 선으로 간주될 것인가 하는 것은 상황에 따라 변할 수도 있지만, 그 핵심은 변하지 않고 남아 있다. 이와 비슷하게 무엇이 아름답다고 여겨지는지는 세월에 따라 달라지겠지만, 미美의 핵심 개념은 그대로 남아 있으며, 그 때문에 아무리 세월이 흐르더라도 우리가 중세나 고대 미술의 아름다움을 감식하는 데는 어려움이 없는 것이다.

　그럼에도 아름다움은 마치 잔인한 체제에 밀려난 공적 인물처럼 예술 무대에서 사실상 사라져 버렸다. 아름다움은 현대의 예술 비평에서 거의 언급되지 않는다. 그보다는 좌반구식 가치를 성찰하며, 이제는 어떤 작품을 강하다거나 도전적이라는 표현으로 평가하는 것이 관례가 되었다. 그런 표현은 세계와 우리와의 관계에서, 또 서로 간의 관계에서 우리에게 허용된 유일한 표현법이다. 어찌된 일인지 아름다움을 거론하는 것은 촌스러운 일이 되었다. 아무리 고통스럽고 이해 불가능한 것으로 여겨질지라도 우리 자신을 거기에서 떼어 낼 수 없는 실재가 존재한다는 믿음에 근거하는 파토스도 마찬가지다. 파토스는 모더니즘에서는 불안angst으로 대체되더니, 포스트모더니즘에서는 일개 농담이 되었다. 그것이 있던 자리에는 일종의 아이러니컬한 농담, 장난스러움이 들어섰다.

순수하게 지성화되고 의식적으로 도출된 예술은 그 시대와 동질적이다. 그 편이 쉽고, 그래서 민주적이기 때문이다. 그것은 기술을 획득하는 오랜 도제 생활의 경험이 없어도, 또 직관의 도움 없이도 변덕으로만 발생할 수도 있는 것이다. 오랜 도제 경험이나 직관은 모두 어느 정도는 재능이며, 예측 불가능하고 비민주적이다. 문화의 다른 분야에서도 그렇지만, 예술에서도 기술에 대한 강조는 약해졌다. 우리 개인의 원자적 성격은 우리 모두가 15분 동안 유명해졌으면 좋겠다는 워홀의 역설적인 농담 같은 야심에서 분명해진다. 우리는 모두 다른 누구에 뒤지지 않게 창조적이 되어야 한다. 누군가가 항상 특별한 존재라는 사실은 받아들이기 불편하다. 위대한 예술이 인류가 달성할 수 있는 것의 표시가 아니라 다른 잠재적인 경쟁자가 달성한 것의 표현으로 보이기 때문이다. 하지만 사회는 서로 경쟁하는 조각들의 집합이 아니라 유기적 통일체이며, 그래야 한다. 모든 신체 기관이 저마다 머리가 되고 싶어 해서는 안 된다.

비록 그때는 과녁이 '아름다움'이 아니라 '신성함'에 겨눠졌기 때문에 좀 다르기는 하지만, 역사상 마지막으로 예술에 대한 대규모의 공격이 행해진 종교개혁에서도 이와 비교할 만한 사례를 볼 수 있다.

무엇보다 종교개혁과 모더니즘 둘 다 '도전적인' 예술을 들고 나왔다는 점이 흥미롭다. 사람들이 자기만족에 빠져 옛날 방식에 안주해 버렸다는 것이 새 종교 지지자들의 주장이었다. 개혁가들은 은유와 제례와 음악과 예술 작품에서 종교적 숭배의 기초를 단절하고, 그 자리에 이념과 이론과 선언을 가져다 놓았다. 하지만 자기만족과 비진정성은 결코 멀리 가지 않았고, 교회는 얼마 안 가서 다시 한 번 아무런 방해도 받지 않고 부와 지위의 수단으로 남용되었다. 루터가 깨달았듯이, 문제는 조각상과 우상과 제례 자체가 아니라 그것들이 이해되는 방식에 있었다. 그것들은 항상 육화되며, 그럼으로써 우리에게 직관적으로 작용해야 할 은유로서의 투명성을 상실한 것이다. 본래 그것들은 절대로 물질적이지도, 비물질적이지도 않으며 두 영역 사이를 이어 주는 다리역할을 해야 한다. 그런데 종교적 의미는 물질 영역과 무관한 편이 더 낫다는 잘못된 신념 때문에 그것들은 파괴되고 치워져 버렸다.

예술 역시 여러 가지 방식으로 남용될 수 있다. 겉으로만 그럴싸해 보이고 너무 안락한 것을 추구하다 보면 부와 지위를 알리는 수단으로 전락하고, 결코 진정한 것이 되지 못한다. 육화되지 않은 예술 작품을 폐지하는 데 우리도 한몫을 했다. 그리하여 은유와 신화가 상징으로, 심지어는 개념으로 대체되었다. 지금 우리에게 남은 것은 그 속에 우리가 의미를 가져다가 채워 넣어야 하는 이념과 이론과 선언의 예술, 혹은 텅 빈 공허함의 예술이다. 예술의 힘이 예술에 관한 이론속에 있다는 믿음이나 예술에 대한 모든 종류의 선언은, 그것이 예술의 상품화에 대한 저항이든 예술이 선언이 될 수 없다는 선언이든지 간에, 이런 상황에서 전혀 손을 쓸 수 없고 오히려 상황을 더 심화시키며 예술의 붕괴에 힘을 보탠다. 어쨌든 겉치레로 변한 새로운 예술은, 너무 안락해지고 그것이 부나 지위의 표시가 되는 일에서도 과거

예술만큼이나 유능하다.

종교개혁에서는 비록 신성함이라는 개념 자체에 공격이 가해졌지만 그것이 신성함을 직접 공격할 필요는 없었다는 사실에 주목해야 한다. 종교개혁 때는 신성한 것의 문화에서 공통적으로 받아들여지는 것에 대한 공격에서 그쳤다. 즉, 공격당한 것은 성소나 조각상 등이었지 숭배 자체는 아니었다. 다만 숭배는 장소에 전혀 구애되지 않으며, 종교는 참여자의 주관적 경험에 속하는 것이므로 모든 곳에 있다는 민주주의적 주장이 신성함의 뿌리에 달라붙었을 뿐이다. 개혁가들은 "모든 것, 모든 곳이 똑같이 신성하다"는 말을 굳이 할 필요도 없었다. 개혁가들이, 또 그들의 활동이 거둔 성공이 워낙 컸으므로 그런 말을 할 필요가 없었던 것이다. 사람들은 더 이상 신성함 자체를 믿지 않게 되었다. 그런 것은 바보나 늙은이들, 시류에 무지한 사람들의 차지가 되었다.

문제는 우리다. 과거의 예술은 "제자리를 찾아갔고" 역설화되고 터무니없이 어울리지 않는 것이 되었다. 만약 예술이 어디에나 어느 곳에나 있는 것이라면, 문자 그대로 쓰레기 더미에도 있을 수 있다면, 그렇게 말하는 목표는 아름다움을 철폐하는 데 있다. "모든 것과 모든 곳이 똑같이 아름답다"고 말할 필요도 없다.

여기서 아름다움이란 것이 예술에만 한정된 것인 양 말했지만, 당연히 아름다움은 좌반구가 중화하고 싶어 하는 모든 영역에 존재한다. 그것은 신체, 정신, 자연, 모든 살아 있는 문화 영역에 존재한다. 아름다움과 우리의 관계는 우리가 욕구하는 것과 우리가 맺는 관계와 다르다. 욕구는 일방적이고 합목직직이고 궁극적으로는 획득하려는 성향이 강하다. 살아 있는 존재를 상대하는 특별한 경우에는 다소 일방적인 성격을 띠더라도 욕구가 상호적인 것이 될 수 없는 것은 아니다. 앞에서 일방적이라고 한 것은 욕구란 것이 마치 활시위를 떠난 화살처럼 어떤 목표를 향해 가는 움직임임을 말한 것이다. 상호적인 상황이라면 공중을 통과하는 두 개의 화살처럼 서로 반대 방향으로 움직이는 두 개의 일방적 흐름이 있다. 그러나 아름다운 것과 우리의 관계는 이와 다르다. 그것은 아름다운 것과 우리 자신 사이의 갈망, 사랑, 사이, 메아리가 울리는 과정과 더 비슷하며, 거기에는 이면의 목적이 없고 다른 목표를 염두에 두거나 무엇을 획득하려는 마음도 없다. 아름다움은 이런 식으로 관능적 쾌락이나 우리가 대상에게 품을 있는 모든 흥미와 구별된다. 이것이 라이프니츠가 "아름다움은 이해관계가 없는 사랑"이라고 말한 뜻이다.[10] 사실 이런 생각은 워낙 핵심적이어서, 칸트와 버크에게도 그런 생각이 있다. 칸트는 "미美는 이해관계가 없는 쾌락"이라고 말했고,[11] 에드먼드 버크는 그것을 "욕구와는 다른 사랑의 형태"라고 보았다.[12]

좌반구의 세계에서 탈출하는 세 영역, 좌반구가 우리 시대에 목표물로 삼고 공격한 영역인 신체·정신·예술을 궁극적으로 묶어 주는 것은, 그것들이 모두 사랑의 도구라는 점이다. 아마 대부분의 사람들이 살아가면서 명백히 초월적인 힘을 경험하는 가장 흔한 사례는 에로스의 힘일 것이다. 하지만 예술이나 영성을 통해서도 사랑을 경험할 수 있다. 궁극적으로는 이런 요소들이 동일한 현상의 다른 측면들이다. 사랑은 타자他者가 발산하는 인력引力으로, 우반구는 이를 경험하지만, 좌반구는 이를 이해하지 못하고 자신의 권위를 저해하는 것으로 본다.

신체와 정신과 예술에 대한 좌반구의 이런 공격 때문에, 자신이 이해하지 못하고 사용하지 못하는 것을 본질적으로 조롱하고 폄하하고 해체해 버리는 좌반구 때문에, 우리는 나와 그것I-it이란 세계의 덫에 걸릴 위험에 처하게 된다. 그곳에서 빠져나가 나와 너I-thou의 세계를 다시 발견할 수 있는 출구가 점점 더 막히고 있다.

▌ 희망의 여지가 있는가?

이 책의 주제가 비관적으로 보일지도 모르겠다. 그러나 나는 희망의 여지가 있다고 생각한다. 우리는 무엇보다도 물리적 존재 및 정신적 삶과 예술의 본성에 대한 하나의 추세, 곧 제한적인 선입견에서 빨리 이동해야 하며, 그런 일이 지금 일어나고 있다는 소소한 암시들도 보인다. 예술과 종교가 우반구에 대한 배신의 일부여서는 안 된다.

희망이 있다고 말하는 또 다른 이유는, 좌반구가 제아무리 진보를 일직선으로 보더라도 실제 세계에서는 그런 일이 드물다는 사실에 있다. 좌반구가 보는 대로가 아닌 사물들의 실제 모습인 순환성이 희망의 이유이다.

▶직선적 진보 대 순환적 진보

이 책 제1부 끝 부분에서 나는 몽유병 환자인 좌반구의 전진에 대해, 항상 같은 방향으로 더 멀리, "심연 속으로 느릿느릿 걸어가는" 좌반구에 대해 말했다. 계속하여, 완고하게, 항상 한 방향으로 전진하려는 이 성향은, 우반구가 경험한 것과 비교할 때 좌반구가 본 세계의 '형태'가 가진 미묘한 특징 한 가지와 관련이 있을지도 모른다. 좌반구는 흔히 "선형 처리linear processing"의 반구라고 얘기된다. 세계를 순차적으로 인지하는 좌반구는 선형 분석으로, 또는 부분들을 조각내거나 그것들을 하나씩 조립하는 기계적 구축으로 기울어지기 쉽다. 이는 좌반구의 현상적 세계가 획득의 세계이며, 효용성의 세계, 항상 목표를 염두에 두는 세계라는 사실과 일치한다. 그것은 상대에게 오른손을 내미는 것이며, 활시위를 떠나 날아가는 화살이다. 그 전진은 일방적이고, 항상 위로, 밖으로만, 직선적이고 뉴턴적인 공간에서 목표점을 향해 나아간다.

이는 좌반구가 살아 있는 유기체를 기계로 보는 견해와도 부합하는데, 그저 기계가 직선적이고 생물체는 그렇지 않기 때문만은 아니다. 개에게 자극을 가하면 조건반사를 일으키는 고전적인 조건 형성의 사례인 '파블로프Ivan Pavlov의 개' 실험을 생각해 보라. 이는 직선적 처리 과정으로, 화살이 과녁을 맞히는 것과 같다. 여기서 개는 기계로 환원된다. 하지만 조금만 다르게 생각해 보면, 모든 것에는 맥락이 있고, 그 맥락이란 직선적이기보다는 원형이고 동심원적 개념이다. 파블로프의 개에게 먹이가 오기 전이 아니라 먹기 시작한 뒤에 종이 울리는 경험을 반복적으로 시키면, 먹이가 없을 때 종을 울렸을 때 개는 두 가지 사건이 동시에 발생하는 연상을 경험하게 된다. 비록 종소리를 들을 때 침을 흘리는 이유와 같을지라도, 개는 먹이와 상관없이도 침을 흘린다. 곧, 개의 침 분비가 반드시 종소리 때문에 일어난다고 말하기 어려울 것이다. 파블로프의 개는 그것을 단순히 인과관계라는 개념의 본질에 속하는 시간적 순서에, 맥락이 박탈된 순서에만 초점을 맞추게 만들어 기계로 환원된 것이다.

알코올의 냄새가 알코올중독자에게 어떤 영향을 미치는지를 상상해 보라. 냄새가 중독자로 하여금 술을 마시게 만드는가? 아니면 일련의 연상과 주변적 맥락이, 술을 원하고 구하고 마시는 일이 그 속에 포함된 맥락 술을 마시게 하는가? 개 역시 연관이나 맥락을 인식하는 것(우반구의 기능)이지, 그저 좌반구의 기계로서 행동하는 것이 아니다. 예를 들어 우리는 그 주인의 음성이 개에게 주인의 얼굴 모습을 환기시킨다는 것을 알고 있는데, 이는 음성이 그 얼굴의 원인이 되기 때문이 아니라 그것이 개가 갖고 있는 전체 경험의 일부이기 때문이다. 아마 모든 원인과 결과를 이런 식으로 생각할 수 있을 것이다. 야구 방망이가 공을 때리면 공은 갑자기 특정한 방향으로 맹렬한 속도로 날아가 버린다. 하지만 공이 갑자기 특정 방향으로 빠른 속도로 날아가려면, 방망이가 특정한 방식으로 그것을 때려야 한다. 여기서 방망이와 공은 일종의 점착성을, 그것들의 운동이 특정한 맥락에서 결속하는 데 필요한 경향을 가진다고 말할 수 있다.

그렇다고 해도 좌반구는 곡선이나 원이 아니라 직선을 좋아한다. 좌반구가 곡선에 근접하려면 접선을 계속 더 추가로 그려야 한다. 자연 세계에서는 직선을 찾아볼 수 없다. 실제로 존재하는 모든 것은 굽은 형태를 따르는데, 인간 마음의 논리적 산물은 그것에 접선 형태로만 접근할 수 있다. 흐름을 점들의 연속으로 환원하는 것이다. 레너드 슐레인은 자연에서 볼 수 있는 외견상의 직선은 오직 수평선뿐이라고 지적했다. 물론 지평선 역시 곡선의 일부임이 밝혀졌다. 심지어는 우주도 곡선이다. 이와 비슷하게 명료성이라는 것에 대해 러스킨이 밝혔듯이, 직선성이라는 것은 착각이며, 명료성처럼 지각장의 폭을 좁힘으로써, 또 깊이를 제한함으로써 그 근사치만 얻을 뿐이다. 좌반구가 우세한 곳에서는 모두 직선이 우세하다. 로마제국 시대 후반, 그리고 그런 허세가 포기된 상태인 현대 도시의 격자형 환경이 모두 그러하다.

이와 대조적으로 우반구의 처리법이 제안하는 형태는 원형이며, 그 움직임은 "빙 돌아가면서" 움직이는 것을 특징으로 한다. 이는 우리가 깊이 있게, 전체로서 파악된 어떤 것을 묘사할 때 사용하는 말이다. 직선성은 그렇게 하지 못하지만, 원형 운동은 반대자의 합일을 수용한다. 우반구에서 이루어지는 인지는 조각들을 순차적으로 더함으로써 손재하게 되는 어떤 것의 처리 과정이 아니라, 초점이 안 맞던 것을 맞추어 하나의 전체로서 파악하는 과정이다. 모든 것은 중요성의 반그림자半影 속에서, 그 맥락 속에서, 그것을 둘러싸는 모든 것에서 이해된다.

전체성과 원형이라는 생각 사이에는 강한 친밀함이 있다. 우반구의 움직임은 손으로 잡는 일방적이고 도구적인 몸짓이 아니라, 춤을 출 때처럼 음악적이고 온몸을 사용하며, 사회적으로 발생하는 움직임이다. 그것은 절대로 무엇을 향해 가는 직선이 아니라, 항상 결국은 그 출발점으로 되돌아온다. 셰익스피어의 희극에서도 공동체나 개인 생활 이전에 존재했으며, 그것보다 더 오래 지속되고 그것의 토대를 이루며 맥락을 제공하는 공동체의 가치가 흔히 연극의 끝 부분에서 원무圓舞로 찬양된다.

정지 상태 안에서의 움직임, 움직임 속에서의 정지 상태라는 이미지는 원에 반영된다. 그것은 끊임없이 흐르면서도 항상 동일한 물의 움직임에 있는, 또 항상 원을 그리다가 제자리로 돌아오는 별의 이미지다. 단테는 이 움직임을 "해와 별들을 움직이는 사랑"의 중력 효과라고 한다. 셰익스피어에게는 이 움직임이 인간 삶의 움직임이기도 하다. "우리의 작은 삶은 잠과 함께 빙빙 돌아간다."

원형과 구체球體의 이미지는 우반구가 발휘하는 영향력과 함께 성쇠를 거듭했다. 이 이미지들은 낭만주의 시대의 중심이었다. 블레이크는 "이성은 에너지의 경계선, 혹은 바깥 원주"라고 했다. 이 말은 그저 에너지, 삶의 생명력이 구체와 같다는 차원을 넘어, 이성이 항상 바깥에 있고 절대로 안에는 들어가지 못한다는 뜻도 담고 있다. 아무리 많은 접선을 추가하고 아무리 가까이 다가가더라도, 이성은 항상 원주에 근접할 뿐이다. 셸리는 현상적 세계가 구체라고 말한다. "멀리 있는 어떤 것에 대한 헌신/우리 슬픔의 구체로부터." 현상세계가 둥글다는 이런 생각은 워즈워스의 가장 유명한 구절, 신비스럽게 많은 의미를 담고 있는 구절에도 들어 있다. "둥근 대지와 살아 있는 공기," "매일 한 번씩 돌아가는 대지의 길에서 빙빙 굴러가는." 이런 구절은 지구가 구형이고 그것이 회전한다는 기초적인 사실보다 훨씬 많은 의미를 전달한다. 심지어 반 고흐Vincent van Gogh는 "삶은 아마 둥글 것"이라고 말했다. "모든 현존재Dasein는 그 자신을 둥근 모습으로 본다"는 견해를 내놓은 것은 야스퍼스였다.

이는 우주, 보편자, 궁극적으로는 신의 형태를 반영한다. 신이 구체라는 생각, 중심점이 모든 곳에 있고 그 어디에도 원주가 없는 구체라는 생각은 긴 역사를 갖고 있다. 가장 이르게는 3세기경 헬레니즘 시대의 이집트에서 만들어진 한 무더기의 초기 기독교 문헌인 세 개의 『코르푸스 헤르메티쿰Corpus Hermeticum』〔헤르메스 전집, 또는 신비주의 전집, 연금술 전집〕에서 찾아볼 수 있다. 1천 년 뒤 이 전집을 다시 집어든 사람은 13세기 주교 알랭 드 릴Alain de Lille이었고, 그 내용은 르네상스 시대의 신비주의 전통 전체에 영향을 미쳤다. 특히 15세기의 니콜라우스 쿠사누스Nicolaus de Cusanus와 16세기의 조르다노 브루노Giordano Bruno는 "중심점이 모든 곳에 있고 어디에도 원주가 없는 무한한 구체"에 대해 썼는데, 이런 생각을 표현한 가장 유명한 사람은 17세기의 파스칼이었다.

고대 그리스인들에게는 구체가 영원성과 신성함을 표현하는 완벽한 형체였다. 아리스토텔레스의 우주는 55개의 구체로 엮인 그물망으로 이루어졌다. 그로부터 1천 년 이상이 지난 뒤, 르네상스 시대 초반에 이르러 구체는 다시 한 번 주목받기 시작했다. 구체가 회화에서 현저하게 사용되기 시작한 것은 르네상스 시대로서, 상징적인 이유도 있었지만 표면의 휘어진 광채를 묘사하는 데 매혹되었기 때문이다. 하늘의 구체가 움직여서 우리 귀에 들리지 않는 음악을 만든다는 생각은 아마 피타고라스에게서 나왔을 텐데, 이는 수학적 비율이 화성 음정의 기저에 놓여 있음을 이해한 데서 비롯됐을 것이다. 이 생각은 르네상스 시대인 1610년에 출판된 케플러의 『하르모니케 문디Harmonice Mundi』

〔세계의 조화〕에서 정교하게 다듬어졌다.

그러나 계몽주의가 등장하면서 구체에 대한 흥미는 시들었다. 현상학자들이 등장하기까지 그 중요성을 통찰하는 것은 낭만주의 시인들의 몫으로 남겨졌다. 야스퍼스를 비롯하여 네 가지 가치를 담은 "존재의 구체"를 구상한 키르케고르Søren Aabye Kierkegaard, "실재의 구체"를 언급한 하이데거 같은 이들이 그런 현상학자들이다. 앞에서 살펴본 갈망과 물리적 우주에서의 중력 및 그것의 닮은 점을 고려할 때, 코페르니쿠스Nicolaus Copernicus가 중력을 "부분들을 구형으로 조립하여 통일성과 전체성에 기여하도록 하는 …… 자연적 성향"이라고 생각한 것은 흥미롭다. 소설가 아서 케스틀러Arthur Koestler는 이를 "사물들이 구체球體가 되려는 향수"라고 말했다.

궁극적으로 이런 직관은 서구 이외의 대부분의 문화에서 역사와 우주를 원형으로 보는 견해들과 일치한다. 가령 힌두 사상의 우주론이 그러한데, 영원회귀 신화는 사실 문화적 보편성이다. 하지만 기독교적 서구에서도 지구가 구형이라거나 우주가 곡면이라는 생각이 나오기 한참 전에, 우주의 표현이 납작한 벽이 아니라 휘어진 둥근 형태로 표현되는 경향이 있었다는 것은 신기한 일이다.

▶처녀의 눈에 비친 반짝임
이와 비슷하게 희망은 반대 속에, 변증법적 성장의 풍요로움 속에, 니체가 헤라클레이토스처럼 단순하게 '전쟁'이라 부른 것 속에 있다. 상황이 나빠질수록 그것은 힘을 얻는다. 니체는 본인의 신조이기도 한 "상처로 정신은 성장하고 힘을 되찾는다"는 말을 인용한다. 우리가 거주하게 된 좌반구 세계의 명백한 비진정성 그 자체가 우리를 인도하여 그것을 변화시키도록 할 수도 있다. 문제의 본성을 이해하는 것이야말로 변화를 향한 첫걸음이다. 변화하려면 순진하게 보이는 것도 기꺼이 받아들여야 한다. 교묘한 역설의 변증법과, 과학적 유물론 사이에서 붙잡히지 않기 위해서다.

헤겔은 말한다. "이제 신탁은 …… 더 이상 인간에게 전해지지 않는다." "조각상은 돌의 시체가 되었다." 과거의 잔재, 그 예술과 역사와 문화의 영광은 "맛있는 과일이 나무에서 떨어진 것과도 같다. 친절한 운명은 아가씨들이 우리에게 그런 과일을 건네주는 것처럼 그런 작품들을 우리에게 전해 주었다." 그 과일이 자라는 나무, 대지, 과일이 익어 가는 기후는 더 이상 우리에게 허용되지 않는다. 그것은 다만 베일로 가려진 기억으로만 남았다. 우리는 그것을 그려 보면서 표상한다. 하지만 헤겔이 말하기를, 이를 재포착해야 하는 수단인 지식은 우리에게 과일을 건네주는 아름다운 아가씨의 눈에서 "흘낏 스쳐가는 자기인식"과도 같다. 이는 그 과일을 만들어 낸 바로 그 자연이지만, 더 높은 층위에 있으며, 보태 주는 것만큼 빼앗아 가기도 한다.

헤겔은 고대 사람들이 다행히도 의식하지 않던 것을 우리는 의식하지 않을 수 없게 됐다고 말하는데, 이는 그래서 우리가 고대 사람들보다 보는 것도 더 많다고 말하는 것 같다. 고통스러운 인식을 대가로 얻어지는 어른들의 순진함이, 실현되기만 한다면 아이들의 순진함보다 더 대단한 것과 마찬가지다.

자의식의 과잉은 정신분열증 환자의 정신세계처럼 그 자체로 감옥이다. 그것의 원천적인 반사성reflexivity, 즉 거울의 방은 마음을 계속 자신에게 돌려보낸다. 감옥을 깨고 나오기란 쉽지 않다. 자의식은 의지의 의식적 행위에 속박되지 않기 때문이다. 이는 작고 푸른 사과를 생각하지 않으려고 애쓰는 것과 같다. 지식의 사과는 그것을 한번 먹고 난 뒤에는 다시는 그전의 상태로 돌아갈 수 없다. 다만 문제의 뿌리에 해당하는 의식적 성찰이 그 자체의 효과를 중화시킬 수는 있다. 하이데거, 비트겐슈타인, 메를로 퐁티는 모두 성찰을 비판했는데, 그들의 글에는 성찰을 극복하려는 성찰적 시도에 대한 내용이 담겨 있다. 여기서 횔덜린의 시구가 다시 한 번 의미를 발휘한다. "위험이 있는 곳에서 우리를 구원할 존재 역시 자라난다."

　그것은 철학이 우리의 물음에는 답하지 않으면서, 대답되어야 할 대답이 있다는 우리의 신념을 흔들기 때문이다. 그렇게 하는 과정에서 철학은 그 자체의 체계를 관통하여 다른 이해 방식으로 그것을 바라보도록 강요한다. 하이데거를 읽는 것이 그토록 가슴 설레면서도 고통스러운 경험인 이유는, 그가 숲을 뚫고 나아가는 길이, 거기에는 통로가 있으며 그 길을 가는 것 자체가 인간 사유의 목표가 될 수 있음을 증명하고자, 분석적 언어가 수반하는 데카르트적인 이분법을 극복하려는 투쟁을 절대로 중단하지 않기 때문이다. 우리는 숲 속의 공터로 나갈 수는 있지만, 그것만으로 엠피레우스empireus(가장 높은 하늘, 천공)의 맑은 빛에 도달하기를 바랄 수는 없다. 횔덜린의 통렬한 시 「히페리온의 운명의 노래Hyperions Schicksalslied」가 분명히 밝혔듯이, 그 빛은 신들만의 것이기 때문이다.

　아마 하이데거는 최후의 글을 시 형식으로밖에는 쓸 수 없었을 것이다. 비트겐슈타인 역시 철학의 진정한 과정을 철학적 마음에 철학이 미친 영향을 치유하거나 초월하는 방법이라고 보았다. 철학은 그 자체가 하나의 질병이다. 그런데 그것들은 자기들이 치유법이라고 주장한다. 메를로 퐁티는 두 사람보다 더 명시적으로 초성찰surreflextion의 과정을 통해 우리가 사물을 보는 법을 배우면 좋겠다는 희망을 품었다. 그런 초성찰은 우리가 그것을 의식하게 만듦으로써 의식이 지닌 왜곡 효과를 바로잡는 데 도움이 된다. 이 생각은 낭만주의자들도 했다. 클라이스트는 유명한 에세이 「인형극장에 관하여」의 끝 부분에서 자의 식의 왜곡 효과가 더욱 고조된 의식 형태로써 초월될 수 있는 가능성 을 제시했다. 그런 고조된 의식으로 우리는 순진함의 형태를 회복할 수 있을지도 모른다.

> "은총은 의식이 전혀 없거나 무한한 의식을 가진 인간 형태, 즉 꼭두각 시이거나 신에게서 가장 순수하게 출현한다."
> 나는 좀 당황하여 말했다. "그래서 우리는 순진함의 상태로 돌아가기 위해 지식의 나무의 열매를 다시 따 먹어야 한다는 말인가?"
> "바로 그래. 그것이 세계 역사의 마지막 장이지." 그는 대답했다.[13]

이 말로 클라이스트의 에세이는 끝난다. 이 마지막 구절에서 클라이 스트는 휠덜린처럼 우리가 갈망하는 것은 신들의 세계인 다른 세상에 서만 얻어질 수 있다고 말하는지도 모른다. 하지만 그의 에세이는 또 한 우리는 뒤가 아니라 앞으로만 움직일 수 있고, 그렇게 함으로써 우 리의 상황을 초월할 수 있으며, 이 방법으로 우리가 잃어버린 어떤 것 에도 돌아갈 수 있음을 확인해 준다. 아마 자기 성찰의 공허함 자체, 비코가 '성찰의 야만성'이라 부른 것은 우리가 탈출할 수 있는 유일한 방법인 신념의 필수적인 도약을 향해 우리를 밀어붙이는지도 모른다. 결국 선불교에서 행하듯 의식을 비우는 일은 아무렇게나 주어지는 선 물이 아니라, 오랜 세월 동안 의식적으로 자기 규율을 준수함으로써 얻어지는 것이다.

성찰, 자기 성찰, 초성찰 등 우리가 이야기하는 내용은 분명히 우리 가 채택하는 시야視野의 평면과 무슨 관계가 있다. 곰브리치는 "예술언 어의 참된 기적은 그것이 예술가에게 실재의 착각을 창조하게 해 주는 것이 아니다. 이미지는 위대한 대가의 손으로 반투명해진다"고 말했다. 우리도 이 책에서 투명성이니 반투명함, 꿰뚫어 보기 등을 거듭 이야기해 왔다. 장 파울이 은유에 대해 말했듯이, 또 케레니가 신화에 대해, 메를로 퐁티가 신체에 대해 말했듯이, 우리의 시야는 사물의 경계에서 멈추어서도 안 되지만, 다른 어떤 것으로 대체되어서도 안 된다. 그것 자체로 관심을 끌어들이지 말고 투명해야 하는 것이 그런 반투명한 존재의 기능이다. 그렇게 해야만 본래의 목적을 달성하는 것이다.

하지만 투명성에 대해, 관통하여 보기에 대해 이야기하는 것은 잘못된 사고 노선을 불러일으키기 쉽다. 물은 얼음과 다르지만 그것은 얼음덩이에 분명히 존재한다. 그곳에 얼어붙은 파리처럼이 아니라 얼음 자체에 존재한다. 그것이 얼음이다. 그러나 얼음덩이가 사라지면 물이 남는다. 우리는 얼음 속에서 물을 보지만, 그것이 얼음과 별도로, 얼음덩이 뒤에서, 혹은 그것과 분리되어 존재하기 때문은 아니다. 신체와 영혼, 은유와 의미, 신화와 현실, 예술 작품과 그 의미, 사실상 모든 현상적 존재는 그저 존재하는 그것이지 다른 것이 아니다. 뭔가를 숨기고 있는 어떤 것이 아니다. 그러면서도 외견상 쉬워 보이는 일, 그저 "존재하는 그것을 보는 일"은 결코 쉬운 일이 아니다. 실제는 예술 작품 배후에 존재하지 않는다. 그렇다고 믿는다면, 그것은 괴테가 그림으로 그린 것처럼, 아이들이 거울 주위를 빙빙 도는 것과 같을 것이다. 우리는 그것을, 거울 속에서, 거울을 뚫고 본다. 괴테는 우리가 보편자를 개별자 속에서, 혹은 관통하여 경험한다고 말한다. 무시간적인 것을 시간적인 것 속에서, 관통하여 보는 것이다.

▶동양 문화에서 배워야 할 것들
이런 생각은 동양 문화에서는 더 직관적으로 이해된다. 우리가 희망이 있다고 말하는 또 다른 이유는, 서구 문화에 아직 완전히 흡수되지 않은 세계의 다른 문화에 우리가 점점 더 문을 열고 있다는 데 있다. 비록 아직 흡수되지 않았다는 같은 이유에서 우리가 그 쪽에 영향을 줄 수도 있지만 말이다. 동양인과 서양인 간의 심리적 양식의 차이는 양쪽의 반구 관계가 상이할 수도 있음을 시사한다. 예를 들면, 일본어에는 추상명사를 만드는 법칙이 없으며, 부정관사나 정관사도 없다. 정관사와 부정관사는 그리스어에서 추상명사가 등장하는 데 결정적인 역할을 한 것들이다. 일본어에는 플라톤적 이데아에 상응하는 개념이 없으며, 추상명사라는 것 자체가 아예 없다. 일본어는 현상세계와 이념세계 간의 이분법을 한 번도 개발하지 않았다.

서구 문화에서 두 반구의 존재 방식 간에 그어진 날카로운 이분법은 고대 그리스에서 시작된 것으로, 동양 문화에는 존재하지 않거나 존재하더라도 서구와 같은 방식은 아닌 것 같다. 동양인들이 경험하는 세계는 여전히 사실상 우반구의 세계에 바탕을 두고 있다.

일본어에는 언어에 대한 건전한 회의주의도 있는데, 이는 순수하게 이성에 의해서만 도달되어야 하는, 혹은 도달될 수 있는 실재에 대한 거부와 공존한다. 쇼겐지生源寺의 주지인 시게마츠 소이쿠重松宗宥에 따르면, "선불교에서 말은 달을 가리키는 손가락이다. 선불교 수도자들의 목표는 달 그 자체이지 그것을 가리키는 손가락이 아니다. 그러므로 선사들은 결코 언어와 글자에 대한 비판을 중단하지 않는다".[14] 일반적으로 일본인들은 서구인에 비해 일반성보다는 개별적인 존재 사물을 훨씬 더 강조하며, 더 직관적이고 덜 인지적이다. 또 서구인들에 비해 논리나 체계 구축에 쉽게 흔들리지 않는다. 18세기 초반의 일본 유학자인 오규 소라이荻生徂徠에 따르면, 이해는 최대한 많은 개별 사물을 앎으로써 이루어진다. "배움은 정보를 넓히고, 나타나는 모든 것을 어떤 것이든 폭넓게 흡수하는 것이다."[15] 이러한 태도는 르네상스 시대였다면 서구에도 금방 이해되었겠지만, 지식의 체계화와 전문화가 진행되면서 상실되었다. 자연의 관찰은 그런 과정을 통해 더 현저하게 이론 구축에 종속되고, 이것이 계몽주의에서는 더욱 중요시되었다.

현상세계 내에서 절대적 중요성을 인식하는 것은 자연에 대한 일본의 전통적인 사랑과 관련이 있다. 자연을 가리키는 일본어 '시젠自然'은 우반구의 존재 방식에 분명히 연결된다. 시젠의 도출은 "그 자체로", "자발적으로"를 뜻하며, 의지나 계산으로 존재하게 된 모든 것에 대립된다. 그것은 "존재하는 그대로"의 전부이다. 신화나 일상생활에서 표현되는 자연에 대한 일본적 태도는 자연과 인간 사이의 상호 신뢰와 의존, 상호 관계의 태도를 시사한다. 물론 시젠은 풀과 나무와 숲이라는 자연 세계를 가리키지만, 땅과 지형, 그리고 물리적·정신적·도덕적 존재로 여겨지는, 어딘가 다자인과 비슷한 "자연적 자아"도 의미한다. 따라서 인간과 그 의지와 자연이 구별되기는 해도, 서구 문화에서와 같은 인간과 자연의 대립은 일본에 없다.

이제 서구에서는 찾아보기 힘든 자연을 존경하는 태도는 일본의 과학적 교육 체계의 특징이기도 하다. 자연이라는 단어는 자연이 정신적·종교적 의미에서 삶의 뿌리임을 함축한다. 일본의 유명한 인류학자인 이와타 시게노리岩田重則는 일본인이나 동남아시아의 대부분의 주민들에게는, 그들이 불교도이든 기독교도이든지 간에 직관적인 애니미즘animism이 있다고 주장한다. 인간 생활을 둘러싸고 있는 모든 것은, 그것이 산이든 언덕이든 강물이든 식물이든 나무이든 동물, 물고기, 곤충이든 모두 다 각자의 영靈을 갖고 있고, 이런 영들은 그곳에 사는 사람들뿐 아니라 자기들끼리도 소통한다는 것이다. 실제로 대부분의 일본인들은 이런 영과 친숙하며, 그것을 체험하는 것 같다. 따라서 그들은 자연 존재를 서구 과학이 하듯이 단순한 객체로 볼 수 없다. 우리는 이 복잡한 문화의 요소들을 보호하거나 무시하기 전에 신중해야 한다. 서구 주민의 절반 이상이 자기 이름도 쓸 줄 모를 때, 동양의 문화는 그보다 여러 세기 전에 이미 문자와 교육에서 높은 수준에 도달해 있었다.

동양 문화는 또한 서구에서는 드물게, 르네상스 시대와 낭만주의 시대에만 인정된 비영속적인 것의 가치를 강조한다. 자연(시젠)의 불영속성은 불성佛性 혹은 신성함의 정수로 간주되었다. 서구에서는 온갖 기록 도구를 써서 우리가 손에 넣고 붙잡을 수 있는 모든 것을 평가했다. 하지만 삶과 모든 생명체는 이런 접근 방식을 거부한다. 우리에게 붙잡히는 순간, 그것들은 변한다. 일본에서는 절이 20년마다 재건되지만, 그래도 여전히 같은 절로 여겨진다. 그들에게 세계는 헤라클레이토스의 강물처럼 항상 바뀌지만 여전히 같은 존재, 그 자체인 것이다.

왜 서구에서는 궁극적인 가치가 불변하는 것 속에만, 영원히 동일한 것 속에만 있다고 생각할까? 파르메니데스에게서 시작된 이런 생각은 좌반구로부터 도출된 세계관, 모든 것이 정지해 있고 알려져 있고 불변한다는 세계관을 널리 통용시켰다. 하지만 르네상스 시대와 낭만주의 시대에는 서구에서 다시 한 번, 귀중한 것은 좌반구가 이해하는 대로 존재의 정지 상태가 아니라 우반구가 이해하는 대로 생성 과정에 있다는 직관을 본다.

만약 동양 사람의 두뇌 조직이 서구인들의 것과 달리 반구의 양극화가 없다는 것이 사실이라면, 우리가 반구 간 균형에 의식적으로 영향을 미치는 좀 다른 방식을 제안할 수도 있지 않을까? 이 문제에 대한 어떤 과학적 증거가 있을까?

동양인과 서양인들이 세계를 매우 다른 방식으로 인지하고 생각한다는 증거가 실제로 많다고 해도 놀랄 일은 아니다. 일반적으로 동양인들은 더 전체적으로 접근한다. 가령 사물을 무리지어 보라고 하면, 동양인들은 범주를 상대적으로 적게 쓴다. 그들은 더 폭넓은 인지적 개념의 장場에 관심을 보이며, 관계와 변화를 알아차리고 가족 유사성에 따라 사물들을 분류하며, 범주를 구분하는 요건보다는 전체에 대한 파악을 토대로 삼는다. 이에 비해 서구인들은 자극의 개별적 구성 요소를 토대로 하는 일차원적이고 규칙을 토대로 하는 반응을 할 확률이 더 높다. 동양인들은 또 형식 논리에 대한 의존도가 더 낮으며, 그보다는 사물 간의 관계나 그것들이 상호 작용하는 맥락에 더 집중한다. 그들은 미국이나 유럽 출신자들보다 더 직관적인 양식을 사용한다. 또한 사건을 전체 맥락에서 발생하는 것으로 보며, 인과관계를 직선적이기보다는 더 전체적인 방식으로 생각한다. 이와 대조적으로 서구인들은 원인을 찾고자 사물에 배타적으로 집중하며, 따라서 착각할 때가 많다. 서구인들은 더 분석적이고, 고립된 사물과 그것들이 소속된 범주에 일차적으로 관심을 보인다. 그들은 행동을 이해하고자 형식논리를 포함하는 규칙을 사용하는 경향이 있다. 이런 효과는 언어가 통제될 때에도 여전히 남아 있다.

동양인들은 더 "변증법적"인 추론 양식을 사용한다. 그들은 같은 쟁점에 대한 모순적인 시각을 더 기꺼이 받아들이며 즐기고, 심지어는 찾아 나서기도 한다. 그들은 자기들이 사는 세계를 복잡하고 원천적으로 모순된 요소를 담고 있는 것으로 본다. 중국 학생들은 상반된 시각을 종합하고자 그 시각의 요소를 유지하려고 하는 데 비해, 미국 학생들은 무엇이 옳은지를 결정하여 다른 것을 거부하려 한다. 두 가지 상반된 입장의 증거를 제시하면 동양인들은 십중팔구 타협에 도달하지만, 서양인들은 한 가지 입장을 더 강하게 고집하는 경향이 있다. 서양인들은 양자택일적인 접근법을 더 많이 택한다.

서양인들은 몇몇 집중적 사물에 관심을 보이고, 그 속성을 분석하고 그것을 범주화하여 그 행동을 지배하는 규칙이 무엇인지를 알아내려는 경향이 있다. 그들의 관심은 고립된 실체들의 한결같은 특징에 이끌린다. 동양인들은 한 장면의 배경과 전체 면모를 포함하는 전체 맥락에 관심을 보이는 반면, 미국인들은 전면에 현저하게 드러난 몇 가지 불연속적 사물에 집중한다. 어떤 연구에서 물속 생활을 그린 만화를 본 일본인 실험자들은 나중에 그것을 종합적 장면으로 기억했다. 즉, 물고기와 물풀이 떼를 지어 있는 연못 같은 것으로 기억했다. 반면에 미국인 실험자들은 대부분 전면에 그려진 물고기 몇 마리만을 기억했다.[16]

흔히 이런 인지적 차이가 서구와 동양 사회 간의 차이에도 반영되어 있다고 얘기된다. 미술도 이와 비슷하다. 동양 미술은 장場을 강조하고, 서양 미술에 비해 개별 사물이나 인간에 대한 강조가 약한 편이다. 일본과 미국의 도시들을 그 규모별로 촬영한 사진을 연구한 결과, 주관적·객관적 기준에서 모두 일본의 도시 장면이 더 양의적兩義的이고 더 많은 요소를 담고 있음이 입증되었다. 이 문제를 더 응용한 실험에서, 일본인이든 미국인이든지 간에 미국의 장면을 주로 본 실험자들보다 일본의 장면을 주로 본 실험자들이 맥락적 정보에 더 많은 관심을 보였다. 이 내용은 특히 흥미롭다. 그것은 두뇌가 바깥 세계에 대한 자신의 투사 내용을 창조하고, 그러면서 그 내용이 두뇌가 상호적으로 보강하고 자기 영속적인 방식으로 작동하도록 영향을 미친다는 이 책 전체의 주장을 뒷받침해 주기 때문이다. 여기서 현대 서구 도시 환경의 본성상 좌반구가 그곳에 투사한 경향들을 과장하는지도 모른다는 주장이 제기된다. 이는 또한 자연환경이 왜 그처럼 큰 치유 효과를 발휘하는 것처럼 느껴지는지를 설명해 준다.

동양 문화, 특히 일본의 문화는 '상호 의존적'이라는 특징으로 규정된다. 다른 말로 하면, 개별자들이 서구에서보다 덜 고립되어 있으며 상호 연결된 사회적 그물망의 일부를 구성하는 것처럼 보인다는 것이다. 일본인들에게 자아의 의미는 그것이 타자에 미치는 영향을 이해함으로써 발전한다. 그런 문화에서 자기 개선이란 자신이 원하는 것을 얻는 것과는 거의 무관하고, 그보다는 집에서든 직장에서든 친구 사이에서든 조화를 이루고자 자신의 단점을 직면하는 것과 더 관련돼 있다. 서양인들은 상호 의존적 요구보다는 독립적 요구를 가진 과제를 더 잘 수행한다. 동양인들은 친구를 위해 내린 선택을 정당화하려고 많은 노력을 기울이지만, 서구인들은 자신을 위해 내린 선택을 더 잘 정당화한다.

일본어에서 '자신'을 가리키는 단어인 '지분自分'은 분리되면서도 분리되지 않는, 개별적이면서도 여전히 공유되는 어떤 것을 함축한다. 일본 문화가 개인을 귀중하게 여기지 않는다고 보는 것은 서구인들의 착각이다. 오히려 일본 문화에서는 독창성과 자기 감독self-direction, 자율성이 모두 높이 평가된다. 사실 일본인들은 미국인들보다도 더 높은 수준의 사적인 자의식을 갖고 있다. 적어도 숨겨진 생각, 감정, 동기가 미국인들 못지않게 많다. 하지만 그들은 자신을 타인들과 구별해 주는 고유한 특질보다는 어디에 소속되어야 한다는 데 더 민감하다.

높은 수준의 자긍심을 건강한 정신의 표시로 보는 것은 비교적 최근의 일이며, 또 서구적인 현상이다. 분명 서구에서는 낮은 자긍심이 불안과 우울의 명백한 원인이다. 하지만 높은 자긍심은 비현실적인 성향, 쉽게 화를 내는 성질, 요구가 충족되지 않을 때 폭력적이 되고, 요구가 많은 성격과도 밀접하게 관련되어 있다. 미국 학생들은 자긍심을 적극적으로 추구하는 반면 일본 학생들은 자기비판적 성향이 더 강한

데, 그들은 이런 태도를 자연적인 지혜의 소산으로 본다. 현재 개념화된 것 같은 적극적인 자긍심의 필요성은 보편적인 성향이 아니라 북미 문화의 중요한 측면에 근거하고 있다. 서양 사람들은 자기 능력을 과대평가하고, 본질적으로 통제될 수 없는 사건을 통제하려는 능력을 과장하며, 미래에 대해 지나치게 낙관적인 견해를 갖는다. 사실 이런 착각이 행복을 너무 심하게 좌우하다 보니, 서구에서는 이런 특징이 없는 사람을 정신적 문제가 있는 사람으로까지 치부한다.

일본에서는 그렇지 않다. 자존自尊은 자신에 대한 높은 평가가 아니라 좋은 시민, 자신이 속한 사회집단의 좋은 구성원이 되는 데 있다. 일본인들이 특권적 대학이나 조직과 결부되는 것을 자랑스럽고 행복하게 여긴다는 말도 있지만, 그들은 자신이 속한 집단에 대해 비현실적으로 긍정적인 견해를 고집하지 않는다. 그들이 서양인들보다 자신에게 더 높은 기준을 설정하거나, 개인적으로 더 높은 목표를 설정하더라도 거기서 실패했을 때 우울함을 느끼는 경우는 드물다. 서양에서 실패는 낙담으로 이어지지만, 동양에서는 더 잘하겠다는 결심으로 이어진다. 기꺼이 희생하려는 마음이 없는 사람에게 비현실적인 기대를 조장하는 것은 개발도상국과 신흥 개발국에서 우울증 발생률이 높아지는 한 원인인지도 모른다.

중국인들이 지닌 신체의 왼쪽과 오른쪽에 대한 믿음은 서양의 좌우 통념과 대조된다. 왼손을 치유와 종교에 결부시킨 로마 문화는 흥미로운 예외로 하고, 서양에서는 일반적으로 왼쪽에 있는 것이 불길하거나 부족하다고 여겼는데, 이런 태도는 기독교와 이슬람 경전으로 강화되었다. 이는 우반구가 경계를 더 잘하기 때문에 왼쪽 시야가 위험을 더 감지하기 쉽다는 사실과 관계가 있을지도 모른다. 혹은 왼손이 더 힘이 약하다는 사실, 또는 정신적 장애를 가진 사람들에게서 왼손잡이가 유독 많이 보인다는 사실 때문일 수도 있다.

어쨌든 고대 중국에서는 왼쪽이 양陽이고 더 우월하며, 오른쪽은 음陰이고 열등하다. 중국인들은 양손을 모두 존중한다.

동양인과 서양인의 마음이 보이는 이러한 차이가 뇌영상 자료에도 나타날까? 아직은 이렇다 할 것이 없다. 다만 중국인들의 두뇌 구조와 비대칭성이 북아메리카 사람들과 외견상 비슷하지만, 그 불균형이 약간 덜 현저한 정도이다. 왼쪽 전두엽과 양편 측두엽에서 구조적 차이가 약간 탐지되었는데, 기능적 자기공명영상(fMRI)에서는 이것이 언어 생산과 관계되는 것으로 나타난다. 중국어를 쓰는 사람들은 영어와 스페인어 사용자에 비해 우측 측두 두정엽 구역이 더 강하게 활성화되며, 중국인들에게서는 전반적으로 언어 기능상의 비대칭성이 더 적게 나타난다. 그러나 홍콩에 사는 중국인 대다수에서는, 적어도 구조적으로 볼 때는 반구 간의 비대칭성이 유럽인들과 비슷하게 나타난다.

이런 온갖 증거에서 무엇을 끌어낼 수 있는가? 나는 우리가 직관적으로 타당하게 보이는 것을 받아들이기에 필요한 증거가, 다양한 출처에서 나온 다양한 유형의 일관된 증거가 이제 충분히 축적되었다고 생각한다. 서양인과 동양인들이 세계를 보는 방식 간에는 차이가 있으며, 그것이 반구 간의 균형과 모종의 관계가 있으리라는 증거 말이다. 더 구체적으로 말하면, 앞에서 열거한 모든 차이가 서구에서 좌반구 의존성이 더 크다는 것과 관계가 있으며, 우반구 의존성이 더 크다고 시사하는 차이는 단 하나도 없다. 이 책의 전체 내용이 그 증거이다. 이는 위대한 생물학자이자 중국 과학사 연구자인 조지프 니덤이 반복적으로 관찰한 내용을 간단하게 확인해 준다. 즉, 서구 사상은 '입자'를 선호하지만, 중국인들은 그런 것을 "영원히 싫어한다"는 현상 말이다. 물론 이것이 동아시아 문화가 우반구에 의존하며, 서구 문화는 좌반구에 의존한다는 주장의 증거는 아니다. 동양이든 서양이든 모두 두 반구에 의존한다. 다만 지금까지 살펴본 바에 따르면, 동양의 문화는 두 반구의 전략을 더 균등하게 사용하는 데 비해 서구의 전략은 좌반구 쪽으로 가파르게 기울어졌다는 것이다. 다른 말로 하면, 동양에서는 심부름꾼이 주인과 협력하여 일하는 것처럼 보이는데 서구는 심부름꾼이 주인을 찬탈하는 과정에 있다는 것이다.

또 우리가 받아들여야 하는 것은, 좌반구 쪽으로 기우는 데서 얻어지는 이득이 생각보다 크지 않다는 사실이다. 이는 오른손잡이에게서는 두 손의 수행 능력이 현저한 차이를 보이는데, 이 현상으로 오른손의 능력은 조금 더 커지지만 이로 인해 "왼손의 수행 능력이 크게 하락"하는 대가를 치러야 하는 것과 비슷하다. 어떤 과제에서는 좌반구가 사물을 불균형하게 보는 것이 일의 효율성을 높이기도 한다. 가령 맥락에 대한 흥미가 부족하면 어떤 측면에서는 더 힘들어지겠지만, 맥락이 무시되어야 하는 상황이라면 더 잘할 수 있다. 정신분열증 환자들처럼 서양인들은 범주화에 필요한 임의적인 규칙을 배우는 데서 동양인들보다 더 뛰어나다. 그들은 상식 때문에 주의가 산만해지는 경우가 적다. 하지만 그로 인해 다른 측면에서는 능력이 대폭 떨어지는 대가를 치러야 한다. 한 가지 흥미로운 사실은, 아시아계 미국인들은 미국형 모델에 더 가깝다는 관찰이다. 서구적 사고 유형을 익힌 그들은 두 가지 입장 사이의 어딘가에 위치한다. 그들이 상호적 처리 과정에 의지할 수 있다면, 이는 서구에 사는 우리도 두뇌를 더 균형 잡힌 방식으로 활용할 가능성이 있다는 뜻이다. 만약 우리가 동양에서 기꺼이 배울 마음이 있다면, 또 우리의 문화가 구제 불가능할 정도로 서구화되기 전에 그렇게 할 수 있다면 말이다.

물론 서구 문화 자체에도 풍부한 지혜가 있고, 비할 바 없는 그 나름의 힘도 있다. 하지만 우리는 점점 더 그 역사에서 소외되고 있으며, 현 상황에서는 우리의 과거에서 배우는 일이 도리어 엄청난 문제가 되어 버린 것으로 보인다. 이 문제를 해결할 방안은 여러 가지가 있을 수 있다. 그중 하나는 음악이다. 언어가 존재하기 전에 우리를 한데 묶어 주던 음악이, 그 가치를 잃고 냉소의 대상이 되어 버린 언어를 필요로 하지 않고도 공통성을 다시 발생시키는 데서 지금도 효력을 발휘할 수 있다는 점이다. 한때는 돌도 감동시킨 오르페우스의 힘이 음악에서 나왔다는 점을 잊지 말자. 하지만 그런 르네상스가 다시 오려면 우리가 예술에서 행하는, 예술이 어디로 가고 있는지에 대한 우리의 태도를 완전히 바꿔야 한다. 그렇게 하려면 제임스 커크업James Kirkup의 시에 나오는 외과 의사의 작업만큼 참을성 있고 주의 깊고 숙련되며 아름다운 어떤 것으로 돌아가야 한다. "올바른 자비심, …… 기묘하게 불안한 우아함으로 생명의 근원을/앙상하게 드러내고. 손가락을 그 뛰고 있는 심장에 갖다 대는" 외과 의사와도 같아야 한다.

궁극적으로 우리가 계속 언급하지 않을 수 없는 것은, 예술과 과학 모두 "살아진 세계"에 다시 뿌리내려야 한다는 것이다. 둘 다 더 인간적human이 되고 인정스러워질humane 필요가 있다. 과학에서는 이런 말이 환원주의적 언어를 쓰는 과학적 유물론의 낡아빠진 양식에서 최대한 멀어지는 것을 뜻한다. 우리가 인간적 과정을 묘사하는 데 사용하는 언어는 우리가 우리 자신을 인지하는 방식에게, 따라서 우리의 행동과, 무엇보다도 우리가 담지하는 가치에 큰 영향을 미친다. 신경과학에 대한 관심이 커지면서 이제 우리에게는 우리 자신에 대한 이해를 다듬어 나갈 기회가 생겼다. 그 기회를 망가뜨리지 말아야 한다. 하지만 그것은 우리가 사용하는 언어를 먼저 다듬어야만 가능하다. 왜냐하면 현재 언어를 사용하는 수많은 사용자들은 그것을 너무나 당연하다는 듯이 채택하므로, 그것이 어떤 식으로 자신들을 한낱 기계에 불과한 것으로 묶어 둘지 그 가능성조차 깨닫지 못하기 때문이다.

■ 결론

후고 폰 호프만슈탈Hugo von Hofmansthal이 〈아리아드네Ariadne〉의 대본을 쓸 무렵, 그는 존 밀턴을, 특히 희극적 뮤즈와 비극적 뮤즈에 관한 성찰인 밀턴의 『즐거운 자L' Allegro』와 『사색적인 자Il Penseroso』를 읽고 있었다. 하지만 〈아리아드네〉의 구조가 자신을 인식하는 두뇌와 비슷하다는 사실을 아는 사람이라면 혹시 그가 『실낙원Paradise Lost』을 읽고 무의식적으로 그 영향을 받지 않았는지 궁금해질 것이다. 『실낙원』은 엄밀하게 말해 양분된 인간 두뇌에 대한 심오한 자기 탐구로 보이기 때문이다. 그것은 두 개의 불균등한 권력 사이의 관계, 한쪽이 다른 쪽의 근거가 되며 성취를 위해 다른 쪽을 확실히 필요로 하며, 그렇기 때문에 다른 쪽에게 취약해져 버리는 권력 간의 관계, 맹목성과 허영을 통해 양쪽에 모두 지양을 가져올 수 있는 통일을 거부하고, 그 대신에 끝없는 전쟁 상태를 선택한 권력들의 관계에 대한 이야기다. 이 전쟁의 부산물이 바로 남자와 여자, 아담과 이브 및 그들 자손의 낙원 추방이다.

이 책의 첫 페이지에서 나는 우리 지성의 내적 구조가 우주의 구조를 반영한다는 말은 심오한 진리라고 믿는다고 썼다. "심오하다"는 말을 나는 그저 정의상의 진리라는 뜻으로는 쓰지 않았다. 어떤 경우이든 우주가 우리 두뇌의 창작물이라고 믿는 사람들은 그렇게 하겠지만 말이다. 나는 그 이상의 의미가 있다고 생각한다. 나는 두뇌가 우리가 세계에서 겪은 경험의 형태를 지시할 뿐만 아니라 그것 자체가, 그들이 그 속에 존재하게 된 우주의 본성을 제 구조와 기능으로 반영할 확률이 높다고 본다.

이 책에서 내가 살펴본 신경심리학적 자료들은 그 기저에 있는 일부 경향, 그러나 궁극적으로는 매우 많은 것을 밝혀 줄 수 있는 경향을 보여 준다. 전체적으로 말해, 그림이란 작은 세부 묘사의 집적에서 발전해 나오는데, 좌반구적인 스타일로 세부 묘사를 전부 합친다고 해서 반드시 그림으로 발전하는 것은 아니라, 아마 우반구적인 방식으로 그 양식을 봄으로써 그렇게 될 것이다. 마치 물감을 뿌린 것 같은 점들에서 달마티아 강아지의 모습을 파악하는 것처럼 말이다. 내 생각이 틀리다면, 점과 뿌려진 잉크에서 내가 알아본 그림이 다른 사람들 눈에는 보이지 않을 것이다. 내 말에 일말의 진실이 있다면 그것은 생각을 일깨울 수 있다. 칼 포퍼가 말했듯이, "대담한 생각, 입증되지 않은 기대와 관조적 생각이 자연을 해석하는 우리의 유일한 수단이다. 자연을 포착하는 유일한 도구이다."[17] 혹시 포착하는 것이 아니라, 자연에 손을 내미는 것일지도 모른다.

또 불확실성을 위해서도 한마디 하고 싶다. 종교 분야에는 신앙의 교조주의자도 있지만 불신앙의 교조주의자도 있다. 내가 보기에는, 우리가 사유하는 관습적 방식 너머에 또 다른 것이 있을 가능성에, 우리가 스스로 힘들여 찾아내야 하는 가능성에 문을 계속 열어 두려 노력하는 사람들과 그들 사이의 거리보다는 그 둘 사이의 거리가 더 가까워 보인다. 과학에 대해서도 이와 비슷하다. 무슨 수로 그렇게 하는지는 도무지 알 수 없지만, 세계에 대한 참을성 있는 관심이 무엇을 밝혀낼지 확신하는 사람들이 있고, 또 정말로 무관심한 사람들도 있다. 그들의 마음은 과학이 심오한 이야기를 해 줄 수 없다는 쪽으로 이미 결정되어 있기 때문이다. 둘 다 큰 착각을 범하는 것처럼 보인다. 우리의 지식이 무엇을 드러내는지는 확신할 수 없지만, 사실 지식은 훨씬 더 풍부한 결실을 낳는 입장, 실제로는 믿음의 가능성을 허용하는 유일한 입장이다. 우리 시대에 예술과 과학의 힘을 제한한 것은, 세계와 우리 자신에 대한 가장 축소된 해석 이외에 어떤 것에 대한 믿음도 부재하는 상태에서였다. 확실성은 가장 큰 착각이다. 종교와 과학에서 확실성이 어떤 종류의 근본주의를 지지하든, 그것은 고대인들이 '오만hubris' 이라 부른 것이다. 내가 볼 때 유일한 확실성은 자기들이 확실히 옳다고 믿는 자들은 확실히 틀렸다는 것이다.

과학적 유물론자와 그 외 사람들 간의 차이는 이것뿐이다. 한쪽의 직관은 이성의 기계주의적 적용이 우리가 살고 있는 세계의 모든 것을 드러내 주리라고 보는 반면, 다른 쪽의 직관은 그보다 확신이 덜한 쪽으로 인도한다. 사실상 지난 세계의 위대한 물리학자들은 모두 같은 주장을 해 왔다. 신념의 도약은 과학자들과도 관련이 있다. 막스 플랑크Max Planck에 따르면, "어떤 종류이든 과학적 작업에 진지하게 참여한 사람이라면 과학이란 신전의 문설주 위에 믿음을 가져야 한다는 말이 적혀 있음을 깨닫는다. 그것은 과학자들에게는 없으면 안 되는 자질이다." 플랑크의 이야기는 이어진다. "과학은 자연의 궁극적 수수께끼를 풀 수 없다. 최종적으로 볼 때 우리 자신이 자연의 일부, 우리가 풀려고 애쓰는 바로 그 신비의 일부이기 때문이다." [18]

레싱Gotthold Ephraim Lessing은 다음과 같은 유명한 문장에서 이렇게 말했다.

인간의 진정한 가치는 가정된 것이든 실제의 것이든 그가 소유한 진리로는 판단되지 않는다. 그것을 결정하는 것은 진리 자체보다는 그 진리 뒤에 무엇이 있는지 가 보려고 하는 진지한 노력이다. 그것은 진리의 소유가 아니라 그것으로써 자신의 힘을 확장하며 그 속에서 계속 성장하는 완벽성이 발견되는 진리의 추구이다. 소유는 사람을 수동적이고 고분고분하고 헛것으로 만든다. 신은 오른손 안에 모든 진리를 쥐고 있고, 왼손에는 항상 살아 있는 진리를 향한 노력을 담고 있는데, 내가 가진 판단 기준으로는 분명히 틀릴 수밖에 없겠지만, 그래도 내게 선택하라고 한다면 나는 공손하게 왼손을 선택하고, "아버지, 주십시오! 순수한 진리는 당신만의 것입니다."라고 말할 것이다.[19]

괴테처럼 레싱도 『파우스트*Faust*』를 썼는데, 그 일부만 남아 있다. 그의 시에서도 파우스트는 끝없는 추구를 통해 구원받는다. 여기서 항상 살아 있는 진리를 향한 추구를 쥐고 있는 손이 우반구의 하인인 왼손이라는 점에 주목하라.

이 책에서 내가 목표로 한 것은 분명히 확실성이 아니다. 불명료하게 남아 있는 측면에 대해 나는 별로 걱정하지 않는다. 그보다는 명료해져야 할 것으로 보이는 측면들이 더 걱정된다. 그것은 명료하게 보지 못했다는 뜻임이 거의 확실하기 때문이다. 비트겐슈타인처럼 나도 기만적으로 명료한 모델을 불신한다. 또 프리드리히 바이스만이 말한 것처럼 "모든 심리학적 설명은 애매모호하고 암호 같고 결말이 나지 않는다. 우리 자신도 다층적이고 모순적이고 불완전한 존재이기 때문이다. 불확정성 속으로 사라지는 이 복잡한 구조는 우리의 모든 행동으로 전파되었다."[20] 나는 이 말이 거절처럼 들린다고 생각하는 사람들에게 공감한다. 하지만 우리의 표상 속에 있는 이론 속에서가 아니라 실제 세계에서 실제로 있는 그대로의 사물은 원천적으로 엄밀성과 명료성에 저항할 가능성이 더 크다. 이것은 우리가 실패했다는 뜻이 아니라 우리가 다루고 있는 것의 본성을 시사하는 것이다. 그렇다고 우리가 시도를 포기해야 한다는 뜻은 아니다. 어떤 것을 더 잘 이해하도록 우리를 도와주는 것은 분투하는 노력이지만, 인간의 이해가 지니는 한계에 대한 전술적인 인정이 그 노력과 함께할 때에만 그런 이해가 가능하다. 그렇지 않은 경우는 오만이다.

생각만이 아니라 세계 속 존재 방식의 두 가지가 두 개의 두뇌 반구에 관련되어 있지 않다는 것이 확고하게 입증될 수 있다면, 나는 놀라기는 해도 기분은 나쁘지 않을 것이다. 결국은 외견상 분리된 것 같은 두 반구의 '기능들'이 현명하게 한데 합쳐져서 각각 단일하고 일관된 실체를 형성한다는 것을 지적하려고 애써왔기 때문이다. 또 이념의 역사 이곳저곳에서 이따금씩 보이는 추세에 그치지 않고 서구 세계의 역사 전체에 걸쳐 계속 존속하고 있는 한결같은 존재 방식이 있으며, 그런 존재 방식은 그것들이 우리에게 드러내는 것에서 보완되기는 하지만 근본적으로 상반된다는 것이다. 그리고 두뇌 반구들이 최소한 이런 존재 방식의 은유로 보일 수 있다는 것 역시 지적하고 싶은 점이다. 이런 모델을 따르다 보면 우리는 세계를 선조들보다 더 잘 이해한다고 가정하는 우월 의식을 고치고, 그저 우리는 선조들과 다르게 볼 뿐이며 실제로는 그들보다 더 적게 이해하는지도 모른다는 현실적인 관점을 가져야 할 수도 있다. 나도 인정한다.

실재實在의 양분된 본성은 인류가 충분한 자의식을 가지고 그것을 성찰하기 시작한 뒤로 항상 관찰의 대상이었다. 근대의 자의식적인 정신을 대표하는 가장 고전적인 인물인 괴테의 파우스트는 "두 개의 영혼이여, 아아! 내 가슴에 깃들라Zwei Seelen wohnen, ach! in meiner Brust"는 유명한 선언을 남겼다. 쇼펜하우어는 '두 개의 완전히 다른 경험 형태zwei völlig heterogene Weisen gegebene Erkenntniss'를 서술했다. 베르그송은 '실재의 두 가지 상이한 질서deux realites d' ordre different'를 언급했다. 셸러는 인간 존재를 '두 세계의 시민Bruger zweier Welten'으로 설명했고, 유럽의 위대한 철학자들은 모두 동일한 공식을 사용한 칸트처럼 같은 것을 보았다고 말했다. 이런 말이 모두 가리키는 것은 정신적 경험의 본성이 근본적으로 양분되어 있다는 사실이다. 그런 사실과 함께, 두뇌가 비교적 독립적인 두 덩어리로 나뉘어 있다는 사실을 감안한다면, 그것은 문자 그대로의 진실을 조금은 담고 있을 수도 있는 은유처럼 보인다. 그 두 개의 덩어리는 어쩌다 보니 그것들이 가리키는 이분법 바로 그것, 즉 소외 대 참여, 추상화 대 육화肉化, 범주 대 고유성, 일반 대 개별자, 부분 대 전체 등등을 폭넓게 반영하게 되었다. 하지만 만약 그것이 '그저' 은유에 그친다 하더라도 나는 만족할 것이다. 나는 은유를 높이 평가한다. 그것은 우리가 세계를 어떻게 이해하는지를 보여 준다.

들어가는 말

1) C. Jung, 1953~79, vol. 10, p. 12.

2) "우리 두뇌는 고유하고 신기한 역사 기술 기관이다. 우리의 신체 속에서는 예전의 신체 구조 위에 그 뒤에 형성된 구조가 중첩되는 반면 두뇌는 우리 자신의 진화 단계의 특정한 개정된 형태들을 치워버리지 않고 그대로 보유하고 있다." (Fraser, 1989, p. 3)

3) Laeng, Chabris & Kosslyn, 2003, p. 313.

4) Descartes, 1984~91a, p. 118.

5) 오른손잡이들의 96% 가량에서 언어가 좌측으로 편중화되어 있다.(Rasmussen & Miller, 1977). 이 연구는 간질 환자들의 사례를 기초로 하고 있지만, 거기서 발견된 내용은 정상인들에게서도 확인되었다. Pujol, Deus, et al,, 1999.

1부 ─ 양분된 두뇌

1장:비대칭성과 두뇌

1) Descartes, 1984~91b, "Meditation Ⅵ", p. 56

2) Marc Dax는 1837년에 죽었다. 원래 1836년에 행해진 그의 연속 관찰은 그의 아들 Gustav의 손으로 1863년에 출판되었다. 이는 브로카가 그와 비슷한 관찰인 Tan의 사례를 발표한 1861년과, 고전적 논문을 발표한 1865년보다 더 앞섰다. G. Dax, 1863; M. Dax, 1865; Broca, 1861a, 1861b, 1861c, 1865.

3) Geschwind & Levitsky, 1968. 뒤에 이어지는 연구들은 그 차이들이 오른쪽 실비아 균열의 후방 각이 왼쪽보다 더 날카롭고 더 앞쪽으로 떨어져서 측두 평면을 짧게 만들기 때문일지도 모른다고 주장했다. (Loftus, Tramo, Thomas et al,, 2000). 그 평면을 어떻게 규정할 것인가 하

는 이슈는 아직 해결되지 않았지만, 하지만 그 평면에 대해 각기 다른 정의 셋을 비교한 최근의 연구는 각각 왼쪽으로 기울어지는 비대칭성을 발견했다. (Zetzsche, Meisenzahl, Preuss et al, 2001)

4) Kertsez, Polk, Black et al., 1992. Witelson & Kigar(1988)과 마찬가지로, 그들은 두뇌의 구조 비대칭성이 일반적으로 기능에 관련된 문제임을 발견했다. 다만 저자들이 지적하듯이 어떤 기관의 구조와 기능 간의 계통발생론적 상호관련이 있다고 해서 전반적으로 그런 상호관련이 모든 개별 사례에서 입증될 것이라고 기대하면 안 된다. 인간 두뇌의 해부학적 비대칭성과 기능적 비대칭성의 관계에 대한 검토는 Toga & Thompson, 2003 참조.

2장:두 반구는 무엇을 "하는"가?

1) 기억의 편중화를 다룬 최근의 한 논문은, 마치 위의 사실을 주장하려는 것처럼, 관련 저술을 검토한 결과 차이를 발생시키는 것이 반구 내의 장소들이 아니라 반구 그것이라고 명백히 주장한다. "반구 속에 병변이 일어난 장소는 편중화의 내용을 그다지 설명해주지 못한다." (Braun, Delisle, Guimond et al., 2009, p. 127). 그러나 그같이 강력한 주장은 흔치 않으며, 대부분의 경우에 논지는 절대적이지 않고 상대적이다.

2) 적어도 코카서스인과 동아시아인들에게서는 그렇다. Wang, He, Tong et al., 1999.

3) Allen, Damasio, Grabowski et al., 2003; Gur, Turetsky, Matsui et al., 1999; Gur, Packer, Hungerbuhler et al., 1980; Galaburda, 1995. Pujol과 동료들이 발견한 내용(Pujol, Lopez-Sala, Deus et al., 2002)이 일관되지는 않지만, 그들이 그 논문에서 기존 연구들이 합의한 내용과 일치하지 않는 점들을 많이 발견했다는 사실은 지적되어야 한다.

4) "기능적 뇌영상 자료를 바탕으로 어떤 인지 과제의 두뇌 활성화 패턴을 짐작해보려는 것은 마치 노아가 대홍수가 난 뒤 수면 위로 삐죽 내민 아라라트 산정을 보고 메소포타미아 지형을 짐작하려는 것과 마찬가지다." (Goldberg, 2001, p. 55)

5) Cacioppo, Bernstein, Lorig et al., 2003. 활동이 보이는 구역은 두뇌의 다른 구역에서 일어난 활동에 반응하여 그렇게 활동할 것이다. 다른 구역의 활동은 드러나지는 않지만 우리 관심 대상인 활동과 직접 관련되어 있다. 대사 활동은 그 시스템의 어느 한 부분에서는 클 수 있다. 예를 들면 기저핵 같은 부분은 시스템에 속하는 제어 요소로서, 우리가 측정할 마음이 있는 활동이 실제로 벌어지고 있는 구역을 포함하는 부위이기 때문이다.

6) 콜레쥬 프랑스의 대표적인 뇌영상 연구자이자 실험인지심리학 교수인 Stanislas Dehaene, Holt, 2008, pp. 44~5에 인용됨.

7) 첫 번째 것은 저녁기도 예배문에서 따온 말(베드로 전서 5장 8절에서 인용). "형제들이여, 깨어있으라. 경각심을 가지라. 그대들의 적인 악마, 으르렁거리는 사자가 먹잇감을 찾아 돌아다니고 있으니. 저항하는 자는 믿음이 굳건하라." 두 번째 글은 니체가 쓴 같은 제목의 시인데("인간이여, 주의하라!"), 말러는 이것을 교향곡 3번의 가사로 썼다.

8) Lewin, Frieman, Wu et al., 1996; Pardo, Fox & Raichle, 1991; Sturm, de Simone, Krause et al., 1999. 오른쪽 두정엽 대사저하증을 보이는 알츠하이머씨병 환자들은 경계심에 문제가 있다. Parasuraman, Greenwood, Haxby et al.,1992 참조.

9) Semmes, 1968, pp. 23~24.

10) Leclercq, 2002, p. 16.

11) 지에로프Siéroff(1994, p. 145)는 좌반구가 우반구 병변을 무시하는 현상의 기저에는 좌반구가 전반적 공정보다는 국소적 공정을 선호하는 성향이 있다고 주장했다. Leclercq, 2002, pp. 16~17 참조.

12) Hécaen & de Ajuriaguerra, 1952, pp. 237, 229 & 231.

13) Hécaen & de Ajuriaguerra, 1952, p. 224.

14) Jackson, 1915, p. 97; Jackson, 1932, vol.2, pp. 140~41.

15) Maudsley, 1867(Radden, 2000, p. 27에 인용됨)

16) "생물체(과제가 무엇이든)는 오른쪽 중간전두엽과 오른쪽 쐐기상회에서 활동성을 증가시킨다. 무생물체(과제와 상관없이)는 동일한 왼쪽 후방중간측두부위에서 활동성이 증가하는 모습이 Martin(1996), Damasio(1996) 등에 의해 관찰되었다.

17) Perani, Schnur, Tettamanti et al., 1999, p. 293.

18) Hécaen & de Ajuriaguerra, 1952, pp. 73~4에서 Ehrenwald, 1931에 대해 언급함.

19) Corballis, 1998, p. 1085.

20) Baron-Cohen, Ring, Moriaty et al., 2005.

21) Bodamer, 1947, p. 18. Ellis & Florence의 번역본(1990), p. 88에 실린 내용.

22) Sergent & Villemure, 1989, p. 975.

23) Vauclair & Donnot, 2005. 오른손잡이와 왼손잡이인 어머니들 가운데 80%가 아기 머리가 왼쪽에 오도록 안아준다. 남자들은 어느 한쪽에 대한 선호가 없지만 아버지가 되면 80%가 왼쪽으로 아기를 안는다(Sieratzki & Woll, 1996). 이 선호 성향은 특히 아기를 안을 때 나타나며, 무생물일 때는 그와 반대다. 그러므로 이것이 단지 편리함 만의 문제는 아니다: Almerigi, Carbary & Harris, 2002. Salk(1973)는 이런 선호성향이 그렇게 안을 때 아기 머리가 어머니의 심장에 가까워진다는 점 때문이라고 주장했지만, 전반적인 증거로 볼 때 이는 우반구의 관심 때문인 것으로 여겨진다(Harris, Almerigi, Carbary et al., 2001). 귀 먹은 실험대상자들에 대한 연구에서 그 성향과 청각적 억양과는 무관함이 밝혀진다(Turnbull, Rhys-Jones & Jackson, 2001).

24) Morris, Ohman & Dolan, 1998.

25) Gainotti, 1972.

26) Asthana & Mandal, 2001.

27) Adolphs, Jansari & Tranel, 2001.

28) 가령 우반구는 남성 얼굴보다는 경쟁의 초점이 될 여지는 적고 사회적 연대의 요소가 더 많은 여성 얼굴을 더 잘 알아보는 성향을 가지고 있다(Parente & Tommasi, 2008). 남녀 모두가

화난 얼굴은 좌반구로 보는 한편, 여성들의 우반구를 억압하면 주로 남자들의 화난 얼굴에, 좌반구를 억압하면 성들의 화난 얼굴에 관심을 보인다는 증거들이 위의 사실을 지지한다(Brune, Bahramali, Hennessy et al., 2006).

29) 셰익스피어의 『십이야Twelfth Night』에 나오는 비올라, 2막 4장, 111~16행.

30) 오른쪽 전두엽과 우울증이 연관되어 있다는 증거는 무척 놀라운 자료에서도 발견된다. 영국 도서관에는 아주 흥미있는 원고가 있는데(BM X.529/66791), 1984년에 정신분열증의 가족력이 있는 해부학자인 Gordon H. Wright가 사적으로 이를 복사했다. 그는 우울증과 왼쪽 부비동염 사이에 관련이 있음을 지적했다. 1/80 두뇌에 소위 포비엔스니크 구멍foramen of Powiesnik이라는 것이 있는데, 그곳은 이런 구멍과 갈고리 사이에, 특히 편도체 부위에서 소통할 수 있게 해주는 곳이다.

31) Davidson, 1988, pp. 17~18.

32) Pankesepp, 1998, p. 310. 그가 George, Ketter, Kimbrell et al., 1996을 인용한 부분. 주의해야 할 또 다른 이유는 경험의 상이한 강도가 두뇌에서 반대되는 부위에 상응하는 것인지도 모르기 때문이다. "부정적 경험을 약하거나 온건하게 겪으면 우반구의 활성화를 유발할 수도 있고…… 순수하게 심한 우울증 같은 것 강렬한 경험은 우반구의 처리 공정에 개입하여, 결국 결정적인 수위에 닿아 파괴를 초래할지도 모르는 것이다.": Gadea, Gomez, Gonzalez-Bono et al., 2005, p. 136.

33) Aram & Ekelman, 1988.

34) 이 관찰은 아리스타르쿠스의 것으로 간주되며 아폴로도로스의 『호메로스 어휘록Lexicon Homericum』 §254에 인용되어 있다.

35) Hécaen & de Ajuriaguerra, 1952, p. 72.

36) Nightingale, 1982.

37) Sieratzki & Woll, 2005.

38) 우반구 병변이 다양한 분야에서의 활동성을 심하게 과잉 증대시키는 것으로 보인다. 한편 좌반구 병변은 별다른 변화가 없거나 활동성이 약간 줄어든 것으로 보인다. Braun, 2007.

39) Wittling, Block, Schweiger et al., 1998. 간질 발작을 검사하는 와다 테스트는 이 패턴을 확인해준다(Yoon, Morillo, Cechetto et al., 1997).

40) Aram, Ekelman, Rose et al., 1985.

41) Napier, 1980, p. 166.

42) Rotenberg & Arshavsky, 1987, p. 371.

43) Langer, 1942, p. 222.

44) Nietzsche, 1968, §810, p. 428.

45) Judd, Gardner & Geschwind, 1983.

46) Husain, Shapiro, Martin et al., 1997.

47) Okubo & Nicholls, 2008.

48) Steiner, 1989, p. 27.

49) Laeng & Caviness, 2001.

50) Cutting, 1999, p. 236. 우반구 병변을 가진 환자와 분할뇌 환자들에게서 얻은 증거는 좌반구는 확신과잉이고 우반구는 그와 반대로 머뭇거린다는 것을 확인해준다. Kimura, 1963.

51) Cutting, 1997, pp. 65 & 68.

52) Gazzaniga & LeDoux, 1978, pp. 148~9.

53) Wolford, Miller & Gazzaniga, 2000.

54) Unturbe & corominas, 2007.

55) Yellot, 1969.

56) Sergent, 1982, p. 254.

57) Schutz, 2005, p. 16. Rourke, 1989를 인용하는 부분.

58) Stuss 1991a, 1991b.

59) Hécaen & de Ajuriaguerra, 1952, p. 80. Hoff & Potzl, 1935를 가리키는 내용.

60) 앞의 책, p. 80.

61) 앞의 책, p. 63.

62) Rothbart, Ahadi & Hershey, 1994. 정신질환의 성향이 있는 아동과 사춘기 청소년들은 슬픈 얼굴(Blair, Colledge, Murray et al., 2001)과 슬픈 어조(Stevens, Charman & Blair, 2001)를 알아보는 데 어려움을 겪는다.

63) Lebrecht, 1985, p. 118. 비트겐슈타인이 말했다고 하는 삶에 대한 판결이 생각난다. "나는 우리가 왜 여기 있는지 모르지만, 그것이 즐기기 위해서가 아니라는 확신은 매우 분명하다."

64) *King Lear*, 3막, 6장, 34~35행.

65) Keenan, Wheeler, Platekk et al., 2003.

66) Schore, 1994, p. 125. 쇼어는 이에 덧붙여, 새끼쥐에게서 전두엽 피질의 다른 부위는 왼쪽이 더 크지만 안와전두피질은 오른쪽이 더 크다는 것을 지적했다(van Eden, Uylings & van Pelt, 1984).

67) Trevarthen, 1996; Chi, Dooling & Gilles, 1977a. 구조에 관한 한 트레바르텐Trevarthen은 다음과 같이 지적한다(1996, p. 582). "배태 후 25주쯤이 되면 우반구는 표면의 특징이라는 점에서 좌반구보다 더 발달한 상태이며, 이렇게 앞선 상태는 좌반구가 출생 후 2년째부터 성장에 박차를 가하기 전까지는 계속된다."

68) Sperry, Zaidel & Zaidel, 1979.

69) Théoret, Kobayashi, Merabet et al., 2004, p. 57.

70) Deccy & Sommerville, 2003.

71) Feinberg, Haber & Leeds, 1990.

72) Chaminade & Decety, 2002. 하지만 다른 증거들에 따르면 우반구가 어떤 행동을 시작하게 만들려면 그것은 실제의 사물을 사용하는 것처럼 "너무나 익숙하고 습관적인 행동"이어야 한다(Cutting, 1999, p. 234).

73) Lhermitte, 1983.

1) C. Jung, 1953~79, vol. 10, p. 287.

2) Nietzsche, 2003, §34[244], p. 14. 독일어에서 erkennen은 뭔가를 속속들이 안다는 뜻도 담고 있다.

3) Bateson, 1979.

4) 하버드 대학의 신경학 불라드 석좌교수인 Christopher Walsh가 이 연구에 대해 논의한 내용 (C. Walsh, 2005).

5) Kay, Cartmill & Balow, 1998.

6) S. Brown, 2000b.

7) Henschen, 1926.

8) Panksepp & Bernatsky, 2002, p. 136.

9) Dunbar, 2004, p. 132.

10) "치즈케익은 자연세계의 어떤 것과도 다른 감각적인 스릴을 포장하고 있다. 그것은 우리가 쾌락 버튼을 누른다는 시급한 목적을 위해 날조한 맛있는 자극을 대량으로 투입하여 만들어 낸 결과물이기 때문이다. 포르노그래피는 또 하나의 쾌락 테크놀러지다. 이 장에서 나는 예술이 그 세 번째라고 주장하려 한다…… 음악은 청각적 치즈케익이 아닐까 생각한다." ("The Meaning of Life", Pinker, 1997, pp. 525~32)

11) Sacks, 2006.

12) 이것은 비코가 1725년에 쓴 *Scienza Nuova*에서 처음 주장되었으며, 그 뒤에 헤르더, 루소, 훔볼트 및 수많은 이론가들이 따랐다. (Croce, 1922, p. 329)

13) Henri Poincaré, "Mathematical Creation", Ghiselin, 1985, pp. 25~6.

14) Arnheim, 1977, p. 134.

15) Cerella, 1980.

16) Porter & Neuringer, 1984.

17) Lordat, J., "발어불능증과 말 이상증의 상이한 사례에 대한 이론적 이해에 대한 기여로서의 발화의 분석" *Analyse de la parole pour servir a la theorie de divers cas d'aladie et de la paraladie(de mutisme et d'imperfection duu parler) que les nosologistes ont mal connus.* 이 논문은 Hécaen & Dubois, 1969, pp. 140~41에서 논의되며, Prins & Bastiaanse, 2006에 인용되어 있다.

18) Pica, Lemer, Izard et al., 2004. 왈피리어를 쓰며 숫자 용어도 부족한 오스트레일리아 아동들은 영어를 쓰는 다른편 아이들에 뒤지지 않게 일련의 음색과 일련의 나뭇가지를 짝지울 수 있다. 이 현상의 의미를 알게 되면 시각적 기억이 아닌 다른 설명이 가능해지므로 그것을 제거한다는 것이다(Butterworth, Reeve, Reynolds et al., 2008).

19) Hauser, Chomsky & Firch, 2002.

20) Ramachandran, 1993.

21) Sarles, 1985, p. 220.

22) E. Bruner, 2003.

23) Corballis, 1992.

24) Herder, 1966, pp. 128, 87 & 99.

25) Geschwind, 1985, pp. 272~3. 더 최근인 1985년에 Jerrison이 비슷한 점을 지적한 있다.

26) Biese, 1893, p. 12에 인용된 부분.

27) Black, 1962, p. 44.

28) Lakoff & Johnson, 1999, pp. 123 & 129.

29) Herder, 1966, pp. 139~40. "나는 사람들이…… 직접적이고 신속한 충동에 의해 이 특정한 음향을 저 특정한 색채와, 이 특정한 현상을 저 특정한 어둡고도 아주 상이한 감정과 결부시키지 않을 수 없는 경우를 한번 이상 보았다. 느린 이성을 통한 비교로는 그들 사이의 아무 관계도 탐지해낼 수 없는데 말이다."

30) Herder, 1966, pp. 140~43.

31) B. Berlin, 1992, 2005.

32) Wittgenstein, 1967b, 1부, § 19, p. 8.

33) Laban, 1960, p. 86.

34) 앞의 책, p. 67.

35) Kant, 1891, p. 15.

36) Dunbar, 2004, p. 128.

37) Pankesepp, 1998, p. 334.

38) Simonds & Scheibel, 1989.

39) Gaburo, 1979~80, p. 218.

40) Gazzaniga, 1998, p. 191.

41) Gazzaniga, 1983, p. 536.

42) Gazzaniga, 2000, p. 1315.

43) 앞의 책, p. 1302.

44) Annett, 1998, 1978.

45) Sun, Patoine, Abu-Khalil et al., 2005.

46) Annett, 1991.

4장 : 두 세계의 본성

1) Dewey, 1931, pp. 219, 206 & 212.

2) Dewey, 1931, p. 204.

3) Dewey, 1929, p. 214.

4) James, 1979.

5) Toulmin, 1990, p. 10.

6) Dewey, 1988, p. 164.

7) Husserl, 1970. p. 290(1962, p. 337), Levin, 1999, p. 61에 인용됨. 모더니즘이 정신분열증의 수많은 특징을 공유한다는 사스의 논지.

8) 제5 데카르트적 명상the fifth Cartesian Meditation(Husserl, 1995)에서 그가 "간주관적 현상학"이라 부른 것.

9) de Waal, 2006a. 동물, 공감, 도덕성에 관한 논의는 de Waal, 2006b를 참조.

10) Merleau-Ponty, 1962, p. 185.

11) Merleau-Ponty, 1969, Murata, 1998, p. 57에서 논의됨. "깊이있게 출현하는 것만이 진정한 의미에서의 '면모들'을 가질 수 있다. 깊이가 없다면 어떤 '면모'나 '측면'도 가질 수 없고, 오직 부분들만 가지기 때문이다."

12) Hécaen, de Ajuriaguerra & Angelergues, 1963, p. 227.

13) Haaland & Flaherty, 1984.

14) Sunderland, Tinson & Bradley, 1994.

15) Lakoff & Johnson, 1999, p. 6.

16) Matthews, 2002, p. 139.

17) Wittgenstein, 1984, p. 58e.

18) Steiner, 1978, p. 130.

19) 앞의 책, pp. 29~31.

20) Steiner, 1978, p. 41.

21) 이 주제에 대해 포앙카레는 다른 많은 사람들처럼 산책이나 여행을 하면 무의식적 과정에 의해 예를 들면 수학적 문제 같은 것에 대한 통찰력을 얻을 수 있음을 알아냈다. Poincaré, 1908.

22) Descartes, 1984~91d, "Rule IX", p. 33. 데카르트의 정신은 괴테의 정신과는 완전히 반대다. 괴테는 "세부 사항을 파악하려면 전체를 개괄해야 한다"고 경고했다. Goethe, 1989, p. 552.

23) Rorty, 1989, p. 26.

24) Heidegger, 1959, pp. 13~14.

25) Heidegger, 1977, p. 47.

26) Merleau-Ponty, 1968, 각각 pp. 194 & 185. Levin, 1999, p. 208에 인용됨.

27) Wittgenstein, 1997, 2003.

28) Wittgenstein, 1967b, 2부, xi, p. 227.

29) Hacker, 2001, p. 73.

30. Wittgenstein, 1958, p. 18.

31) Wittgenstein, 1984, p. 5e.

32) J. Young, 2004, p. 11.

33) Heidegger, "In Memoriam Max Scheler", 마르부르크 대학에서 발표한 막스 셸러의 죽음에

바친 애도문. 1928, 5월 21일(1984, p. 50).

34) 앞의 책, p. 246.

35) Nunn, 2005, p. 195.

36) C. Jung, vol. 9ii, p. 287.

37) Merleau-Ponty, 1962, p. 361.

38) 메를로퐁티는 이렇게 쓴다. "보는 이와 사물 사이에 있는 살의 둔탁함은 사물의 가시성과 보
    는 이의 육신성을 구성한다. 그것은 그들 사이에 놓인 장애물이 아니라 소통의 수단이다."
    (Merleau-Ponty, 1968, p. 135).

39) Wittgenstein, 1967b, 2부, iv, p. 178.

40) Laban, 1960, p. 4.

41) Coleridge, 1965, vol. II, 14장, p. 169.

42) 우반구적인 의미에 더 가까운 "그것을 낯설게 만들라"는 Shklovsky의 요구의 의미는 아니다.

5장 : 우반구의 우선성

1) Montaigne, "On presumption", *Essais*, Bk, II:17(1993, p. 738).

2) Descartes, 1984~91b, "Meditation II", p. 21.

3) Ruskin, 1904, vol.4, 5부, 4장, §4, pp. 60~61.

4) Descartes, 1984~91c, "Discourse I: Light", p. 152.

5) A. R. Damasio, 1994a, p. 128.

6) A. R. Damasio, 1994a, p. xiv. 판크셉이 지적하듯이(1998, p. 341), "본질적으로 신피질을 갖
    고 있지 않은 동물은 행동적으로, 또 아마 내적으로도 항상, 계속하여 감정적일 것이다."
    Panksepp, Normansell, Cox et al., 1994.

7) Pockett, 2002, p. 144.

8) Mlot, 1998.

9) Meyer, Ishikawa, Hata et al., 1987. Ramachandran & Rogers-Ramachandran, 1996은 우반구
    의 자극이 REM 수면의 증가를 유발할 수 있음을 증명한다.

10) Bolduc, Daoust, Limoges et al., 2003.

11) Vaihinger, 1935, p. 7.

12) Sapir, 1927.

13) McNeill, 1992, p. 25. 맥닐은 그 뒤에 이어진 연구에서, "제스쳐 동작의 시작은…… 흔히 의
    미론적으로 연결된 발언 앞에 나올 때가 많고 절대로 그보다 늦게 나오지 않는다"고 확인한
    다(McNeill, 2000, p. 326, n. 6).

14) Black, 1962, p. 46.

15) McNeill, 2000, p. 326, n. 7.

16) McNeill, 1992, p. 137.

17) Nietzsche, 1999, §16, p. 76.

18) "Ideas", §48 & §108, F. Schlegel, 2003, pp. 263 & 265.

19) "*Athenaeum* Fragments", §53, F. Schlegel, 2003, p. 247.

20) Coleridge, 1965, vol. II, 14장, p. 171.

21) Coleridge, 1956~71, vol. 1, p. 349.

22) 앞의 책, p. 354.

23) Nietzsche, 2003, §11[73], p. 212.

24) Hume, 1986, "Of the Influencing Morives of the Will", p. 22.

25) Hegel, 1967, pp. 112~13.

6장 : 좌반구의 승리

1) Hellige, 1993, p. 168.

2) Ferguson, Rayport & Corrie, 1985, p. 504.

3) Sergent, 1983b.

4) Sperry, 1974, p. 11.

5) Max Muller의 *The Science of Thought*, Longman's, Green & Co,, London, 1887, p. 143

6) Hellige, Jonsson & Michimata, 1988.

7) Kinsbourne, 1993b.

8) 마이스터 에크하르트가 신과 인간 영혼의 관계라고 묘사한 것과 비슷한, 사유를 촉발시키는
유사성이 이 관계에 있다.

9) Sperry, 1985, pp. 14~15.

10) Panksepp, 1998, p. 307.

11) Panksepp, 1998, p. 312. p. 421, 주 45도 볼 것. "일차적 SELF와 전두엽 피질의 발생 과정에
뒤얽힌 중뇌 부위들 사이의 강력한 상호관련이 있다."

12) Nagel, 1979b, p. 166.

13) I. Berlin, 1999, p. 94.

14) Bejjani, Damier, Arnulf et al., 1999.

15) Ramachandran, 2005, pp. 131~2.

16) Nietzsche, 1973, §68, p. 72.

17) 앞의 책, p. 141.

18) Stanghellini, 2004.

1) Nietzsche. 1999, §1, p. 14.

2) Gaukroger, 2006, 5월 11일, p. 18.

3) Lumsden, 1988, pp. 17 & 20.

4) Mithen, 2005, p. 318, 주30.

5) the Prelude(1805), Bk. I, 425~7행.

6) Ogawa, 1998, p. 147.

2부 ─ 두뇌는 우리 세계를 어떻게 형성했는가?

8장 : 고대 세계

1) Jaynes, 1976, pp. 70~71.

2) Dodds, 1951, p. 28.

3) 스넬은 "*Zum sehen geboren, zum schauen bestellt*'이라는 괴테의 문장에 나오는 것 같은 독일어의 *schauen*을 비교한다(Faust, 2부, v, 11288~9행).

4) 우리가 아낙시만드로스에 대해 아는 내용은 거의 모두 아리스토텔레스와 그 제자 테오프라스토스에 의해 전해진 것이다. 아낙시만드로스가 쓴 논문 *자연론On Nature*에서 남은 것이라고는 이 단편이 전부다. 그것도 11세기 뒤에야 그 내용을 기록한 철학자 실리시아의 심플리키우스Simplicius of Cilicia에 의해 전해지는 것에 불과하다.

5) Heraclitus, fr. VII, Diels 18

6) 앞의 책, fr. XXXIII, Diels 93.

7) Heraclitus, fr. LXXX, diels 123.

8) 앞의 책, fr. IX, Diels 35; fr. X, Diels 123.

9) 앞의 책, fr. XVI, Diels 107.

10) 앞의 책, fr. LXXVIII, Diels 48.

11) 플라톤의 기록을 통해 알려진 내용. *Cratylus*, 401d.

12) Heraclitus, fr. L, Diels 12.

13) 앞의 책, fr. LXXVII, Diels 125.

14) Parmenides, 1898, fr. DK B3

15) Nietzsche, 1999, §8, p. 43.

16) Kerényi, 1991, p. xxii.

17) A. W. Schlegel, 1886, p. 93.

보다 왼쪽에서 먼저 쓰는 것이 일반 규칙이다. (Sir Geoffrey Lloyd, 사적인 서신에서).

18) de Kerckhove & Lumsden, 1988, p. 5.

19) Hagège, 1988, p. 75.

20) Braudel, 2001, pp. 76 & 78.

21) Seaford, 2004, pp. 149~65.

22) Gombrich, 1977, p. 103.

23) Boys-Stones, 2007, p. 111.

24) Dreyfus & Dreyfus, 1986, p. 202.

25) Nietzsche, 1954, 경구 5, 6 & 10, pp. 476~8

26) Pankesepp, 1998, p. 335.

27) Malinowski, 1926, p. 28.

28) Kerényi, 1962, p. 28.

29) Plato, Timaeus, 44d~e

30) Ovid, *Metamorphoses*, XV, 160~66행, 194~204, 250 & 264~7

31) Braudel, 2001, pp. 338~9.

32) Braudel, 2001, pp. 351~2.

33) L'Orange, 1965, p. 106.

34) Braudel, 2001, pp. 345~7.

35) Freeman, 2002.

9장 : 르네상스와 종교개혁

1) Wyatt, no. 38, Egerton MS에 실려 있음.

2) Godfrey, 1984, p. 11.

3) Gombrich & Kris, 1940, pp. 10~12

4) Hall, 2008. 우리가 결혼반지를 왼손에 끼는 이유도 이것이 설명해줄지도 모른다. 피를 왼손의 약지에서 심장으로 곧바로 전달하는 혈관이 왼손에 있다고 믿어지기 때문이다.

5) Radden, 2000, p. 12.

6) James, 1912, p. 24.

7) A. N. Whitehead, 1926, pp. 290~91.

8) Richter, 1952, pp. 181~2. 우반구가 얼굴이나 다른 의미있는 형태를 고도로 평가절하된 정보로부터 추출해내는 능력에 대해 미처 의식하지 않은 채 묘사하고 있는 이 구절은 전체를 다 읽을 가치가 있다. 그 전체 구절은 M. S. Bibl. Nat. 203822 verso, 그리고 Vat. Libr. *Trattato della Pintura* (Codex Urbinas 1270) 66에서 찾을 수 있다.

9) Jonson, "De Shakespeare Nostrati. Augustus in Haterium", 1951.

10) Vasari, 1987, vol. 1, p. 206.

11) Kris & Kurz, 1979, p. 17; Han Kan 에 대해서는 Giles, 1905, p. 58.

12) Kris & Kurz, 1979, p. 128.

13) Montaigne, "On presumption", *Essais*, Bk. II:17(1993, p. 738).

14) Huizinga, 1957, p. 177.

15) Koerner, 2004. p. 12.

16) Luther, 1883~1986, vol. 10, i, p. 31. 쾨르너가 인용한 부분, 2004, pp. 99~100.

17) Koerner, 2004, p. 151

18) Ricoeur, 1978, p. 21; Ashbrook, 1984도 볼 것.

19) Koerner, 2004, p. 58.

20) 앞의 책, p. 138.

21) 앞의 책, p. 413

22) Montaigne, "경험에 관하여", *Essais*, Bk, III:13(1993, pp. 1265~9).

23) 앞의 책, p. 21.

24) *Aristotle, Nicomachean Ethics,* 1096b4.

25) Donne, *Devotions,* "Meditation IX".

26) Hacker, 2001, p. 46.

10장 : 계몽주의

1) Lakoff & Johnson, 1999, pp. 123 & 129.

2) Descartes, 1984~91b, "Meditation I", p. 13.

3) Levin, 1999, pp. 37~42.

4) Descartes, 1984~91b, "Meditation VI", p. 53.

5) 앞의 책, p. 52.

6) 앞의 책, p. 51.

7) 앞의 책, "Meditation II", p. 22.

8) Lakoff & Johnson, 1999, pp. 4~5.

9) 앞의 책, p. 77.

10) Sherover, 1989, p. 281. Descartes, 1984~91b

11) Moravia, 1999, p. 5.

12) Spacks, 1995, p. 20.

13) Zijderveld, 1979, p. 77.

14) Waugh, 1975, p. 541.

15) I. Berlin, 1999, pp. 21~2.

16) Trevor-Roper, 1970, p. 52.

17) Verene, 1997, p. 70.

18) Locke, 1849, II, I, §4, p. 54.

19) Vico, 1988, §1106, p. 424. 비코는 순환적 역사이론을 발전시켰다. 그의 이론에서 역사에는 되풀이되는 단계ricorsi가 있다. 그는 인간의 단계를 셋으로 서술했다. 첫 번째는 신들의 시대, 두 번째는 영웅들의 시대, 세 번째는 인간의 시대이다. 신들의 시대에 인간들은 신을 따르고, 영웅들의 시대에 그는 고귀한 인간들의 모범을 따른다. 인간의 시대에는 그 자신의 편협한 이해관계만 따른다. 세 번째 시대, 인간의 시대에 특유한 반사의 야만성은 인간들을 감각의 야만주의가 그랬던 것보다 더 비인간적으로 만든다. 그것은 오용되면 "거짓의 어머니"가 되어(앞의 책, §817, p. 312) 시적 상상에 반대되며 데카르트의 추상과 소외의 세계로 이어지게 된다. 비코는 엄청나게 동정적인 인물이었고, 그의 관찰은 계몽주의 이후 현대 서구 사상에 대한 예리한 비판을 대표한다.

20) Gray, 1935, vol. 3, pp. 1107 & 1079.

21) Gilpin, 1808, p. 47.

22) Pope, 〈An Essay on Criticism〉, 298 & 318 행.

23) Scheler, 1954, pp. 252~3.

24) Goethe, 〈Natur und Kunst〉, 13~14행.

25) Martin, 1965, p. 11. 그는 브론치노Bronzino가 그린 루크레치아 판치아치키의 유명한 초상을 세척하는 과정에서 18세기의 복원가가 양 눈을 더 똑같이 보이도록 눈에 손을 댔음을 알아냈다.

26) I. Berlin, 1999, p. 7.

27) Burke, 1881, p. 178.

28) de Tocqueville, 2003, pp. 723~4.

29) Nochlin, 1994, p. 267.

30) Castle, 1995 , pp. 4~5. Castle이 괄호 속에서 인용한 구절은 Freud, 1960e, p. 244를 근거로 한 것.

11장 : 낭만주의와 산업혁명

1) Hölderlin, 2008, p. 109

2) Pascal, 1976, §267(Lafuma §188).

3) Montaigne, "On Presumption", *Essais*, Bk. II:17 (1993, p. 721).

4) Pope, 1963, pp. 44~45.

5) Morgann, 1963.

6) "두 개의 변덕의 교환, 두 개의 피부의 접촉": Chamfort, 1923, §359, p. 127.

7) Cassirer, 1950, pp. 145~6, 괴테(Goethe, 1991, §314, p. 775)를 인용하는 부분.

8) Amiel, 1898에 인용된 부분, p. 83. 1862년 2월 3일자.

9) Scruton, 1986, p. 392.

10) Descartes, 1984~91e, 2부, §214, p. 371.

11) Spinoza, 1947, IV, Appendix §27, p. 249.

12) Wittgenstein, 1967b, 2부, iv, p. 178.

13) Lakoff & Johnson, 1999, p. 6.

14) "우리의 가장 숭고한 감정과 가장 순수한 부드러움의 기저에는 작은 정소 같은 것이 있다.":
Diderot, Etienne Noel Damilaville에게 보낸 편지, 1760년 11월 3일자 (1955~70, vol. III, p.
216).

15) Blake, *Jerusalem*, 1장, 도판 24, 23행.

16) Wordsworth, 1974, vol. I, p. 103.

17) Wordsworth, 1973, pp. 26 & 29

18) Carlyle, 1897~9, p. 55.

19) Wordsworth, *The Prelude (1805)*,, Bk. IV, 172~80행.

20) Wordsworth, "Ode on Intimations of Immortality From Recollections of Early Childhood".

21) Goethe, 1988,

22) Goethe, 1989, §217, p. 85.

23) Goethe, 1991, §555, p. 821.

24) Constable, 1970, pp. 52~3.

25) Baillie, 1967, p. 32.

26) Knowles, p. 170에 인용됨.

27) Keene, 1988, p. 38.

28) Diderot, "Eloge de Richardson", *Journal etranger* (1762, 1월)

29) Zeki, 1999, p. 4.

30) Herder, 2002, pp. 40~41

31) 앞의 책.

32) Winckelmann, 2006, p. 199.

33) 앞의 책, p. 203.

34) 앞의 책, p. 199.

35) Winckelmann, 2006, p. 314.

36) Goethe, *Römische Elegien*, V, 13~18행.

37) Wordsworth, 1933, Bk. XI, 173~6행.

38) Blake, "The Everlasting Gospel", d, 103~6행. 그는 자신의 가장 유명한 산문구절가운데 하
나에서 이 구절을 거의 그대로 되풀이한다. "이런 물음을 던지게 될 것이다. 태양이 떠오를
때 어딘가 1기니 금화처럼 생긴 불의 원반을 보지 않는가?" 아, 아니다. 아니다. 나는 셀 수

없이 많은 천상의 무리들이 지르는 소리를 듣는다. "신이시여, 신이시여, 신이시여, 이것이 전능하신 신이시다." 나는 시각에 관해 창문에게 탐문하지 않는 것처럼 나 자신의 성장하는 신체적인 눈은 의심하지 않는다. 나는 그것을 관통하여 보는 것이지 그것과 함께 보지는 않는다. (1972, p. 617)

39) Delacroix, 1923, "Réalisme et Idéalisme", vol. 1, pp. 23~4.

40) Goethe, 1989, §716, p. 215.

41) Goethe, 1988, p. 311.

42) Shelley, 1972, pp. 33 & 56.

43) I. Berlin, 1999, p. 102.

44) Steiner, 1989, p. 27.

45) 각각 〈Extract from the Conclusion of a Poem〉, 〈An Evening Walk〉, 〈Calm is all Nature as a Resting Wheel〉.

46) Wordsworth, *The Prelude* (1805), Bk. XI, 258~65행.

47) Horton, 1995.

48) Wordsworth, *The Prelude* (1805), Bk. xI, 302~16행.

49) 앞의 책, Bk. XI, 329~43행.

50) de Quincey, 1851, vol. I, 12장, "William Wordsworth", pp. 308~9.

51) Wordsworth, The Prelude (1805), Bk. XII, 12~14행.

52) Wordsworth, 〈Lines Composed a Few Miles above Tintern Abbey〉, 55~7행.

53) Tennyson, 〈Maud〉, xiv, stanza 4.

54) Hopkins, 1963, pp. 145~6.

55) Hopkins, 〈Inversnaid〉, 13~14행.

56) Hopkins, Robert Bridges에게 보낸 1885년 9월 1일자 편지(1970, p. 288n).

57) Korff, 1923, vol. 1, p. 28.

58) Vogt, 1851, p. 5.

59) Buchner, 1885, p. 194, Gregory, 1977, p. 9에 인용됨.

60) Gregory, 1977, p. 9.

61) Marx, 1968, p. 262.

62) Hitler, 1943, p. 290.

63) Kerényi, 1991, p. 31.

64) 앞의 책, p. xxii.

65) Gaukroger, 2006, pp. 11~12.

66) Heisenberg, 1955, p. 15; 1958, pp. 19~20.

1) Berger, Berger & Kellner, 1974.

2) Toulmin, 1990, p. 159.

3) Sass, 1992, p. 168.

4) Sass, 1994, p. 12.

5) 앞의 책, p. x.

6) Rees, 1968, Sass, op. cit., p. 35에 인용됨.

7) Sass, 1994, p. 35.

8) 이 장에서 정신분열증 환자들에게서 인용한 이야기는 다른 표기가 없는 한 모두 Sass, 1992에
서 가져온 것.

9) Frith, 1979, p. 233.

10) Kafka, 1949, p. 202.

11) Sass, 1992, p. 238(그리고 p. 187). 아르토의 이 말은 아나이스 닌에게서 인용됨, 1966, p. 229.

12) Benjamin, 1969, p. 84.

13) Sypher, 1962, p. 123.

14) Heller, 1988, p. 157. 그가 언급하는 구절은 Nietzsche, 1977, p. 47에 있다. "나는 스스로를
최후의 철학자라 부른다. 내가 최후의 인간이기 때문이다. 아무도 나 자신 외에는 내게 말하
지 않는다. 내 음성은 마치 죽어가는 사람의 음성처럼 들려온다."

15) Moravia, 1999, p. 5.

16) Levin, 1999, p. 54.

17) 앞의 책, pp. 52~3.

18) Dusoir, Owens, Forbes et al., 2005.

19) Tzara, 1951.

20) Ekstein, 2008.

21) Griffin, 2007, p. 1. 내가 볼 때는 부당한 것이 아니지만, 어떤 사람들은 인간을 일개 단편
(Stücke: 생명 없는 조각과 파편)으로 보는 나찌즘의 관료제적 정신상태와 이 책의 용어법에
따르면 좌반구적인 존재 양식에 대한 굴복 사이에 관련이 있다고 주장했다. Portele, 1979.

22) Marinetti, 1909.

23) Boccioni, U., Carrà, C., Russolo, L. et al. 1910a.

24) Virilio, 2003, pp. 41~2.

25) Ortega y Gasset, 1968, p. 47.

26) 화가 유리 안넨코프Yuri annenkov와의 대화에서(2005).

27) Mandelstam, 1999, p. 204.

28) Boccioni, U., Carra, C., Russolo, L. et al., 1910b.

29) Adorno, 1973, p. 87.

30) Nietzsche, 1996, §217, pp. 129~30

31) Pleasants, 1955, p. 135.

32) Re Haydn & Mozart: Hadden, 1902, p. 169에서. Re Tippett: 작곡가 데이비드 매튜스와의 개인적 서신에서.

33) Schroeder, 2001, p. 211.

34) Humphrey, 2006, p. 3.

35) 앞의 책, pp. 121~2.

36) 앞의 책, pp. 127~8.

결론 : 배신당한 주인

1) Pascal, 1976, §398(Lafuma §116).

2) Blanchflower & Oswald, 2004, p. 1380.

3) Easterlin, 2005.

4) Christoph & Noll, 2003.

5) Putnam, 2000, p. 333.

6) Cross-National Collaborative Group, 1992.

7) Putnam, 2000, p. 326.

8) Putnam, 2000, p. 329.

9) Foss, 1949, p. 83.

10) Leibniz, 1996, Bk. II, 20장, §5, p. 163. 그가 주장하려는 요점은 칸트가 여기서 말한 것과는 다른데, 사람들이 쾌락을 받아들이고 아름다움에 의해 충족되더라도 초점은 그 자신의 쾌락과 충족이 아니라는 점이다. 이는 생명체로서 경험하는 호색적인 욕망이 아니라 자애로운 사랑과도 비슷하다.

11) Kant, 1952, 1부, 섹션 1, Bk. I, i , §5, p. 210

12) Burke, 1990, p. 57. 13. Kleist, 1982, p. 244.

14) Shigematsu, 1981, p. 3.

15) Putnam, 2000, p. 537.

16) Masuda & Nisbett, 2001.

17) Popper, 1980, p. 280.

18) Planck, 1933, pp. 214 & 217.

19) Lessing, 1979, vol. 8, pp. 32~3

20) Waismann, 1994, p. 134.

[ㅂ]

[ㅈ]

[ㅍ]

주인과 심부름꾼

첫판 1쇄 펴낸날 2011년 1월 18일
첫판 4쇄 펴낸날 2019년 8월 23일

지은이 | 이언 맥길크리스트
옮긴이 | 김병화
펴낸이 | 박남희

펴낸곳 | (주)뮤진트리
출판등록 | 2007년 11월 28일 제2015-000059호
주소 | 서울시 마포구 토정로 135 (상수동) M빌딩
전화 | (02)2676-7117 팩스 | (02)2676-5261
전자우편 | geist6@hanmail.net
홈페이지 | www.mujintree.com

ISBN 978-89-94015-63-7 93400